Der EMAS-Umweltgutachter
und die Deregulierung
des deutschen Umweltrechts

Europäische Hochschulschriften
Publications Universitaires Européennes
European University Studies

Reihe II
Rechtswissenschaft

Série II Series II
Droit
Law

Bd./Vol. 3219

PETER LANG
Frankfurt am Main · Berlin · Bern · Bruxelles · New York · Oxford · Wien

Charlotte Streck

Der EMAS-Umweltgutachter und die Deregulierung des deutschen Umweltrechts

PETER LANG
Europäischer Verlag der Wissenschaften

Die Deutsche Bibliothek - CIP-Einheitsaufnahme

Streck, Charlotte:

Der EMAS-Umweltgutachter und die Deregulierung des deutschen Umweltrechts / Charlotte Streck. - Frankfurt am Main ; Berlin ; Bern ; Bruxelles ; New York ; Oxford ; Wien : Lang, 2001
(Europäische Hochschulschriften : Reihe 2, Rechtswissenschaft ; Bd. 3219)
Zugl.: Berlin, Humboldt-Univ., Diss., 2001
ISBN 3-631-38258-8

ISSN 0531-7312
ISBN 3-631-38258-8

www.peterlang.de

Vorwort

Die vorliegende Arbeit wurde im Wintersemester 2000/2001 von der Juristischen Fakultät der Humboldt Universität zu Berlin als Dissertationsschrift angenommen. Das Manuskript berücksichtigt Literatur bis zum März 2000.

Zum Zeitpunkt der Überarbeitung des Manuskripts für die Veröffentlichung stand das Inkrafttreten von EMAS II unmittelbar bevor. Die Arbeit wurde im Hinblick auf diese Änderung behutsam angepasst, wobei jedoch Struktur, Aufbau und Gehalt nicht angetastet wurden. Im Rahmen der Aktualisierung wurden neuere Literaturangaben in einzelnen Fällen eingearbeitet.

Ich danke meinem Erstgutachter und Betreuer Prof. Dr. Michael Kloepfer für die Unterstützung bei der Erstellung und dem Zweitgutachter Prof. Dr. Ulrich Battis für die Lektüre und Begutachtung der vorliegenden Arbeit.

Weiterhin danke ich meinem Mann, Michael Streck, für seinen Zuspruch und seine Ermutigung, ohne welche diese Arbeit nicht zustande gekommen wäre. Meiner Schwester Rebekka danke ich für ihre Korrekturen, die zur Richtigkeit der Arbeit beigetragen haben. Schließlich danke ich meinem Vater für seine Hilfe, vor allem für Stille und Konzentration in seinem Haus in Straquéno, Bretagne.

Charlotte Streck

Washington, D.C. im Mai 2001

Übersicht

Inhaltsverzeichnis 9
Zusammenfassung 17
Executive Summary 19
Abkürzungsverzeichnis 21

ERSTER TEIL: DAS EMAS-SYSTEM

KAPITEL 1: EINFÜHRUNG 29
I. Einleitung und Zielsetzung 29
II. Der europäische und der deutsche Kontext 32
III. Umwelt-Audits 40

KAPITEL 2: DIE EG-ÖKO-AUDIT-VERORDNUNG 47
I. Die Entwicklung 47
II. Ziele und Wirkungsweise der EG-Öko-Audit-Verordnung 51
III. Die Voraussetzungen einer erfolgreichen EMAS-Teilnahme 58
IV. Die Einhaltung der einschlägigen Umweltvorschriften 66

KAPITEL 3: DEREGULIERUNG – SUBSTITUTION 75
I. Deregulierung 75
II. Substitution 77
III. Instrumente der Deregulierung 78

KAPITEL 4: DER UMWELTGUTACHTER NACH EMAS UND DEM UAG 81
I. Der unabhängige Umweltgutachter nach EMAS 81
II. Stellung des Umweltgutachers in Deutschland 89

ZWEITER TEIL: DER STAAT UND DER PRIVATE

KAPITEL 5: DIE PRIVATISIERUNG VON VERWALTUNGS-AUFGABEN 115
I. Die öffentliche und private Verwaltung 115
II. Die Privatisierungstendenzen im Umweltrecht 127

KAPITEL 6: DIE RECHTSSTELLUNG DES UMWELT-GUTACHTERS 143
I. Verfassungsrechtliche Stellung des Gutachters 143
II. Formen der Erfüllung staatlicher Aufgaben durch Private 144
III. Beispiele für die Einbeziehung von Privaten in die staatliche Aufgabenerfüllung im deutschen Recht 151

DRITTER TEIL: DER UMWELTGUTACHTER UND DIE DEREGULIERUNG

KAPITEL 7: DIE VALIDIERUNG DURCH DEN UMWELT-GUTACHTER 187
I. Der Prüfung durch den Umweltgutachter 187
II. Der Prüfungsumfang im Hinblick auf die Einhaltung der einschlägigen Rechtsvorschriften 196

KAPITEL 8: RECHTLICHE GRENZEN DER DEREGULIERUNG 217
I. Die Grenzen 217
II. Voraussetzungen einer Deregulierung im Zusammenhang mit der EG-Öko-Audit-Verordnung 227

KAPITEL 9: EMAS UND DAS DEUTSCHE UMWELTRECHT 235
I. Umweltrecht und Eigenverantwortung 235
II. EMAS und Deregulierung 240
III. Mechanismen der Entlastung auditierter Organisationen 254
IV. Berücksichtigung von EMAS im geltenden Recht 256

KAPITEL 10: DEREGULIERUNG UND DIE STELLUNG DES UMWELTGUTACHTERS 281
I. Auswirkungen der Entlastungsmaßnahmen auf die Stellung des Umweltgutachters 281
II. Das konkrete Deregulierungspotenzial im Hinblick auf die Stellung des Umweltgutachters 294
III. Würdigung 331

KAPITEL 11: DAS EG-ÖKO-AUDIT IN DEN UGB-ENTWÜRFEN 333
I. Entwicklungsstand 333
II. Die Regelung der UGB-Entwürfe hinsichtlich des Öko-Audits 335
III. Kritische Würdigung 341

KAPITEL 12: ZUSAMMENFASSUNG UND KRITISCHE WÜRDIGUNG 347
I. Zusammenfassung 347
II. Kritische Würdigung 351

LITERATURVERZEICHNIS 355

Inhaltsverzeichnis

Zusammenfassung 17
Executive Summary 19
Abkürzungsverzeichnis 21

ERSTER TEIL: DAS EMAS-SYSTEM

KAPITEL 1: EINFÜHRUNG 29

I. Einleitung und Zielsetzung 29
II. Der europäische und der deutsche Kontext 32

1. Europa 32
a. Die Aktionsprogramme der EG 32
b. Die nationalen Einflüsse in der europäischen Umweltpolitik 33
2. Deutschland 35

III. Umwelt-Audits 40

1. Klassifikation von Umwelt-Audits 40
2. Umwelt-Audits in den USA 42

KAPITEL 2: DIE EG-ÖKO-AUDIT-VERORDNUNG 47

I. Die Entwicklung 47

1. Die Entstehung 47
2. Die Vorbilder 50

II. Ziele und Wirkungsweise der EG-Öko-Audit-Verordnung 51

1. Allgemeine Charakteristika 51
2. Die Entwicklung von EMAS I zu EMAS II 52
a. Die Übernahme der ISO 14001 Standards 53
b. Einführung des Organisationsbegriffes 55
c. Die Öffnung des Anwendungsbereichs 57
d. Die Privilegierungsklausel 57
e. Weitere Entwicklungen 58

III. Die Voraussetzungen einer erfolgreichen EMAS-Teilnahme 58

1. Die Umweltprüfung 59
2. Die Umweltpolitik 60
3. Die Umweltziele 61
4. Das Umweltprogramm 62
5. Das Umwelt-Managementsystem 62

6. Die Umweltbetriebsprüfung 63
7. Die Umwelterklärung 64
8. Die Validierung 64
9. Die Eintragung 65

IV. Die Einhaltung der einschlägigen Umweltvorschriften 66

1. Die einschlägigen Umweltvorschriften 67
2. Konkretisierungsbedürftiger und nicht vollzugsfähiger Vorschriften 68
3. Die Einhaltung der einschlägigen Umweltvorschriften als Validierungs- und Registrierungsvoraussetzung 69
a. EMAS I 69
b. EMAS II 70
c. Wertung 71
4. Wettbewerbsrechtliche Konsequenzen 72

KAPITEL 3: DEREGULIERUNG – SUBSTITUTION 75

I. Deregulierung 75

II. Substitution 77

III. Instrumente der Deregulierung 78

KAPITEL 4: DER UMWELTGUTACHTER NACH EMAS UND DEM UAG 81

I. Der unabhängige Umweltgutachter nach EMAS 81

1. Aufgaben und Pflichten des Umweltgutachters 82
a. Aufgaben des Umweltgutachters 82
b. Pflichten des Umweltgutachters 82
2. Anforderungen an den Umweltgutachter 83
a. EMAS I 83
b. EMAS II 84
3. Zulassung des und Aufsicht über den Umweltgutachter 86
a. EMAS I 86
b. EMAS II 87
c. Die Niederlassungsfreiheit 88

II. Stellung des Umweltgutachers in Deutschland 89

1. Zulassung und Aufsicht durch die Deutsche Akkreditierungs- und Zulassungsgesellschaft (DAU) 90
a. Das System 90
b. Wertung 95
2. Der Umweltgutachterausschuss (UGA) 97
a. Die Aufgaben 97

b. Die verfassungsrechtliche Beurteilung des UGA 99
3. Das Zusammenspiel von DAU und UGA 102
4. Die Registrierung 104
a. Die Aufgaben 104
b. Wertung 106
5. Der Umweltgutachter nach dem UAG 107
a. Juristische und natürliche Personen als Gutachter 107
b. Anforderungen an den Gutachter nach dem UAG 109

ZWEITER TEIL: DER STAAT UND DER PRIVATE

KAPITEL 5: DIE PRIVATISIERUNG VON VERWALTUNGS-AUFGABEN 115

I. Die öffentliche und die private Verwaltung 115

1. Zuständigkeit für die Erfüllung von Verwaltungs-aufgaben 115
2. Verfassungsrechtliche Grenzen der Privatisierung 116
a. Grundgesetzliche Vorgaben 116
b. Wahlfreiheit der Verwaltung 118
3. Die Ebenen staatlicher Verantwortung 120
4. Die verschiedenen Formen der Privatisierung 123

II. Die Privatisierungstendenzen im Umweltrecht 127

1. Wachsende Bedeutung des Verwaltungsverfahrens im Umweltrecht 127
2. Privatisierung im umweltrechtlichen Verwaltungs-verfahren 129
a. Privatisierung der Umweltaufsicht 130
b. Privatisierung der Sachverhaltsermittlung 133
3. Privatisierung und die EG-Öko-Audit-Verordnung 135
4. Privatisierung der Rechtsetzung ? 138

KAPITEL 6: DIE RECHTSSTELLUNG DES UMWELT-GUTACHTERS 143

I. Verfassungsrechtliche Stellung des Gutachters 143

II. Formen der Erfüllung staatlicher Aufgaben durch Private 144

1. Verwaltungshilfe 144
2. Beleihung 145
2. Sonstige Formen der Beteiligung Privater an staatlicher Aufgabenerfüllung 150

III. Beispiele für die Einbeziehung von Privaten in die staatliche Aufgabenerfüllung im deutschen Recht 151

1. Private Sachverständige 151
a. Der öffentlich bestellte und vereidigte Sachverständige nach § 36 GewO 152
b. Der amtlich anerkannte Sachverständige 154
aa. Der amtlich anerkannte Sachverständige gem. §§ 1, 2 KfzSachVO 154
bb. Der amtlich anerkannte Sachverständige gem. § 14 GSG 156
c. Die „zugelassene Stelle“ nach § 9 GSG 158
d. Der Betriebsbeauftragte für Umweltschutz 161
e. Der Wirtschaftsprüfer 164
2. Die rechtliche Stellung des Umweltgutachters 168
3. Haftungsrisiko des Gutachters 176
4. Das Spannungsfeld, in dem sich der Gutachter bewegt 180

DRITTER TEIL: DER UMWELTGUTACHTER UND DIE DEREGULIERUNG

KAPITEL 7: DIE VALIDIERUNG DURCH DEN UMWELTGUTACHTER 187

I. Der Prüfung durch den Umweltgutachter 187

1. Vorgaben für die Prüfung nach dem Wortlaut der EG-Öko-Audit-Verordnung 187
a. Der Untersuchungsgegenstand 187
b. Die Umweltpolitik 190
c. Das Umwelt-Managementsystem 191
d. Die Umweltbetriebsprüfung 191
e. Die Umwelterklärung 192
f. Die Wertung 194
2. Der Ablauf der Prüfung 195

II. Der Prüfungsumfang im Hinblick auf die Einhaltung der einschlägigen Rechtsvorschriften 196

1. Der Compliance-Ansatz in der EG-Öko-Audit-Verordnung 198
2. Die interne Betriebsprüfung und die Compliance-Prüfung 199
3. Der Prüfungsauftrag des Umweltgutachters im Hinblick auf die Einhaltung der einschlägigen Rechtsvorschriften 200
a. System- versus Compliance-Audit 201
aa. Argumente für die Annahme eines

Compliance-Audits 202
bb. Argumente gegen die Annahme eines Compliance-Audits 204
cc. Zusammenfassende Wertung 207
dd. Das Umweltauditgesetz 210
b. Die Prüftiefe 212

KAPITEL 8: RECHTLICHE GRENZEN DER DEREGULIERUNG 217

I. Die Grenzen 217

1. Schranken supranationalen Rechts 217
2. Verfassungsrechtliche Schranken von Deregulierung 219
a. Schutzpflichten aus den Grundrechten 219
b. Schutzpflichten aus Art. 20a GG 223
c. Weitere verfassungsrechtliche Schranken 225
3. Einfachgesetzliche Grenzen der Deregulierung 227

II. Voraussetzungen einer Deregulierung im Zusammenhang mit der EG-Öko-Audit-Verordnung 227

1. Deregulierung der materiellen Umweltstandards 227
2. Die Gleichwertigkeit der Instrumente 228
a. Die funktionale Äquivalenz 228
b. Die Gleichwertigkeit auf der Zielebene 229
b. Die Gleichwertigkeit in der Steuerungswirksamkeit 230
c. Die faktische Durchsetzungsmacht und Gleichwertigkeit auf der Vollzugsebene 232
e. Die personale Äquivalenz 233
f. Zusammenfassende Bewertung 233

KAPITEL 9: EMAS UND DAS DEUTSCHE UMWELTRECHT 235

I. Umweltrecht und Eigenverantwortung 235

1. Umweltrecht und Risikosteuerung 235
2. Risikosteuerung und Eigenverantwortung 236

II. EMAS und Deregulierung 240

1. EMAS in der Deregulierungsdebatte 241
2. Die Deregulierungsklausel in der EG-UAVO 247
3. Deregulierung auf Gemeinschaftsebene 249
4. Initiativen auf nationaler Ebene 249

a. Die Schlichter-Kommission 250
b. Die Sachverständigen-Kommission „Schlanker Staat“ 252
c. Ad-hoc-Bund-Länder-Arbeitskreis Öko-Audit 253

III. Mechanismen der Entlastung auditierter Organisationen 254

IV. Berücksichtigung von EMAS im geltenden Recht 256

1. Normative Deregulierung 256
a. Normative Deregulierung auf Bundesebene 256
aa. Abfallrecht 256
bb. Immissionsschutzrecht 260
b. Normative Deregulierung auf Landesebene 261
c. Wertung und Ausirkungen auf die Tätigkeit des Umweltgutachters 262
2. Erleichterung auf untergesetzlicher Ebene 263
a. Verwaltungsvorschriften des Bundes 263
b. Verwaltungsvorschriften der Länder 264
aa. Bayern 264
bb. Saarland 267
cc. Schleswig-Holstein 268
dd. Berlin 269
ee. Rheinland-Pfalz 269
ff. Niedersachsen 270
gg. Mecklenburg-Vorpommern 270
hh. Nordrhein-Westfalen 271
ii. Brandenburg 271
jj. Sachsen 272
kk. Thüringen 273
ll. Hessen 274
d. Wertung und Auswirkung auf die Tätigkeit des Umweltgutachters 275

KAPITEL 10: DEREGULIERUNG UND DIE STELLUNG DES UMWELTGUTACHTERS 281

I. Auswirkungen der Entlastungsmaßnahmen auf die Stellung des Umweltgutachters 281

1. Wahrnehmung ordnungsbehördlicher Aufgaben durch den Umweltgutachter 281
a. Sachverhaltsermittlung 282
b. Vollzugskontrolle 284
2. Die veränderte Rechtsstellung des Umweltgutachters 291
3. Die veränderte Rolle des Umweltgutachters 292

II. Das konkrete Deregulierungspotenzial im Hinblick auf die Stellung des Umweltgutachters 294

1. Deregulierung im Bereich der Unternehmerpflichten 294
   a. Die Anzeigepflichten 298
   b. Die Aufzeichungspflichten 299
   c. Die Emissionserklärung 301
   d. Die Abfallwirtschaftskonzepte und Abfallbilanzen 302
   e. Die Berichtspflichten über Messungen und Kalibrierungen 303
   f. Die betriebsorganisatorischen Mitteilungs- und Berichtspflichten 303
      aa. § 52a Abs. 2 BImSchG 304
      bb. § 52a Abs. 1 BImSchG 306
      cc. Anzeige der Bestellung der Betriebsbeauftragten für Umweltschutz 307
      dd. Die Berichte der Betriebsbeauftragten für Umweltschutz 308
   g. Die Sicherheitsanalyse nach § 7 der 12. BImSchV 309
2. Deregulierung im Verfahren 310
   a. Eröffnungskontrollen 310
   b. Verzicht auf Eröffnungskontrollen 314
   c. Ausdehnung der Anwendung von vereinfachten Verfahren 317
   d. Deregulierung im Antragsverfahren 319
   d. Deregulierung im Bereich der behördlichen Überwachung und im Vollzug 321
      aa §§ 26, 28, 19 BImSchG 322
      bb. Anordnungen zum Einsatz externer Fachkundiger 326
      cc. Eigenvornahme von Kalibrierungen 328
3. Deregulierung im Gebührenrecht 329
4. Deregulierung und Haftungsrecht 330

III. Würdigung 331

KAPITEL 11: DAS EG-ÖKO-AUDIT IN DEN UGB-ENTWÜRFEN 333

I. Entwicklungsstand 333

II. Die Regelung der UGB-Entwürfe hinsichtlich des Öko-Audits 335

1. Der Professoren-Entwurf 335
2. Der Entwurf der Sachverständigen-Kommisssion 335
   a. Die Umsetzung der EG-Öko-Audit-Verordnung in dem Entwurf der Sachverständigen-Kommission 335
   b. Die Verknüpfung von Umweltordnungsrecht und EG-Öko-Audit-System in dem Entwurf der Sachverständigen-Kommission 336
3. Die Entwürfe des Bundesumweltministeriums 339

III. Kritische Würdigung 341

1. Der Entwurf der Sachverständigenkommisssion 341
2. Die Entwürfe des Bundesumweltministeriums 344

KAPITEL 12: ZUSAMMENFASSUNG UND KRITISCHE WÜRDIGUNG 347

I. Zusammenfassung 347

III. Kritische Würdigung 351

LITERATURVERZEICHNIS 355

Zusammenfassung

Die vorliegende Arbeit widmet sich der Frage nach der Rechtmäßigkeit der Privilegierung von und des Abbaus ordnungsrechtlicher Pflichten für Standorte oder Organisationen, die an dem gemeinschaftsrechtlichen EG-Öko-Audit-System, EMAS I und in Zukunft an EMAS II, teilnehmen oder teilgenommen haben. Im Mittelpunkt der Betrachtung steht dabei die Figur des staatlich zugelassenen und geprüften Umweltgutachters.
EMAS vereint staatliche mit privaten sowie interne mit externen Elementen. Der europäische Verordnungsgeber hat EMAS als freiwilliges System des Umweltschutzes geschaffen, vor allen Dingen auch um dem gemeinschaftlichen sowie dem nationalen Vollzugsdefizit entgegenzuwirken.
Nachdem das an EMAS teilnehmende Unternehmen sich den internen Systemelementen von EMAS unterworfen, eine betriebliche Umweltpolitik entwickelt, ein Umweltprogramm und Umweltziele festgelegt, ein Umwelt-Managementsystem implementiert sowie eine interne Umweltbetriebsprüfung durchgeführt und eine Umwelterklärung erstellt hat, prüft der externe Umweltgutachter die verschiedenen Systemelemente auf ihre Funktionstauglichkeit und erklärt bei positivem Prüfergebnis die Umwelterklärung für gültig. Nach der Validierung der Umwelterklärung trägt eine national „zuständige Stelle" die Organisation in ein Verzeichnis ein und meldet dies der EG-Kommission. Das Unternehmen ist sodann berechtigt, zu Werbezwecken eine Teilnahme-Erklärung zu führen.
Der Umweltgutachter wird durch eine beliehene Stelle, die DAU, hoheitlich zugelassen und beaufsichtigt. Er selbst wird jedoch nicht beliehen und erfüllt keine hoheitliche Aufgaben. Der Umweltgutachters prüft die verschiedenen Elemente des EG-Öko-Audit-Systems und erklärt die Umwelterklärung für gültig. Er prüft das EMAS-System an Hand der Unterlagen des teilnehmenden Unternehmens sowie an Hand von Stichproben im Rahmen eines System- und Performance-Audits. Ein Compliance-Audit und die Prüfung der Rechtskonformität des Standorts nimmt er nicht vor. Das Prüfsiegel des Umweltgutachters erlaubt insofern keine Aussage über die Einhaltung des einschlägigen Umweltrechts an dem Standort oder der Organisation.
Eine Priveligierung auditierter Unternehmen durch Erleichterungen und Befreiungen von ordnungsrechtlichen Pflichten darf nicht zu einem Abbau materieller Umweltstandards führen. Ein solcher verbietet sich im Hinblick auf die Ziele der Verordnung sowie auf die staatlichen Schutzpflichten aus Art. 20a GG für die natürlichen Lebensgrundlagen und aus den grundrechtlichen Schutzgewährleistungen. Ein Abbau von ordnungsrechtlichen Pflichten ohne Verzicht auf geltenden Schutzstandards kann nur erfolgen, wenn Gleichwertigkeit oder „funktionale Äquivalenz" von ordnungsrechtlichen Pflichten einerseits und den Systemelementen von EMAS andererseits vorliegt. Eine Verzicht oder eine generelle Einschränkung der umweltrechtlichen Vollzugskontrolle durch die zuständigen Behörden ist nur dann möglich, wenn der Staat weiterhin seiner

Gewährleistungsverantwortung für den Gesetzesvollzug hinreichend nachkommen kann. Neben einer vergleichbaren Vollzugskontrolle durch den Privaten muss der Staat vor allen Dingen eine effektive Aufsicht über die Kontrolltätigkeit des Privaten gewährleisten. Der Umweltgutachter kann durch seine Prüftätigkeit die behördliche Vollzugskontrolle schon deshalb nicht ganz oder teilweise ersetzen, da er die Rechtskonformität eines Standortes gar nicht prüft. Auch vermag das Zulassungs- und Aufsichtssystem der Gutachter nach dem UAG eine hinreichende gutachterliche Prüfqualität nicht sicherzustellen. Zudem verfügt der Staat nicht über hinreichende Kontrollbefugnisse.

Auch im Hinblick auf die Einhaltung einzelner Rechtsvorschriften sind gutachterliche Aussagen, Bestätigungen und Zeugnisse nicht geeignet, die Behörde in nachgeordneten Entscheidungen zu binden. Eine solche Bindungswirkung kann nur die Prüftätigkeit beliehener Sachverständiger nach sich ziehen. Trotz der Teilnahme eines Standortes oder einer Organisation an EMAS muss die Umweltverwaltung in jedem Fall die Letztentscheidungen im Rahmen ihrer hoheitlichen Aufgabenerfüllung auf Grund freier Tatsachenwürdigung ausüben. Würde die Umweltverwaltung an die Entscheidung des Gutachters gebunden, so käme es zu einer unzulässigen faktischen Beleihung. Auch wenn der Umweltgutachter als Verwaltungshelfer in die Sachverhaltsermittlung am Standort einbezogen würde, so würde eine systematische und dauerhafte Einbeziehung des privaten Sachverstandes in die hoheitliche Aufgabenerfüllung zumindest eine gesetzliche Grundlage erfordern. Offen steht es allerdings der Verwaltung ebenso wie dem Unternehmer den gutachterlichen Sachverstand außerhalb der EMAS-Prüfung aufgrund einer eigenen vertraglichen oder sonstigen rechtlichen Grundlage zu nutzen.

Auch im Bereich des Verwaltungsverfahrens und der unternehmerischen Informationspflichten kommt eine Deregulierung von ordnungsrechtlichen Erfordernissen für auditierter Organisationen nach den Ergebnissen dieser Arbeit nur in einigen untergeordneten und insgesamt wenig entlastenden Bereichen in Betracht. Auf Grund der Erfahrung von erhöhter Rechtskonformität auditierter Standorte, bzw. Organisationen, kann und sollte die Verwaltung die EMAS-Teilnahme jedoch im Rahmen behördlicher Ermessensentscheidungen berücksichtigen.

Auch wenn das Deregulierungspotenzial, welches EMAS bietet, mit Blick auf die spannungsgeladene Stellung des Umweltgutachters im Rahmen der vorliegenden Arbeit als gering eingestuft wird, so wird der Beruf und das Aufgabenfeld des Gutachters insgesamt positiv bewertet. Die nationale Deregulierungsdebatte in Deutschland verstellt jedoch häufig den Blick auf das wahre Potenzial des Umweltgutachters als Beispiel eines unabhängigen, privaten Sachverständigen und Prüfers, - eines Berufstandes, desse Bedeutung in einer immer komplexer werdenden und sich schneller ändernden Umwelt immer wichtiger wird.

Executive Summary

This study examines the possibilities of a legal privilege for companies participating in the European Community „*Environmental Auditing and Management-Scheme*" (EMAS). In this context the analysis focuses on the legal position of the nationally accredited and supervised environmental verifier.
EMAS was created as a means to improve the environmental performance of organizations. It commits the European business community to adopt a pro-active approach in the field of environmental protection. At the same time, it serves as an instrument to enforce national and European environmental regulatory requirements.
In contrast to ISO 1400 Standards, EMAS uniquely unifies private and governmental elements. It includes a disclosure requirement and an external audit. A core idea of EMAS is that public pressure will motivate companies to improve environmental performance. European lawmakers have quite deliberately created a private-public hybrid.
Participation in EMAS is voluntary. However, the requirements for EMAS certification include several activities. Participating companies develop an environmental policy, an environmental program and environmental objectives. They also establish an environmental management system for their production side (EMAS I) or their organization (EMAS II). This management system includes procedures to implement periodic audits. Lastly, they compose a written environmental statement. With this basis companies submit themselves to an external audit with EMAS requirements. Such audits are preformed at periodic intervals by an independent, accredited third party, the environmental verifier. Environmental verifiers validate environmental statements after a successful check of the different elements of EMAS. The participating companies forward the validated environmental statement to a Competent Body of the Member State in which the organization seeking registration is located. This Competent Body lists the organization in a register. The same body controls the entry and maintenance of production sides or organizations on the register and informs the Commission of the EU of the registration. After these procedures, the participants of EMAS may make use of the EMAS logo.
The German government has granted administrative power to a autonomous accreditation body, the " Deutsche Akkreditierungs- und Zulassungsgesellschaft mbH" (DAU). The DAU accredits and supervises environmental verifiers. German lawmakers have defined the accreditation of the environmental verifier in the country's environmental protection law, the so-called *"Umweltauditgesetz"*. Accredited environmental verifiers themselves are not granted with sovereign authority. They operate on the basis of contract signed with the company as mandator. The function of environmental verifiers is to check compliance with all the requirements of EMAS. To this end, they carry out a systems- and a performance audit; however, such audits do not comprise a legal compliance audit. Since veri-

fiers do not check legal compliance of the production side with the Community and national environmental regulation, the assessments of the environmental verifiers do not comprise a statement of the legal compliance of the production sides or the organizations.

The adoption of EMAS by the European Council has ignited a heated debate in Germany among politicians and lobbyists. The role of EMAS in the implementation and enforcement of the country's environmental legislation is currently under debate. Lobbyists see EMAS as a means to ease the burden of legal compliance in the over-regulated German environmental administrative law. As a result they are demanding a special treatment under national legislation for EMAS participating production sides, res. organizations. They aim to release these companies from several legal requirements and reduce compliance control.

However, EMAS cannot be used legally as a pretext to dismantle environmental standards. Such actions would contradict the objectives of EMAS and therefore violate European regulation. Furthermore in Germany this would violate the government's obligation to protect natural resources as codified in Art. 20a of the German Constitution, the so-called *"Grundgesetz (GG)"*. Dismantling environmental standards would also violate constitutional civil rights rooted in the *Grundgesetz*. For that matter an EMAS privilege can only legally be introduced when material environmental standards remain unaffected. Such a privilege is only permissible under two circumstances. EMAS must offer a "functional equivalent" to existing requirements of environmental law or it must refer to procedural regulations. Federal and state agencies would only be legally free to forgo compliance control if EMAS provided an equivalent instrument of control and supervision. However, since environmental verifiers do not carry out a legal compliance audit, EMAS has no equivalent control mechanism. In addition, independence and audit quality of verifiers are not guaranteed sufficiently by the German accreditation system.

Decisions relating to compliance and enforcement measures are under the jurisdiction of public administration and the results of such a decision are a product of the constitutional obligations of the federal or state governments. Statements and certificates issued by verifiers to relieve the burden of companies and public administration cannot replace such decisions of state agencies as the certificates of a private person such as an environmental verifier cannot legally bind public administration.

Contrary to the public opinion, the legal flexibility of deregulation and privilege in procedural regulations for certified companies is extremely limited. In particular reference to audits by environmental verifiers may not serve to ease the burden of legal compliance of the business community.

Nevertheless the accredited verifier can be contracted by the administration or private companies independently of the EMAS audit in order to make use to the verifiers expertise. Moreover the administration can and should take into consideration EMAS participation in legal discretionary decisions.

Abkürzungsverzeichnis

a.A.	anderer Ansicht
A.a.O.	Am angegebenen Ort
a.F.	alte Fassung
AbfKoBiV	Abfallwirtschaftskonzept- und Bilanzverordnung
ABl.	Amtsblatt
Abs.	Absatz
AcetylenV	Acetylenverordnung
AGB	Allgemeine Geschäftsbedingungen
AGBG	Gesetz zur Regelung des Rechts der Allgemeinen Geschäftsbedingungen
AKMP	Akkreditierungsstelle der Länder für Meß- und Prüfstellen zum Vollzugs des Gefahrstoffrechts
AktG	Aktiengesetz
AllMBl.	Allgemeines Ministerialblatt
AltautoV	Altautoverordnung
Anh.	Anhang
AöR	Archiv des öffentlichen Rechts
Art.	Artikel
AT	Allgemeiner Teil
AtG	Atomgesetz
AtVfV	Atomrechtliche Verfahrensverordnung
BauGB	Baugesetzbuch
BayGVBl.	Bayerisches Gesetz- und Verordnungsblatt
BayVBl.	Bayerische Verwaltungsblätter
BB	Der Betriebs-Berater
Bbg	Brandenburg
Bd.	Band
BDI	Bund deutscher Industrie
ber.	Berichtigt
BFHE	Sammlung der Entscheidungen und Gutachten des Bundesfinanzhofs
BfuP	Betriebswirtschaftliche Forschung und Praxis
BGB	Bürgerliches Gesetzbuch
BGBl.	Bundesgesetzblatt
BGHSt.	Entscheidung des BGH in Strafsachen
BGHZ	Entscheidung des BGH in Zivilsachen
BHO	Bundeshaushaltsordnung
BimSchG	Bundes-Immissionsschutzgesetz
BimSchV	Verordnung zur Durchführung des Bundes-Immissionsschutzgesetzes

BMF	Bundesminister(ium) für Finanzen
BMU	Bundesminister(ium) für Umwelt, Naturschutz und Reaktorsicherheit
BMWi	Bundesminister(ium) für Wirtschaft
BNotO	Bundesnotarordnung
BRAO	Bundesrechtsanwaltsordnung
BR-Drs.	Drucksache des Bundesrates
BS	British Standard
BT	Besonderer Teil
BT-Drs.	Drucksache des Bundestages
BVerfG	Bundesverfassungsgericht
BVerfGE	Amtliche Sammlung der Entscheidungen des Bundesverfassungsgerichts
BVerwG	Bundesverwaltungsgericht
BVerwGE	Amtliche Sammlung der Entscheidung des Bundesverwaltungsgerichts
BW	Baden-Württemberg
BWaldG	Bundeswaldgesetz
bzw.	Beziehungsweise
CEN	Comitée Européen de Normalisation
CERCLA	Comprehensive Environmental Response, Compensation, and Liability Act
ChemG	Chemikaliengesetz
CiC	Culpa in Contrahendo
DAR	Deutscher Akkreditierungsrat
DAU	Deutsche Akkreditierungs- und Zulassungsgesellschaft für Umweltgutachter mbH
DB	Der Betrieb
DGB	Deutscher Gewerkschaftsbund
DIN	Deutsches Institut für Normung
DJT	Deutscher Juristentag
DNR	Deutscher Naturschutzring
DÖV	Die öffentliche Verwaltung
DruckbehV	Druckbehälterverordnung
DVBl.	Deutsches Verwaltungsblatt
e.V.	eingetragener Verein
EAC	European Accrediation Council
ebd.	Ebenda
ECOFIN	Rat zu Wirtschaft und Finanzen
EfbV	Entsorgungsfachbetriebeverordnung
EG	Europäische Gemeinschaft

EgRL	Entsorgegemeinschaftenrichtlinie
EG-UAVO	Verordnung (EWG) Nr. 1836/93 des Rates vom 29. Juni 1993 über die freiwillige Beteiligung gewerblicher Unternehmen an einem Gemeinschaftssystem für das Umweltmanagement und die Umweltbetriebsprüfung
EGV	EG-Vertrag
ElexV	Verordnung über elektrische Anlagen in explosionsgefährdeten Räumen
EMAS	Environmental Management and Audit Scheme
EMAS-II-E	Gemeinsamer Standpunkt des Ministerrates zur Novellierung der EG-Öko-Audit-Verordnung
EMAS-II-EK	Entwurf der Kommission zur Novellierung der EG-Öko-Audit-Verordnung
engl.	englisch/e/es
Env. Affairs L. Rev.	Environmental Affairs Law Review
Env. Auditor	Environmental Auditor
Env. Law	Environmental Law
EP	Europäisches Parlament
EPA	Environmental Protection Agency
EU	Europäische Union
EuZW	Europäische Zeitschrift für Wirtschaftsrecht
EWG	Europäische Wirtschaftsgemeinschaften
f.	folgende (eine)
FA	Firma
FEU	Forschungsgruppe Evaluierung Umwelt-Audit
ff.	folgende (mehrere)
FGU	Fortbildungszentrum Gesundheits- und Umweltschutz
FN	Fußnote
FS	Festschrift
GasleitV	Verordnung über Gashochdruckleitungen
GBl.	Gesetzblatt
GefStoffVO	Gefahrstoffverordnung
gem.	Gemäß
GenG	Genossenschaftsgesetz
GentG	Gentechnikgesetz
GewArch.	Gewerbearchiv
GewO	Gewerbeordnung
GG	Grundgesetz
ggf.	Gegebenenfalls
GmbH	Gesellschaft mit beschränkter Haftung
GoA	Grundsätze ordnungsgemäßer Abschlussprüfung
GoB	Grundsätze ordnungsgemäßer Buchführung

GR	Geographische Rundschau
GSG	Gerätesicherheitsgesetz
HandwO	Handwerksordnung
HGB	Handelsgesetzbuch
HGrG	Haushaltsgrundsätzegesetz
Hrsg.	Herausgeber
Hs.	Halbsatz
i.d.F.	in der Fassung
i.S.	im Sinne
ICC	International Chamber of Commerce
IdU	Institut der Umweltgutachter und –berater
IHK	Industrie- und Handelskammer
IHKG	Industrie- und Handelskammergesetz
InfAuslR	Informationsbrief Ausländerrecht
IÖW	Institut für ökologische Wirtschaftsforschung
ISO	International Organization for Standardization
IVU-Richtlinie	EG-Richtlinie über die integrierte Vermeidung und Verminderung der Umweltverschmutzung
IVU-RL	EG-Richtlinie über die integrierte Vermeidung und Verminderung der Umweltverschmutzung
Jb NPolÖk	Jahrbuch für Neue Politische Ökonomie
Jb UTR	Jahrbuch des Umwelt- und Technikrechts
Jh.	Jahrhundert
JuS	Juristische Schulung
JZ	Juristenzeitung
KfSachvV	Verordnung zur Durchführung des Kraftfahrsachverständigengesetzes
KfzSachvG	Kraftfahrzeugsachverständigengesetz
KrW-/AbfG	Kreislaufwirtschaft- und Abfallgesetz
L.	Law
LabfG	Landesabfallgesetz
LAGA	Länderarbeitsmeinschaft Abfall
LAI	Länderausschuss Immissionsschutz
LAWA	Länderarbeitsgemeinschaft Wasser und Abwasser
LBO	Landesbauordnung
Lit.	Literatur
LuftVG	Luftverkehrsgesetz
m.w.N.	mit weiteren Nachweisen
MASGF	Ministerium für Arbeit, Soziales und Frauen
mbH	mit beschränkter Haftung
MBl.	Ministerialblatt

MDR	Monatszeitschrift für Deutsches Recht
Mio.	Millionen
MUNR	Ministerium für Umwelt, Naturschutz und Raumordnung
NachwV	Nachweisverordnung
NatSchG	Naturschutzgesetz
NJW	Neue Juristische Wochenzeitschrift
Nr.	Nummer
NRW	Nordrhein-Westfalen
NuR	Natur und Recht
NVwZ	Neue Zeitschrift für Verwaltungsrecht
NWAMBl.	Nordrhein-westfälisches Amtsblatt
NWVBl.	Nordrhein-westfälische Verwaltungsblätter
OVG	Oberverwaltungsgericht
PflSchG	Pflanzenschutzgesetz
PVV	Positive Vertragsverletzung
QM	Qualitätsmanagement
RIW	Recht der internationalen Wirtschaft
RL	Richtlinie
Rn.	Randnummer
RSU	Rat von Sachverständigen für Umweltfragen
s.	Siehe
S.	Satz, Seite
s. u.	siehe unten
sächs.	Sächsisch
SächsAufbauG	Sächsisches Aufbaubeschleunigungsgesetz
SEC	Securities und Exchange Commission
SLIM	Simpler Legislation for the Internal Market
sog.	sogenannte/r/s
South. Clif. L. Rev.	Southern California Law Review
StAnz.	Staatsanzeiger
StörfallV	Störfallverordnung
StPO	Strafprozessordnung
StrlSchV	Strahlenschutzverordnung
StVO	Straßenverkehrsordnung
StVZO	Straßenverkehrs-Zulassungsordnung
TA	Technische Anleitung
TA Abfall	Zweite allgemeine Verwaltungsvorschrift zum Abfallgesetz
TGA	Trägergemeinschaft für Akkreditierung
ThürStAnz.	Thürigischer Staatsanzeiger
TKG	Telekommunikationsgesetz

TÜV	Technischer Überwachungsverein
u.Ä.	und Ähnliches
u.U.	unter Umständen
Uabs.	Unterabschnitt
UAG	Umweltauditgesetz
UAG-AufsR	UAG-Aufsichtsrichtlinie
UAGBV	UAG-Beleihungsverordnung
UAG-FkR	UAG-Fachkunderichtlinie
UAG-GebV	UAG-Gebührenverordnung
UAG-LehrgR	UAG-Lehrgangsrichtlinie
UAG-PrüfR	UAG-Prüferrichtlinie
UAG-ZertVfR	UAG-Zertifizierungsverfahrensrichtlinie
UAG-ZV	UAG-Zulassungsverfahrensverordnung
UBA	Umweltbundesamt
UGA	Umweltgutachterausschuss
UGB	Umweltgesetzbuch
UGB-AE	Arbeitsentwurf zum Umweltgesetzbuch
UGB-KomE	Entwurf eines Umweltgesetzbuches der Unabhängigen Sachverständigenkomission
UGB-PE	Professorenentwurf zum Umweltgesetzbuch
UGB-RE	Referentenentwurf zum Umweltgesetzbuch
UGB-Umweltaudit-Priveligierungs-VO	Umweltrechtliche Verordnung zur Überwachungserleichterung für auditierte Standorte
UmweltHG	Umwelthaftungsgesetz
UPR	Umwelt- und Planungsrecht
Urt.	Urteil
USA	United States of Amerika
usw.	und so weiter
UVP	Umweltverträglichkeitsprüfung
UVPG	Gesetz über die Umweltverträglichkeitsprüfung
Uwf	Umweltwirtschaftsforum
UWG	Gesetz gegen den unlauteren Wettbewerb
v.	vom/von
VCI	Verband der Chemischen Industrie
VDI	Verband Deutscher Ingenieure
VersR	Zeitschrift für Versicherungsrecht
VerwArch.	Verwaltungsarchiv
VGH	Verwaltungsgerichtshof
VO	Verordnung
Vol.	Volume
VÖW	Verein für ökologische Wirtschaftsforschung

VR	Verwaltungsrundschau
VVDStRL	Veröffentlichungen der Vereinigungen der Deutschen Staatsrechtslehrer
VwGO	Verwaltungsgerichtsordnung
VwVfG	Verwaltungsverfahrensgesetz
WawS	Verwaltungsvorschrift zum Vollzug der Anlagenverordnung
WHG	Wasserhaushaltgesetz
WiVerw.	Wirtschaft und Verwaltung
WP-Handbuch	Wirtschaftsprüfer-Handbuch
WPO	Wirtschaftsprüferordnung
WRV	Weimarer Reichsverfassung
WSA	Wirtschafts- und Sozialausschuss
WSI	Wirtschafts- und Sozialwissenschafltiches Institut des Deutschen Gewerkschaftsbundes
z.B.	zum Beispiel
z.T.	zum Teil
ZAU	Zeitschrift für angewandte Umweltforschung
ZEuP	Zeitschrift für Europäisches Privatrecht
ZfU	Zeitschrift für Umweltrecht
ZG	Zeitschrift für Gesetzgebung
ZLG	Zentralstelle der Länder für Sicherheitstechnik
ZLS	Zentralstelle der Länder für Gesundheitsschutz bei Medizinprodukten
ZPO	Zivilprozessordnung
ZRP	Zeitschrift für Rechtspolitik
ZUR	Zeitschrift für Umweltrecht

KAPITEL 1: EINFÜHRUNG

I. Einleitung und Zielsetzung

Das deutsche Umwelt-Ordnungsrecht hat in den letzten Jahren deutlich an Popularität eingebüßt. Was lange als wegweisend und modern galt, erscheint den Herausforderungen unserer modernen Welt immer weniger gewachsen. Von den Betroffenen wird es als überladen und kompliziert, von den Behörden als schwer vollziehbar empfunden. Übereinstimmend gilt es als unflexibel, behäbig und unfähig, auf die Entwicklungen in Technik und Wissenschaft zu antworten.
Unser Umweltrecht ist geprägt durch seine gewerberechtlichen Wurzeln. Trotz der Verankerung des Vorsorgegedankens baut es nach wie vor auf der Gefahrenabwehr auf. Streng hierarchisch tritt der regelnde, machtvolle Staat dem Bürger gegenüber: gebietend, verbietend und sanktionierend. Dieser väterliche Staat vermag jedoch die Facetten unseres modernen Lebens nicht mehr zufriedenstellend zu erfassen, und die imperative Steuerung versagt da, wo ihr Vollzug nicht mehr sichergestellt ist. Zwar gelang es dem geltenden Recht in Deutschland eine vergleichbar hohe Umweltqualität durch umfassende Regelung zu erreichen. Heute scheinen jedoch Legislative und Exekutive gleichermaßen überfordert, die gesetzten Standards auch durchzusetzen. Es ist Zeit für einen umweltpolitischen Strategiewechsel. Da Umweltschutz auf der Ebene des Umweltnutzers vollzogen werden muss, muss der Privatsektor zum Partner der Verwaltung in Sachen Umweltschutz werden. Um die Kräfte der Privatwirtschaft jedoch effektiv für gemeinwohlorientierte Zwecke zu mobilisieren, bedarf es neuer rechtlicher Instrumente. Diese wurden, trotz einer breit geführten nationalen Reformdiskussion, zunächst in Brüssel definiert und die diskutierte umweltrechtliche Trendwende mit der Rechtsetzung der Europäischen Gemeinschaft vorweggenommen.

Die *„Verordnung (EWG) Nr. 1836/93 des Rates über die freiwillige Beteiligung gewerblicher Unternehmen an einem Gemeinschaftssystem für das Umweltmanagement und die Umweltbetriebsprüfung"* vom 29. Juni 1993 gehört zu der Gruppe von Regelungen, mit denen auf europäischer Ebene neue Instrumente des Umweltschutzes formuliert wurden. Mit der Verordnung wurde das „EG-Öko-Audit" oder „Environmental Management and Audit Scheme" (EMAS) in den Mitgliedstaaten der Europäischen Gemeinschaft eingeführt. Der Begriff „Öko-Audit" beinhaltet dabei jedoch eine irreführende Verkürzung des Gegenstandes, da EMAS eben nicht nur ein „Audit" in Form einer Prüfung, sondern auch die Implementation eines Umwelt-Managementsystems umfasst.[1] Obwohl sich international die Abkür-

[1] *Köck*, JZ 1995, S. 643, 644; *Falk*, Die EG-Öko-Audit-Verordnung und das deutsche Umwelthaftungsrecht, 1998, S. 9.

zung „EMAS“ als Bezeichnung für das EG-Öko-Audit-System durchgesetzt hat, ist in Deutschland der Begriff „Öko-Audit“ noch gebräuchlich.[2]
Mit EMAS soll durch die freiwillige Einführung eines Umwelt-Managementsystems, durch eine interne und externe Umweltbetriebsprüfung sowie die Veröffentlichung einer Umwelterklärung der betriebliche Umweltschutz gestärkt werden. Die Verordnung basiert auf dem Prinzip der Freiwilligkeit, auf der unternehmerischen Eigenverantwortung und der Einbeziehung der Öffentlichkeit. Sie spiegelt damit die Verlagerung des gesetzgeberischen Schwerpunktes zu partizipatorischen, kooperativen, integrierten und informativen Regelungen wieder. Die Verordnung formuliert zwar auch einige wenige materielle Maßstäbe, dies ist jedoch nicht ihr primäres Anliegen.[3] Ihren Kern machen Regelungen zur Betriebsorganisation, mithin die Regelung unternehmerischer Interna, die das staatliche Ordnungsrecht und die behördlicher Überwachung grundsätzlich nicht erreicht, aus.

Der allgemeinen Unzufriedenheit mit dem Ordnungsrecht zum Trotz, lehnte die deutsche Politik und Wirtschaft die Idee des EG-Öko-Audit-Systems zunächst als unerwünschten Fremdkörper im deutschen Rechtssystem ab. Nachdem sich jedoch herauskristallisierte, dass die Verordnung am Widerstand Deutschlands nicht scheitern würde, nahmen die Spitzenverbände der deutschen Wirtschaft eine Kehrtwende in ihrer Beurteilung vor. Neben der Aussicht auf Imagegewinn und Wettbewerbsvorteile war die Haupttriebfeder für diesen Stimmungswechsel die Hoffnung, die Verordnung als Argument und Instrument zum Abbau der umweltrechtlichen Regelungsvielfalt nutzen zu können.[4] Durch die ihr immanente Verantwortungsverlagerung auf private Initiative bestand und besteht die Erwartung, die EG-Öko-Audit-Verordnung könne verschiedene ordnungsrechtliche Regelungen für teilnehmende Unternehmen obsolet machen.

Auch wenn eine anfängliche Deregulierungseuphorie im Zusammenhang mit EMAS deutlicher Ernüchterung gewichen ist, so sind die Hoffnungen auf den Rückbau des ungeliebten Ordnungsrechts noch nicht ganz verblasst.[5] Eine Renais-

---

[2] Die novellierte Verordnung führt in Art. 1 Abs. 1 EG-UAVO „EMAS“ gemeinschaftsweit als offiziellen Begriff für das System ein. In der vorliegende Arbeit wird der Begriff „Öko-Audit“ aus deutscher Gewohnheit jedoch noch parallel zu dem Begriff EMAS gebraucht.

[3] Dies kritisiert z.B. *Selent*, Die Öko-Audit-Verordnung als Beitrag zur nachhaltigen Entwicklung, Berlin 1997, S. 10f., 47ff.

[4] *Schottelius*, WSI Mitteilungen 1998, S. 505, 510. Nach *Guhle* negieren die Wirtschaftsverbände mit ihrer taktischen Haltung zu dem System dessen Leistungsanspruch. *Guhle*, WSI-Mitteilungen 1998, S. 518, 519.

[5] Das Instrument des Öko-Audits wird immer noch als *„Schlüssel für eine Substitution des Ordnungsrechts“* gehandelt. Vgl. *Kniep*, GewArch. 1997, S. 142, oder auch: *Fluck*, VerwArch. 1995, S. 466, 479; *Hezel*, in: *Rengeling*, (Hrsg.), Auf dem Wege zum Umweltgesetzbuch I, 1999, S. 179.

sance erfuhr die Diskussion um ein *„Öko-Audit-Privileg"*[6] insbesondere auch im Rahmen der Novellierung der EMAS-Verordnung.[7]/[8]

Voraussetzung für die Schaffung von Freiräumen für einen potenziellen Abbau ordnungsrechtlicher Anforderung, ist ein leistungfähiges Öko-Audit-System. Anders als bei privaten Umwelt-Management-Normungen sieht EMAS die Prüfung des Systems durch einen staatlich zugelassenen Umweltgutachter[9] vor. Diese externe Begutachtung ist entscheidend für die Glaubwürdigkeit des EG-Öko-Audit-Systems. Der zugelassene Umweltgutachter steht dabei an der Schnittstelle zwischen dem auf Freiwilligkeit basierenden System der Umweltbetriebsprüfung und der Forderung nach Deregulierung geltenden Rechts. Betrachtet man diese exponierte Stellung innerhalb des Systems, so stellt sich bei privilegierenden Regelungen für EMAS-Teilnehmer die Frage, inwieweit durch den Abbau staatlicher Verantwortlichkeiten diese auf den Umweltgutachter verlagert werden. Dabei ergeben sich aus den rechtlichen Vorgaben für den unabhängigen Umweltgutachter in der Verordnung und der deutschen Ausgestaltung des Berufsbildes im Umweltauditgesetz einerseits, aus den staatlichen Schutzpflichten andererseits, Grenzen für rechtliche Privilegierungen auditierter Organisationen.

Es ist das Ziel der vorliegenden Arbeit, die Stellung des Umweltgutachters in Bezug auf ein potenzielles Deregulierungspotenzial der EG-Öko-Audit-Verordnung kritisch zu untersuchen. Nach einer Darstellung der historischen und politischen Rahmenbedingungen von EMAS in dem ersten Kapitel der vorliegenden Arbeit gibt das zweite Kapitel eine Einführung in das System der EG-Öko-Audit-Verordnung. Im dritten Kapitel werden die Begriffe der Deregulierung und Substitution erläutert. Das vierte Kapitel beschreibt sodann den Umweltgutachter, so wie ihn EG-Öko-Audit-Verordnung und Umweltauditgesetz vorsehen. In einem weiteren Schritt werden die juristischen Probleme der Privatisierung ordnungsbehördlicher Aufgaben dargelegt (Kapitel 5). Vor diesem Hintergrund erörtert das sechste Kapitel die juristische Stellung des Gutachters in Deutschland. Es folgt eine ausführliche Diskussion der Reichweite der Tätigkeit des Gutachters in Kapitel Sieben. Darauf aufbauend wird die rechtliche Stellung des Umweltgutachters mit der Forderung nach Deregulierung in Deutschland verknüpft. Hierzu werden im achten Kapitel zunächst die Grenzen der Deregulierung, im neunten Kapitel die bereits

---

[6] So die rheinland-pfälzische Umweltministerin: *Martini*, NuR 1998, S. 479.

[7] Aus der jüngsten Literatur: *Budde,* Die Umwelt-Audit-Verordnung der EU, 1998; *Nissen,* Die EG-Öko-Audit-Verordnung, 1999; *Schneider,* Öko-Audit und Deregulierung im Immissionsschutzrecht, 1999; jeweils m.w.V.

[8] Der Ausgang dieser Diskussion betrifft in der Hauptsache die Staaten, die über ein ausdifferenziertes Umwelt-Ordnungsrecht verfügen, namentlich Österreich und Deutschland.

[9] Die weibliche Form sei immer mitgedacht. Aus Gründen der Lesbarkeit wird auf die ausdrückliche Erwähnung in der vorliegenden Arbeit verzichtet. Selbiges gilt für alle weiteren Personenbezeichnungen, die allgemein in der männlichen Form verwendet werden (z.B. der Sachverständige, der TÜV-Prüfer etc.).

erfolgten Erleichterungen für teilnehmende Unternehmen erläutert. Es folgt eine Diskussion potenzieller Substitution und Deregulierung im zehnten Kapitel und eine Darstellung der Entlastungsmaßnahmen in den Entwürfen für ein Umweltgesetzbuch (Kapitel 11). Am Ende steht eine Zusammenfassung und eine Gesamtwürdigung. Diskutiert werden die Auswirkungen der Deregulierung auf den Umweltgutachter und die Grenzen einer Öko-Audit-Privilegierung unter Beibehaltung der gegenwärtigen rechtlichen Stellung des Gutachters.

II. Der europäische und der deutsche Kontext

1. Europa

a. Die Aktionsprogramme der Europäischen Gemeinschaft

Meilensteine auf dem Weg der Entwicklung der europäischen Umweltpolitik sind die gemeinschaftlichen Umwelt-Aktionsprogramme. Hierbei handelt es sich um politische Absichtserklärungen ohne rechtliche Verbindlichkeit,[10] denen jedoch beachtliche politische Bedeutung zukommt. Umweltpolitische Aktionsprogramme sind wichtige strategische Dokumente, die neue Orientierungen und Entwicklungen des gemeinschaftlichen Umweltrechts aufzeigen und zudem die Politik der Gemeinschaft in einen globalen Zusammenhang stellen.
Eine Lektüre dieser Programme verdeutlicht den Weg, den die Gemeinschaft in den letzten drei Jahrzehnten auf dem Gebiet der Umweltpolitik zurückgelegt hat. Bis heute sind fünf solcher Programme veröffentlicht, das sechste Aktionsprogramm wird in Brüssel zur Zeit vorbereitet. Während die ersten zwei Aktionsprogramme[11] noch unter dem Banner einer traditionellen, ordnungsrechtlich geprägten und reaktiven Umweltpolitik standen, zeichnete sich mit dem 3. Aktionsprogramm eine Umorientierung ab, mit welcher die Idee der Vorsorge und damit des proaktiven Umweltschutzes Eingang in die Politik der Gemeinschaft fand.[12] Dieser Blickwinkel des Umweltschutzes wurde mit dem 4. Programm deutlich vertieft; zusätzlich gewann auch das Konzept des integrierten Umweltschutzes an Bedeutung.[13] Die entscheidende Trendwende wurde allerdings erst mit dem 5. Aktions-

---

[10] Zur Rechtsverbindlichkeit der Aktionsprogramme: *Breuer*, ZUR 1995, S. 302. Mit dem EU-Vertrag wurde der Erlass der umweltpolitischen Aktionsprogramme ausdrücklich geregelt. Künftige Aktionsprogramme, die nach diesem Verfahren erlassen werden, erlangen eine beschränkte Bindungswirkung. Einzelheiten hierzu: *Epiney*, Umweltrecht in der Europäischen Union, 1997, S. 20ff.; *Breier*, ZUR 1995, S. 302.

[11] ABl. C 112 v. 20.12.1973, S. 1; ABl. C 139 v. 13.6.1977, S. 1.

[12] ABl. C 46 v. 17.2.1983, S. 1. Das dritte Aktionsprogramm hebt deutlich das Instrument der UVP hervor.

[13] ABl. C 328 v. 7.12.1987, S. 1.

programm vollzogen.[14] Es hebt die Politik der Gemeinschaft auf den Sockel der *„dauerhaften und umweltgerechten Entwicklung"*, mithin der Nachhaltigkeit. Nach dem Aktionsprogramm sei die Herausforderung der ersten Jahrzehnte des Bestehens der EG die Vollendung des Binnenmarktes gewesen. In Zukunft gehe es darum, ein Gleichgewicht zwischen Umweltschutz und wirtschaftlicher Entwicklung herzustellen.[15] Im Vordergrund stehe dabei nicht mehr die weitere Verschärfung materieller Umweltstandards. Vordringliches Ziel sei vielmehr die Bekämpfung des auch und insbesondere auf der Ebene des Gemeinschaftsrechts festgestellten Vollzugsdefizits.[16] Dabei müssten alle gesellschaftlichen Gruppen *„im Sinne einer gemeinsam getragenen Verantwortung"* an der Verwirklichung der Ziele des Programms teilhaben; hierzu sei *„eine Weiterentwicklung und Erweiterung der Palette von Instrumenten zur Ergänzung der Rechtsvorschriften"* erforderlich. Neben marktorientierten und anderen Instrumenten wirtschaftlicher Art kämen unter anderem insbesondere auch freiwillige Systeme in Betracht.[17]/[18]

b. Die nationalen Einflüsse in der europäischen Umweltpolitik

Bis in die 80er Jahre hinein galt Deutschland durch seine progressive, vorantreibende Haltung als Motor europäischer Umweltpolitik.[19] Das europäische Umweltrecht war maßgeblich durch die Einflüsse deutscher Rechtstradition geprägt; deutsches und europäisches Umweltrecht zeichneten sich durch gleichgerichtete Regelungsansätze und wechselseitige Ergänzung aus.[20] Zunehmend begannen jedoch auch andere Mitgliedstaaten die Bedeutung der Umweltpolitik zu erkennen und der *„Wettbewerb der Systeme"*[21] wurde härter. Der Einfluss insbesondere Großbritanniens, aber auch Frankreichs, auf die gemeinschaftliche Umweltpolitik nahm in den letzten Jahrzehnten deutlich zu.[22] Deutschland hingegen trat den in-

---

[14] „Programm der Europäischen Gemeinschaft für eine Umweltpolitik und Maßnahmen im Hinblick auf eine dauerhafte und umweltgerechte Entwicklung." ABl. C 138 v. 17.5.1993, S. 1. Vgl. hierzu auch: *Böhm-Amtmann*, WiVerw. 1999, S. 135.

[15] ABl. C 138 v. 17.5.1993, Zusammenfassung, Punkt 39, Einleitung.

[16] ABl. C 138 v. 17.5.1993, Kapitel 9.

[17] ABl. C 138 v. 17.5.1993, Erwägungsgrund 26.

[18] Das *„Global Assesment"* des 5. Aktionsprogramms der Europäischen Kommission, welches am 24.11.1999 vorgelegt wurde, zeichnet leider kein Bild des politischen Erfolges des 5. Aktionsprogramms. Umweltpolitisch werden Stagnation und Tendenzen zur negativen Entwicklung festgestellt. Die Umweltverbände machen hierfür unter anderem gerade den partnerschaftlichen Ansatz des Programms verantwortlich. Vgl. DNR EU-Rundschreiben 2/2000, S. 32.

[19] *Albin/Müller-Kraenner*, ZUR 1999, S. 73; differenzierend: *Demmke*, Die Verwaltung 1999, S. 43.

[20] *Breuer*, NVwZ 1997, S. 833.

[21] Ebd. S. 833, 834.

[22] Die Verschiebung der nationalen Einflüsse spiegelt sich in den Rechtsakten, die durch den Ministerrat der Gemeinschaft verabschiedet wurden, wie der UVP- und IVU-, der Umweltinformations- und der Seveso-II-Richtlinie sowie eben auch der EG-Öko-Audit-Verordnung. Kritisch kommentieren diese Entwicklung: *Breuer*, NVwZ 1997, S. 833, 834f.; *Schottelius*, NVwZ 1998,

novativen umweltrechtlichen Bestrebungen der Gemeinschaft zunehmend kritisch gegenüber.[23]

Während in wenigen Ländern der Europäischen Gemeinschaft das imperative Umwelt-Ordnungsrecht eine ähnliche differenzierte Ausgestaltung wie in Deutschland erfahren hat, gehören der Appell an Freiwilligkeit und Eigenverantwortung, die Kontrolle durch die Öffentlichkeit[24] sowie die Motivierung von Unternehmen mit dem Ziel eines wirksamen Umweltschutzes in anderen Ländern seit langem zum politischen und rechtlichen Instrumentenbündel.[25] Auch liegt der Schwerpunkt umweltrechtlicher Regelungen insbesondere im angelsächsischen Rechtsraum nicht auf der Formulierung materieller Standards sondern auf der Verfahrensebene.[26] Weitere Unterschiede auf der Ebene der gerichtlichen Überprüfung von Verwaltungsentscheidungen liegen in der Bedeutung des *‚standings'* bzw. des Rechtsschutzbedürfnisses,[27] der Behandlung von Verfahrensfehlern, die in Deutschland weitestgehend geheilt werden können,[28] den Unterschieden hinsichtlich der Rechtsschutzmöglichkeiten und der Tiefe der gerichtlichen Überprüfung.[29]

S. 805. Vgl. auch zur gegenseitigen Beeinflussung nationalen und europäischen Verwaltungsrechts: *Schwarze*, Das Verwaltungsrecht unter europäischem Einfluß, 1996.

[23] Die grundsätzlich positive Einschätzung der europäischen Umweltpolitik erhielt 1985 mit dem Erlass der auf eine französische Initiative zurückgehende UVP-Richtlinie aus deutscher Sicht einen ersten Dämpfer, sorgte diese Richtlinie doch für große Schwierigkeiten bei der Umsetzung in deutsches Recht. *Demmke*, Die Verwaltung 1999, S. 43. Weitere aktuelle Beispiele für die zögerliche umweltpolitische Haltung Deutschlands in: *Albin/Müller-Kraenner*, ZUR 1999, S. 73 ff; *Falke*, ZUR 1999, S. 315; *Di Fabio*, in: *Rengeling* (Hrsg.), Integrierter und betrieblicher Umweltschutz, 1996, S. 183.

[24] Vgl. die rechtstheoretische Abhandlung von *Scherzberg* zur Bedeutung der Öffentlichkeit von Verwaltung: *Scherzberg*, Die Öffentlichkeit der Verwaltung, 2000.

[25] *Schottelius/Küpper-Djindjic* sprechen im Hinblick auf die unterschiedlichen umweltrechtlichen Ansätze von zwei rechtlichen Grundkonzepten, die dem modernen Industriestaat offenstehen. *Schottelius/Küpper-Djindjic*, BB 1994, S. 2214.

[26] *Hennecke*, WiVerw. 1995, S. 80, 84; *Breuer*, NVwZ 1997, S. 833, 835; *Köck* sieht darin positiv die konsequente Fortsetzung des europäischen Konzeptes eines verfahrensbezogenen, medienübergreifenden Umweltschutzes. *Köck*, JZ 1995, S. 643, 647. *Schottelius* kritisiert diese Verlagerung und spricht insofern von der Einführung *„planwirtschaftlicher Elemente,"*[...] *„die mit dem marktwirtschaftlichen Prinzip kollidieren."* *Schottelius*, BB, Beilage 2 zu Heft 8 1997, S. 1, 11.

[27] *Ercmann*, Env. Law 1996, S. 1213, 1222ff.; zu den Unterschieden zwischen deutschem und europäischem Verwaltungsrecht: *Classen*, NJW 1995, S. 2457, 2458; zu den Unterschieden zwischen deutschem und amerikanischem Umweltrecht: *Jarass*, DÖV 1985, S. 377.

[28] §§ 45, 46 VwVfG, § 44a VwGO, §§ 214f. BauGB; vgl. *Classen*, NJW 1995, S. 2457, 2459; im Detail: *Hufen*, Fehler im Verwaltungsverfahren, 1991.

[29] Entscheidend nach deutschem Recht ist vor allen Dingen die materielle Richtigkeit der Entscheidung. Dem Verfahren wird insofern traditionell eine dienende und untergeordnete Rolle zugeteilt. Vgl. *Ossenbühl*, NVwZ 1982, S. 465.

Mit dem Einzug von Elementen und Instrumenten, welche insbesondere der angelsächsischen Rechtskultur entstammen, ist eine Lösung des europäischen Umweltrechts von der deutschen Rechtskultur zu beobachten. Zu diesen Elementen zählen:

- Qualitätsziele, welche neben Grenzwerten an Bedeutung gewinnen,
- integrative Regelungen, welche die sektoralen Vorschriften ergänzen,[30]
- die Stärkung des partizipatorischen Elemente,
- die verstärkte Einbeziehung der Öffentlichkeit in die Wirkungsmechanismen rechtlicher Instrumente,
- die Verlagerung des Regelungsschwerpunktes von der Vorgabe materieller Standards auf verfahrensrechtliche Regelungen.[31]

Im Vordergrund dieser Trendwende in der europäischen Umweltpolitik steht eine Modernisierung des Rechts mit dem Ziel, den Schwächen des geltenden Rechts mit innovativen Mitteln zu begegnen. Dem traditionellen Ansatz des Ordnungsrechts wird dabei nach wie vor die Rolle zuerkannt, Mindeststandards zu wahren und die Funktionsfähigkeit des Binnenmarktes sicherzustellen.[32] Ziel ist es, dass alte und neue Instrumente sich in dem Konzert der europäischen Rechtsakte ergänzen.
Das EG-Öko-Audit-System gehört in den Reigen dieser neuen Instrumente. Die Verordnung als ein auf Freiwilligkeit beruhendes System, welches an die Eigenverantwortung der Unternehmer appelliert, wurde dabei als *„das interessanteste, zugleich aber auch schillerndste und problematischste Instrument aus dem erweiterten Köcher des europäischen* [...] *Umweltrechts"* beschrieben.[33]

2. Deutschland

Die Entwicklung auf europäischer Ebene läuft parallel zu der Krise des deutschen Umweltrechts, die wiederum eingebettet ist in die Forderung nach einer umfassenden Reform des Verwaltungsverfahrensrechts.[34] Diese Forderung steht ihrerseits

---

[30] *Volkmann*, VerwArch. 1998, S. 363; *Kloepfer*, Umweltrecht, 1998, § 9 Rn. 51. Prominentestes Beispiel ist hierfür die IVU-Richtlinie. Vgl. *Sellner,* in: *Rengeling,* (Hrsg.), Integrierter und betrieblicher Umweltschutz, 1996, S. 79; *Krämer*, in: ebd., S. 51; *Di Fabio*, NVwZ 1998, S. 329; Integratives Umweltrecht in der EU und Vorhabenzulassung in Deutschland, UBA BE-120, 1998. Integriert wirken aber auch die EG-Öko-Audit-Verordnung oder die UVP-Richtlinie; *Hoffmann-Riem*, AöR 1994, S. 590, 597ff.

[31] *Breuer*, NVwZ 1997, S. 833; *Schottelius*, NVwZ 1998, S. 805; *Albin/Müller-Kraenner*, ZUR 1999, S. 73, 76, 77.

[32] ABl. C. 138 v. 17.5.1993, Zusammenfassung, Rn. 31.

[33] *Breuer,* NVwZ 1997, S. 833, 840.

[34] Hierzu kann an dieser Stelle nur auf die Fülle der Literatur zu diesem Thema verwiesen werden. Vgl. z.B. *Bullinger,* JZ 1991, S. 53; *Schmidt-Aßmann,* in: *Hoffmann-Riehm/Schmidt-Aßmann/Schuppert* (Hrsg.), Zur Reform des Allgemeinen Verwaltungsrechts, 1993, S. 11; *Weidinger,* BayVBl. 1997, S. 513; *Di Fabio,* VVDStRL (56) 1997, S. 235; *Hoffmann-Riehm*, DÖV

im Kontext einer allgemeinen Deregulierungs-, Privatisierungs- und Beschleunigungsdebatte.[35] Nährboden für diese Debatten sind Unkenrufe, welche die langfristige Gefährdung des Wirtschaftsstandortes Deutschland beschwören. Als investitionshemmend gilt insbesondere die Überregulierung, welche dazu führe, dass der Normvollzug bürokratisch, langsam und uneffektiv sei. [36]/[37] Notwendig sei somit eine „Verschlankung" und Vereinfachung des Rechts durch Regelungsabbau. Darüber hinaus soll auch der hoheitliche Aufgabenbestand eingegrenzt und der Staat von entbehrlichen Kontrollaufgaben und deren Kosten entlastet werden, um sich auf die effektive Wahrnehmung eines unerlässlichen Kernbestandes von Aufgaben zu konzentrieren.[38] Neben der Deregulierung wird somit auch eine Privatisierung von Verwaltungsaufgaben gefordert.[39] Im Rahmen dieser allgemeinen Deregulie-

---

1997, S. 433; *Schmitz,* NJW 1998, S. 2866; *Lübbe-Wolff,* Modernisierung des Umweltordnungsrechts, 1996.

[35] Exemplarisch seien die folgenden Veröffentlichungen genannt: *Caspar,* ZRP 1995, S. 410; *Wagner,* NVwZ 1995, S. 1046; *Benz,* Die Verwaltung 1995, S. 338; *Koch,* in: *Schlacke* (Hrsg.), Neue Konzepte im Umweltrecht, 1996, S. 27; *Busse,* DÖV 1996, S. 389; *Tettinger,* in: *Breuer* (Hrsg.), Neue Entwicklungen im Umweltrecht, 1996, S. 233; *Koch,* NVwZ 1996, S. 215, 220; *Weidinger,* BayVBl. 1997, S. 513; *Hofmann,* ZG 1999, S. 44; *Gawel,* Die Verwaltung 1999, S. 179; kritisch: *Stober,* DÖV 1995, S. 125; *Sendler,* in: *Rengeling* (Hrsg.), Integrierter und betrieblicher Umweltschutz, 1996, S. 231, 248ff.; *Ossenkamp,* ZG 1996, S. 160; *Schäfer,* NVwZ 1997, S. 526; im Hinblick auf das gerichtliche Verfahren: *Schmieszek,* NVwZ 1996, S. 1151. *Benz* warnt davor, dass in der Deregulierungsdiskussion das Verwaltungsrecht leicht zur Spielwiese uninformierter Wirtschaftswissenschaftler werden kann. *Benz,* Die Verwaltung 1995, S. 338, 341. Zur Reformdiskussion im Umweltrecht: *Hoffmann-Riehm,* AöR 1990, S. 400; *Roßnagel/Neusel* (Hrsg.), Reformperspektiven im Umweltrecht, 1995; *Lübbe-Wolff,* Modernisierung des Umweltordnungsrechts: Vollziehbarkeit-Deregulierung-Effizienz, 1996; *Schlacke,* (Hrsg.), Neue Konzepte im Umweltrecht, 1996; *Huber,* DVBl. 1999, S. 489. Unter dem Titel: Rückzug des Ordnungsrechts im Umweltschutz fand auch das 14. Trierer Kolloquium zum Umwelt- und Technikrecht v. 6.- 8.9.1998 statt. Vgl. Zusammenfassung der Tagung: *Schmidt,* DVBl. 1998, S. 1271ff.

[36] Das Vollzugsdefizit im Umweltrecht ist seit dem Gutachten des Rates von Sachverständigen für Umweltfragen (RSU) von 1978 Gegenstand der Diskussion. BT-Drs. 8/1938, S. 472ff. Zu dem Vollzugsdefizit auch z.B. *Lübbe-Wolff,* NuR 1993, S. 263; *Schenk,* ZAU 1993, S. 6; *Lahl,* in: *Schlacke* (Hrsg.), Neue Konzepte im Umweltrecht, 1996, S. 107ff.

[37] Zu dem Problem der Normenfülle: *Breuer,* Gutachten B für den 59. DJT, München 1992, S. B 9ff.; *Reinhardt,* AöR 1993, S. 617ff.; *Tettinger,* in: *Breuer* (Hrsg.), Neue Entwicklungen im Umweltrecht, 1996, S. 233, 237; *Budde,* Die Umwelt-Audit-Verordnung der EU, 1998, S. 6ff.; *Franßen,* auf der Jahrespressekonferenz des BVerwG am 14.2.1995: *„Es ist in manchen Bereichen des Umweltrechts schon fast eine besondere Leistung, sich den Überblick über das aktuell geltende Recht zu erhalten – oder besser – wieder zu verschaffen."* In: DVBl. 1995, S. 339; *Wagner,* NVwZ 1995, S. 1046, 1048.

[38] *Feldmann,* UTEC-Berlin Umwelttechnologieforum, 12.2.1997 in Berlin, S. 2.

[39] Auch die Bundesregierung (noch unter Bundeskanzler Dr. *Helmut Kohl*) hat die Privatisierung zu einem entscheidenden Element bei der *„Zukunftssicherung des Standortes Deutschland"* erklärt. BT-Drs. 12/6889, S. 1; Bericht der Bundesregierung zur Sicherung des Standortes Deutschland, BT-Drs. 12/5620, S. 12, 51f., BMF-Finanznachrichten 30/1994, S. 1 und 41/1994, S. 2.

rungsdebatte wird eine lebhafte Debatte um die Reform des deutschen Umweltrechts geführt.

Der Blick nach Europa lehrt, dass auch in Deutschland moderner Umweltschutz nicht mehr allein Staatsaufgabe sein kann, sondern von allen beteiligten Gruppen wahrgenommen werden muss.[40] Die ordnungsrechtliche Vorgabe von Verhalten und Zielzuständen sowie deren Kontrolle durch die Behörden muss durch eine stärkere Selbstverantwortung der Unternehmen ergänzt werden. Die Bereitschaft zur Anwendung umweltrelevanter Vorschriften seitens der Betroffenen, die heute ihre Belastbarkeit auf Grund der Vielzahl der Vorschriften für erschöpft ansehen, soll dabei durch die Zuhilfenahme neuer Anreizfaktoren gesteigert werden. Eine stärkere Einbindung der Bürger in den Umweltschutz nach dem Prinzip der kontrollierten Eigenverantwortlichkeit soll die Effizienz des Umweltschutzes erhöhen und für eine Verknüpfung von Vorsorge- und Kooperationsprinzip sorgen.[41] Eine stärkere Betonung des Kooperationsprinzips im Umweltschutz[42] fordert ihrerseits eine Ausdehnung rekursiver und partizipatorischer Instrumente. Katalysiert durch die europäische Rechtsetzung findet zudem eine Zuwendung zu marktwirtschaftlichen und integrativen Instrumenten des Umweltschutzes statt. Die Tendenz geht von der ordnungsrechtlichen Gefahrenabwehr zur planerischen Vorsorge und Bewirtschaftung, von der einseitigen Maßnahme zu Kooperation und Konsens, von der punktuellen Entscheidung zur Rechtsgewinnung im und durch Verfahren, von der Bestimmtheit zur Flexibilisierung, von der Wissenserklärung als Realakt zur Steuerung und Kontrolle durch Information und Öffentlichkeit, von der Kontrolle zur Eigenverantwortung und Transparenz im Wettbewerb, von nachträglicher Akzeptanz zu Kommunikation und kooperativer Konfliktlösung, von der Rezeption von standardisiertem Erfahrungswissen als Regelwissen zur experimentellen und prozeduralen Erzeugung neuen Wissens, von der Staatsaufgabe Umweltschutz zur Gemeinschaftsaufgabe.[43]

Die Entwicklungen in diese Richtung werden jedoch nicht nur begrüßt. Die Vorgaben der europäischen Rechtsetzung werden auch als Reformzwänge empfunden,

---

[40] *Kloepfer,* DB 1993, S. 1125.

[41] Letzteres stellt klar, dass Umweltschutz nicht alleinige Aufgabe des Staates ist und von diesem auch nicht in jedem Fall einseitig gegen Wirtschaft und Gesellschaft durchgesetzt werden soll, sondern die Zusammenarbeit aller betroffenen Kräfte erfordert. *Kloepfer/Elsner*, DVBl. 1996, S. 964, 965; *Kloepfer,* Umweltrecht, 1998, § 4 Rn. 45ff.; jeweils mit weiteren Literaturhinweisen zum Kooperationsprinzip. Auch beim 2. Jenaer Umweltrechtstag am 11.6.1999 stand das Kooperationsprinzip im Mittelpunkt des Interesses. Zusammenfassende Darstellung der Tagung: *Storr,* DVBl. 200, S. 175. Vgl. auch die Verankerung des Kooperationsprinzipes in den UGB-Entwürfen.

[42] Mit zwei Entscheidungen vom 7.5.1998 hat das BVerfG der Forderung Nachdruck verliehen, das umweltrechtliche Kooperationsprinzip als allgemeines Rechtsprinzip zu verstehen. BVerfGE 98, S. 83 = NJW 1998, S. 2346; BVerfGE 98, S. 106 = NJW 1998, S. 2341.

[43] *Hill,* Jb UTR 1994, S. 91.

welche die Gestaltungsfreiheit des nationalen Gesetzgebers über Gebühr einengen.[44] Die europäischen Rechtsakte gelten, spätestens seit der UVP-Richtlinie,[45] für viele als sperrige Fremdkörper im deutschen Rechtssystem. Wahrgenommen wird gar eine Bedrohung „*historisch gewachsener Rechtsvorstellungen* [...] *als wesentlicher Teil der Kultur und Sprache*“ durch die Überfremdung mit ausländischen Rechtsvorstellungen.[46] Doch auch wenn man das Fremde nicht gar so sehr fürchtet, sind objektive Implementationsprobleme des EG-Umweltrechts nicht zu übersehen.[47] Schwierigkeiten bei der Umsetzung von EG-Richtlinien ergeben sich häufig nicht aus mangelndem Umsetzungswillen, sondern aus dem Problem, mit den Widersprüchen der verschiedenen Rechtssysteme umzugehen.[48]
So lässt sich die Verlagerung des Schwerpunkts gesetzgeberischer Aktivität von der materiellen Ebene auf die Verfahrensebene nicht leicht in ein bestehendes – auf materiell-rechtliche Anforderungen ausgerichtetes - System integrieren.[49] Im Hinblick auf eine stärkere Prozeduralisierung des Umweltrechts auf europäischer Ebene, ist zunächst festzustellen, dass die Tendenz in Deutschland, Verfahrensfehlern im Rahmen von Beschleunigungs- und Deregulierungsgesetzen die Relevanz abzusprechen,[50] der europäischen Strömung diametral entgegenläuft.[51] Zeitgleich ist allerdings auch hierzulande die zunehmende Anerkennung von Verfahren als Voraussetzung der individuellen Rechtsverwirklichung zu beobachten.[52]

[44] *Koch*, NVwZ 1996, S. 215; *Lübbe-Wolff*, Der Vollzug des europäischen Umweltrechts, 1996, S. 209ff.; *Breuer*, NVwZ 1997, S. 833ff.
[45] Richtlinie 85/337/EWG des Rates v. 27.6.1985 über die Umweltverträglichkeitsprüfung bei bestimmten öffentlichen und privaten Projekten; ABl. L 175 v. 5.7.1985, S. 40 und UVP-Änderungsrichtlinie 97/11/EG des Rates, ABl. L 73 v. 3.3.1997, S. 5.
[46] *Schottelius*, NVwZ 1998, S. 805, 809.
[47] Hierzu: *Schmidt-Aßmann*, DVBl. 1993, S. 924; *Lübbe-Wolff*, Der Vollzug des europäischen Umweltrechts, 1996, S. 209ff.; allgemein: *Nicklas*, Implementationsprobleme des EG-Umweltrechts, 1998. Gerade die Landesverwaltungen beklagen, dass die Rechtsetzung der Europäischen Union keine Rücksicht auf die föderative Verfassungsstruktur Deutschlands nehme. Zu den Problemen der Länder bei der Umsetzung europäischer Vorgaben: *Hennecke*, WiVerw. 1995, S. 80; *Hansmann*, NVwZ 1995, S. 320, 324f.; im Hinblick auf die UVP-Änderungs- und der IVU-Richtlinie auch: *Wasielewski*, NVwZ 2000, S. 15.
[48] Zu den Problemen im Einzelnen: *Hansmann*, NVwZ 1995, S. 320.
[49] Im Gegensatz dazu nimmt z.B. in England oder Frankreich das Verwaltungsermessen und damit die inhaltliche Feststellung im Einzelfall eine zentrale Regulierungsfunktion ein. *Breuer*, NVwZ 1997, S. 833, 837, m.w.N.
[50] Vgl. *Schmitz*, NJW 1998, S. 2866 zum Genehigungsverfahrensbeschleungigungsgesetz; *Pein*, BB 1996, S. 1399; *Koch*, in: *Schlacke* (Hrsg.), Neue Konzepte im Umweltrecht, 1996, S. 27, 45; Die Unbeachtlichkeit der Verfahrensfehler im deutschen Recht wird durch eine materielle Prüfung der Sache im gerichtlichen Verfahren kompensiert. Das gerichtliche Verfahren ersetzt insofern das Verwaltungsverfahren. *Classen*, NVwZ 1995, S. 2457, 2461. In diesem Geiste auch: *Erbguth*, UPR 1999, S. 41ff., wenn er bei der Entscheidung über die Rechtmäßigkeit von Deregulierung im Verfahren auf den materiellen Entscheidungsgehalt abstellt.
[51] *Jarass*, DÖV 1985, S. 377; *Hoffmann-Riem*, AöR 1994, S. 590, 591.
[52] BVerfGE 53, S. 30 = JZ 1989, S. 307 (Mühlheim-Kärlich).

Auch die starke Rolle der Öffentlichkeit und die erhöhten Anforderungen an die Transparenz der Vorgänge werden in Deutschland mit Skepsis betrachtet.[53] Die Europäische Gemeinschaft stellt schon in Ermangelung eigener Vollzugsbehörden bei dem Vollzug eigener Rechtsakte verstärkt auf das kritische Überwachungs- und Durchsetzungspotenzial der Gemeinschaftsbürger ab.[54] Entscheidender Bestandteil neuer europäischer Regelungen ist aus diesem Grund eine offensive Informationspolitik. Das kritische Auge der Öffentlichkeit wird neben dem sich selbst überwachenden Unternehmer zum Kontrolleur der Einhaltung der Umweltstandards[55] und fungiert somit neben den Behörden verstärkt als Hüter des Gemeinwohls.
National kann die Einbindung der Öffentlichkeit in die Vollzugskontrolle jedoch zu einem bedenklichen Bedeutungsverlust der klassischen Kontrollinstanzen führen.[56] Dabei ist zu beachten, dass die Öffentlichkeit, welche in der Regel nur durch eine Gruppe interessierter Kreise repräsentiert ist, keine Gemeinwohlverantwortung trägt und nicht demokratisch legitimiert ist.
Weitgehende Publizitätsvorschriften kollidieren hierzulande zudem mit einem ausgedehnten Datenschutz.
Schließlich steht gerade der qualitätschutz-orientierte Ansatz der EG-Umweltpolitik der letzten Jahre im Gegensatz zu den technologie-orientierten Emissionswerten der deutschen Umweltgesetze. Aus diesem Grund wird befürchtet, dass die neuen Instrumente und die Ersetzung harter Standards durch weiche und auslegungsabhängige Anforderungen den hohen materiellen Standard des deutschen Umweltrechts gefährden könnten.[57]

Bei allem Lob und aller Kritik bleibt festzustellen, dass das Europarecht die Instrumente des deutschen Umweltrechts revolutioniert hat.[58]/[59] Einigkeit besteht in der Erkenntnis, dass nach steuerungswirksamen Äquivalenten zu dem überforderten Ordnungsrecht Ausschau gehalten werden muss. Durch Deregulierung, Substitution und Privatisierung soll staatliches Handeln zu Gunsten der Schaffung eines größeren Spielraumes für privatwirtschaftliche Leistungsfähigkeit beschränkt werden.

---

[53] So jedoch: *Breuer*, NVwZ 1997, S. 833, 837, wenn er von der *„lähmenden und desintegrierenden Wirkung der Mobilisierung der Öffentlichkeit"* spricht. Kritisch auch: *Schottelius*, NVwZ 1998, S. 805, 809.
[54] *Pernice*, NVwZ 1990, S. 414, 425; *Scherer*, NVwZ 1993, S. 11, 15; *Sellner/Schnutenhaus*, NVwZ 1993, S. 928.
[55] Auch *Ercmann* weist auf die Stärkung der Einhaltung der umweltrechtlichen Vorschriften durch die öffentliche Sensibilisierung *(„Promoting Compliance Through Public Awareness")* als Mittel des umweltrechtlichen Vollzugs hin. *Ercmann*, Env. Law 1996, S. 1213, 1219.
[56] *Schmidt-Aßmann*, DVBl. 1993, S. 924, 933.
[57] *Breuer*, NVwZ 1997, S. 833, 837.
[58] *Engel*, DVBl. 1999, S. 1069, 1071, 1072.
[59] Dabei liegt der entscheidende Faktor darin, dass umweltpolitisch unerwünschtes Verhalten bei den neuen europäischen Instrumenten nicht missbilligt wird. Der *„Verbots- und Sanktionsknüppel"* bleibt weitgehend im Sack. *Hoffmann-Riehm*, AöR 1990, S. 400, 417.

EMAS könnte auf diesem Weg ein Schritt auf diesem Wege zu dem modernen „schlanken Staat"[60] darstellen. Das EG-Öko-Audit-System ist innovativ, verlagert die Vollzugs- und Überwachungsverantwortung und lässt sich leicht mit Deregulierungsforderungen verknüpfen. Diese Eigenschaften machen die EG-Öko-Audit-Verordnung zu einem der interessantesten - und umstrittensten - Instrumente der Rechtslandschaft.

III. Umwelt-Audits

1. Klassifikation von Umwelt-Audits

Die Idee der Umwelt-Audits fußt in der klassischen Betriebsprüfung. Nach dieser werden die Daten von Aktiengesellschaften durch unabhängige Betriebsprüfer erfasst und geprüft. Für diese regelmäßigen Prüfungen entwickelte sich im angelsächsischen Sprachraum der Begriff des „Audits".[61] Im Falle der jüngeren Umwelt-Audits stellt die Verpflichtung, die Umwelthaftung umfassend zu bilanzieren, die Verbindung zur Finanzbuchprüfung her und erklärt auch die Wahl des Begriffs *„Environmental Auditing"*.[62] Das Audit beinhaltet nur die Überprüfung, nicht aber den Vorgang der Implementation eines Umwelt-Managementsystems. Es handelt sich um periodisch stattfindende, systematisch durchgeführte Bestandsaufnahmen und Prüfungen des Umweltschutzes in einem Unternehmen.[63] In diesem Sinne hat auch die Internationale Handelskammer *(International Chamber of Commerce [ICC])* in einem Positionspapier aus dem Jahre 1988,[64] mit welchem sie eine Standardisierung von Umwelt-Audits erreichen wollte, das Umwelt-Audit definiert als *„ein Managementinstrument, das einer systematischen, dokumentierten, periodischen und objektiven Beurteilung dient, wie gut Umweltschutzorganisation, -management und –einrichtungen funktionieren, um den Schutz der Umwelt zu fördern, durch: [*die*] Erleichterung der Kontrolle von Umweltschutzmaßnahmen durch die Unternehmensführung [*sowie die*] Feststellung der Erfüllung unternehmenspoliti-*

---

[60] Der ehemalige Bundesjustizminister *Schmidt-Jortzig* definiert den „schlanken Staat" als den *„leistungsfähigen Staat, der wirkungsvoll für die Belange seiner Bürger da ist, weniger Finanzmittel dafür benötigt und deshalb die bürgerlichen Entfaltungschancen verbessert". Schmidt-Jorzig*, in: *Rengeling* (Hrsg.), Beschleunigung von Planungs- und Genehmigungsverfahren, 1997, S. 1.

[61] Das Wort „Audit" bedeutet in der klassischen Übersetzung aus dem Englischen „Buchführung". *Dietl*, Wörterbuch für Recht, Wirtschaft und Politik, 1992.

[62] Vgl. *Lechelt*, in *Ewer/Lechelt/Theuer*, Handbuch Umweltaudit, 1998, Kapitel A Rn. 64; *Rhein*, Das Gemeinschaftssystem für das Umweltmanagement und die Umweltbetriebsprüfung, 1996, S. 15. Die Hauptelemente des Compliance-Audit in den USA entsprechen nach einer Studie der EPA den Charakteristika eines Finanz-Audits. EPA, Environmental Auditing Policy Statement, III. B. 1, 51 Federal Register 25004, 25009.

[63] *Fröschle/Hermann/Mandler*, DB 1994, S. 1093.

[64] ICC, Umweltschutz-Audits, Publikation Nr. 435, 1989. Vom ICC-Executive Board, angenommen am 29.11.1988.

scher Vorgaben, was auch die Einhaltung behördlicher Auflagen umfaßt".[65] Während die erste Fassung von EMAS keine Definition für das Umweltaudit bereit hielt, zitiert EMAS II die Definition der ICC wörtlich und legt sie der Verordnung zu Grunde.[66]

Aus der ursprünglichen Form eines „Legal Compliance"-Audit,[67] mit welchem die Einhaltung der einschlägigen Rechtsvorschriften sichergestellt werden sollte, haben sich inzwischen eine Vielzahl von Auditformen unter Zugrundelegung unterschiedlicher Zielsetzungen herausgebildet. Zu den wichtigsten Umwelt-Auditformen gehören neben dem Compliance-Audit, das „Management-" oder „System-" sowie das „Performance-" Audit.[68] System-Audits untersuchen die Funktionsfähigkeit des betrieblichen Umwelt-Managementsystems.[69] Bei Performance-Audits wird das Augenmerk auf die Einhaltung der Ziel- und Leistungswerte der betrieblichen Umweltpolitik gerichtet. Die EG-Öko-Audit-Verordnung vereinigt Merkmale von allen drei Audit-Formen.
Darüber hinaus sind aber - je nach zu Grunde liegendem Prüfungsgegenstand[70] und nach der Form der Durchführung - eine Vielzahl weiterer Umwelt-Audits denkbar. Es lassen sich interne von externen Prüfungen unterscheiden. Ziel interner Audits ist es, die Geschäftsführung von den umweltrelevanten Tatbeständen in Kenntnis zu setzen, um auf diese Weise betriebliche Schwachstellen aufzudecken.[71] Ein internes Umwelt-Audit ist ein rein innerbetriebliches Führungsinstrument. Die Informationen aus externen Audits hingegen werden der Öffentlichkeit, den Behörden oder anderen Personen, die außerhalb des Unternehmens stehen, zur Verfügung gestellt. Daneben sind Zwischenformen möglich, wie ein Umwelt-Audit mit privatrechtlicher Außenwirkung, welches der Risikobeurteilung bei Unternehmenskäufen dient. Vor allem in den USA finden Umwelt-Audits mit beschränkter behördlicher Außenwirkung mit dem Ziel der Haftungsminimierung statt.

---

[65] ICC, Umweltschutz-Audits, Publikation Nr. 435, Tz. 9.
[66] Vgl. Art 2 l EG-UAVO n.F.
[67] *„Legal compliance"* meint die Einhaltung des einschlägigen Rechts. Wenn in dieser Arbeit von einem „Compliance-Audit" gesprochen wird, so ist stets ein *legal compliance audit* gemeint.
[68] Vgl. *Lechelt* in: *Ewer/Lechelt/ Theuer*, Handbuch Umweltaudit, 1998, Kapitel A Rn. 66.
[69] Vgl. die Definition des System-Audits des EN/ISO 14001:1996 Standards, so wie sie in Annex I-A.5.4. EG-UAVO n.F. widergegeben wird.
[70] In der unternehmerischen Praxis spielen vor allem *Transactional Audits* (zur Überprüfung eventuellen Umweltrisiken von Grundstücken), *Treatment, Storage and Disposal Facility Audits* (zur Überprüfung der Lebenszyklen gefährlicher Stoffe), *Pollution Prevention Audits* (zur Einschätzung der Möglichkeit der Müll- und Emissionsvermeidung an der Quelle), *Environmental Liability Audits* (zur Erfassung der finanziellen Umweltrisiken der Unternehmensaktivitäten),*Product Audits* (zur Untersuchung von Herstellungsprozessen von Produkten), *Insurance Audit* (zur umfassenden Umwelt-Risikoprüfung) eine Rolle. Vgl. *Eipper*, GR 1994, S. 591, 592.
[71] *Scherer*, NVwZ 1993, S. 11, 12; *Lechelt*, in: *Ewer/Lechelt/Theuer,* Handbuch Umweltaudit, 1998, Kapitel A Rn. 67.

Audits auf der Grundlage der internationalen Norm ISO 14001 sind rein interne Audits; dem Umwelt-Audit nach der EG-Öko-Audit-Verordnung kommt hingegen vollständige behördliche und öffentliche Außenwirkung zu.[72]

2. Umwelt-Audits in den USA

Umwelt-Audits haben sich auf freiwilliger Basis in den USA in den 70er Jahren entwickelt. Vorausgegangen war eine Explosion des Erlasses oder der Verschärfung umweltrechtlicher Vorschriften.[73] Eine wachsende Sensibilisierung der Öffentlichkeit nach einer Anzahl von Störfällen in der chemischen Industrie und von Ölkatastrophen vor den Küsten der USA,[74] führte zu einer erhöhten gesetzgeberischen Aktivität im Umweltschutz sowie zu vermehrten Klagen gegen Unternehmen von durch Umweltveränderungen Geschädigten.[75] Es waren somit die Haftungsrisiken, die zahlreiche Unternehmen veranlassten, Umwelt-Managementsysteme einzuführen. Durch Compliance-Audits konnten sie ihre Betriebe freiwillig auf die Einhaltung der gesetzlichen Vorschriften prüfen lassen und somit das Haftungsrisiko minimieren.

Die ersten von außen initiierten Umwelt-Audits wurden auf Druck der als amerikanische Börsenaufsicht fungierenden *„Securities und Exchange Commission" (SEC)* durchgeführt. Die SEC hat die Aufgabe, die Interessen der Öffentlichkeit und der Aktionäre bei finanziellen Transaktionen zu schützen. In diesem Zusammenhang verlangte sie seit 1971 von Aktiengesellschaften, Informationen zu Umweltschutzaspekten des Unternehmens öffentlich bekannt zu machen. Zur Erfüllung dieser Informationspflichten bot sich die Durchführung von Umwelt-Audits an. In den Jahren 1977 bis 1980 verpflichtete die SEC drei Unternehmen, ein betriebliches Umwelt-Audit-System einzurichten, nachdem sie festgestellt hatte, daß die Aktionäre der betreffenden Unternehmen nur unzureichend über potenzielle Haftungsrisiken durch Umweltverstöße aufgeklärt worden waren.[76]

Jüngere Gesetze steigerten das umweltrechtliche Haftungsrisiko in den USA weiter und dehnten den Anwendungsbereich von Umwelt-Audits erheblich aus. Gesetze wie der *„Comprehensive Environmental Response, Compensation, and Liability*

---

[72] *Feldhaus*, in: *Kornmann* (Hrsg.), Umwelthaftung und Umweltmanagement, 1994, S. 9, 12.

[73] *Buck* spricht insofern von der *„Environmental Decade"*. *Buck*, Understanding Environmental Administration and Law, 1996, S. 22.

[74] So verlor die Plattform A der Union Oil Company im Januar 1969 fast 1 Mio. Liter Öl vor den Badestränden Santa Barbaras. *Buck*, Understanding Environmental Administration and Law, 1996, S. 17.

[75] *Lechelt*, in: *Ewer/Lechelt/Theuer*, Handbuch Umweltaudit, 1998, Kapitel A Rn. 65.

[76] *Scherer*, NVwZ 1993, S. 11, m.w.N.

Act (CERCLA)"[77] von 1986 und entsprechende Gesetze der Bundesstaaten begründeten für Erwerber von Unternehmen und Grundstücken eine zivilrechtliche Haftung für Altlasten und Verstöße gegen Umweltvorschriften, selbst wenn der Erwerber keine Kenntnis von den haftungsauslösenden Umständen hatte.[78] Noch weiter geht eine Haftungserweiterung, die von der Rechtsprechung vorgenommen wurde: Danach kann ein Kreditgeber für die Sanierung von Altlasten in Anspruch genommen werden, die sein Schuldner verursacht hat. Voraussetzung hierfür ist allein, dass der Kreditgeber über ausreichenden Einfluss auf das Management verfügt und durch sein Einwirken auf das Unternehmen, die schädigenden Handlungen hätte verhindern können.[79] Um solche Haftungsrisiken zu minimieren, reicht nicht mehr die bloße Sicherstellung der Einhaltung der umweltrechtlichen Vorschriften. Die verschärfte Haftung Dritter führt vielmehr dazu, dass im Vorfeld eines Vertragsschlusses verstärkt einmalige Umweltuntersuchungen vorgenommen werden, um mögliche Haftungsrisiken zu identifizieren und gegebenenfalls zu minimieren.

Das interne „Compliance"-Audit stellt in den USA dennoch auch heute noch die beherrschende Auditform dar.[80] Compliance-Audits, die auf die Überprüfung der Einhaltung umweltrechtlicher Vorschriften gerichtet sind, entwickelten sich zu wertvollen internen Informationsinstrumenten der Unternehmensleitung.[81] Angesichts der kaum überschaubaren Masse einschlägiger Umweltvorschriften dient das Audit schon allein dazu, den Überblick über die Fülle der Vorschriften zu behalten.

Wenn auch die Entstehung der Umwelt-Audits nicht an die Einführung eines Umwelt-Managementsystems gekoppelt war,[82] so entwickelten sich Standards und Normen für das Umwelt-Management parallel zu der Verbreitung von Umwelt-Audits. Allein die aktuellen umweltrechtlichen Anforderungen zu kennen, verlangt erhebliche organisatorische Anstrengungen, die mit Hilfe eines Umwelt-Managementsystems reduziert werden können.[83] Auf Grund der zunehmenden Zahl der

---

[77] Pub. L. No. 96-510, 94 Stat. 2767 (1980) (codified as amended at 42 U.S.C. §§ 9601-9675 (1988) as amended by Superfund Amendments and Reauthorization Act of 1986, Pub. L. No. 99-499, 100 Stat. 1613. Hierzu: *Oswald*, Boston College Env. Affairs L. Rev. Vol. 20, 1993, S. 579.

[78] *Moormann/Kirsch*, Wake Forest Law Rev., Vol. 26, 1991, S. 97, 98.

[79] *Oswald*, Boston College Env. Affairs L. Rev. 1993, Vol. 20 S. 579ff.

[80] Vgl. zu den Anreizen und Motivationen, ein Compliance-Audit in den USA durchzuführen: *Moormann/Kirsch*, Wake Forest Law Rev. Vol. 26, 1991, S. 97. *Moorman/Kirsch* plädieren dafür, diese Audits in der Regel von Rechtsanwälten durchführen zu lassen (S. 111ff.).

[81] Neben der Einhaltung von Gesetzen, Verordnungen und Genehmigungserfordernissen, erstreckt sich ein Compliance-Audit in der Regel auch auf die Überprüfung von Satzungen, internen Regelwerken und freiwilligen Selbstverpflichtungen.

[82] Vgl. *Rechtschaffen*, South. Calif. L. Rev., Vol. 71, 1998, S. 1181, 1257ff.

[83] Die Entstehung von Standards und Normen für das betriebliche Umwelt-Management wurde durch gesetzlich verankerte Mitteilungs- und Aufklärungspflichten, die seit den 80er Jahren verstärkt Eingang in die amerikanischen Umweltvorschriften fanden, gefördert. Z.B. Resource Con-

Umwelt-Audits wurden standardisierte Verfahren entwickelt, die an die Durchführung von betriebswirtschaftlichen Unternehmensprüfungen durch Wirtschaftsprüfer angelehnt waren.[84] Standards entstanden durch die Vorgabe von *„best practice"* Management-Verfahren durch einzelne Unternehmen, welche durch Vergleich und Wettbewerb mit anderen Unternehmen zu Maßstäben wurden.[85] Die Standardsetzung erfolgte somit als induktive Normentstehung und evolutionäre Rechtsentwicklung im Rahmen allgemeiner Ziele durch Zusammenwirken zwischen Betreibern, dem Staat und Dritten, etwa Auditoren, sowie der Öffentlichkeit.[86] Die Einführung von Umwelt-Managementsystemen entwickelte sich damit nicht durch äußeren Impuls sondern durch Markt und Wettbewerb.

Hinsichtlich der Anreize für die Teilnahme an einem Compliance-Audit gilt in den USA, dass die Durchführung des Audits im Vergleich zu den Sanktionskosten, die der aufgedeckte Umweltrechtsverstoß bzw. der Schadenshaftung, die ein einklagbarer Schaden in der Regel nach sich zieht, kostengünstiger ist. Dies liegt nicht zuletzt daran, dass die Maßnahmen der amerikanischen Umweltbehörde *„Environmental Protection Agency" (EPA)*, erlangt sie von der Nichteinhaltung umweltrechtlicher Vorschriften Kenntnis, sehr viel weitgehender und kostenintensiver als vergleichbare Sanktionen nach deutschem Recht sind. In Kompensation für geringe Kapazitäten basiert die Vollzugspraxis in den USA weit mehr auf einer Politik der Abschreckung als in Deutschland.[87] Das Öko-Audit dient dem Unternehmen daher nicht primär dem Umweltschutz sondern ist ein Instrument der Kosten- und Risikosenkung.

Auch die EPA erwog, die freiwilligen Umwelt-Audits staatlicherseits nutzbar zu machen. Ähnlich wie später in Europa, sollte die Rolle des staatlichen Vollzugs von Umweltrecht gegenüber der Eigenüberwachung der Unternehmen verringert werden.[88] Während Europa jedoch auf die Verbreitung von Umwelt-Audits durch Rechtsakt setzte, reagierte die EPA auf ein schon bestehendes System. Um hinreichende Zuverlässigkeit und Glaubwürdigkeit der Eigenüberwachung zu gewährleisten, erwog die amerikanische Behörde, ein obligatorisches, von unabhängigen Gutachtern durchgeführtes, externes Audit einzuführen. Dies ließ sich jedoch gegen erbitterten Widerstand der Wirtschaft nicht durchsetzen. Die Unternehmen

---

servation und Recovering Act, § 3007, 42 U.S.C. § 6927; Clean Water Act, § 308; 33 U.S.C. Superfund Amendment and Reauthorisation Act, § 1318.

[84] *Wagner/Janzen,* BFuP 1994, S. 573, 578.

[85] *Hill,* Jb UTR 1994, S. 91, 110.

[86] Ebd.

[87] *Klüppel,* Jb UTR 1999, S. 371, 379, 380.

[88] Auch in den USA kennt man die Probleme des umweltrechtlichen Vollzugsdefizites und sucht neben dem *„Command and Control"* Ansatz des Ordnungsrechts nach alternativen Steuerungsmitteln. Umweltaudits spielen dabei eine große Rolle. Vgl. *Van Cleve,* Cardozo Law Rev., Vol. 12, 1991, S. 1215ff.; *Hunt/Wilkins,* Harvard Env. L. Rev.; Vol. 16. 1992, S. 365; *Rechtschaffen,* Southern California Law Rev., Vol. 71, 1998, S. 1181, 1182ff.

wollten in jedem Fall vermeiden, dass durch die Einbindung von Auditoren in das staatliche Überwachungssystem, diese der Pflicht unterlägen, Auditberichte an die zuständigen Behörden weiterzuleiten. Dies mache die erforderliche enge Kooperation zwischen Auditor und Unternehmen unmöglich und so die Effektivität des Systems zunichte.[89] Die amerikanische Wirtschaft lehnt mit diesem Argument jede Verknüpfung von externen Audits und staatlichem Umweltrecht ab. Sie verwehrt sich gegen jede staatliche Nutzbarmachung von Audits, soweit dies mit der Veröffentlichung von Informationen einhergehen soll. Vereinzelt werden zwar Forderungen nach der Privilegierung von Firmen, die interne Audits durchgeführt haben geäussert, im Allgemeinen werden in den USA jedoch, anders als in Deutschland, keine Deregulierungsforderungen mit der Teilnahme an Audits verknüpft.[90] Die Wirtschaft verteidigt vehement die Staatsferne „ihres" Managementinstruments.[91] Das Audit blieb somit grundsätzlich als freiwilliges und internes Instrument bestehen, auch wenn die EPA den Vollzugsbehörden, Kriterien an die Hand gab, in welchen Fällen und auf welche Weise die Verpflichtung zur Durchführung eines Umwelt-Audits als Vollzugsinstrument eingesetzt werden kann.[92]

Entgegen früherer Überlegungen lehnt es die EPA heute ab,[93] den Unternehmen als Anreiz zur Einrichtung von Audit-Systemen den Abbau von Kontrollen oder Vollzugsmaßnahmen zuzusichern. Die Audits sollen allein als Komplement der staatlichen Überwachungs- und Vollzugstätigkeit dienen. Jedoch wird die mit der Durchführung von Audits verbundene Verbesserung der Einhaltung einschlägigen Rechts bei der Festlegung der Prioritäten berücksichtigt, mit welcher die Behörden gegenüber den Unternehmen überwachend tätig werden.[94]

---

[89] *Rhodes,* Env. Auditor 1989, S. 7, 133, 135.

[90] Dies mag sich unter der Regierung von Präsident *George W. Bush* in Zukunft ändern. *Bush,* als erklärter Skeptiker allen umweltrechtlichen Regelungen gegenüber, vertritt die Auffassung das weite Teile des umweltrechtlichen Vollzugs auch ohne Äquivalent eines externen Mechanismus in die Hand der Industrie in der Form der Eigenüberwachung verlagert werden könnte. Vgl. *Christian Science Monitor* vom 23.1.2001, *„Who should monitor the smokestacks?"*.

[91] Anders als in Deutschland fordern amerikanische Firmen eben keine Belohnung für die Durchführung eines Audits. Ihnen geht es nur darum, Nachteile, die mit der Teilnahme verbunden sei könnten, zu vermeiden.

[92] Im Jahre 1991 wurden allerdings gesetzlich durch die *Clean Air Act Amendments* interne Pflichtaudits für bestimmte Anwendungsfälle im Bereich des Immissionsschutzes eingeführt (Ähnliche Verpflichtungen finden sich inzwischen ebenfalls im Wasser- sowie im Gefahrstoffrecht.). Ihr Anwendungsbereich wird in Deutschland jedoch weitgehend durch obligatorischen Berichts- und Dokumentationspflichten abgedeckt.

[93] Auch dies kann sich unter der Präsidentschaft von *George W. Bush* sowie der Führung der EPA unter *Christine Todd Whitman* schnell ändern.

[94] EPA, Environmental Auditing Policy Statement, III. B. 1., 51 Federal Register 25004, 25007. Für die Entlastung von Unternehmen, die freiwillig ein Umweltmanagementsystem einführen, auch: *Rechtschaffen,* Southern California Law Rev., Vol. 71, 1998, S. 1181, 1261.

Die Transparenz, die durch die Audits geschaffen wird und die der Unternehmensleitung hilft, Entscheidungen zu treffen, stellt das Hauptproblem der Audits in den USA dar. Eine klare Festlegung hinsichtlich der Frage, wann die Auditergebnisse von den verschiedenen Vollzugsbehörden verwertet werden können, fehlt.[95] Wenn die Informationen, die durch das Audit gewonnen werden, den Vollzugsbehörden zugänglich sind oder werden, laufen die Unternehmen unter Umständen Gefahr, einen *„paper track"* in ihre eigene Strafbarkeit zu legen.[96] Und nicht nur die Strafverfolgungsbehörden sondern auch die Vollzugsbehörden sowie private Kläger können so auf die Nichteinhaltung von Umweltvorschriften aufmerksam werden. Verschiedene Bundesstaaten haben aus diesem Grund Privilegierungsklauseln für Rechtsverstöße, die durch Umwelt-Audits entdeckt werden, erlassen. Die EPA, unterstützt von amerikanischen Umweltorganisationen,[97] sträubte sich lange gegen eine solche Privilegierung und sanktionierte teilweise die Bundesstaaten, die ein solches Privileg eingeführt hatten [98]

---

[95] Aus diesem Grunde versucht die EPA die politischen Vorgaben für die Audits so zu formulieren, dass auf Pflichten zur Veröffentlichung von Ergebnissen weitgehend verzichtet wird. *Ercmann*, Env. Law 1996, S. 1213, 1231, der auch zutreffend darauf hinweist, dass hierin einer der Hauptunterschiede zu EMAS liegt.

[96] *Ercmann*, Env. Law 1996, S. 1213, 1236. Statt dem *„paper track"* wird auch von dem Problem der *„smoking gun"* gesprochen. *Mazza*, Ecology Law Quaterly, Vol. 23, 1996, S. 79, 82.

[97] *Bedford*, Dirty Secrets: The Corporations' Campaign for an Environmental Audit Privilege, 1996.

[98] *Klüppel*, Jb UTR 1999, S. 371, 379. Sehr kritisch gegenüber diesen: *Mazza*, Ecology Law Quaterly, Vol. 23, 1996, S. 79ff.

KAPITEL 2: DIE EG-ÖKO-AUDIT-VERORDNUNG

I. Die Entwicklung

1. Die Entstehung

Die ersten öffentlichen Überlegungen zu einer gemeinschaftsrechtlichen Vorschrift über betriebliche Umwelt-Audits gehen auf das Jahr 1990 zurück.[99] In diesem Jahr stellte die EG- Kommission[100] einen Vorschlag für ein obligatorisches EG-Öko-Audit-System vor, der jedoch mit aller Deutlichkeit abgelehnt wurde.[101] Geplant war ein Managementsystem, welches für bestimmte Unternehmen eine standardisierte und verpflichtende Umweltberichterstattung vorsah, jedoch auf zertifizierungsrelevante Standards verzichtete.[102]
Die Kommission legte dem EG-Ministerrat im Dezember 1991 und im März 1992 modifizierte Entwürfe vor,[103] die ab Mitte 1992 unter britischer Präsidentschaft beraten wurden. Die Wirtschaftsverbände hatten erreicht, dass die Klausel, welche ein Audit hätte obligatorisch werden lassen, in dem Entwurf aus dem Jahre 1992 fehlte.[104] Er trug mit der Freiwilligkeit der Beteiligung an dem System, mit der Validierung einer Umwelterklärung durch einen unabhängigen Umweltgutachter sowie der Berechtigung zur Führung eines Logos nach erfolgreicher Teilnahme die Grundzüge der später in Kraft getretenen EG-Öko-Audit-Verordnung. Doch auch dieser Entwurf erfuhr noch viel Kritik, sowohl seitens der Umwelt- als auch seitens der Wirtschaftsverbände.[105] Den Umweltverbänden ging der Vorschlag nicht weit genug, er erschien ihnen zu unverbindlich. Die Wirtschaftsverbände hingegen

---

[99] Zur Geschichte des Öko-Audits in den USA und in Europa: vgl. *Scherer,* NVwZ 1993, S. 11, *Bartsch,* ZUR 1995, S. 14ff.; *Rhein,* Das Gemeinschaftssystem für das Umweltmanagement und die Umweltbetriebsprüfung, 1996, S. 9ff.; *Baumast,* in: Doktoranden-Netzwerk Öko-Audit e.V. (Hrsg.), Umweltmanagementsysteme zwischen Anspruch und Wirklichkeit, 1998, S. 33; *Lechelt* in: *Ewer/Lechelt/ Theuer,* Handbuch Umweltaudit, 1998, Kapitel A Rn. 67; *Klüppel,* Jb UTR 1999, S. 371.

[100] Kommission der Europäischen Gemeinschaft, im Folgenden auch kurz die „Kommission".

[101] *Bültmann/Wätzhold,* Aus Politik und Zeitgeschichte B 48/1999, S. 30, 31.

[102] Das Verfahren war stark an die Vorgehensweise bei der betrieblichen Abschlussprüfung orientiert und sollte insofern der Vollzugskontrolle der Umweltgesetzgebung dienen. *Ganse/Gasser/Jasch,* Öko-Audit, Umweltzertifizierung, 1997, S. 29.

[103] *„Vorschlag für eine Verordnung des Rates, die die freiwillige Beteiligung gewerblicher Unternehmen an einem gemeinschaftlichen EG-Öko-Audit-System ermöglicht"* ABl. C 76 v. 27.3.1992, S. 2.

[104] In den Monaten nach dem Erlass der EG-UAVO a.F. wurde in der deutschen rechtswissenschaftlichen Literatur der Verzicht auf die Teilnahmeverpflichtung insgesamt kritisch beurteilt. So z.B. *Führ,* EuZW 1992, S. 468, 471; *ders.,* NVwZ 1993, S. 858, 860; *Von Gehlen,* UVP-Report 1995, S. 254.

[105] Vgl. *Führ,* EuZW 1992, S. 468, 471ff.; *Scherer,* NVwZ 1993, S. 11, 16; *Schottelius/Küpper-Djindjic,* BB 1994, S. 2214ff.; *Bartsch,* ZUR 1995, S. 14, 17; *Falke,* ZUR 1995, S. 4, 8; *Martens/Moufang,* NVwZ 1996, S. 246.

fürchteten eine zu weit gehende Einschränkung der unternehmerischen Freiheit. Diese Kritik machte sich der Bundeswirtschaftsminister zu eigen, als er der EG-Kommission vorwarf, sie bemächtige sich eines Instruments, welches durch die Wirtschaft selbst entwickelt und vorangetrieben würde. Der umweltpolitische Nutzen der Verordnung stehe in keinem Verhältnis zu dem notwendigen bürokratischen Aufwand.[106] Der Bundesumweltminister hingegen begrüßte das neue Instrument grundsätzlich, bemängelte jedoch, dass es an Bewertungskriterien für die nach der Verordnung notwendige Verbesserung des betrieblichen Umweltschutzes und für das Umwelt-Managementsystem fehle.[107]
In dem Gesetzgebungsverfahren fand auf deutsches Drängen die Selbstverpflichtung zur Verbesserung des Umweltschutzes und der Maßstab der besten verfügbaren Technik Eingang in die EG-Öko-Audit-Verordnung.[108]/[109] Auch die Stellungnahmen des Europäischen Parlaments (EP)[110] sowie des Wirtschafts- und Sozialausschuss der EG (WSA),[111] die gem. Art. 189c, 130s Abs. 1 EGV a.F. eingeholt wurden, führten noch zu einigen Modifikationen des Ausgangsentwurfs. Schließlich wurde EMAS jedoch als *„Verordnung (EWG) Nr. 1836/93 des Rates vom 29. Juni 1993 über die freiwillige Beteiligung gewerblicher Unternehmen an einem Gemeinschaftssystem für das Umweltmanagement und die Umweltbetriebsprüfung"* vom Ministerrat angenommen. Die Verordnung wurde am 10. Juli 1993 im Amtsblatt der Europäischen Gemeinschaften veröffentlicht[112] und trat am dritten Tage nach der Veröffentlichung in Kraft. Nach Art. 21 S. 2 EG-UAVO a.F. erlangte sie ab dem 21. Monat ihrer Veröffentlichung Geltung und wurde damit am 13. April 1995 in allen Mitgliedsländern unmittelbar geltendes Recht.

Als EG-Verordnung gem. Art. 249 EGV[113] bedurfte EMAS grundsätzlich keiner Umsetzung in nationales Recht. Die EG-Öko-Audit-Verordnung beinhaltet jedoch ein Richtlinien-Element und ist nicht abschließend formuliert. Sie enthält Regelungsaufträge für die nationalen Gesetzgeber, denen diese bis zum April 1995

---

[106] *„Handelsblatt"* v. 15.9.1992.
[107] Zitiert nach: *Waskow*, Betriebliches Umweltmanagement, 1997, S. 7.
[108] *Feldhaus*, in: *Kornmann* (Hrsg.), Umwelthaftung und Umweltmanagement, 1994, S. 9, 19, Fn. 79.
[109] Der Standard der „besten verfügbaren Technik" findet sich in der geltenden, novellierten Fassung der Verordnung nicht mehr wieder.
[110] ABl. C 42 v. 15.2.1993, S. 44.
[111] ABl. C 332 v. 16.12.1992, S. 44.
[112] ABl. L 168, S. 1, ber. ABl. 1995 L 203, S. 17 v. 10.7.1993.
[113] Der Amsterdamer Vertrag v. 2.10.1997 i.d.F. der Bekanntmachung v. 28.4.1999 (BGBl. II, 1997, S. 416) ist am 1.5.1999 gem. der Bekanntmachung v. 6.4.1999 in Kraft getreten. Art. 249 EGV entspricht Art. 189 Abs. 2 EGV a.F.

nachkommen mussten. Der deutsche Gesetzgeber hat zu diesem Zwecke das *Umweltauditgesetz (UAG)*[114] erarbeitet, welches am 8. Dezember 1995 in Kraft trat.

Artikel 20 EG-UAVO a.F. schrieb fest, dass EMAS spätestens fünf Jahre nach Inkrafttreten der Verordnung an Hand der bei ihrer Durchführung gemachten Erfahrungen durch die Kommission überprüft werden müsste. Am 30. Oktober 1998 hat die Kommission einen diesem Auftrag nachkommenden Änderungsentwurf zur Beratung vorgelegt.[115]

Der Novellierungsprozess wurde gem. Art. 130s Abs. 1 i.V.m. Art. 189c EGV a.F. im Zusammenarbeitsverfahren mit dem Europäischen Parlament eingeleitet. Mit dem Inkrafttreten des Amsterdamer Vertrages am 1. Mai 1999 änderte sich jedoch die Rechtslage, und es galt nach Art. 175 Abs. 1 i.V.m. Art. 251 EGV das Verfahren der Mitentscheidung. Gibt hiernach das Europäische Parlament eine abweichende Stellungnahme ab, die der Rat nicht übernimmt, legt der Rat einen Gemeinsamen Standpunkt fest, den er wiederum dem Parlament übermittelt. Lehnt das Europäische Parlament innerhalb von drei Monaten nach der Übermittlung diesen Gemeinsamen Standpunkt mit der absoluten Mehrheit seiner Mitglieder ab, gilt der Rechtsakt als nicht angenommen. Es kann mit derselben Mehrheit auch Änderungen vorschlagen. Übernimmt der Rat innerhalb von drei Monaten diese Änderungen nicht oder nicht vollständig, so kann er den Vermittlungsausschuss einberufen. Dieser Ausschuss versucht, innerhalb einer Frist von sechs Wochen eine Einigung herbeizuführen. Das Parlament muss dann mit absoluter Mehrheit der abgegebenen Stimmen, der Rat mit qualifizierter Mehrheit, dem Vermittlungsvorschlag zustimmen. Die in Art. 251 EGV genannten Fristen von drei Monaten und sechs Wochen können um höchstens einen Monat bzw. zwei Wochen verlängert werden.

Da das Europäische Parlament eine von dem EMAS-II-Entwurf abweichende Stellungnahme abgegeben hatte, musste sich der Rat auf einen Gemeinsamen Standpunkt zur Revision der EMAS-Verordnung festlegen. Dieser war zum vorgesehenen Termin am 31. Januar 2000 zwar nicht zustande gekommen, wurde jedoch auf dem ECOFIN-Rat am 28. Februar 2000 verabschiedet.[116] Da das EP sich diesem Gemeinsamen Standpunkt nicht anschloss, sondern seinerseits wiederum Änderungen vorschlug, wurde ein Vermittlungsausschuss eingesetzt. Am 22. November 2000 einigten sich Parlament und Rat im Rahmen des Vermittlungsverfahrens auf eine endgültigen Fassung der novellierten Verordnung. Am 12. Februar 2001 nahm der Ministerrat, am 14. Ferbuar 2001 das EP den vom Vermittlungsaus-

---

[114] Gesetz zur Ausführung der Verordnung, EWG Nr. 1836/93 des Rates v. 29.6.1993 über die freiwillige Beteiligung gewerblicher Unternehmen an einem Gemeinschaftssystem für das Umweltmanagement und die Umweltbetriebsprüfung, UAG v. 7.12.1995.

[115] KOM (1998) 622 endg., v. 30.10.1998.

[116] Rat der Europäischen Union, Interinstitutionelles Dossier, 98/0303 (COD) 10677/1/99 REV 1 (d). ABl. C 128, S. 1ff. v. 8.5.2000.

schuss vorgeschlagenen Entwurf für EMAS II an. Mit der Veröffentlichung im Amtsblatt der EG trat die Neufassung der Verordnung in Kraft.

Nach Art. 17 Abs. 1 EG-UAVO n. F. trat die alte Verordnung mit dem Tag des Inkrafttretens der Nachfolgeverordnung außer Kraft. Übergangs- und Bestandsschutzregeln sorgten dafür, dass die von den Mitgliedstaaten eingerichteten Akkreditierungs- und Registrierungssysteme sowie die bereits registrierten Standorte in das neue System überführt werden. Mit Art. 1 Abs. 1 EG-UAVO n. F. wurde „EMAS“ offiziell als Kurzbezeichnung für das EG-Öko-Audit-System eingeführt.

2. Die Vorbilder

Maßgeblich beeinflusst wurde das europäische EG-Öko-Audit-System von dem Vorbild der amerikanischen Umwelt-Audits und Auditformen, so wie es das Positionspapier der ICC aus dem Jahre 1988 vorgezeichnet hatte. Die Entstehung von EMAS wurde zudem auch durch den Erfolg des internationale Qualitätsmanagements und der diesbezüglichen ISO/DIN Standards der 9000 Reihe[117] gefördert.[118] Schließlich war EMAS auch innerhalb Europas nicht ohne Vorläufer. Schon im Jahre 1992 war in Großbritannien der Umwelt-Managementstandard BS 7750 erlassen worden.[119] In dieser Norm kann man das unmittelbarste Vorbild der EG-Öko-Audit-Verordnung sehen.[120]

EMAS unterscheidet sich jedoch in einigen grundsätzlichen Punkten von diesen Vorbildern. Rechtlich stützt sich die EMAS-Verordnung auf die primärrechtlichen Grundlagen des Art. 174 i.V.m. 175 EGV. Sie dient damit der Erreichung der in Art. 174 EGV genannten umweltpolitischen Zielsetzung der EG und ist -anders als

---

[117] Das Qualitätsmanagementsystem der DIN EN ISO 9000-Serie besteht aus mehreren Teilen. Am umfassensten ist die Norm 9001, 1994. Dargestellt sind: QM-System, Modell zur Qualitätssicherung/QM, Darlegung im Design, Entwicklung, Produktion, Montage und Wartung.

[118] Das Qualitätsmanagement normiert ein Verfahren, welches unabhängig von der Qualität der Produkte ist. Der Zweck besteht in der Vertrauensbildung bei Kunden in die Fähigkeit des Unternehmens, das Produkt vertragsgemäß herzustellen. Dabei ist entscheidend, dass die Einhaltung der Normen zum Qualitätsmanagement kein direkter Nachweis für die Erfüllung der Qualitätsanforderungen durch das Angebotsprodukt ist. Vgl. das nationale Vorwort zur NORM EN ISO 9001, 1994.

[119] Standardisation of environmental management systems – a model for discussion, Document: ISO/IEC/SAGE SG 1, Nr. 47ff. v. 28.2.1992. Vgl. auch *Falk*, Die EG-Umwelt-Audit-Verordnung und das deutsche Umwelthaftungsrecht, 1998, S. 15. *Falk* macht auf die Bedeutung der britischen Vorbereitungen und Initiativen für die Entwicklung der EG-Öko-Audit-Verordnung aufmerksam.

[120] Zum Teil fanden sich Formulierungen des britischen Standards wortwörtlich in der europäischen Verordnung wieder. Das britische System nahm die Verpflichtung zur Formulierung einer betrieblichen Umweltpolitik voraus. Diese *„environmental policy“* umfasst nach Ziffer 4.2. die Verpflichtung zur Einhaltung aller einschlägigen Umweltvorschriften sowie die Verpflichtung zu einer kontinuierlichen Verbesserung des betrieblichen Umweltschutzes.

das Umwelt-Audit nach dem ICC-Entwurf- ein Instrument des Umweltschutzes.[121] Als Ziel der Verordnung wird in Art. 1 Abs. 2 EG-UAVO a.F./n.F. die *„Förderung der kontinuierlichen Verbesserung des betrieblichen Umweltschutzes"* formuliert. Die Verordnungsgeber lösten sich von dem Leitgedanken des rein internen Audits und führte ein privat-staatliches Misch-System mit dem Ziel der Durchsetzung des staatlichen Umweltschutzauftrags ein. Er setzt nicht allein auf eine Selbstregulierung im Sinne einer Entlassung der Unternehmen in die umweltpolitische Eigenverantwortlichkeit, sondern bildete die EG-Öko-Audit-Verordnung als Hybridinstrument zur kontinuierliche Verbesserung des Umweltschutzes aus, unter der Nutzbarmachung von Anreizen zur Freiwilligkeit. Im Gegensatz zu amerikanischen Umwelt-Audits teilt das Öko-Audit mit der Pflicht zur Veröffentlichung der Umwelterklärung der Öffentlichkeit eine wichtige Kontrollfunktion zu. Zudem rückt das Compliance-Element in EMAS neben dem System- und Performance-Audit in den Hintergrund.

II. Ziele und Wirkungsweise der EG-Öko-Audit-Verordnung

1. Allgemeine Charakteristika

Das Gemeinschaftsaudit macht sich die Zugkraft des Konzepts der unternehmensinternen Audits zu Nutze und verbindet diese mit weitergehenden Elementen, wie der obligatorischen Offenlegung der wesentlichen Umweltauswirkungen, einer externen Kontrolle der Durchführung des Systems und der obligatorischen Selbstverpflichtung zur Verringerung der Umweltbelastung. Es vereint innovativ und bis heute einzigartig Elemente kooperativer und rekursiver Risikosteuerung, die dazu dienen sollen, die staatliche Normsetzung und Durchsetzung zu vereinfachen.[122] Während sich die kooperative Steuerung im Zusammenwirken zwischen staatlichen und privaten Akteuren äußert, verlagert die rekursive Risikosteuerung die Problematik zurück in das Feld der betroffenen Privaten. Es wird darauf vertraut, dass auf der Ebene eines einzelnen Unternehmens am Besten erkannt werden kann, wo tatsächlich effektiver Umweltschutz möglich ist, wo Reduktions- und Vermeidungspotenziale genutzt werden können.[123]

Zu den kooperativen Elementen von EMAS gehört die Nutzung des privaten Sachverstandes in Form des unabhängigen Umweltgutachters. Dieser wird als Privatperson in die komplexe Verwaltungsentscheidung über die Eintragung der Organisation miteinbezogen. Als externer Prüfer ist er dabei staatlicher Kontrolle unterworfen. Die Eintragung der teilnehmenden Unternehmen in das Verzeichnis erfolgt

---

[121] Dies unterstrich der damalige BMU *Dr. Klaus Töpfer* in einer Tagung des BMU zum EG-Öko-Audit-Verordnung, als er betonte, die Verordnung sei kein Instrument der Wirtschaftsförderung, sondern ein Instrument zur Verbesserung des Umweltschutzes. BMU *Töpfer*, in: Umwelt 1993, S. 466.

[122] *Köck*, VerwArch. 1996, S. 644, 645, 647, mit weiteren Beispielen.

[123] Auch hier greift das Subsidaritätsprinzip.

durch Verwaltungsakt, und die Teilnahme-Erklärung steht für die Teilnahme an dem öffentlichen System des Öko-Audits. Durch die Validierung der Umwelterklärung steht der Umweltgutachter somit an der öffentlich-privaten Schnittstelle des halbstaatlichen EMAS-Systems.

In den Bereich des kooperativen Umweltschutzes gehören auch Selbstverpflichtungen und normersetzende Absprachen. Mit der Verpflichtung zur *„kontinuierlich Verbesserung Umweltleistung von Organisationen"* in Art. 1 Abs. 2 EG-UAVO n.F.[124] und der Verpflichtung zur *„Einhaltung der einschlägigen Umweltvorschriften"* in Art. 3 Abs. 2 a i. V. m. Anh. I B Nr. 1 EG-UAVO n.F.[125] bleibt die EG-Öko-Audit-Verordnung nicht auf der Ebene eines reinen Verfahrensinstruments stehen, sondern formuliert materielle Leistungsanforderungen.

Der rekursive Ansatz des EG-Öko-Audit-Systems findet sich in der Freiwilligkeit des Systems so wie dem Appell an die Eigenverantwortlichkeit. Die EG-Öko-Audit-Verordnung teilt der Industrie im Bereich der Bewältigung der von ihr produzierten Umweltfolgen eine aktiven Rolle zu.[126] Mit der Einbindung privater Kräfte in den staatlichen Umweltschutz im Sinne gesteigerter ökologischer Eigenverantwortlichkeit soll die Effizienz der Umweltschutzpolitik intensiviert werden.[127]

Der Steuerungsmechanismus wird ergänzt durch ein dreistufiges Kontrollkonzept. Auf der ersten Stufe steht die unternehmerische Selbststeuerung mittels eines Umwelt-Managementsystems und zyklisch zu wiederholenden Umweltbetriebsprüfungen; auf der zweiten Stufe kontrolliert der externe Umweltgutachter; auf der dritten Stufe schließlich folgt mit der Veröffentlichung der Umwelterklärung und der Kontrolle durch die Öffentlichkeit eine weitere Integration externer Kontrollmechanismen. Erst das komplexe Zusammenspiel dieser drei Stufen macht die Wirksamkeit des Systems aus.[128] Im Idealfall soll es zu einem „Übervollzug" der einschlägigen Vorschriften des Umweltrechts kommen[129] und die kontinuierliche Verbesserung des Umweltschutzes im Rahmen der gewerblichen Tätigkeiten erreicht werden. Durch die Compliance-Komponente des Audits soll Ersteres, durch den Management- und Performance-Ansatz Zweiteres sichergestellt werden.

2. Die Entwicklung von EMAS I zu EMAS II

Durch die Novellierung der EG-Öko-Audit-Verordnung änderte sich jedoch weder etwas an der grundsätzlichen Zielsetzung noch an den Steuerungsmechanismen des Systems. Doch obwohl die Eckpfeiler des EG-Öko-Audit-Systems unangetastet blieben, führte EMAS II einige grundlegende Änderungen ein, auf die im Folgen-

[124] Vgl. Art. 1 Abs. 2 EG-UAVO a.F.
[125] Vgl. Art. 3a EG-UAVO a.F.
[126] Vgl. 4. Erwägungsgrund EG-UAVO a.F.
[127] Vgl. *Kloepfer*, NuR 1993, S. 353.
[128] *Dyllick*, ZfU 1995, S. 299, 315ff.; *Breuer*, NVwZ 1997, S. 833, 840f.
[129] *Epiney*, Umweltrecht in der Europäischen Union, 1997, S. 198.

den hingewiesen werden soll; Änderungen im Detail werden jeweils bei der Behandlung der relevanten Sachfragen angesprochen.

a. Die Übernahme der ISO 14001 Standards

Zum Zeitpunkt des Erlasses der EG-Öko-Audit-Verordnung stand diese konkurrenzlos da. Es existierten keinerlei international gültigen Umwelt-Managementstandards. Im September 1996 änderte sich diese Situation grundlegend mit der Veröffentlichung der ISO-Norm 14001.[130] Seit diesem Zeitpunkt steht EMAS in Wettbewerb zu dem privaten ISO-Standard, der sich nicht nur international, sondern vor allen Dingen auch gemeinschaftsweit höherer Akzeptanz erfreut. Zwar liegen in Deutschland und in Österreich zahlenmäßig EMAS auditierte Unternehmen immer noch vor ISO 14001 zertifizierten Unternehmen; in allen anderen europäischen Ländern stellt sich das Bild jedoch anders dar.[131]
Der ISO-Standard bietet für weltweit operierende Unternehmen große Vorteile, da er im Gegensatz zu EMAS international bekannt und gültig ist. Er ist auch einfacher, verständlicher, systematischer, und die Nähe zu den weithin bekannten ISO 9000 Standards des allgemeinen Qualitätsmanagements macht das System zusätzlich attraktiv.[132] Zudem handelt es sich um ein rein privat kontrolliertes System,[133] eine externe Kontrolle durch einen zugelassenen Gutachter und eine Eintragung in ein öffentliches Register ist nicht vorgesehen. Auch sind die Anforderungen geringer, da weder die Veröffentlichung einer Umwelterklärung noch die kontinuierliche Verbesserung des Umweltschutzes oder die Einhaltung der umweltrechtlichen Vorschriften[134] zwingende Voraussetzungen für die ISO Zertifizierung sind. Die Auditierung ist beschränkt auf eine Prüfung des Managementsystems.[135] Dem ISO 14001 Standard fehlen alle Elemente des EG-Öko-Audit-Systems, denen eine Außenwirkung zukommt. Schließlich formuliert die ISO Norm kein System im Sinne eines kontinuierlichen Prozesses. Intervalle für Audits nach ISO 14001 sind nicht festgelegt, so dass auch eine einmalige Zertifizierung möglich ist, ohne dass der Verzicht auf das Wiederholungsaudit ein schlechtes Bild auf das Unternehmen werfen würde.

---

[130] Zu der Entstehung der Norm: *Jasch*, in: *Fichter* (Hrsg.), Die EG-Öko-Audit-Verordnung 1995, S. 41.

[131] Die aktuellen Zahlen der Teilnehmer an beiden Systemen werden regelmäßig auf der Internet-Seite des Institutes für Ökologische Wirtschaftsforschung (IÖW) St. Gallen veröffentlicht: iwoe.unisg.ch/News/index. Zweidrittel aller nach EMAS registrierten Standorte befanden sich im Oktober 1999 in Deutschland. Allein hierzulande verzeichnet das System auch noch deutliche Zuwachsraten.

[132] Vgl. zu den Vorteilen der ISO 14001 Norm: *Feldhaus*, UPR 1998, S. 41, 42.

[133] Das Unternehmen kann wählen, ob es sein Umwelt-Managementsystem durch privatwirtschaftlich Tätige zertifizieren lassen oder ob es die Normkonformität durch eine bloße Selbsterklärung bestätigen will.

[134] Stritig, vgl.: *Dyllik/Hummel*, Uwf 3/1995, S. 24, 25.

[135] Vgl. Nr. 5.4.5, EN ISO 14001:1996.

Parallel zu der Entwicklung der ISO Norm zum Umwelt-Management hat die EG-Kommission dem *„Comitée Européen de Normalisation (CEN)"*, der europäischen Normungsorganisation, im Oktober 1994 ein Mandat für die Erarbeitung einer europäischen Norm über ein Umwelt-Managementsystem erteilt. Beweggrund dieses Mandates war die Überlegung, dass die ISO Norm hinter den Anforderungen von EMAS zurückbleiben und aus diesem Grunde in Verbindung mit EMAS nicht anwendbar sein würde. Auf europäischer Ebene sollte ein strengerer Standard erarbeitet werden. Hierzu kam es jedoch nicht. Statt dessen wurde die internationale Norm ISO 14001 in einem parallelen Abstimmungsverfahren als EN ISO 14001[136] angenommen. Zusätzlich wurde ein sogenanntes Brückendokument erstellt, welches Handlungsanweisungen hinsichtlich der Elemente eines Managementsystems, die über die ISO 14001 Norm hinausgehen und von EMAS-Teilnehmer zusätzlich zu beachten werden sollten, gab.[137] Am 16. April 1997 entschied die Kommission, die EN ISO Norm 14001 als in Teilen gleichwertig zu EMAS i.S. von Art. 12 EG-UAVO a.F. anzuerkennen. Zwar war die Entscheidung knapp und unklar;[138] eindeutig ergab sich aber, dass gewisse Bestimmungen des ISO Standards als äquivalent zur Teilen der EMAS Verordnung angesehen werden sollen. Diese sich überlappenden Teile mussten bei einer EMAS Registrierung nicht nochmals überprüft werden.

Trotz oder wegen der unklaren Anerkennungsentscheidung war es ein zentrales Problem der Revision des EG-Öko-Audit-Verordnung, der Herausforderung durch das ISO 14001 System zu trotzen. Die höheren materiellen Anforderungen sowie die externe Kontrolle machen aus der Sicht des Umweltschutzes einen Mehrwert von EMAS aus, führen aber auch zu Akzeptanz-Problemen. Ziel der Novellierung musste es somit sein, die Vorteile von EMAS weiter auszubauen, unter der weitgehenden Einbeziehung der Stärken der ISO Norm.

Die novellierte EG-Öko-Audit-Verordnung geht dabei den Weg der qualifizierten Integration des ISO Standards, indem sie das Umwelt-Managementsystem, sowie es in Teil 4 der EN/ISO 14001 formuliert wird, wortwörtlich in Anhang I A EG-UAVO n.F. aufnimmt. Die in der alten Fassung der Verordnung enthaltenen Vorschriften zu dem Umwelt-Managementsystem werden durch den entsprechenden Teil der ISO Norm ersetzt. EMAS II umfasst somit im Hinblick auf das Managementsystem die ISO 14001 Zertifizierung als Minus. Damit jedoch das EG-Öko-Audit-System jedoch den system-typischen externen Mehrwert entfaltet, müssen die teilnehmenden Unternehmen über die Implementation des Umwelt-Manage-

---

[136] Mit der Annahme eines europäischen Standards verlieren die entsprechenden nationalen Standards an Gültigkeit.

[137] Vgl. *Waskow*, Betriebliches Umweltmanagement, 1997, S. 15f., 99f.

[138] Vgl. *Feldhaus*, in: UBA (Hrsg.), Bericht über die internationale Konferenz der deutschen Gesellschaft für Umweltrecht und der Eurpäischen Gemeinschaft für Umweltrecht am 30.10.1997 in Berlin, S. 45.

mentsystems hinaus zusätzliche Kriterien,[139] wie die Einhaltung der Rechtsvorschriften, die Bewertung der Umweltleistung, eine verstärkte externe Kommunikation und die Einbeziehung der Arbeitnehmer,[140] erfüllen.
Da unternehmensintern ISO 14001, unternehmensextern EMAS Vorteile birgt,[141] ist die Harmonisierung des EG-Öko-Audit-Systems mit der ISO Norm durch Integration salomonisch, da sie die Konkurrenzsituation unter Ausnutzung der spezifischen Vorteile beider Systeme beendet.[142]

b. Einführung des Organisationsbegriffs

Das EG-Öko-Audit-System knüpfte nach dem alten Verordnungstext an den „Standort" eines Unternehmens als Bezugsrahmen an. Der Standort war gem. Art. 3 EG-UAVO a.F. die eintragungsfähige Einheit und der Maßstab für alle Elemente des Systems. Dabei wurde unter dem Standort, das Gelände verstanden, *„auf dem die unter der Kontrolle eines Unternehmens stehenden gewerblichen Tätigkeiten an einem bestimmten Standort durchgeführt werden* [...]".[143] Mit EMAS II änderte sich dieser Anknüpfungs- und Bezugspunkt. Nach Art. 1, 3 Abs. 1 EG-UAVO n.F wird in Zukunft die Organisation die unternehmerische oder verwaltungstechnische Einheit, an welchem das EG-Öko-Audit-System ansetzt. Eine Organisation ist dabei gem. Art. 2s EG-UAVO n.F jede *"Gesellschaft, Körperschaft, Betrieb, Unternehmen, Vereinigung, Behörde oder sonstige Einrichtung bzw. Teil oder Kombination hiervon, mit oder ohne Rechtspersönlichkeit, öffentlich oder privat, eingetragen oder nicht, mit eigenen Funktionen und eigener Verwaltung."*[144] Die Organisation ist nach dieser Definition mit keiner rechtlich oder wirtschaftlich definierten Unternehmensform oder Verwaltungseinheit zu vergleichen.
Trotz der grundsätzlichen Ablösung des Standortbegriffs durch den Begriff der Organisation als maßgebliche teilnahmeberechtigte Einheit des Systems gibt die novellierte Verordnung den Begriff des Standortes nicht auf.[145] Solange die räumliche Ausdehnung einer Organisation einem Standort entspricht, so bleibt dieser Anknüpfungspunkt der Validierung. Erstreckt sich die Organisation über mehrere Standorte, so wird die Einheit der Eintragung mit dem Umweltgutachter abgespro-

---

[139] Vgl. Anh. I B EG-UAVO n.F.
[140] Dieser letzte Punkt war in den ersten Kommissionsentwurf KOM (1998) 622 endg. noch nicht enthalten. So aber schon eine Forderung des DGB aus dem Jahre 1994. Positionspapier des DGB zum Öko-Audit (Umsetzung der Verordnung (EWG) Nr. 1836/93), Oktober 1994.
[141] Gerade die externe Komponenten von EMAS werden von teilnehmenden Unternehmen positiv beurteilt. *Heinels/Malek*, ZfU 1999, S. 541, 564.
[142] Positiv auch: *Lütkes/Ewer*, NVwZ 1999, S. 19, 22; *Bültmann/Wätzhold*, Aus Politik und Zeitgeschichte B 48/1999, S. 30, 36.
[143] Vgl. Art. 2k EG-UAVO a.F.
[144] Diese Definition entspricht der Definition von Organisation in DIN EN ISO 14001:1996 Nr. 3.12.
[145] Vgl. Art. 2t EG-UAVO n.F.

chen.[146] Dabei darf einerseits die Grenze eines Mitgliedstaates nicht überschritten werden, andererseits soll die kleinste Einheit der Eintragung grundsätzlich – Ausnahmen sind möglich[147] - der Standort sein.

Die Neuregelung stellt ein Kompromiss dar. Einerseits soll die Öffentlichkeit die relevanten Umweltauswirkungen nach wie vor einem geographischen Standort zuordnen können. Die Organisation muss aus diesem Grund im Regelfall zumindest auf der Ebene eines Standortes an EMAS teilnehmen. Es ist jedoch auch die Teilnahme mehrerer Standorte und in Ausnahmefällen auch von Bestandteilen eines Standortes möglich.

Eine Auflösung des Standortbegriffs war vor allem vor dem Hintergrund notwendig geworden, dass der Verordnungsgeber das System für weite nicht gewerbliche Bereiche öffnen wollte.[148] Die Einführung des Organisationsbegriffs schafft jedoch eine ganze Reihe von Unklarheiten. Es ist fraglich, inwieweit der Anknüpfungspunkt an die Organisation als teilnehmende Einheit es dem Unternehmen erlaubt, die kontinuierliche Verbesserung der Umweltschutzes so weit von dem konkreten Standort zu lösen, dass die Verbesserung der Umweltsituation nicht mehr mit einer Verbesserung an dem konkreten Standort einhergehen muss.[149] Falls auch die Verschlechterung der Umweltsituation an einem teilnehmenden Standort zulässig wäre, wäre es der Öffentlichkeit unmöglich, ihre Kontrollfunktion effektiv wahrzunehmen.

Die Beantwortung der Frage, welcher Teil der Organisation eingetragen werden soll, erfolgt nach EMAS II in Absprache mit dem Umweltgutachter. Auch diese Regelung ist aus verschiedenen Gründen problematisch. Aus der Formulierung in Art. 2s EG-UAVO n.F wird nicht klar, wann diese Absprache stattfindet. Dieses Regelung darf nicht dazu führen, dass problematische Teile der Organisation nachträglich aus dem EMAS System herausgenommen werden, um auf diesem Wege die Eintragung der restlichen Teile zu erlangen. Aber auch im Falle einer Absprache vor der Prüfungstätigkeit des Umweltgutachters sollten nicht die Problembereiche der Organisation ausgeklammert werden.[150] Eine solche Absprache ist auch mit Hinblick auf die Unabhängigkeit und Neutralität des Umweltgutachters bedenklich, da der Umweltgutachter auf diese Weise schnell zum Komplizen der Unternehmensführung in der strategischen Auswahl der teilnehmenden Standorte wird. Auf Grund des wirtschaftlichen Druckes, welcher auf dem Umweltgut-

---

146 Vgl. Art. 2s EG-UAVO n.F.

147 Dieser Punkt war in den ursprünglichen Kommissionsentwurf KOM (1998) 622 endg. noch nicht enthalten.

148 Vgl. z.B. Öko-Audit in der Verwaltung (*Sternke*, UVP-report 1/1998, S. 44) oder im Bereich der Dienstleistungen.

149 So auch: *Storm*, NVwZ 1998, S. 341, 342.

150 Es darf aber nicht verkannt werden, dass auch nach der alten Fassung die Möglichkeit bestand nur „Musterstandorte" validieren zu lassen. Damit sahen einige Teilnehmer die Glaubwürdigkeit von EMAS schon früher gefährdet. Vgl. *Schwedt*, Uwf 1/1998, S. 12, 15.

achter lastet, können solche Folgen der Regelung zumindest nicht ausgeschlossen werden. Um dieses Problem zumindest abzumildern, fand auf Drängen des Europäischen Parlaments und des zuständigen Auschusses die Klausel in den endgültigen Verordnungstext Einzug, welche festlegt, dass –wo immer angemessen - die zuständigen Stellen zu den Beratungen hinzugezogen werden sollten.[151]

Die Einführung des Organisationsbegriffs unter Beibehaltung des Standortbegriffs bringt aber auch weitere grundsätzlichen Schwierigkeiten mit sich. Hinsichtlich aller Elemente des Systems muss in Zukunft neu festgelegt werden, ob sie einen geographischen oder organisatorischen Bezug aufweisen. Es muss für das Umweltprogramm, die Umweltziele und die Umwelterklärung geklärt werden, ob sie für die Organisation als komplexe Einheit festgelegt werden können oder ob zusätzlich ein lokaler Bezug notwendig ist. Diese Problematik spiegelt sich auch direkt in der Tätigkeit des Umweltgutachters. Noch ist es unklar, ob er die Standorte einzeln oder aber den Komplex organisatorisch verbundener Einheiten gemeinsam zu prüfen hat.

c. Die Öffnung des Anwendungsbereichs

In der alten Fassung der Verordnung definierte Art. 2i EG-UAVO den Kreis teilnahmeberechtigter Unternehmen, wobei gem. Art. 14 dieser Kreis durch die Mitgliedstaaten erweitert werden durfte. Dieser Möglichkeit nahm Deutschland mit der Erweiterungsverordnung vom 9. Februar 1998 in Anspruch. [152] Mit der Neufassung der EG-Öko-Audit-Verordnung wird endgültig vom Prinzip der Aufzählung der teilnahmeberechtigen Aktivitäten Abstand genommen. Art. 3 Abs. 1 EG-UAVO legt fest, dass EMAS grundsätzlich jeder Organisation offen steht, die ihre Umweltleistung verbessern möchte. Durch diese Erweiterung hebt die novellierte Verordnung auch in diesem Bereich die Unterschiede zu ISO 14001 auf. Die Öffnung dient zudem der Vermeidung wettbewerbsrechtlicher Beeinträchtigungen im Verhältnis der Mitgliedstaaten untereinander.[153]

d. Die Privilegierungsklausel

In Art. 10 Nr. 2 EG-UAVO n.F. werden die Mitgliedstaaten aufgefordert zu prüfen, wie der EMAS-Registrierung bei der Durchführung und Durchsetzung der Umweltvorschriften Rechnung getragen werden kann, um doppelten Arbeitsaufwand für die Organisationen und Kontrollbehörden zu vermeiden. Die Mitgliedstaaten können somit durch die Privilegierung auditierten Organisationen im Be-

---

[151] Vgl. Bericht des Ausschuss für Umweltfragen, Volksgesundheit und Verbraucherschutz beim Europäischen Parlament, A4-0139/99 v. 18. 3. 1999. Umweltmanagement und Umweltbetriebsprüfung, Protokoll des Europäischen Parlamentes v. 15.4.1999, A4-0139/99.
[152] BGBl. I, S. 338, 339.
[153] *Lütkes/Ewer*, NVwZ 1999, S. 19, 22; positiv auch: *Storm*, NVwZ 1998, S. 341.

reich des nationalen Rechts weitere Teilnahme-Anreize schaffen.[154] Die Regelung hat Appellcharakter.[155] Die neben Kosten- und Wettbewerbsvorteilen möglichen Rechtsvorteile sollen als zusätzliche Anreize eingesetzt werden. Anders als die private ISO 14001 Norm, kann nur das halbstaatliche EMAS System die Teilnahme an ordnungsrechtliche Erleichterungen knüpfen. Inwieweit letztere rechtlich tatsächlich möglich und politisch wünschenswert sind, bleibt vor dem nationalen Hintergrund zu beurteilen. Interessant ist in diesem Zusammenhang jedoch, dass die Unberührtheitsklausel aus Art. 1 Abs. 3 EG-UAVO a.F., die in dem Verordnungsentwurf der Kommission noch vorgesehen war, sich in EMAS II nicht mehr wiederfindet. Dieser Verzicht deutet auf eine Entwicklung in Richtung einer stärkeren Verknüpfung von geltendem nationalem Recht und der EG-Öko-Audit-Verordnung hin.

e. Weitere Entwicklungen

Um die Umsetzung und Anwendung von EMAS II zu unterstützen, werden mit der Verordnung Leitlinien unterschiedlicher Verbindlichkeit verabschiedet. Diese Leitlinien befassen sich mit der Umwelterklärung, den Umweltaspekten, den Ausnahmeregelungen zum Standort als kleinster Einheit und Möglichkeit der Validierung, der Verwendung des Logos, der Mitarbeiterbeteiligung und den Ausnahmeregelungen zum einjährigen Validierungszyklus.
Weiterhin stehen mit dem Inkrafttreten von EMAS II den EMAS-Teilnehmern zwei Versionen eines neuen EMAS-Zeichens zur Verfügung. Unterschieden wird zwischen einem Zeichen mit dem Logo "Geprüfte Information" und einem Zeichen mit dem Logo "Geprüftes Umweltmanagement". Während letzteres nach wie vor auf die Beteiligung der Organisation an EMAS hinweisen soll, bezieht sich das Zeichen "Geprüfte Information" auf Informationen, die in direktem oder indirektem Zusammenhang mit Produkten, Tätigkeiten oder Dienstleistungen stehen. Es soll diesen Informationen Glaubwürdigkeit verleihen, darf aber nur nach Bestätigung durch den Umweltgutachter verwendet werden. "Geprüfte Informationen" stammen vor allen Dingen aus der Umwelterklärung.

III. Die Voraussetzungen einer erfolgreichen EMAS-Teilnahme

Für die erfolgreiche EMAS-Teilnahme hat das Unternehmen eine interne Umweltprüfung des Standortes durchzuführen und eine betriebliche Umweltpolitik festzulegen. Auf der Grundlage dieser Prüfung muss ein Umweltprogramm für den Standort entwickelt, müssen Umweltziele bestimmt sowie ein Umwelt-Managementsystem geschaffen werden. Die Ergebnisse der Umweltprüfung bzw. jeder

---

[154] Dem BDI geht die Klausel allerdings nicht weit genug: Stellungnahme des BDI zu den Vorschlägen der EU-Kommission für die Novellierung der EG-Öko-Audit-Verordnung (EMAS) v. 16.7.1998.
[155] *Lütkes/Ewer*, NVwZ 1999, S. 19, 24.

weiteren Umweltbetriebsprüfung[156] werden in einer Umwelterklärung zusammengefasst. Diese wird im Rahmen der externen Prüfung durch den unabhängigen Umweltgutachter validiert. Die so für gültig erklärte Umwelterklärung wird der zuständigen Stelle des Mitgliedstaates übermittelt, welche den Standort sodann in ein Verzeichnis einträgt und dies der Öffentlichkeit anzeigt.
Die Voraussetzungen für die erfolgreiche EMAS-Teilnahme fanden sich in der alten Fassung der Verordnung in der Hauptsache in Art. 3 EG-UAVO, wobei das Ineinandergreifen der Systemelemente jedoch nur lückenhaft beschrieben wurde. Die Detailregelungen fanden sich in den Anhängen; diese waren jedoch zum Teil redundant zu dem Verordnungstext, zum Teil überflüssig oder gar widersprüchlich. Insgesamt waren sie so unverständlich formuliert, dass die Ableitung der genauen Anforderungen für eine erfolgreiche Teilnahme aus dem Verordnungstext und seinen Anhängen ein mühsames Unterfangen darstellte.
Während der grundlegende Aufbau des EMAS Systems und der Teilnahmevoraussetzungen durch die Novellierung unangetastet blieb, so gelang den Verordnungsgebern von EMAS II, nicht zuletzt durch die Integration der ISO 14001 Norm, ein sehr viel klareren Aufbau der Verordnung.

1. Die Umweltprüfung

Missverständlich war EMAS I insbesondere bezüglich der *Umweltprüfung*.[157] Hierbei handelte es sich um eine erste umfassende Untersuchung der umweltbezogenen Fragestellungen, Auswirkungen und des betrieblichen Umweltschutzes im Zusammenhang mit der Tätigkeit an einem Standort.[158] Diese erste Prüfung diente grundsätzlich der Informationsbeschaffung durch eine Bestandsaufnahme.[159] Die Umweltprüfung wurde jedoch in den Anhängen I und II EG-UAVO a. F. nicht mehr erwähnt. Unklar ist aus diesem Grund, ob die Begriffe Umweltprüfung und Umweltbetriebsprüfung in den Anhängen synonym gebraucht wurden. Wäre dies der Fall gewesen, wären an die erste Umweltprüfung die gleichen Anforderungen wie an die folgenden Umweltbetriebsprüfungen zu stellen.[160] Dies hätte jedoch dem Sinn der ersten Umweltprüfung als erste Bestandsaufnahme widersprochen; denn es dürfte kaum notwendig gewesen sein, das neue Umwelt-Managementsystem so kurz nach seiner Einführung auf seine Tauglichkeit hin zu bewerten.[161]

---

[156] Die alte Fassung der Verordnung unterschiedete noch zwischen der Umweltprüfung, die bei der ersten Teilnahme an dem EG-Öko-Audit-System vorgenommen wurde und den Folgeprüfungen, die als Umweltbetriebsprüfungen bezeichnet wurden.

[157] Vgl. Art. 2b, 3b EG-UAVO a.F.

[158] Vgl. Art. 2b EG-UAVO a.F.

[159] Im englischen Text wurde dies noch klarer: *„initial environmental review"*; EMAS II spricht nur noch von der *„environmental review"*.

[160] So noch: *Baum/Günther/Kurki/Pawlik/Wittmann/Würdinger*, Uwf 1/1995, S. 18, 20.

[161] *Bartram*, in: *Ewer/Lechelt/Theuer*, Handbuch Umweltaudit, 1998, Kapitel C Rn. 20; a.A.: *Ganse/Gasser/Jasch*, Öko-Audit, Umweltzertifizierung, 1997, S. 74. Beide Autoren-Teams setzen sich aus Praktikern zusammen. Aus den verschiedenen Einschätzungen ergibt sich, dass bis

Auch nach der novellierten Verordnung steht gem. Art. 3 Abs. 2a EG-UAVO eine erste grundlegende Umweltprüfung am Anfang jeder Teilnahme an EMAS. Die missverständliche Unterscheidung zwischen Umweltprüfung und Umweltbetriebsprüfung wird jedoch nicht weitergeführt. Die Umweltprüfung nach EMAS II muss nach der Maßgabe des Anhangs VII unter Berücksichtigung der in Anhang VI genannten Aspekte durchgeführt werden.

2. Die Umweltpolitik

An die Umweltprüfung schließt sich die Entwicklung und Einführung der verschiedenen Elemente des EG-Öko-Audit-Systems an. Die *Umweltpolitik* beschreibt gem. Art. 2a EG-UAVO n.F. *„die umweltbezogenen Gesamtziele und Handlungsgrundsätze einer Organisation, einschließlich der Einhaltung aller einschlägigen Umweltvorschriften und der Verpflichtung zur kontinuierlichen Verbesserung der Umweltleistung"*. Sie bildet den Ausgangspunkt der Implementation der weiteren Elemente und formuliert mit der Verpflichtung zur Einhaltung der einschlägigen Umweltrechtsvorschriften gemeinsam mit der Verpflichtung zur kontinuierlichen Verbesserung des betrieblichen Umweltschutzes die materiellen Gesamtziele von EMAS. Die Einhaltung der einschlägigen Vorschriften ist dabei der kontinuierlichen Verbesserung untergeordnet.[162]
Der Zweck der Umweltpolitik liegt darin, dass nach innen ein betriebliches *„Werte- und Handlungssystem"* geschaffen wird, nach außen Kunden, Lieferanten, Umweltverbände oder die Öffentlichkeit angesprochen und informiert werden.[163] Um den betrieblichen Umweltschutz zur Chefsache zu machen, muss die Umweltpolitik auf der höchsten Management-Ebene des Unternehmens festgelegt werden.[164] Nach der überwiegenden Meinung in der Literatur war und ist die Umweltpolitik als unternehmerisches Zielsystem standortübergreifend zu formulieren.[165]

Nach EMAS I fanden sich die zu der Umweltpolitik gehörenden umweltrelevanten Handlungsgrundsätze in Anhang I D EG-UAVO a.F. als *„Gute Managementpraktiken"* aufgelistet. Die Umweltpolitik musste nach Art. 3a EG-UAVO a.F. im Ein-

---

zum Inkrafttreten von EMAS II Unklarheiten auch in der Praxis bestanden. Die Validierungsrichtlinie des Institut für Umweltgutachter weist jedoch deutlich darauf hin, dass eine Umweltbetriebsprüfung neben der einführenden Umweltprüfung nicht erforderlich ist. S. *Institut der Umweltgutachter und –berater in Deutschland (IdU) e.V.*, Richtlinie zum Valdierungverfahren gemäß Verordnung (EWG) Nr. 1836/93, Stand: 03/98, S. 8, Punkt 2.5.

162 a.A. *Metzler/Alt* und *Scherer*, die beide Ziele als gleichwertig nebeneinander stellen. *Metzler/Alt*, Der Umweltgutachter, 1996, S. 15; *Scherer*, NuR 1998, S. 477.

163 *Theuer*, in: *Ewer/Lechelt/Theuer*, Handbuch Umweltaudit, 1998, Kapitel B Rn. 3.

164 Vgl. Anh. I A Nr. 2 EG-UAVO a.F.

165 Vgl. z.B. *Lübbe-Wolff*, DVBl. 1994, S. 361, 363; *Falk/Nissen*, DB 1995, S. 2103; *Kothe*, Das neue Umweltauditrecht, 1997, Rn. 58; *Theuer*, in: *Ewer/Lechelt/Theuer*, Handbuch Umweltaudit, 1998, Kapitel B Rn. 26ff.

klang mit den einschlägigen Anforderungen nach Anhang I schriftlich[166] festgelegt werden.

Nach EMAS II folgt auf die Umweltprüfung nicht mehr die Formulierung einer betrieblichen Umweltpolitik, sondern unmittelbar die Einrichtung eines *Umwelt-Managementsystems.*[167] Da das Umwelt-Managementsystem nach Abschnitt 4 der europäischen Norm EN/ISO 14001:1996 für Umweltmanagementsysteme durchgeführt werden soll,[168] gilt nach Nr. 4.2.a-c der ISO Norm (Anh. I A 2a-c EG-UAVO n.F.), dass die Organisation eine Umweltpolitik festlegen muss, die eine *„Verpflichtung zur kontinuierlichen Verbesserung und Verhütung von Umweltbelastungen enthält"* und die in Bezug *„auf Art, Umfang und Umweltauswirkungen ihrer Tätigkeiten, Produkte oder Dienstleistungen angemessen ist"* sowie die *„Verpflichtung zur Einhaltung der relevanten Umweltgesetze und –vorschriften und anderer Forderungen, denen sich die Organisation verpflichtet,"* enthält. Die unverändert bestehenden Anforderungen an die Umweltpolitik werden somit nach EMAS II zu Bestandteilen des Umwelt-Managementsystems.[169]

3. Die Umweltziele

Die *Umweltziele* werden auf Grund der Umweltbetriebs- bzw. der Umweltprüfung festgelegt und dienen dazu, die kontinuierliche Verbesserung des Umweltschutzes zu konkretisieren.[170] Nach der novellierten Fassung der Verordnung geschieht dies im Rahmen des Umwelt-Managementsystems.

Systematisch werden die Umweltziele aus der Umweltpolitik abgeleitet und liefern die Vorgaben für die Erstellung der Umweltprogramme. Bei den Umweltzielen handelt es sich somit für die Unternehmen in der Hauptsache um ein Bindeglied zwischen der Umweltpolitik und den Umweltprogrammen.[171] Weiterhin sind sie Kontroll-Parameter für die Öffentlichkeit, an deren Einhaltung die tatsächliche Verbesserung des Umweltschutzes eines Unternehmens abgelesen werden kann.[172]
Die Ziele werden für die verschiedenen Unternehmensebenen festgelegt, d.h. auch sie können standortübergreifend gelten, solange sie auch für den einzelnen Stand-

---

[166] Vgl. Anh. I A Nr. 1 S. 1 EG-UAVO a.F.

[167] Vgl. Art. 3 Nr. 2b i.V.m. Anh. I EG-UAVO n.F.

[168] Vgl. Anh. I EG-UAVO n.F.

[169] Die Formulierung der Umweltpolitik vor der Durchführung der ersten Umweltprüfung, so wie dies EMAS I vorschrieb, war mit erheblichen Schwierigkeiten verbunden. Sinnvoll kann erst nach einer umfassenden Klärung der Sachlage die Umweltpolitik den konkreten Umständen des Einzelfalls entsprechend formuliert werden. Die Umweltpolitik sollte auf den Ergebnissen der Umweltprüfung aufbauen. Aus diesem Grund ist im Interesse einer effektiven Unternehmenspolitik die veränderte Reihenfolge nach EMAS II zu begrüßen.

[170] Vgl. Art. 2d, 3e EG-UAVO a.F.

[171] *Theuer*, in: *Ewer/Lechelt/Theuer, Handbuch Umweltaudit,* 1998, Kapitel B Rn. 40.

[172] Ebd.

ort sinnvoll angewandt werden können. Sie sollen, soweit möglich, quantitativ bestimmt und mit einer Zeitangabe versehen werden.[173]

4. Das Umweltprogramm

Das *Umweltprogramm* beschreibt gem. 2h EG-UAVO n.F.[174] die konkreten Ziele und Tätigkeiten des Unternehmens, welche dazu dienen, die übergreifend formulierte Umweltpolitik und die Umweltziele konkret auszuformulieren und so ihre Realisierung sicherzustellen. Die Umweltprogramme bilden das Aktionssystem des Managementsystems und müssen hinsichtlich ihrer inhaltlichen Ausgestaltung über die vom Gesetzgeber geforderten Minimalstandards hinausgehen; das konkrete Ausmaß wird aber von dem Unternehmen selbst bestimmt.[175] In der EG-Öko-Audit-Verordnung werden die inhaltlichen Ziele nicht konkretisiert.

5. Das Umwelt-Managementsystem

Das *Umwelt-Managementsystem* ist das Instrument zur Festlegung und Durchführung der Umweltpolitik. Es betrifft das Unternehmen als ganzes und liefert das notwendige Handwerkszeug, um die angestrebte Umweltleistung zu realisieren. Die Verordnung bezeichnet das Umwelt-Managementsystem als *"Teil des gesamten übergreifenden Managementsystems, der die Organisationsstrukturen, Planungstätigkeiten, Verantwortlichkeiten, Verhaltensweisen, Vorgehensweisen, Verfahren und Mittel für die Festlegung, Durchführung, Verwirklichung, Überprüfung und Fortführung der Umweltpolitik betrifft"*.[176] Die Anforderungen an das Umwelt-Managementsystem fanden sich in der alten Fassung der Verordnung in Anhang I B EG-UAVO, wobei hier organisatorische oft neben inhaltlichen Anforderungen standen, was das Lesen und Verstehen dieses Anhangs sehr erschwerte.
Dieser Teil der Verordnung wurde in EMAS II systematisiert: Die Anforderungen an das Managementsystem finden sich gebündelt und strukturiert als wortwörtliche Übernahme der entsprechenden Sektion der ISO Norm in Anhang I A der EG-UAVO n.F.
Das Umwelt-Managementsystem ist ein internes Kontrollsystem, es beschreibt Verantwortungen, Befugnisse und Beziehungen zwischen den Beschäftigten in Leitungsfunktionen, regelt die Bestellung eines Managementvertreters, gewährleistet Kommunikation zwischen den Angestellten und ermittelt Ausbildungsbedarf.[177] Es umfasst ein Informationssystem mittels dessen die Auswirkungen der Unternehmenstätigkeit auf die Umwelt geprüft und beurteilt werden. In diesem Rahmen muss das teilnehmende Unternehmen auch ein Verzeichnis von Rechts-

[173] Vgl. Anh. I A Nr. 4 EG-UAVO a.F., Art. 2 j EG-UAVO n.F.
[174] Vgl. 2c EG-UAVO a.F.
[175] *Fröschle/Hermann/Mandler*, DB 1994, S. 1093, 1096.
[176] Vgl.Art. 2k EG-UAVO n.F.
[177] Vgl. Anh. I B Nr. 2 EG-UAVO a.F.

und Verwaltungsvorschriften und sonstigen umweltpolitischen Anforderungen in Bezug auf die Umweltauswirkungen erarbeiten.[178] Die gesammelte Information wird in einem nächsten Schritt evaluiert.[179] Das Umwelt-Managementsystem regelt weiterhin die Aufbau- und Ablaufkontrolle, worunter die Ermittlung der Umweltrelevanz der verschiedenen Funktionen, Tätigkeiten und Verfahren sowie in einem weiteren Schritt deren Planung und Kontrolle zu verstehen ist. Die Aufbau- und Ablaufkontrolle ist das *„Herzstück der umweltbezogenen Organisation“*[180] des Unternehmens, da jeder Teilbereich von ihr erfasst wird. Um eine ständige Optimierung des Systems sicherzustellen, besteht das Umwelt-Managementsystem schließlich noch aus einem Regelkreis der ständigen Kontrolle und der Anpassung.

6. Die Umweltbetriebsprüfung

Die *Umweltbetriebsprüfung* ist ebenso wie die spezifischen Ablaufkontrollen Bestandteil des internen Kontrollsystems. Hiermit eng zusammen hängt auch das betriebseigenen Informations- und Kommunikationssystem, wozu die Umwelt-Management-Dokumente sowie als Ergebnis das Umwelt-Handbuch zählen.[181]
Die Umweltbetriebsprüfung baut den ersten Schritten des Systems auf. Sie wurde gemäß Art. 4 Abs. 1 EG-UAVO a.F. nach den Anforderungen der Anhänge I und II durchgeführt. Die alte Fassung der EG-Öko-Audit-Verordnung definierte sie als ein Bestandteil des Umwelt-Managementsystems, welches eine *„systematisierte, dokumentierte, regelmäßige und objektive Bewertung der Leistung der Organisation, des Managements und der Abläufe zum Schutz der Umwelt umfasst“*.[182]
Nach EMAS II wird die *Umweltbetriebsprüfung* gem. Art. 3 Abs. 2a EG-UAVO unter Berücksichtigung der Anforderungen des Anhangs VI durchgeführt. Im Gegensatz zum geltenden Verordnungstext wird ausdrücklich auf die Bewertung der Umweltleistung und damit den dynamischen Aspekt des verbesserten Umweltschutzes abgestellt. Ziel der Umweltprüfung ist es weiterhin, alle *Umweltaspekte*[183] als Grundlage für die Schaffung eines Umwelt-Managementsystems zu berücksichtigen. Im Gegensatz zu EMAS I sind auch indirekte Umweltaspekte Bestandteil der betrieblichen Umweltpolitik.[184] Die Einbeziehung dieser Aspekte war vor allen Dingen vor dem Hintergrund der Ausweitung des EMAS-Anwendungsbereichs notwendig. Gerade bei Dienstleistungen spielen indirekte im Vergleich zu direkten Umweltauswirkungen eine übergeordnete Rolle.

---

[178] Ebd.
[179] Vgl. Anh. I B Nr. 3 EG-UAVO a.F.
[180] *Theuer*, in: *Ewer/Lechelt/Theuer*, Handbuch Umweltaudit, 1998, Kapitel B Rn. 94.
[181] *Fröschle/Hermann/Mandler*, DB 1994, S. 1093, 1097; vgl. auch die Abbildung 1 bei: *Paulesich/Reiger*, ZfU 1996, S. 489, 493.
[182] Vgl. Art. 2f EG-UAVO a.F.
[183] Vgl. Anh. VI EG-UAVO n.F.
[184] Zu diesen Aspekten gehören nach Anhang VI Nr. 6. 3 EG-UAVO n.F. produktbezogene Auswirkungen, ebenso wie Wirkungen von Finanzdienstleistungen, Planungsentscheidungen oder die Auswahl von Dienstleistungen.

Die Umweltbetriebsprüfung wird von einem internen oder externen Betriebsprüfer, der streng von dem zugelassenen Umweltgutachter zu unterscheiden ist, geplant und durchgeführt. Ergebnis der Umweltbetriebsprüfung ist ein Bericht, welcher den Prüfungsumfang dokumentiert, der Unternehmensleitung Informationen über den erreichten Grad an Übereinstimmung mit der Umweltpolitik und dem Umweltprogramm bereitstellt, die Effizienz der Überwachungsmaßnahmen darstellt und die Notwendigkeit von Korrekturen im Umwelt-Management belegt.

7. Die Umwelterklärung

Auf der Grundlage der Umweltbetriebsprüfung wird die *Umwelterklärung* erarbeitet. Sie dient der Information der Öffentlichkeit und soll aus diesem Grund in knapper und verständlicher Form gefasst werden.[185] Sie enthält Angaben über den Betrieb, über die wichtigsten den Betrieb betreffenden Umweltfragen und Umweltauswirkungen sowie eine Darstellung der Umweltpolitik, des Umweltprogramms und des Umwelt-Managementsystems.
Die Umwelterklärung war gem. Art. 5 Abs. I EG-UAVO a.F. standortbezogen und musste nach der Umweltprüfung sowie nach jeder weiteren Umweltbetriebsprüfung erstellt werden. Die Umwelterklärung war von dem 3-jährigen Betriebsprüfungszyklus entkoppelt, denn sie sollte im Regelfall jährlich erstellt werden. Zwischen zwei Betriebsprüfungen konnte sie jedoch in vereinfachter Form erfolgen.[186] Validiert wurde diese jährliche Umwelterklärung jedoch erst im Rahmen des nächsten Audit-Zyklus. Die Erstellung einer solchen vereinfachen Umwelterklärung war für kleine und mittlere Unternehmen nicht notwendig, soweit der Umweltgutachter im Zuge der vorangegangen Begutachtung eine diesbezügliche Entscheidung getroffen hatte.[187]
Auch im Rahmen von EMAS II muss die Organisation gem. Art. 3c i.V.m. Anhang III 3.2. EG-UAVO n.F. eine Umwelterklärung erstellen. Diese kann für mehrere Standorte gemeinsam verfasst werden. Dabei müssen getreu dem Prinzip der *„lokalen Rechenschaftspflicht“* gem. Nr. 3.7. Anhang III EG-UAVO n.F. die signifikanten Umweltauswirkungen eines jeden Standortes eindeutig beschrieben und in der Gesamt-Umwelterklärung erfasst sein.[188]

8. Die Validierung

Die Umwelterklärung wird von dem *unabhängigen Umweltgutachter* gem. Art. 3d EG-UAVO n.F.[189] für gültig erklärt oder validiert. Hierbei handelt es sich um eine

[185] Vgl. Art. 5 Abs. 2 EG-UAVO a.F.
[186] Vgl. Art. 5 Abs. 5 EG-UAVO a.F.
[187] Vgl. Art. 5 Abs. 6 EG-UAVO a.F.
[188] Der Kommissionsentwurf sah noch vor, dass nur Standorte mit signifikanten Umweltauswirkungen eindeutig beschrieben werden müssten (Anh. III Nr. 3.5. EMAS-II-EK).
[189] Vgl. Art. 4 Abs. 3, Abs. 6 EG-UAVO a.F.

unternehmensexterne Prüfung, der ein eigenes Kapitel dieser Arbeit gewidmet ist.[190]

9. Die Eintragung

Die letzte Stufe stellt die *Eintragung der zertifizierten Organisation* in ein Register dar; damit erhält das Öko-Audit eine *„kontrollierte Publizität"*.[191] Hierzu muss der zuständigen Stelle die für gültig erklärte Umwelterklärung übermittelt werden.[192] Die Umwelterklärung muss sodann frei zugänglich gemacht werden, dies muss allerdings nicht unbedingt in gedruckter Form erfolgen. Die zuständige Stelle übermittelt der Kommission die Liste der registrierten Organisationen. Das Verzeichnis aller eingetragenen Organisationen wird jährlich im Amtsblatt der Europäischen Gemeinschaften veröffentlicht.[193]

Konkrete Rechtsfolge der erfolgreichen Teilnahme an dem EG-Öko-Audit-System ist, neben der Aufnahme der Organisatione in die im EG-Amtsblatt zu veröffentlichende Liste, das Recht des Unternehmens, eine Teilnahme-Erklärung zu verwenden. Diese Teilnahme-Erklärung stellt eine Gratifikation für die Teilnahme dar und dient als positiver Anreiz.[194] Die Erklärung soll der Unternehmenswerbung dienen und ein Image-Gewinn für das Unternehmen nach sich ziehen.[195] Dafür ist das Unternehmen seinerseits ab dem Zeitpunkt der Vorlage der validierten Umwelterklärung bei der nationalen Stelle verpflichtet, seine Umwelterklärung auch *„öffentlich zugänglich* [zu] *machen"*.[196]
EMAS II legt in Art. 3 Abs. 3 EG-UAVO zusätzliche Kriterien, welche die Organisation zur Beibehaltung der Eintragung erfüllen muss, fest. Sie muss hiernach das Umwelt-Management und das Programm für die Umweltbetriebsprüfung entsprechend den Anforderungen von Anhang V Nr. 5.6 EG-UAVO prüfen lassen sowie die jährlich validierten Neufassungen der Umwelterklärungen der zuständigen Stelle übermitteln und öffentlich zugänglich machen. Die Umwelterklärung muss damit nicht mehr nur alle drei Jahre sondern jährlich von dem Umweltgutachter validiert werden; eine Regelung, die einen deutlichen Aufgabenzuwachs für die Umweltgutachter bedeutet.

---

[190] S. KAPITEL 7.
[191] *Franzius,* NuR 1999, S. 601, 602.
[192] Vgl. Art. 8 Abs. 1 EG-UAVO a.F./Art. 3e EG-UAVO n.F.
[193] Vgl. Art 9 EG-UAVO n.F./a.F.
[194] *Lübbe-Wolff,* ZUR 1996, S. 173.
[195] Vgl. zu den wettbewerbsrechtlichen Grenzen: *Kienle,* DB 1998, S. 2101.
[196] Vgl. Art. 3 Abs. 2e EG-UAVO n.F.

IV. Die Einhaltung der einschlägigen Umweltvorschriften

Sowohl EMAS I[197] als auch EMAS II[198] regeln die Selbstverpflichtung zur Einhaltung der *„einschlägigen Umweltvorschriften"*. Da sich die Umweltpolitik auf das ganze Unternehmen und nicht auf den Standort bezieht, müssen sich auch die in diesem Rahmen abgegebenen Selbstverpflichtungen auf das gesamte Unternehmen beziehen.[199] Der zeitliche Bezugsrahmen der Verpflichtung ist jedoch ebenso strittig, wie die Frage, ob die Einhaltung der gesetzlichen Vorschriften tatsächlich Voraussetzung für die erfolgreichen Teilnahme an dem EG-Öko-Audit-System ist.

1. Die einschlägigen Umweltvorschriften

Zu den einschlägigen Umweltrechtsvorschriften zählen nur Rechtssätze, nicht jedoch untergesetzliche Regelungswerke, insbesondere auch keine Verwaltungsvorschriften.[200] Dies ergibt sich schon daraus, dass Verwaltungsvorschriften, dort wo sie mit unter den Regelungsgegenstand der Verordnung fallen sollen, ausdrückliche Erwähnung finden.[201]
Weiterhin bezieht sich EMAS nur auf die Einhaltung der Vorschriften des Umweltrechts. Ein allgemeiner Verweis auf die *„einschlägigen Rechtsvorschriften"*, wie z.B. in § 15 Abs. 2 Nr. 5 UAG, impliziert nicht, dass neben der Einhaltung umweltrechtlicher auch arbeitsrechtliche, gewerberechliche oder baurechtliche Vorschriften Gegenstand von EMAS sind. Die EG-Öko-Audit-Verordnung als Instrument des Umweltschutzes bezieht sich nur auf diesbezügliche Anforderungen, wobei unter den Begriff „Vorschriften des Umweltrechts" alle Vorschriften fallen, die für die Umweltaspekte der Tätigkeiten, Produkte oder Dienstleistungen der Organisation (bzw. des Standortes) relevant sind.[202]
Weiterhin ist *Köck* zuzustimmen, wenn er anmerkt, dass Umweltrecht auf die verwaltungsrechtlichen Vorschriften begrenzt zu verstehen ist.[203] Umweltbezogene Pflichtenstellungen, die sich aus allgemeinem Deliktsrecht ergeben, fallen nicht unter das einschlägige Umweltrecht. Unerheblich ist hingegen, ob die Regelungen sich auf direkte oder indirekte Steuerungen beziehen. Die diesbezügliche Differen-

---

[197] Vgl. Art. 2a, 3a, 8 Abs. 4, Anh. I A Nr. 3, Anh. II A EG-UAVO a.F.

[198] Vgl. Art. 2a, Art. 6 Abs. 4 und Anh. II Nr. 2.2 EG-UAVO n.F. Anhang I B Nr. 1 spricht im gleichen Zusammenhang von allen „relevanten Umweltvorschriften."

[199] *Lübbe-Wolff,* DVBl. 1994, S. 361, 363; *Kothe,* Das neue Umweltauditrecht, 1997, S. 28; *Kloepfer/Bröcker,* FEU-Gutachten: Evaluierung von Umweltmanagementsystemen, 1998, Kapitel B Teil I 1.

[200] A.A. *Köck,* VerwArch. 1996, S. 644, 654.

[201] Vgl. Anh. I B Nr. 3g EG-UAVO a.F., Anh. VII Nr. 7.2.a EG-UAVO n.F. oder im nationalen Recht auch § 15 Abs. 2 Nr. 5 UAG.

[202] Vgl. *Lütkes/Ewer,* NVwZ 1999, S. 19, 23.

[203] *Köck,* GewArch. 1996, S. 644, 653.

zierung, so wie sie *Lidchi* vorschlägt,[204] ist nicht nachvollziehbar und würde die Dinge unnötig verkomplizieren. Auch sachlich wäre eine solche weitere Unterscheidung nicht haltbar.

2. Konkretisierungsbedürftige und nicht vollzugsfähiger Vorschriften

Offen bleibt die Frage, ob zu den einschlägigen Vorschriften auch solche Vorschriften gehören, die noch nicht durch untergesetzliche Regelwerke oder durch Verwaltungsakt konkretisiert sind. Dies Frage stellt sich vor allen Dingen, wenn die Vollzugsfähigkeit der Rechtsvorschriften von einer derartigen Konkretisierung abhängt. Fraglich ist insoweit auch, ob die Einhaltung der Pflichten aus generalklauselartigen, abstrakten Vorschriften, wie z.B. die Grundpflichten aus § 5 BImSchG oder aus §§ 5, 11 KrW-/AbfG,[205] unter die Einhaltung der einschlägigen Vorschriften des Umweltrechts fällt und ob der Unternehmer in den Fällen des § 5 Abs. 1 Nr. 2 BImSchG und § 7a Abs. 1 S. 1 und 3 WHG den Stand der Technik[206] selbstständig festlegen muss und zu eigenverantwortlichem Selbstvollzug verpflichtet ist.[207]

Die Reichweite der Eigenverantwortlichkeit wird in der Literatur unterschiedlich beurteilt. Auf der einen Seite steht die Meinung, mit der Verpflichtung zur Einhaltung der einschlägigen Umweltvorschriften seien nur vollzugs- und sanktionsfähige Umweltvorschriften gemeint, nicht aber unbestimmte Anforderungen, die noch der Konkretisierung bedürften. Die Einhaltung der Umweltvorschriften solle einen Minimalstandard sicherstellen, nicht jedoch die Einhaltung von *„de-luxe"* Vorschriften.[208] Hiergegen wird vorgebracht, dass *„zwischen Konkretisierungsgrad und angezieltem ökologischem Niveau von Umweltvorschriften kein notwendiger Zusammenhang"* bestehe.[209] Entscheidend sei allein die unmittelbare Geltung der Rechtspflicht für das betreffende Unternehmen, unabhängig von der Existenz konkretisierender Rechtsakte.[210] Zu den einzuhaltenden Vorschriften gehören

[204] *Lidchi*, Vorschlag der EU-Kommission zur Revision der VO 1836/93/EWG: Diskussion und Kritik, 1999, Pkt. II.1.2.
[205] Z.B. die Pflicht zur Vermeidung von Abfällen nach § 5 Abs. 1 KrW-/AbfG solange Rechtsverordnungen nach §§ 23, 24 KrW-/AbfG noch ausstehen.
[206] Vgl. zu dem Begriff allgemein: *Heimlich*, NuR 1998, S. 582, m.w.N.
[207] Vgl. *Feldhaus*, in: *Kornmann* (Hrsg.), Umwelthaftung und Umweltmanagement, 1994, S. 9, 21f.
[208] Ebd., im Ergebnis ebenso: *Wiebe*, NJW 1994, S. 289, 292; *Müggenborg*, DB 1996, S. 125, 126.
[209] *Lübbe-Wolff*, DVBl. 1994, S. 361, 370; so im Ergebnis auch: *Köck*, VerwArch. 1996, S. 644, 655. Hiervon geht auch *Schottelius* aus, ohne diesen Punkt jedoch kritisch zu hinterfragen. *Schottelius*, BB 1997, Beilage 2 zu Heft 8, S. 13ff.
[210] *Lübbe-Wolff*, DVBl. 1994, S. 361, 370; *Rhein*, Das Gemeinschaftssystem für das Umweltmanagement und die Umweltbetriebsprüfung, 1996, S. 85. Im Gegensatz zu *Rhein* gilt nach *Lübbe-Wolff* der Verstoß gegen die Vorsorgegrundpflicht aus § 5 Abs. 1 Nr. 2 BImSchG, wenn die

nach dieser Auffassung alle Vorschriften, aus denen sich unmittelbar Pflichten für das Unternehmen ergeben, wie z.B. auch § 5 BImSchG.

Der zweiten Auffassung ist zuzustimmen. Die Verpflichtung zur Einhaltung der gesetzlichen Vorschriften hängt nicht von der Vollzugsfähigkeit einer Vorschrift ab. Jede unmittelbar geltende Rechtsvorschrift ist verbindlich geltendes Recht für den Betroffenen, gleichgültig, ob die statuierte Pflicht vollzugs- und sanktionsfähig ist. Etwas anderes gilt jedoch für eine Regelung unter Verordnungsvorbehalt. Eine Selbstverpflichtung scheidet in diesem Bereich aus, solange die Vorschrift nicht durch den Erlass einer Verordnung konkretisiert ist. Die Konkretisierungsprärogative obliegt in diesem Falle nicht dem Unternehmer sondern dem innerstaatlichen Verordnungsgeber.[211]
Sobald eine behördliche Konkretisierung stattgefunden hat, gilt diese verbindlich und ersetzt die unternehmerische Interpretation der Vorschrift. Insofern umfasst die Verpflichtung zur Einhaltung der einschlägigen Umweltvorschriften alles, was in behördlichen Genehmigungen konkretisiert ist, beschränkt sich aber nicht darauf.[212] Ist die Konkretisierung erfolgt, so gelten für die erfolgreiche Teilnahme an EMAS allein die Genehmigungswerte; auch wenn im Einzelfall die Anforderungen aus Verwaltungsvorschriften[213] strenger als diese Werte sind.[214] Der Teilnehmer ist nicht verpflichtet, über die Anforderungen des konkretisierten Rechtsaktes hinauszugehen. Die Genehmigung präzisiert das für den Standort einzuhaltende gesetzliche Niveau, was sich unter dem Gesichtspunkt des Bestandsschutzes im Einzelfall für das Unternehmen positiv auswirken kann.[215] Da nicht-genehmigungsbedürftige Anlagen unmittelbaren Anpassungspflichten unterliegen, können für sie unter Umständen strengere Anforderungen gelten als für genehmigungspflichtige Anlagen.[216]

Schließlich stellt sich noch die Frage, wie sich die behördliche Duldung[217] eines rechtswidrigen Zustandes auf die Pflicht zur Einhaltung der einschlägigen Umweltvorschriften auswirkt. Einerseits wird argumentiert, dass vorübergehende Ver-

---

Grundpflicht noch keine Konkretisierung durch die Exekutive gefunden hat, nicht als Verstoß gegen die verordnungsrechtliche Verpflichtung zur Einhaltung aller einschlägigen Umweltvorschriften, sondern als Verstoß gegen die Verpflichtung zur kontinuierlichen Verbesserung des betrieblichen Umweltschutzes.

211 *Kothe,* Das neue Umweltauditrecht, 1997, Rn. 286; *Schmidt-Preuß,* in: FS Kriele, 1997, S. 1157, 1163.

212 A.A. *Müggenborg*, DB 1996, S. 125. 127.

213 Z.B.: TA Luft, TA Lärm, Abwasser-Verwaltungsvorschrift nach § 7a WHG.

214 So auch: *Köck,* VerwArch. 1996, S. 644, 655f.; *Lübbe-Wolff,* DVBl. 1994, S. 361, 370.

215 *Kothe,* Das neue Umweltauditrecht, 1997, Rn. 289.

216 So auch: *Lübbe-Wolff,* DVBl. 1994, S. 361, 370; *Kothe,* Das neue Umweltauditrecht, 1997, Rn. 290; kritisch: *Rheine,* Das Gemeinschaftssystem für das Umweltmanagement und die Umweltbetriebsprüfung, 1996, S. 86.

217 Zum Begriff der „Duldung“: *Kothe,* Das neue Umweltauditrecht, 1997, Rn. 323f.

stöße gegen geltendes Recht, soweit sie von den zuständigen Umweltbehörden schriftlich toleriert werden, keine Verstöße gegen die Anforderungen der Verordnung seien.[218] Andererseits wird festgestellt, dass behördliche Einzelfall-Entscheidungen, die eine explizite oder implizite Duldung rechtswidriger Zustände beinhalten, keinen Maßstab für die Rechtskonformität bilden könnten.[219]
Es ist *Kothe* zu folgen, der richtig zwischen den verschiedenen Fällen einer behördlichen Duldung unterscheidet. Die Duldung kann ein bloßes Vollzugsdefizit infolge rechtswidrigen Nichtgebrauchs des den Behörden eingeräumten Opportunitätsermessens darstellen. Sie kann jedoch auch auf Grund fehlerfreier Ermessensausübung wegen Vordringlichkeit anderer Aufgaben erfolgen. Schließlich ist auch eine Duldung aus Gründen der Verhältnismäßigkeit, welche die Behörden an dem Einschreiten hindern, denkbar. Es ist eine differenzierte Betrachtungsweise angebracht. Die Unternehmen, deren Anlagenbetrieb lediglich aus Gründen der Verhältnismäßigkeit vorübergehend geduldet wird, halten die einschlägigen Vorschriften fraglos nicht ein. Anders verhält es sich mit den Unternehmen, die alles erforderliche unternommen haben, die die Vorschriften aber wegen behördlicher Untätigkeit nicht einhalten können.[220]

3. Die Einhaltung der einschlägigen Umweltvorschriften als Validierungs- und Registrierungsvoraussetzung

a. EMAS I

In Art. 3a der alten EG-Öko-Audit-Verordnung hieß es, dass die Umweltpolitik die Einhaltung aller einschlägigen Umweltvorschriften *„vorsehen"* müsse. Aus dieser Formulierung ergab sich nicht eindeutig, ob zu dem Zeitpunkt der Eintragung des Standortes die tatsächliche Einhaltung dieser Vorschriften gewährleistet sein musste. Aus diesem Grund wurde argumentiert, dass die Rechtskonformität des Standortes nicht Validierungs- oder Eintragungsvoraussetzung sei.[221] Es sollte

---

[218] *Eggert*, in: *Petrick*, Qualitätsmanagement und Zertifizierung in der Europäischen Union, 1997, S. 81, 87; so auch: *Köck*, GewArch. 1996, S. 644, 653.

[219] *Budde*, Die Umwelt-Audit-Verordnung der EU, 1998, S. 54; *Rhein*, Das Gemeinschaftssystem für das Umweltmanagement und die Umweltbetriebsprüfung, 1996, S. 88; *Lübbe-Wolff*, DVBl 1994, S. 361, 370.

[220] *Kothe*, Das neue Umweltauditrecht, 1997, Rn. 332.

[221] *Wiebe*, NJW 1994, S. 289, 292. Auch setze die Verwendung der Teilnahme-Erklärung nicht die dauerhafte Einhaltung aller einschlägigen Umweltvorschriften voraus. *Müggenborg*, DB 1996, S. 125, 128; *Emmerich*, in: *Kley* (Hrsg.), Festschrift für Wolfgang Ritter, 1997, S. 839, 851; *Ekardt*, KGV-Rundbrief 2/1997, S. 2, 4; *Scherer*, NuR 1998, S. 477; *Nissen*, Die EG-Öko-Audit-Verordnung, 1999, S. 99ff.; VCI-Positionspapier „Aufgaben des Umweltgutachters im Hinblick auf die Einhaltung der gesetzlichen Vorschriften" v. 20.9.1995; im Ergebnis auch: *Schneider*, Die Verwaltung 1995, S. 361, 378; *Köck*, VerwArch. 1996, S. 644, 666; *Jasch*, Praxishandbuch Umweltmanagement und Öko-Audit, Stand 1997, Kapitel 2, S. 8; *Schottelius*, BB, Beilage 2 zu Heft 8 1997, S. 12; *Schottelius* entnahm der Verordnung dennoch die Pflicht für

vielmehr ausreichen, dass die Unternehmen im Rahmen der betrieblichen Umweltpolitik die Verpflichtung zur Erreichung dieser Ziele eingegangen sind und sich um die Erreichung der gesetzten Ziele bemühen.
Diese Meinung wurde auf den Wortlaut aus Art. 3a EG-UAVO a.F. sowie auf die Formulierung in Anhang I A Ziffer 3 EG-UAVO a.F. gestützt, nach der die Umweltpolitik über die Einhaltung der einschlägigen Umweltvorschriften hinaus eine stetige Verbesserung des betrieblichen Umweltschutzes *„bezweckt"*. Da das System auf das Moment der Verbesserung des betrieblichen Umweltschutzes abstelle, wäre eine Einhaltung aller Vorschriften eben nicht zwingende Voraussetzung der erfolgreichen Teilnahme, sondern Zielvorgabe.[222] Noch deutlicher sei dies in der englischen Fassung der Verordnung geworden: *„The policy will aim, in addition for providing for compliance with all relevant regulatory requirements regarding the environment, at the continual improvement of the environmental performance."* Rechtlich gestützt wurde diese Meinung weiterhin auf den Grundsatz der Verhältnismäßigkeit, nach dem nicht jeder geringfügige Rechtsverstoß die Teilnahme an dem EG-Öko-Audit-System ausschließen könne. Maßgeblich sei vielmehr das Gefahrenpotenzial und der Aufwand der Beseitigung des Rechtsverstoßes.[223]

b. EMAS II

Nach EMAS II ist die Einhaltung der Rechtsvorschriften durch das Managementsystem sicherzustellen. Dies ergibt sich aus Art. 3 Abs. 2a i. V.m. Anhang I A Nr. 3.2. und B Nr. 1 EG-UAVO n.F.. Das Unternehmen muss die Umweltpolitik der Organisation festlegen und sicherstellen, dass diese eine Verpflichtung zur Einhaltung aller relevanten Umweltvorschriften enthält. In einem weiteren Schritt muss die Organisation *„ein Verfahren einführen und aufrechterhalten, um gesetzliche und andere Forderungen zu ermitteln und zugänglich zu machen, zu deren Einhaltung die Organisation sich verpflichtet und die für die Umweltaspekte ihrer Tätigkeiten, Produkte oder Dienstleistungen relevant sind"*.[224] Um dies zu unterstreichen, formuliert EG-UAVO n.F. in Anhang I B Nr. 1 unter der *„Einhaltung der Rechtsvorschriften"* noch einmal explizit, dass die Organisation nachweisen können muss, dass sie nicht nur alle relevanten Umweltvorschriften identifiziert

deutsche Unternehmen, das geltende Umweltrecht einzuhalten. Dies hätte der Umweltgutachter auch im Rahmen einer Sachprüfung zu kontrollieren. Der unterschiedliche Standard für Deutschland und die anderen Mitgliedstaaten der EU ergäbe sich daraus, dass in Deutschland eine kontinuierliche Verbesserung des betrieblichen Umweltschutzes nur möglich sei, soweit diese über den ohnehin verpflichtenden Stand der Technik hinausgehe. Insofern könne der Umweltgutachter eine Verbesserung des Umweltschutzes nur dann feststellen, wenn er die Einhaltung der geltenden Vorschriften zunächst als Voraussetzung für eine Verbesserung nachprüfe.

[222] *Ekart*, KGV-Rundbrief 2/1997, S. 2, 5.

[223] *Schneider*, Die Verwaltung 1995, S. 361, 379.

[224] Vgl. Anh. I A Nr. 3.2.

hat, sondern dass sie vielmehr auch für die Einhaltung dieser Vorschriften sorgt.[225] Darüber hinaus muss sie über Verfahren verfügen, die es ermöglichen, diese Anforderungen auch dauerhaft zu erfüllen. Auch nach EMAS II verweigert die zuständige Stelle die Eintragung der betreffenden Organisation, wenn sie über einen Verstoß der Organisation gegen einschlägige Umweltvorschriften unterrichtet wird.[226] Entsprechend den Anforderungen der geltenden Verordnung ist die Einhaltung der einschlägigen Umweltvorschriften auch durch die interne Betriebsprüfung sicherzustellen.[227]

Obwohl EMAS II im Wortlaut klarer für ein Compliance-Erfordernis der Verordnung spricht als EMAS I, werden Vertreter der Auffassung, EMAS verlange die tatsächliche Einhaltung der Rechtsvorschriften nicht, auch aus den Formulierungen von EMAS II ableiten, dass die Einhaltung der gesetzlichen Vorschriften zum Zeitpunkt der Validierung und Eintragung nicht zwingend vorgeschrieben sei. Doch die Interpretationsspielräume von EMAS II sind im Vergleich zum Vorgängertext geschwunden, und es besteht Aussicht, dass EMAS III sich auch sprachlich zur Eindeutigkeit durchringen kann.

c. Wertung

Trotz des zum Teil ambivalenten Wortlautes muss mit der herrschenden Lehre angenommen werden, dass das EG-Öko-Audit-System die Einhaltung der einschlägigen Umweltschutzvorschriften zur zwingenden Voraussetzung einer erfolgreichen EMAS-Teilnahme macht und machte.[228] Erst die Verpflichtung zur Einhaltung aller einschlägigen Umweltvorschriften lässt die EG-Öko-Audit-Verordnung zu dem werden, was sie ist, nämlich zu einem Instrument, welches nicht nur allein innerbetriebliche Innovation fördert, sondern auch ein Instrument des Gesetzesvollzugs ist.[229] Die Einhaltung der einschlägigen Umweltvorschriften ist eben nicht

---

[225] In der englischen Fassung: „*provide for legal compliance*".

[226] Art. 6 Abs. 4 EG-UAVO n.F.

[227] Anh. II Nr. 2.2 EG-UAVO n.F.

[228] *Lübbe-Wolff,* DVBl. 1994, S. 361, 369f.; *Fröschle/Hermann/Mandler,* DB 1994, S. 1093, 1096; *Köck,* JZ 1995, S. 643, 648; *Falke,* ZUR 1995, S. 4, 5; *Steger/Ebinger,* in: *Klemmer/Meuser* (Hrsg.), EG-Umweltaudit, 1995, S. 215, 218; *Schottelius,* DB 1996, S. 1169, 1171; *Falk/Frey,* UPR 1996, S. 57, 59; *Metzler/Alt,* Der Umweltgutachter, 1996, S. 11 ; *Hansmann,* in: *Rengeling,* Integrierter und betrieblicher Umweltschutz, 1996, S. 207, 211; *Moormann,* in: Neue Entwicklungen im Umweltrecht, Tagungsband der Umweltrechtstage v. 26. und 27.8.1996 in Düsseldorf, S. 83, 91; *ders.,* ZUR 1997, S. 188, 191; *Waskow,* Betriebliches Umweltmanagement, 1997, S. 25, 28; *Schmid,* Jura 1997, S. 11, 13; *Kothe,* Das neue Umweltauditrecht, 1997, S. 91f., Rn. 283f.; *van Bon/Müller,*in: Doktoranden-Netzwerk-Öko-Audit e.V. (Hrsg), Umweltmanagementsysteme zwischen Anspruch und Wirklichkeit, 1998, S. 85, 94; *Schmalholz,* Jb UTR 1998, S. 331, 336; *Sauer,* in: *Leitretter/Schneider,* Was bringt's dem Umweltschutz?, 1998, S. 57, 66; *Ganse,* Ökologisches Wirtschaften 3-4/1998, S. 20; *Scherer,* NuR 1998, S. 477.

[229] *Köck,* JZ 1995, S. 643, 647; *Lübbe-Wolff,* DVBl. 1993; *Wagner,* NVwZ 1995, S. 1046, 1050; S. 361, 363; *Feldhaus,* UPR 1997, S. 341, 342.

nur Zielvorgabe des Systems. Abgesehen davon, dass eine solche Zielvorgabe, eine rechtliche Selbstverständlichkeit zum Ziel erhoben, dem ehrgeizigen Anspruch des Systems nicht gerecht würde, ergibt sich die Verpflichtung zur Rechtskonformität aus dem Gesamtsystem. Die Einhaltung der Umweltvorschriften ist eine Minimalanforderung an die Umweltpolitik.[230] Dabei ist die Definition der Umweltpolitik nach der Maßgabe des Art. 2a EG-UAVO n.F. als die *„umweltbezogenen Gesamtziele und Handlungsgrundsätze einer Organisation, einschließlich der Einhaltung aller einschlägigen Umweltvorschriften"* misslungen, weil sie Ziele und Voraussetzungen missverständlich zusammenfasst. Während die Gesamtziele und Handlungsgrundsätze programmatisch aufzufassen sind, definiert die Einhaltung der einschlägigen Umweltvorschriften die Grundvoraussetzung der Umweltpolitik.
Für die alte Fassung der Verordnung ergab sich zudem aus dem 5. Erwägungsgrund, dass die Verpflichtung des Unternehmens zur Einhaltung des Ordnungsrechts nicht nur in der Umweltpolitik und dem standortbezogenen Umweltprogramm *„festzulegen"* sondern auch *„umzusetzen"* war. Die novellierte Fassung der Verordnung betont ihrerseits die Bedeutung der Einhaltung der einschlägigen Rechtsvorschriften in Erwägungsgrund 17.
Vor allen Dingen aber muss das Unternehmen im Rahmen der internen Umweltbetriebsprüfung die Einhaltung der einschlägigen Umweltvorschriften überprüfen.[231] Die Einhaltung der umweltrechtlichen Vorschriften ist somit zum Zeitpunkt der Validierung schon intern kontrolliert worden. Nach Art. 6 Abs. 4 EG-UAVO n.F.[232] lehnt die zuständige Stelle die Eintragung der Organisation ab oder hebt sie vorübergehend auf, sofern sie von der zuständigen Vollzugsbehörde von einem Verstoß gegen einschlägige Umweltvorschriften unterrichtet wird. Die Rechtskonformität des Standortes muss also auch zum Zeitpunkt der Validierung und Eintragung fortbestehen.

4. Wettbewerbsrechtliche Konsequenzen

Obwohl die Verpflichtung zur Einhaltung der einschlägigen Vorschriften maßgeblich auf deutsches Drängen[233] in die Verordnung aufgenommen wurde, werden gerade hierzulande Bedenken gegen diese Pflicht geäußert. Probleme ergibt diese

---

[230] Vgl. auch die Stellungnahme des Wirtschafts- und Sozialausschusses beim EP zu dem EMAS II Entwurf. Nach Pkt. 2.1.3. ist der Ausschuss damit einverstanden, dass *„im Rahmen des Umwelt-Audit-Systems die Normen des Umweltschutzrechts Mindestanforderungen sein sollen, dass aber der eigentliche Sinn des Systems darin besteht, die innerbetrieblichen Maßnahmen zur Durchsetzung der amtlichen Umweltschutzauflagen und die darüber hinausgehenden Anstrengungen und Ergebnisse (Umweltschutzleistungen) zu bewerten und auch für die Öffentlichkeit transparent zu machen."* ABl. C 331/44 v. 16.12.1992, S. 45.

[231] vgl. Anh. II A S. 2 EG-UAVO a.F./Art. 3 Abs. 2a EG-UAVO n.F.

[232] Vgl. Art. 8 Abs. 4 EG-UAVO a.F..

[233] Siehe den Bericht über die Ergebnisse der EG-Ratstagung Umwelt v. 22./23.3.1993 in: Umwelt 1993 S. 225.

Verpflichtung insbesondere im Bereich des Wettbewerbsrechts.[234] Um die Chancengleichheit der unterschiedlichen Standorte in Europa zu sichern,[235] wurde ebenfalls auf deutsche Initiative[236] der Standard der besten verfügbaren Technik – zumindest soweit es um den Einsatz von Umwelt-Technologie zur Verbesserung des betrieblichen Umweltschutzes geht – in die erste Fassung der Verordnung eingefügt.[237] Dennoch ist die Gefahr von Wettbewerbsverzerrungen innerhalb der EU durch unterschiedliche Prüfpraktiken und Umweltschutzanforderungen hoch.

Die Einhaltung der einschlägigen Vorschriften reflektiert unterschiedliche Standards. Unternehmen in Ländern mit hohen ordnungsrechtlichen Anforderungen müssen bei der Teilnahme an EMAS eine höhere Umweltleistung erbringen als Unternehmen in Ländern ohne ein vergleichbar ausdifferenziertes Umwelt-Ordnungsrecht.[238] Da das deutsche Umweltrecht zu den strengsten der Gemeinschaft zählt, könnte das Umweltauditrecht zu einem Hindernis für deutsche Unternehmen auf dem Binnenmarkt der Gemeinschaften führen. Im nationalen Kontext benachteiligt die Selbstverpflichtung zur kontinuierlichen Verbesserung des betrieblichen Umweltschutzes Unternehmen, die auf einem hohen Umweltniveau starten. Die Hoffnung des ehemaligen Bundesumweltministers *Dr. Klaus Töpfer*, die EG-Öko-Audit-Verordnung würde durch die Notwendigkeit der kontinuierlichen Verbesserung und der öffentlichen Überprüfung eine Eigendynamik hervorrufen, die zu einer schrittweisen Angleichung führen werde,[239] war von viel Optimismus geprägt. Eine solche Entwicklung ist zumindest im Jahre Siebe des Systems nicht abzusehen.

---

[234] *Sellner/Schnutenhaus*, NVwZ 1993, S. 928, 929. Allgemein zum Wettbewerbsrecht und EMAS: *Wiebe*, NJW 1994, S. 289; *Kloepfer*, NuR 1993, S. 353; *Feldhaus*, in: *Rengeling* (Hrsg.), Handbuch zum europäischen und deutschen Umweltrecht, 1998, S. 1035, 1185; *Schottelius*, NVwZ 1998, S. 805, 808, 810.

[234] *Schottelius/Küpper-Djindjic*, BB 1994, S. 214, 217.

[235] Vgl. Rede der Bundesumweltministerin a.D., Frau Dr. *Angela Merkel*, anlässlich der DIHT-Umwelttagung „Ein Jahr Umweltmanagement und –betriebsprüfungssystem – Zwischenbilanz und Ausblick" am 3.6.1996 in Bonn.

[236] Siehe den Bericht über die Ergebnisse der EG-Ratstagung Umwelt v. 22./23.3.1993, in: Umwelt 1993, S. 225. Aus Angst vor diesen wettbewerbsverzerrenden Effekten wurde auf Antrag Deutschlands die Selbstverpflichtung zur Anwendung der *„best available technology"* aufgenommen, die allerdings durch die Aufnahme der Klausel von der wirtschaftlich vertretbaren Anwendung der besten verfügbaren Technik wieder abgeschwächt wurde. Damit wurden *„dem mit frischer Sprungkraft ausgestattenten Papiertiger* [...] *die Krallen gestutzt."* *Von Gehlen*, UVP-Report 1995, S. 254.

[237] Dieser Standard findet sich in den EMAS II nicht mehr wieder.

[238] Das EG-Öko-Audit-System verschleiere die gravierenden europäischen Umweltschutz-Unterschiede, indem es zu einer Schein-Konformität durch die Umweltschutzvalidierungen führe. *Schottelius*, BB, Beilage 2 zu Heft 8 1997, S. 6.

[239] *Töpfer*, Umwelt 1995, S. 101, 104.

Die Verpflichtung zur Einhaltung des geltenden Rechts ist jedoch trotz dieser Probleme eine sinnvolle und notwendige Anforderung der EMAS-Teilnahme. Das unterschiedliche europäische Regelungsniveau trifft die Unternehmen zudem auch ohne EMAS. Europarechtlich muss jedoch sichergestellt werden, dass Unternehmen, die sich an dem System beteiligen, nicht diskriminiert werden. Wettbewerbsverzerrungen müssen soweit wie möglich vermieden werden. Auch die Gemeinschaftsorgane sind verpflichtet, bei harmonisierenden Maßnahmen die Grundfreiheiten zu wahren; deshalb ist es ihnen untersagt, Maßnahmen zu treffen, die in ihrer Wirkung einer Einfuhrbeschränkung entsprechen.[240] Probleme könnten sich ergeben, wenn die EMAS Registrierung Voraussetzung für Privilegien oder Tätigwerden der Gemeinschaft würde; denn dann würde das Gefälle des "hard law" der Mitgliedstaaten zu Benachteiligungen führen, weil mitgliedstaatenspezifisch der Registrierung ganz unterschiedliche Kosten vorangehen. Das Auditrecht könnte auf diese Weise eine die Warenverkehrsfreiheit behindernde Maßnahme werden, die sich für Unternehmen aus Ländern mit hohem Umweltschutzniveau diskriminierend auswirkt. Insofern ist es rechtlich kritisch, im europäischen Rahmen Begünstigungen - wie z.B. die öffentliche Auftragsvergabe – von der Teilnahme an EMAS abhängig zu machen. Vor dem Hintergrund dieser Probleme ist es eine wichtige Aufgabe der Kommission, Transparenz über die Standards und Validierungspraxis in unterschiedlichen Ländern herzustellen.[241]

[240] Vgl. *Schmid*, Jura 1997, S. 11, 15.
[241] *Fichter/Gellrich*, IÖW/VÖW-Informationsdienst 5-6/1995, S. 27, 29.

KAPITEL 3: DEREGULIERUNG - SUBSTITUTION

Deregulierung: eine Wunderwaffe gegen die vermeintliche oder tatsächliche Überregulierung, welche den Standort Deutschland gefährdet. Insbesondere die Spitzenverbände der Wirtschaft haben sich den Kampf gegen die Regulierungsdichte auf die Fahne geschrieben und üben seit Jahren in diese Richtung Druck auf die Politik aus. Dabei wird häufig sehr wenig differenziert, insbesondere wird oft vergessen, dass die Wirtschaft selbst durch die Schaffung von technischen Regelwerken zu der Dichte der Detailbestimmungen wesentlich beigetragen hat und auch weiterhin dazu beiträgt.[242]
Grundlegend für die weiteren Ausführungen im Rahmen der vorliegenden Arbeit, wird im vorliegenden Kapitel der Bedeutungsgehalt und die Reichweite der Begriffe „Deregulierung“ und „Substitution“ geklärt.

I. Deregulierung

In deutschen Gesetzen lässt sich keine Legaldefinition der *"De"-Regulierung* finden.
Das Telekommunikationsgesetz (TKG)[243] definiert jedoch *"Regulierung"* in § 13 Nr. 13 als Maßnahmen, *„die zur Erreichung der* [...] *Ziele ergriffen werden und durch die das Verhalten von Telekommunikationsunternehmen* [...] *geregelt* [...][wird], *sowie Maßnahmen, die zur Sicherstellung einer effizienten und störungsfreien Nutzung von Frequenzen ergriffen werden"*. Regulierung nach diesem wirtschaftswissenschaftlich geprägten Verständnis meint eine Einschränkung des Geltungsbereichs des Wettbewerbsrechts. Regulierung erfasst aber nicht nur wettbewerbssubstituierende Eingriffe, sondern darüber hinaus, mit Ausnahme der fiskalischen Aktivitäten, das gesamte Zusammenspiel von Staat und Wirtschaft, von autonomen Marktprozessen und staatlichen Reglementierungen. Regulierung in diesem Sinne ist die *"Gesamtheit des wirtschaftsrechtlichen Instrumentariums zur Steuerung des Verhaltens privater Wirtschaftssubjekte durch Handlungsverbote oder Tätigkeitsverbote"*. [244] In der gegenwärtigen verwaltungspolitischen Diskussion wird der Begriff der Regulierung in erster Linie verwendet, um die Einflussnahme des Staates auf gesellschaftliche und vor allem wirtschaftliche Vorgänge durch Gesetze, Verordnungen, andere untergesetzliche Vorschriften und technisch-administrative Normen zu beschreiben.[245]/[246]

[242] Darauf weist richtig hin: *Schottelius*, WSI Mitteilungen 1998, S. 505, 507.
[243] Telekommunikationsgesetz (TKG) v. 25.7.1996 (BGBl. I, S. 1120).
[244] *Peine*, DÖV 1997, S. 353, 355.
[245] *Ruffert*, AöR 1999, S. 237, 241.
[246] Der Begriff der Regulierung kann auch noch weiter verstanden werden. Im Zusammenhang mit der sozialwissenschaftlichen Konzeption politischer und gesellschaftlicher Steuerung meint Regulierung vor allem die allgemein anerkannte Notwendigkeit von hoheitlichem Tätigwerden in verschiedenen Lebensbereichen. Der Staat nimmt regulativ – steuernd - Einfluss auf gesell-

In den USA wurde der Begriff der „Deregulierung" in der Zeit der Reagan-Administration erstmalig genutzt und bedeutete die Befreiung der Wirtschaft von übermäßiger staatlicher Bevormundung und „Regulierung".[247] Dieses Ziel prägt auch heute noch die Forderung nach Deregulierung in Deutschland. Der Sachverständigenrat zur Begutachtung der gesamtwirtschaftlichen Entwicklung definiert Deregulierung in seinem Jahresgutachten 1985/86 als *"Politik der Marktöffnung"* und *"Rückführung oder Abschaffung von Eingriffen in den Wettbewerb"*.[248] Im Wirtschaftsverwaltungsrecht[249] allgemein und spezieller im Umweltrecht wurde die Deregulierung in den letzten Jahren immer mehr zu einem Schlagwort für den Abbau des Ordnungsrechts sowie Erleichterung und Vereinfachung des geltenden Rechts.

Im Vordergrund einer jeden deregulierenden Maßnahme steht der Wunsch nach Vereinfachung und Erleichterung, im Idealfall für Umweltnutzer und Verwaltung.[250] Dies kann durch verschiedene gesetzliche oder untergesetzliche Veränderungen erfolgen, muss sich keineswegs auf den Abbau von Standards und Kontrollen reduzieren. [251] In diesem Sinne ist *Lübbe-Wolff* zuzustimmen, wenn sie Deregulierungsmaßnahmen ganz allgemein als *"alle regelförmigen, die Inhalte oder die Anwendung des Umweltordnungsrechts betreffenden Entlastungsmaßnahmen zugunsten der betroffenen Umweltnutzer, unabhängig davon, ob diese Entlastungen durch Gesetz oder Rechtsverordnung erfolgen müssen oder auch ohne Änderungen von Rechtsvorschriften, z.B. durch bloße Verwaltungsvorschriften möglich sind,"* definiert.[252] Diese Definition hat den Vorteil, dass sie Deregulierung als Sammelbegriff für Verwaltungsvereinfachungen versteht und damit keine unnötigen Ausgrenzungen vornimmt.[253] Der vorliegenden Arbeit liegt somit ein subjektiver De-

schaftliche und wirtschaftliche Prozesse. Leistet die Gesellschaft diese Steuerung ohne oder unter reduzierter staatlicher Beteiligung, so ist von Selbstregulierung die Rede. *Di Fabio*, VVDStRL (56) 1997, S. 235, 241.

[247] *Schottelius*, WSI Mitteilungen 1998, S. 505, 506.

[248] BT-Drs. 10/4295, S. 156.

[249] Vgl. *Stober*, DÖV 1995, S. 125.

[250] *Schottelius* versteht unter Deregulierung im Umweltschutz, die *"Änderung der staatlichen Rahmenbedingungen für den Umweltschutz, d.h. deren Vereinfachung"*. Dabei setzt er voraus, dass sich die Beibehaltung materieller Standards des Umweltschutzes schon aus dem Deregulierungsbegriff ergäbe, wenn er schreibt, dass Deregulierung *"eine „Ausdünnung" der kaum noch überschaubaren Vorschriften, ohne die Substanz selbst zu schmälern"* sei (*Schottelius*, WSI Mitteilungen 1998, S. 505, 507.) *Schottelius* ist jedoch nicht zu folgen, da es den Deregulierungsbegriff überfrachten hieße, wolle man ihm eine Aussage über materielle Standards abverlangen.

[251] So aber *Moormann*, wenn er in diesem Zusammenhang von einem Abschmelzen rechtlicher Anforderungen spricht. *Moormann*, ZUR 1997, S. 188, 191; *ders.*, in: *Leittretter/Schneider* (Hrsg.), Was bring's dem Umweltschutz?, 1998, S. 81, 82.

[252] *Lübbe-Wolff*, in: *Leittretter/Schneider* (Hrsg.), Was bringt's dem Umweltschutz?, 1998, S. 45.

[253] Zu weit geht allerdings das Deregulierungsverständnis von *Molitor*, der auch die Neugestaltung des Gesetzgebungsverfahrens zur frühzeitigen Berücksichtigung entscheidende Anliegen

regulierungsbegriff zu Grunde. Entscheidender Anknüpfungspunkt ist die entlastende Wirkung der Maßnahme, nicht die Rechtsbereinigung oder die Optimierung der Regelungsfunktion.[254]/[255]
Es ist das Ziel von Deregulierungsmaßnahmen das Recht einfacher, transparenter, verständlicher, effektiver, bürgernäher und zügiger zu gestalten. Die deregulierenden Maßnahmen sollen eine Entbürokratisierung des Verfahrens unter Optimierung der Regelungsfunktion bewirken. Betrachtet man den Begriff somit von der Zielebene aus, so ist es nur logisch, jede juristisch fassbare Entlastung und Vereinfachungsmaßnahme unter den Begriff der Deregulierung zu subsumieren, unabhängig davon, ob Ziel der Maßnahme ein Gesetz oder eine Verwaltungsvorschrift ist.

II. Substitution

Wird Deregulierung im Zusammenhang mit EMAS diskutiert, fällt unweigerlich auch der Begriff der "Substitution". Im Gegensatz zu dem Deregulierungsbegriff wurde dieser Terminus bewusst mit Blick auf das Deregulierungspotenzial der EG-Öko-Audit-Verordnung entwickelt. An seiner Wiege standen bayerische Beamte, die einen neuen Begriff für bestimmte Verwaltungserleichterungen im Zusammenhang mit EMAS suchten, um Fehlassoziationen in Richtung auf einen Abbau materieller Schutzstandards zu vermeiden.[256] So grenzte man die Substitution von der Deregulierung ab. Deregulierung war fortan beschränkt auf den Abbau ordnungsrechtlicher Vorschriften in Gesetzesform. Substitution[257] hingegen meint in Bayern den Ersatz von untergesetzlichem hoheitlichem Handeln durch die Anerkennung von privatem Tätigwerden, d.h. die teilweise Privatisierung des staatlichen Vollzugs im Zusammenhang mit dem EG-Öko-Audit-System. Substitution kann nach diesem Verständnis durch die Ausschöpfung von Ermessensspielräumen oder im Rahmen faktischer Spielräume bei der Interpretation unbestimmter Rechtsbegriffe geschehen[258] und meint im Ergebnis, die Rückführung von Kontrolldichte oder –

---

der Bürger und der Wirtschaft unter den Deregulierungsbegriff subsumiert. *Molitor*, in: *Rengeling* (Hrsg.), Beschleunigung von Planungs- und Genehmigungsverfahren, 1997, S. 13. Auch ist mit der Deregulierung nicht in jedem Fall eine Reduzierung der administrativen und gerichtlichen Kontrolle verbunden. So aber: *Schmalholz*, Jb UTR 1998, S. 331, 335; *Ekardt*, KGV-Rundbrief 2/1997, S. 2, 3; *Falk*, UPR 1996, S. 58.

[254] So aber der objektive Deregulierungsbegriff. Vgl. *Stober*, Rückzug des Staates im Wirtschaftsverwaltungsrecht, 1997, S. 1, 2.

[255] Deregulierung führt auch nicht unbedingt zu einer Reduzierung des Regelungstextes. Im Sinne einer Vereinfachung gilt es auch offene Tatbestände, *"Weichteile"*, aus den Gesetzen herauszunehmen und durch eindeutige Regelungen zu ersetzen. *Moormann*, in: *Leittretter/Schneider* (Hrsg.), Was bring's dem Umweltschutz?, 1998, S. 81, 82.

[256] *Böhm-Amtmann*, GewArch. 1997, S. 353, 354.

[257] Substitution bedeutet wörtlich *„Ersetzung"*.

[258] *Schneider*, Öko-Audit und Deregulierung im Immissionsschutzrecht, 1999, S. 98.

tiefe im Handeln staatlicher Behörden.[259] Während die Deregulierung durch den Gesetzgeber erfolgen muss, erfolgt die Substitution auf der Ebene des Verwaltungshandelns und ist damit vornehmlich Sache der Länder. Rechtliche Voraussetzung für dieses Verständnis von Substitution ist die in der Verordnung formulierte Verpflichtung zur Einhaltung der einschlägigen Rechtsvorschriften sowie die Tatsache, dass die jeweiligen Instrumente aus der EG-Öko-Audit-Verordnung und des Ordnungsrechts *"funktional äquivalent"* sein müssen.[260]

Die Begriffe "Substitution" und "funktionale Äquivalenz" traten von Bayern einen allgemeinen Siegeszug durch die Republik an und entwickelten sich zu Dreh- und Angelpunkten der Deregulierungsdiskussion um die EG-Öko-Audit-Verordnung.[261] Nach dem Verständnis dieser Arbeit ist die bayerische Definition von Substitution jedoch zu eng bemessen. Es ist nicht einzusehen, warum die Substitution auf den untergesetzlichen Bereich beschränkt sein soll. Substitution steht sinnvollerweise nicht neben der Deregulierung, sondern benennt eine Unterform der Deregulierung. Wird der Begriff der Substitution allgemein in dem Sinne, dass private Leistung staatliches Handeln ersetzt, verstanden, so ist dies unmissverständlich und logisch. Deregulierung wäre dann die entlastende Maßnahme allgemein, während der Begriff der Substitution die spezielle Maßnahme meint, durch welche die Anerkennung eigener Anstrengung erfolgt und so hoheitliches Tätigwerden entbehrlich gemacht wird. Substitution in diesem Sinne ist nicht auf untergesetzliches Handeln begrenzt. Oft ist ein gesetzgeberisches Tätigwerden Voraussetzung einer solchen Anerkennung (z.B. durch die Einfügung einer Öffnungsklausel in das Gesetz).[262]

III. Instrumente der Deregulierung

Außer durch Substitution kann Deregulierung auch durch eine Vielzahl anderer Maßnahmen erfolgen. Im folgenden sollen kurz die wichtigsten Formen dargestellt werden.

Deregulierung kann zunächst eine Änderung im Bestand der gesetzlichen Regelungen bedeuten. Dabei kommt die *Abschaffung von Regelungen* in Frage. Dies ist die einfachste und ursprünglichste Form der Deregulierung.

---

[259] *Moormann*, ZUR 1997, S. 188, 191.

[260] *Böhm-Amtmann*, GewArch. 1997, S. 353, 354; *Kniep*, GewArch. 1997, S. 142.

[261] Die Neuschöpfungen stießen nicht überall auf Beifall. *Lübbe-Wolff* bemängelt die weitere Differenzierung als sinnlos und verwirrend. *Lübbe-Wolff*, in: *Leittretter/Schneider* (Hrsg.), Was bringt's dem Umweltschutz?, 1998, S. 45.

[262] *Feldhaus* versteht unter Deregulierung im Zusammenhang mit der EG-Öko-Audit-Verordnung allein den Aspekt der Substiution. Deregulierung meint für ihn, dass registrierte Standorte von vornherein von der Anwendung bestimmter, eventuell auch inhaltlicher Vorschriften ausgenommen werden können. *Feldhaus*, UPR 1997, S. 341, 345.

In die gleiche Richtung geht auch die präventive Aufforderung zum *Regelungsverzicht.*

Aber auch das *Hinzufügen von gesetzlichen Regelungen* kann unter bestimmten Umständen entlastend und damit deregulierend wirken. Dies mag widersprüchlich erscheinen, da durch die Hinzufügung von Regelungen in den seltensten Fällen ein Gesetz vereinfacht wird. Unterscheiden muss man hier zwischen der Vereinfachung auf der Ebene des Gesetzes und der Entlastungswirkung auf Seiten des Betroffenen. Durch die Hinzufügung von Regelungen kann durchaus Entlastung auf der Anwenderebene erreicht werden. Ein Spezialfall der Deregulierung durch Regulierung ist zum Beispiel die Einfügung von Öffnungsklauseln in das Gesetz. Durch diese Klauseln wird Raum für substituierende Maßnahmen geschaffen. Sie machen es möglich, dass unter gewissen gesetzlich festgelegten Voraussetzungen die Leistung eines Privaten eine hoheitliche Maßnahme ersetzen kann.

Durch eine *Vereinfachung bestehender Gesetze* wird das Recht transparenter, leichter anwendbar und verständlicher.[263] Eine solche Vereinfachung wirkt entlastend. Durch die Streichung überflüssiger sowie missverständlicher Passagen sowie durch die Einführung von einem logischen und systematischen Aufbau des Gesetzes, kann Deregulierung einfach und effektiv erreicht werden.
Darüber hinaus kann eine Zusammenfassung von verschiedenen Sachverhalten, die bis dato unterschiedlich geregelt waren, unter einen gemeinsamen Oberbegriff ein Gesetz vereinfachen. Dies geht zu Lasten der Berücksichtigung von Detailunterschieden, macht jedoch das Gesetz übersichtlicher. Möglich ist auch eine Entdifferenzierung und Ersetzung instrumenteller Detailvorschriften durch Zielvorgaben.[264]

Ähnliches kann durch eine Erweiterung des Handlungsspielraumes der Verwaltung erfolgen. Durch die Einführung von unbestimmten Rechtsbegriffen und Beurteilungsspielräumen werden die Gesetze schlanker. Ob diese Form der Deregulierung jedoch tatsächlich zu einer Entlastung der Betroffenen führt, ist zweifelhaft. Viel spricht dafür, dass die Verwaltung durch die erweiterten Entscheidungsspielräume zusätzlich belastet wird[265] und sich die Verfahren erneut verlängern. Offene und unbestimmte Regelungen können auf Grund der Unsicherheiten, die sie in der Verwaltung auslösen, besonderes vollzugshemmend wirken. Es muss somit im

---

[263] Hierzu zählt jede Form der Entdifferenzierung bzw. Entspezifizierung des Rechts. *Koch*, NVwZ 1996, S. 215, 216; *Lübbe-Wolff*, in: *Roßnagel/Neuser* (Hrsg.), Reformperspektiven im Umweltrecht, 1995, S. 97, 112.

[264] *Lübbe-Wolff*, in: *Roßnagel/Neuser* (Hrsg.), Reformperspektiven im Umweltrecht, 1995, S. 97, 112.

[265] Ablehnend: *Koch*, der in dieser Deregulierungsmöglichkeit die Gefahr eines Regelungsausbaus durch eine Zunahme untergesetzlicher Präzisierungen sieht. *Koch*, NVwZ 1996, S. 215, 216.

Einzelfall geprüft werden, ob eine Entlastung tatsächlich eintritt. Selbiges gilt auch für eine weitergehende Delegation der Verantwortlichkeiten auf die Vollzugsebene. Eine Entlastung kann in diesen Fällen nur dann tatsächlich eintreten, wenn präzise Verwaltungsvorschriften den Vollzug der Gesetze erleichtern.

Deregulierung kann unter Umständen auch durch eine Verlagerung der Aufgabenverantwortlichkeit erfolgen. So wird die Aufgabenprivatisierung oft als eine deregulierende Maßnahme verstanden. Privatisierung[266] meint im Allgemeinen die Verlagerung von Angelegenheiten, die bisher von der öffentlichen Hand wahrgenommen wurden, in den privaten Bereich.[267] Ob die *Privatisierung* eine Unterform der Deregulierung darstellt, ist umstritten.[268] In jedem Fall dürfen beide Begriffe nicht in ihrer Wirkung gleichgesetzt werden. Sie haben trotz gewisser Überschneidungen einen anderen Bezugspunkt sowie eine grundsätzlich unterschiedliche Zielrichtung. Eine Privatisierung kann deregulierend wirken, sie muss es aber nicht.

Die Effektivität und Effizienz der Privatwirtschaft wird auch durch *Einführung marktwirtschaftlicher Instrumente* genutzt. Je nach der konkreten Ausgestaltung der Regelung ist zu beurteilen, ob tatsächlich eine Entlastung für den betroffenen Nutzer eintritt. Dies ist im Einzelfall zu beurteilen und zu untersuchen.

Der Königsweg von Deregulierung und Vereinfachung ist schließlich die *Systematisierung, Harmonisierung und Vereinheitlichung des Umweltrechts* allgemein.[269] Was schon bezogen auf das einzelne Gesetz gesagt wurde, gilt ebenso für das Umweltrecht allgemein. Die Beseitigung von Wertungswidersprüchen zwischen unterschiedlichen Gesetzen erhöht die Verständlichkeit sowie die Akzeptanz auf der Ebene der Betroffenen. Ebenso können Redundanzen aus den Gesetzen entfernt und die Stofffülle übersichtlicher gefasst werden. Den entscheidenden Schritt in diese Richtung machen die Entwürfe für ein Umweltgesetzbuch.

---

266 Siehe zum Themenkomplex der Privatisierung KAPITEL 4.

267 *Bauer*, VVDStRL (54) 1995, S. 243, 250.

268 Deregulierung habe mit Privatisierung öffentlicher Aufgaben nichts zu tun, meint *Peine*. *Peine*, DÖV 1997, S. 353, 355; a.A. *Stober*, Rückzug des Staates im Wirtschaftsverwaltungsrecht, 1997, S. 2.

269 *Koch*, NVwZ 1996, S. 215, 217; so auch: *Bender/Sparwasser/Engel*, Umweltrecht, 1995, Kapitel 1 Rn. 20; *Kloepfer*, DÖV 1995, S. 745, 749; *Rehbinder*, UPR 1995, S. 361, 363; *Storm*, WiVerw. 1999, S. 159, 171.

KAPITEL 4: DER UMWELTGUTACHTER NACH EMAS UND DEM UAG

I. Der unabhängige Umweltgutachter nach EMAS

Das Umwelt-Audit-System verknüpft die betriebswirtschaftlichen Instrumente des Umweltschutzes mit neuartigen nicht-hoheitlichen Kontroll- und Überwachungsverfahren: der systematischen Kontrolle des betrieblichen Umweltschutzes durch staatlich zugelassene, unabhängige Umweltgutachter und der Registrierung der geprüften Organisationen in einem öffentlichen Verzeichnis.[270]

Um privates Expertenwissen zu erschließen und die Transparenz und Glaubwürdigkeit des betrieblichen Umweltschutzes nach Maßgabe der Öko-Audit-Verordnung zu stärken,[271] war die Einführung einer externen Kontrollinstanz in das EG-Öko-Audit-System notwendig. Denn die Ergebnisse der Umweltbetriebsprüfung werden erst durch die externe Prüfung des Umweltgutachters mit dem Siegel der Korrektheit, Glaubwürdigkeit und Objektivität versehen.[272]
Der Umweltgutachter, seine Stellung sowie seine Prüfungsaufgaben stehen an dem Berührungspunkt zwischen Staat und Unternehmen im EG-Öko-Audit-System. Das Öko-Audit wird mit der Einführung der Person des Umweltgutachters zu einem Instrument der staatlich überwachten Selbstkontrolle der Unternehmen, da der Staat über das Zulassungs- und Aufsichtssystem mittelbaren Einfluss auf die Validierung der Umwelterklärungen nimmt.[273] Durch Prüfung des Umweltgutachters wird das interne Audit um eine externe Komponente angereichert und damit zugleich das Private zu Öffentlichem. Dem Gutachter als unabhängiger Kontrollinstanz kommt dabei in weiten Bereichen die Definitionsmacht und das Deutungsmonopol beim Öko-Audit zu.[274]
Auf Grund dieser exponierten Stellung wird der Umweltgutachter sowie seine Zuverlässigkeit und Integrität zum Dreh- und Angelpunkt eines funktionstüchtigen EG-Öko-Audit-Systems.[275]

Die Ausgestaltung der Stellung des unabhängigen Gutachters macht heute den entscheidenden Unterschied zu dem rein privatrechtlichen System der ISO 14000 Zertifizierung aus. Trotz der Angleichung von ISO 14001 und EMAS in der novellierten Fassung der Verordnung durch Übernahme der privaten Norm, blieb die Figur des Umweltgutachter auch in EMAS II weitgehend unangetastet.

---

[270] *Sellner/Schnutenhaus*, NVwZ 1993, S. 928.
[271] Vgl. 6. Erwägungsgründe EG-UAVO a.V., 12. Erwägungsgrund EG-UAVO n.F.
[272] *Heuvels*, in: *Löbel/Schörghuber* (Hrsg.), EU-Umweltaudits, 1997, S. 91, 92.
[273] *Dyllik*, ZfU 1995, S. 299, 302.
[274] Vgl. *Spindler*, UVP-Report 4/1995, S. 203.
[275] Vgl. Anh. III A Nr. 1 EG-UAVO a.F.

1. Aufgaben und Pflichten des Umweltgutachters

a. Aufgaben des Umweltgutachters

Der Umweltgutachter hat zwei Hauptaufgaben zu erfüllen. Nach der alten Fassung der Verordnung musste er gem. Art. 4 Abs. 3 und Abs. 5 EG-UAVO die Umweltpolitik, das Umweltprogramm, das Umwelt-Managementsystem, das Umweltprüfungs- und das Umweltbetriebsprüfungsverfahren sowie die Umwelterklärung der teilnehmenden Unternehmen auf die Verordnungskonformität prüfen und die Umwelterklärung für gültig erklären. Die Einzelheiten der Aufgaben und Pflichten des Umweltgutachters fanden sich über den Text der Verordnung und seine Anhänge verteilt. Aussagen und Hinweise hierzu ergaben sich insbesondere aus der Begriffsbestimmung in Art. 2m und n, den Teilnahmevoraussetzungen des Unternehmens in Art. 3g, den Anforderungen an die Prüfung und Validierung durch den Umweltgutachter aus Art. 4 Abs. 3 bis 7, Art. 6, Art. 7 und schließlich in den Ausführungen in Anhang III A und B EG-UAVO.

EMAS II regelt die Aufgaben des Umweltgutachters systematischer. Nach Art. 3 Abs. 2d EG-UAVO n.F. muss *„die erste Umweltprüfung (sofern eine solche durchgeführt wurde), das Umweltmanagementsystem, das Verfahren für die Umweltbetriebsprüfung und die Umwelterklärung"* auf ihre Verordnungskonformität geprüft und die *„Umwelterklärung durch den Umweltgutachter für gültig erklärt* [...] [werden], *um sicherzustellen, dass die Anforderungen von Anhang III* [...] *eingehalten werden"*. Auf die weiteren Einzelheiten der Aufgaben des Umweltgutachters wird in Anhang V Nr. 5.4. eingegangen. Durch die Pflicht zur jährlichen Validierung der aktualisierten Umwelterklärung erweitert sich der Aufgabenumfang des Umweltgutachters.[276] Der Umweltgutachter muss in Zukunft weiterhin nach Anhang V Nr. 5.6. in Absprache mit der Organisation ein Programm entwerfen, welches gewährleistet, dass alle erforderlichen Aspekte für eine Registrierung der Organisation innerhalb eines Zeitraums von 36 Monaten begutachtet werden.

b. Pflichten des Umweltgutachters

Zu den gesetzlichen Pflichten des Umweltgutachters gehört die Pflicht zum Abschluss einer schriftlichen Vereinbarung mit dem Unternehmen[277] sowie die Pflicht zur unparteiischen Amtsführung[278] und zur Verschwiegenheit.[279] Nach dem UAG kommt die Pflicht zur Führung der korrekten Berufsbezeichnung,[280] die Pflicht zur

[276] Vgl. Anh. V Nr. 5.6 EG-UAVO n.F.
[277] Vgl. Anh. III B Nr. 2 Abs. 1 S. 1 EG-UAVO a.F./Anh. V Nr. 5.5.1 EG-UAVO n.F.
[278] Vgl. Art. 6 Abs. 2 EG-UAVO a.F./Art. 4 Abs. 1 EG-UAVO n.F.
[279] Vgl. Art. 4 Abs. 7 EG-UAVO a.F. Diese Pflicht findet sich in EMAS II nicht mehr.
[280] Vgl. § 4 Abs. 4 S. 1 UAG.

Berücksichtigung der einschlägigen Rechts- und Verwaltungsvorschriften,[281] die Pflicht zur Beachtung aufsichtsrechtlicher Anordnungen der Zulassungsstelle,[282] die Mitteilungs- und Vorlagepflichten im Zulassungs- und Überwachungsverfahren,[283] die Fortbildungs- und die Aufbewahrungspflicht[284] hinzu.

2. Anforderungen an den Umweltgutachter

a. EMAS I

Der zugelassene Umweltgutachter war gem. Art. 2m EG-UAVO a.F. *„eine von dem zu begutachtenden Unternehmen unabhängige Person oder Organisation, die gemäß den Bedingungen und Verfahren des Artikels 6 zugelassen worden ist."* Die Anforderungen an den Umweltgutachter waren in Art. 6 Abs. 4 i.V.m. Anhang III EG-UAVO a.F. formuliert. Alle weiteren Konkretisierungen waren den nationalen Gesetzgebern überantwortet.
Aus den Vorschriften ergabt sich, dass der Umweltgutachter bzw. die Umweltgutachterorganisation über die erforderliche Fachkunde sowie dass ihr Personal über geeignete Qualifikationen, Ausbildung und Erfahrungen im Hinblick auf die folgenden Bereiche verfügen musste:
- Methodologie der Umweltbetriebsprüfung,
- Managementinformation und –verfahren,
- Umweltfragen,
- einschlägige Rechtsvorschriften und Normen einschließlich eines eigens für die Zwecke dieser Verordnung entwickelten Leitfadens sowie
- einschlägige technische Kenntnisse über die Tätigkeiten, auf die sich die Begutachtung erstreckt.

Der Umweltgutachter musste aber nicht nur fachlich qualifiziert, sondern auch unabhängig, objektiv und unparteiisch sein.[285] Er musste nachweisen, dass er keinem kommerziellen, finanziellen oder sonstigen Druck unterliegt, der sein Urteil beeinflussen oder das Vertrauen in seine Unabhängigkeit und Integrität bei der Durchführung seiner gutachterlichen Tätigkeit in Frage stellen könnte. Weiterhin formulierte die Verordnung Mindestvoraussetzungen an die betriebliche Organisation der Umweltgutachter. Die Gutachter mussten über dokumentierte Prüfungsmethodologien und –verfahren verfügen. Umweltgutachterorganisationen mussten zusätzlich ein Organigramm mit ausführlichen Angaben über die Strukturen und Verantwortungsbereiche innerhalb der Organisation sowie eine Er-

---

[281] Vgl. § 15 Abs. 2 Nr. 5 UAG.
[282] Vgl. § 16 Abs. 1 UAG.
[283] Vgl. § 4 Abs. 3 S. 1; § 15 Abs. 2; § 18 Abs. 1 UAG.
[284] Vgl. § 15 Abs. 3 und § 15 Abs. 2 Nr. 1d UAG.
[285] Vgl. Anh. III A Nr. 1 2. Abs. EG-UAVO a.F.

klärung über den Rechtsstatus, die Besitzverhältnisse und die Finanzierungsquellen bereithalten.[286]

Die Regelanforderungen bezogen sich nach Anhang III A Nr. 1 EG-UAVO a.F. nicht auf den Einzelgutachter sondern auf die Umweltgutachterorganisation. Der Umweltgutachter, welcher eine Einzelzulassung anstrebte, unterlag zusätzlichen Anforderungen. Nach der alten Fassung der Verordnung konnte für Einzelpersonen die Zulassung beschränkt erteilt werden. Sie war dann auf Tätigkeiten beschränkt, für die der Antragsteller über die *"erforderliche Befähigung und Erfahrung"* verfügte.[287] Nachzuweisen hatte der Gutachter ausreichendes Fachwissen in technischen, ökologischen und rechtlichen Fragen entsprechend dem Geltungsbereich seiner Zulassung. Die Anforderungen an Objektivität, Unabhängigkeit und Verfahren entsprechen den Anforderungen an die Umweltgutachterorganisation. Im Falle der Einzelgutachter war die beschränkte Zulassung der Regelfall.[288]

b. EMAS II

EMAS II regelt in Anhang V die Anforderung an den Umweltgutachter. Details der Umweltgutachter-Zulassung werden wiederum den nationalen Regelungen überlassen. In dem Verordnungstext wird jedoch festgelegt, dass die nationalen Zulassungsstellen Einzelpersonen, Organisationen oder beide als Umweltgutachter zulassen können.[289] Die Verordnung formuliert weiterhin Mindestanforderungen an die Fachkunde der Umweltgutachter.[290] Dabei wurden die geltenden Regelungen weitestgehend in die novellierte Fassung übernommen. Im Hinblick auf die Anforderungen ist das Erfordernis der Kenntnis nicht nur der gesetzlichen, sondern auch der behördlichen Regelungen hinzugekommen.[291] Die Notwendigkeit der Kenntnis der Verwaltungsvorschriften entspricht der Regelung in § 15 Abs. 2 Nr. 5 UAG.
Auch die Anforderungen an Unabhängigkeit und Objektivität des Umweltgutachters sowie an die organisatorischen Grundstrukturen aus EMAS I finden sich in der novellierten Verordnung wieder.[292]

Während Nr. 5.2.1 des Anhangs V die allgemeinen Anforderungen an den Umweltgutachter und Nr. 5.2.2 den Zulassungsumfang beschreibt, werden in Nr. 5.2.3

---

[286] Vgl. Anh. III A Nr. 1 Abs. 3 und 4 EG-UAVO a.F.
[287] Vgl. Anh. III A Nr. 2 EG-UAVO a.F.
[288] *Rhein*, Das Gemeinschaftssystem für das Umweltmanagement und die Umweltbetriebsprüfung, 1996, S. 97. *Lübbe-Wolff* hält eine allgemeine Zulassung prinzipiell für ausgeschlossen. *Lübbe-Wolff*, DVBl. 1994, S. 361, 366.
[289] Vgl. Anh. V Nr. 5.1. EG-UAVO n.F.
[290] Vgl. Anh. V Nr. 5.2. EG-UAVO n.F.
[291] Die englische Fassung des EG-UAVO n.F. spricht von den *"legislative, regulatory and administrative requirements"*.
[292] Der Kommissionsentwurf hatte diese nur in abgeschwächter Form enthalten.

die Zusatzanforderungen an Einzelgutachter formuliert. Laut Anhang V Nr. 5.2.3 EG-UAVO n.F. gilt für Einzelgutachter, die eigenständig Begutachtungen durchführen, dass sie über die allgemeinen Anforderungen hinaus über die fachliche Qualifikation für Prüfungen in Bereichen, für die sie zugelassen sind, sowie über eine im Umfang begrenzte Zulassung entsprechend ihrer fachlichen Qualifikation, verfügen müssen. Nach EG-UAVO n.F. ist auch für Umweltgutachterorganisationen eine beschränkte Zulassung möglich: Gem. Anhang V Nr. 5.2.2 EG-UAVO n.F. ist der Umfang der Zulassung in jedem Einzelfall für Organisationen sowie für Einzelpersonen festzulegen.[293]

Entscheidende Neuerungen in Bezug auf die Zulassung der Umweltgutachter ergeben sich aus Art. 4 EG-UAVO n.F.; Abs. 7 der Vorschrift verpflichtet die Kommission wie bisher in Art. 6 Abs. 6 EG-UAVO a.F. gemäß dem Verfahren nach Art. 14 die Zusammenarbeit zwischen den Mitgliedstaaten durch die Vermeidung von Unstimmigkeiten zu fördern. Die Kommission soll darauf hinwirken, dass die Zulassung und Aufsicht der Umweltgutachter in den verschiedenen Ländern möglichst einheitlich ist und auf diese Weise vor allen Dingen eine vergleichbare Qualität zwischen den Umweltgutachtern hergestellt wird. In der Welt von EMAS II sollen diese Aufgaben jedoch nicht mehr von der Kommission alleine ausgeübt werden. Gemäß Art. 4 Abs. 8 EG-UAVO n.F. sollen die Zulassungsstellen ein Forum aller Zulassungsstellen schaffen, welches der Kommission bei der Erfüllung dieser Aufgaben beiseite steht. Das Forum soll mindestens einmal jährlich tagen und Leitlinien zu Fragen der Zulassung, fachlichen Qualifikation und Beaufsichtigung der Umweltgutachter erstellen. Zu diesem Zweck soll auch eine gemeinsame Auslegung der Anforderungen an die Umweltgutachter erarbeitet werden. Für die Erstellung der Leitlinien gilt das Verfahren nach Artikel 14 der Verordnung. Weiterhin soll das Forum ein Verfahren für eine Prüfung durch Fachkollegen (engl. *„peer review“*) erarbeiten, um die Tätigkeiten der Zulassungsstellen und das Prüfungsverfahren in allen Mitgliedstaaten einheitlich zu gestalten.

Die Schaffung dieses Forums der Zulassungsstellen ist vor dem Hintergrund der herrschenden Ungleichheit in der Ausgestaltung der Vorgaben aus EMAS I und den immer wieder bemängelten Qualitätsunterschieden zwischen den Umweltgutachtern eine sinnvolle Ergänzung. Nur durch gemeinschaftsweite Zusammenarbeit kann ein einheitliches Qualitätsniveau hergestellt werden. Dies ist vor allen Dingen notwendig, da die Umweltgutachter gemeinschaftsweit zugelassen werden. Gerade auch im Zusammenhang mit potenziellen Deregulierungsmaßnahmen ist die gutachterliche Prüfqualität ein entscheidendes Argument für eine Äquivalenz der gutachterlichen zu den behördlichen Maßnahmen. - Ein Wehmutstropfen mag dieser

[293] Der Umfang der Zulassung von Umweltgutachtern richtet sich in qualitativer und quantitativer Hinsicht nach der Größe und Komplexität der zu prüfenden Organisation und wird bezogen auf die Systematik der Wirtschaftszweige (NACE-Codes) gemäß der Verordnung (EWG) Nr. 761/93 des Rates (ABl. L 83 v. 3.4.1993) beschrieben.

Regelung dennoch anhängen, ist es doch sehr unwahrscheinlich, dass sich das deutsche System der Einzelgutachter im Rahmen einer fortschreitenden Vereinheitlichung durchsetzen kann.

3. Zulassung des und Aufsicht über den Umweltgutachter

a. EMAS I

Gem. Art. 2n EG-UAVO a.F. verstand die EG-Öko-Audit-Verordnung unter einem Zulassungssystem *„ein System für die Zulassung der und die Aufsicht über die Umweltgutachter, das von einer unparteiischen Stelle oder Organisation betrieben wird, die von einem Mitgliedstaat benannt oder geschaffen wurde und über ausreichende Mittel und fachliche Qualifikationen sowie über geeignete förmliche Verfahren verfügt, um die in dieser Verordnung für ein solches System festgelegten Aufgaben wahrnehmen zu können.“* Die Verordnung begnügte sich weiterhin damit, Mindestanforderungen an das Zulassungsverfahren zu formulieren.[294] Im Hinblick auf die Aufsicht legte sie fest, dass die Zulassungsanforderungen in der Person des Umweltgutachters dauerhaft vorliegen mussten und seine Tätigkeit in regelmäßigen Abständen, mindestens alle 36 Monate, einer Qualitätskontrolle unterliegen musste.[295] Hieraus ergab sich ein duales System der Aufsicht, welches darauf ausgerichtet sein musste, sowohl die kontinuierliche Erfüllung der Zulassungsanforderungen als auch die Qualität der Prüfungen sicherzustellen. Für ausländische Umweltgutachter hieß dies, dass im Heimatland die Einhaltung der Zulassungsanforderungen kontrolliert, während das Vorliegen der Zulassung und die konkrete Prüfung am Ort des Tätigwerdens überwacht wurde.[296] Damit die Aufsicht effektiv ausgeübt werden konnte, musste der Umweltgutachter, sobald er in einem anderen Mitgliedstaat tätig wurde, der dortigen Zulassungsstelle seine Tätigkeit anzeigen.[297] Der Umweltgutachter war allgemein verpflichtet, der Aufsichtsstelle Änderungen mitzuteilen, die seine Zulassung beeinträchtigen könnten. Die Aufsichtsstelle hatte ihrerseits den Umweltgutachter anzuhören bevor sie die Zulassung endgültig oder vorübergehend aufhob.

Die Kommission hatte die Zusammenarbeit zwischen den Mitgliedstaaten zu fördern, um Unstimmigkeiten zwischen den Kriterien, Bedingungen und Verfahren für die Zulassung der Umweltgutachter zu vermeiden und um die Aufsicht ausländischer Umweltgutachter zu erleichtern.[298]

---

[294] Vgl. Art. 6 Abs. 4 i.V.m. Anh. III A Nr. 4 EG-UAVO a.F..
[295] Vgl. Anh. III A Nr. 5 EG-UAVO a.F.
[296] Vgl. Art. 6 Abs. 7 EG-UAVO a.F. sowie § 18 UAG.
[297] Vgl. Anh. III Nr. 5 Abs. 2-4 EG-UAVO a.F.
[298] Vgl. Art. 6 Abs. 6 EG-UAVO a.F.

b. EMAS II

Art. 17 Abs. 2 EG-UAVO n.F. stellt sicher, dass bestehende Zulassungs- und Aufsichtssysteme grundsätzlich den Anforderungen der novellierten Verordnung entsprechen.[299] EMAS II verschärft jedoch die Aufsicht über die Umweltgutachter, da das Vorliegen der Zulassungsvoraussetzungen in Zukunft alle 24 Monate überprüft werden soll.[300] EMAS II legt weiterhin fest, dass die Beaufsichtigung *„anhand einer Überprüfung im Umweltgutachterbüro (Office-Audit), durch eine praktische Überprüfung der erforderlichen Fähigkeiten des Umweltgutachters bei seiner Arbeit in Organisationen (Witness-Audit), durch Fragebogen oder durch Prüfung der von den Umweltgutachtern für gültig erklärten Umwelterklärungen und der erstellten Begutachtungsberichte"* erfolgt.[301] Die Verfahrensanforderungen, die Mitteilungspflicht des Umweltgutachters sowie das Recht auf Gehör, bleiben unverändert bestehen. Die Aufsicht bleibt zweigeteilt. Aus diesem Grund besteht auch die Pflicht zu Notifikation fort. Der Umweltgutachter muss der Zulassungsstelle des Mitgliedstaates, in welchem er tätig wird, *„spätestens vier Wochen im voraus"* und bei jeder Prüfung erneut die Einzelheiten seiner Akkreditierung, gegebenenfalls die Zusammensetzung seines Teams sowie den Ort und die Zeit der Prüfung bekanntgegeben.[302] Die Zulassungsstelle kann darüber hinaus *„um weitere Auskünfte zu den rechtlichen und sprachlichen Kenntnissen ersuchen"*.[303] Schließlich wird auch noch festgelegt, dass die vor Ort kontrollierende Akkreditierungsstelle der zulassenden Stelle mitzuteilen hat, wenn sie mit der Tätigkeit des Umweltgutachters nicht zufrieden ist, damit über Aufsichtsmaßnahmen entschieden werden kann.[304]

---

[299] In dem Entwurf der Kommission zu EMAS II war der Begriff der „Zulassung" auch in der deutschen Fassung durch „Akkreditierung" ersetzt worden. Diese Terminologie entspricht dem internationalen Sprachgebrauch für das private Zertifizierungswesen. Die „Akkreditierung" ist ein *„Verfahren, in dem eine maßgebliche Stelle formell anerkennt, daß eine Stelle oder Person kompetent ist, bestimmte Aufgaben auszuführen"* ("Allgemeine Fachausdrücke und deren Definition betreffend Normung und damit verbundene Tätigkeiten" veröffentlicht in DIN-Normenheft 10, Grundlagen der Normungstätigkeit des DIN, S. 303). Zwar würde sich EMAS II durch die Übernahme des Begriffs dem ISO Sprachgebrauch annähern, würde jedoch ein unnötiges Fremdwort in die deutsche Rechtssprache einführen. Durch die Annäherung an die ISO-Terminologie würden zudem die Unterschiede, die nach wie vor zwischen staatlicher Zulassung und privater Akkreditierung bestehen, verwischt. Insofern ist es zu begrüßen, dass die deutsche Fassung der Verordnung zur "Zulassung" zurückgefunden hat.

[300] Vgl. Anh. V Nr. 5.3.1 EG-UAVO n.F. In dem Entwurf der Kommission war sogar noch eine jährliche Überprüfung vorgesehen.

[301] Vgl. Anh. V Nr. 5.3.1. EG-UAVO n.F.

[302] Vgl. Anh. V Nr. 5.3.2. EG-UAVO n.F.

[303] Ebd.

[304] Ebd.

c. Die Niederlassungsfreiheit

Artikel 6 Abs. 7 EG-UAVO a.F. bzw. Art. 4 Abs. 5 EG-UAVO n.F. schreibt die Niederlassungsfreiheit der zugelassenen Umweltgutachter in allen Mitgliedstaaten der EU fest. Die berufliche Betätigung der Umweltgutachter wird damit gemeinschaftsweit zugelassen. Der Gutachter wird von der Notwendigkeit entbunden, die Zulassung in einem anderen Mitgliedstaat erneut zu erwerben. Voraussetzung für die Aufnahme der Tätigkeit ist nur die Notifikation bei der zuständigen Stelle in dem Mitgliedstaat, in welchem die Tätigkeit ausgeübt werden soll.[305] Die Notifikationsvorschriften regeln damit faktisch die gegenseitige Anerkennung der inhaltlich differierenden mitgliedstaatlichen Zulassungsentscheidungen. Laut *Rhein* handelt es sich bei der Notifikation um einen transnationalen Verwaltungsakt,[306] der Ähnlichkeiten mit der gegenseitigen Anerkennung der Tätigkeiten freier Berufe aufweist. [307] Art. 6 Abs. 7 EG-UAVO a.F. regele die Herstellung der Niederlassungs- und Dienstleistungsfreiheit. Da die EG-Öko-Audit-Verordnung jedoch auf der Grundlage des 130s EGV a.F. (175 EGV) erlassen worden ist, gründe sich der Art. 6 Abs. 7 EG-UAVO a.F. auf eine falschen Rechtsgrundlage und sei damit formell gemeinschaftsrechtswidrig. Da die Notifikations-„Entscheidung“ auf unterschiedlichen Verfahren bezüglich des Willensbildungsprozesses in den Mitgliedstaaten beruhe, handele es sich auch nicht nur um einen formellen Verstoß gegen das Gemeinschaftsrecht. Für *Rhein* sind somit die Notifikationsvorschriften rechtswidrig.[308]

Rhein verkennt jedoch, dass es sich bei der Notifikation um ein reines Anzeigeverfahren handelt. Da die Zulassungsstelle mit der Entgegennahme der Anzeige keine Entscheidung trifft, fehlt es schon an einem Verwaltungsakt.
Zwar sind die rechtlichen Bedenken *Rheins* somit weitgehend unbegründet, nicht jedoch ihre faktische Grundlage. Ein Problem der Niederlassungsfreiheit liegt in der Tatsache, dass die EG-Öko-Audit-Verordnung von dem Umweltgutachter die Kenntnis der nationalen umweltrechtlichen Normen fordert.[309] Durch die Regelung in Art. 6 Abs. 7 EG-UAVO a.F. wurde es den Mitgliedstaaten verwehrt, die Tätigkeit der in anderen Mitgliedstaaten zugelassenen Umweltgutachter von dem Nachweis besonderen Qualifikationen abhängig zu machen, die im betreffenden Staat erforderlich sein mögen. Dieses Problem wurde auf nationaler Ebene durch die Regelung in Abschnitt VI Uabs. 1 der UAG-AufsR zu lösen versucht. Nach

---

[305] Vgl. Art. 6 Abs. 7, Anh. III A Nr. 5 EG-UAVO a.F./Art. 4 Abs. 5 i.V.m. Anh. V Nr. 5.3.2 EG-UAVO n.F.

[306] Zu der Figur des transnationalen Verwaltungsaktes: *Schmidt-Aßmann*, DVBl. 1993, S. 924, 935.

[307] *Rhein*, Das Gemeinschaftssystem für das Umweltmanagement und die Umweltbetriebsprüfung, 1996, S. 44.

[308] Ebd., S. 42ff., 47.

[309] Vgl. Anh. III A. Nr. 2. EG-UAVO a.F., Anh. V Nr. 5.2. EG-UAVO n.F.

dieser Vorschrift musste der Umweltgutachter mit der Anzeige zur Notifizierung ausreichende Kenntnisse der einschlägigen Rechts- und veröffentlichten Verwaltungsvorschriften und Normen des betrieblichen Umweltschutzes sowie der deutschen Sprache vorweisen. Diese Regelung sprengte jedoch die nationalen Gestaltungsspielräume der EG-Öko-Audit-Verordnung, da es gegen Gemeinschaftsrecht verstößt, durch nationale Regelungen, einseitig Verschärfungen der gemeinschaftlichen Regelungen einzuführen. Aus diesem Grund ist es nur zu begrüßen, dass die novellierte Verordnung die Zulassungsstelle des Landes, in welchem der Umweltgutachter tätig wird, ermächtigt, einen Nachweis von Sprach- und Rechtskenntnissen als zusätzliche Qualifikationen einzufordern.[310]

II. Stellung des Umweltgutachers in Deutschland

Im Gegensatz zu den meisten anderen EG-Verordnungen wird die EG-Umwelt-Audit-Verordnung erst durch den Erlass nationaler Normen vollzugsfähig. Das Gesamtsystem des EG-Umwelt-Audit ergibt sich aus dem Zusammenspiel der europäischen und nationalen Normen. Der nationalen Ausgestaltung oblag insbesondere das Zulassungs-, Aufsichts- und Registrierungssystem.

Nach dem Erlass der EG-Öko-Audit-Verordnung folgte in Deutschland eine lange und intensive Diskussion um die konkrete Ausfüllung der Gestaltungsspielräume der Verordnung.[311] Die Auseinandersetzung fand in der Hauptsache zwischen den Spitzenverbänden der Wirtschaft und dem Bundesministerium für Wirtschaft einerseits sowie den Umweltverbänden und dem Bundesministerium für Umwelt, Naturschutz und Reaktorsicherheit andererseits statt. Im Mittelpunkt der Diskussion stand die Verantwortlichkeit für die Aufsicht und die Zulassung der Umweltgutachter sowie die Verortung der registerführenden Stelle. Dabei favorisierten die Unternehmerverbände mit einem Selbstverwaltungsmodell eine bei den Kammern angesiedelte wirtschaftsnahe Stelle.[312] Sie argumentierten, dass nur so eine allgemeine Akzeptanz der Wirtschaft für EMAS erreicht werden könnte und nur diese führe zu hohen Teilnehmerzahlen. Auf der anderen Seite betonten die Umweltver-

---

[310] Vgl. Anh. V Nr. 5.3.2. EG-UAVO n.F. Die Anforderungen an die Notifikation werden durch EMAS II spezifiziert und erweitert. Durch diese Verschärfungen soll die Qualität der Begutachtung auch bei Vornahme durch den Umweltgutachter eines anderen Mitgliedstaates sichergestellt werden. Die Tatsache, dass die Notifikation vor jeder Prüfung erneut erforderlich ist, kritisiert *Lidchi* allerdings als mit dem gemeinschaftsrechtlichen Diskriminierungsverbot nicht vereinbar. *Lidchi,* Vorschlag der EU-Kommission zur Revision der VO 1836/93/EWG: Diskussion und Kritik, 1999, Pkt. II. 5 c.

[311] Vgl. *Ewer,* NVwZ 1995, S. 457; *Schnutenhaus,* ZUR 1995, S. 9, 10; *Lütkes,* NVwZ 1996, S. 230; *Lübbe-Wolff,* NuR 1996, S. 217; *Waskow,* Betriebliches Umweltmanagement, 1997, S. 105ff.; vgl. hierzu auch das Rechtsgutachten von *Pitschas,* erstattet im Auftrag des Umweltbundesamtes im November 1994.

[312] *Waskow* stellt die verschiedenen Vorschläge ausführlich dar. *Waskow,* Betriebliches Umweltmanagement, 1997, S. 110ff.

bände, dass es sich bei EMAS gerade nicht um eine Selbstverwaltungsangelegenheit der Wirtschaft[313] sondern um ein Instrument des Umweltschutzes handele und für eine optimale Zielerreichung eine effektive staatliche Kontrolle notwendig sei.[314] Bei der Entscheidung über die Ausgestaltung des Systems stünde seine Unabhängigkeit, Transparenz und Glaubwürdigkeit auf dem Spiel. Sie favorisierten von daher ein Zulassungs- und Aufsichtssystem, in welchem das Umweltbundesamt eine hervorragende Rolle spielen sollte.
Obwohl am Ende nicht die Kammern mit der Zulassung der Umweltgutachter betraut wurden, konnten die Wirtschaftsverbände nach langem Tauziehen ihre Position weitgehend durchsetzen. Die Kammern wären in einen Interessenkonflikt zwischen Umweltgutachter und Unternehmen geraten, der eine unabhängige Aufgabenwahrnehmung unmöglich gemacht hätte. Ein staatsnahes System, welches dem Umweltbundesamt eine führende Rolle zugewiesen hätte, wurde jedoch als falsches politisches Signal gesehen.[315] Es wurde also ein wirtschaftsnahes System geschaffen, welches jedoch eine Repräsentanz des Staates und der interessierten Kreise sicherstellen sollte, und unabhängig von bestehenden Strukturen neu ins Leben gerufen wurde.[316] Die Zulassung sowie die wesentlichen Punkte der Aufsicht über die Gutachter wurden an die neu gegründete Deutsche Akkreditierungs- und Zulassungsgesellschaft mbH (DAU) delegiert.

1. Zulassung und Aufsicht durch die Deutsche Akkreditierungs- und Zulassungsgesellschaft (DAU)

a. Das System

Das Bundesministerium für Umwelt, Naturschutz und Reaktorsicherheit wird durch § 28 UAG ermächtigt, eine oder mehrere juristische Personen des Privatrechts im Verordnungswege mit den Aufgaben der Zulassungsstelle zu beleihen. Auf dieser Grundlage wurde die DAU im Rahmen einer formellen Privatisierung des Zulassungssystems[317] durch die „*Verordnung über die Beleihung der Zulassungsstelle nach dem Umweltauditgesetz (UAGBV)*“ vom 18. Dezember 1995 förmlich beliehen.[318] Die DAU wird damit hoheitlich tätig, ähnlich den berufs-

---

[313] Cgl. hierzu: *Kluth*, Funktionale Selbstverwaltung, 1997.
[314] So auch: *Lübbe-Wolff*, NuR 1996, S. 217, 219, 220. Vgl. auch: *Bültmann/Wätzhold*, Aus Politik und Zeitgeschichte, B 48/99, S. 30, 32.
[315] *Waskow*, Betriebliches Umweltmanagement, 1997, S. 18.
[316] Kritisch: *Guhle*, WSI-Mitteilungen 1998, S. 518, 519, 522. Auch wenn der BDI die wirtschaftsnahe Ausgestaltung des Systems für die hohe Teilnahmebereitschaft verantwortlich macht, scheint das Vertrauen doch nicht so weit zu gehen, dass für die Unternehmen keine “Belohnung” durch Deregulierung nötig wäre. Vgl. *Kreklau*, VDI-Nachrichten, 6.3.1998.
[317] *Peine*, DÖV 1997, S. 353, 361.
[318] Gesetz zur Ausführung der Verordnung (EWG) Nr. 1836/93 des Rates v. 29. Juni 1993 über die freiwillige Beteiligung gewerblicher Unternehmen an einem Gemeinschaftssystem für das Umweltmanagement und die Umweltbetriebsprüfung (Umweltauditgesetz – UAG) v. 7.12.1995

ständischen Selbstverwaltungskörperschaften, die das Recht haben, sowohl Entscheidungen gegenüber ihren Mitgliedern zu treffen, als auch an Entscheidungen gegenüber Außenseitern, etwa Berufsbewerbern, mitzuwirken.[319] Sie ist zuständig für die Prüfung und Zulassung von Umweltgutachtern und Umweltgutachterorganisationen und führt gem. §§ 15ff. UAG die Aufsicht über sie. Die vier Gesellschafter der DAU sind die Spitzenverbände der Wirtschaft und der freien Berufe: der Bund der Deutschen Industrie (BDI), der Deutsche Industrie und Handelstag (DIHT), der Zentralverband des Deutschen Handwerks und der Bundesverband freier Berufe. Die DAU wird nach § 21 UAG in ihren Entscheidungen gebunden durch die Prüfungsrichtlinien des Umweltgutachterausschusses (UGA).[320] Aufsichtsbehörde über die DAU ist gem. § 29 UAG das Bundesumweltministerium. Die Aufsicht erstreckt sich auf die Rechtmäßigkeit der Zulassungs- und Aufsichtstätigkeit. Weitergehender Aufsicht unterliegt die DAU im Hinblick auf die Entscheidungen über die Untersagung der gutachterlichen Tätigkeit gem. § 16 Abs. 2 UAG, über den Widerruf der Zulassung in den in § 17 Abs. 3 Nr. 2 UAG bestimmten Fällen und über die Überprüfung der Qualität der gutachterlichen Tätigkeit im Sinne des § 18 Abs. 2 S. 3 UAG. Auf Grund der erheblichen Ermessensspielräume, die der DAU in der Aufsicht zustehen, unterliegt die DAU in diesem Bereich - anders als im Zulassungsverfahren - auch der Fachaufsicht des Bundesumweltministeriums.

Die DAU ist die Zulassungsstelle für die Umweltgutachter. Sie besteht aus dem Geschäftsführer, juristischen Mitarbeitern und dem Sekretariat. Die DAU nimmt den Zulassungsantrag des Umweltgutachter-Kandidaten mit den erforderlichen schriftlichen Unterlagen entgegen, prüft die Zuverlässigkeit und die Unabhängigkeit des Antragstellers und stellt den geforderten Hochschulabschluss und die mindestens dreijährige eigenverantwortliche hauptberufliche Tätigkeit im Umweltbereich fest.[321] Sind die genannten formalen Voraussetzungen erfüllt, stellt sie einen Prüfungsauschuss aus einer Prüferliste zusammen und lädt den Antragsteller zur mündlichen Prüfung ein.[322] Die mündliche Prüfung nach § 12 Abs. 1 UAG ist

(BGBl. I, S. 1591), § 28; Verordnung über die Beleihung der Zulassungsstelle nach dem Umweltauditgesetz (UAG – Beleihungsverordnung – UAGBV) v. 18.12.1995 (BGBl. I, S. 2013) § 1 Abs. 1.

[319] *Schachtschneider*, Die Verwaltung 1998, S. 139, 148. Vgl. §§ 4ff., 42ff., 74 BRAO.

[320] Die Richtlinien des UGA sind jedoch weder für den Umweltgutachter noch für die Gerichte bindend.

[321] Vgl. §§ 5ff. UAG. Umweltgutachter *Klaus Kall* in einem Vortrag am 17.4.1999 im Rahmen der Jahrestagung des Doktoranden Netzwerks Öko-Audit e.V. kritisiert, dass die praktische Erfahrung zwar dokumentiert, aber nicht überprüft werde. Er schlägt vor, entsprechend den Fachanwaltszulassungen, die praktischen Erfahrungen eng mit Lehrgängen etc. zu verzahnen. Auch müssten mindestens fünf Jahre praktische Erfahrung nachgewiesen werden.

[322] Vgl. § 21 Abs. 1 Nr. 2 UAG. *Schottelius* kritisiert dieses zweigeteilte Prüfungsverfahren scharf. Da der Prüfungsausschuss nicht hinreichend über die eingereichten Unterlagen des Antragstellers informiert sei, erfülle das Verfahren nach UAG und UAGZVV nicht die Anforderun-

unselbstständiger Teil des Zulassungs- und Bescheinigungsverfahrens. Gegenstand der Prüfung sind die in § 11 Abs. 2 Nr. 1 und 2 UAG angegebenen Prüfungsgegenstände. Details zur mündlichen Prüfung sind weiterhin in § 5 UAG- Zulassungsverfahrensverordnung (UAGZVV) geregelt.[323] Die UAGZVV legt auch die Einzelheiten des Verfahrens sowie den Ablauf der Prüfung fest. Diese setzt sich aus einem Kurzvortrag und einem Prüfgespräch zusammen. Gegenstand der Prüfung sind die Fachgebiete, für die das Gesetz die Fachkunde des Gutachters verlangt und für die diese Fachkunde nicht bereits durch Lehrgangsbescheinigungen und sonstige von der Zulassungsstelle als gleichwertig anerkannte Fachkenntnisnachweise belegt ist.[324] Der Kandidat muss auch Wissen über die *„praktischen Probleme aus der Berufsarbeit eines Umweltgutachters"* nachweisen.[325] Der Prüfungsausschuss entscheidet im Anschluss an die mündliche Prüfung mit Stimmenmehrheit, ob die mündliche Prüfung bestanden, nicht bestanden oder ob und mit welchen Auflagen die Zulassung zu versehen ist.[326] Über Widersprüche gegen Verwaltungsakte der Zulassungsstelle entscheidet gem. § 24 Abs. 1 und 2 UAG ein beim Bundesumweltministerium angesiedelter Widerspruchsausschuss.
Fachkenntnisbescheinigungen, die nicht zu einer selbstständigen Gutachtertätigkeit, sondern nur zu gutachterlichen Tätigkeiten in Zusammenarbeit mit einem zugelassenen Umweltgutachter berechtigen, werden ebenfalls von der DAU auf der Grundlage bestimmter vorzulegender Unterlagen und einer mündlichen Prüfung erteilt.[327]
Bei der Zulassung von Umweltgutachterorganisationen entfällt naturgemäß die mündliche Prüfung. Die personellen Qualifikationen der einzelnen Prüfer als Umweltgutachter bzw. als Inhaber einer Fachkenntnisbescheinigung, sind durch die Vorlage entsprechender Unterlagen nachzuweisen.[328]

Die Aufsicht über die berufliche Tätigkeit der Umweltgutachter, Gutachterorganisationen und Inhaber von Fachkenntnisbescheinigungen, entspricht den Grundsätzen der berufsständischen Selbstverwaltung freier Berufe. Da auch die Berufsaufsicht die grundrechtlich geschützte Berufsfreiheit berührt, muss sie, ebenso wie die Zulassung, in einem rechtsförmigen, nachprüfbaren Verwaltungsverfahren er-

---

gen des Anhangs III A Nr. 4 EG-UAVO a.F.. Es stelle gerade keine einheitliche Überprüfung des gesamten Bewertungsmaterials sicher. *Schottelius*, BB, Beilage 2 zu Heft 8 1997, S. 13, 18.

[323] Verordnung über das Verfahren zur Zulassung von Umweltgutachtern und Umweltgutachterorganisationen sowie zur Erteilung von Fachkenntnisbescheinigungen nach dem Umweltauditgesetz (UAG-Zulassungsverfahrensordnung – UAGZVV) v. 18.12.1995 (BGBl. I, S. 1841).

[324] Vgl. §§ 11 Abs. 2 Nr. 1 und Abs. 3 UAG.

[325] Vgl. § 11 Abs. 2 Nr. 2 UAG.

[326] Die Durchfallquote in der Prüfung für die Zulassung als Umweltgutachter liegt seit Ende 1996 bei rund 60 Prozent, nachdem sie anfangs deutlich niedriger war. *Bültmann/Wätzhold*, Aus Politik und Zeitgeschichte, B 48/99, S. 30, 32.

[327] Vgl. §§ 8 Abs. 2 S. 1, 11 Abs. 4 UAG, § 3 UAGZVV.

[328] Vgl. § 2 UAGVZZ.

folgen.[329] Die Aufsicht über die Tätigkeit der Umweltgutachter übt gem. §§ 15ff. UAG die DAU – nach den Richtlinien des UGA - aus. Sie hat die zugelassenen natürlichen und juristischen Personen sowie Inhaber der Fachkenntnisbescheinigungen in regelmäßigen Abständen zu überprüfen, um sicherzustellen, dass diese weiterhin den Zulassungs- bzw. Erteilungsvoraussetzungen entsprechen. § 15 Abs. 1 S. 2 UAG regelt die Aufsicht über die Qualität der vorgenommen Begutachtung. Eine Regelaufsicht im drei- bzw. zwei-Jahres-Takt[330] soll sicherstellen, dass der Umweltgutachter die Zulassungsvoraussetzungen dauerhaft erfüllt. Das Verfahren der Regelaufsicht besteht im Kern in der Begutachtung und Bewertung der in § 15 Abs. 2 UAG aufgezählten Unterlagen. Zur Konkretisierung der Prüfung hat der UGA auf der Grundlage des § 21 Abs. 1 Ziffer 1 UAG eine Aufsichtsrichtlinie (UAG-AufsR) verfasst.[331] Nach dieser Richtlinie sind als Maßnahmen der Regelaufsicht mindestens zwei Begutachtungen des Umweltgutachters mit Detailprüfungen vorzunehmen. Dabei ist zu untersuchen, ob der Umweltgutachter im Rahmen seiner Angaben über einschlägigen Rechtsvorschriften und die charakteristischen Umweltgesichtspunkte erfasst und verarbeitet hat.[332] Ein Witness-Audit und ein Geschäftsstellen-Audit, d.h. die Überprüfung durch eine Begleitung des Gutachters bei seiner Arbeit und die Überprüfung seiner Geschäftsräume, werden im Wechsel ergänzend zu dem schriftlichen Verfahren durchgeführt.[333]

Nach Abschnitt III Uabs. 1 bis 4 UAG-AufsrR ergreift die DAU Maßnahmen der Anlassaufsicht, wenn an sie substantiierte Beanstandungen, die auf einen möglichen Verstoß des Umweltgutachters gegen aus der EG-Öko-Audit-Verordnung oder § 15 Abs. 2 und 3 UAG abzuleitende Pflichten hindeuten, herangetragen werden, oder wenn ihr bekannt wird, dass die Höhe des Entgelts für die Tätigkeit eines Umweltgutachters und der Umfang der zu erbringenden Leistungen in einem krassen Missverhältnis stehen. Nachdem dem Umweltgutachter die Beanstandungen schriftlich bekanntgegeben wurden und er Gelegenheit zur Stellungnahme erhalten hat, wird wie bei der Regelaufsicht in einem gestuften Verfahren vorgegangen.[334]

Da die Untersagung der Berufsausübung gem. § 19 UAG einen Eingriff in die Berufsfreiheit darstellt, hat der Gesetzgeber die Voraussetzungen, unter denen eine Untersagung in Betracht kommt, in Abs. 2 des § 16 UAG abschließend geregelt.

---

[329] *Metzler/Alt*, Der Umweltgutachter, 1996, S. 65.

[330] Vgl. § 15 UAG. Die Intervalle der Regelaufsicht wurden mit der Novellierung der Verordnung auf zwei Jahre verkürzt. Vgl. Anh. V Nr. 5.3.1 EG-UAVO n.F.

[331] Richtlinie des Umweltgutachterausschusses nach dem Umweltauditgesetz für die Überprüfung von Umweltgutachtern, Umweltgutachterorganisationen und Inhabern von Fachkenntnisbescheinigungen im Rahmen der Aufsicht (UAG-Aufsichtsrichtlinie – UAG-AufsR) v. 11.12.1997, BAnz. 1997, S. 5572.

[332] Vgl. Abschnitt II Ziffer 2 Uabs. 4 UAG.

[333] Vgl. Abschnitt II Nr. 2 Uabs. 7 und 8 UAG-AufsR.

[334] Vgl. Abschnitt III Ziffer 2 Uabs. 1 und 2 i.V.m Abschnitt II UAG-AufsR.

Rücknahme und Widerruf von Zulassung und Fachkenntnisbescheinigung regelt § 17 UAG in Anlehnung an §§ 10, 16, 17 WPO.[335]/[336]
Werden im Rahmen der Prüfung Pflichtverstöße festgestellt, so ist die DAU ermächtigt, Aufsichtsmaßnahmen zu erlassen. Dabei steht ihr gem. §§ 16f. UAG ein abgestuftes Instrumentarium, welches bis zum Entzug der Zulassung bzw. Fachkenntnisbescheinigung reicht, zur Verfügung. Bei einem Pflichtverstoß durch den Umweltgutachter bzw. bei einem Verstoß gegen eine Anordnung der DAU, ist diese nach § 16 Abs. 2 S. 1 UAG berechtigt, dem Gutachter seine gutachterliche Tätigkeit ganz oder teilweise vorläufig zu untersagen.[337] Dabei besteht jedoch auch bei wiederholten Verstößen keine Pflicht zur Untersagung der Fortführung der Tätigkeit. Nach § 16 Abs. 2 S. 2 UAG hat im Gegenteil die Untersagung zu unterbleiben oder ist wieder aufzuheben, sobald die Pflichten und Anordnungen der DAU erfüllt sind oder bei nachträglicher Unmöglichkeit keine Wiederholungsgefahr eines Rechtsverstoßes besteht.
Nach § 17 Abs. 1 UAG muss die DAU die Zulassung im Falle nachträglichen Bekanntwerdens von Tatsachen zurücknehmen, bei deren Kenntnis die Zulassung oder Erteilung der Fachkenntnisbescheinigung hätte versagt werden müssen, d.h. bei von Anfang an vorliegender Rechtswidrigkeit. Ein Widerruf der Zulassung oder Bescheinigung ist zwingend in den Fällen des § 17 Abs. 2 UAG vorgesehen. Ein Widerruf gem. § 17 Abs. 3 UAG i.V.m. § 49 VwVfG liegt im Ermessen der Zulassungsstelle.[338]
§ 18 UAG regelt die Aufsicht über Gutachter, die in anderen Mitgliedstaaten der Europäischen Union zugelassen wurden und in Deutschland tätig sind. Nach Abs. 1 S. 1 der Regelung haben ausländische Umweltgutachter der deutschen Zulassungsstelle die gutachterliche Tätigkeit vor Aufnahme ihrer Tätigkeit anzuzeigen. Die Zulassungsstelle muss in regelmäßigen Abständen, mindestens alle 36 Monate überprüfen, ob die ausländischen Umweltgutachter und Umweltgutachterorganisationen noch über die gültige Zulassung des Mitgliedstaates verfügen.[339] Dabei muss auch eine Überprüfung der Qualität der im Bundesgebiet vorgenommenen

---

[335] Gesetz über eine Berufsordnung der Wirtschaftsprüfer (Wirtschaftsprüferordnung) in der Fassung der Bekanntmachung v. 5.11.1975 (BGBl. I, S. 2803).
[336] *Metzler/Alt*, Der Umweltgutachter, 1996, S. 70.
[337] Ob diese Regelung die Ermächtigungsgrundlage für konkrete Weisungen an den Umweltgutachter miteinschließt, muss je nach dem Inhalt der Weisung und dem konkreten Einzelfall beurteilt werden. Rechtlich problematisch wäre eine Weisung, die darauf abzielte, in einem bestimmten Einzelfall davon auszugehen, dass die Angaben in der Umwelterklärung als nicht zuverlässig anzusehen sind. *Ewer*, in *Ewer/Lechelt/Theuer*, Handbuch Umweltaudit, 1998, Kapitel E Rn. 49.
[338] Ein solcher Widerruf ist möglich, wenn der Umweltgutachter keine zustellungsfähige Anschrift im Bundesgebiet hat oder wenn in einem Einzelfall eine Abhängigkeit des Umweltgutachters zum auftraggebenden Unternehmen oder zum Betriebsprüfer des Standortes oder Weisungsverhältnisse i.S.d. § 6 Abs. 2 Nr. 2 UAG zwischen den begutachteten Personen bestanden haben und Wiederholungsgefahr besteht (§ 17 Abs. 3 UAG).
[339] Vgl. § 18 Abs. 2 S. 1 UAG.

Begutachtungen erfolgen.[340] Die DAU darf allerdings die in anderen Mitgliedstaaten erteilten Zulassungen nicht gem. § 17 UAG widerrufen oder zurücknehmen, wohl aber die Fortführung der Tätigkeit ganz oder teilweise gem. § 16 UAG untersagen.[341] Im Hinblick auf die Kontrolle der Tätigkeit ausländischer Gutachter steht dem Mitgliedstaat, in dem das Audit stattfindet, damit nur die ex-post Kontrolle im Rahmen der allgemeinen Aufsicht zur Verfügung.[342]

b. Wertung

Der Umweltgutachter muss seinem Auftrag die an EMAS teilnehmenden Unternehmen kritisch prüfen und bereit sein, diesen unter Umständen sogar die Validierung der Umwelterklärung zu versagen. Die damit vorausgesetzte, im Prinzip marktwidrige Bereitschaft zum Konflikt mit dem eigenen Auftraggeber, kann und wird ein Umweltgutachter nur dann aufbringen, wenn die institutionellen, insbesondere die aufsichtsrechtlichen Rahmenbedingungen ihn in den Stand setzen, dem verständlichen Wunsch seiner Auftraggeber nach einem möglichst unaufwändigen Erwerb des Zertifikats die strenge Bindung an die Maßstäbe der Verordnung entgegenzusetzen.[343] Das Funktionieren und die Wirksamkeit des Zulassungs- und Aufsichtssystems ist entscheidend für die Qualität der umweltgutachterlichen Prüfung, damit für die Glaubwürdigkeit und schließlich für den Erfolg des EG-Öko-Audit-Systems insgesamt mitverantwortlich. Über das Zulassungssystem übt der Staat Kontrolle über EMAS aus und steht somit für das Ergebnis des Audits mit ein.

In diesem Zusammenhang ist es kritisch zu sehen, dass weder § 16 noch § 17 UAG bei wiederholten Verstößen gegen die Vorgaben der Verordnung einen zwingenden Untersagungsgrund der Fortführung der gutachterlichen Tätigkeit oder einen Widerrufsgrund der Zulassung sehen.[344]

Da die DAU bis heute noch in keinem Fall die Weiterführung der gutachterlichen Tätigkeit untersagt hat,[345] hätte aber wohl auch eine strengere Normierung der Tatbestände an der Praxis nichts geändert. In den meisten Fällen, in denen es bis heute zu Sanktionen kam, handelte es sich um Einwände von Seiten der Behörde an die registerführende Stelle gem. § 33 Abs. 2 UAG, dass der Standort gegen einschlägige Umweltvorschriften verstoße.[346] Die Sanktionen, welche die DAU bis heute angeordnet hat, sind als milde einzustufen. Mal wurde eine erneute Begut-

[340] Vgl. § 18 Abs. 2 S. 2 UAG.
[341] Vgl. § 18 Abs. 2 S. 3 UAG.
[342] Vgl. Anh. III A Nr. 5 S. 1 EG-UAVO a.F./Anh. V Nr. 5.3.2. EG-UAVO n.F., § 18 Abs. 2 UAG.
[343] *Lübbe-Wolff*, NuR 1996, S. 217, 223.
[344] Ebd.
[345] *Bültmann/Wätzhold,* Aus Politik und Zeitgeschichte, B 48/99, S. 30, 33.
[346] Ebd.

achtung, mal ein Witness-Audit angeordnet. Meist jedoch ließ sie es bei einem Hinweis oder einer Verwarnung bewenden.[347]
Die DAU muss kostendeckend arbeiten. Sie erhält keinerlei finanzielle Unterstützung von Seiten des Staates oder der Wirtschaft. Die Kosten werden durch die UAG-Gebührenverordnung[348] auf die Umweltgutachter umgelegt. Die Wirtschaft weigert sich, die DAU finanziell zu unterstützen, sie bestehen vielmehr auf einer strikt kostendeckenden Arbeitsweise.[349] Die Umweltgutachter empfinden die Gebührenordnung der DAU als erdrückend und fordern - um eine Kostensenkung durchzusetzen - eine Abschaffung der Regelaufsicht und eine zeitliche Reduzierung der mündlichen Prüfungen.[350] Damit fordern auch die Umweltgutachter für ihren Bereich – wie die Spitzenverbände der Wirtschaft - eine Senkung der Überwachungsintensität.
Die begrenzten Ressourcen der DAU lassen diese die Aufsicht doch schon heute nur oberflächlich durchführen. Eine Regelaufsicht findet praktisch nicht statt, der Normalfall ist die Anlassaufsicht. Diese wird auch nur dann durchgeführt, wenn nach erfolgter Validierung der Umwelterklärung eines Standortes (in Zukunft: einer Organisation) durch den Umweltgutachter die Registrierung des Standortes durch den Einspruch einer Behörde verweigert wird.[351]
Die Funktionsfähigkeit des Aufsichtssystems muss bezweifelt werden, wenn im Regelfall gar keine Aufsicht stattfindet. Dies kann kein Indiz für eine erfolgreiche Kooperation zwischen Privaten und Behörde in einem wirtschaftsnahen Aufsichtssystem sein.

Im Hinblick auf die Kontrolle der Tätigkeit von Umweltgutachtern aus anderen Mitgliedstaaten ist es auch bedenklich, dass die DAU schon nach den rechtlichen Vorgaben auf eine repressive Anlassaufsicht angewiesen ist. Sinnvoll wäre eine präventive Überprüfung der Umweltrechtskenntnisse im Ausland akkreditierter Umweltgutachter.[352] Insofern ist die durch EMAS II neu eingeführte präventive Möglichkeit Rechts- und Sprachkenntnisse zu überprüfen nur begrüßt werden.[353]

---

[347] Ebd.
[348] Verordnung über Gebühren und Auslagen für Amtshandlungen der Zulassungsstelle und des Widerspruchsausschusses bei der Durchführung des Umweltauditgesetzes (UAG-Gebührenverordnung – UAGGebV) v. 18.12.1995 (BGBl. I, 2014). Die Verordnung wurde auf Grund des § 36 Abs. II i.V.m. § 38 Abs. 1 UAG erlassen.
[349] Vgl. *Guhle*, WSI-Mitteilungen 1998, S. 518, 524.
[350] Umweltgutachter *Klaus Kall* in einem Vortrag am 17.4.1999 im Rahmen der Jahrestagung des Doktoranden Netzwerks Öko-Audit e.V. Er fordert die „schlanke" DAU im Zulassungs- und Aufsichtsverfahren. *Kall* vergleicht die Umweltgutachter mit den anderen freien Berufen, denen eine Regelaufsicht fremd sei. Dabei verkennt er jedoch die rechtliche Sonderstellung des Umweltgutachters.
[351] *Guhle*, WSI-Mitteilungen 1998, S. 518, 524.
[352] An dieser Stelle wird sodann jedoch das Problem des u.U. rechtswidrigen transnationalen Verwaltungsakts aktuell.
[353] Vgl Anhang V Nr. 5.3.2. EG-UAVO n.F.

2. Der Umweltgutachterausschuss (UGA)

a. Die Aufgaben

Das Umweltauditgesetz führt in den §§ 21ff. UAG mit dem Umweltgutachterausschuss (UGA) ein *„strukturelles Novum“*[354] in die deutsche Rechtslandschaft ein. Der UGA ist ein Kooperationsmodell zwischen dem Staat und den beteiligten Gruppen.[355] Dabei soll die staatliche Zuständigkeit und Verantwortung durch Einbindung der beteiligten Gruppen in den Vollzug des Gesetzes ergänzt werden.
Bei dem UGA handelt es sich um ein plural zusammengesetztes Gremium, welches aus sechs Vertretern der Wirtschaft, vier Umweltgutachtern, drei Vertretern der Wirtschaftsverwaltungen, je drei Vertretern der Umweltverbände und der Gewerkschaften, vier Vertretern der Länder und zwei Vertretern der Umweltverwaltung des Bundes besteht. Die Mitglieder des UGA werden jeweils für drei Jahre berufen.[356]
Der UGA ist *„ein institutionelles Scharnier zwischen Verwaltung und privater Selbstorganisation bzw. den organisierten Interessen, dessen Mitglieder zwar vom Staat ernannt werden, das aber seine Aufgaben in relativer Autonomie ausführt.“*[357] Die entscheidende Aufgabe des Gremiums besteht darin, für die Zulassungsstelle, mithin die DAU, Richtlinien für die gesamte Breite der ihr übertragenen Zulassungs- und Aufsichtstätigkeiten zu erarbeiten. Bei diesen Richtlinien handelt es sich um gem. § 21 Abs. 1 S. 2 Nr. 1 UAG bindende Verwaltungsvorschriften i.S.d. Art. 86 GG. Der UGA führt weiterhin eine Prüferliste für die Besetzung der Prüfungsausschüsse.[358] Er unterstützt das Bundesumweltministerium, indem er nach § 21 Abs. 1 S. 3 Nr. 3 UAG Empfehlungen für die Besetzung des Widerspruchsausschusses mit Beisitzern ausspricht und nach § 21 Abs. 1 S. 3 Nr. 4 UAG das Ministerium allgemein über Zulassungs- und Aufsichtsregeln berät. Zudem ist die DAU dem Umweltgutachterausschuss nach Maßgabe des § 21 Abs. 2 UAG zur Berichterstattung verpflichtet.
Der UGA ist eine teilrechtsfähige Körperschaft des öffentlichen Rechts, die gem. § 27 UAG der Rechtsaufsicht des BMU unterliegt.[359] Er ist rechtsfähig soweit seine Kompetenzen nach § 21 Abs. 1 UAG reichen, insbesondere im Hinblick auf die

---

[354] *Lübbe-Wolff,* NuR 1996, S. 217, 220.
[355] *Mayen,* NVwZ 1997, S. 215.
[356] Das Bundesumweltministerium hat die Mitglieder des ersten UGA am 20. Dezember 1995 offiziell berufen. Zum Vorsitzenden wurde in der konstituierenden Sitzung Rechtsanwalt *Wolfgang Ewer,* zu seinen Stellvertretern *Manfred Heller* (Wirtschaft), *Franz-Josef Moormann* (Verwaltung), *Klaus Schmitz* (Gewerkschaften) und *Helmut Nieder* (Umweltverbände) gewählt. Die zweite Berufungsperiode des UGA hat im Januar 1999 begonnen. Zum Vorsitzenden wurde wiederum Rechtsanwalt *Wolfgang Ewer,* zu seinen Stellvertretern *Manfred Heller* (Wirtschaft), *Stefan Frey* (Verwaltung), *Wolfgang Guhle* (Umweltverbände) gewählt.
[357] *Schneider,* Die Verwaltung 1995, S. 361, 371.
[358] Vgl. § 21 Abs. 1 S. 2 Nr. 2 UAG.
[359] *Budde,* Die Umwelt-Audit-Verordnung der EU, 1998, S. 59.

Ermächtigung zum Erlass bindender Vorschriften für die Zulassungsstelle. Demgegenüber hat der UGA jedoch im allgemeinen Rechtsverkehr keine Rechtsfähigkeit.[360]
In den ersten fünf Jahren seines Bestehens ist der UAG seinen Aufgaben mit dem Erlass von fünf Richtlinien nachgekommen: Die UAG-Fachkunderichtlinie regelt den Inhalt der Prüfungen von Umweltgutachtern und Fachkenntnisbescheinigungsinhabern.[361] Die UAG-Aufsichtsrichtlinie enthält sowohl Bestimmungen bezüglich der Anlass- als auch bezüglich der Regelaufsicht. Die UGA-Lehrgangsrichtlinie ermöglicht auf der Basis des § 13 UAG die Anrechnung von Lehrgängen bei der Umweltgutachterprüfung.[362] Die UAG-Zertifizierungsverfahrensrichtlinie übersetzt die in der Entscheidung der Kommission vom 16. April 1997 anerkannte *„Leitlinie für die Akkreditierung von Zertifizierungsstellen für Umweltmanagementsysteme und entsprechende Zertifizierungsverfahren"*.[363] Die Leitlinie will die Gleichwertigkeit der Zulassungsanforderungen für Zertifizierungsstellen und Umweltgutachter sichern, die Voraussetzung für die Anerkennung der Zertifizierungsverfahren nach Art. 4 Abs, 5 EG-UAVO n.F./12 EG-UAVO a.F. ist. Die UAG-Prüferrichtlinie regelt die Voraussetzungen für die Aufnahme auf die Prüferliste des UGA nach § 21 Abs. 1 Nr. 2 UAG.[364] Der UGA hat auch eine Leitlinie hinsichtlich der Aufgaben der Umweltgutachter erarbeitet. Diese Leitlinie soll den Umweltgutachtern (nicht-bindende) Konkretisierungen und Auslegungshilfen liefern.[365]

---

[360] Nach § 26 UAG muss dem UGA zur Herstellung seiner Handlungsfähigkeit eine Geschäftsstelle zur Verfügung gestellt werden. Nach einer Ausschreibung nach dem VOL/A-Ausschreibungsverfahren, an dem sich 29 private Einrichtungen beteiligt haben, ist die Einrichtung der Geschäftsstelle des Umweltgutachterausschusses vom BMU an die bundesweite Vereinigung der TÜVs übertragen worden.

[361] Richtlinie des Umweltgutachterausschusses nach dem Umweltauditgesetz für die mündliche Prüfung zur Feststellung der Fachkunde von Umweltgutachtern und Inhabern von Fachkenntnisbescheinigungen (UAG-Fachkunderichtlinie - UAG-FkR) v. 27.6.1996, in BAnz. Nr. 211 v. 12.11.1996, S. 11985.

[362] Richtlinie des Umweltgutachterausschusses zur allgemeinen Anerkennung von Lehrgängen nach § 13 Abs. 1 Umweltauditgesetz (UAG-Lehrgangsrichtlinie - UAG-LehrgR) v. 3.9.1997 BAnz. Nr. 61 v. 28.3.1998, S. 4846. Nach Aussage des Umweltgutachters *Klaus Kall* ist die Richtlinie bis heute weitgehend leergelaufen. Dies läge im Wesentlichen an den horrent hohen Anerkennungsgebühren von ca. DM 15 000.-, die durch nichts gerechtfertigt seien. Umweltgutachter *Klaus Kall* in einem Vortrag am 17.4.1999 im Rahmen der Jahrestagung des Doktoranden Netzwerks Öko-Audit e.V.

[363] Richtlinie des Umweltgutachterausschusses nach dem Umweltauditgesetz für die Akkreditierung von Zertifizierungsstellen für Umweltmanagementsysteme und entsprechende Zertifizierungsverfahren (UAG-Zertifizierungsverfahrensrichtlinie - UAG-ZertVfR) v. 8.12.1997; BAnz. Nr. 105 v. 10.6.1998, S. 7942ff.

[364] Richtlinie des Umweltgutachterausschusses über die Voraussetzungen der Aufnahme von Bewerbern in die Prüferliste nach dem Umweltauditgesetz (UAG-Prüferrichtlinie - UAG-PrüfR) v. 18.3.1998, BAnz. Nr. 123 v. 8.7.1998, S. 9435 ff

[365] Abgedruckt in: : *Ewer/Lechelt/Theuer*, Handbuch Umweltaudit, 1998, Anh. 9.

b. Die verfassungsrechtliche Beurteilung des UGA

Die funktionierende Aufsicht über die Umweltgutachter ist Garant für den Vollzug und Erfolg von EMAS. In Anbetracht der sehr allgemeinen Regelungen der §§ 15ff. UGA sind die von dem UGA verfassten Aufsichtsrichtlinien von *„herausragender Bedeutung“*[366] für das Gesamtsystem des Öko-Audits. Die Richtlinienkompetenz des UGA ist eine Besonderheit und ein kompromissbedingtes Resultat der anfänglichen rechtspolitischen Auseinandersetzung über die Organisationsstruktur des Zulassungs-, Aufsichts- und Registrierungssystems. Es sollte einen Mittelweg zwischen dem Selbstverwaltungs- und dem Behördenmodell beschreiten. Zwar bedürfen die Richtlinien des UGA nach § 27 Abs. 3 UAG der Genehmigung durch den BMU. Dabei handelt es sich jedoch lediglich um ein Instrument der Rechtsaufsicht, da der UGA, soweit seine Richtlinien rechtmäßig sind, einen Anspruch auf die Genehmigung hat. Der Staat begibt sich mit der Einrichtung des UGA seiner eigenständigen und unabhängigen Kompetenz zum Erlass bindender Vorgaben für die Zulassungsstelle. Er überträgt diese Kompetenz einer Einrichtung, in der staatliche Vertreter zwar mit insgesamt neun Mitgliedern vertreten sind, sich jedoch deutlich in der Minderheit befinden. Da die durch § 21 Abs. 1 S. 2 Nr. 1 und 2 UAG übertragenen Aufgaben der verwaltungsinternen Lenkung gegenüber der Zulassungsstelle Ausübung von Staatsgewalt bedeuten, findet im Rahmen einer materiellen Privatisierung die Übertragung staatlicher Aufgaben auf ein gemischt zusammengesetztes, staatlichen Weisungen nicht unterworfenes Gremium statt. Verfassungsrechtlich ist diese Übertragung problematisch. Dogmatischer Ausgangspunkt für die Kritik ist das Demokratieprinzip. Aus dem Zusammenwirken der organisatorisch-personellen und der sachlich-inhaltlichen Komponenten des Demokratieprinzips[367] muss ein hinreichendes Legitimationsniveau erreicht werden, welches es ermöglicht, die Wahrnehmung staatlicher Aufgaben und die Ausübung staatlicher Befugnisse auf das Volk selbst zurückzuführen und ihm gegenüber zu verantworten.[368] Dem Staat müssen auf diese Weise hinreichende Einfluss-, Steuerungs-, und Kontrollmöglichkeiten zukommen.[369] Verlieren kann der Staat die hinreichende Legitimation durch die Kumulation unterschiedlicher Einfluss-Knicks.[370]

Vor diesem Hintergrund hat *Lübbe-Wolff* die Übertragung hoheitlicher Kompetenzen auf den UGA als verfassungswidrig kritisiert.[371] Sie widerspreche den Anforderungen des Demokratieprinzips, da es sich bei dem Erlass zulassungsbezogener Richtlinien durch den UGA um Aufgaben von *„politischer Tragweite“* handle, die

---

366 *Waskow*, in: *Feldhaus*, Bundesimmissionsschutzrecht Kommentar, Bd. 7, M1 Rn. 192.

367 Vgl. z.B. BVerfGE 9, S. 268, 281f.; BVerfGE DVBl. 1995, S. 1291, 1295.

368 BVerfGE 44 , S. 125, 139; 47, S. 253, 271f.; Vgl. auch: *Huber*, DVBl. 1999, S. 489, 494; *Mayen*, in: *Ewer/Lechelt/Theuer*, Handbuch Umweltaudit, 1998, Kapitel G Rn. 16, m.w.N.

369 Vgl. BVerfGE 83, S. 238, 281f.; BVerfGE 93, S. 37.

370 *Huber*, DVBl. 1999, S. 489, 495.

371 *Lübbe-Wolff*, NuR 1996, S. 217, 220f.

nach der Rechtsprechung des BVerfG[372] nicht auf weisungsunabhängige Stellen übertragen werden dürften. Auch eine verfassungskonforme Auslegung dahingehend, dass die Erteilung der Genehmigung für den Erlass von Richtlinien nach § 27 Abs. 3 S. 1 UAG im Ermessen der Aufsichtsbehörde stehe, sei im Hinblick auf die Gesetzesbegründung und auf § 21 Abs. 1 S. 3 UAG nicht zulässig.
Waskow hingegen hält die Regelung für verfassungsrechtlich unproblematisch.[373] Durch die §§ 4 Abs. 5, 11 Abs. 5, 2, 22 und 27 UAG werde ein hinreichender Einfluss des Staates gegenüber dem UGA gewährleistet. Die Behördenvertreter verfügten über eine Sperrminorität[374] und das Bundesumweltministerium könne seinen Einfluss durch die Genehmigung geltend machen. Gerade in dem letzten Punkt liegt auch nach Ansicht von *Schmidt-Preuß* wegen der Vielzahl der konkretisierungsbedürftigen qualifikationsbezogenen Rechtsbegriffe ein beträchtliches staatliches Steuerungspotenzial.[375]
Mayen versucht, die unterschiedlichen Standpunkte auf der Suche nach einem goldenen Weg der Rechtmäßigkeit gegeneinander abzuwägen.[376] Er untersucht die demokratische Legitimation des UGA, um so die Ausübung der Staatsgewalt personell ebenso wie ihrem Inhalt nach vom Volk herzuleiten. Dabei kommt er zu dem Ergebnis, dass der UGA unter Einhaltung der gebotenen Unabhängigkeit und Neutralität über die erforderliche sachlich-inhaltliche Legitimation verfüge.[377] Vergleichbare ministerialfreie Räume, die das Demokratieprinzip durchbrechen, seien dann gerechtfertigt, wenn sie verfassungsrechtlich durch die Erforderlichkeit der Weisungsfreiheit notwendig seien. Eine solche Rechtfertigung läge im Falle des UGA durch den Auftrag des Art. 6 Abs. 1 EG-UAVO a.F./ Anh. 5 Nr. 5.2.1. EG-UAVO n.F., eine unabhängige und neutrale Aufgabenwahrnehmung sicherzustellen, vor. Die Neutralität des UGA ergäbe sich aus der Pluralität des Ausschusses. Die organisatorisch-personelle demokratische Legitimation stellt *Mayen* erst nach einer verfassungskonformen Auslegung des § 22 Abs. 3 UAG fest. Nur dann, wenn die Zahl der Vorschläge für Mitglieder des UGA der Bundesdachverbände der Wirtschaft, der freien Berufe, der Gewerkschaften und der Umweltverbände die Zahl der Stellen, die im UGA zu besetzen sind, um mehr als 50% überschreiten – so dass das BMU eine echte Auswahlentscheidung treffen kann –, und zudem ein Zurückweisungsrecht des BMU hinsichtlich der ihm unterbreiteten Vorschläge gegeben ist, stünde die Regelung im Einklang mit der Verfassung. Es reiche jedoch, wenn der Staat eine echte Auswahl treffen könne, mit dem

---

[372] BVerfGE 9, S. 268, 282.
[373] *Waskow*, Betriebliches Umweltmanagement, 1997, S. 123; *Budde*, Die Umwelt-Audit-Verordnung der EU, 1998, S. 117; ebenso: *Schmidt-Preuß*, in: FS Kriele, 1997, S. 1157, 1175f.
[374] Beschlüsse über die zentralen Aufgaben des UGA müssen gem. § 23 Abs. 3 Nr. 1 UAG mit Zwei-Drittel-Mehrheit getroffen werden.
[375] *Schmidt-Preuß*, in: FS Kriele, 1997, S. 1157, 1176.
[376] *Mayen*, NVwZ 1997, S. 215; *ders.*, in: *Ewer/Lechelt/Theuer*, Handbuch Umweltaudit, 1998, Kapitel G Rn. 14ff.
[377] *Mayen*, NVwZ 1997, S. 215, 216ff.

Recht zur Ablehnung. Der UGA ist nach *Mayen* damit zwar ein verfassungsrechtliches Problem, nicht aber ein verfassungswidriges Phänomen.[378]

Trotz seiner redlichen Bemühungen ist *Mayen* im Ergebnis nicht zu folgen. Schon hinsichtlich der sachlich-inhaltlichen Legitimation ergeben sich Probleme. Zwar ist eine Entwicklung im allgemeinen Verwaltungsrecht dahingehend zu beobachten, dass eine nicht lückenlose Legitimationskette durch einen anderweitigen Legitimationszuwachs ausgeglichen werden kann.[379] Es kann hiernach auch ein *„mittelbarer Legitimationszusammenhang"* ausreichen.[380] Der Ausgleich an Legitimationsverlust muss aber durch Sicherungen, wie etwa einer erhöhten Transparenz, Effektivität oder Fachkunde, ausgeglichen werden. Im vorliegenden Fall könnte ein solcher Zuwachs an verfahrensrechtlichen Sicherungen in der pluralen Zusammensetzung des Gremiums gesehen werden. Diese könnte als Garant einer ausgewogenen Entscheidungsfindung dienen. Um diesen Vorteil auszuspielen, müsste jedoch sowohl der Auswahlprozess als auch Entscheidung über die Zusammensetzung ihrerseits über verfahrenstechnische Grundsicherungen wie Öffentlichkeitsbeteiligung und Transparenz verfügen.
Zwar sollte der UGA unabhängig und neutral sein, ob er dies auch ist, ist jedoch immer wieder angezweifelt worden.[381] In dem Kräfteverhältnis im UGA dominieren die wirtschaftsnahen Vertreter. Es ist davon auszugehen, dass bei Abstimmungen im UGA die Wirtschaftsvertreter und Umweltgutachter ohne nennenswerte Ausnahmen als Einheit auftreten.[382] Eine Mehrheit für die Interessen der Wirtschaft wird in diesem System stets leichter zu finden sein, als ein Votum für die Interessen der Umwelt. Ein einfacher Hinweis auf die Pluralität und damit Neutralität des UGA als Rechtfertigung für die Staatsferne verbietet sich also. Dann ist aber auch die weitere Argumentation *Mayens* nicht mehr schlüssig. Es ist kein Grund erkennbar, warum der UGA in seiner jetzigen Form für eine unabhängige und neutrale Aufgabenwahrnehmung notwendig wäre.

Die Arbeit des UGA ist auch nicht mit den Beispielen vergleichbar, in denen verfassungsrechtlich eine Weisungsfreiheit als notwendig akzeptiert wird, wie z.B. bei Prüfungsentscheidungen[383] oder bei den Entscheidungen der Bundesprüfstelle für jugendgefährdenden Schriften.[384] In diesen Fällen werden nicht Verwaltungsrichtlinien erarbeitet, sondern einzelfallbezogene Verwaltungsakte erlassen. Die konk-

---

[378] Ebd., S. 219.
[379] Legitimation kann nach *Hoffmann-Riem* in jedem Bereich gesucht werden, in dem der Staat steuernd tätig wird. *Hoffmann-Riem*, DÖV 1997, S. 433, 438; mit Hinweis auf BVerfGE 83, S. 60, 72.
[380] BVerfGE 83, S. 60, 72.
[381] Vgl. *Guhle*, WSI Mitteilungen 1998, S. 518, 522; *Lübbe-Wolff*, NuR 1996, S. 217, 221.
[382] *Guhle*, WSI Mitteilungen 1998, S. 518, 522.
[383] Vgl. BVerfGE 9, S. 268, 281ff.; 22, S. 215, 217.
[384] Vgl. BVerfGE 22, S. 106, 113f.

rete Betrachtung des Einzelfalls macht es notwendig, weisungsfreien Raum zu schaffen. Der UGA erlässt jedoch bindende Richtlinien, die zumindest indirekt auch nach außen wirken. Ein Verzicht auf staatliche Steuerung durch eine Bindung hoheitlicher Aufgabenträger an Regelwerke, die von nicht-staatlich dominierten Gremien festgelegt werden, bedarf einer besonderen verfassungsrechtlichen Rechtfertigung. Eine solche Rechtfertigung aus der notwendigen Weisungsfreiheit des Gremiums besteht nicht.
Auch eine verfassungskonforme Auslegung des § 27 Abs. 3 S. 1 UAG in die Richtung, dass die Genehmigung des Bundesumweltministeriums in dessen Ermessen steht, so dass ein Genehmigungsvorbehalt im Rahmen einer Fachaufsicht bestünde, ist auf Grund der Eindeutigkeit der Regelung nicht möglich. Aus der Gesetzesbegründung ergibt sich, dass der Gesetzgeber mit § 27 Abs. 3 UAG ein Instrument der Rechtsaufsicht und gerade nicht eine Fachaufsicht schaffen wollte.[385] Auch die Verpflichtung aus § 21 Abs. 1 S. 3 UAG spricht gegen ein Ermessensspielraum des Ministeriums aus § 27 Abs. 3 UAG.

3. Das Zusammenspiel von DAU und UGA

In dem Zusammenspiel zwischen DAU und UGA ist die DAU die nach außen handelnde Aufsichtsbehörde. Der UGA erarbeitet Richtlinien und konkretisiert damit die gesetzlichen Regelungen. Das Bundesumweltministerium hat die Rechtsaufsicht über den UGA und Rechts- und Fachaufsicht über die DAU.[386] Basis der Richtlinientätigkeit des UGA sind unter anderem die halbjährlich von der Zulassungsstelle zu erstattenden Berichte über Umfang, Inhalt und Probleme der Zulassungs- und Aufsichtstätigkeit.[387] In die Verwaltungsvorschriften des UGA kann auf diese Weise die praktische Erfahrung der DAU einfließen. Die Verschränkungen der verschiedenen Elemente des UAG-Systems sollen auf diese Weise *„ein sich optimierendes System der Zulassung und Beaufsichtigung von Umweltgutachtern, bei dem sich der Staat weitestgehend einer unmittelbaren fachlichen Einflussnahme enthalten kann und sich auf die Aufsicht beschränkt,"* bilden.[388]

Die Regelung einer institutionellen Kooperation zwischen UGA und DAU ist sinnvoll. Die Ausgestaltung des Systems lässt jedoch Zweifel darüber angebracht erscheinen, ob der hoheitlichen Verwaltung tatsächlich ein hinreichender Einfluss zukommt.[389] Trotz der Aufsichtsbefugnisse des BMU ist der Einfluss des Ministe-

---

[385] BT-Drs.13/1192, S. 33. So auch: *Lübbe-Wolff*, NuR 1996, S. 217, 220.
[386] Vgl. § 27 bzw. § 29 UAG. Nach der Ansicht von *Waskow* wäre bei den § 29 UAG bestehenden Aufsichtsbefugnissen des BMU auch die Beschränkung auf die Rechtsaufsicht nicht zu beanstanden gewesen. *Waskow*, Betriebliches Umweltmanagement, 1997, S. 126.
[387] Vgl. § 21 Abs. 2 UAG.
[388] *Waskow*, Betriebliches Umweltmanagement, 1997, S. 123.
[389] Wollte die EG-Öko-Audit-Verordnung in Kombination mit dem UAG tatsächlich in *„markanter Weise das Kooperationsprinzip* [..] *als Organisationsprinzip"* (so: *Kloepfer*, Umweltrecht

riums bei der Koordinationsgewährleistung begrenzt.[390] Die Richtlinien des UGA kann der Staat nur indirekt über die „Staatsbänke“ im UGA beeinflussen. Soweit ihm die Fachaufsicht über Entscheidungen der DAU zusteht, kann die Verwaltung zwar aufsichtsrechtlich agieren. Die verfassungsrechtlich gebotene Staatsaufsicht über die Beliehenen wird jedoch durch den Einbau des UGA ein Stück weiter mediatisiert und die parlamentarische Kontrolle über den mit der Beleihung verbundenen Steuerungsverlust hinaus weiter relativiert.[391] Für diesen Einflussverlust steht sowohl die herausragende Bedeutung der Verfahrensrichtlinien des UGA als auch die Tatsache, dass der UGA wiederum Empfehlungen für die Besetzung des Widerspruchsausschusses mit Beisitzern ausspricht und das Ministerium auch allgemein in allen Zulassungs- und Aufsichtsangelegenheiten berät.[392] Durch diese Regelungen übt der UGA grossen Einfluss auf die Entscheidungen des Bundesumweltministeriums aus. Ob die gefundene Lösung also tatsächlich – wie von der damaligen Umweltministerin *Angela Merkel* dargestellt – das Kooperationsprinzip zwischen Staat und Wirtschaft im besten Sinne des Wortes verwirklicht,[393] ist fraglich. Kooperation zwischen Staat und Gesellschaft kann nur dann stattfinden, wenn beide Partner hinreichenden Einfluss auf die gemeinsam zu bewältigenden Aufgaben und Problemlagen behalten. Kooperation besteht dann nicht mehr, wenn der Staat sich seiner Einflussnahme, wie in dem Zulassungs- und Aufsichtssystem des UAG, weitgehend selbst entledigt.[394]

1998, § 5 Rn. 364) verwirklichen, so müsste gewährleistet sein, dass der Staat seine Steuerungsfunktion noch ausüben kann und dass die Kooperation tatsächlich eine zweiseitige bleibt.

[390] A.A. *Kloepfer*, Umweltrecht 1998, § 5 Rn. 363.

[391] *Huber*, DVBl. 1999, S. 489, 491.

[392] Vgl. § 21 Abs. 1 S. 2 Nr. 3 und 4 UAG.

[393] Rede von Dr. *Angela Merkel* anlässlich der DIHT-Umwelttagung „Ein Jahr Umweltmanagement und –betriebsprüfungssystem – Zwischenbilanz und Ausblick“ am 3.6.1996 in Bonn. Nach der Auffassung der ehemaligen Bundesumweltministerin wurde mit dem Aufsichts- und Kontrollsystem *„ein System geschaffen, in dem eine Einrichtung der Wirtschaft Einzelfallentscheidungen trifft, ein pluralistisch besetztes Gremium generelle Handlungsrichtlinien vorgibt und der Staat durch seine Aufsicht das Funktionieren des Systems garantiert, selbst aber nicht operativ tätig wird.“* BMU, Presse-Erklärung v. 4.4.1995 "Bundesregierung verabschiedet Gesetzentwurf zum Umwelt-Audit", S. 4.

[394] Dennoch bleibt die Bundesregierung bei ihrer positiven Wertung des Aufsichtssystems. Sie hat im Juni 1998 dem Bundestag einen Bericht über die Erfahrungen mit dem UAG vorgelegt. In diesem Bericht wird das System insgesamt positiv bewertet, insbesondere die Arbeit des UGA wird gelobt. Bericht der Bundesregierung an den Deutschen Bundestag über die Erfahrungen mit dem Vollzug des Umweltauditgesetzes (UAG), BT-Drs. 13/11127 v. 22.6.1998.

4. Die Registrierung

a. Die Aufgaben

Die Registrierung geprüfter Organisationen (zuvor: Betriebsstandorte) nach Art. 6 EG-UAVO n.F.[395] ist in Deutschland nach § 32 UAG Aufgabe der Industrie- und Handelskammern und der Handwerkskammern. Die Kammern unterliegen bei dieser Tätigkeit der allgemeinen Kammeraufsicht, d.h. der Aufsicht der obersten Wirtschaftsbehörden der Länder, die jedoch bei Aufsichtsmaßnahmen im Einvernehmen mit den obersten Umweltschutzbehörden handeln müssen.[396] Damit sind die „zuständigen Stellen" der EG-Öko-Audit-Verordnung, die für die Eintragung der Organisationen und der Veröffentlichung des Verzeichnisses der eingetragenen Organisationen zuständig sind, bei den Wirtschaftskammern angesiedelt. Die betrauten Kammern haben durch schriftliche Vereinbarung eine gemeinsame Stelle zu benennen, die jährlich das fortgeschriebene Verzeichnis der registrierten Betriebsstandorte (in Zukunft: Organisationen) der EG-Kommission über das Bundesumweltministerium übermittelt.[397] Nach § 32 Abs. 3 UAG können die Industrie- und Handelskammern eines Landes schriftlich vereinbaren, dass die Registrierung einer Kammer mit zentraler Aufgabenzuständigkeit für ein Bundesland übertragen werden kann.

Die Voraussetzung für die Eintragung der teilnehmenden Einheit der Organisation ergeben sich aus Art. 6 Abs. 1 EG-UAVO n.F.: die Vorlage der validierten Umwelterklärung, die gegebenenfalls zu entrichtende Eintragungsgebühr sowie die Vorlage eines ausgefüllten Formulars (vgl. Anh. VII), welches die zur Eintragung erforderlichen Mindestinformationen enthält. Hinzu kam nach der alten Fassung der Verordnung die „Glaubhaftmachung" der Verordnungskonformität des Standortes. Der Begriff der „Glaubhaftmachung" wurde nicht in die neue Fassung der Verordnung übernommen, statt dessen trägt die zuständige Stelle die betreffende Organisation nur noch dann in das Register ein, wenn sie *„aufgrund der vorgelegten Informationen und insbesondere aufgrund von Erkundigungen bei der zuständigen Behörde über die Einhaltung der einschlägigen Umweltvorschriften davon ausgehen kann, dass die Organisation alle Anforderungen der Verordnung erfüllt."*

Weder nach der geltenden noch nach der alten Fassung bestehen, bzw. bestanden insoweit Regelungsbefugnisse der Mitgliedstaaten. Diese sind auf eine reine Konkretisierung der Vorgaben der EG-Öko-Audit-Verordnung beschränkt.[398]

---

[395] Art. 8 EG-UAVO a.F.

[396] Vgl. § 32 Abs. 1 S. 2 UAG.

[397] Vgl. § 32 Abs. 2 UAG.

[398] *Vetter*, DVBl. 1996, S. 1223, 1229.

Diskussionen im Gesetzbegungsverfahren rief vor allen Dingen § 33 Abs. 2 UAG, die Art. 8 Abs. 4 EG-UAVO a.F. (Art. 6 Abs. 4 EG-UAVO n.F.) ausgestaltende Regelung, hervor.[399]
Gem. § 33 Abs. 2 S. 1 UAG gibt die registerführende Stelle den zuständigen Umweltbehörden die Möglichkeit, sich innerhalb von vier Wochen zu der beabsichtigten Eintragung zu äußern. Die Regelung, wie mit einem festgestellten Rechtsverstoß umzugehen sei, war Gegenstand eines parlamentarischen Vermittlungsverfahrens im Rahmen des UAG Gesetzgebungsverfahrens.[400] Kern des Streitpunktes war die Frage, welche Stelle die Kompetenz hat, im Rahmen des Registrierungsverfahrens über das Vorliegen eines Umweltrechtsverstoßes des einzutragenden Unternehmens zu entscheiden.[401] Der Regierungsentwurf hatte dazu ursprünglich in einem Abs. 3 vorgesehen, dass die Umweltbehörde das betroffene Unternehmen zunächst anzuhören habe. Die zuständige Behörde hätten den Umweltrechtsverstoß, im Falle des Bestreitens des Rechtsverstoßes durch das Unternehmen, durch Verwaltungsakt feststellen und die Kammern sodann unterrichten sollen.[402] Der Bundesrat verlangte die Streichung der Vorschrift, um letztlich den Kammern die Entscheidung über Umweltrechtsverstöße im Rahmen der Standortregistrierung zu übertragen.[403] Die vom Vermittlungsausschuss beschlossene Fassung des § 33 Abs. 2 UAG wurde schließlich Gesetz.[404] Nach der geltenden Fassung der Regelung wird die Entscheidungskompetenz über Rechtsverstöße den Umweltbehörden belassen. Die Regelung verlangt aber nicht mehr die Streiterledigung durch feststellenden Verwaltungsakt, sondern lässt eine flexible Streiterledigung zu.[405] Wenn die Behörde wegen des streitigen Rechtsverstoßes bereits einen Verwaltungsakt erlassen hat, so muss der Ausgang des Rechtsmittelverfahrens bis zur Unanfechtbarkeit des Verwaltungsaktes abgewartet werden. Ist es noch zu keiner behördlichen Verfügung gekommen, ist jede Form der Streiterledigung zulässig.
Kommt es schließlich bei einem eingetragenen Betriebsstandort oder in Zukunft bei einer eigetragenen Organisation zu Streitigkeiten zwischen der Umweltbehörde und dem Unternehmen über das Vorliegen eines Rechtsverstoßes, darf der Standort nach § 34 S. 2 UAG nur auf Grundlage eines vollziehbaren Verwaltungsaktes, eines rechtskräftigen Bußgeldbescheids oder einer rechtskräftigen strafgerichtlichen Verurteilung aus dem Standortregister (vorübergehend) gestrichen werden,

---

[399] Nach Art. 6 Abs. 4 EG-UAVO n.F. hat die zuständige Stelle, wenn sie von der zuständigen Vollzugsbehörde von einem Verstoß gegen einschlägige Umweltvorschriften am Standort unterrichtet wird, die Eintragung des Standortes abzulehnen oder vorübergehend aufzuheben.

[400] Vgl. BT-Drs. 13/2383; BT-Drs. 13/2004; BT-Drs. 13/1757 BT-Drs. 13/1687; BT-Drs. 13/1445, BT-Drs. 13/1755; BT-Drs. 13/1192.

[401] Vgl. *Lütkes*, NVwZ 1996, S. 230, 234; *Lübbe-Wolff*, NuR 1996, S. 217, 224f.; *Waskow*, Betriebliches Umweltmanagement. 1997, S. 151f.

[402] BT-Drs. 13/1192, S. 14.

[403] BT-Drs. 13/1687 S. 8; BR-Drs. 668/95 (Beschluss) = BT-Drs. 13/2004.

[404] BR-Drs. 602/95.

[405] *Waskow*, Betriebliches Umweltmanagement. 1997, S. 152.

wenn das Unternehmen das Vorliegen des Rechtsverstoßes mit vertretbaren Gründen bestreitet und erhebliche wirtschaftliche Nachteile glaubhaft macht. Im Übrigen sind die Voraussetzungen der vorübergehenden Aufhebung oder Streichung der Organisation in Art. 6 Abs. 3 bis 6 EG-UAVO n.F./ Art. 8 Abs. 3 und 4 EG-UAVO a.F. geregelt.

b. Wertung

Die Ansiedlung der zuständigen Stelle bei den Industrie- und Handelskammern und den Handwerkskammern ist im Hinblick auf ihre Aufgabe als Interessenvertretungen der Wirtschaft kritisch. Sie sind nach § 1 IHKG[406] dem Gesamtinteresse der Bezirkswirtschaft verpflichtet. Nun steht es durchaus in dem Gesamtinteresse der Wirtschaft, das Ansehen von EMAS zu fördern. Diesem Ansehen würde nicht entsprochen, wenn eine Kammer ihre Prüfungspflichten zugunsten eines einzelnen Bezirksunternehmens vernachlässigte.[407] Da die Kammern jedoch bei einer strengen Prüfpraxis unter Umständen sehr unpopuläre Entscheidungen gegen ihre eigenen Mitglieder zu treffen haben, geraten sie in einen Interessen-Konflikt, der die unabhängige und neutrale Aufgabenwahrnehmung i.S.d. Art. 4 Abs. 1 EG-UAVO n.F./ Art. 6 Abs. 1 EG-UAVO a.F. gefährdet.

Im Hinblick auf die Streitigkeiten um § 33 Abs. 2 UAG ist es zu begrüßen, dass der Bundesrat seine Position nicht hat durchsetzen können. Eine originäre Entscheidungskompetenz der Registrierungsstellen neben den Umweltbehörden wäre mit Art. 6 Abs. 4 EG-UAVO n.F./ Art. 8 Abs. 4 EG-UAVO a.F. nicht zu vereinbaren und damit im Hinblick auf Art. 249 Abs. 2 EGV europarechtswidrig gewesen. Die Vorschrift in ihrer heutigen Form ermöglicht eine einerseits flexible Streiterledigung zwischen den am System beteiligten Stellen, z.B. durch den Abschluss von öffentlich-rechtlichen Vereinbarungen bzw. Vergleichsverträgen zwischen Unternehmen und Umweltbehörde,[408] läuft jedoch darauf hinaus, dass nicht mehr rechtskonform arbeitende Betriebe dennoch berechtigt sein können, die EMAS-Teilnahme-Erklärung zu führen. Dies ist im Hinblick auf die Glaubwürdigkeit des Systems kritisch zu beurteilen.
Bedenklich ist weiterhin die Formulierung des § 34 UAG, welche die Aussetzung der Eintragung von dem Vorliegen eines vollziehbaren Verwaltungsaktes sowie von der wirtschaftlichen Vertretbarkeit abhängig macht. Das Erfordernis der „*erheblichen wirtschaftlichen Nachteile*“ in § 34 UAG ist europarechtlich problematisch, da Art. 6 Abs. 4 EG-UAVO n.F /Art. 8 Abs. 4 EG-UAVO a.F. die schlichte Unterrichtung über einen Verstoß gegen einschlägige Umweltvorschriften ausreichen lässt. Die Verordnung gilt unmittelbar und verbindlich. Dem deutschen Ge-

---

[406] Gesetz zur vorläufigen Regelung des Rechts der Industrie- und Handelskammern v. 18.12.1956 (IHKG).
[407] So: *Hüvels*, in: *Ewer/Lechelt/Theuer*, Handbuch Umweltaudit, 1998, Kapitel H Rn. 7.
[408] *Lütkes*, NVwZ 1996, S. 230, 234.

setzgeber kommt in den Bereichen, in denen das EG-Öko-Audit-System abschließend regelt, keine Kompetenz zu, die Anforderungen national zu verschärfen. Genau dies hat der nationale Gesetzgeber jedoch mit § 34 UAG getan.[409]

5. Der Umweltgutachter nach dem UAG

a. Juristische und natürliche Personen als Gutachter

Als Umweltgutachter zugelassen werden können entweder natürliche Personen oder privatrechtliche Organisationen. Nach der Systematik der EG-Öko-Audit-Verordnung ist die Zulassung von Einzelpersonen die Ausnahme. Die deutsche Ausgestaltung der Verordnung dreht das Regel-Ausnahme Verhältnis um: der Einzelgutachter wird zum Regelfall.[410] Es steht der Einzelgutachter im Mittelpunkt, die Regelungen in § 9 UAG betreffen zunächst und primär die natürliche Person, die Umweltgutachterorganisation wird als Sonderfall in § 10 UAG behandelt. Daneben sieht das UAG die Erteilung von Fachkenntnisbescheinigungen vor (§ 8 UAG). Hierbei handelt es sich um eine „Teilqualifikation",[411] die so in der EG-Öko-Audit-Verordnung nicht vorgesehen ist. Aus dem deutschen Modell ergab sich jedoch der Bedarf, eine untergeordnete Zulassungsform zu schaffen, um so den überforderten Einzelgutachter zu entlasten. Einzelpersonen können die Fachkenntnisbescheinigungen erwerben, die zur Wahrnehmung fachlicher Teilprüfungen unter Mitwirkung eines zugelassenen Umweltgutachters berechtigen. Dadurch sollen Personen mit spezifischen Fachkenntnissen in die Gutachtertätigkeit einbezogen und für bereits zugelassene Umweltgutachter die Möglichkeit geschaffen werden, ihre Gutachtertätigkeit auf Unternehmensbereiche zu erstrecken, für die sie selbst nicht über die erforderliche Fachkunde verfügen.[412] Darüber hinaus können qualifizierte Personen soweit sie die Fachkenntnis für die Durchführung von Umweltbetriebsprüfungen und die Anforderungen an die Fachkunde, Zuverlässigkeit und Unabhängigkeit §§ 5ff. UAG besitzen und über Fachkenntnis in einem weiteren Bereich verfügen, mit einem zugelassenen Umweltgutachter gemeinsam gutachterliche Tätigkeiten vornehmen.[413] Die vielschichtigen Kooperationsmöglichkeiten, die das UAG eröffnet, eröffnet die Möglichkeit des Zusammenwirkens verschiedener Spezialisten.

---

[409] Vgl. *Lübbe-Wolff*, NuR 1996, S. 217, 224f.

[410] Während die Verordnung stets nur von Organisationen spricht (Art. 2m, Anh. III A EG-UAVO a.F./Art. 2q, Anh. 5 Nr. 5.1. EG-UAVO a.F.), bezeichnet das UAG in seinem § 2 Abs. 3 die Organisationen als Umweltgutachterorganisationen, woraus sich schon begrifflich auf das deutsche Verständnis Rückschlüsse auf die Organisation als ein Zusammenschluss von Einzelgutachtern ergeben.

[411] *Strobel*, DStR 1995, S. 1714, 1717.

[412] *Kloepfer*, Umweltrecht 1998, § 5 Rn. 359.

[413] § 9 Abs. 1 Nr. 1c UAG.

Das deutsche Regelungsmodell des Einzelgutachters steht in einem Spannungsverhältnis zum international eingeführten und angewandten System der Akkreditierung von Zertifizierungsorganisationen.[414] Während der zugelassene Einzelgutachter vergleichbar ist mit Wirtschaftsprüfern, Amtssachverständigen oder Rechtsanwälten, da er das zur Ausübung des Berufes notwendige Wissen in seiner Person vereint, ist die Umweltgutachterorganisation mit den Akkreditierungsstellen des Normwesens zu vergleichen. Der Einzelgutachter wird in aller Regel in einem Einzelakt berufen, die Bestellung der Organisationen erfolgt in der Regel durch Rechtsverordnung. In allen Mitgliedsländern der EG (außer Österreich) ist das Modell der Verordnung, welches die Umweltgutachterorganisation als Regelfall ausgestaltet, übernommen worden. Ebenso kennt auch "ISO-Welt" nur in Form von Zertifizierungsstellen akkreditierte Organisationen, die sich einzelner Auditoren bedienen. Zertifiziert wird von der Stelle auf der Grundlage des Berichts des Auditors.

Wegen der internationalen Dominanz der großen Akkreditierungsorganisationen ist das deutsche Sachverständigenmodell vom Aussterben bedroht. Ohne es gleich vollständig zu opfern, wäre allerdings zu überlegen, ob nicht eine Kombination beider Ansätze zu einer Optimierung führen könnte. Dabei ist zu berücksichtigen, dass dem Wissen des Einzelgutachters Grenzen gesetzt sind und Umweltgutachterorganisationen eher in der Lage sein dürften, ein hohes Qualifikationsniveau anzubieten. So könnte die Begutachtung durch die Organisation erfolgen, ohne dass die einzelnen Beschäftigten berechtigt sein müssten, als Einzelpersonen gutachterlich tätig zu werden. Aus dem UAG-Konzept sollte das Erfordernis eines formalen Einzelnachweises der persönlichen Qualifikation übernommen werden, welches jedoch spezieller sein könnte und müsste, als dies für die Zulassung einer Einzelperson erforderlich ist. Der Einzelnachweis ist sinnvoll und notwendig, da einiges dafür spricht, dass eine Lösung, die detaillierte Anforderungen an die persönliche Qualifikation stellt und eine wirksame Überwachung sicherstellen kann, ein höheres Niveau gewährleistet als eine auf organisatorische Absicherung vertrauende Zertifizierung.[415] Neben der Zulassung von Organisationen wäre dann außerdem noch die Zulassung von Einzelgutachtern vorzusehen, die niedrigeren Anforderungen gerecht werden müsste, vergleichbar mit dem Niveau, das mit der jetzigen Fassung des UAG zu erreichen ist. Auf diese Weise könnten verschiedene

---

[414] *Heuvels*, in: UBA (Hrsg.), Bericht über die internationale Konferenz der deutschen Gesellschaft für Umweltrecht und der Europäischen Gemeinschaft für Umweltrecht v. 30.10.1997 in Berlin, S. 20, 21. Eine gewisse Vereinheitlichung der beiden Modelle wurde durch die *„EAC Guidelines"* erreicht, welche von der EG-Kommission inzwischen ebenso wie das deutsche und das österreichische Zertifizierungsverfahren anerkannt worden sind (ABl. 1997 L 35ff.). European Accrediation Council (EAC) Guidelines for Accrediation of Certification Bodies for Environmental Management Systems. Vgl. *Mittelstaedt*, in: *Ewer/Lechelt/Theuer*, Handbuch Umweltaudit, 1998, Kapitel K Rn. 34ff.

[415] *Rhein*, Das Gemeinschaftssystem für das Umweltmanagement und die Umweltbetriebsprüfung, 1996, S. 183.

Stufen von Umweltgutachtern und Umweltgutachterorganisationen entstehen, die der unterschiedlichen Komplexität der zu begutachtenden Organisationen entsprechen würden.[416]

b. Anforderungen an den Gutachter nach dem UAG

Bezüglich der Voraussetzungen, die der Umweltgutachter erfüllen muss, steht er einem Sachverständigen nahe, dessen sich die Verwaltung in Erfüllung ihrer Aufgaben bedient. Wie dieser wird der Umweltgutachter an der funktionalen Schnittstelle zwischen privater und hoheitlicher Rechtsordnung tätig. Hieraus resultieren besondere Qualitätsanforderungen.[417] Die materiellen Anforderungen an die Zulassung zum Umweltgutachter in Deutschland werden in § 4 UAG definiert.[418] Danach müssen die Antragsteller fachkundig, unabhängig und objektiv, d.h. unparteiisch und integer sein. In der Konkretisierung des UAG wurden diese Anforderungen unter die Oberbegriffe der Zuverlässigkeit (§ 5 UAG), der Unabhängigkeit (§ 6 UAG) und der Fachkunde (§ 7 UAG) gefasst.

Erstes Kriterium für die Zulassung zum Umweltgutachter nach dem UAG ist nach § 5 UAG die erforderliche *Zuverlässigkeit*. Der Begriff der „Integrität" der EG-Öko-Audit-Verordnung[419] wurde durch den rechtlich bereits eingeführten und in der Bedeutung identischen Begriff der Zuverlässigkeit ersetzt.[420] Der Umweltgutachter ist zuverlässig, wenn er auf Grund seiner persönlichen Eigenschaften, seines Verhaltens und seiner Fähigkeiten zur ordnungsgemäßen Erfüllung der ihm obliegenden Aufgaben geeignet ist.[421]
Die Regelung des § 5 UAG entspricht der Regelung des § 10 Abs. 1 der 5. BImSchV, welche die Zuverlässigkeit des Immissionsschutz- und Störfallbeauftragten bestimmt, ergänzt durch die Regelungen des § 10 Abs. 1 Nr. 1, 4 und 3 WPO, der die Anforderungen an den Wirtschaftsprüfer normiert. Dabei ist die er-

---

[416] Ebd., S. 182.
[417] Obwohl die meisten umweltrechtlichen Gesetze es versäumen, die Anforderungen an die Sachverständigen ausdrücklich zu normieren, ergeben sich schon aus ihrer Stellung die Erfordernisse der Sachkunde, der Unabhängigkeit und Neutralität (als Indizien siehe die Ausschlussgründe in § 20 Abs. 1 VwVfG oder § 21 Abs. 1 VwVfG).
[418] Der geeignete Umweltgutachter-Kandidat muss nach der Einschätzung praktizierender Umweltgutachter zusätzlich als persönliche Anforderungen Ausgewogenheit, Abstraktions- und Kommunikationsvermögen mitbringen. *Ganse*, in: FGU Berlin (Hrsg.), Das Umweltaudit, 1996, S. 173, 182.
[419] Vgl. Anh. III Ziff. 1 EG-UAVO a.F./Anh. V Nr. 5.2.1.EG-UAVO n.F.
[420] *Heuvels*, in: *Löbel/Schörghuber* (Hrsg.), EU-Umweltaudits, 1997, S. 91, 102; *Lütkes*, in: *Ewer/Lechelt/Theuer*, Handbuch Umweltaudit, 1998, Kapitel F Rn. 11; a.A. *Köck* und *Lübbe-Wolff*, die die Zuverlässigkeit als deutsche Besonderheit sehen, der ein Pendant in der EG-Öko-Audit-Verordnung fehlt. *Köck*, VerwArch. 1996, S. 644, 667; *Lübbe-Wolff*, NuR 1996, S. 217, 221.
[421] Vgl. § 5 Abs. 1 UAG.

forderliche Zuverlässigkeit beim Umweltgutachter wie beim Immissionsschutz- und Störfallbeauftragten in der Regel dann nicht gegeben, wenn er wegen Verstoßes gegen einschlägige Gesetze mit einer Geldbuße von mehr als tausend Deutsche Mark belegt worden ist,[422] wenn er wiederholt und grob pflichtwidrig gegen die genannten einschlägigen Vorschriften verstoßen hat oder wenn er als ein Betriebsbeauftragter für Umweltschutz seine Pflichten verletzt hat.[423] Mit dem Wirtschaftsprüfer muss der Umweltgutachter sich die Anforderungen an finanzielle und gesundheitliche Leistungskraft sowie die potenzielle Fähigkeit zur Bekleidung öffentlicher Ämter teilen.[424] Die Anforderungen an die *„geordneten wirtschaftlichen Verhältnisse"* gem. § 5 Abs. 2 Nr. 4 UAG sind im Gegensatz zu der entsprechenden Regelung in der WPO darauf beschränkt, dass durch die wirtschaftlichen Verhältnisse des Umweltgutachters die Interessen der Auftraggeber oder anderer Personen nicht gefährdet sein dürfen. Diese Einschränkung ist insofern nicht recht nachvollziehbar, als dass allgemein durch die wirtschaftliche Notlage des Umweltgutachters die Qualität der Prüfung leiden könnte; durch die wirtschaftlichen Verhältnisse des Gutachters wäre dann auch die Allgemeinheit belastet.[425] Es ist aus diesem Grunde nicht einsichtig, warum der Umweltgutachter nicht ebenso wie der Wirtschaftsprüfer grundsätzlich in wirtschaftlich geordneten Verhältnissen leben sollte.

§ 6 UAG regelt die erforderliche *Unabhängigkeit* des Umweltgutachters. Diese wird angenommen, *„wenn er keinem wirtschaftlichen, finanziellen oder sonstigen Druck unterliegt, der sein Urteil beeinflussen oder das Vertrauen in die unparteiische Aufgabenwahrnehmung in Frage stellen kann"*. Diese Vorschrift entspricht in teilweise wörtlicher Übernahme den in Anhang III A Nr. 1 Abs. 2 EG-UAVO a.F./Anh. V Nr. 5.2.1 EG-UAVO n.F. formulierten Voraussetzungen. In Abs. 2 des § 6 UAG wird diese allgemeine Formulierung durch eine Aufzählung von negativen Regelbeispielen für mangelnde Unabhängigkeit konkretisiert. Die erforderliche Unabhängigkeit liegt regelmäßig nicht vor, wenn der Umweltgutachter in einem wirtschaftlichen Wettbewerb zu seinem Auftraggeber steht, wenn er Beamter oder Soldat ist oder ein sonstiges öffentliches Amt bekleidet. Weiterhin darf er vertraglich nicht zu Handlungen gegen sein Gewissen im Rahmen der gutachterlichen Tätigkeit verpflichtet sein und seine Tätigkeit nicht den Einflüssen Dritter unterliegen. Auch die Regelbeispiele des § 6 Abs. 2 Nr. 1 UAG sind modifiziert aus der WPO übernommen worden. Dort finden sich unter § 43 Abs. 1 die Pflichten, denen ein Wirtschaftsprüfer berufsrechtlich unterliegt. Der Wirtschaftsprüfer hat seinen Beruf unabhängig, gewissenhaft, verschwiegen und eigenverantwortlich auszuüben. Er hat sich insbesondere bei der Erstattung von Prüfungsberichten und

---

[422] Vgl. § 5 Abs. 2 Nr. 1 UAG, § 10 Abs. 2 Nr. 1 der 5. BImSchV.
[423] Vgl. § 5 Abs. 2 Nr.2a und 2b UAG, § 10 Abs. 2 Nr. 2 und 3 der 5. BImSchV.
[424] Vgl. § 5 Abs. 2 Nr. 3 – 5 UAG, § 10 Abs. 1 Nr. 1, 4 und 3 der 5. BImSchV.
[425] So auch: *Lübbe-Wolff,* NuR 1996, S. 217, 222.

Gutachten unparteiisch zu verhalten.[426] Aus den Vorgaben der Verordnung ergibt sich weiterhin, dass der Umweltgutachter in keinem Abhängigkeitsverhältnis zu dem Betriebsprüfer des Standortes stehen darf.[427] Nach § 17 Abs. 3 Nr. 2 UAG können Zulassungen und Fachkenntnisbescheinigungen widerrufen werden, wenn bei der Durchführung der Begutachtung im Einzelfall ein Abhängigkeitsverhältnis zum auftraggebenden Unternehmen oder zum Betriebsprüfer des Standortes gegeben ist.

Zwischen der erforderlichen generellen Unabhängigkeit, die in § 6 UAG geregelt ist, und der Sicherstellung der konkreten Unabhängigkeit ist zudem in jedem einzelnen Fall der Beauftragung zu unterscheiden. Eine konkrete Abhängigkeit muss im Einzelfall festgestellt und ausgeschlossen werden. Insgesamt sind somit beim Umweltgutachter, wie bei dem bestellten Sachverständigen nach § 36 Abs. 1 GewO, persönliche und berufliche Unabhängigkeit oberstes Gebot der Unparteilichkeit.[428]

Im Hinblick auf die Glaubwürdigkeit der Wirtschaftsprüfung haben sich die sogenannten „Grundsätze ordnungsmäßiger Abschlussprüfung“ (GoA) entwickelt. Hierdurch gibt es Standards im Bereich der Auftragsannahme, der Ist- und Soll-Ermittlung, der Fehlerfeststellung, der Urteilsbildung und der Urteilsmitteilung.[429] Da der Umweltgutachter sich nicht auf ein solch ausdifferenziertes Berufsrecht stützen kann, wäre eine spezifischere Regelung sinnvoll gewesen. Es fehlt im UAG z.B. eine Vorschrift, die eine Weisungsgebundenheit des Gutachters in Bezug auf die gutachterliche Tätigkeit ausschließt.[430] Entscheidend kommt es darauf an, dass der Umweltgutachter keinen Einflüssen ausgesetzt sein darf, welche die Unabhängigkeit seines Urteils beeinflussen können. Abhängigkeiten, denen der Umweltgutachter unterliegen könnte, wären zum Beispiel Dauerschuldverhältnisse oder eine Beauftragung durch den gleichen Konzern in anderer Funktion.[431] Ähnlich wie beim Wirtschaftsprüfer könnte auch eine vorangegangene Beratung der Organisa-

---

[426] Vgl. § 43 Abs. 1 WPO, vgl. auch §§ 319, 323 HGB.

[427] Vgl. Art. 4 Abs. 4 EG-UAVO a.F./ Anh. V Nr. 5.2.1 EG-UAVO n.F.

[428] *Müggenborg*, DB 1996, S. 125.

[429] Diese Standards werden von dem Grundsatz der Wirtschaftlichkeit der Prüfung überlagert. *Müller*, ZfU 1998, S. 213, 215.

[430] Insofern hätte sich der Gesetzgeber an den Anforderungen für Sachverständige orientieren müssen. Personen, die bei der Erstattung von Gutachten Weisungen von dritter Seite unterliegen, dürfen nicht als Sachverständige tätig werden. Vgl. *Bleutge*, in: *Landmann/Rohmer*, GewO, Bd I, § 36 Rn. 11.

[431] Umweltgutachter *Klaus Kall* in einem Vortrag am 17.4.1999 im Rahmen der Jahrestagung des Doktoranden Netzwerks Öko-Audit e.V. weist darauf hin, dass die langfristige vertragliche Bindung und das damit wachsende Vertrauensverhältnis das wichtigste Aquisitionsinstrument der Umweltgutachter ist. Trotzdem herrsche bei der DAU und dem UGA eine *„absolute Null-Bock-Stimmung“* sich mit der Frage der Unabhängigkeit der Umweltgutachter und den strukturellen Mängeln zu befassen.

tion[432] eine Abhängigkeit begründen. Insofern wäre auch eine gesetzliche Regelung in Bezug auf Wiederholungsaudits wünschenswert gewesen.[433]

Über die erforderliche *Fachkunde* verfügt ein Umweltgutachter dann, wenn er auf Grund seiner Ausbildung, beruflichen Bildung und praktischen Erfahrung zur ordnungsgemäßen Erfüllung der ihm obliegenden Aufgaben geeignet ist.[434] Dabei erfordert die Fachkunde in der Regel ein Hochschulstudium, ausreichende Fachkenntnisse in den für die gutachterliche Tätigkeit relevanten Bereichen sowie eine mehrjährige Berufserfahrung. Zu den Bereichen, in denen Fachkenntnis vorliegen muss, gehört auch die Kenntnis der einschlägigen Rechts- und veröffentlichten Verwaltungsvorschriften und Normen des betrieblichen Umweltschutzes.[435] Die fachlichen Anforderungen an den Umweltgutachter sind wiederum vergleichbar mit den Anforderungen an die Betriebsbeauftragten für Umweltschutz.[436] Insbesondere die §§ 7f. der 5. BImSchV finden sich in den Anforderungen an den Umweltgutachter wieder. Über die dort normierten Voraussetzungen hinaus muss der Umweltgutachter jedoch auch noch rechtliche und betriebswirtschaftliche Kenntnisse besitzen.
Die Voraussetzungen für die Zulassung von Umweltgutachterorganisationen sind in § 10 Abs. 1 UAG geregelt. Für die Organisation ergeben sich zusätzliche Anforderungen an die Leitungsebene. Mindestens ein Drittel der persönlich haftenden Gesellschafter, Mitglieder des Vorstandes oder der Geschäftsführung müssen entweder zugelassene Umweltgutachter oder Inhaber von Fachkenntnisbescheinigungen mit mindestens einem Umweltgutachter sein. Diese Regelung sichert das notwendige Fachwissen in der Leitungsebene. Die Umweltgutachterorganisation erhält eine Zulassung für die Bereiche, für die zeichnungsberechtigte Vertreter oder Angestellte die Fachkunde als Umweltgutachter, Inhaber von Fachkenntnisbescheinigungen, von gültigen Lehrgangsbescheinigungen oder sonstigen Fachkenntnisnachweisen i.S.d. § 13 UAG nachgewiesen haben. Die zeichnungsberechtigten Vertreter und Angestellten müssen zudem zuverlässig und unabhängig i.S.d. §§ 5, 6 UAG sein. In Bezug auf die Unabhängigkeit muss die Organisation über die Unabhängigkeit der Einzelpersonen die Voraussetzungen des § 10 Abs. 1 Nr. 4 und 5 UAG erfüllen.
In engem Zusammenhang mit den Anforderungen an die Fachkunde des Umweltgutachters steht die Fachkenntnisbescheinigung nach § 8 UAG. Wer eine Fach-

---

432 *Müggenborg*, DB 1996, S. 125.

433 Dies müsste nicht unbedingt, wie bei Wirtschaftsprüfern, eine Zeitvorgabe sein, in welchem Intervall der Umweltgutachter den Standort nicht erneut zu prüfen habe. Es könnte ebenso festgeschrieben werden, dass gerade der Umweltgutachter des ersten Audits auch das Wiederholungsaudit durchzuführen habe.

434 Vgl. § 7 Abs. 1 UAG.

435 Vgl. § 7 Abs. 2 Nr. 2e UAG.

436 Vgl. § 55 Abs. 2 BImSchG, § 55 Abs. 3 KrW-/AbfG i.V.m. § 55 Abs. 2 BImSchG, § 21c WHG.

kenntnisbescheinigung erwerben will, muss die Anforderungen an die Zuverlässigkeit und Unabhängigkeit, des abgeschlossenen Hochschulstudiums und der praktischen Erfahrung in gleicher Weise erfüllen wie der Umweltgutachter.[437] Erleichterungen bestehen nur bei den speziellen fachlichen Qualifikationen des Umweltgutachter i.S.d. § 7 Abs. 2 Nr. 3 UAG.

Nach § 9 Abs. 1 und 3 UAG erhält der Umweltgutachter die Zulassung für Begutachtungen in den Unternehmensbereichen, für die er die erforderliche Fachkunde besitzt. Das in § 9 UAG beschriebene „Baukastensystem" erlaubt es dem Umweltgutachter jedoch, sich anderer fachkundiger Personen zu bedienen und so seinen Aufgabenbereich zu erweitern. Die verschiedenen „Gutachterformen"[438] können zudem in der konkreten gutachterlichen Tätigkeit kooperieren. Dies ergibt sich auch aus dem Wortlaut des § 33 Abs. 1 S. 3 UAG. Zur Glaubhaftmachung vor der registerführenden Stelle ist es eben nicht erforderlich, dass die Personen, welche die Umwelterklärung für gültig erklärt haben, bei demselben Umweltgutachter angestellt sind oder derselben Umweltgutachterorganisation angehören. Ausdrücklich stellt die Vorschrift fest, dass Umweltgutachter, Umweltgutachterorganisationen und Inhaber von Fachkenntnisbescheinigungen auch auf Grund gesonderter Vereinbarungen im Rahmen einzelner Begutachtungsaufträge oder auch im Rahmen sogenannter „Ad-hoc-Kooperationen"[439] zusammenarbeiten können.

[437] Vgl. § 8 Abs. 1 S. 1 und S. 2 i.V.m. §§ 5, 6, 7 UAG.
[438] Einzelgutachter, die als Umweltgutachter zugelassen sind (§ 9 Abs. 1 UAG), Einzelgutachter im Zusammenwirken mit angestellten Inhabern von Fachkenntnisbescheinigungen oder Personen, die ihre Fachkunde durch die erfolgreiche Teilnahme an bestimmten Lehrgängen nachgewiesen haben (§ 9 Abs. 1 i.V.m. §§ 8, 13 UAG), Umweltgutachterorganisationen (§ 10 UAG).
[439] *Vetter*, DVBl. 1996, S. 1223, 1228.

ZWEITER TEIL: DER STAAT UND DER PRIVATE

KAPITEL 5: DIE PRIVATISIERUNG VON VERWALTUNGSAUFGABEN

Privatisierung meint die rechtlich verbindliche Neuverteilung der Aufgabenerledigung zwischen staatlichen Stellen und Privaten.[440] Als "Private" sind dabei alle in die Staatsorganisation nicht eingegliederten Personen zu verstehen.[441] Die Privatisierung ist primär ein Instrument der Wirtschaftspolitik. Die Überzeugung, dass die Verwaltung in weiten Bereichen ihre Leistung nicht mehr wirtschaftlich oder optimal qualifiziert anzubieten vermag,[442] führt aber auch zu der Frage inwieweit Verwaltungsaufgaben sinnvoll und rechtmäßig privatisiert werden können. Eine solche Privatisierung führt einerseits zu einer Entlastung des Staates, kann aber andererseits auch zu einer Beschleunigung von Verwaltungsverfahren und zum Abbau von Vollzugsdefiziten beitragen.[443]
Das EG-Öko-Audit-System als staatsunabhängiges vollzugsfördendes System des Umweltschutzes schafft staatsfreie Räume, die unter gewissen Umständen einen Rückzug des Staates aus Bereichen der Sachverhaltsermittlung, Überwachungs- und Vollzugskontrolle oder Gefahrenprävention rechtfertigen können. Die Aufgabenerfüllung kann dabei entweder durch Eigenüberwachung des Normadressaten oder durch einen privaten Dritten erfolgen. Für beide Modelle bietet die EG-Öko-Audit-Verordnung Ansatzpunkte.
EMAS führt mit der Person des unabhängigen Umweltgutachters eine staatsunabhägige Kontrollinstanz ein. Neben der system-immanenten Bedeutung des Gutachters rechtfertigt gerade seine Prüftätigkeit unter Umständen den partiellen Rückzug des Staates aus bestimmten Aufgabenbereichen. Nimmt der Umweltgutachter statt der Verwaltung diese Aufgaben wahr, so kommt es zu einer (Teil-)Privatisierung von Verwaltungsaufgaben.

I. Die öffentliche und die private Verwaltung

1. Zuständigkeit für die Erfüllung von Verwaltungsaufgaben

Verwaltungsaufgaben fallen unter den Oberbegriff der Staatsaufgaben.[444] Unter Staatsaufgaben versteht man solche Tätigkeitsfelder, die der Staat nach geltendem

---

[440] *Gramm*, VerwArch. 1999, S. 329, 331.
[441] *Dagtoglou*, DÖV 1970, S. 532, 533; *Hengstschläger*, VVDStRL (54) 1995, S. 165, 174.
[442] *Schmidt* sieht den *"geforderten Staat"* an den Grenzen seiner Leistungsfähigkeit. *Schmidt*, NJW 1980, S. 160ff.
[443] Interessant ist, dass in der deutschen Verwaltungsrechtsliteratur lange Zeit allein das Problem der Privatisierung in der Verstaatlichung der Privatfunktionen, nicht so sehr jedoch die Privatisierung von Staatsaufgaben gesehen wurde. *Steiner*, DÖV 1970, S. 526, 528.
[444] Diese wiederum zählen zu den „öffentlichen Aufgaben", deren Wahrnehmung im öffentlichen Interesse liegt. Vgl. *Burgi*, Funktionale Privatisierung und Verwaltungshilfe, 1999, S. 42ff.; *Di Fabio*, Privatisierung und Staatsvorbehalt, JZ 1999, S. 585, 587.

Recht zulässigerweise für sich in Anspruch nimmt.[445] Unter "Aufgaben" werden Tätigkeitsbereiche innerhalb der Verantwortung für die äusseren Bedingungen des Gemeinwohls verstanden.[446] Nach dem formellen Staatsaufgabenbegriff bestimmt der Staat die Art und den Umfang der von ihm beanspruchten und zu erledigenden Staatsaufgaben selbst. Die innere Souveränität des Staates äußert sich in der Kompetenz, nur gebunden an verfassungsrechtliche Vorgaben, zu bestimmen, welche Aufgaben er als eigene wahrnimmt (sog. Kompetenz-Kompetenz). Aus diesem Grund gibt es grundsätzlich keine geborenen Staatsaufgaben; der staatliche Aufgabenbereich ist notwendig offen.[447]
Die Verwaltungsaufgaben konkretisieren die der Exekutive zugewiesenen Staatsaufgaben.[448] Ob die Aufgaben der Verwaltung durch Rechtssatz übertragen wurden oder von ihr in sonst rechtlich zulässiger Weise wahrgenommen werden, ist dabei unerheblich.[449]

1. Verfassungsrechtliche Grenzen der Privatisierung

a. Grundgesetzliche Vorgaben

Eine Pflicht zur staatlichen Ausfüllung bestimmter Aufgabenbereiche lässt sich allein im Bereich der genuinen Staatsaufgaben aus der Verfassung ableiten. Die Privatisierung dieser Kernbereiche, wie z.B. Selbstschutz des Staates im Inneren und nach außen, Außenvertretung, Justizgewähranspruch und seine Durchsetzung im Wege der Zwangsvollstreckung, würde den Staatscharakter in Frage stellen. Da die Anzahl dieser exklusiver Staatsaufgaben sehr gering ist, verlagert sich die rechtliche Problematik auf die Bestimmung des unverzichtbaren Staatsanteils bei der Aufgabenwahrnehmung.[450]

Eine klare Zuständigkeitsverteilung staatlicher Aufgaben sucht man auch im Grundgesetz vergeblich. Art. 20 Abs. 2 S. 2 GG legt lediglich fest, dass die vollziehende Gewalt durch *„besondere Organe“* ausgeübt wird. Diese Organe

---

[445] *Osterloh*, VVDStRL (54) 1995, S. 204, 207.
[446] *Burgi*, Funktionale Privatisierung und Verwaltungshilfe, 1999, S. 41.
[447] *Ossenbühl*, VVDStRL (29) 1971, S. 137, 153; *Steiner*, JuS 1969, S. 69, 70, 71; *Schachtschneider*, Die Verwaltung 1998, S. 139, 143. Aus der Rechtsprechung: BVerfGE 12, S. 205, 243; BVerfGE 17, S. 371, 377.
[448] *Schoch*, DVBl. 1994, S. 962; *Osterloh*, VVDStRL (54) 1995, S. 204, 222f. Fiskalische Tätigkeit der Verwaltung fällt nicht unter diesen ausschließlich die hoheitlichen Aufgaben umfassenden Begriff. Vgl. *Dagtoglou*, DÖV 1970, S. 532, 534.
[449] *Burgi*, Funktionale Privatisierung und Verwaltungshilfe, 1999, S. 70; *Bauer*, VVDStRL (54) 1995, S. 243, 250; *Hengstschläger*, VVDStRL (54) 1995, S. 165, 173. Nach *Hengstschläger* muss die Aufgabe dem Verwaltungsorgan nicht wortwörtlich, wohl aber nach dem Sinn der Norm übertragen worden sein. A.A. *Osterloh*, der eine eindeutige Übertragung fordert. *Osterloh*, VVDStRL (54) 1995, S. 204, 222.
[450] *Gramm*, VerwArch. 1999, S. 329, 332.

werden jedoch nicht weiter definiert. Der Auftrag aus Art. 20 Abs. 2 S. 2 GG ist ein Verfassungserfordernis, welches den rechtsstaatlichen Grundsatz der Gewaltenteilung mit dem Gebot demokratischer Legitimation verknüpft, dabei aber keine Aussage über die Organisationsstrukturen, derer sich die Exekutive bedienen soll, trifft.[451]
Auch die Verteilung der Verwaltungskompetenzen nach Art. 83ff. GG enthält sich jeglicher Vorgaben über die Einbeziehung nichtstaatlicher Kräfte in die Aufgabenerfüllung. Dem Fehlen einer ausdrücklichen Regelung hinsichtlich der Beteiligung Privater ist kein strikter Verbotscharakter zuzumessen.[452] Die Art. 83ff. GG sind nicht abschließend formuliert. Es lässt sich ein fragmentarischer Charakter feststellen, der die denkbaren Varianten der Verwaltungsorganisation nicht ausschöpft.[453]

Konkreter ist da schon eine Sperrwirkung des Funktionsvorbehaltes aus Art. 33 Abs. 4 GG. Dieser Artikel regelt jedoch nicht das Verhältnis von Privaten zu Hoheitsträgern sondern das Verhältnis staatlicher Angestellten zu Beamten. Hiernach ist die Ausübung hoheitsrechtlicher Befugnisse in der Regel Beamten zu übertragen. Der Funktionsvorbehalt des Art. 33 Abs. 4 GG statuiert somit keinen funktionellen Staatsvorbehalt, da er sich zunächst nur auf das Berufsbeamtentum und nicht auf die Aufgabenwahrnehmung als solche bezieht.[454] Im Erst-Recht-Schluss ergibt sich aber aus dem Regelungsgehalt des Artikels, dass für Administrativaufgaben grundsätzlich Angehörige des öffentlichen Dienstes und nicht Personen des Privatrechts eingesetzt werden sollen. Die Privatisierung ganzer Aufgabenbereiche hoheitsrechtlicher Funktionen als ständige Aufgabe ist damit unzulässig, grundsätzlich können nur Teil- und Randbereiche privatisiert werden.[455] Dem Funktionsvorbehalt des Art. 33 Abs. 4 GG wird jedoch genügt, wenn die Ausübung der hoheitlichen Befugnisse durch Nichtbeamte insgesamt gesehen die Ausnahme bleibt und im konkreten Fall ein sachlicher Grund für die Ausnahme gegeben ist.[456] Dies gilt vor allen Dingen in den Kernbereichen staatlicher Aufgaben und hier besonders im Rahmen der Eingriffs- und Überwachungsverwaltung. Reine Praktikabilitätserwägungen oder fiskalische Motive können die Hürde des Art. 33 Abs. 4 GG für eine Übertragung von Verwaltungsaufgaben auf Private regelmäßig nicht überwinden.[457/458]

---

[451] Vgl. *Erbguth*, UPR 1995, S. 369, 372.
[452] *Reinhardt*, AöR 1993, S. 617, 620.
[453] *Lerche*, in: *Maunz/Herzog/Scholz*, GG Kommentar, Art. 86, Anm. 52.
[454] *Scholz*, NJW 1997, S. 14, 15; *Erbuth*, UPR 1995, S. 369, 372; *Ehlers*, Verwaltung in Privatrechtsform, 1984, S. 123; *Di Fabio*, Privatisierung und Staatsvorbehalt, JZ 1999, S. 585, 591.
[455] *Krölls*, NVwZ 1999, S. 233, 235; *Peine*, DÖV 1997, S. 353, 355.
[456] *Ehlers*, Verwaltung in Privatrechtsform, 1984, S. 123; *Giemulla/Wenzler*, DVBl. 1989, S. 283, 286, vgl. auch: *Reinhardt*, AöR 1993, 617, 623.
[457] Ein konkretes Beispiel für den Art. 33 Abs. 4 GG als Privatisierungsgrenze liefert das *Zehnte Gesetz zur Änderung des Luftverkehrsgesetzes* (In der Fassung der Bekanntmachung v. 14.1.1981, BGBl. I, S. 61). In der Begründung zu dem Gesetzentwurf hieß es, die Probleme der

Der Staat darf auch durch die Wahl von privatrechtlichen Organisationsformen nicht die Verbandskompetenz des Art. 30 GG unterlaufen.[459]

Aus dem in Art. 20 Abs. 3 GG ausgedrückten Rechtsstaatsprinzip ergibt sich als organisationsrelevantes Erfordernis, dass staatliches Handeln soweit vorprogrammiert sein muss, dass allein das Gesamtinteresse und die Freiheitsrechte maßgebliche Richtschnur des Exekutivhandelns sind.[460]

Weiterhin ist der Staat bei der Wahl der Handlungsform an die nach 28 Abs. 1 GG für alle Staatsgewalt geltenden Prinzipien der Sozialstaatlichkeit gebunden. Der Staat steht für eine soziale Grundsicherung ein. Grundsätzlich ergibt sich aber aus dem Sozialstaatsprinzip nur, dass der Staat die Kontrolle über die sozialstaatlichen Minimalanforderungen behalten muss, dabei jedoch nicht auf eine bestimmte Organisationsform festgelegt ist. Entscheidend ist der Funktionsvorbehalt der gemeinwohlorientierten Aufgabenwahrnehmung und die Beachtung staatlicher Ingerenzpflicht für die Daseinsvorsorge.[461]

b. Wahlfreiheit der Verwaltung

Handelt es sich bei der übertragenen Verwaltungsaufgabe um eine gesetzliche Pflichtaufgabe, kann diese nur der Gesetzgeber privatisieren; ihm obliegt insoweit die Privatisierungskompetenz. Im Rahmen der Erfüllung der ihm zugewiesenen Aufgaben kann auch der Verwaltungsträger privatisieren.[462]
Die herrschende Rechtsprechung und Literatur gesteht der Verwaltung - soweit ihr die Aufgaben zur Erledigung der Verwaltung zugeordnet worden sind – die Möglichkeit zu, sich innerhalb gewisser Grenzen nach freiem Ermessen nicht nur der Formen des öffentlichen, sondern auch derjenigen des privaten Rechts zu be-

---

zivilen Flugsicherung könnten wirksam und dauerhaft nur mit der Wahrnehmung der Aufgaben durch eine privatrechtliche Gesellschaft mir beschränkter Haftung gelöst werden (BR-Drs. 80/90, S. 34). Der damalige Bundespräsident *Richard von Weizsäcker* verweigerte mit Hinweis auf die Verfassungsrechtslage die Ausfertigung des Gesetzes (Vgl. den Brief des Bundespräsidenten v. 22.1.1991 an die Präsidentin des Deutschen Bundestages. Abgedruckt im Bulletin der Bundesregierung v. 26.1.1991, Nr. 8, S. 46). Erst nach einer Änderung des Art. 87d Abs. 1 GG wurde die Hürde des Art. 33 Abs. 4 GG überwunden und der Privatisierung der Flugsicherung der Weg geebnet.

[458] *Kluth,* Funktionale Selbstverwaltung, 1997, S. 261; *Reinhardt,* AöR 1993, 617, 622; *Riedel/Schmidt,* DÖV 1991, S. 371, 375. Inwieweit dies jedoch auch für die Leistungsverwaltung zutrifft, ist strittig. Vgl. *Krölls*, GewArch. 1995, S. 129, 135, m.w.N.

[459] Vgl. BVerfGE 12, S. 205, 244ff. (Fernsehurteil).

[460] *Erbguth,* UPR 1995, S. 369, 373.

[461] *Sterzel,* in: *Blanke/Trümmer* (Hrsg.) Handbuch Privatisierung, 1998, S. 133, 138; *Krölls,* GewArch. 1995, S. 129, 139.

[462] *Gallwas,* VVDStRL (29) 1971, S. 211, 214; *Osterloh,* VVDStRL (54) 1995, S. 204, 223. Kennzeichnend hierfür auch BVerfGE 17, S. 371, 377; 22, S. 180, 204.

dienen.[463] Die Exekutive kann die Aufgaben ausschließlich, in Konkurrenz oder in Kooperation mit Privaten erfüllen. Dabei gilt dieses als Grundsatz der Wahlfreiheit der Verwaltung bekannte Prinzip[464] nach herrschender Meinung sowohl für die Organisationsform als auch für die Ausgestaltung der Rechtsverhältnisse.[465] Die Freiheit der Verwaltung, ihre Handlungsform zu wählen, ist jedoch nicht grenzenlos. Die absoluten Grenzen der Wahlfreiheit sind stets dort erreicht, wo die Rechtsordnung der Verwaltung ausdrücklich die Verwendung einer bestimmten Organisationsform vorschreibt. Während der Gesetzgeber durch Rechtsakt der Verwaltung bestimmte Handlungsformen vorgeben kann, ist auch er durch verfassungsrechtliche Vorgaben in seiner Entscheidungsfreiheit gebunden. Das Rechtsstaats- und Demokratieprinzip sowie die Grundrechtsgewährleistungen sichern, dass die Grundrechte ihre Funktion auch dann erfüllen müssen, wenn der Staat sich privatrechtlicher Handlungsformen bedient. Die Grenze der Wahlfreiheit der Verwaltung ist dann erreicht, wenn die Verwaltung sich des eigens für sie geschaffenen Rechtsregimes durch die *"Flucht in das Privatrecht"* zu entziehen sucht.[466] Um dies zu vermeiden, wurde das sogenannte "Verwaltungsprivatrecht" entdeckt.[467] Hiernach unterliegt auch die privatrechtliche Verwaltung den öffentlich-rechtlichen Bindungen einschließlich der Grundrechte, wenn sie unmittelbar Verwaltungsaufgaben erfüllt.[468]

---

[463] BVerwGE 13, S. 47, 54; OVG Lüneburg, NJW 1977, 450f.; für viele: *Gallwas,* VVDStRL (29) 1971, S. 211; *Schoch,* DVBl. 1994, S. 962, 969; *Maurer,* Allgemeines Verwaltungsrecht, 1995, § 3 Rn. 9; *Osterloh,* VVDStRL (54) 1995, S. 204, 223; *Erbguth,* UPR 1995, S. 369, 372; a.A. *Gern,* VerwArch. 1979, S. 219, 233f.; *Pestalozza,* DÖV 1974, S. 188ff. *Pestalozza* vertritt die Auffassung, dass einerseits öffentliches Rechts zwingendes Sonderrecht des Staates sei, sich andererseits aber auch das angerufene Privatrecht als Sonderrecht des Individuums erweisen kann. *Pestalozza,* DÖV 1974, S. 188, 193.

[464] Eine solche Wahlfreiheit war schon unter der Geltung der WRV allgemein anerkannt. *Ehlers,* Verwaltung in Privatrechtsform, 1984, S. 116.

[465] *Gallwas,* VVDStRL (29) 1971, S. 211, 214; *Maurer,* Allgemeines Verwaltungsrecht, 1995, § 3 Rn. 9, *Erbuth,* UPR 1995, S. 369, 372; ausführlich: *Kempen,* Die Formenwahlfreiheit der Verwaltung, 1989.

[466] Vgl. BVerfGE 12, S. 205, 261ff. (Fernsehurteil), BVerfGE 35, S. 79, 120ff., BVerfGE 43, S. 242, 267ff. (Hochschulurteile). Das Bild stammt wohl schon aus dem Jahre 1928. Vgl. *Pestalozza,* DÖV 1974, S. 188.

[467] Der BGH führt hierzu aus: *„Der Verwaltung selbst stehen bei der Erfüllung öffentlicher Aufgaben nur die privatrechtlichen Rechtsformen, nicht aber die Freiheiten und Möglichkeiten der Privatautonomie zu. Nimmt die Verwaltung in den Formen des Privatrechts Aufgaben der öffentlichen Verwaltung wahr, so werden die Normen des Privatrechts durch Bestimmungen des öffentlichen Rechts ergänzt, überlagert und modifiziert. Dabei besteht Einigkeit darin, dass die Verwaltung im Bereich des Verwaltungsprivatrechts nicht nur die Grundrechte zu beachten hat, sondern weitergehenden Bindungen unterworfen ist. Wenn auch keine Bindung an die Grundsätze des Verwaltungsrechts besteht, ist doch davon auszugehen, dass die in den Formen des Privatrechts handelnde Verwaltung jedenfalls die grundlegenden Prinzipien öffentlicher Finanzgebahrung zu beachten hat.“* BGHZ 91, S. 84, 96f.

[468] *Badura,* Jus 1966, S. 17, 20; *Maurer,* Allgemeines Verwaltungsrecht, 1995, § 3 Rn. 9; *Ehlers,* Verwaltung in Privatrechtsform, 1984, S. 232; vgl. auch: BGHZ 29, S. 76, 80.

Zusammenfassend lässt sich feststellen, dass die Verfassung die hoheitliche als Regelhandlungsform staatlicher Verwaltung vorsieht. Die Übertragung von Verwaltungstätigkeit auf Private muss Ausnahmecharakter haben. Sie darf nicht gleichwertige Alternative werden. Die Entscheidung der Beteiligung Privater am Gesetzesvollzug bedarf als Abweichung von der Regel stets einer besonderen Rechtfertigung. Die Privatisierung muss nach der Maßgabe des Verhältnismäßigkeitsprinzips zur gemeinwohlorientierten Zielerreichung geeignet, erforderlich und angemessen sein. Um der ersten Voraussetzung gerecht zu werden, muss die Übertragung der Verwaltungstätigkeit eine der behördlichen Tätigkeit gleichwertige Effektivität gewährleisten. Entscheidend sind in diesem Zusammenhang die sachlichen und personellen Qualifikationen des Privaten. Weiterhin muss die Übertragung der Vollzugsaufgabe erforderlich sein. Die Notwendigkeit kann zum Beispiel darin begründet liegen, dass es zu erheblichen Vollzugsdefiziten gekommen ist. Die Einschätzung der Erforderlichkeit unterliegt nicht nur rechtlichen Überlegungen; politische und volkswirtschaftliche Prognosen und Analysen finden ebenfalls Beachtung. Unter dem letzten Prüfungspunkt, der Angemessenheit der Maßnahme, findet eine Gesamtabwägung der betroffenen geschützten Rechtspositionen statt.[469]

Die Verwaltung darf nur dann in das Privatrecht ausweichen, wenn sie den prinzipiellen Anforderungen, welche die Verfassung an die Ausübung der Verwaltungstätigkeit stellt, weiterhin nachzukommen vermag.[470] Da die Breite des Kooperationsspektrums zwischen staatlicher und privater Aufgabenerfüllung verfassungsrechtlich nicht festgelegt und verwaltungsrechtlich nur sehr unzureichend ausgestaltet ist, muss die konkrete Verantwortlichkeit des Staates im Einzelfall festgestellt werden. Dabei muss je nach Aufgabe das Verhältnis zwischen staatlicher Verantwortung einerseits und ausreichender staatlicher Rahmensetzung für private Aktivitäten andererseits bestimmt werden.

2. Die Ebenen staatlicher Verantwortung

Normativ verankert ist die staatliche Verantwortung für Verwaltungsaufgaben neben den verfassungsrechtlichen Strukturprinzipien des sozialen und demokratischen Rechtsstaates in der Verpflichtung des Staates zum Schutz der Grundrechte.[471] Die aus den Grundrechten abgeleiteten Schutzpflichten bestimmen den Rahmen hoheitlicher Aufgaben und auch wie weit diese privatisiert werden können. Durch Privatisierung erleidet der Bürger ein Defizit an Grundrechtseffektivität, denn an die Stelle unmittelbarer Grundrechtsbindung staatlicher Verwaltungsträger tritt ein Privater und der stark abgeschwächte Schutz, den die Aktualisierung der Grundrechte über die Generalklauseln und unbestimmte Rechtsbe-

---

[469] Vgl. hierzu allg.: *Reinhardt*, AöR 1993, 617, 623f.

[470] *Ehlers*, Verwaltung in Privatrechtsform, 1984, S. 130.

[471] *Bauer*, VVDStRL (54) 1995, S. 243, 269, m.w.N. Siehe auch KAPITEL 8: I 2a.

griffe des Privatrechts vermittelt.[472] Auch verliert der Bürger Rechte, die ihm zwar gegen die hoheitliche Verwaltung, nicht jedoch gegen Private zustehen, wie z.B. das Recht auf Parteistellung, Gehör, auf Akteneinsicht, auf fehlerfreie Ermessensausübung, auf Entscheidung und nicht zuletzt regelmäßig eingeräumte subjektive Ansprüche in der Sache selbst.[473] Schließlich büßt der Bürger als Gegenüber den stets zahlungskräftigen Träger der öffentlichen Verwaltung ein, was sich insbesondere im Bereich des Schadensersatzes äußert.
Die Verwaltungsaufgaben unterscheiden sich nach ihrer Bedeutung und der damit einhergehenden unterschiedlichen staatlichen Verantwortung. Es kommt bei der Beurteilung der Zulässigkeit einer Privatisierungsentscheidung aus diesem Grund entscheidend auf den Grad der Verwaltungsverantwortung an, welcher sich aus der Schutzpflicht des Staates ergibt.[474] Diese Verantwortung ist unabhängig von der Privatisierungstauglichkeit einer Aufgabe.[475] Sie beschreibt allein die Privatsierungsfähigkeit einer Aufgabe.[476] Je nach Grad der Verantwortungsstufe lässt sie sich aufteilen in Erfüllungsverantwortung, Gewährleistungsverantwortung und Auffangverantwortung.[477] Das gestufte Modell der Verwaltungsverantwortung spiegelt die Anforderungen an die unterschiedliche staatliche Leistungstiefe.

Die Erfüllungsverantwortung umfasst nach *Schuppert* die Aufgaben, für deren Erfüllung der Staat selbst verantwortlich ist, und zwar in der Weise, dass er diese Aufgaben in eigener Regie wahrnimmt und nicht an Dritte delegiert.[478] Mit den Aufgabenbereichen Inneres, Äußeres, Verteidigung, Finanzen und Justiz zählen hierzu vor allen Dingen die genuinen Staatsaufgaben. Für die Kernbereiche dieser Aufgaben setzt der Staat gem. Art. 33 Abs. 4 GG Beamte ein.
Die Gewährleistungsverantwortung umfasst den weitesten Bereich der staatlichen Verwaltungsaufgaben. Ihr kann der Staat selbst oder durch Überwachung oder Regulierung nachkommen.[479] Die Überwachung erfolgt durch staatliche Kontrolle

---

472 *Gallwas*, VVDStRL (29) 1971, S. 211, 216, 217.

473 *Hengstschläger*, VVDStRL (54) 1995, S. 165, 185.

474 Verwaltungsverantwortung meint die „*Gesamtheit derjenigen Verantwortlichkeiten und Verfahren, Zuständigkeiten und spezifischen Handlungsspielräume* [...], *die das System ‚öffentliche Verwaltung' rechtlich und politisch verfassen.*" *Pitschas*, zitiert nach *Schuppert*, Die Verwaltung 1998, S. 415, 419.

475 Die Privatisierungstauglichkeit ist abhängig von dem Rechtskreis, in welchem die Verwaltung tätig wird. Da z.B. die Eingriffsverwaltung nur über hoheitliche Rechtsformen durchsetzbar ist, kommt hier systematisch schon gar kein privatrechtliches Handeln in Betracht.

476 Zu den verschiedenen Erscheinungsformen der Verwaltungsverantwortung auch: *Hoffmann-Riem/Schmidt-Aßmann/Schuppert* (Hrsg.), Zur Reform des Allgemeinen Verwaltungsrechts, 1993, S. 13, 43, 44; *Schuppert*, in: *Ipsen* (Hrsg.), Privatisierung öffentlicher Aufgaben, 1994, S. 17, 29; *ders.*, Die Verwaltung 1998, S. 415, 420f.; *Bauer*, VVDStRL (54) 1995, S. 243, 278ff.

477 *Schuppert*, Die Verwaltung, 1998, S. 415, 423; *ders.* in: *Ipsen* (Hrsg.), Privatisierung öffentlicher Aufgaben, 1994, S. 17.

478 *Schuppert*, Die Verwaltung, 1998, S. 415, 425ff.

479 Der Staat erfüllt damit die Bereitstellungsfunktion des Rechts. Vgl. auch *Hoffmann-Riem*, DÖV 1997, S. 433, 441.

und Aufsicht der Exekutive, die Regulierung durch legislative staatliche Rahmensetzung. Die Sicherung der gemeinwohlorientierten Aufgabenerfüllung wird in diesem Fall durch institutionelle Sicherungen und durch das Bereitstellen einer Infrastruktur, welche die rein marktwirtschaftlichen Kräfte leitet und bremst, gewährleistet.[480] Die unmittelbare staatliche Aufgabenwahrnehmung wird damit abgelöst durch unterschiedlichste Formen der Einflussnahme, Überwachung und Reglementierung. Im konkreten Fall kann sich die Gewährleistungsverantwortung als Beratungs-, Förderungs-, Finanzierungs-, Organisations-, Beobachtungs- oder Privatisierungsfolgenverantwortung äußern.

Die Auffangverantwortung schließlich tritt dann in Erscheinung, wenn ein gemeinwohlrelevantes Steuerungsdefizit zu konstatieren ist, welches die Notwendigkeit der "*Nachsteuerung*" bedingt.[481] In diesen Fällen gesellschaftlicher „Schlechterfüllung" trifft die Verwaltung die Auffang- oder Einstandsverantwortung.[482]

Eine Verantwortungsteilung zwischen privaten und staatlichen Akteuren ist in diesem System möglich und im Hinblick auf eine optimale Aufgabenerfüllung oft sogar wünschenswert.[483] Dabei darf nicht aus den Augen verloren werden, dass die staatlichen Bindungen und Gewährleistungen durch die Privatisierung nicht entfallen. In den allermeisten Fällen meint die Privatisierung den Übergang von der Erfüllungs- zur Gewährleistungsverantwortung. Dem Übergang zur Auffangverantwortung sind in der Regel rechtliche Grenzen gesetzt, da die Verwaltung in allen Kernbereichen der Staatlichkeit zumindest Kontroll- und Aufsichtsbefugnisse zur Sicherung der gemeinwohlorientierten Aufgabenerfüllung innehaben muss. Die Aufsicht kann insofern sogar als unverzichtbares Scharnier des Übergangs von der Erfüllungs- zur Gewährleistungsverantwortung bezeichnet werden.[484] Dabei muss die Verantwortungsteilung jedoch den Anforderungen der verfassungsrechtlichen Maßstäbe, Handlungsgrundsätze und Schutzaufträge gerecht werden und diese umsetzen.

Auf der einfachgesetzlichen Ebene wird der Vorrang der staatlichen Verwaltung oft schon durch die Regel-Erfüllung einer gesetzlichen Aufgabe durch hoheitliche Träger ausgedrückt. So sehen die allgemeinen Überwachungstatbestände im Immissionsschutz-, Wasser- und Abfallrecht grundsätzlich die behördliche Über-

---

480 Z.B. die Rahmenvorschrift für den Einsatz bzw. die Bildung privater Organisationen bei der Abfallentsorgung, § 16 KrW-/AbfG.

481 *Hoffmann-Riem*, DÖV 1997, S. 433, 442.

482 *Hoffmann-Riem/Schmidt-Aßmann/Schuppert* (Hrsg.), Zur Reform des Allgemeinen Verwaltungsrechts, 1993, S. 13, 43, 44; *Schuppert*, in: *Ipsen* (Hrsg.), Privatisierung öffentlicher Aufgaben, 1994, S. 17, 29; *ders.*, Die Verwaltung 1998, S. 415, 420f.; *Bauer*, VVDStRL (54) 1995, S. 243, 278ff.; *Hoffmann-Riem*, DÖV 1997, S. 433, 442.

483 Insofern kann die Lehre von der Aufgabenteilung zwischen Staat und Privatem um die Lehre von der Verantwortungsteilung ergänzt werden. *Gusy*, Privatisierung als Herausforderung an Rechtspolitik und Rechtsdogmatik, in: *Gusy (Hrsg.)*, Privatisierung von Staatsaufgaben, 1998, S. 330, 332.

484 *Schuppert*, Die Verwaltung 1998, S. 415, 426.

wachung vor.[485] Zwar darf sich die Verwaltung auch Beauftragter bedienen, doch stets bleibt die Vorrangstellung der behördlichen Überwachung gewahrt.[486] Die Letztverantwortung muss in diesen Fällen immer beim Staat liegen. Wo der Staat Tätigkeiten an private Unternehmen oder Einrichtungen überträgt, muss er auf der anderen Seite durch eine strenge Aufsicht dafür sorgen, dass die Interessen der Verwalteten, der betroffenen Bürger, gesichert bleiben.[487] Da die staatlichen Schutzfunktionen nicht durch die Privatisierung entfallen, kann sich der Staat nur sehr bedingt seiner öffentlich-rechtlichen Bindungen entledigen. Er hat das rechtlich richtige Handeln seiner privaten Hilfsinstrumente durch entsprechende Einwirkung einer abgestuften Kontrollpflicht zu sichern.[488]

3. Die verschiedenen Formen der Privatisierung

Ebenso wie der Begriff der Deregulierung oder der Verwaltungsaufgabe erfährt der schillernde Begriff der Privatisierung[489] vielgestaltige Systematisierungsversuche[490] mit dem Ziel, ihn juristisch leichter handhabbar werden zu lassen. Diesen Versuchen zum Trotz: der Begriff bleibt sperrig. Dies liegt nicht zuletzt daran, dass einerseits eine positive Privatisierungstheorie fehlt, andererseits jedes juristische Ordnungssystem sich damit abfinden muss, dass die Privatisierung vor allen Dingen durch Mischformen und Teilprivatisierungen erfolgt.
In der Literatur wird zunächst nach dem Privatisierungsgegenstand differenziert. Dabei unterscheidet man drei Hauptgruppen, die Vermögens-, Organisations-, und Aufgabenprivatisierung.[491]

Bei der *Vermögensprivatisierung* wird staatliches oder kommunales Eigentum auf Private übertragen. Die Vermögensprivatisierung gilt insgesamt als verfassungsrechtlich unproblematisch, da es einen Verfassungssatz, der die Veräußerung rein erwerbswirtschaftlicher Unternehmen des Bundes generell verbietet, nicht

---

[485] Vgl. § 52 Abs. 1 BImSchG, § 40 KrW-/AbfG; § 21 WHG.

[486] § 52 Abs. 3 BImSchG, § 40 Abs. 2 KrW-/AbfG sehen dies explizit vor. Die Regelung des § 18a Abs. 2 WHG wurde um einen dritten Satz ergänzt, welcher darauf hinweist, dass auch im Wasserrecht, die zur Abwasserbeseitigung Verpflichteten sich zur Erfüllung ihrer Pflichten Dritter bedienen können. Diese Hinzufügung hatte jedoch allein klarstellende Funktion. Vgl. hierzu: *Bauer,* VerwArch. 1999, S. 561.

[487] *Scheuner,* VVDStRL (29) 1971, S. 249, so auch: Hierzu: *Wahl,* Privatisierung im Umweltrecht, in: *Gusy* (Hrsg.), Privatisierung von Staatsaufgaben, 1998, S. 260, 288f..

[488] *Stober,* NJW 1984, S. 449, 454; *Erbguth,* UPR 1995, S. 369, 377; *Bauer,* VVDStRL (54) 1995, S. 243, 268.

[489] Vgl. auch die Positivierung des Privatisierungsbegriffs in § 7 Abs. 1 S. 2 BHO – Art. 11 Nr. 1 Erstes Gesetz zur Umsetzung des Spar-, Konsodilierungs-, und Wachstumsprogramms (1. SKWPG) v. 21.12.1993 (BGBl. I, S. 2353).

[490] Alleine *Krölls* unterscheidet neun verschiedene Formen der Privatisierung. *Krölls,* GewArch. 1995, S. 129ff.

[491] Vgl. hierzu z.B.: *Krölls,* GewArch. 1995, S. 129ff.; *Schoch,* DVBl. 1994, S. 962ff.; *Bauer,* VVDStRL (54) 1995, S. 243, 251f.

gibt.[492] Die Vermögensprivatisierung kann dabei mit einer Aufgabenprivatisierung einhergehen, dies ist jedoch nicht zwingend.[493]

Unter der *Organisationsprivatisierung* versteht man die Tatsache, dass sich der Staat einer bestimmten Aufgabe nicht entledigt, sondern sich zu ihrer Erfüllung privatrechtlicher Organisationsformen bedient.[494] Gebunden wird die Wahl der Organisationsform, die mit der konkreten Aufgabenerfüllung betraut werden soll, durch die staatliche Verantwortungsebene.[495] Denn die Auswahlentscheidung bedeutet zugleich eine Entscheidung über das Maß der Staatlichkeit bei der Aufgabenerfüllung.

Im Falle der *Aufgabenprivatisierung* schließlich überträgt der Staat die Erledigung einer Aufgabe auf einen Privaten. Man unterscheidet zwischen funktionaler oder formeller und echter oder materieller Aufgabenprivatisierung, je nach dem Ausmaß, nach welchem sich der Staat von seiner Aufgabe löst.

Die *funktionale Privatisierung* umfasst alle Handlungsvarianten der öffentlichen Hand, die kennzeichnet, dass eine Aufgabe eine öffentliche bleibt, sie aber nicht von der Verwaltung im „institutionellen Sinne" – also von Mitarbeiterinnen und Mitarbeitern einer Körperschaft, Anstalt oder Stiftung des öffentlichen Rechts -, sondern von Privaten – also natürlichen Personen oder juristischen Personen des Privatrechts – erfüllt wird.[496] Der Staat bedient sich in Rahmen der funktionalen Privatisierung nicht der überkommenen öffentlich-rechtlichen, sondern der privatrechtlichen Organisationsformen zur Erfüllung seiner Aufgaben. Die Aufgabe bleibt dabei grundsätzlich hoheitlich, nur die Erfüllung wird auf ein Subjekt des Privatrechts übertragen.[497] Als Privatrechtssubjekte fungieren Beliehene, Verwal-

---

492 Vgl das Volkswagenprivatisierungsurteil des Bundesverfassungsgerichts. BVerfGE 12, S. 354.

493 Im Rahmen einer Vermögensprivatisierung wurde die Bundesdruckerei mit dem 1.7.1994 von einer Behörde in eine private GmbH umgewandelt; natürlich ohne parallele Aufgabenprivatisierung.

494 Als Beispiele können kommunale Sportstätten, Pflegeheime, Krankenhäuser oder Kindergärten genannt werden. Aktuell: die Deutsche Einheit Fernstraßenplanungs- und Baugesellschaft mbH (DEGES), *Wahl*, DVBl. 1993, S. 517, 518. Zur Privatisierung im Straßenbau allgemein: *Wahl*, DVBl. 1993, S. 517.

495 Wie im Fall der Privatisierung der Flugsicherung kann sich die Organisationsprivatisierung auch als die bloße Substitution des öffentlichen Dienstrechts durch privatrechtliche Beschäftigungsverhältnisse mit einer formell privaten GmbH, deren Alleingesellschafter der Bund ist, darstellen. Die GmbH wurde mit den Exekutivbefugnissen des Bundes auf dem Gebiet der Flugsicherung beliehen.

496 *Stober*, NJW 1984, S. 449; *Osterloh*, VVDStRL (54) 1995, S. 204, 210; *Erbguth*, UPR 1995, S. 369, 370; *Maurer*, Allgemeines Verwaltungsrecht, 1995, § 3 Rn. 9.

497 Aus diesem Grund geht mit einer Organisationsprivatisierung stets auch eine funktionale Privatisierung einher. Oft werden diese beiden Formen gleichgesetzt. Da aber vielmehr die Organi-

tungshelfer oder staatliche Eigengesellschaften in einer Fülle von Variationsmöglichkeiten.[498] Im Bereich der funktionalen Privatisierung ist das Handeln der Privaten haftungsrechtlich dem Staat zuzuordnen, der im Rahmen der Staatshaftung gem. § 839 BGB i.V.m. Art. 34 GG die Verantwortung übernimmt.[499] Wird der Private als Teil der öffentlichen Verwaltung selbstständig tätig, so muss er beliehen worden sein. Solange die Aufgabe jedoch im Auftrag und nach den Vorgaben der Körperschaft vorgenommen wird, fungiert die Privatperson verwaltungsrechtlich als Verwaltungshelfer.[500] Die Reichweite des Gesetzesvorbehaltes ist im Einzelnen bei der funktionalen Privatisierung umstritten, wenn sich die Verwaltung Verwaltungshelfer bedient.[501] Eine gesetzliche Grundlage ist dann nicht notwendig, wenn die Verwaltungshilfe nur unterstützende und vorbereitende Funktion hat.[502] Etwas anderes kann jedoch gelten, wenn die Tätigkeit systematisch und auf Dauer auf einen Privaten übertragen wird.[503] Nimmt der Private hoheitliche Aufgaben in Form von Verfolgungs- und Ermittlungsfunktionen wahr, so müssen diese organisationsrechtlich zunächst auf gesetzlicher Grundlage „privatisiert" worden sein. Sind dem Privaten die Aufgaben formell übertragen worden, so ist er Beliehener. Im Einzelfall ist eine – allerdings schwierige – Abgrenzung zwischen einfachen Vorbereitungs- und Durchführungsaktivitäten, die ohne gesetzliche Regelung übertragen werden dürfen, und Entscheidungsbefugnissen, die zur Übertragung auf Private eines Beleihungstatbestandes bedürften, erforderlich. Rechtlich nicht zulässig ist eine „faktischen Beleihung" ohne ausdrückliche gesetzliche Grundlage.[504]

Eine funktionale Privatisierung kann durch verschiedenste Modelle des Zusammenwirkens zwischen Staat und privaten Einheiten erfolgen. Der Hoheitsträger kann auf gesetzlicher oder auf vertraglicher Basis mit einem oder mehreren Privaten zusammenwirken. Die Gegenüberstellung von Markt und Staat wird auf diese Weise weiter aufgelöst und durch Formen des Zusammenwirkens ersetzt.[505]

---

sationsprivatisierung eine Form der funktionalen Privatisierung ist, ist eine solche Gleichstellung nach dem Verständnis dieser Arbeit nicht zulässig.

[498] Für *Schneider* fällt die Beleihung nicht unter die funktionale Privatisierung. *Schneider*, Öko-Audit und Deregulierung im Immissionsschutzrecht, 1999, S. 102.

[499] Der BGH führt hierzu in seinem „Abschleppurteil" aus: *"Je stärker der hoheitliche Charakter der Aufgabe in den Vordergrund tritt, je enger die Verbindung zwischen der übertragenen Tätigkeit und der von der Behörde zu erfüllenden hoheitlichen Aufgabe und je begrenzter der Entscheidungsspielraum des Unternehmers ist, desto näher liegt es, ihn als Beamten im haftungsrechtlichen Sinn anzusehen.*" BGHZ 121, S. 161ff.

[500] Siehe KAPITEL 6: II 1.

[501] Nachweise bei *Schoch*, DVBl. 1994, S. 1, 8.

[502] *Lübbe-Wolff/Steeken*, ZUR 1993, S. 263, 265; *Bauer*, VVDStRL (54) 1995, S. 243, 267.

[503] *Lübbe-Wolff/Steenken*, ZUR 1993, S. 263, 267.

[504] *Hoppe/Bleicher*, NVwZ 1996, S. 421, 423.

[505] Hierzu gehören zum Beispiel die Modelle der Public-Private-Partnership, des Outsourcing und Contracting out, der Vouchersysteme, aber auch die klassischen Konzessionsmodelle. Vgl. zu den verschiedenen Modellen: *Sterzel*, in: *Blanke/Trümmer* (Hrsg.), Handbuch Privatisierung, 1998, S. 133, 139f. Für den Bereich des Baurechts: *Ritter*, DVBl. 1996, S. 542; *Goerlich*,

Die Entwicklung zeigt weiter in Richtung einer „*interaktiven Flexibilität*“[506] und damit in eine zunehmende funktionale Privatisierung. Dabei darf die Flexibilisierung der Handlungsformen nicht mit einem Rückzug des Staates und einen damit verbundenem Verlust der Steuerungsmacht gleichgesetzt werden. Vielmehr handelt es sich zunächst schlicht um einen Formenwandel staatlicher Steuerung.[507] Trotz aller Kooperation und Flexibilität obliegt dem Staat stets sowohl eine Restaus auch die Letztverantwortung für die ordnungsgemäße Durchführung der Aufgabe. Die Übertragung der Aufgabenerfüllung muss mit einem Ausbau der staatlichen Regulierungs- und Kontrolleistungen in diesen Bereichen einhergehen.[508]

Die *echte* oder *materielle Privatisierung* geht über die funktionale Privatisierung hinaus, in dem durch sie eine öffentliche Aufgabe einem echten Privaten übertragen wird. In diesem Fall findet ein vollständiger Wechsel von dem öffentlichen Verwaltungsträger zu dem Privaten statt. Die öffentliche Hand zieht sich aus der Aufgabenerfüllung zurück.[509] Die ehemals dem Staat vorbehaltene Aufgabe wird damit dem Kräftespiel des freien Marktes überlassen. Da ein solcher Übergang einen rechtlich wesentlichen Schritt darstellt, muss dieser Schritt durch oder aufgrund eines Gesetzes vorgesehen sein und ist nicht Frage wirtschaftlicher Zweckmäßigkeit.[510] Eine materielle Privatisierung findet auch statt, wenn der Staat Verwaltungsmonopole abschafft.[511] Auch im Bereich der echten Privatisierung kann

---

SächsVBl. 1996, S. 1; *Degenhart*, SächsVBl. 1995, S. 1; *Krölls*, GewArch. 1995, S. 129; jeweils m.w.N.

[506] *Hill*, in: *Hoffmann-Riem* (Hrsg.), Verfahrensprivatisierung im Umweltrecht, 1996, S. 309, 311.

[507] *Schuppert*, Die Verwaltung, 1998, S. 415, 43; *Hill*, in: *Hoffmann-Riehm* (Hrsg.), Verfahrensprivatisierung im Umweltrecht, 1996, S. 309, 311.

[508] *Benz*, Die Verwaltung 1995, S. 338, 348.

[509] Eine echte Aufgabenprivatisisierung fand z.B. auf der Grundlage des § 5 Abs. 2 und des § 11 Abs. 1 KrW-/AbfG statt. Nach dieser Regelung ist der Abfallerzeuger und -besitzer selbst zur Verwertung und Beseitigung verpflichtet, soweit in den §§ 13 bis 18 nichts anderes bestimmt ist. Da die Entsorgungspflicht damit nur ausnahmsweise den öffentlichen Trägern obliegt, wurde die Entsorgungspflicht materiell privatisiert. Auch die Verpackungsverordnung normiert eine partielle Aufgabenprivatisierung insofern, als dass neben die nach allgemeiner Ansicht fortbestehende Entsorgungspflicht der zuständigen Körperschaft des öffentlichen Rechts die Rücknahmepflichten des Handels bzw. des von ihm geschaffenen Sammel- und Verwertungssystems, treten. Vgl. *Koch*, NVwZ 1996, S. 215, 218 oder auch
Wahl, Privatisierung im Umweltrecht, in: *Gusy* (Hrsg.), Privatisierung von Staatsaufgaben, 1998, S. 260, 278ff..

[510] *Gallwas*, VVDStRL (29) 1971, S. 211, 227; *Maurer*, Allgemeines Verwaltungsrecht, 1995, § 3 Rn. 9, § 21 Rn. 66, § 24 Rn. 28; *Stelkens/Bonk/Sachs*, Verwaltungsverfahrensgesetz, 1998, § 3 Rn. 2, § 9 Rn. 111; *Erbguth*, UPR 1995, S. 369, 373; *Bree*, Die Privatisierung der Abfallentsorgung nach dem Kreislaufwirtschafts- und Abfallgesetz, 1998, S. 37.

[511] So im Falle von Bahn und Post geschehen: Art. 87e Abs. 3 GG in der Fassung des Gesetzes zur Änderung des Grundgesetzes v. 20.12.1993 (BGBl. I, S. 2089) i.V.m. dem Gesetz zur Neuordnung des Eisenbahnwesens v. 27.12.1993 (BGBl. I, S. 2378); Art. 87f, 143b GG in der Fas-

eine arbeitsteilige Aufgabenwahrnehmung erfolgen. Dies ist z.B. dann der Fall, wenn der Verwaltungsträger bei der materiellen Privatisierung nur einen abspaltbaren Teil einer Gesamtaufgabe in den privaten Sektor verlagert.[512]

Schließlich kann man Privatisierungsformen auch nach dem *Übertragungsakt* unterscheiden.[513] Sie kann formlos als Überlassung erfolgen, indem das Gemeinwesen eine bisherige Tätigkeit aufgibt und die Erfüllung der betreffenden Aufgabe privater Initiative, d.h. dem Markt, anheimstellt. Die Übertragung erfolgt hingegen durch formellen Akt.[514] Zum Teil ist eine gesetzliche Regelung notwendig, da der Gesetzesvorbehalt greift. Privatisierung kann jedoch auch durch exekutivische Einzelakte stattfinden. Diese sind meistens bereichsspezifisch gesetzlich vorgesehen. Als Beispiele wären hier die öffentlichen Ausschreibung im Beschaffungswesen,[515] die Bestellung von Sachverständigen oder die Überprüfungen der Qualifikation von Bewerbern um Verwaltungsaufgaben [516] zu nennen.

II. Die Privatisierungstendenzen im Umweltrecht

1. Wachsende Bedeutung des Verwaltungsverfahrens im Umweltrecht

Die Ansicht, nach der das Verwaltungsverfahren stets der materiellen Entscheidung zu *„dienen"* habe,[517] wird durch eine wachsende Bedeutung des Verwaltungsverfahrens zunehmend in Frage gestellt. Zwar wird die *"Schwerpunktverlagerung auf den Verfahrensweg"* nach wie vor kritisch *„als eine Verkehrung von Ziel und Weg"* und damit als Ausdruck einer *"Fehlentwicklung"* gesehen.[518] Dabei wird jedoch verkannt, dass mit dem Bedeutungszuwachs der Verfahrensebene nicht eine Verlagerung zu Lasten der materiellen Richtigkeit und der materiellen Standards einhergeht, sondern dass vielmehr die Entwicklungen in unserer zunehmend komplexer werdenden Welt immer aufwändigere Verfahren bedürfen, um überhaupt eine materiell richtige Entscheidung zuzulassen. Aus diesem Grund hat vor allen Dingen im Umwelt- und Technikrecht das Verfahren in den letzten Jahren an Bedeutung gewonnen.[519] Dieses Rechtsgebiet zeichnet sich

---

sung des Gesetzes zur Änderung des Grundgesetzes v. 30.8.1994 (BGBl. I, S. 2245) i.V.m. dem Gesetz zur Neuordnung des Eisenbahnwesens v. 14.9.1994 (BGBl. I, S. 2325).

[512] *Schoch*, DVBl. 1994, S. 962, 963.

[513] *Bauer*, VVDStRL (54) 1995, S. 243, 272ff.

[514] *Jaag*, VVDStRL (54) 1995, S. 287, 293.

[515] Z.B. § 55 BHO, §§ 57aff. HGrG.

[516] Z.B. §§ 158, 167 Abs. 2 BauGB, § 16 Abs. 2 und 3 KrW-/AbfG, §§ 2ff. Gesetz über amtliche Sachverständige und Prüfer für den Kraftfahrzeugverkehr (Kraftfahrzeugsachverständigengesetz – KfsachvG) v. 22.12.1971 (BGBl. I, S. 2086).

[517] *Ossenbühl*, NVwZ 1982, S. 465; *von Mutius*, NJW 1982, S. 2150, 2156.

[518] *Schottelius*, NVwZ 1998, S. 805, 806.

[519] Trotz der Heilbarkeit der Verfahrensfehler im Verfahren vor dem Verwaltungsgericht gem. § 46 VwVfG und der weiter in diese Richtung wirkenden Beschleunigungsgesetzgebung.

durch technische und wissenschaftliche Komplexität, unbekannte Kausalverläufe, Summationsschäden und ein hohes Risikopotenzial aus. Dies hat zur Folge, dass die Verwaltung in den Bereichen, die Risikoentscheidungen betreffen, oftmals auf die Kooperation anderer Behörden oder aber privater Sachverständiger angewiesen ist, um eine materiell richtige Entscheidung zu fällen. Je weniger aber der Gesetzgeber die materielle Entscheidungskriterien festlegen kann oder darf, desto wichtiger wird der Prozess der Verwaltung und das Verfahren der Entscheidungsfindung.[520]

Gerade bei komplexen und dynamischen Problemstellungen ist es wichtig, dass das Entscheidungsverfahren selbst eine größtmögliche Objektivität und Neutralität garantiert. Zu den rechtsstaatlichen Verfahrensrechten, dem Recht auf Gehör, Unparteilichkeit, Klarheit, Neutralität und Vertrauensschutz und zu den Rechten auf Transparenz und Öffentlichkeit gesellte sich die Erkenntnis, Grundrechtsschutz müsse auch formell durch Verfahren gewährt werden.[521] Prozeduralen Anforderungen kommt insoweit auch ein materieller Gehalt zu, da sie der Verwirklichung von Grundrechtspositionen und der Sicherung verfassungsrechtlicher Werte dienen. Das Bundesverfassungsgericht stellt dies in seinem Mühlheim-Kärlich-Beschluss fest: "*Das Verfahren ist nicht Selbstzweck oder dispositives Instrument eines Antragstellers, sondern in erster Linie ein Mittel zur Realisierung materieller Schutzzwecke zum Schutz der Allgemeinheit und zur Durchsetzung des Grundrechtsschutzes Dritter.*"[522] Vor allen Dingen in Bereichen schwacher materiellrechtlicher Programmierung, gekennzeichnet durch ausfüllungsbedürftige Normbegriffe und Generalklauseln, müsse ein formalisiertes, gerichtlich kontrollierbares Verfahren gewährleisten, dass die wesentlichen Entscheidungsfaktoren geprüft und die materiell vorgegebenen Ziele erreicht werden.[523] Ein weiteren Schritt zur Konkretisierung der grundrechtlichen Bedeutung des Verfahrens erfolgte durch das Volkszählungs-Urteil des Bundesverfassungsgerichts.[524] Die Entscheidung geht über die Ausführung in dem Mühlheim-Kärlich-Beschluss hinaus, indem sie annimmt, dass der grundrechtliche Zwang zur gesetzlichen Verfahrensgestaltung unabhängig von einer anerkannten verfassungsrechtlichen Schutzpflicht entstehen kann. Ausschlaggebend sei, inwieweit die tatsächlichen Eigenarten des jeweiligen staatlichen Wirkungsbereichs ein grundrechtspezifisches Gefährdungspotenzial in sich tragen.[525] Das Bundesverfassungsgericht gibt somit für die förmlichen und

---

[520] *Köck*, ZUR 1995, S. 1; *Denninger*, Verfassungsrechtliche Anforderungen an die Normsetzung im Umwelt- und Technikrecht, 1990, Rn. 30ff., 115ff., 149ff.; Das Verfahren als Abschluss des Entscheidungsprozesses: die "*Schlusspunkttheorie*" nach *Lautner*, VR 1999, S. 37, 47 Fn. 131.

[521] Vgl. zu diesem Thema: *Grimm*, NVwZ 1985, S. 865; *Tomerius*, Informelle Projektabsprachen im Umweltrecht, 1995, S. 92ff.; *Führ* in: *Roßnagel/Neusel* (Hrsg.), Reformperspektiven im Umweltrecht, 1996, S. 211, 227; *Ronellenfitsch*, in: *Rengeling* (Hrsg.), Beschleunigung von Planungs- und Genehmigungsverfahren, 1997, S. 51, 55; *Kloepfer*, Umweltschutz, 1998, § 3 Rn. 16.

[522] BVerfGE 53, S. 30, 65.

[523] BVerfGE 53, S. 30, 75.

[524] BVerfGE 65, S. 1ff.

[525] *Tomerius*, Informelle Projektabsprachen im Umweltrecht, 1995, S. 92, 95.

durch breite Verfahrensteilhabe gekennzeichneten Genehmigungsverfahren bei großtechnischen Anlagen eine „Bestandsgarantie", die durch den Gesetzgeber zwar modifiziert, nicht jedoch gänzlich abgebaut werden kann.[526]

2. Privatisierung im umweltrechtlichen Verwaltungsverfahren

Die Privatisierungsdiskussion betrifft auch das umweltrechtliche Verwaltungsverfahren.[527] Unter der Privatisierung von Verfahren wird der Abbau behördlicher Verfahrensleistung bei gleichzeitigem Einbau privater Verfahrenshilfen und –strukturierungen verstanden.[528] In Anbetracht der verfassungsrechlichen Bedeutung des Verfahrens und seiner Funktion in der Gemeinwohlfindung ist es unabdingbar, dass der Staat weiterhin die Sachentscheidungen trifft. Aus dem Demokratieprinzip des Art. 20 Abs. 1 und 2 GG in Zusammenhang mit der rechtsstaatlichen Bedeutung des Verfahrens sowie seiner Grundrechtsrelevanz leitet sich der Grundsatz ab, dass die Befugnis zur verbindlichen Letztentscheidung im Verwaltungsverfahren bei der Verwaltung bleiben muss.[529] Der Staat darf eine Übertragung von Verfahrensteilen nur soweit vornehmen, dass er auch nach der funktionalen Privatisierung das Verfahren derart beeinflussen kann, dass er die Entscheidung als Ergebnis des Verfahrens auch inhaltlich tragen kann.[530] Verfahren und Entscheidung sind unauflöslich miteinander verbunden und die Verfahrensherrschaft muss beim Staat bleiben[531] Aus diesem Grunde ist rechtlich zulässig nur die Privatisierung "im" Verwaltungsverfahren, nicht die Privatisierung „des" Verwaltungsverfahrens.

Regelmäßig findet eine Teilprivatisierung im Rahmen einer Kooperation zwischen Privaten und hoheitlicher Hand statt.[532] Eine solche kann sowohl durch die Kontrolle vor Aufnahme der öffentlich-rechtlich regulierten Tätigkeit, bei der späteren Überwachung, durch privates Verfahrensmanagement mittels behördlich beauftragter Projektmanager oder privater Verfahrensmittler, als auch durch die Übertragung bestimmter Prüfaufgaben auf Private erfolgen.[533] In all diesen Fällen bleibt

---

[526] *Kloepfer*, Umweltschutz, 1998, § 3 Rn. 16.

[527] *Schuppert*, Die Verwaltung 1998, S. 415, 417, 418. *Schuppert* ordnet die Verfahrensprivatisierung als eigene Privatisierungsform ein. Vgl. auch: *Schmidt-Preuß*, VVDStRL (56) 1997, S. 160, 168; *Hoffmann-Riem/Schneider* (Hrsg.), Verfahrensprivatisierung im Umweltrecht, 1996, jeweils m.w.N.

[528] *Hoffmann-Riehm*, in: *Hoffmann-Riehm/Schneider*, Verfahrensprivatisierung im Umweltrecht, 1996, S. 9; Vgl. auch: *Pietzcker*, in: ebd., S. 285, 300ff.; *Lautner*, VR 1999, S. 73, 43.

[529] Vgl. auch *Huber*, DVBl. 1999, S. 489, 491.

[530] Diese Tendenz spiegelt sich in der allgemeinen Entwicklung vom Leistungs- zum Regulierungsstaat, welche allerdings mit dem Genehmigungsrecht schon vorweggenommen wurde. Vgl. *Wahl*, in: *Gusy* (Hrsg.)., Privatisierung von Staatsaufgaben, 1998, S. 260, 261, 262.

[531] *Pietzcker*, in: *Hoffmann-Riehm/Schneider* (Hrsg.), Verfahrensprivatisierung im Umweltrecht, 1996, S. 285, 304f.

[532] *Schoch*, DVBl. 1994, S. 962, 968; *König*, DÖV 1998, S. 963, 965.

[533] Vgl. z.B. auch §§ 12, 11 BauGB oder aber § 2 Abs. 2 der 9. BImSchV.

die staatliche Entscheidung unangetastet, es wird nur die Entscheidungsvorbereitung in unterschiedlichem Maße privatisiert.[534]

Handelt der Staat bei der Kontrolle des Normvollzugs durch Private, so verlangt dies eine besondere Regelungsintensität.[535] Denn immer dann, wenn der Staat nicht durch eigene Organe tätig wird oder werden kann, trägt er eine gesteigerte Verantwortung für das rechtmäßige Handeln derer, deren er sich zur Erfüllung seiner administrativen Pflichten bedient.[536] Die fehlenden öffentlich-rechtlichen Bindungen müssen durch eine verstärkte gesetzliche Bindung des Privaten soweit wie möglich kompensiert werden. Im Falle einer Privatisierung im Verwaltungsverfahren herrschen somit gesteigerte Ansprüche an das Maß der notwendigen gesetzlichen Bestimmtheit gem. Art. 20 Abs. 3 GG, da gerade hier das Postulat der Gesetzmäßigkeit der Verwaltung ein besonderes Gewicht besitzt. Das Recht muss stets so beschaffen sein, dass es das Verwaltungshandeln prospektiv steuern, institutionell ermöglichen und absichern sowie retrospektiv kontrollieren kann.[537]

a. Privatisierung der Umweltaufsicht

Der Staat hat Sicherheit und Ordnung zu gewährleisten. Der Gesamtkomplex öffentliche Sicherheit gehört zu den originären Staatsaufgaben.[538] Zu dem Kernbereich traditionell staatlicher Sicherheits- und Ordnungsgewährleistung gehört auch die Umweltaufsicht.[539]
Die öffentliche Sicherheit als Staatsaufgabe rechtfertigt sich aus dem staatlichen Gewaltmonopol.[540] Das Gewaltmonopol meint die dem Staat vorbehaltene Fähigkeit, seine Bürger gegen deren Willen rechtlich zu verpflichten und die Pflichterfüllung mit eigenen Mitteln, notfalls mit physischer Gewalt durchzusetzen.[541] Trotz des staatlichen Gewaltmonopols spielt die Einbeziehung privater Kräfte auch im Bereich der Sicherheitsgewährleistung eine zunehmende Rolle.[542] Es stellt zwar die Ausübung von Gewalt, nicht aber die Schaffung von Sicherheit, ein Privileg oder

---

[534] *Pietzcker*, in: *Hoffmann-Riehm/Schneider* (Hrsg.), Verfahrensprivatisierung im Umweltrecht, 1996, S. 285, 286.
[535] *Reinhardt*, AöR 1993, S. 617, 632.
[536] Ebd., S. 617, 633.
[537] *Ehlers*, Verwaltung in Privatrechtsform, 1984, S. 251.
[538] *Scholz*, NJW 1997, S. 14, 15.
[539] *Lübbe-Wolff/Steenken*, ZUR 1993, S. 263, 265.
[540] Gewalt hat nicht nur der Staat, sondern jeder Mensch und nur deswegen auch der Staat, der der Staatsidee nach die Gewalt seiner Bürger in sich vereinigt und dadurch jedem einzelnen Menschen und jeder Gruppe in seinem Gebiet an Gewalt überlegen ist. *Schachtschneider*, Die Verwaltung 1998, S. 139, 151, m.w.N. dieser philosophischen Rechtfertigung des modernen Staates.
[541] *Krölls*, NVwZ 1999, S. 233, 234.
[542] Vgl. *Schulte*, DVBl. 1995, S. 130ff.; *Sterzel*, in: *Blanke/Trümmer* (Hrsg.), Handbuch Privatisierung, 1998, S. 133, 152f.; *Scholz*, NJW 1997, S. 14, 15.

Monopol des Staates dar.[543] Dennoch ist die Aufgabe der öffentlichen Sicherheit nicht disponibel und formuliert gegenüber allen Gestaltungsformen der *materiellen* Aufgabenprivatisierung eine absolute Privatisierungsschranke. Der Staat muss seiner "Garantenstellung" gerecht werden und sich in den wichtigen Fragen der Aufgabendurchführung ein Letztentscheidungsrecht vorbehalten.[544] Funktionale Privatisierungen sind jedoch zulässig, soweit geeignete gesetzgeberische Vorgaben die Rahmenbedingung einer gemeinwohlorientierten, zuverlässigen und objektiven Aufgabenerfüllung sicherstellen.[545] Dem Staat obliegt eine Einwirkungs- und Kontrollpflicht hinsichtlich der ordnungsgemäßen Erledigung der Aufgaben durch Private, dabei bezieht sich die Einwirkung auf die aktive Einflussnahme, während die Kontrolle sich auf die begleitende oder nachträgliche Überprüfung des Handelns bezieht.[546] Insbesondere hat er die Rechte Dritter im Auge zu behalten, die nicht durch die privatrechtliche Aufgabenerfüllung ausgehebelt werden dürfen.

Was für die Gewährleistung der öffentlichen Sicherheit allgemein gilt, trifft auch für die Umweltaufsicht zu. Die Umweltaufsicht ist Bestandteil der Gefahrenabwehr, die sich im Bereich des Umweltschutzes zur Vorsorge weiterentwickelt hat. Eine echte Aufgabenprivatisierung der Umweltaufsicht ist ausgeschlossen, da der Staat die Verantwortung für den Umweltschutz sowie für einen effektiven Schutz der Grundrechte trägt.

Im Bereich der Umweltaufsicht kommt als Privatisierungsmodell, welches den staatlichen Schutzauftrag ernst nimmt, also nur das Modell der funktionalen Privatisierung mit staatlicher Gewährleistungsverantwortung in Betracht.[547] Dabei muss im Einzelfall festgestellt werden, ob auf Grund der Bedeutung, der "Wesentlichkeit" der Übertragung, eine gesetzliche Grundlage erforderlich ist. Für die Notwendigkeit einer gesetzlichen Regelung spricht die hohe Komplexität der zu regelnden Materie. Als Faustregel mag gelten, dass die Regelung zur Übertragung umweltrechtlicher Kontrollbefugnisse nicht hinter dem Niveau der Ausgestaltung der Rechtsmaterie zurückbleiben darf.[548] Dies ergibt sich schon aus der Tatsache, dass der Staat an die Stelle seiner Aufgabenausführung und Erfüllungsverantwortung entsprechende Kontroll- und Aufsichtssysteme stellen muss. Es sind insofern klare gesetzliche Regelungen gefordert. Dabei erinnert die Konstellation einer von der grundsätzlichen verfassungsrechtlichen Systematik abweichenden Delegation

---

[543] *Gramm*, VerwArch. 1999, S. 329, 330.

[544] *Ehlers*, Verwaltung in Privatrechtsform, 1984, S. 131, *Krölls*, NVwZ 1999, S. 233, 234, 235, m. w. N.

[545] BVerwGE 57, S. 55, 57. Das Bundesverfassungsgericht hat in seiner Notariatsentscheidung die Übertragung der Erfüllung einer öffentlichen Aufgabe auf Angehörigen eines freien Berufs selbst für *„originäre Staatsaufgaben"* im Bereich der *„Rechtspflege"* und der *„freiwilligen Gerichtsbarkeit"* für zulässig gehalten (BVerfGE 17, S. 371, 376. Notare sind Beliehene [soweit sie nicht sogar Beamte sind], §§ 1, 20-25 BNotO).

[546] *Ehlers*, Verwaltung in Privatrechtsform, 1984, S. 130; *Gusy*, DÖV 1996, S. 573, 583, mit Verweis auf BVerfGE 74, S. 264, 284ff.

[547] *Koch/Laskowski*, ZUR 1997, S. 182, 184.

[548] *Reinhardt*, AöR 1993, S. 617, 633.

konkreter öffentlich-rechtlicher Befugnisse auf einen Dritten strukturell an die in Art. 80 Abs. 1 GG vorgesehene Ermächtigung zum Erlaß von Rechtsverordnungen.[549] Insofern erschiene es sinnvoll, im Falle einer dauerhaften, ständigen funktionalen Privatisierung von Elementen der Umweltaufsicht, die Voraussetzungen des Art. 80 Abs. 1 GG auf die Privatisierungsregelung analog anzuwenden. Eine flexible Einbeziehung Privater als Verwaltungshelfer ist jedoch auch ohne besondere gesetzliche Ermächtigung möglich. Auch dürfen die Anforderungen an eine rechtmäßige Privatisierung nicht zu hoch angelegt werden, da die Beteiligung Privater in bestimmten Bereichen – gerade auch in der Überwachung - offensichtliche Vorteile birgt. Die verstärkte Einbindung von Privaten kann den Vollzug im Umwelt- und Technikrecht stärken. In Anbetracht der chronischen Überlastung fehlt es den Behörden häufig an Anreiz, überwachend tätig zu werden. Während sich die antragsabhängige Überwachung durch ein hohes Vollzugsinteresse seitens des künftigen Anlagenbetreibers auszeichnet, muss die Behörde im Falle der antragsunabhängigen Überwachung von sich aus tätig werden. Im ersten Fall wird der Antragsteller im Allgemeinen selbst dafür sorgen, dass die Behörde die erforderlichen Informationen über die geplante Anlage erhält.[550] Im Falle der antragsunabhängigen Aufsicht kann die Behörde sich nicht auf die Kooperation des Betreibers verlassen. Sie muss von sich aus tätig werden und muss den vollzugsrelevanten Sachverhalt zur Kenntnis nehmen. Aufsichtsrechtliche Überprüfungen ziehen, wenn sie einen Missstand aufdecken, erhebliche weitere Arbeitsbelastungen nach sich. Diese Missstände müssen behoben werden; für die Behörde ergibt sich somit ein Anordnungs- und Durchsetzungsbedarf. Es ist für die überlastete Behörde am leichtesten, durch Vogel-Strauß-Politik schon die Kenntnis von Missständen zu vermeiden. Werden hingegen Private mit der antragsunabhängigen Überwachung betraut, werden die Anreizdefizite umgangen und die Kontrollen können ohne diese Lähmungserscheinungen, die durch die Sorge um Folgelasten entsteht, erfolgen.[551]

Elemente der Eigenüberwachung oder privaten Fremdüberwachung finden sich schon heute in den Umweltgesetzen.[552] Die Gesetze sehen im Bereich der Überwachung sowohl die Eigenüberwachung als auch die Fremdüberwachung durch Behörden oder durch Private vor.[553] So wurden um die Betreiber zur Erfüllung ihrer gesetzlichen Pflichten anzuhalten, die Vorschriften der betreibereigenen Überwachung im Rahmen der Gesetzesentwicklung immer weiter ausgebaut. Da-

---

[549] Ebd., S. 617, 634.

[550] *Ludwig*, Privatisierung staatlicher Aufgaben im Umweltschutz, 1998, S. 121; *Lahl*, in: *Schlacke* (Hrsg.), Neue Konzepte im Umweltrecht, 1996, S. 107ff.

[551] *Lübbe-Wolff/Steenken*, ZUR 1993, S. 263, 264.

[552] Vgl. § 6 LuftVG, §§ 2 und 13 der 9. BImSchV, 4. BImSchV, § 7 AtG i.V.m. der AtVfV; § 19, 20 AtG ; §§ 11 Abs. 4 AbfG, 25 Abs. 3 GenTG und 21 Abs. 4 ChemG; § 6 UVPG.

[553] Vgl. z.B. im Bereich des Immissionsschutzes: §§ 10 und 11 der 2. BImSchV, §§ 5, 6 Abs. 1 der 12. BImSchV, §§ 21ff. der 13. BImSchV, §§ 26ff. BImSchG.

bei kann der Normadressat sich der Hilfe sachverständiger Dritter bedienen. Das Modell der Privatisierung in der Anlagenüberwachung nach dem BImSchG basiert auf Mess-, Dokumentations- und Berichtspflichten des Betreibers.[554] Zur Erfüllung dieser Pflichten kann oder muss sich der Betreiber staatlich "lizensierter" privater Messstellen oder privater Sachverständiger bedienen.[555] Auch die Behörde kann im Rahmen der allgemeinen Überwachung Dritte als Verwaltungshelfer beauftragen, die ermittelnd und untersuchend tätig werden. Gesetzlich vorgesehen ist die Einbeziehung privater Sachverständiger im Rahmen spezieller Überwachungspflichten z.B. gem. §§ 26 Abs. 1, 19a BImSchG, § 13 der 9. BImSchV, §§ 21 ff. der 13. BImSchV, § 18 Abs. 2 GefstoffV.

b. Privatisierung der Sachverhaltsermittlung

Da komplexe umweltrechtliche Entscheidungen ein hohes Fachwissen erfordern, welches die öffentliche Verwaltung nicht vorzuhalten in der Lage ist, besteht mehr und mehr die Notwendigkeit der Beteiligung äußeren Sachverstandes an der Aufbereitung von Entscheidungsgrundlagen. Da die Verwaltung gehalten ist, im Verwaltungsverfahren alle entscheidungserheblichen Aspekte in ihre Erwägungen einzustellen, kann die Einbeziehung privaten Sachverstandes sogar rechtlich geboten sein. Von den geforderten Fachkenntnissen geht in der Realität zunehmend ein faktischer Privatisierungszwang aus.[556]

Dabei könnte die Ermittlung des Sachverhaltes durch Private mit dem Grundsatz der Amtsermittlung gem. § 24 VwVfG kollidieren und die Ordnungsbehörden könnten selbst zur umfassenden Ermittlung des Sachverhalts verpflichtet sein.
Aus dem Grundsatz der Amtsermittlung ergibt sich jedoch keine Beschränkung auf behördeneigene Erkenntnismittel. Die Behörde hat sich vielmehr mit allen für die Genehmigungsentscheidung relevanten Fakten so vertraut zu machen, daß ihr auf dieser Grundlage eine eigene Subsumtion und Entscheidung möglich ist.[557] Um dieser Pflicht nachzukommen, sind vielfältige Wege zur Informationsgewinnung möglich. Die Behörde bedient sich eigener Mittel ebenso wie der Amtshilfe oder aber privaten Sachverstandes. Dabei sieht § 26 Abs. 1 S. 2 Nr. 2 VwVfG in einer nicht abschließenden Aufzählung die Einschaltung Privater als Sachverständige ausdrücklich vor. Die Vernehmung von Sachverständigen ist nach dieser Vorschrift ein anerkanntes Beweismittel im Verwaltungsverfahren. Die Einbeziehung von Personen besonderer Sachkunde vergrößert die Wissensgrundlage der Behörde. Die Erfüllung des Untersuchungsgrundsatzes in einem umweltrechtlichen Verwaltungsverfahren läuft letztlich auf die Sicherung eines möglichst offenen, die unterschiedlichen Auffassungen zur Geltung bringenden, Prozesses hinaus, in dem

[554] Vgl. §§ 26ff. BImSchG.
[555] *Koch/Laskowski*, ZUR 1997, S. 182, 184.
[556] *Schoch*, DVBl. 1994, S. 962, 968.
[557] *Ludwig*, Privatisierung staatlicher Aufgaben im Umweltschutz, 1998, S. 176.

Pluralität und Representativität der Ansätze sichergestellt werden müssen.[558] Die Privaten dienen der Behörde als Mittel zur optimalen Wissens- und Informationsgenerierung. Dabei dürfen private Sachverständige, soweit sie nicht hoheitlich tätig werden, die behördliche Entscheidung nicht vorwegnehmen.[559] Angesichts der rechtsstaatlichen Bedeutung des Verwaltungsverfahrens darf die Behörde sich durch den Einsatz Privater nicht um eine eigene Entscheidung bringen. Zudem ist der Einsatz Privater grundsätzlich unbedenklich nur in feststellenden und prüfenden Funktionen. Anordnungen zur Behebung rechtswidriger Zustände und Zulassungen dürfen von eingesetzten Privaten nicht erlassen bzw. erteilt werden.[560]

Die Ermittlungen der Sachverständigen im Bereich des Umwelt- und Technikrechts umfassen jedoch regelmäßig eine Aussage zu den Auswirkungen einer umweltrelevanten Tätigkeit. Der Sachverständige ermittelt somit nicht nur den Sachverhalt, sondern erstellt auch Prognosen, auf deren Grundlage der zukünftige Ist-Zustand mit den normativen Vorgaben verglichen werden kann.[561] Durch die Aufbereitung der Sachverhalte durch den Sachverständigen kondensieren sich die private Prognose und Wertung zu den entscheidungserheblichen Fakten. Der Sachverhalt, so wie er der Entscheidung zu Grunde gelegt wird, entsteht erst in dem und durch das Verwaltungsverfahren. Informationen können nicht unabhängig davon betrachtet werden, wer sie beschafft hat. Aus diesem Grund kann man in der Verfahrensbeteiligung auch zu einem gewissen Umfang Entscheidungsbeteiligung sehen.[562] Vor diesem Hintergrund können rechtliche Zweifel angemeldet werden, ob die regelmäßige Übertragung der Erhebung von Entscheidungsgrundlagen auf private Dritte unter dem bloßem Vorbehalt der Entscheidung für die Verwaltung zulässig ist.[563] Die Gefahr besteht, dass durch die Wertung und Einschätzungen der Privaten, die Verwaltungsentscheidung präjudiziert wird.
Diesen Bedenken stehen die Vorteile der Einbeziehung eines möglichst breiten Sachverstandes gegenüber. Eine Abwägung der beiden Positionen gegeneinander ergibt, dass komplexe Verwaltungsentscheidungen die Einbeziehung des privaten Sachverstandes rechtfertigen. Dabei muss jedoch streng darauf geachtet werden, dass zwar die Ermittlung der Tatsachen- und Wissensbasis durch Sachverständige

[558] *Hufen*, Fehler im Verwaltungsverfahren, 1991, S. 104.

[559] In der Umweltverträglichkeitsprüfung (UVP) kommt der behördlichen Ermittlung ein Auffangcharakter zu, welcher sich in dem Ausdruck der „nachvollziehenden Amtsermittlung“ gut abbildet (Vgl. *Schneider*, Nachvollziehende Amtsermittlung bei der Umweltverträglichkeitsprüfung, 1991). Der Ermittlungsauftrag der Behörde ist durch die vorprägende Eigenermittlung des Projektträgers regelmäßig reduziert, die rechtliche Verantwortung für das Ermittlungsverfahren bleibt aber unreduziert in staatlicher Hand. *Hoffmann-Riem*, AöR 1994, S. 590, 611.

[560] *Lübbe-Wolff*, Modernisierung des Umweltordnungsrechts, 1996, S. 37, so auch: *Di Fabio*, DB, Beilage 16 1996, S. 9.

[561] *Ludwig*, Privatisierung staatlicher Aufgaben im Umweltschutz, 1998, S. 192.

[562] *Pietzcker*, in: *Hoffmann-Riehm/Schneider* (Hrsg.), Verfahrensprivatisierung im Umweltrecht, 1996, S. 285, 288.

[563] Vgl. *Erbguth*, UPR 1995, S. 369, 374.

erfolgt, die Normkonkretisierung und die Entscheidung selbst hingegen, also der eigentliche Vorgang der Subsumtion und der Auswahl der programmierten Rechtsfolge, durch die Behörde erfolgt.[564] Weiterhin ergeben sich aus der Bedeutung der Sachverständigen für das Verwaltungsverfahren zwingende Anforderungen an die Auswahl der privaten Dritten. Da die Behörde die ihr vorgelegten Prüfergebnisse regelmäßig nur einer Plausibilitätskontrolle unterzieht, muss vor allem im Vorfeld der Prüftätigkeit sichergestellt werden, dass nur fachlich qualifizierte, unabhängige und zuverlässige Sachverständige diese Prüftätigkeit vornehmen.[565] Entscheidend kommt es dabei immer auf die Qualifikation des privaten Prüfers an. Normative Vorgaben an die Sach- und Fachkunde sind ebenso notwendig wie Neutralität und Unabhängigkeit.[566]

Zusammenfassend kann festgestellt werden, dass die Verwaltung sich im Rahmen komplexer Verwaltungsentscheidungen zunehmend Sachverständiger als Experten bedient. Der Staat kann sich somit flexibel Wissen von außen nutzbar machen. Dabei wird der Sachverständige in aller Regel im Rahmen einer funktionalen Privatisierung als Verwaltungshelfer tätig. Die Sachverständigentätigkeit ist somit keine staatsentlastende sondern eine staatsunterstützende.[567] Dem Privaten kommt kein Raum für eine eigene Entscheidung zu, er wirkt allein ermittelnd und aufklärend. Bei der Beauftragung privater Sachverständiger ist die Behörde gewissen Bedingungen unterworfen. Sie darf sich Sachverständiger nur bedienen, solange sie von deren Zuverlässigkeit, Sachkunde und Unparteilichkeit überzeugt ist. Dies gilt nicht nur für Sachverständige, derer sie sich selbst bedient: Private können gesetzlich verpflichtet sein, durch Sachverständige Informationen zu beschaffen und zu bewerten. Auch in diesem Fall muss die Behörde von der Befähigung und Zuverlässigkeit des Sachverständigen überzeugt sein.[568]

3. Privatisierung und die EG-Öko-Audit-Verordnung

Die EG-Öko-Audit-Verordnung fügt sich gut in den nach Privatisierung verlangenden Zeitgeist. Zwar wurde EMAS nicht als Instrument der Verwaltungsprivatisierung geschaffen, trotzdem eröffnet das System vielfältige Ansatzpunkte zur

---

564 *Ludwig*, Privatisierung staatlicher Aufgaben im Umweltschutz, 1998, S. 175; *Lübbe-Wolff/Steeken*, ZUR 1993, S. 263, 267; vgl. auch: *von Danwitz*, in: Rückzug des Ordnungsrechts, 14. Trierer Kolloquium zum Umwelt- und Technikrecht v. 6. bis 8.9.1998, 1999, S. 53, 63, 64.

565 *Koch/Laskowski*, ZUR 1997, S. 182, 187.

566 Als Beispiel für die Einbeziehung privaten Sachverstandes in das Verwaltungsverfahren kann die Vorschrift des § 13 der 9. BImSchG dienen. Nach § 13 Abs. 2 S. 2 der 9. BImSchV kann ein von dem Antragsteller eingeholtes Sachverständigengutachten mit dem behördlichen Gutachten gleichgestellt werden, wenn das Gutachten durch einen Sachverständigen, der den Anforderungen des § 29a Abs. 1 S. 1 BImSchG entspricht, erstellt wurde. Hierunter fallen ausweislich der Gesetzesbegründung auch EMAS-Umweltgutachter (BT-Drs. 13/3996 v. 6.3.1996, S. 11.)

567 *Weber/Seitz*, GewArch. 1980, S. 151, 155.

568 *Dolde/Vetter*, NVwZ 1995, S. 943, 648.

Privatisierung. Dies liegt vor allen Dingen darin begründet, dass EMAS ein privates, weitgehend unabhängiges System des Umweltschutzes schafft, nach welchem sich die Teilnehmer zur Implementierung eines Umwelt-Managementsystems und einer regelmäßigen internen Betriebsprüfung einerseits, zur Einhaltung des geltenden Umweltrechts und der Verbesserung des betrieblichen Umweltschutzes andererseits verpflichten. Dieses System verfügt über Kontrollmechanismen, die auf Eigen- und Fremdkontrolle basieren. Die Fremdkontrolle wird durch einen unabhängigen Umweltgutachter durchgeführt. Dieser Gutachter ist nach rechtlichen, mithin staatlichen Kriterien zugelassen. Er entspricht den Kriterien der Fach- und Sachkunde, der Unabhängigkeit und Neutralität, so wie sie an Sachverständigen angelegt werden, die in Verwaltungsverfahren einbezogen werden. Die Privatisierungsvorschläge, die im Zusammenhang mit EMAS geäußert werden, zielen auf eine Verfahrensprivatisierung ab. Behördliche Verfahrensleistungen im Bereich der Überwachung sollen abgebaut werden und gleichzeitig die dadurch entstehende "Lücke" durch private Überwachungselemente des EG-Öko-Audit-Systems gefüllt werden.[569]

Die Eigenüberwachung des Unternehmers ist Ausdruck der Kooperation von Privaten und Behörden.[570]/[571] Die Eigenüberwachung verlagert jedoch keine behördlichen Aufgaben auf Private. Auch der EMAS-Teilnehmer bereitet durch seine Kooperationsbereitschaft überwachungserhebliche Informationen so auf, dass diese in weiteren Verwaltungsverfahren Verwendung finden können. Im Hinblick auf eine funktionelle Privatisierung ist jedoch eine potenzielle Aufgabenübertragung auf den Umweltgutachter als externe Kontrollinstanz interessanter. Wie oben dargelegt wurde, ist eine materielle Privatisierung im Bereich der Umweltaufsicht als Ausdruck der allgemeinen Gefahrenabwehr nicht möglich. In Frage kommt aber eine funktionale Privatisierung bestimmter Aspekte des Verwaltungsverfahrens. Anknüpfungspunkt einer möglichen Privatisierung ist die spezifische Aufgabe und Funktion des Umweltgutachters. Einerseits wird er als Sachverständiger ermittelnd und aufklärend tätig. Er könnte insofern der öffentlichen Verwaltung bei der Vorbereitung komplexer Verwaltungsentscheidungen helfen. Andererseits prüft und kontrolliert er die Umwelt-Performance des Unternehmens. Dies könnte Anlass dazu geben, die Umweltaufsicht ganz oder teilweise zu privatisieren. Da es sich jedoch stets um eine funktionale Privatisierung handeln würde, dürfte die Verwaltung sich nicht ihrer Überwachungs- und Eingriffsbefugnisse entledigen. Anordnungs- und Durchsetzungsbefugnisse und damit die direkte Einflussnahme der Be-

---

[569] *Schneider*, Öko-Audit und Deregulierung im Immissionsschutzrecht, 1999, S. 106.

[570] Eigenüberwachung meint die Überwachung der Normkonformität von Anlagen, Betriebs- oder Verhaltensweisen durch den Normadressaten selbst oder durch von ihm beauftragte Dritte. *Lübbe-Wolff*, Modernisierung des Umweltordnungsrechts, 1996, S. 29.

[571] Z.B. §§ 26a Abs. 1, 29a Abs. 1 BImSchG § 12 Abs. 2 und Abs. 4 der 2. BImSchV, § 22 Abs. 1 der 13. BImSchV, § 13 Abs. 1 und Abs. 2 der 17. BImSchV, § 40 Abs. 2 KrW-/AbfG, § 18a Abs. 2 S. 3, § 19i Abs. 1 WHG.

hörden müssten weiterhin gewährleistet bleiben.[572] Es würde sich in diesem Falle um eine Privatisierung in der Überwachung, nicht um die Ersetzung der Überwachung durch Eigenüberwachung handeln. Die Behörden könnten sich weitestgehend auf die Kontrolle der Kontrolleure zurückziehen.

Voraussetzung jeder Privatisierung ist eine Sicherung der Qualifikation, Neutralität und Objektivität der eingeschalteten privaten Umweltgutachter, einschließlich deren Überwachung, Stichprobenkontrollen und Sanktionsmaßnahmen. Eine Funktionskontrolle ist notwendig, da sichergestellt werden muss, dass der Staat auch im Falle der Privatisierung hoheitlicher Aufgaben seinem verfassungsrechtlichen Schutzauftrag gerecht wird. Jede funktionale Privatisierung im Zusammenhang mit dem Öko-Audit bewegt sich im Spannungsfeld zwischen Art. 12 Abs. 1 S. 1 GG des Umweltgutachters, Art. 12 Abs. 1, Art. 14 Abs. 1 S. 1 GG sowie der durch Art. 2 Abs. 1 GG geschützten Gewerbefreiheit des Anlagenbetreibers sowie den Schutzpflichten des Staates, die sich aus Art. 20a GG in Bezug auf die natürlichen Lebensgrundlagen und aus Art. 2 Abs. 2 S. 1 GG in Bezug auf Leben und Gesundheit gefährdeter Dritter ergeben. Um die staatliche Gewährleistung der verschiedenen Rechtspositionen sicherzustellen, muss im Einzelfall überprüft werden, ob Gesetzesauslegung und Subsumtion tatsächlich noch der Behörde vorbehalten bleiben. Da der Umweltgutachter sehr selbstständig arbeitet, muss sichergestellt werden, dass seine Tätigkeit legitimiert bleibt, und er sich nicht in die Lage versetzt findet, weitgehend unkontrolliert tätig zu werden. Bei der Beurteilung dieser Frage ist insbesondere auch die Aufsicht durch die "zuständige Stelle" im Blickfeld zu haben.

Zu prüfen bleibt, inwieweit die Verfahrensprivatisierungen durch die Verknüpfungen von Ordnungsrecht und EMAS rechtmäßig möglich ist. Dabei wird vor dem Hintergrund des Gesetzesvorbehaltes zwischen gesetzlichen Maßnahmen und solchen auf der Ebene der Verwaltung zu unterscheiden sein.

Auch wenn die Privatisierung unter Einbeziehung der Umweltgutachters zulässig erfolgt ist, so heißt dies nicht, dass dieser frei von jeder Bindung wäre. Im Gegenteil, er müsste in diesem Fall auch die Gemeinwohlorientierung seiner Tätigkeit im Kopfe tragen. Insofern müssen die Grenzen für die Einschaltung von Privaten von den rechtlichen Bindungen, denen der Private nach der Übertragung unterliegt, unterschieden werden. Der Umweltgutachter würde durch Privatisierungsentscheidungen Verantwortung hinzugewinnen, die seine ohnehin schwierige Lage im Spannungsfeld zwischen Wirtschaft und Staat weiter verkomplizieren würde. Weiterhin kann sich das Rationalisierungspotenzial, welches dem Umweltgutachter als Sachverständigem innewohnt, auch nur dann erfüllen, wenn der Gesamtbereich überschaubar geregelt wird, wenn es typische Bausteine für die anfallenden

---

[572] *Brandl*, Mit Eigenverantwortung und Selbstkontrolle zu einer nachhaltig zukunftsverträglichen Entwicklung?, 1998, S. 27.

Steuerungsprobleme gibt und wenn nicht in jedem Einzelfall eine eigene Vorschrift erlassen werden muss.[573]

3. Privatisierung der Rechtsetzung ?

Eine „Privatisierung" der Normung kommt wegen des staatlichen Rechtsetzungsmonopols schon begrifflich nicht in Frage.[574] In der Praxis sind private Normen jedoch zunehmend von Bedeutung. In Deutschland sind über 200 meist privatrechtlich verfasste Organisationen mit technischer Normung befasst.[575] Standardisierung ist ein wichtiger Aspekt internationaler Wettbewerbsfähigkeit. Auch Behörden greifen auf private Regelwerke zurück, um die Anforderungen unbestimmter Rechtsbegriffe zu konkretisieren.[576] Juristisch gesehen, handelt es sich bei diesen Normen um rechtlich unverbindliche Vorgaben, an die nur die Mitglieder der jeweiligen nationalen Normungsorganisationen gebunden sind.

EMAS, als wahrhaft innovatives Produkt europäischer Rechtsetzung, berührt auch in diesem Punkt aktuelle Fragen des Zusammenspiels privater und staatlicher Aktivitäten. Es ist die Norm- und Standardsetzung durch Private, die durch EMAS I und konsequent weitergeführt durch EMAS II eine neue Verknüpfung mit hoheitlichen Regelwerken erfährt.
Wenn man sich den Sinn des Art. 9 EG-UAVO n.F./Art. 12 EG-UAVO a.F. verdeutlicht,[577] dann erkennt man, dass diese Regelung den Weg für eine Anerkennung internationaler, europäischer oder nationaler Normen ebnet.[578] Anerkannte Normen für Umwelt-Managementsysteme können die Vorschriften der EG-Öko-Audit-Verordnung teilweise ersetzen, wenn die geprüften Organisationen *„nach geeigneten Zertifizierungsverfahren bescheinigt wurde, dass sie diese Normen erfüllen."* Ist eine Anerkennung der Norm erfolgt und das Umwelt-Management von

---

[573] *Wahl*, Privatisierung im Umweltrecht, in: *Gusy* (Hrsg.), Privatisierung von Staatsaufgaben, 1998, S. 260, 288.

[574] *Kloepfer*, Umweltrecht, 1998, § 3 Rn. 79.

[575] Ebd., § 3 Rn. 78; *Kloepfer/Elsner*, DVBl. 1996, S. 964, 966. Das Normsetzungsverfahren privatrechtlicher Normungsverbände ist bislang gesetzlich nicht geregelt. Zum Teil werden unter Hinweis auf die rechtlichen Bedeutung technischer Regeln, von denen jedermann betroffen werden kann, unmittelbar aus dem Rechtsstaatsprinzip abgeleitete Mindestanforderungen an das Verfahren gestellt. Hierzu zählen u.a. Sachverstand, Interessenausgewogenheit, Öffentlichkeitsbeteiligung, Publikation und Revision der Normen.

[576] *Peglau*, ZUR 1995, S. 19, 21; *Kloepfer/Elsner*, DVBl. 1996, S. 964, 966. Die wichtigste Methode zur Verknüpfung von Umweltrecht und technischen Regeln ist die Verwendung von Generalklausen wie die *„allgemein anerkannten Regeln der Technik"* (z.B. § 7a Abs. 1 S. 1 WHG), der *„Stand der Technik"* (z.B. § 5 Abs. 1 Nr. 2 BImSchG) und der *„Stand von Wissenschaft und Technik"* (§ 7 Abs. 2 Nr. 3 AtomG).

[577] Hilfreich ist hier weniger der verwirrende deutsche Wortlaut, sondern der Vergleich mit der englischen Fassung der Vorschrift.

[578] Diese Normen sind nicht zu verwechseln mit den „technischen Normen" aus Art. 1 Abs. 3 EG-UAVO a.F..

einer anerkannten Stelle zertifiziert, dann muss der unabhängige Umweltgutachter nur noch die Teile des EG-Öko-Audit-System überprüfen, die nicht der Anerkennung unterliegen. Damit wird die inhaltliche Kontrolle des Umwelt-Managementsystems im Wesentlichen auf private Zertifizierungsunternehmen verlagert, die nur noch einer groben Kontrolle durch den externen Umweltgutachter unterliegen. EMAS nimmt insoweit die Strategie der europäischen Produktsicherheitsregulierung auf, wenn sie einen zweiten Weg der Anerkennung des EG-Öko-Audit-Systems eröffnet, indem sie bei bestimmten Qualitätssicherungssystemen vermutet, dass den Bestimmungen der EG-Öko-Audit-Verordnung Rechnung getragen wird. Art. 9 EG-UAVO n.F. bewegt sich damit in einer gewissen Nähe zur „Neuen Konzeption", die seit 1985 die Bewältigung der europäischen Produktsicherheitsregulierung prägt.[579] Dieses Konzept steht für die Entlastung der EG-Regulierungsarbeit durch Delegation an Normungsorganisationen. Die Gemeinschaft konzentriert sich auf die Festlegung grundsätzlicher Sicherheitsanforderungen und überlässt die konkretisierende Detailarbeit den europäischen Normierungsgremien. Diese formulieren technische Spezifikationen, die jedoch unverbindlich und freiwillig bleiben. Eine Vermarktung eines Produktes auf dem Binnenmarkt ist allerdings nur dann ohne weiteres möglich, wenn das Produkt den Normen gemäß hergestellt wird, weil vermutet wird, dass normkonforme Produkte den grundlegenden Sicherheitsanforderungen entsprechen. Die Neue Konzeption basiert damit auf zwei Säulen: den materiellen Anforderungen an Produkte, die im Hinblick auf ihre deregulative Grundidee unter dem Begriff der *„grundlegenden Sicherheitsanforderungen"* zusammengefasst werden, und den Verfahren, nach denen die Hersteller oder Importeure bewerten müssen, ob ihr Produkt diesen Anforderungen entspricht, den „Konformitätsbewertungsverfahren".[580] In der Regel erklärt der Hersteller in eigener Verantwortung die Konformität mit den einschlägigen Regelungen.[581] Hiermit hat der Staat eine Überwachungsaufgabe der Wirtschaft überantwortet und nimmt nur noch seine Gewährleistungsverantwortung wahr.

Anders als das europäische Produktsicherheitsrecht ist EMAS aus sich heraus anwendbar und bedarf keiner zusätzlichen privaten Norm. Der Gesetzgeber hat sich auch nicht, wie im Gerätesicherheitsrecht auf den Erlass von "Harmonisierungsrichtlinien" beschränkt.[582] Er hat im Gegenteil eine Vollregelung auf dem Verordnungswege getroffen. Auch ist die Verordnung im Hinblick auf das Um-

---

[579] *Köck*, JZ 1995, S. 643, 649; *Mittelstaedt*, in: *Ewer/Lechelt/Theuer*, Handbuch Umweltaudit, 1998, Kapitel K Rn. 1ff.

[580] *Scheel*, DVBl. 1999, 442, 443.

[581] Insbesondere der Richtlinie 93/69/EWG des Rates v. 22.7.1993 zur Änderung der bis zu diesem Zeitpunkt bestehenden Richtlinien (ABl. Nr. L 220 v. 30.8.1993 S. 1), in Deutschland umgesetzt durch die zweite Verordnung zur Änderung von Verordnungen zum Gerätesicherheitsgesetz v. 28.9.1995 (BGBl. I, S. 1213).

[582] *Waskow*, in: *Rengeling* (Hrsg.), Umweltnormung: Deutsche, europäische und internationale Rechtsfragen, 1998, S. 55, 59.

welt-Managementsystem nicht ausfüllungsbedürftig und die Normen, welche gem. Art. 9 EG-UAVO n.F. anerkannt werden, üben keinen direkten Einfluss auf die Anforderungen der Verordnung aus. Dennoch: EMAS integriert, wenn auch in abgeschwächter Form, ebenso wie das Produktsicherheitsrecht ein kooperatives Element durch das Zusammenwirken staatlicher Regelung und privater technischer Normung. Die Voraussetzung für die erste Verknüpfung von EMAS und privater Normung erfolgte am 2. Februar 1996 bzw. am 14. April 1997 als die Kommission die britischen, irischen und spanischen Standards sowie den internationalen Standard 14001 zum Umwelt-Managementsystem anerkannte. Die Kommission schaffte damit durch die ihr zustehende "Durchführungsrechtsetzung" neues EG-Recht.[583] Sie kann sich durch die Befugnis zu dieser Art der Rechtsetzung über Widerstände im Rat hinwegsetzen.[584] Mit dieser (Teil-)Anerkennungsentscheidung gelten Unternehmen, die ein Umwelt-Managementsystem nach den ISO Standards eingeführt haben und nach ISO zertifiziert worden sind, als den Vorschriften der EG-UAVO entsprechend. Durch diese erste teilweise Integration der ISO 14001 Standards in das EG-Öko-Audit-System erfolgt ein Schritt in eine umfassende private Verrechtlichung der umweltschutzsichernden Betriebsorganisation. Private Standards und öffentliches Recht sollen im Rahmen des EG-Öko-Audit-System optimalerweise als wechselseitige Auffangordnungen fungieren.[585] Diese Entwicklung wurde durch EMAS II konsequent fortgeführt. Mit der novellierten Verordnung wird die *"hyperbelartige Auseinanderentwicklung von gesellschaftsrechtlich organisierter technischer Normsetzung auf nationaler, europäischer und internationaler Ebene, Eigenverantwortlichkeitsregime der EMAS-VO und staatlichem Ordnungsrecht"* endgültig beendet und funktionell gebündelt.[586] Mit EMAS II wird das Umwelt-Managementsystem nach ISO 14001 zwingender Bestandteil von EMAS. Hervorgehoben bleibt die besondere Qualität des europäischen Systems durch weitergehende Anforderungen.

Es stellt sich die Frage, inwieweit die Verknüpfung von EMAS und ISO 14001 die Glaubwürdigkeit und Qualität von EMAS beeinflusst, bzw. welche Konsequenzen sich für den Umweltgutachter ergeben.
Problematisch ist, dass durch die ISO 14001 Zertifizierung eine Sachentscheidung herbeigeführt wird, die von dem zugelassenen Umweltgutachter nur noch sehr grob überprüft wird. Es ergab sich indirekt aus Art. 12 Abs. 2 EG-UAVO a.F. sowie ergibt sich direkt aus Art. 9 Abs. 2 EG-UAVO n.F., dass das Umwelt-Managementsystem und die Umweltbetriebsprüfung nicht mehr von dem Umweltgutachter überprüft werden muss, wenn das Unternehmen ein ihm erteiltes ISO-Zertifikat vorlegt. Dieser führt dann nur noch die Prüfung der Umwelterklärung aus und

---

[583] Ebd., S. 55, 60.
[584] Hinzu kommen die erheblichen Rechtsetzungsbefugnisse, die sich aus Art. 17 EG-UAVO für die Kommission ergeben.
[585] *Schneider,* Die Verwaltung 1995, S. 361, 365.
[586] *Böhm-Amtmann,* GewArch. 1997, S. 353, 354.

erklärt diese für gültig.[587] Die Kontrolle durch den Umweltgutachter ist jedoch entscheidend für das Funktionieren und die Glaubwürdigkeit von EMAS. Der weitgehende Wegfall der umweltgutachterlichen Kontrolle ist vor allen Dingen auch in Bezug auf eine potenzielle Deregulierung oder Substitution ordnungsrechtlicher Anforderungen problematisch. Es besteht die Gefahr, dass durch die Hintertür der privaten Normung die Anforderungen der EG-Öko-Audit-Verordnung untergraben werden könnten.[588]

Probleme ergeben sich auch daraus, dass gem. Art. 9 Abs. 1b EG-UAVO n.F. die Bescheinigung über die erfolgreiche Implementation eines Umwelt-Managementsystems von einer in dem Mitgliedstaat, in dem sich die Organisation befindet, anerkannten Stelle erfolgen kann. Daraus ergibt sich, dass auch die Akkreditierungsstellen gegenseitige gemeinschaftsrechtliche Anerkennung erfahren. Auch der Umweltgutachter kann als ein Minus seiner Befugnisse die ISO Zertifizierung erteilen und gemeinschaftsweit tätig werden. Die Zertifizierung durch den Umweltgutachter entspricht also der Bescheinigung einer anerkannten Zertifizierungsstelle. Fraglich ist, ob sich vor diesem Hintergrund der deutsche individualbezogene Ansatz des Umweltgutachters wird halten können.

---

[587] *Waskow*, in: *Rengeling* (Hrsg.), Umweltnormung: Deutsche, europäische und internationale Rechtsfragen, 1998, S. 55, 59.

[588] So auch: *Waskow*, ebd., S. 55, 61.

KAPITEL 6: DIE RECHTSSTELLUNG DES UMWELTGUTACHTERS

Von der Bewertung der rechtlichen Position des Umweltgutachters hängt es ab, ob und in welchem Maße er hoheitliche Aufgaben – vor und nach substituierenden und deregulierenden Maßnahmen– ausführen kann. Um den Umweltgutachter in den Gesamtkontext des deutschen Rechts einzuordnen, wird seine Stellung im folgenden Kapitel mit der von anderen Sachverständigen und Prüfern im deutschen Recht verglichen.

I. Verfassungsrechtliche Stellung des Gutachters

Mit der Schaffung des Umweltgutachters wurde zugleich durch den Verordnungsgeber der EG-Öko-Audit-Verordnung ein neues professionelles Betätigungsfeld geschaffen. Da der Begriff des Berufes gem. Art. 12 Abs. 1 GG weit verstanden wird und nicht nur traditionelle Berufsbilder darunter fallen, hindert die Neuschaffung des Berufes nicht seinen grundrechtlichen Schutz. Das Berufsbild des Umweltgutachters weist Parallelen zur Tätigkeit des Wirtschaftsprüfers auf und geht über eine bloße Variante anderer freiberuflicher Tätigkeiten hinaus. Insofern handelt es sich bei dem Umweltgutachter um einen neuen Beruf, welcher unter den Schutzbereich des Art. 12 Abs. 1 GG fällt.[589] Aus diesem Grund war bei der Umsetzung der EG-Öko-Audit-Verordnung in Deutschland eine gesetzliche Regelung notwendig. Sowohl die Zulassung der Umweltgutachter als auch die Aufsicht über diesen neuen Berufsstand berühren das Grundrecht aus Art. 12 Abs. 1 S. 2 GG. Die Zulassung als Umweltgutachter beinhaltet dabei mit den §§ 5-7 UAG eine subjektive Berufszulassungsregelung. Die gesetzlichen Anforderungen des UAG in subjektiver, persönlicher und fachlicher Hinsicht sind jedoch durch hochrangige Gemeinwohlgründe – die Aufrechterhaltung der für einen effektiven betrieblichen Umweltschutz gebotenen Prüfqualität – legitimiert.[590] Es muss jedoch auch in Zukunft jegliche Gesetzesänderung, die den Beruf des Umweltgutachters betrifft, vor dem Schrankenkanon des Art. 12 Abs. 1 GG bestehen.[591] Da die verfassungsrechtliche Bedeutung der Berufsfreiheit in einer *„strikten Anwendung des Verhältnismäßigkeitsgrundsatzes“* [592] besteht, ist eine gesetzliche Regelung dann verhältnis-

---

[589] Der Beruf des Umweltgutachters ist nicht verboten; er ist auf Dauer angelegt und dient der Schaffung der Lebensgrundlage. Er erfüllt damit die allgemein anerkannten Voraussetzungen eines „Berufes“ i.S. dem Art. 12 Abs. 1 GG. *Pieroth/Schlink*, Grundrechte, Staatsrecht II, 1999, Rn. 905, 906.

[590] *Schmidt-Preuß*, in: FS Kriele, 1997, S. 1157, 1173.

[591] Nach der Auffassung des Umweltgutachters *Klaus Kall* verstößt das UAG gegen Art. 12 Abs. 1 S. 2 GG, wenn es die Ausübung des Berufes des Umweltgutachters von einer „fremdbestimmten“ Zulassung abhängig macht und eine Regelaufsicht schafft, die für freie Berufe unbekannt sei. Dabei verkennt *Kall* die grundsätzliche Sonderstellung der Umweltgutachter. Umweltgutachter *Klaus Kall* in einem Vortrag am 17.4.1999 im Rahmen der Jahrestagung des Doktoranden Netzwerks Öko-Audit e.V.

[592] BVerfGE 46, S. 120, 138.

mäßig und mit Art. 12 vereinbar, wenn der Regelungszweck sachgerecht und das Regelungsmittel geeignet und erforderlich ist, den Regelungszweck zu erreichen.[593]

II. Formen der Erfüllung staatlicher Aufgaben durch Private

Das Berufsbild des Umweltgutachters ist neu und innovativ, seine Stellung systematisch nicht ganz eindeutig. Es stellt sich die Frage, inwieweit der Umweltgutachter in die Erfüllung hoheitlicher Aufgaben eingebunden ist, bzw. inwieweit er für den Staat in Erfüllung dessen Aufgaben tätig werden könnte.
In Theorie und Praxis gestaltet sich die Grenzziehung zwischen öffentlich-rechtlichem und privatrechtlichem Handeln schwierig.[594] Sie ist jedoch notwendig, da die Inpflichtnahme Privater durch Unternehmerpflichten, wie z.B. Eigenüberwachung, Eigensicherungspflichten oder die Bestellung von Betriebsbeauftragten, von der Übertragung überwachungsrechtlicher Aufgaben unterschieden werden muss. Dies ergibt sich schon aus der Notwendigkeit der Berechenbarkeit des Verwaltungshandelns einerseits sowie den unterschiedlichen Grundprinzipien des öffentlichen und privaten Rechts andererseits.[595]

Sowohl die Systematik als auch die Bezeichnungen innerhalb der Darstellungen von Beteiligungsformen Privater an der Erfüllung öffentlicher Aufgaben sind uneinheitlich und verwirrend. Der Streit ist jedoch oft sehr theoretisch und rankt sich um Nuancen. Ohne sich auf die Diskussion im Einzelnen einzulassen, sollen im Folgenden einige grundsätzliche Abgrenzungen vorgenommen werden. Im Mittelpunkt des Interesses steht das Rechtsinstitut der Beleihung. Für den Staat werden jedoch nicht nur Beliehene tätig. Der Staat bedient sich regelmäßig auch nicht beliehener Privater zur Erfüllung seiner Aufgaben.

1. Verwaltungshilfe

Unter einem Verwaltungshelfer versteht man einen Privaten, dessen sich der Staat als Werkzeug, vergleichbar dem privatrechtlichen Erfüllungsgehilfen gem. § 278 BGB, zur Erfüllung öffentlicher Aufgaben bedient.[596] Verwaltungshilfe liegt vor, wenn der Private unselbstständig bei der Erfüllung einer Verwaltungsaufgabe un-

---

[593] *Gröschner,* Das Überwachungsrechtsverhältnis, 1992, S. 105.

[594] Hierzu: *Wahl,* Privatisierung im Umweltrecht, in *Gusy (Hrsg.),* Privatisierung von Staatsaufgaben, 1998, S. 260, 266ff..

[595] *Ehlers,* Verwaltung in Privatrechtsform, 1984, S. 195.

[596] *Wolff/Bachof/Stober,* VerwR II, 1987, § 104 Rn. 5; *von Heimburg,* Verwaltungsaufgaben und Private, 1982, S. 130ff.; *Stober,* JuS 1982, S. 740ff.; *ders.* NJW 1984, S. 449ff.; *Bree,* Die Privatisierung der Abfallentsorgung nach dem Kreislaufwirtschafts- und Abfallgesetz, 1998, S. 43; *Sterzel,* in: *Blanke/Trümmer* (Hrsg.), Handbuch Privatisierung, 1998, S. 133, 140. Vgl. auch: BGHZ 48, S. 98, 10; Urteil v. 14.6.1971, NJW 1971, S. 2220, 2221; Urteil v. 7.2.1980, NJW 1980, S. 1679.

terstützend und/oder vorbereitend tätig wird.[597] Durch die Einschaltung eines Privaten als Verwaltungshelfer berührt der Staat nicht seine Aufgabenverantwortung. Als ob unmittelbar tätig würde, tritt dem betroffenen Bürger in der Form des Verwaltungshelfers der Staat gegenüber. Der Verwaltungshelfer wird auf der Grundlage eines privatrechtlichen Vertrages tätig. Eine Rechtsbeziehung besteht nur zwischen dem Verwaltungshelfer und dem Staat, sowie zwischen Staat und Betroffenem, nicht jedoch zwischen dem Betroffenen und dem Verwaltungshelfer. Das Institut der Verwaltungshilfe belässt den Privaten materiell im Feld des Privatrechts, bzw. – grundrechtlich ausgedrückt – im Bereich der allgemeinen Berufs- und Gewerbefreiheit des Art. 12 Abs. 1 GG. Weder die Zuständigkeit des Hoheitsträgers im Speziellen noch die Kompetenzordnung im Allgemeinen werden durch die Einbindung privater Verwaltungshelfer berührt. Aus diesen Grund bedarf die Verwaltungshilfe anders als die Beleihung im Regelfall keiner gesetzlichen Grundlage.[598]

Die Verwaltungshilfe lässt sich von der Beleihung durch äußere oder durch innere Kriterien abgrenzen. Äußerlich kann das Auftreten des Privaten, seine Zuständigkeit und Kompetenz als Abgrenzungsmerkmal dienen. Es kann aber auch das innere Verhältnis zwischen Staat und Privatem, mithin seine Selbstständigkeit und Weisungsgebundenheit, als Unterscheidungsmerkmal dienen. Dabei kommen die verschiedenen Ansätze in fast allen Fällen zu gleichen Ergebnissen. Sinnvoller ist wohl die Abgrenzung auf der Basis von äußeren Merkmalen. Hierbei handelt es sich um ein leichter abgrenzbares Kriterium als die rechtlich nicht definierte Selbstständigkeit. Zudem ist es auch für den Adressaten der Maßnahme letztendlich nur entscheidend, wer nach außen zuständig und damit auch verantwortlich ist.[599]

2. Beleihung

Das Rechtsinstitut der Beleihung geht in seinen Ursprüngen auf *Otto Mayer* zurück.[600] Dieser hat die Begriffe „Verleihung", „Beliehener" und „beliehener Unternehmer" geprägt. Seitdem erfuhren diese Begriffe jedoch manche Wandlung und Differenzierung.[601]

---

[597] Z.B. § 52 Abs. 2 BImSchG, §§ 14, 15 der 1. BImSchV, § 25 Abs. 3 GenTG, § 21 Abs. 4 ChemG. Sachverständige können ausdrücklich nach § 20 AtG und 19 Abs. 2 AtG i.V.m. § 13 GSG herangezogen werden.

[598] Im Falle systematischer und dauerhafter Einbeziehung Privater in die Erfüllung von Verwaltungsaufgaben kann dies anders sein.

[599] So auch: *Bree*, Die Privatisierung der Abfallentsorgung nach dem Kreislaufwirtschafts- und Abfallgesetz, 1998, S. 45.

[600] *Mayer*, Deutsches Verwaltungsrecht, Bd. II, 1917.

[601] Für *Mayer* fielen unter den Begriff des Beliehenen eine Vielzahl von Rechtsstellungen Privater, die heute nicht mehr unter des Institut der Beleihung fallen. Insbesondere wurden unter „beliehene Unternehmer" auch eine Reihe von wirtschaftenden Unternehmen, zu denen insbeson-

Heute wird unter einem Beliehenen eine natürliche oder juristische Person des Privatrechts verstanden, die vom Staat beauftragt wurde, hoheitliche Kompetenzen oder hoheitliche Aufgaben selbstständig und im eigenem Namen wahrzunehmen.[602] Der Beliehene ist zur Wahrnehmung der ihm übertragenen Verwaltungsaufgaben berechtigt und verpflichtet, hat unter Umständen finanzielle Erstattungsansprüche und unterliegt der Aufsicht des Beleihenden.[603] Es handelt sich bei der Beleihung demnach um die Indienstnahme Dritter zur bürokratischen Entlastung des Staates, wobei zugleich bei der Erledigung der betreffenden Verwaltungsaufgabe die haushalts- und personalrechtlichen Bindungen der öffentlichen Hand entfallen.[604]

Mit der Beleihung geht keine Aufgabenübertragung im Sinne einer materiellen Privatisierung einher. Der Beliehene wird im Rahmen der funktionalen Privatisierung tätig. Nach der Übertragung staatlicher Hoheitskompetenzen wird er nach den Zielvorgaben und unter der Aufsicht des Staates tätig. Die übertragene Aufgabe bleibt hoheitlich, und der Beliehene tritt nach außen als selbstständiger Hoheitsträger auf. Er ist Träger mittelbarer Staatsverwaltung und Behörde i.S.d. § 1 Abs. 4 VwVfG.

Allgemein anerkanntes Merkmal der Beleihung ist weiterhin der Gesetzesvorbehalt. Die Beleihung muss im Gegensatz zur Inanspruchnahme Privater im Rahmen der Verwaltungshilfe durch Gesetz oder auf Grund eines Gesetzes vorgenommen werden.[605] Dieses Erfordernis ist Ausdruck des allgemeinen Gesetzesvorbehalts,[606] der sich als institutioneller Gesetzesvorbehalt darstellt.[607] Ausgangspunkt der Be-

---

dere die Betriebe der Energieversorgung, der privaten Eisenbahngesellschaften und der Personenbeförderung gehörten, verstanden. Ihre Tätigkeit wurde als Ausübung einer konzessionär übertragenen natürlichen oder durch Rechtsatz zugewiesenen Kompetenz der öffentlichen Verwaltung begriffen und mit Hilfe des Instituts der Beleihung einem Sonderrecht im Verhältnis zum Staat unterstellt. *Steiner*, DÖV 1970, S. 526, 527.

602 Vgl. die Definitionen in: *Wolff/Bachof/Stober*, Verwaltungsrecht II, 1987, § 104 Rn. 2; *Maurer*, Allgemeines Verwaltungsrecht, 1995, § 23, Rn. 56; *Scholz*, NJW 1997, S. 14, 15.

603 *Maurer*, Allgemeines Verwaltungsrecht, 1995, § 23 Rn. 58.

604 *Rengeling*, Erfüllung staatlicher Aufgaben durch Private, 1986, S. 26f.

605 BVerwGE 1, S. 304; BVerwG, DÖV 1968, S. 431; BVerwG, DVBl. 1970, S. 735, 736; OVG Münster, DÖV 1980, S. 528. Für viele aus der Literatur: *Steiner*, Jus 1969, S. 69, 73; *Ossenbühl*, VVDStRL (29) 1971, S. 137, 169; *Wolff/Bachof/Stober*, Verwaltungsrecht II, 1987, § 104, Rn. 6; *Maurer*, Allgemeines Verwaltungsrecht, 1995, § 23 Rn. 57; *Erbguth*, UPR 1995, S. 369, 370; *Peine*, DÖV 1997, S. 353, 361; jeweils m.w.N. Die Forderung nach der Übertragung der gesetzlichen Pflicht unmittelbar durch Gesetz lässt sich auf *Ipsen* zurückführen. Zwar spricht dieser nicht von Ver- oder Beleihung, sondern von *„gesetzlicher Indienstnahme"*, worunter er den *„Vorgang, in dem der Staat in Ermangelung oder zur Schonung verwaltungseigener Mittel die persönlichen oder sachlichen Kräfte Privater kraft Gesetzes in Anspruch nimmt, um durch sie öffentliche Aufgaben erledigen zu lassen"* versteht, doch schließt er aus, dass die Indienstnahme durch Vertrag, durch Konzession oder zwischengeschalteten Verwaltungsakt erfolge. *Ipsen*, in: *Ipsen* (Hrsg.), Festgabe für Erich Kaufmann, 1950, S. 141, vgl. auch: *Burgi*, Funktionale Privatisierung und Verwaltungshilfe, 1999, S. 82.

606 *Steiner*, JuS 1969, S. 69, 73.

607 OVG Münster, DÖV 1980, S. 528.

leihung ist stets eine auf den jeweiligen Beleihungsfall zugeschnittene Spezialregelung, die durch die genaue Formulierung des Bestallungsaktes konkretisiert ist.[608]

Unstreitig notwendig ist somit ein formeller Beleihungsakt. Umstritten ist jedoch, was dem Privaten durch diesen Akt konkret übertragen wird. Die Meinungen gehen darüber auseinander, ob für die Annahme einer Beleihung die Übertragung der hoheitlichen Aufgabe ausreicht oder ob darüber hinaus zusätzlich die Einräumung spezifisch öffentlich-rechtlicher Befugnisse zu fordern ist.
Letzteres wird von der wohl sogenannten *Rechsstellungs-* oder *Befugnistheorie* angenommen.[609] Nach dieser Theorie ist der Beliehene ein Privater, dem vom Staat echte Hoheitsbefugnisse übertragen worden sind. Dem Privaten wird die Erfüllung einer Staatsaufgabe übertragen, und er wird zusätzlich mit der Ausübung hoheitlicher Anordnungs-, Befreiungs-, Entscheidungs- oder Zwangsbefugnissen insoweit organisationsrechtlich ausgestattet, wie dies zur Erfüllung der betreffenden Aufgabe notwendig ist.[610] Dabei sind echte Hoheitsbefugnisse solche, die dem Staat vorbehalten sind, und dazu ermächtigen, rechtsgestaltend tätig zu werden.
Während die Vertreter der reinen Rechtsstellungstheorie fordern, dass der Beliehene im Rahmen seiner hoheitlichen Kompetenzen zum Erlass von Verwaltungsakten ermächtigt sein muss,[611] nehmen die Vertreter der soweit modifizierten Rechtsstellungstheorie die Beleihung auch dann an, wenn der Gegenstand der Übertragung nicht die Befugnis zum Erlass von Verwaltungsakten beinhaltet.[612] Es reicht insofern die Übertragung obrigkeitlicher oder schlicht-hoheitlicher Befugnisse bzw. Kompetenzen auf Private zur Wahrnehmung staatlicher Angelegenheiten.
Die modifizierte Rechtsstellungstheorie nähert sich der *Aufgabentheorie,* welche die Rechtsstellungstheorie ergänzt und weiter entwickelt.[613] Letztere lenke zwar zu Recht das Augenmerk auf die juristische Sonderstellung des Beliehenen, sie sei je-

---

[608] *Reinhardt,* AöR 1993, S. 617, 625.
[609] *Weber/Seitz,* GewArch. 1980, S. 151, 153; *Heimburg,* Verwaltungsaufgaben und Private, 1982, S. 34; *Wolff/Bachof/Stober,* Verwaltungsrecht II, 1987, § 104 Rn. 2; *Reinhardt,* AöR 1993, S. 617, 625; *Peine,* DÖV 1997, S. 353, 361; *Scholz,* NJW 1997, S. 14, 15; *Pippke,* ZUR 1999, S. 309, 313. Im Gegensatz zum BGH tendiert das BVerwG auch heute noch zu dieser Theorie. BVerwG, NJW 1970, S. 2075.
[610] *Scholz,* NJW 1997, S. 14, 15.
[611] Z.B. *Pippke,* ZUR 1999, S. 309, 313.
[612] Z.B. *Wolff/Bachof/Stober,* Verwaltungsrecht II, 1987, § 104 Rn. 2, oder aber BVerwG, NVwZ 1988, S. 1027.
[613] *Huber,* DVBl. 1952, S. 456; *Steiner,* Fragen der Beleihung, in FS *Koja,* 1998, S. 603ff.; *ders.,* Jus 1969, S. 69, 70; *ders.,* DÖV 1970, S. 526, 528; *ders.,* Öffentliche Verwaltung durch Private, 1975; *Bachof,* VVDStRL (29), 1971, S. 249, 252; *Ossenbühl,* VVDStRL (29) 1971, S. 137, 156, 157; *Osterloh,* VVDStRL (54) 1995, S. 204, 225; *Maurer,* Allgemeines Verwaltungsrecht, 1995, § 23 Rn. 56; *Peine,* DÖV 1997, S. 353, 362; S. 46; *Bree,* Die Privatisierung der Abfallentsorgung nach dem Kreislaufwirtschafts- und Abfallgesetz, 1998, S. 55.

doch zu eng konzipiert. *Steiner* vertritt in einem kombinierten Ansatz zunächst noch die Auffassung, dass es neben der Wahrnehmung öffentlich-rechtlicher Kompetenz vor allen Dingen auf die Übertragung einer hoheitlichen Aufgabe ankomme.[614] Die moderne Aufgabentheorie stellt jedoch als entscheidendes Kriterium nicht mehr auf die Übertragung hoheitlicher Befugnisse, sondern nur noch auf die Übertragung hoheitlicher Aufgaben ab. Die Beleihung meint damit die Übertragung einer materiell-staatlichen Aufgabe, die dem Privatsubjekt zuvor vorenthalten war.[615]
Nach der Aufgabentheorie korrespondiert der Inhalt der Tätigkeit des Beauftragten mit dem Beleihungsgegenstand.[616] Schon wenn der Private eine hoheitliche Aufgabe wahrnimmt, ist die Tätigkeit als hoheitlich zu qualifizieren. In Frage steht die Erkennbarkeit der staatlichen Aufgabe. Allgemein ist darauf abzustellen, ob die Erfüllung einer bestimmten Aufgabe unter Berücksichtigung der jeweiligen politischen, sozialen und wirtschaftlichen Situation im öffentlichen Interesse erforderlich ist.[617] Eine Entscheidung kann im konkreten Einzelfall nur durch Auslegung der gesetzlichen Regelung erfolgen.
Die Aufgabentheorie ähnelt zwar nicht in ihrer Herleitung, doch aber im Ergebnis der modifizierten Rechtsstellungstheorie. Im Unterschied zu dieser können jedoch nach der Aufgabentheorie auch verwaltungsprivatrechtlich zu vollziehende Kompetenzen Inhalt eines Beleihungsaktes sein.[618]

Auch der BGH vertritt die Grundsätze der Aufgabentheorie, wenn er entscheidet, dass der TÜV-Sachverständige schon deshalb in öffentlich-rechtlicher Funktion tätig wird, weil seine Tätigkeit einer öffentlichen Aufgabe diene und ihre Grundlage in öffentlich-rechtlichen Normen finde.[619] Entscheidend sei die Tätigkeit des Sachverständigen, nicht die hoheitliche Kompetenz. Der BGH stützt die Annahme einer Beleihung dabei auf zwei Hauptargumente. Nach dem ersten Argumentationsstrang liegt eine Beleihung dann vor, wenn auf Grund von materiellen und formellen Regelungen und einer hierarchischen Anbindung an die staatliche Verwaltung von der privatrechtlichen Selbstständigkeit des Privaten hinsichtlich des „Wie" der Aufgabenerfüllung *„nahezu nichts übrigbleibt"*.[620] Nach dem zweiten Argumentationsmuster kommt es auf das Zusammenwirken zwischen dem Privaten und der zuständigen Behörde an. Wenn die Handlung des Privaten geradezu

---

614 *Steiner,* JuS 1969, S. 69, 71.
615 *Peine,* DÖV 1997, S. 353, 362; *Maurer,* Allgemeines Verwaltungsrecht, 1995, § 23 Rn. 56; *Huber,* DVBl. 1952, S. 456.
616 *Van Bon/Müller,* in: Doktoranden-Netzwerk Öko-Audit e.V. (Hrsg.), Umweltmanagementsysteme zwischen Anspruch und Wirklichkeit, 1998, S. 85, 87.
617 *Bachof,* VVDStRL (29), 1971, S. 249, 252.
618 *Steiner,* Öffentliche Verwaltung durch Private, 1975, S. 47.
619 BGH, NJW 1968, S. 443, 444. Im Gegensatz zum BGH scheint das BVerwG der Rechtsstellungstheorie zuzuneigen. Vgl. BVerwG, DVBl. 1970, S. 735ff.
620 BVerfG, NJW 1987, S. 2501, 2502; BVerwGE 29, S. 166, 168; OLG Schleswig, NJW 1996, S. 1218, 1219.

„als Bestandteil der Verwaltungstätigkeit" erscheint, so dass Entscheidungen der Behörde *„praktisch gefallen"* sind, nachdem der Private tätig geworden ist, dann ist er als Beliehener zu qualifizieren.[621] Nicht für notwendig hält es der BGH, dass ein Beliehener auch Verwaltungsakte erlassen kann.[622] Ein hoheitliches Handeln kann auch bei einer faktischen Einbindung des Privaten in ein Verwaltungsverfahren oder sogar nur in das Vorfeld eines Verfahrens vorliegen.[623] Nach dieser Auffassung kann auch der in die Verwaltungsentscheidung integrierte Sachverständige beliehen sein, wenn die Verwaltung an die sachliche Entscheidung des privaten Sachverständigen gebunden ist. Abzugrenzen sei diese Form der abschließenden Begutachtung durch Private von den Fällen, in denen der private Sachverständige in der Rolle eines technischen Erfüllungsgehilfen der Behörde lediglich Entscheidungshilfen gibt.[624]

Dem BGH sowie den Vertretern der Aufgabentheorie ist in ihrer Argumentation zu folgen. Entscheidend für die Abgrenzung des Beliehenen zum Verwaltungshelfer ist, ob der Private in eigener Verantwortung eine hoheitliche Aufgabe wahrnimmt. Dem Beliehenen wird durch den gesetzlichen Übertragungsakt nicht die abstrakte Kompetenz, sondern die konkrete Aufgabe übertragen. Soweit zur Aufgabenerfüllung erforderlich, wird die Kompetenz mit übertragen. Die materielle Abgrenzung ist sachgerechter, da sie einzelfallbezogen die Natur der übertragenen Aufgabe zum Anknüpfungspunkt macht.

Zusammenfassend lässt sich feststellen, dass die Existenz des Rechtsinstituts der Beleihung von keinem der zitierten Autoren in Frage gestellt wird. Der gemeinsame Nenner der verschiedenen Theorien besteht darin, dass vorausgesetzt wird, dass - im Gegensatz zur Verwaltungshilfe - der Beliehene zu einem organisatorischen Teil der Verwaltung wird. Der Beliehene ist nach allgemeiner Ansicht ein Teil der funktionellen bzw. mittelbaren Staatsverwaltung. Die Beantwortung der Frage, ob ein Privater beliehen ist oder nicht, ist aus diesem Grund entscheidend für die Frage nach dem Rechtsweg, der Grundrechtsbindung, der Staatshaftung und der Staatsaufsicht.

---

[621] BGHZ 49, S. 108, 112f.; BGHZ 122, S. 85, 88; OLG Köln, NJW 1989, S. 2065; VGH Mannheim, NVwZ 1994, S. 1135, 1136, so auch: *Steiner*, DÖV 1970, S. 526, 531.

[622] BGHZ 49, S. 108; BGH, NJW 1973, S. 1784; OLG Köln, NJW 1989, S. 2065; BVerwG, DÖV 1972, S. 500. 501.

[623] BGH, Urt. v. 25.3.1993, NJW 1993, S. 1784, 1785 = DÖV 1993, S. 671, 672 = BGHZ 122, S. 85, 92

[624] *Steiner*, Öffentliche Verwaltung durch Private, 1975, S. 124f.; vgl. auch *Steiner*, Fragen der Beleihung, in FS *Koja*, 1998, S. 603ff..

3. Sonstige Formen der Beteiligung Privater an staatlicher Aufgabenerfüllung

Sowohl der Beliehene als auch der Verwaltungshelfer bedienen sich in der Aufgabenausführung hoheitlicher Handlungsformen. Beide erfüllen auf diese Weise öffentliche Aufgaben. Die Inanspruchnahme Privater durch den Staat erschöpft sich damit aber nicht. Es sind eine Reihe von Zwischenformen zwischen Beleihung und Verwaltungshilfe entstanden.[625] Die Aufgabenerfüllung und - im Rahmen von Privatisierungen - die Aufgabenverantwortung kann auch an Private übertragen werden, die gegenüber den Betroffenen auch als solche auftreten.
So grenzt *Heimburg* beispielsweise die Beleihung von der Verwaltungssubstitution ab.[626] Grundsätzlich kann der Staat sein eigenes Tätigwerden durch die Zuhilfenahme von Privaten ersetzen. Steht dem staatlichen Kompetenzverzicht dabei kein Kompetenzzuwachs auf privater Seite gegenüber, handelt sich um eine Kooperation von Staat und Privatem, so versteht *Heimburg* darunter die Verwaltungssubstitution.[627] Der Verwaltungssubstitut wird selbstständig und unabhängig von behördlichen Weisungen tätig, wodurch er sich von dem unselbstständigen Verwaltungshelfer unterscheide.[628] Zu den Verwaltungssubstituten zählen z.B. auch private Sachverständige, soweit diese auf behördliche Anweisung tätig werden und keine bindende Feststellung treffen.
Staatliches Handeln kann auch durch die sogenannte Verwaltungsersetzung von privatem Tätigwerden abgelöst werden.[629] Auch hier wird eine private Person im öffentlichen Aufgabenbereich tätig. Anders als der Beliehene wird sie jedoch nicht Teil des Staates, sondern tritt an die Stelle des Staates. Der Private wird eigenverantwortlich im öffentlichen Aufgabenbereich tätig, ohne in die Staatsverwaltung eingegliedert zu werden. Er nimmt eine öffentlich-rechtliche Aufgabe wahr, ohne dass der Staat eine Zuständigkeit daran begründet hat.
Der Staat erschließt sich Ressourcen auch durch die Inpflichtnahme Privater. Eine solche liegt dann vor, wenn der Staat Verwaltungsaufgaben auf Private abwälzt, indem er ihnen bestimmte Handlungs- oder Leistungspflichten als „Bürgerpflichten" durch Gesetz auferlegt, so z.B. die Hilfsdienste der Arbeitgeber für die Steuerverwaltung, die Wegereinigungspflicht der Anlieger oder die Pflicht zur Vorratshaltung wichtiger Sachgüter.[630] In diesem Fall handelt es sich nicht um die Erfüllung oder die Einbeziehung in die Erfüllung hoheitlicher Aufgaben.

---

[625] *Di Fabio*, Privatisierung und Staatsvorbehalt, JZ 1999, S. 585, 589.
[626] *Heimburg*, Verwaltungsaufgaben und Private, 1982, S. 146.
[627] Ebd., S. 60. Die Verwaltungssubstiution ist zum Teil auch als „staatsersetzendes Verwaltungshandeln" bekannt.
[628] *Heimburg*, Verwaltungsaufgaben und Private, 1982, S. 130.
[629] *Bree*, Die Privatisierung der Abfallentsorgung nach dem Kreislaufwirtschafts- und Abfallgesetz, 1998, S. 58.
[630] *Erbguth*, URP 1995, S. 369, 370.

In diesem Zusammenhang ist auch die Entlastung der staatlichen Behörden durch Eigenüberwachung von Bedeutung. Eigenüberwachung ist die Selbstkontrolle in Ersetzung von staatlicher oder staatlich beauftragter Fremdkontrolle.[631] Der Private erfüllt in diesem Fall eigene und keine staatlichen Aufgaben. Die Eigenüberwachung dient der Unterstützung der staatlichen Überwachung.
Ohne die Übertragung einer Wahrnehmungszuständigkeit und ohne die Übertragung hoheitlicher Aufgaben oder Kompetenzen verteilt der Staat zudem Konzessionen.[632]

Ein Vergleich der Privatisierungsformen mit den dargestellten individualbezogenen Möglichkeiten der Einbeziehung Privater in die staatliche Aufgabenerfüllung eröffnet den Blick auf folgende Zusammenhänge:
Die Verwaltungshilfe, Beleihung und Verwaltungssubstitution treten in der Regel als Formen der funktionalen Privatisierung auf und zeichnen sich dadurch aus, dass der Staat Aufgabenträger bleibt, während der Private die Aufgabe ausführt. Hingegen geht sowohl bei der Verwaltungsersetzung als auch der Aufgabenprivatisierung die öffentlich-rechtliche Verantwortung für die Erfüllung der Aufgabe auf den Privaten über. Bei der Verwaltungsersetzung findet jedoch keine Aufgabenverlagerung im Sinne einer Privatisierung statt. Im Falle der Beleihung wird zwar die staatliche Aufgabe in den privaten Bereich verlagert, aber der Beliehene verliert damit auch im Hinblick auf die Erfüllung der staatlichen Aufgabe seinen Status als Privater, er wird vielmehr als ausgegliederter Teil der Verwaltung tätig. Die Konsequenzen von Privatisierung und Beleihung sind allerdings oft die gleichen: die Verwaltung wird entlastet.

III. Beispiele für die Einbeziehung von Privaten in die staatliche Aufgabenerfüllung im deutschen Recht

An Hand von Beispielen für die rechtliche Einbindung Privater in Verwaltungs- und Prüfverfahren soll die Rechtsstellung des Umweltgutachters festgestellt werden. Der Schwerpunkt liegt dabei einerseits auf der Funktion dieser Privater, andererseits auf der rechtlichen Ausgestaltung der Eingliederung der Privaten in die staatliche Aufgabenerfüllung.

1. Private Sachverständige

Ein Sachverständiger ist eine *„natürliche Person, die auf einem abgrenzbaren Gebiet der Naturwissenschaft, der Wirtschaft, der Technik oder eines anderen Sachbereichs über überdurchschnittliche Kenntnisse, Fähigkeiten und Erfahrungen*

---

631 *Steiner*, DVBl. 1987, S. 1133, 1134.

632 *Wolff/Bachhof/Stober*, Verwaltungsrecht II, 1987, § 104 Rn. 4. Der private Betreiber erbringt auf Grund der staatlichen Konzession eine Leistung für einen Bürger, die von diesem entgolten wird.

verfügt, die nachprüfbar in einer abgeschlossenen Berufsausbildung erworben wurden und die diese besondere Sachkunde jedermann unabhängig, unparteiisch, persönlich, weisungsfrei und gewissenhaft zu Verfügung stellt."[633] Die Tätigkeit des Sachverständigen besteht aus der *„Feststellung von Tatsachen, begründete*[n] *Darstellung von Erfahrungssätzen und* [der] *Ableitung von Schlussfolgerungen tatsächlicher Art zum Zwecke der tatsächlichen Beurteilung eines Geschehensablaufs oder der Bewertung einer Sache in der Form eines objektiven, unparteiischen und allgemein gültigen Urteils."*[634] Den Sachverständigen zeichnet somit eine besondere Sachkunde auf einem bestimmten Gebiet aus, welche ihn in die Lage versetzt, seinem Auftraggeber spezifische Erkenntnisse zu vermitteln. Objektiv und unparteiisch soll er sein Wissen in den Dienst seiner Untersuchung stellen. Durch sein Tätigwerden schafft er die Voraussetzung für eine Entscheidung seines Auftraggebers oder eines Dritten. Rechtliche Bewertungen gehören regelmäßig nicht in seinen Zuständigkeitsbereich. Der Sachverständige nimmt aber durchaus auch Prüf- und Überwachungsaufgaben wahr.

Behörden bedienen sich ebenso wie Private Sachverständiger als Experten. Der Staat macht sich so auf flexible Weise Wissen von außen zu nutze. Dabei gilt grundsätzlich, dass gewisse Minimalanforderungen an sogenannte Sachverständigenmodelle angelegt werden müssen.[635] Hierzu zählt eine wirksame Aufsicht über die Sachverständigen (Kontrolle der Kontrolleure), eine Gewährleistung der Qualifikation der Beteiligten sowie die staatliche Sicherung des Schutzziels. Unter Umständen muss Regressvorsorge bei Verfahrensfehlläufen sichergestellt sein. Über diese Minimalvoraussetzungen hinaus muss im Einzelfall die Rechtmäßigkeit der Einbeziehung der Privaten in die hoheitliche Aufgabenerfüllung geprüft werden.

Die Integration privaten Sachverstandes in Verfahren ist Ausdruck des Kooperationsprinzips zwischen Privaten und Behörden. Eine solche Kooperation zwischen staatlichen und privaten Akteuren prägt auch das EG-Öko-Audit-System: Mit der Person des Umweltgutachters wird privater Sachverstand staatlich nutzbar gemacht und institutionalisiert.

a. Der öffentlich bestellte und vereidigte Sachverständige nach § 36 GewO

Nach der Vorschrift des § 36 Abs. 1 S. 1 GewO[636] können Sachverständige auf Antrag für bestimmte Sachgebiete öffentlich bestellt werden, unter der Voraussetzung, dass sie besondere Sachkunde nachweisen und keine Bedenken gegen ihre Eignung bestehen. Sie sind darauf zu vereidigen, dass sie ihre Sachverständigenaufgaben unabhängig, weisungsfrei, persönlich, gewissenhaft und unparteiisch

---

[633] *Bleutge*, in: *Landmann/Rohmer*, GewO, Bd I, § 36 Rn. 11. Vgl. auch die Definition der Sachverständigen in: *Ludwig*, Privatisierung staatlicher Aufgaben im Umweltschutz, 1998, S. 174.
[634] *Bleutge*, in: *Landmann/Rohmer*, GewO, Bd I, § 36 Rn. 13.
[635] *Ritter*, DVBl. 1996, S. 542, 547.
[636] Vgl. auch: § 91 Abs. 1 Nr. 8 HandwO

erfüllen und ihre Gutachten entsprechend erstatten.[637] Zu den Pflichten des Sachverständigen gehören unter anderem auch die Pflicht zur Fortbildung und zum Erfahrungsaustausch, die Auskunftspflicht gegenüber der zuständigen Behörde und die Pflicht zur Duldung der *„behördlichen Nachschau"*.[638] Außerdem werden die öffentlich bestellten Sachverständigen durch das Verpflichtungsgesetz[639] auf die gewissenhafte Erfüllung der Schweigepflicht verpflichtet, deren Verletzung in § 203 Abs. 2 Nr. 5 StGB für den öffentlich bestellten Sachverständigen unter Strafe gestellt wird.
Dem öffentlich bestellten Sachverständigen hat der Gesetzgeber eine hervorragende Rolle eingeräumt. Im Gerichtsverfahren ist er bevorzugt heranzuziehen,[640] muss im Gegenzug allerdings jedem gerichtlichen Gutachtenauftrag Folge leisten.[641] In einigen Bereichen hat der Gesetzgeber dem öffentlich bestellten Sachverständigen besondere Prüf- und Gutachtenzuständigkeiten zuerkannt.[642]
Die öffentlich bestellten und vereidigten Sachverständigen werden allgemein nicht als Beliehene angesehen.[643] Die Behörde macht sich grundsätzlich das Urteil der öffentlich bestellten Sachverständigen nicht ohne eigene inhaltliche Prüfung zu eigen. Den öffentlich bestellten Sachverständigen wird keine letztverbindliche Entscheidungskompetenz übertragen. In der Regel werden sie lediglich zu Gutachten im Vorfeld von behördlichen oder gerichtlichen Entscheidungen herangezogen.

Die fachlichen und persönlichen Anforderungen, denen der öffentlich bestellte Sachverständige unterliegt, sind vergleichbar mit den Maßstäben, die an den zu-

---

[637] Vgl. § 36 Abs. 1 S. 2 GewO. Die Landesregierungen werden mit Abs. 3 der Regelung ermächtigt, die Einzelheiten bezüglich der persönlichen Voraussetzungen, der in Betracht kommenden Sachgebiete sowie der Pflichten, denen der Sachverständige unterliegt, durch Rechtsverordnung zu regeln. Falls die Landesregierungen von dieser Ermächtigung keinen Gebrauch machen, können Körperschaften des öffentlichen Rechts, die für die öffentliche Bestellung und Vereidigung von Sachverständigen zuständig sind, durch Satzung die in Abs. 3 genannten Vorschriften erlassen (§ 36 Abs. 1 S. 2 GewO). Hierfür zuständig sind die Industrie- und Handelskammern. Vgl. z.B. die Sachverständigenordnung der Industrie- und Handelskammer Dresden v. 20.9.1995 gemäß § 36 GewO in Verbindung mit § 7 des Gesetzes zur Ausführung und Ergänzung des Rechts der Industrie- und Handelskammern im Freistaat Sachsen (Sächs. IHKG).
[638] Vgl. § 36 Abs. 3 Nr. 3h GewO.
[639] Verpflichtungsgesetz v. 2.3.1974 (BGBl I, S. 469).
[640] Vgl. § 404 Abs. 2 ZPO, § 73 Abs. 2 StPO.
[641] Vgl. § 407 Abs. 1 ZPO, § 75 Abs. 1 StPO.
[642] Daß den Sachverständigen nach § 36 GewO in einigen Bereichen (§ 18 Abs. 1 Aufzugsverordnung-AufzV 1980 [BGBl. I, S. 173, 205]; § 18 MedGV 1985 [BGBl. I, S. 93], § 12 Abs. 1 GasleitVO 1974 [BGBl. I, S. 3591], § 15 Abs. 1 Nr. 2 ElexV 1980 [BGBl. I, S. 173, 214]) die Aufgaben wahrnehmen können, die sonst von amtlich anerkannten Sachverständigen zu erfüllen sind, wird zum Teil als systemfremd und nicht von der Ermächtigung des § 24c GewO (a.F., heute: § 36 GewO) gedeckt angesehen. Vgl. *Steiner*, BB 1987, S. 1824, 1826f.
[643] *Bleutge*, in *Landmann/Rohmer*, GewO, 1999, Bd 1 § 36 Rn. 12, *Stober*, Zum Beruf des Sachverständigen nach der Novellierung des § 36 GewO, in FS *Friauf*, 1997, S. 545ff..

gelassenen Umweltgutachter angelegt werden.[644] Durch die öffentliche Bestellung genießen die Sachverständigen einen Status besonderer Vertrauenswürdigkeit, welcher insbesondere in gerichtlichen Verfahren eine große Rolle spielt. Diese besondere Vertrauensstellung rechtfertigt das Anlegen besonderer persönlicher und fachlicher Maßstäbe an den Sachverständigen. Insofern ist die öffentliche Bestellung mit der Zulassung des Umweltgutachters nach § 9 UAG zu vergleichen. Auch der Umweltgutachter genießt einen besonderen Status. Er ist eingebettet in ein Verwaltungsverfahren, welches mit der Eintragung in das Verzeichnis gem. Art. 6 EG-UAVO n.F./Art. 8 EG-UAVO a.F. seinen (hoheitlichen) Abschluss findet. Die besondere Vertrauensposition rechtfertigt die strengen Zulassungserfordernisse. Gleiches gilt für die Aufsicht, welcher der Umweltgutachter jedoch in weit stärkerem Maße unterliegt als der öffentlich bestellte Sachverständige. Dies ergibt sich tätigkeitsimmanent schon daraus, dass der Sachverständige nicht in ein Verwaltungsverfahren eingebunden ist. Zudem wird der Sachverständige immer wieder neu von staatlicher Stelle beauftragt, der Umweltgutachter wird hingegen einmal staatlich zugelassen, dann nur noch im privaten Auftrag tätig. Die staatliche Einflussmöglichkeit verlagert sich damit in die Aufsicht der gutachterlichen Tätigkeit.

b. Der amtlich anerkannte Sachverständige

Die Figur des „amtlich anerkannten" Sachverständigen ist speziell für die technische Überwachung entwickelt worden, also für die präventive Gewährleistung der Sicherheit bei bestimmten gefährlichen und daher fortlaufender Kontrolle bedürftigen technischen Systemen.[645] Die amtlich anerkannten Sachverständigen werden auf spezieller gesetzlicher Grundlage tätig. Ihr Aufgabenbereich umfasst jedoch nicht die gesamte Palette gutachterlicher Tätigkeit, sondern ist auf die hoheitliche Überprüfung bestimmter Anlagen und Einrichtungen beschränkt.

aa. Der amtlich anerkannte Sachverständige nach §§ 1, 2 KfzSachvG

Amtlich anerkannten Sachverständigen der Technischen Überwachungsvereine[646] werden durch §§ 21, 29 StVZO[647] i.V. m. §§ 1, 2 KfzSachG[648] Befugnisse übertra-

---

[644] Interessant ist jedoch, dass – anders als im UAG – die Weisungsfreiheit des Sachverständigen in der Gewerbeordnung ausdrückliche Erwähnung findet.

[645] Ebd., Bd I, § 36 Rn. 19.

[646] Durch die Übertragung von Kontrollaufgaben auf die Technischen Überwachungsvereine verfolgte der Staat insgesamt das Ziel, den technischen Sachverstand so zusammenzufassen, dass die personelle und apperative Leistungsfähigkeit optimiert wird. Dabei sind die Überwachungsvereine als Ganzes nicht beliehen, sondern nehmen durch ihre Betätigung grundrechtlich zuvörderst in Art. 9 und 14 GG verbürgte Freiheiten in Anspruch und zwar in der Rechtsform der eingetragenen Vereine des Privatrechts. Vgl. *Müggenborg,* NVwZ 1990, S. 909, 910, 911. Die Monopolstellung der Technischen Überwachungsvereine ist allerdings in den letzten Jahren ins Wanken geraten. Auch hier lässt sich die Tendenz zur Marktöffnung und die Schaffung eines wettbewerbsorientierten Systems mit verschiedenen Anbietern erkennen. Zu den rechtlichen Problemen dieser Entwicklung: *Ossenbühl/Ritgen,* DVBl. 1999, S. 1301.

gen. Der Sachverständige nimmt in Bereich der Kraftfahrzeugsicherheit technische Prüfungen vor und erstattet Gutachten.[649] Laut inzwischen ständiger Rechtsprechung des BGH handelt es sich bei diesen Tätigkeiten um eine hoheitliche Aufgabe, die der Sachverständige als Beliehener wahrnimmt.[650] Zwar wird die Betriebserlaubnis für das Kraftfahrzeug durch Verwaltungsakt von der zuständigen Behörde erteilt. Der Sachverständige selbst erlässt keine Verwaltungsakte. Dies ist jedoch auch nach der vom BGH vertretenen Auffassung für die Einordnung des Sachverständigen als Beliehenen nicht notwendig. Maßgeblich kommt es für den BGH auf die Entscheidungserheblichkeit des Sachverständigengutachtens in dem Verwaltungsverfahren an. Im Falle des Prüfers, der nach § 29 StVZO tätig wird, sei das Gutachten des Sachverständigen bindende Grundlage für die Entscheidung der Behörde. *„Die Gutachter- und Prüfungstätigkeit des Sachverständigen hängt* [...] *mit der Erteilung der Erlaubnis durch die Verwaltungsbehörde aufs engste zusammen und bildet geradezu einen Bestandteil der von der Verwaltungsbehörde ausgeübten und in ihrem Verwaltungsakt sich niederschlagenden hoheitlichen Tätigkeit.“*[651] Hieraus ergibt sich, dass die Verwaltung in der Entscheidung über den Erlass des Verwaltungsaktes – anders als in den Fällen bloßer Entscheidungshilfe durch Sachverständige – an die Feststellung des Sachverständigen gebunden ist. Das Gesetz ist somit so zu verstehen, dass ein negatives Untersuchungsergebnis des Sachverständigen, zum Verlust der Zulassung durch eine entsprechende Entscheidungen der Straßenverkehrsbehörde führt. Die Straßenverkehrsbehörde erlässt die erforderlichen Verwaltungsakte auf der Grundlage der Sachverhaltsermittlung der TÜV-Sachverständigen. Der private Sachverständige ist damit eingebunden in die Ausübung hoheitlicher Gewalt. Damit er sie ausüben kann, wird ihm von der zuständigen Landesbehörde die amtliche Anerkennung erteilt, die ihn berechtigt, die im Straßenverkehrsrecht den amtlich anerkannten Sachverständigen übertragenen Aufgaben wahrzunehmen.[652] Die Beleihung basiert rechtlich auf dieser Anerkennung der TÜV Sachverständigen nach § 29 StVZO, §§ 1, 2 KfzSachG. Der BGH schließt sich mit dieser Entscheidung der Aufgabentheorie an, wenn er die Beleihung daraus erklärt, dass die Tätigkeit des Sachverständigen öffentlichen Aufgaben diene und auf öffentlich-rechtlichen Normen beruhe.[653] Das Gericht stellt damit einerseits auf den Beleihungsgegenstand andererseits auf die Zuordnung der Norm ab.

---

[647] Straßenverkehrs-Zulassungs-Ordnung (StVZO) v. 28.9.1988 (BGBl. I, S. 1793).

[648] Gesetz über amtlich anerkannte Sachverständige und amtlich anerkannte Prüfer für den Kraftfahrzeugverkehr (Kraftfahrsachverständigengesetz – KfSachvG) v. 22.12.1971.

[649] Vgl. z.B. §§ 19 Abs. 2, 21 S. 3, § 29 StVZO.

[650] BGHZ 49, S. 108, NJW 1968, S. 443; BGH, NJW 1973, S. 458; BGH, Urt. v. 25.3.1993, NJW 1993, S. 1784 = DÖV 1993, S. 671; OLG Köln, NJW 1989, S. 2065; *Bracher*, Gefahrenabwehr durch Private, 1987, S. 38; *Bleutge*, in *Landmann/Rohmer*, GewO, Bd I, § 36 Rn. 19; a.A. noch *Herschel*, NJW 1969, S. 817, 818, BayVGH NJW 1975, S. 1796.

[651] BGH, Urt. v. 25.3.1993, NJW 1993, S. 1784.

[652] BGHZ 48, S. 108, 112ff.; NJW 1967, S. 2005.

[653] BGH, NJW 1968, S. 443, 444.

Durch die Bindungswirkung des Sachverständigengutachten für die Behörde kommt diesem Außenwirkung zu. Der Dritte wird durch das Gutachten des Sachverständigen direkt betroffen, da die Behörde keine eigene wertende Entscheidung mehr vornimmt. Infolge der Bindungswirkung ist die Partizipation des Sachverständigen an denselben verfassungsrechtlichen Maßstäben wie die Ausübung durch staatliche Behörden zu messen.

Die persönlichen und fachlichen Anforderungen für eine amtliche Anerkennung als Sachverständiger finden sich in § 2 KfSachvG. Anders als der öffentlich bestellte Sachverständige muss der Sachverständige, um eine amtliche Anerkennung zu erlangen, eine besondere Ausbildung bei den Technischen Prüfstellen für den Kraftfahrzeugverkehr[654] ableisten. Im Anschluss an diese sechsmonatige Ausbildung muss der Kandidat eine Prüfung vor einem Prüfungsausschuss bei der zuständigen obersten Landesbehörde oder vor einer von der Landesregierung gebildeten Stelle ablegen.[655] Die besonderen technischen Kenntnisse und die Einbindung in das Verwaltungsverfahren rechtfertigen diese zusätzlichen Anforderungen an die amtlichen Sachverständigen. Die Aufsicht über die amtlich anerkannten Sachverständigen übt die zuständige Aufsichtsbehörde aus.

Aus diesen Ausführungen ergibt sich, dass auch im Hinblick auf den Umweltgutachter zu klären ist, ob er eine letztverbindliche Entscheidung trifft. Nur dann wäre die Erfüllung einer staatlicher Aufgaben gegeben. Eine Beleihung wäre notwendig. Stellt man auf die Nähe zum und Bindungswirkung für das Verwaltungsverfahren ab, ist der Umweltgutachter zwischen dem öffentlich bestellten und dem amtlichen anerkannten Sachverständigen anzusiedeln. Diese intermediäre Stellung spiegelt sich in den Anforderungen, die an den Gutachter gestellt werden. Die Prüfungstätigkeit des Umweltgutachters ist mit der des amtlich anerkannten Sachverständigen zu vergleichen, die Breite des Wissens, die Vielgestaltigkeit der Tätigkeit, die Komplexität des Prüfungsgegenstandes bringt ihn in die Nähe des öffentlich bestellten Sachverständigen.

bb. Der amtlich anerkannte Sachverständige nach § 14 GSG

Die Sicherheitsprüfungen nach § 2 Abs. 2 Nr. 1 bis 10 GSG[656] gehören zu den klassischen Aufgabenbereichen, die von amtlich anerkannten Sachverständigen ausgefüllt werden.

Dies ergibt sich aus der Regelung des § 14 Abs. 1 GSG. Nach dieser Vorschrift werden die Prüfungen der überwachungsbedürftigen Anlagen, soweit in den nach § 11 Abs. 1 GSG erlassenen Rechtsverordnungen nichts anderes bestimmt ist, von

---

[654] Vgl. § 2 Abs. 1 Nr. 5 KfSachVG i.V.m. § 1 KfSachvV =Verordnung zur Durchführung des Kraftfahrsachverständigengesetzes (KfSachvV) v. 24.5.1972.

[655] Vgl. § 4 KfSachvG i.V.m. §§ 2ff. KfSachvV.

[656] Gesetz über technische Arbeitsmittel (Gerätesicherheitsgesetz) v. 23.10.1992 (BGBl. I, S. 1793).

amtlichen oder amtlich für diesen Zweck anerkannten Sachverständigen vorgenommen. Diese sind in technischen Überwachungsorganisationen zusammenzufassen.[657] Die Bundesregierung kann durch Verwaltungsvorschriften mit Zustimmung des Bundesrates die Anforderungen bestimmen, denen die Sachverständigen hinsichtlich ihrer Ausbildung und Erfahrung in der technischen Überwachung genügen müssen[658] und durch Rechtsverordnung mit Zustimmung des Bundesrates Vorschriften über die Sammlung und Auswertung der Erfahrungen der Sachverständigen sowie über deren Weiterbildung erlassen.[659] Die Landesregierungen regeln durch Rechtsverordnung die Organisation der technischen Überwachung, die Aufsicht über sie sowie die Durchführung der Überwachung.[660] Die vorgesehene amtliche Anerkennung der Sachverständigen wird in der Praxis von fast allen Ländern (noch) dahingehend gehandhabt, dass nur die Technischen Überwachungsvereine anerkannt werden.[661]

Den Sachverständigen obliegt die Kontrolle der in § 2 Abs. 2 GSG aufgezählten Anlagen. Die Einzelheiten ergeben sich aus den Spezialregelungen zu den überwachungsbedürftigen Anlagen.[662] Die amtlich anerkannten Sachverständigen führen Erstprüfungen und turnusmäßige Kontrollen der Anlagen durch. Die Zulässigkeit der Inbetriebnahme eines Druckbehälters hängt z.B. gem. § 9 DruckbehV davon ab, dass ein Sachverständiger bestimmte Prüfungen vorgenommen und den ordnungsgemäßen Zustand des Druckbehälters bescheinigt hat. Zuständig für diese Prüfungen sind gem. §§ 9 Abs. 1, 24 DruckV, § 14 Abs. 1 GSG amtliche oder amtlich für diesen Zweck anerkannte Sachverständige. Im Ergebnis bedeutet dies, dass die Sachverständigen des TÜV im Rahmen der ihnen durch die DruckbehV zugewiesenen Tätigkeiten und übertragenen öffentlich-rechtlichen Befugnissen eine ähnliche Rechtsstellung einnehmen wie bei der Tätigkeit nach der Straßenverkehrszulassungsordnung. So entschied der BGH in Bezug auf die Prüfung eines Druckbehälters durch einen amtlich anerkannten Sachverständigen, dass schon die Vorprüfung der Konstruktionszeichnungen einen ersten Teilschritt im Rahmen eines zwar mehrstufigen, aber bei wertender Betrachtung noch als einheitlich zu be-

---

[657] § 36 GewO findet für diese Bereich keine Anwendung.

[658] Vgl. § 14 Abs. 3 GSG.

[659] Vgl. § 14 Abs. 5 GSG.

[660] Vgl. § 14 Abs. 4 S. 1 GSG.

[661] Grundlage dieser restriktiven Anerkennungspraxis ist eine in den Verordnungen der Länder zur Organisation der Technischen Überwachung vorgesehene Bedürfnisprüfung. S. *Lübbe-Wolff/Steenken*, ZUR 1993, S. 263, 265.

[662] Vgl. z.B. Verordnung über Dampfkesselanlagen (Dampfkesselverordnung – DampfKV) v. 27.2.1980, §§ 13ff. i.V.m § 24 Abs. 1 DampfKV; Verordnung über Druckbehälter, Druckgasbehälter und Füllanlagen (Druckberhälterverordnung – DruckbehV) v. 21.4.1998, §§ 9ff., §§ 16ff., §§ 26ff., 30aff, § 31 Abs. 1 Nr. 1 DruckbehV. Zum Teil sehen diese Regelungen auch noch die Überprüfung durch interne Sachverständige vor. Große Unternehmen beschäftigen eigene Fachleute (vgl. § 31 Abs. 1 Nr. 3 DruckbehV). Die Beteiligung von externen Beratungsfirmen und Sachverständigen im Genehmigungsverfahren würde dieses angeblich oft verzögern. *Fluck*, VerwArch. 1995, S. 466, 479.

urteilenden öffentlich-rechtlichen Genehmigungsverfahrens darstellt.[663] Der Sachverständige sei durch diese Vorprüfung in das Verwaltungsverfahren eingebunden, was ausreichen könnte, um seine Tätigkeit als *„Ausübung eines ihm anvertrautes Amtes"* im Sinne des Art. 34 Abs. 1 GG zu qualifizieren.[664] Das Bemerkenswerte an dieser Entscheidung ist, dass die strikte Einordnung des TÜV-Sachverständigen in einen bestimmten ordnungsbehördlichen Genehmigungsakt gelockert wird. Nach dem BGH reicht es, wenn der Private eine vorgelagerte oder integrierte Prüfungstätigkeit in einem als einheitlich zu bewertenden Genehmigungsverfahren vornimmt.[665] Dies wird durch die Tatsache bestätigt, dass neben den Prüfungen durch die Sachverständigen keine zusätzliche begleitende Überwachung durch eigene Kräfte der zuständigen Gewerbeaufsichtsbehörden stattfindet. Sie ist sogar nach herrschender Auffassung unzulässig.[666] Angesichts dieser exklusiven Übertragung ist die Schlussfolgerung, dass es sich hier um einen Fall der Beleihung handelt, unausweichlich.

Im Hinblick auf den Umweltgutachter ist vor allen Dingen die Entwicklung der Rechtsprechung durch die zitierte Entscheidung des BGH interessant. Diese Entscheidung stellt klar, dass es der Annahme einer Beleihung nicht entgegenstehen muss, dass der Sachverständige nicht nach außen entscheidend auftritt. Es reicht auch, wenn die Behörde im internen Verwaltungsverfahren sich die Entscheidung des Privaten ohne eigene Prüfung zu eigen macht, die Entscheidung des Privaten die Entscheidung der Behörde somit bindet. Daraus ergibt sich, dass eine Beleihung des Umweltgutachters nicht schon deshalb ausscheidet, weil er keine Entscheidung mit direkter Außenwirkung trifft.

c. Die „zugelassene Stelle" nach § 9 GSG

Nach der Neuen Konzeption des Europarechts kann in den meisten Fällen der Hersteller in eigener Verantwortung die Konformität eines Produktes mit den einschlägigen Regelungen erklären.[667] Nur in bestimmten Fällen ist die Einschaltung

---

[663] BGH, Urt. v. 25.3.1993, NJW 1993, S. 1784, 1785 = DÖV 1993, S. 671, 672 = BGHZ, 122, S. 85, 92.

[664] Ebd.

[665] BGH v. 30.11.1967, BGHZ 49, S. 108; BGH v. 11.1.1973, DÖV 73, S. 243; BayVGH v. 11.2.1974, DÖV 1975, S. 210; OVG Lüneburg v. 24.2.1982, GewArch. 83, S. 85; OLG Köln v. 16.12.1988, NJW 1989, S. 2065. Mit dem BGH ist es heute herrschende Lehre, dass es sich bei den amtlich anerkannten Sachverständige um staatlich beliehene Sachverständige handelt, die im Rahmen ihrer Prüftätigkeit hoheitliche Gewalt ausüben. Vgl.: *Bleutge*, in *Landmann/Rohmer*, GewO, Bd I, § 36 Rn. 19; *Lübbe-Wolff/Steenken*, ZUR 1993, S. 263, 266; *Höland*, ZEuP 1998, S. 30, 46; a.A. noch *Weber/Seitz*, GewArch. 1980, S. 151ff.; *Heimburg*, Verwaltungsaufgaben und Private, 1982, S. 140f.

[666] *Lübbe-Wolff/Steenken*, ZUR 1993, S. 263, 266.

[667] Insbesondere nach der Richtlinie 93/69/EWG des Rates v. 22.7.1993 zur Änderung der bis zu diesem Zeitpunkt bestehenden Richtlinien, ABl. Nr. L 220 v. 30.8.1993, S. 1, in Deutschland

von europarechtlich als *„notified bodies“* eingeführten *„zugelassenen Stellen“* gem. § 9 GSG vorgesehen. Aus § 9 Abs. 1 i.V.m. § 3 Abs. 4 Nr. 3 GSG ergibt sich, dass die zugelassene Stelle berechtigt ist, Kontrollmaßnahmen zur Überwachung der Herstellung und rechtmäßigen Verwendung des *„Geprüfte Sicherheit“*- Zeichens vorzunehmen. Darüber hinaus können ihr durch Rechtsverordnung gem. § 4 Abs. 1 i.V.m. § 9 Abs. 1 GSG weitere in Binnenmarktrichtlinien vorgesehene Konformitätsprüfungen übertragen werden. Der Hersteller ist in den Fällen der Notwendigkeit der Aufsicht oder Kontrolle durch eine zugelassene Stelle nicht verpflichtet, eine bestimmte Stelle einzuschalten, er kann vielmehr frei zwischen allen zugelassenen Stellen in dem Gebiet der EU wählen.[668] Als unabhängige Prüfinstanzen für die Marktaufsichtsbehörden sollen die zugelassenen Stellen Vertrauen in die Richtlinienkonformität und damit in die Sicherheit der einer Prüfpflicht unterworfenen Produkte schaffen, um den binnenmarktbedingten Verzicht auf systematische Produktkontrollen, vor allem von Importwaren, zu kompensieren.[669]

Laut § 9 Abs. 2 S. 2 GSG kann eine zugelassene Stelle benannt werden, wenn in einem Akkreditierungsverfahren festgestellt wurde, dass die Einhaltung bestimmter normierter Forderungen, wie z.B. Unabhängigkeit, technische Kompetenz und das Vorliegen einer Haftpflichtversicherung, sichergestellt ist. Das Akkreditierungsverfahren ist ein reines Zulassungsverfahren durch eine Akkreditierungsstelle.[670] Diese Stellen sind grundsätzlich dem öffentlichen Gebührenrecht unterworfen. Fach- und Rechtsaufsicht über die Akkreditierung der zugelassenen Stellen obliegt den zuständigen Behörden.[671] Offen bleibt, wer für fehlerhafte Prüfungen haftet, ob die zugelassenen Stellen der Fach- oder der Rechtsaufsicht der Akkreditierungsstelle unterworfen sind und ob sie in ihrer Entgeltgestaltung frei sind. Zu beantworten bleibt auch die Frage, ob die zugelassenen Stellen beliehen sind. Anders als für die Akkreditierungsstellen, die eindeutig hoheitlich organisiert sind,[672] sieht der deutsche Gesetzgeber keine ausdrückliche Beleihung der zugelas-

---

umgesetzt durch die zweite Verordnung zur Änderung von Verordnungen zum Gerätesicherheitsgesetz v. 28.9.1995 (BGBl. I, S. 1213).

[668] Die EU hat auch mit Australien, Neuseeland und den USA Abkommen über die gegenseitige Anerkennung der Konformitätsbewertung, der Bescheinigung und der Kennzeichnung geschlossen. Vgl. ABl. Nr. L 229 v. 17.8.1998, S. 1ff.; ABl. Nr. L 31 v. 4.2.1999, S. 3.

[669] *Scheel,* DVBl. 1999, S. 442, 445.

[670] *Peine,* GSG Kommentar, 1995, § 9 Rn. 3. Auch er stellt fest, dass die Begriffswahl die Vermutung nahelegt, es handele sich um ein besonderes Verfahren. Dies sei jedoch nicht der Fall, die Akkreditierung sei ein normales Verwaltungsverfahren i.S. des § 9 VwVfG.

[671] Vgl. § 9 Abs. 4 GSG.

[672] So wurde zum Beispiel die Zentralstelle der Länder für Sicherheitstechnik in München (ZLS) und die Zentralstelle der Länder für Gesundheitsschutz bei Medizinprodukten in Bonn (ZLG) durch Staatsvertrag errichtet. Abkommen über die Zentralsstelle der Länder für Sicherheitstechnik (ZLS) und die Akkreditierungsstelle der Länder für Maß- und Prüfstellen zum Vollzug des Gefahrstoffrechts (AKMP) v. 16./17.12.1993, bekanntgemacht am 6.8.1994 BayGVBl. 1994, S. 875; Abkommen über die Zentralsstelle der Länder für Gesundheitsschutz bei Medizinprodukten (ZLG), bekannt gemacht am 11.10.1993, MBl. NRW 1993, S. 1762.

senen Stellen vor. Die Zulassung hat allerdings zur Folge, dass eine privatrechtliche Organisation[673] zur Durchführung einer bestimmten Aufgabe durch eine Rechtsnorm im materiellen Sinne ermächtigt wird. Fraglich ist, ob diese Aufgabe hoheitlich ist. *Peine* lehnt dies mit dem Hinweis ab, das GSG betrachte die Bauartprüfung allgemein nicht als eine von staatlichen Behörden zu erfüllende Aufgabe. Die Prüfung stelle sich nicht als solche dar, welcher der Hersteller sich nicht entziehen könne. Nach dem GSG läge es in erster Linie in der Eigenverantwortung der Hersteller, für die erforderlichen sicherheitstechnischen Standards der Geräte zu sorgen. Eine allgemeine Präventivkontrolle sei eben nicht vorgesehen, insofern handele es sich bei den Prüfungen durch die zugelassenen Stellen nicht um hoheitliche Aufgaben.[674] Dieser Auffassung widerspricht *Scheel* mit dem Hinweis darauf, dass sowohl in den Verordnungen nach § 4 GSG als auch nach § 11 GSG der Gesetzgeber ein präventives Verbot mit Erlaubnisvorbehalt regele, wobei die Sperre des präventiven Verbotes kraft Gesetz nur nach positiver Prüfung wegfällt.[675] Im Ergebnis werde mit der Prüfpflicht nicht nur eine im öffentlichen Interesse liegende Handlungspflicht normiert, sondern die Wahrnehmung einer grundrechtlich geschützten Freiheit an die positive, auf die Anwendung einer Rechtsnorm gestützte, Entscheidung der benannten Stellen geknüpft.[676]

Scheel ist in seiner Einschätzung beizupflichten. Ein wichtiges Indiz für die Frage, wann eine Aufgabe hoheitlich ist, stellt die Grundrechtsrelevanz einer Aufgabe dar. Grundrechtsrelevant ist neben dem formellen Erlaubnisvorbehalt, auch die faktische Marktzugangshürde. In dem vorliegenden Fall kann die Vermarktungsfähigkeit eines Produktes u.U. an die Feststellung der Richtlinienkonformität durch die zugelassene Stelle geknüpft sein. Eine negative Entscheidung der zugelassenen Stelle würde dann das Produkt nicht wettbewerbsfähig stellen. Dies begründet einen Eingriff gegenüber dem Hersteller, der – unabhängig davon, ob er von einem Privaten vorgenommen wird - als hoheitlich zu qualifizieren ist.
Als gesetzliche Grundlage für die Beleihung kommt allein die Zulassungsentscheidung durch die Akkreditierungsstelle in Betracht.[677] Es ist zweifelhaft, ob diese Regelung die Anforderungen des institutionellen Gesetzesvorbehalts für eine Beleihung erfüllt. Eine solche mangelnde gesetzliche Grundlage würde jedoch an der Rechtsnatur der Aufgabe nichts ändern.

Ähnlich wie der Umweltgutachter gem. § 9 Abs. 1 UAG durch die DAU zugelassen wird, lässt die Akkreditierungsstelle die zugelassenen Stellen nach § 9 Abs. 2 GSG zu. Bei der DAU sowie bei den Akkreditierungsstellen handelt es sich um

673 In Deutschland sind die TÜVs, die DEKRA und die Schiffsklassifizierungsgesellschaft für viele Produktbereiche akkreditiert.
674 *Peine*, GSG Kommentar, 1995, § 9 Rn. 21.
675 *Scheel*, DVBl. 1999, S. 442, 445, 446.
676 Ebd., S. 442, 446.
677 Vgl. § 9 Abs. 2 S. 3 GSG.

staatlich beliehene Stellen. Im Falle des Umweltgutachters sowie der zugelassenen Stellen ist dies unklar. Beide führen gesetzlich geregelte Prüfungsaufgaben durch. Während die Prüfung des Umweltgutachters in ein Verwaltungsverfahren eingebettet ist, welches mit dem Erlass eines Verwaltungsaktes endet, sind die Bauprüfungen durch die zugelassenen Stellen unabhängig und nicht Teil eines weiteren Verfahrens. Die Prüfung der zugelassenen Stellen ist somit abschließend. Im Unterschied zur Zertifizierung im Rahmen der Produktsicherheitsregulierung ist mit einer von einem unabhängigen Umweltgutachter bestätigten Umwelterklärung auch nicht die widerlegliche Vermutung verknüpft, das betreffende Unternehmen halte dauerhaft alle maßgeblichen Umweltvorschriften ein.[678] Ein weiterer Unterschied besteht in der Freiwilligkeit der Teilnahme, und insofern in der Grundrechtsrelevanz. Die Teilnahme an EMAS ist freiwillig. Der Prüfung nach den gem. § 4 Abs. 1 GSG erlassenen Rechtsverordnungen muss sich der Hersteller unterziehen. Aus dieser Gegenüberstellung beider Systeme ergibt sich, dass im Vergleich zu den Prüfungen durch die zugelassenen Stellen, die Prüfung durch den Umweltgutachter nach EMAS weniger einschneidend in ihren Auswirkungen ist. Es spricht somit mehr für eine Beleihung der zugelassenen Stellen als für eine Beleihung des Umweltgutachters.

d. Der Betriebsbeauftragte für Umweltschutz

Seit Mitte der siebziger Jahre sehen verschiedene sektorspezifische umweltrechtliche Gesetze Umweltbeauftragte vor.[679] Im Gegensatz zu den Sachverständigen, die direkt für die Verwaltung oder aber im Auftrag der Verwaltung tätig werden, dienen die Betriebsbeauftragten für Umweltschutz der betrieblichen Selbstüberwachung.[680] Über die Stärkung der Eigenverantwortung der Unternehmer für den Umweltschutz werden die Umweltbeauftragten indirekt auch in den Dienst der staatlichen Vollzugskontrolle gestellt. Dabei ist der Betriebsbeauftragte jedoch als Arbeitnehmer in das Unternehmen eingegliedert und wird auf der Grundlage eines privatrechtlichen Vertrages tätig. Die Bestellung des Betriebsbeauftragten erfolgt

---

678 *Falke*, ZUR 1995, S. 4, 5; *Böhm-Amtmann*, GewArch. 1997, S. 353, 355.

679 Für Wasser: §§ 21aff. WHG, Immissionen: §§ 53 ff BImSchG und Abfall: §§ 54f. KrW/AbfG. Auf der Grundlage des § 53 Abs. 1 S. 2 BImSchG wurde die 5. BImSchV (Fünfte Verordnung zur Durchführung des Bundes-Immissionsschutzgesetzes [Verordnung über Immissionsschutz- und Störfallbeauftragte – 5.BImSchV] v. 30.7.1993, BGBl. I, S. 1433) und auf der Grundlage des § 54 Abs. 1 KrW-/AbfG die Verordnung über den Betriebsbeauftragten für Abfall (Verordnung über Betriebsbeauftrage für Abfall v. 26. 10. 1977, BGBl. I, S. 1913) erlassen, welche die Notwendigkeit der Bestellung sowie im Falle des Immissionsschutzes auch die Anforderungen an den Beauftragten festschreiben.

680 Allgemein zu dem Thema: *Bender/Sparwasser/Engel*, Umweltrecht, 1995, Kapitel 4 Rn. 199ff., Kapitel 6 Rn. 266f., Kapitel 10 Rn. 366ff.; *Kloepfer*, Umweltschutz, 1998, § 5 Rn. 321; *Kaster*, GewArch. 1998, S. 129ff.; *Steiner*, DVBl. 1987, S. 1133. Eine Sonderstellung kommt diesbezüglich dem Störfallbeauftragten gem. §§ 58aff. BImSchG zu. Im Vordergrund liegt hier nicht die Selbstüberwachung sondern die Überwachung der Anlagensicherheit.

durch die Unternehmer. Sie ist der Behörde jedoch anzuzeigen, die bei mangelnder Eignung die Benennung eines anderen Betriebsbeauftragten verlangen kann.[681]
Die Umweltbeauftragten haben interne Kontroll-, Informations- und Initiativfunktion; zudem unterliegen sie einer Berichtspflicht.[682] Wie der Umweltgutachter oder die öffentlich bestellten oder amtlich anerkannten Sachverständigen müssen auch Betriebsbeauftragte die notwendige Fachkunde und Zuverlässigkeit besitzen.[683] Zwar sind die Rechte und Pflichten des Betriebsbeauftragten innerbetrieblich ausgerichtet, ihm kommen jedoch keine innerbetrieblichen Entscheidungs- und Eingriffsbefugnisse zu.
Weitergehende Kompetenzen kann nur der Betriebsbeauftragte für Strahlenschutz gem. §§ 29ff. StrlSchV für sich beanspruchen, da er auch öffentlich-rechtliche Pflichten gegenüber der zuständigen Behörde wahrzunehmen hat.[684] Er ist mit der Leitung und Beaufsichtigung bestimmter überwachungspflichtiger Tätigkeiten betraut; er kann insbesondere bei unmittelbar drohender Gefahr eigenständig verbindliche Entscheidungen treffen und sofortige Maßnahmen zur Gefahrenabwehr anordnen. Seine Sonderstellung ergibt sich aus der besonderen Risikoqualität ionisierender Strahlen. Auch der Strahlenschutzbeauftragte ist nicht beliehen. Er ist aber auf Grund seiner besonderen Stellung stärker verselbstständigt gegenüber dem Arbeitgeber.

Zwar sind die Betriebsbeauftragten für Umweltschutz Ausdruck zunehmender Selbstüberwachung, nicht jedoch zunehmender unternehmerischer Eigeninitiative. Im Gegenteil wird durch den Zwang zu definierten betrieblichen Organisationsstrukturen in die Freiheit der Unternehmer eingegriffen. Verfassungsrechtlich wird der Eingriff in die unternehmerische Freiheit durch den angestrebten Zweck der verbesserten Überwachung der Befolgung umweltrechtlicher Verhaltensregeln gerechtfertigt und ist damit als im verfassungsrechtlichen Sinne verhältnismäßig anzusehen.[685] Um so mehr Aufgaben der Gesetzgeber jedoch dem Betriebsbeauftragten überträgt, desto mehr stellt sich die Frage, ob es sich nicht um eine die Unternehmerfreiheit beschränkende Indienstnahme Privater für einen öffentlichen Zweck handelt. Sie wäre dann entschädigungslos nur noch in engen Grenzen verfassungsrechtlich zulässig.[686] Entscheidend kommt es in diesem Zusammenhang

---

[681] Vgl. § 55 Abs. 2 S. 2 BImSchG oder § 21c Abs. 2 S. 2 WHG.
[682] Vgl. hierzu im Einzelnen: *Kaster,* GewArch. 1998, S. 129ff. Die Aufgaben der Betriebsbeauftragten für Umweltschutz umfassen die Beratung des Unternehmens im Bereich des Umweltschutzes, die Förderung von innovativen Ansätzen des betrieblichen Umweltschutzes, die Sicherstellung der Einhaltung des einschlägigen Umweltrechts, das Verfassen von Berichten an die Unternehmensleitung, die Aufklärung im Bereich des Umweltschutzes und die Repräsentation des betrieblichen Umweltschutzes als inner- und außerbetriebliche Anlaufstelle.
[683] Vgl. z.B. § 21c Abs. 2 S. 1 WHG.
[684] Vgl. *Kloepfer,* Umweltschutz, 1998, § 5 Rn. 325.
[685] *Reinhardt,* AöR 1993, S. 617, 640.
[686] *Ossenbühl,* VVDStRL (29) 1971, S. 137ff.; *Gallwas,* VVDStRL (29) 1971, S. 211ff. Aus der Rechtsprechung immer noch wegweisend: BVerfGE 30, S. 292, 311.

darauf an, ob dem Unternehmer mit dem Einsatz des Sachverständigen lediglich eine Leistung abverlangt wird, zu der er, wegen der Gefährlichkeit des von ihm beabsichtigten Tuns, selbst Veranlassung gegeben hat, oder ob der Staat dem Privaten eine darüber hinaus gehende, von seiner Unternehmung unabhängige Handlungspflicht im Interesse des Gemeinwohls auferlegt.[687]

Die Institution des Betriebsbeauftragten für Umweltschutz sowie das EG-Öko-Audit-System zielen auf eine Verbesserung des betrieblichen Umweltschutzes. Beide sollen durch Förderung der betrieblichen Eigenverantwortung des Unternehmens die Umsetzung der umweltrechtlichen Vorschriften im Betrieb verwirklichen helfen. Darüber hinaus ist beiden vorgegeben, aus eigener Initiative den Umweltschutz im Betrieb ständig zu verbessern.[688]
Die Umweltbeauftragten spielen auch eine aktive Rolle im EG-Öko-Audit-System. Sie sind originär für den betrieblichen Umweltschutz zuständig und haben häufig großen Einfluss auch die Implementierung des Umwelt-Managementsystems an einem Standort, bzw. in einem Unternehmen.[689] Zudem sind sie Ansprechpartner des Umweltgutachters. Auf Grund des Bedeutungszuwachses des betrieblichen Umweltschutzes kann die Teilnahme an EMAS zu einer Aufwertung der Betriebsbeauftragten in den teilnehmenden Unternehmen und zu einer Stärkung ihres Einflusses auf Umwelt-Entscheidungen führen.[690] Betriebsbeauftragte und Umweltgutachter ergänzen sich als zwei Komponenten eines Systems: der Betriebsbeauftragte wird von innen fördernd tätig, während der Umweltgutachter von außen kontrollierend auftritt. Im Idealfall wirken diese beiden Kräfte durch gegenseitige Rückkopplungen optimierend.

Diese Synergie von externer und interner Kraft macht aber auch die Unterschiede in der Funktion von Umweltgutachter und Betriebsbeauftragten deutlich. Anders als im Falle der zuvor beschriebenen Sachverständigen macht sich die Verwaltung das Wissen der Betriebsbeauftragten nur mittelbar zu Nutze. Der Betriebsbeauftragte wird nicht direkt für die Verwaltung tätig, er ist nicht in ein Verfahren eingegliedert. Als unternehmensinterner Beauftragter berät er das Unternehmen ohne eigene Kompetenzen. Im Gegensatz dazu trifft der Umweltgutachter seine Validierungsentscheidung als Bestandteil eines Verfahrens, welches mit einer hoheitlichen Entscheidung seinen Abschluss findet. Dabei wird jedoch auch der Umweltgutachter nicht auf der Seite der Behörde, sondern für einen privaten Auftraggeber tä-

---

[687] *Denninger*, Verfassungsrechtliche Anforderungen an die Normsetzung im Umwelt- und Technikrecht, 1990, Rn. 202.

[688] *Feldhaus*, BB 1995, S. 1545, 1546.

[689] Das interne Auditierungsverfahren liegt überwiegend in der Hand der betrieblichen Umweltschutzbeauftragten. S. *Kloepfer/Bröcker*, FEU-Gutachten: Evaluierung von Umweltmanagementsystemen, 1998, Teil B Kapitel I 2.

[690] *Feldhaus*, BB 1995, S. 1545, 1549; *Heuvels*, in: *Löbel/Schörghuber* (Hrsg.), EU-Umweltaudits, 1997, S. 91, 111.

tig. Die konkrete Überprüfungsmaßnahme sowie das zugrundeliegende Vertragsverhältnis ist privatrechtlicher Natur. Ebensowenig wie der Betriebsbeauftragte für Umweltschutz (und auch der Sachverständige im Auftrag der Verwaltung) hat jedoch auch der Umweltgutachter ein Recht zur zwangsweisen Durchsetzung der Betreiberpflichten.

d. Der Wirtschaftsprüfer

Sucht man nach Vorbildern, die bei der deutschen Ausgestaltung des Berufes des Umweltgutachters Pate standen, so stößt man unweigerlich auch auf den Beruf des Wirtschaftsprüfers.
Handelsgesetzbuch (HGB) und Wirtschaftsprüferordnung (WPO) enthalten Regeln zur Verantwortlichkeit des Abschlussprüfers und zur Prüferzulassung. Wirtschaftsprüfer ist, wer als solcher gem. § 15 WPO öffentlich bestellt ist. Die Bestellung setzt den Nachweis der persönlichen und fachlichen Eignung im Zulassungs- bzw. Prüfungsverfahren voraus.[691] Voraussetzung der Zulassung zur Prüfung als Wirtschaftsprüfer sind grundsätzlich ein einschlägiges abgeschlossenes Hochschulstudium und eine mehrjährige praktische Prüfungstätigkeit.[692] Im Gegensatz zu der Umweltgutachterprüfung, die nur mündlich abgelegt werden muss, muss der Wirtschaftsprüferkandidat mehrere schriftliche sowie eine mündliche Prüfung ablegen. Dem Bewerber kann gem. § 10 WPO die Zulassung zum Examen versagt werden, wenn er auf Grund seines bisherigen Verhaltens oder der in seiner Person festgestellten Umstände für den Beruf des Wirtschaftsprüfers persönlich ungeeignet erscheint.[693] Hierunter fallen z.T. dieselben Sachverhalte, die auch zu Rücknahme oder Widerruf der Zulassung führen können.[694]
Die WPO regelt auch die Berufspflichten des Wirtschaftsprüfers.[695] Er hat seinen Beruf unabhängig, gewissenhaft, verschwiegen und eigenverantwortlich auszuüben und sich insbesondere bei der Erstattung von Prüfungsberichten und Gutachten unparteiisch zu verhalten.[696] Er muss sich sowohl innerhalb als auch außerhalb der Berufstätigkeit des Vertrauens und der Achtung würdig erweisen, die der Beruf erfordert und sich auch der besonderen Berufspflichten bewusst sein, die ihm aus der Befugnis erwachsen, gesetzlich vorgeschriebene Bestätigungsvermerke zu erteilen.[697] Kurzum, er unterliegt der Pflicht zum berufswürdigen Verhalten.[698]

---

[691] Vgl. § 1 Abs. 1 WPO.
[692] Vgl. §§ 8, 9 WPO.
[693] WP-Handbuch, 1996, Kapitel A Rn. 65.
[694] Vgl. §§ 16, 20 WPO.
[695] Vgl. §§ 43ff. WPO.
[696] Vgl. § 43 Abs. 1 WPO.
[697] Vgl. § 43 Abs. 2 S. 2 und 3 WPO, § 322 Abs. 1 HGB.
[698] WP-Handbuch, 1996, Kapitel A Rn. 257.

Das Berufsbild des Wirtschaftsprüfers wird maßgeblich durch die Vorbehaltsaufgabe geprägt, die durch Gesetz vorgeschriebene Prüfung der Jahresabschlüsse bestimmter Unternehmen durchzuführen und über das Ergebnis der Prüfung zu berichten, sowie einen Bestätigungsvermerk über die Vornahme und das Ergebnis solcher Prüfungen zu erteilen.[699] Der Jahresabschluss sowie das interne Kontrollsystem müssen in großen Unternehmen jährlich von einem Wirtschaftsprüfer testiert werden. Sie werden sodann im Firmenbuch bzw. im Handelsregister veröffentlicht. Ziel des Jahresabschlusses gem. § 317 HGB sind neben Gewinnermittlung und Gläubigerschutz auch Rechenschaftslegung und Information.[700] Ziel der Abschlussprüfung ist das Urteil des Prüfers, ob die Buchführung, der Jahresabschluss und ggf. der Lagebericht den für diese geltenden Normen entsprechen.[701] Der Prüfer verfasst einen Bericht und legt diesen der Unternehmensleitung vor.[702]
Wesentliche Teile der Abschlussprüfung bestehen aus System- und Funktionsprüfungen des internen Kontrollsystems des Unternehmens durch die sich der Prüfer von den Aufgaben, der Gestaltung und der Wirksamkeit des Systems, von Regelungen und Abläufen überzeugt.[703] Sind Einwendungen zu erheben, muss der Prüfer den Bestätigungsvermerk versagen.[704] Wenn ein Unternehmen die Anforderungen an einen gesetz-, ordnungs-, und satzungsmäßigen Jahresabschluss erfüllt, erteilt der Wirtschaftsprüfer einen formelhaften, sog. uneingeschränkten, Bestätigungsvermerk. Dieser gilt als „Positivbefund" über die Normentsprechung der Rechnungslegung.[705]
Der Umfang der Prüfung ergibt sich in erster Linie aus den Vorschriften der §§ 238ff., 316ff. HGB sowie den ergänzenden rechtsform- und wirtschaftszweigspezifischen Sondervorschriften über den Jahresabschluss.[706] Danach ist der Jahresabschluss darauf zu prüfen, ob die gesetzlichen Vorschriften und die ergänzenden Bestimmungen des Gesellschaftsvertrags und der Satzung beachtet worden sind.[707] Zur Konkretisierung der vielen unbestimmten Rechtsbegriffe in diesem Bereich werden die gesetzlichen Vorschriften ergänzt durch die nicht kodifizierten kaufmännischen Grundsätze ordnungsgemäßer Buchführung (GoB).[708] Da der Gesetzgeber nicht alle Situationsbesonderheiten festschreiben kann, macht die Einbindung der GoB das System flexibel genug für die Anwendung auf den spezifischen

[699] Vgl. § 2 Abs. 1 WPO.
[700] *Emmerich*, in: *Kley*, (Hrsg.), Festschrift für Wolfgang Ritter, 1997, S. 839, 848.
[701] Ebd., S. 850.
[702] Vgl. §§ 321 HGB, 170 AktG.
[703] Ebd.
[704] Vgl. § 322 Abs. 3 HGB.
[705] *von Werder/Nestler*, RIW 1995, S. 296, 298, m.w.N.
[706] WP-Handbuch, 1996, Kapitel P Rn. 7, m.w.N.
[707] Vgl. § 317 Abs. 1 S. 2 HGB.
[708] Dabei darf nicht übersehen werden, dass die Grundlagen für die GoB vor knapp 100 Jahren gelegt wurden und seitdem einer stetigen und konsequenten Weiterentwicklung unterliegen. *Von Werder/Nestler*, RIW 1995, S. 296, 304.

Einzelfall, ohne einen einheitlichen Maßstab aus den Augen zu verlieren.[709] Entsprechend zu den GoB haben sich für die Tätigkeit des Wirtschaftsprüfers die Grundsätze ordnungsgemäßer Abschlussprüfung (GoA) entwickelt. Bestimmendes Moment dieser Grundsätze ist das Gebot der Wirtschaftlichkeit.[710] Dieses begrenzt den Umfang der Prüfung des Wirtschaftsprüfers insoweit, dass eine Prüfung der Einhaltung gesetzlicher Vorschriften nur insoweit vorgenommen wird, als sich daraus üblicherweise Rückwirkungen auf den Jahresabschluss ergeben.[711]

Die Ausgestaltung der Berufsfelder des Wirtschaftsprüfers und des Umweltgutachters weisen vielfältige Parallelen auf. Es handelt sich in beiden Fällen um relativ junge, staatlich weitgehend ausgestaltete Berufsbilder. Weder der Wirtschaftsprüfer noch der Umweltgutachter sind typische freie Berufe. Zulassung und Aufsicht sind in beiden Fällen strenger, weil staatliche Funktionen in öffentlich-privaten Mischsystemen erfüllt werden. Aus diesem Grund sind Unabhängigkeit, Zuverlässigkeit und Fachkunde besonders wichtig. Die Regelung erfolgt sowohl mit dem UAG als auch mit der Wirtschaftsprüferordnung durch Gesetz. Die Zulassung des Umweltgutachters entspricht weitgehend der Bestellung des Wirtschaftsprüfers, in beiden Fällen sind die Ansprüche an die Kandidaten hoch, im Falle des Wirtschaftsprüfers noch höher als im Falle des Umweltgutachters. Umweltgutachter und Wirtschaftsprüfer werden beide durch eigens hierfür geschaffene Institutionen beaufsichtigt. Bei den Wirtschaftsprüfern entscheidet eine eigene Berufsgerichtsbarkeit, die als besondere Abteilung der Zivilgerichtsbarkeit ausgestattet ist, bei den Umweltgutachtern die DAU.
Wirtschaftsprüfer und Umweltgutachter, sind – einmal zugelassen - prüfungsberechtigt. Sowohl die Prüfung des Umweltgutachters als auch die Prüfung des Wirtschaftsprüfers dient der Gewinnung eines vertrauenswürdigen Urteils, das über gegebene Sachverhalte durch einen Soll-Ist-Vergleich mit anschließender Urteilsbildung und –mitteilung Aufschluss geben soll. Dabei unterliegt der Wirtschaftsprüfer – ähnlich wie der Umweltgutachter - dem Spannungsverhältnis zwischen der optimalen, ausführlichen Prüfungshandlung einerseits und dem Grundsatz der Wirtschaftlichkeit andererseits. Eine vollständige Prüfung aller Einzelheiten ist in dieser Situation nicht zu erwarten. Im Ergebnis nimmt der Wirtschaftsprüfer eine allgemeine System-Prüfung mit Einzelprüfungen vor, wobei die System-Prüfung die Grundlage für die vorzunehmenden Einzelprüfungen darstellt.[712]
Während der Wirtschaftsprüfer jedoch unmittelbar ein Siegel gegenüber der Öffentlichkeit vergibt, erfüllt der Umweltgutachter mit seiner Prüfung nur eine entscheidende Voraussetzung für den Erhalt dieses Siegels. Anders als der Umwelt-

---

[709] *Von Werder/Nestler*, RIW 1995, S. 296, 302.
[710] *Van Bon/Müller*, in: Doktoranden-Netzwerk Öko-Audit e.V. (Hrsg.), Umweltmanagementsysteme zwischen Anspruch und Wirklichkeit, 1998, S. 85, 93.
[711] WP-Handbuch, 1996, Kapitel P Rn. 7.
[712] *von Werder/Nestler*, RIW 1995, S. 296, 298.

gutachter ist der Wirtschaftsprüfer nicht in ein hoheitliches Verfahren eingebunden.[713]

Ähnlichkeiten zwischen beiden Berufsbildern bestehen auch in der Einbeziehung der Öffentlichkeit. Wie das EG-Öko-Audit-System dient der Jahresabschluss sowohl der Unterrichtung der Geschäftsleitung als auch der interessierten Öffentlichkeit. Das Testat des Wirtschaftsprüfers hat die Aufgabe, die Öffentlichkeit über das Endergebnis der Prüfung zu informieren, indem die Beachtung des zugrundeliegenden Normensystems (uneingeschränkt) bestätigt wird.[714] Auch in diesem Punkt ist es mit der Validierung der Umwelterklärung durch den Umweltgutachter zu vergleichen. Der Umweltgutachter bestätigt durch seinen Validierungsvermerk die Verordnungskonformität der geprüften Organisation.[715] Anders als der Bestätigungsvermerk ist jedoch die Validierung durch den Umweltgutachter nicht der letzte Schritt auf dem Weg zur Veröffentlichung des Prüfungsergebnis. EMAS schaltet die Eintragung durch die zuständige Stelle als den endgültige Schritt der Validierung durch den Umweltgutachter nach.

Zudem ist auch die Funktion der Öffentlichkeit eine andere. Während die Beteiligung der Öffentlichkeit in EMAS zugleich Anreizfaktor und Kontrollinstanz ist, kommt der Öffentlichkeit im Rahmen der Wirtschaftsprüfung keine solch komplexe Aufgabe zu. Die Veröffentlichung des Jahresabschlusses dient in erster Linie dazu, die interessierte Öffentlichkeit zu informieren. Die unterschiedliche Bedeutung der Veröffentlichung der Prüfergebnisse beschreibt schon die Pflicht zur *„Offenlegung“* gem. § 325 HGB, im Vergleich zu dem Recht die Teilnahme-Erklärung zu *„verwenden“* gem. Art. 10 EG-UAVO.

Entscheidend ist in diesem Zusammenhang auch, dass die Wirtschaftsprüfung nicht nur auf dem Grundsatz der Freiwilligkeit basiert. Liegen die Voraussetzungen der § 316 HGB bzw. § 313 AktG, §§ 6, 14 PublG, § 53 GenG vor, so ist ein Jahresabschluss durch einen amtlich bestellten Wirtschaftsprüfer Pflicht.

Anders als die Prüfung durch den Umweltgutachter ist der Jahresabschluss detailliert geregelt. Die Wirtschaftsprüfung unterliegt durch die Formulierung der GoA erheblich weniger Freiräumen als die Auditierung durch den Umweltgutachter im EG-Öko-Audit-System. Für die Jahresabschlussprüfung wurden Gesetzes- und Regelwerke entwickelt, die den Wirtschaftsprüfern Sicherheit hinsichtlich der Prüfgebiete, -rechte und – pflichten verschaffen. Der dem Umweltgutachter zugewiesene große Berurteilungsspielraum existiert für den Wirtschaftsprüfer nicht. Der Prüfungsgegenstand im EG-Öko-Audit-System ist auch erheblich weiter gefasst. Neben betriebswirtschaftlichen und juristischen Prüfungen muss der Umweltgutachter auch über naturwissenschaftliche und technische Kenntnisse verfügen.[716]

---

[713] Eine Beleihung kommt deshalb gar nicht in Frage.

[714] *von Werder/Nestler*, RIW 1995, S. 296, 298.

[715] Der Jahresabschluss bezieht dem zudem sich nicht auf den Standort sondern auf die rechtliche Einheit des Unternehmens.

[716] Zudem definiert das teilnehmende Unternehmen im EG-Öko-Audit-System sein Ziele und Politiken selbst, während diese beim Jahresabschluss vorgegeben sind.

Die Aufgabe des Umweltgutachters ist vor diesem Hintergrund sehr viel schwieriger ordnungsgemäß zu erfüllen, als die Prüfung des Jahresabschlusses durch den Wirtschaftsprüfer. Der Umweltgutachter muss erst den Umfang und die Grenzen seiner Prüfung erkennen und festlegen, bevor er mit der eigentlichen Prüfung beginnen kann. Vor diesem Hintergrund ist es nicht nur schwer die Qualität der einzelnen Prüfung zu sichern, vielmehr wird auch eine Vergleichbarkeit und damit ein einheitliches Prüfungsniveau kaum zu erzielen sein. Aus diesem Grunde ist es dringend notwendig, dass auch für die Prüfung durch den Umweltgutachter ein System an Standards und Normen geschaffen wird, die eine solche Vergleichbarkeit ermöglichen.

2. Die rechtliche Stellung des Umweltgutachters

Die dargestellten privaten Sachverständigen und Prüfer dienen verschiedenen Herren und Zielen und sind unterschiedlich weit in die Staatsverwaltung eingegliedert. Alle stehen aber auf Grund der rechtlichen Ausgestaltung ihrer Position in einem besonderen Näheverhältnis zum Staat. Durch die Bedeutung ihrer Tätigkeit für die staatliche Aufgabenerfüllung unterliegen sie besonderen persönlichen und fachlichen Anforderungen sowie in der Regel auch der staatlichen Aufsicht. Die rechtlichen Rahmenbedingungen, in welchen diese Sachverständigen agieren, sind abgesteckt. Auch wenn es in einigen der beschriebenen Fällen an gesetzlicher Eindeutigkeit fehlt, hat doch entweder die Rechtsprechung oder aber haben allgemein anerkannte *„Code of Practice"* die Unklarheiten beiseite geräumt. Der Streit um die Rechtsstellung des amtlich anerkannten Sachverständigen, der auf der Grundlage des § 29 StVZO oder des § 9 DruckbehV tätig wird, wurde durch BGH Urteile entschieden. Im Falle des Wirtschaftsprüfers, dessen Rechtsstellung eindeutig, doch die Grenzen seiner Tätigkeit verschwommen waren, hat die jahrzehntelange Praxis sowie die Entwicklung der GoB und GoA zu einer Klärung beigetragen.
Auf eine solche Entwicklung kann weder das Berufsbild noch die Tätigkeit des Umweltgutachters zurückblicken. Rechtsprechung oder anerkannte Standards helfen ihm bis heute nicht bei der Ausführung seiner Aufgabe. Aus diesem Grund bestehen im Hinblick auf Prüftätigkeit und Rechtsstellung des Umweltgutachters noch viele Unklarheiten.

Fraglich ist, ob der Umweltgutachter als Privater oder als Verwaltungshelfer bzw. als Beliehener tätig wird. Würde der Umweltgutachter als Verwaltungshelfer die Validierung der Umwelterklärung vornehmen, müsste der Staat sich des Umweltgutachters ähnlich einem Erfüllungsgehilfen gem. § 278 BGB bedienen. Der Verwaltungshelfer wird auf der Grundlage eines mit einer staatlichen Stelle geschlossenen Vertrages in deren Auftrag tätig. Der Umweltgutachter hingegen wird auf vertraglicher Grundlage für einen privaten Auftraggeber tätig,[717] d.h. es besteht ein

[717] Vgl. Anh. V Nr. 5.5.1. EG-UAVO n.F., Anh. III B Nr. 2 EG-UAVO a.F.

eigenes Rechtsverhältnis zwischen Umweltgutachter und dem privaten Dritten. Die Rechte des Umweltgutachters gegenüber dem Unternehmer leiten sich allein aus dem Gutachtervertrag ab. Er nimmt keine hoheitlichen Kompetenzen in Anspruch. Der Umweltgutachter ist auch nicht durch die Verwaltung weisungsgebunden. Er handelt vielmehr selbstständig und eigenbestimmt. Der Umweltgutachter kann somit nicht als Verwaltungshelfer eingeordnet werden.

Wenn der Umweltgutachter kein Verwaltungshelfer ist, so könnte er doch Beliehener sein.
In der deutschen Ausgestaltung des EG-Öko-Audit-Systems ist die DAU förmlich beliehen. Eine vergleichbare Regelung hinsichtlich des Umweltgutachters fehlt. Es könnte jedoch schon die Aufgabenzuweisung in der EG-Öko-Audit-Verordnung an den Umweltgutachter als hinreichende gesetzliche Grundlage für eine Beleihung ausreichen.[718] Damit wäre die Zulassungsentscheidung durch die ihrerseits beliehe DAU der förmliche Beleihungsakt.
Ob die Zulassung den Anforderungen an einen förmlichen Beleihungsakt genügen kann, ist fraglich. Bei der Beleihung verschwimmen die Anforderungen an die Ausdrücklichkeit des Gesetzesvorbehalts. Schwierigkeiten bereitet einerseits die Klarheit mit welcher die Aufgabenübertragung stattgefunden haben muss, andererseits die Konkretheit, mit welcher das Subjekt der Beleihung rechtssatzmäßig vorgezeichnet sein muss. *Steiner* bedient sich zur Lösung dieses Problems der Kriterien, die auch für die Zuweisung von Zuständigkeiten an eine Behörde gelten.[719] Solle eine bestimmte Person des Privatrechts beliehen werden, so müsse diese in dem Rechtssatz Erwähnung finden. Komme eine konkrete Gruppe von Personen in Frage, so müsse auch diese hinreichend umschrieben werden. Fehle es auch an der Nennung einer bestimmten Gruppe, so bedürfe es einer weiteren legislativen Konkretisierung.
Im vorliegenden Falle geht es um die Beleihung einer Personengruppe, nämlich der zugelassenen Umweltgutachter. Durch die Zulassungsentscheidung würde diese Gruppe zunächst konkretisiert und zugleich auch beliehen. Eine solche Kopplung von Konkretisierung und Beleihung ist grundsätzlich möglich. Sie ist allerdings nur dann anzunehmen, wenn der gesetzgeberische Wille auch zur Beleihung sich eindeutig aus dem Gesetz entnehmen lässt. Unzulässig ist es, ohne weitere Hinweise aus dem Akt der Konkretisierung auch die Beleihung zu lesen. Im Falle des Umweltgutachters ergibt sich aus den einschlägigen Vorschriften des UAG nicht, dass mit der Zulassungsentscheidung auch eine förmliche Beleihung erfolgen soll.

Die Rechtsprechung tendiert dazu, in einem solchen Fall, in dem keine hoheitlichen Befugnisse in einwandfreier Form übertragen worden sind, das Handeln von

[718] So: *Rhein*, Das Gemeinschaftssystem für das Umweltmanagement und die Umweltbetriebsprüfung, 1996, S. 160.
[719] *Steiner*, JuS 1969, S. 69, 74.

Subjekten des Privatrechts auch dem Privatrecht zu unterstellen.[720] Es ist jedoch nicht einleuchtend, wie allein das Fehlen der gesetzlichen Ermächtigungsgrundlage den Rechtscharakter einer Handlung bestimmen sollte. Hoheitliches Handeln ohne gesetzliche Grundlage ist rechtswidrig und unwirksam, aber nicht automatisch dem privaten Recht unterstellt. Aus diesem Grund sind dem öffentlichen Recht auch Handlungsweisen zuzuordnen, wenn den Privaten ohne gesetzliche Ermächtigung Verwaltungsaufgaben übertragen worden sind, die eine öffentlich-rechtliche Erledigung verlangen, und die Privaten sich als Beliehene geriert haben.[721] Der Umweltgutachter könnte somit auch ohne gesetzliche Ermächtigung im Rahmen seiner Prüfung hoheitliche Handlungen vollführen. Da die Aufgabe des Umweltgutachters die eines Sachverständigen ist, muss geklärt werden, ob er so in den staatlichen Apparat eingebunden ist, dass von dem Inhalt seiner Entscheidung unmittelbar der Eintritt oder Nichteintritt von Rechtsfolgen oder behördlichen Maßnahmen abhängt oder ob er allein zur Tatsachenfeststellung beiträgt, ohne dass er selbstständige Entscheidungen zu treffen befugt ist.

Nach der Rechtsstellungstheorie würde der Gutachter dann hoheitlich tätig, wenn er trotz des mit der Unternehmensleitung geschlossenen Vertrages über hoheitliche Kompetenzen in der Form vom Anordnungs-, Befreiungs-, Entscheidungs- oder Zwangsbefugnissen verfügen würde. Ein Vergleich mit dem anerkannten Sachverständigen nach § 14 Abs. 1 GSG, der bei der Überprüfung überwachungsbedürftiger Anlagen ebenfalls auf der Grundlage einer privatrechtlichen Vereinbarung tätig wird, dessen Handeln aber zugleich – wegen der Einbindung in die behördliche Überwachung - schlicht hoheitlicher Natur ist, zeigt, dass hoheitliches Handeln auf der Grundlage eines privatrechtlichen Vertrages grundsätzlich möglich ist.[722]
Aus der Tätigkeit des Umweltgutachters ergibt sich kein direkter Hinweis auf die Ausübung hoheitlicher Befugnisse. Seine Rechte gegenüber seinem Auftraggeber leiten sich allein aus dem privatrechtlichen Vertrag ab. Das Unternehmen ist zwar verpflichtet, mit dem Umweltgutachter zusammenzuarbeiten, es muss die Vorschläge des Gutachters jedoch nicht befolgen und kann jederzeit aus der Prüfung aussteigen. Ein Anordnungs- und Entscheidungsrecht des Gutachters gegenüber der Unternehmensleitung besteht nicht. Der Umweltgutachter betreibt keine staatlich delegierte Aufsicht, sondern Privataufsicht in Form der institutionalisierten Eigenüberwachung, die der Bewertung und Verbesserung der Umwelt förderlich sein soll.[723] Er nimmt insofern gegenüber dem privaten Dritten keine hoheitlichen Befugnisse in Anspruch.
Gegen die Übertragung von hoheitlichen Kompetenzen spricht auch, dass das an EMAS teilnehmende Unternehmen den Gutachter, mit dem es die vertragliche

---

[720] BVerwG, DVBl. 1970, S. 735f.; BGH, DVBl. 1974, S. 558; BVerfGE 61, S. 222, 225.
[721] So auch: *Ehlers*, Verwaltung in Privatrechtsform, 1984, S. 173.
[722] Vgl. *Meyer*, in: *Landmann/Rohmer*, GewO, Bd II, GSG § 14 Rn. 51.
[723] *Van Bon/Müller*, in: Doktoranden-Netzwerk Öko-Audit e.V. (Hrsg.), Umweltmanagementsysteme zwischen Anspruch und Wirklichkeit, 1998, S. 85, 91.

Bindung eingehen will, frei wählen kann. Im Vergleich zu dem Betriebsbeauftragten für Umweltschutz unterliegt es auch nicht einer Anzeigepflicht hinsichtlich der Person des ausgewählten Umweltgutachters,[724] geschweige denn, dass die Behörde bei Einwenden die Auswechslung des Umweltgutachters verlangen könnte. Öffentliche Kriterien spielen somit bei der Auswahlentscheidung der Unternehmen keine Rolle. Würde der Umweltgutachter in Ausübung hoheitlicher Kompetenzen handeln, so könnte der Staat seinen Kontroll- und Aufsichtspflichten im Rahmen einer solch freien Ausgestaltung kaum nachkommen.[725]
Die Übertragung hoheitlicher Befugnisse ergibt sich auch nicht aus dem UAG. Es könnte allein die Pflicht aus § 15 Abs. 2 Nr. 4 UAG, nach welcher der Umweltgutachter auf Verlangen der Zulassungsstelle die zu der Überprüfung seiner Tätigkeit erforderlichen Unterlagen vorlegen muss, für eine Beleihung sprechen. Diese Pflicht verlässt den Innenbereich des Verhältnisses zwischen Unternehmen und Gutachter und könnte für ein besonderes Näheverhältnis zwischen Umweltgutachter und Behörde sprechen.[726] Diese Vorschrift statuiert jedoch nur eine Offenlegungspflicht, die als solche nichts Ungewöhnliches ist. Auch Wirtschaftsprüfer müssen die Unterlagen ihrer Prüfungen aufbewahren.[727] Die Aufbewahrungs- und Offenlegungspflichten dienen als Beweismittel und zur Erleichterung der Aufsicht, sie stellen jedoch den Privaten nicht in ein besonderes Näheverhältnis zur Verwaltung.

Wenn die Rechtsstellungstheorie keinerlei Anhaltspunkte für eine Beleihung liefert, so bleibt zu prüfen, ob dieses Ergebnis durch die Aufgabentheorie bestätigt wird. Um nach der Aufgabentheorie Beliehener zu sein, müsste der Umweltgutachter eine hoheitliche Aufgabe wahrnehmen, deren Erledigung einen staatlichen Übertragungsakt erfordert.
Der Umweltgutachter prüft die Verordnungskonformität der teilnehmenden Organisation. Da EMAS ein Instrument des Umweltschutzes ist, wird der Umweltgutachter durch die Validierung der Umwelterklärung vorsorgend im Bereich des Umweltschutzes tätig. Insofern könnte er in Erfüllung hoheitlicher Aufgaben tätig werden. Entscheidend kommt es darauf an, ob der Umweltgutachter in den Behördenapparat eingegliedert ist und Entscheidungen trifft, die unmittelbar Rechtsfolgen entfalten oder von denen die Vornahme behördlicher Maßnahmen abhängt.
An die Tätigkeit des Umweltgutachters schließt sich die Eintragung in das Verzeichnis an.[728] Die Eintragung in das Verzeichnis bedeutet zugleich die Verleihung der Berechtigung, die Teilnahme-Erklärung für die eingetragene Organisation zu

[724] Vgl. § 55 Abs. 1 S. 2 BImSchG, § 21c Abs. 2 S. 2 WHG.
[725] So auch: *Van Bon/Müller*, in: Doktoranden-Netzwerk Öko-Audit e.V. (Hrsg.), Umweltmanagementsysteme zwischen Anspruch und Wirklichkeit, 1998, S. 85, 88.
[726] Ebd., S. 89.
[727] Vgl. § 51b WPO.
[728] Vgl. Art. 6 Abs. 1 EG-UAVO n.F., Art. 8 Abs. 1 EG-UAVO a.F.

führen. Die Entscheidung über die Eintragung ist öffentlich-rechtlich. Es wird eine Rechtsfolge im Einzelfall bewirkt, die Eintragung ist somit Verwaltungsakt.
Es könnte sein, dass, da die Gültigerklärung des Umweltgutachters die Eintragung nach sich zieht, die zuständige Stelle an die Entscheidung des Gutachters gebunden ist. Unter diesen Umständen würde die Prüftätigkeit des Umweltgutachters mit der Entscheidung der zuständigen Stelle *„aufs engste zusammenhängen“* [729] und deshalb einen Bestandteil der sich in dem Verwaltungsakt niederschlagenden hoheitlichen Tätigkeit bilden. Anders stellte sich die Lage dar, wenn die Gültigerklärung nur eine tatbestandliche Voraussetzung für die Eintragung ohne Verbindlichkeit wäre. In diesem Fall wäre sie nicht Teil des einheitlichen Verwaltungsverfahrens, sondern eine bloße Tatsachenfeststellung, welche die staatliche Entscheidung vorbereiten hülfe.
An die Validierung der Umwelterklärung knüpfen sich keine unmittelbaren nach außen wirkenden Rechtsfolgen an. Der Umweltgutachter würde dennoch hoheitlich tätig werden, wenn die zuständige Stellung an die Entscheidung des Umweltgutachters gebunden wäre. Diese würde sich dann unmittelbar in dem Verwaltungsakt der Eintragung niederschlagen. Entscheidend für die rechtliche Qualifikation der Tätigkeit des Umweltgutachters ist somit, ob die Gültigerklärung der Umwelterklärung selbst unmittelbar bindend für die nachfolgende Behördenentscheidung ist.

Die zuständige Stelle nahm nach der alten Fassung der Verordnung gem. Art. 8 Abs. 1 EG-UAVO die Eintragung des Standortes nur dann vor, wenn *„glaubhaft gemacht* [wurde], *daß der Standort alle Bedingungen“* der EG-Öko-Audit-Verordnung erfüllte. Nach EMAS II kommt es entscheidend darauf an, ob der die zuständige Stelle *„davon ausgehen kann“*, dass die Voraussetzungen der Verordnung erfüllt seien. Für die Beantwortung der Frage, ob die Gutachterentscheidung bindend für die zuständige Stelle ist, kommt es somit entscheidend auf die Reichweite der Begriffe der „Glaubhaftmachung“, bzw. des „Davon-Ausgehen-Könnens“ an.[730]

---

[729] Entsprechend den Kriterien des BGH, in: BGHZ 49, S. 108, 112ff.

[730] Nach dem ersten Entwurf für eine EG-Öko-Audit-Verordnung war die Eintragung durch die zuständigen Stellen an keine weiteren materiellen Voraussetzungen geknüpft (Art. 9 KOM (91) endg., ABl. C 76 v. 27.3.1992). Die zuständigen Stellen sollten aber durch die Mitgliedstaaten ermächtigt werden, die Verwendung des damals noch geplanten Öko-Audit-Zeichens zu überwachen, die an die Erfüllung der gemeinschaftlichen und einzelstaatlichen Umweltvorschriften gebunden gewesen wäre (Art. 11 II KOM (91) endg., ABl. C 76 v. 27.3.1992). Nach dem Verordnungsentwurf wären die zuständigen Stellen so eine Art weitere Aufsichtsbehörden geworden. Dies wurde verworfen.
Die Überprüfung der Umwelterklärung durch die zuständigen Stellen wurde durch die Stellungnahme des Europäischen Parlaments angeregt (Art. 9 II a KOM (93) 97 endg., ABl. C 120 v. 30.4.1993). Die letzte Fassung des Kommissionsvorschlages enthielt die Formulierung, dass der Standort nur dann nach Brüssel gemeldet werden sollte, wenn die zuständige Stelle davon *„überzeugt“* sei, dass *„der Standort alle Bedingungen dieser Verordnung erfüllt“*. Die Eintragung hingegen wäre unabhängig von der Überzeugung der zuständigen Stelle erfolgt. Problematisch an dieser Regelung wäre gewesen, dass sie zwei unterschiedliche Maßstäbe bei Eintragung und Meldung zugrundegelegt hätte.

Beide Begriffe, die sich in ihrem Bedeutungsgehalt wohl kaum unterscheiden, beinhalten das Erfordernis der Tatsachenermittlung, ersetzen jedoch die vollständige Überzeugung von dem Vorliegen eines bestimmten Sachverhaltes durch einen geringeren Grad der Wahrscheinlichkeit.[731] Das Erfordernis der Glaubhaftmachung - oder der Punkt, an welchem die zuständige Stelle, von „etwas ausgehen kann" - beinhalten somit, dass die Eintragungskriterien nicht ausschließlich formalen Charakter haben können. Vielmehr hat die zuständige Stelle ein gewisses Maß an materieller Prüfungskompetenz.[732] Aus der Regelung des Art. 6 Abs. 4 EG-UAVO n.F.[733], nach der die zuständige Stelle bei Bekanntwerden, dass die Organisation nicht mehr alle Voraussetzungen der Verordnung erfüllt, die Organisation aus dem Verzeichnis streichen kann, ergibt sich, dass die zuständige Stelle ermächtigt ist, die Verordnungskonformität jederzeit selbst festzustellen.[734] Das Eintragungskriterium der Glaubhaftmachung ist somit ein inhaltliches, wobei sich die zuständige Stelle auf die Gültigerklärung durch den zugelassenen Umweltgutachter verlassen darf, dies aber nicht muss.[735] Die zuständige Stelle übt ihre Prüfungskompetenz nur dann aus, wenn Zweifel an der Glaubwürdigkeit der vorgelegten Umwelterklärung bestehen.[736] Der geringere Grad der Überzeugung der Glaubhaftmachung oder des

---

Nach der Auffassung des Ministerrates hätte die zuständige Stelle auch für die Eintragung des Standortes von der Verordnungskonformität des Standortes *„überzeugt"* sein müssen. Gegen eine solch weite Ausdehnung der Prüfungsaufgaben der zuständigen Stellen wurden insbesondere von Deutschland, den Niederlanden und Dänemark Bedenken vorgebracht (Ratsdokument. 9052/92 EVN v. 7.10.1992, Beratungsergebnisse der Gruppe „Umweltfragen" v. 9.2.1993). Die Befürchtung, die Formulierung könnte zu einer Wiederholung des Validierungsverfahrens führen, veranlasste zu ihrer Abschwächung und der Ersetzung der *„Überzeugung"* durch die *„Glaubhaftmachung"*.

[731] *Van Bon/Müller*, in: Doktoranden-Netzwerk Öko-Audit e.V. (Hrsg.), Umweltmanagementsysteme zwischen Anspruch und Wirklichkeit, 1998, S. 85, 90.

[732] *Lübbe-Wolff*, DVBl. 1994, S. 361, 371; *Schneider*, Die Verwaltung 1995, S. 361, 374; *Metzler/Alt*, Der Umweltgutachter, 1996, S. 93; *Rhein*, Das Gemeinschaftssystem für das Umweltmanagement und die Umweltbetriebsprüfung, 1996, S. 94; *Böhm-Amtmann*, GewArch. 1997, S. 353, 358; *Hüwels*, in: *Ewer/Lechelt/Theuer* (Hrsg.), Handbuch Umweltaudit, 1998, Kapitel H Rn. 19; *Nissen*, Die EG-Öko-Audit-Verordnung, 1999, S. 172; a.A. *Sellner/Schnutenhaus*, NVwZ 1993, S. 928, 933; *Falke*, ZUR 1995, S. 4, 8. Nach dem die zuständige Stelle stets auf Hinweise der Umweltbehörden und der interessierten Öffentlichkeit angewiesen sei.

[733] Art. 8 Abs. 3 EG-UAVO a.F

[734] So auch: *Lübbe-Wolff*, DVBl. 1994, S. 361, 371; *Nissen*, Die EG-Öko-Audit-Verordnung, 1999, S. 172; a.A. *Sellner/Schnutenhaus*, NVwZ 1993, S. 928, 933. Für *Böhm-Amtmann* ergibt sich die Prüfungskompetenz aus Art. 8 Abs. 4 EG-UAVO. Böhm-Amtmann, GewArch. 1997, S. 353, 358.

[735] *Lübbe-Wolff*, DVBl. 1994, S. 361, 371.

[736] Dem entspricht auch die Einschätzung Heuvels: *„Vom Selbstverständnis her sehen sich die Kammern in der Pflicht, die Erfüllung der Anforderungen der EG-Verordnung und des UAG durch das jeweils zu registrierende Unternehmen sicherzustellen. Dazu gehört auch die gegebenenfalls notwendige Verbesserung der Umwelterklärung. Eine darüber hinausgehende Qualitätsbewertung und –kontrolle des Managementsystems, des Audits oder der Umwelterklärung findet nicht statt."* *Heuvels*, in: UBA (Hrsg.), Bericht über die internationale Konferenz der deut-

„Davon-Ausgehen-Könnens“ erfordern eben nicht die regelmäßige Überprüfung der Tatsachen, so wie sie durch den Umweltgutachter bescheinigt wurden.

Die von dem Umweltgutachter getroffene Aussage beinhaltet neben der Tatsachenfeststellung auch ein prognostisches Element hinsichtlich der Verordnungskonformität der Organisation. Die Umweltprüfung stellt in einem ersten Schritt einen Ist-Zustand fest und misst diesen in einem zweiten Schritt an einem durch die Umweltpolitik vorgegebenen Soll-Zustand. Der Umweltgutachter beschränkt sich damit nicht auf die ausschließliche Begutachtung bereits abgeschlossener Vorgänge.[737] Insofern ähnelt die Tätigkeit des Umweltgutachters der des amtlich anerkannten Sachverständigen, dessen Prüfung der Anlagensicherheit ebenfalls Prognose-Charakter zukommt. Dieser könnte gegen das Vorliegen einer reinen Tatsachenfeststellung sprechen. Verkannt würde dabei jedoch, dass Prüfungsentscheidungen stets eine Prognose beinhalten.
Der Prüfungsumfang und der prognostische Anteil der Entscheidung sprechen im Gegenteil vorliegend eher gegen die Verbindlichkeit der Entscheidung für den nachgeschalteten Verwaltungsakt. Im Falle einer sehr komplexen Entscheidung mit einem hohen Anteil wertender Vorausschau wäre eine Bindung der Behörden an die Entscheidung eines Privaten vielmehr unzulässig. Eine solche ist nur bei einfachen Anlagen rechtlich zu vertreten. Obwohl der Umweltgutachter sowie der amtlich anerkannte Sachverständige Prüfungen vornehmen, ist eine Beleihung nur bei den abgegrenzten und überschaubaren Prüfaufgaben der amtlich anerkannten Sachverständigen anzunehmen. Im Falle komplexer Entscheidung ist die Behörde dazu angehalten, sich stets selbst ein Urteil zu bilden. Dies ergibt sich schon aus dem Amtsermittlungsgrundsatz gem. § 24 VwVfG. Die Einschätzung des Sachverständigen fließt in diesem Fall in die Urteilsbildung der Behörde ein, bindet diese aber nicht.
Die zuständigen Stelle macht sich die Prüfungsentscheidung des Umweltgutachters also nicht ohne weiteren wertenden Akt zu eigen. Die Notwendigkeit der Glaubhaftmachung beinhaltet die Möglichkeit, dass diese durch die Gutachterentscheidung nicht gelingt. Die Behörde muss sich ein eigenes Urteil bilden.[738]

---

schen Gesellschaft für Umweltrecht und der europäischen Gemeinschaft für Umweltrecht v. 30.10.1997 in Berlin, S. 20, 22.

737 Hierin besteht im Regelfall aber die Tätigkeit des öffentlich bestellten Sachverständige nach § 36 GewO.

738 Gegen eine Beleihung des Umweltgutachters spricht schließlich auch Art. 4 Abs. 5 EG-UAVO n.F./12 EG-UAVO a.F. Im Falle einer Beleihung nach der hier vertretenen Aufgabentheorie wären die Gutachter der anderen Mitgliedstaaten als Beliehene in der Erfüllung öffentlicher Aufgaben tätig. Zwar ist grundsätzlich die Ausübung schlicht-hoheitlicher Tätigkeiten von Staatsangehörigen anderer Mitgliedstaaten möglich; es muss aber den einzelnen Mitgliedsstaaten vorbehalten bleiben, die Auswahl zu treffen, wer hoheitlich für sie tätig wird und für wen sie das Haftungsrisiko tragen wollen. Dies wäre nicht mehr gewährleistet, könnte auch jeder in einem anderen Mitgliedsstaat der EG zugelassener Umweltgutachter in Deutschland hoheitlich tätig werden.

Die Staatsferne des Umweltgutachters ergibt sich auch system-immanent aus den Vorschriften der Verordnung. EMAS baut auf Freiwilligkeit und private Verantwortung. Es geht darum, private Kräfte für den Umweltschutz zu mobilisieren. Die Schaffung einer Behörde und eines weiteren staatlichen Kontrollorgans stünde zu diesem Ansatz in Widerspruch. Eine förmliche Beleihung würde dem innovativen Charakter des Systems nicht gerecht. Nach der Zielsetzung der Verordnung geht es gerade darum, weitere gesellschaftliche, privat agierende Kreise in das System einzubeziehen und die streng hierarchische Gliederung in Staat versus Bürger aufzubrechen.

Der Umweltgutachter wird somit selbstständig, weisungsfrei und nicht-hoheitlich tätig.[739]/[740] Dieses Ergebnis darf jedoch nicht darüber hinwegtäuschen, dass eine Beleihung des Umweltgutachters durchaus nicht nur Nachteile böte. Die hoheitliche Stellung würde den Umweltgutachter unabhängiger machen. Das Handeln des Gutachters wäre dem Staat zuzurechnen. Dies würde sich zum Beispiel im Haftungsfall so äußern, dass der Hoheitsträger, dessen Aufgabe der Beliehene übernommen hat, Haftungssubjekt wäre. Das Umweltministerium wäre dann zu einer intensiveren Aufsicht über das Zulassungs- und Aufsichtssystem veranlasst. Dies würde die staatliche Verantwortung und damit die Glaubwürdigkeit der Teilnahme-Erklärungen stärken. Zudem könnte die Entlohnung des Umweltgutachters für seine Tätigkeit auf der Grundlage einer Gebührenordnung erfolgen, was entscheidend zu der Unabhängigkeit des Umweltgutachters und damit auch zur Qualität der Prüfungsleistung beitragen könnte.

Der Rechtsstatus des Umweltgutachters könnte sich jedoch durch bestimmte deregulierende Maßnahmen des Gesetzgebers ändern, soweit ihm bestimmte hoheitliche Aufgaben zur eigenen Erfüllung übertragen und er beliehen würde.
Ein beliehener Unternehmer als Person des Privatrechts kann neben ihm übertragenen hoheitlichen Aufgaben und Befugnissen weiterhin eigenen privaten Tätigkeiten nachgehen.[741] Daraus folgt, dass der Umweltgutachter auch als Beliehener tätig werden könnte, obwohl er weiterhin auch auf vertraglicher Grundlage für den Unternehmer tätig wird. Es muss jedoch für den Privaten erkennbar sein, ob in dem Umweltgutachter ihm die Privatperson oder die Umweltverwaltung gegenübertritt.

---

[739] Dieses Ergebnis spiegelt auch die Auffassung des Bundesverfassungsgerichts, nach der bei natürlichen Personen des privaten Rechts eine Vermutung für privates Handeln auch dann dafür spricht, wenn sie öffentliche Aufgaben erfüllen und dabei vom Staat überwacht werden (vgl. BVerfGE 61, S. 222, 225). Dies ergibt sich auch aus dem freiheitsrechtlichen Grundsatz und dem Vorrang der Privatheit der Lebensbewältigung, welche die möglichst institutionelle und funktionale Privatheit der beruflichen Tätigkeit gebieten. *Schachtschneider*, Die Verwaltung 1998, S. 139, 140.

[740] Er entspricht somit dem Verwaltungssubstitut im Sinne *Heimburgs*. S. KAPITEL 6: II 3.

[741] *Weber/Seitz*, GewArch. 1980, S. 151, 152; *Wolff/Bachhof/Stober*, Verwaltungsrecht II, 1987, § 104 Rn. 7. Die Frage nach der Rechtsstellung ist somit bei jedem in Frage stehenden Aufgabenbereich gesondert zu beantworten. OVG Lüneburg, GewArch. 1977, S. 222f.

Eindeutigkeit in dieser Hinsicht ist schon im Hinblick auf Haftungs- und Rechtswegsfragen rechtsstaatliche Notwendigkeit. Der Umweltgutachter dürfte somit nicht dieselbe Tätigkeit zugleich als Privater und als Beliehener vornehmen. Die Prüfung im Rahmen von EMAS als privater Auditor müsste demnach unabhängig von hoheitlichen überwachungsrechtlichen Handlungen vorgenommen werden. Eine Beleihung müsste zudem auf Grund eines Gesetzes erfolgen. Eine faktische Beleihung ist rechtswidrig. Der Aufgabenbereich des Umweltgutachters kann somit nicht durch den Deregulierungsgesetzgeber langsam verstaatlicht werden. Eindeutigkeit ist hier Gebot der Rechtsstaatlichkeit. Das Potenzial von Präventions- und Vollzugsverantwortung, welches der Umweltgutachter in sich trägt, kann nur durch eine Beleihung und Aufgabenübertragung mobilisiert werden. Ob jedoch so auf längere Sicht der betont marktwirtschaftskonforme Ansatz des geprüften betrieblichen Umwelt-Managements *„ein modernes Einsatzfeld für die Ausübung eines öffentlichen Amtes eröffnen könnte,“*[742] ist fraglich.

3. Haftungsrisiko des Umweltgutachters

Abgerundet werden soll die rechtliche Betrachtung der Stellung des Umweltgutachters durch die Darstellung seiner haftungsrechtlichen Situation.[743] Potenzielle Haftungsrisiken können die Qualität und die Gründlichkeit der gutachterlichen Prüfung beeinflussen, und somit ist es eine Frage der Vollständigkeit, diesen Punkt nicht außer Acht zu lassen.[744]

Schadens- und Haftungsrisiken drohen dem Umweltgutachter dann, wenn er die Prüfung mangelhaft oder unvollständig durchführt. Die Nicht- oder Schlechterfüllung einer vertraglichen Hauptpflicht oder die Verletzung einer Nebenpflicht kann kausal für Schäden des Auftraggebers oder eines Dritten sein. So kann das Unternehmen gezwungen sein, die Validierung durch einen anderen Umweltgutachter zu wiederholen, es können Geschäfts- und Betriebsgeheimnisse an die Öffentlichkeit gelangen oder das Unternehmen kann unternehmerische Fehlentscheidungen auf Grund der Umwelterklärung treffen. Auch kann es durch ein fehlerhaftes Umwelt-Managementsystem zu Schäden an der Umwelt kommen. Hierdurch sieht sich das

[742] *Höland*, ZEuP 1998, S. 30, 48.

[743] Nicht berücksichtigt werden an dieser Stelle die haftungsrechtlichen Probleme, die sich ergeben würden, müsste der Umweltgutachter die Einhaltung der einschlägigen Rechtsvorschriften überprüfen. Eine solche Compliance-Prüfung ist nach der hier vertretenen Ansicht nicht Bestandteil der gutachterlichen Prüfung. Festzustellen ist jedoch, dass eine Compliance-Prüfung dazu führen könnte, dass der Unternehmer versuchen würde, sein haftungsrechtliches Konformitätsrisiko auf den Umweltgutachter abzuwälzen.

[744] Im Hinblick auf die haftungsrechtliche Relevanz der EMAS-Teilnahme für das Unternehmen sei auf die einschlägige Literatur verwiesen: z.B. *Falk*, Die EG-Öko-Audit-Verordnung und das deutsche Umwelthaftungsrecht, 1998; thesenartige Zusammenfassung: *Falk*, EuZW, S. 593; sowie die Beiträge von *Dombert*, von *Strate/Wohlers* sowie von *Schilling/Henneböhl*, in: *Ewer/Lechelt/Theuer* (Hrsg.), Handbuch Umweltaudit, 1998, Kapitel L,M,N.

Unternehmen Haftungsansprüchen ausgesetzt, die es u.U. den Umweltgutachter überwälzen will. Dritte können im Rahmen der Expertenhaftung Ansprüche gegen den Umweltgutachter geltend machen.

Da der Umweltgutachter nicht hoheitlich tätig wird, kommen Ansprüche gegen den Umweltgutachter aus Amts- und Staatshaftung nach § 839 Abs. 1 BGB und Art. 34 S. 1 GG nicht in Betracht.

Der Umweltgutachter haftet zivilrechtlich dem Auftragnehmer auf Grund des mit ihm geschlossenen Vertrages und gegenüber allen jenen, die durch eine fahrlässig für gültig erklärte Umwelterklärung einen Nachteil, z.B. einen Wettbewerbsnachteil, erleiden.[745] Ansprüche aus dem vorvertraglichen Vertrauensverhältnis können sich auf die *„Culpa in Contrahenda"* (CiC) stützen. Eine solche Haftung aus CiC kommt zum Beispiel dann in Betracht, wenn der Umweltgutachter vertrauliche Informationen weitergibt. Kommt ein Vertrag zustande, so kann sich eine Haftung des Umweltgutachters aus Nicht- oder Schlechterfüllung ergeben. Bei dem Vertrag, der zwischen Umweltgutachter und Unternehmer nach den Vorgaben der Verordnung geschlossen werden muss,[746] handelt es sich um einen Gutachtervertrag, der nach h. L. als Werkvertrag zu qualifizieren ist.[747] Im Falle des Umweltgutachters liegt das geschuldete Werk in der Erstellung der Umweltbegutachtung.[748] Die Qualifizierung des Gutachtervertrages als Werkvertrag führt dazu, dass bei Anwendung der vom BGH zur Schadensersatzpflicht bei fehlerhafter Gutachtenerstellung entwickelten Grundsätzen für Mängelfolgeschäden – um die wird es in der Regel gehen - die Anwendung der §§ 635, 638 BGB ausgeschlossen ist und eine Haftung wegen positiver Vertragsverletzung (PVV) in Betracht kommt.[749]/[750] Daneben können Ansprüche aus Verzug[751] oder Unmöglichkeit[752] entstehen.
Unter Umständen können auch Dritte Ansprüche aus Vertrag gegen den Umweltgutachter geltend machen. Die validierte Umwelterklärung oder sonstige zusätzliche oder eigenständige gutachterliche Äußerungen zu umweltrelevanten Faktoren

---

745 *Schottelius*, DB 1996, S. 1169, 1170. *Schottelius* weist auf die auch in dieser Beziehung bestehende Ähnlichkeit zu der Rechtsstellung des Wirtschaftsprüfers hin.
746 Vgl. Anh. III B Nr. 1 EG-UAVO/Anh. V Nr. 5.5.1 EMAS-II-E.
747 BGH, NJW 1965, S. 106; NJW 1967, S. 719, 720; NJW 1976, S. 1502. *Ewer*, in: *Ewer/Lechelt/Theuer* (Hrsg.), Handbuch Umweltaudit, 1998, Kapitel E Rn. 40; *Nissen*, Die EG-Öko-Audit-Verordnung, 1999, S. 172; *Kothe*, Das neue Umweltauditrecht, 1997, Rn. 279; a.A. *Metzler/Alt*, Der Umweltgutachter, 1996, S. 74ff. *Metzler/Alt* klassifizieren den Umweltgutachtervertrag als Dienstvertrag.
748 *Ewer*, in: *Ewer/Lechelt/Theuer* (Hrsg.), Handbuch Umweltaudit, 1998, Kapitel E Rn. 40.
749 BGH v. 10.6.1976, NJW 1976, S. 1502, 1503.
750 Voraussetzung hierfür ist neben der schuldrechtlichen Verpflichtung eine objektive Pflichtverletzung, Verschulden und ein kausal durch die Pflichtverletzung entstandener Schaden.
751 Vgl. §§ 284ff., 326 BGB.
752 Vgl. §§ 280ff., 325 BGB.

des Unternehmens könnte einem Dritten zugänglich gemacht werden, der Vermögens-, Produktions- oder Standortentscheidungen darauf stützt (Zugänglichmachungsfälle).[753] Der Dritte kann in den Schutzbereich des eigentlichen Vertrages mit einbezogen sein, vorausgesetzt, dass der Sachverständige mit einer solchen Verwendung des Gutachtens rechnen musste und die Personengruppe objektiv abgrenzbar ist.[754] Der Dritte muss bestimmungsgemäß mit der Leistung des Umweltgutachters in Berührung gekommen sein und die Einbeziehung des Dritten muss für den Umweltgutachter erkennbar gewesen sein.

Haftungsbeschränkungen ergeben sich für den Umweltgutachter gesetzlich aus § 30 UAG i.V.m. § 323 Abs. 2 HGB. Angelehnt ist die Haftungsobergrenze des Umweltgutachters nach § 30 UAG an die Haftung des Wirtschaftsprüfers.[755] Die Haftung des Umweltgutachters für fahrlässiges Handeln ist auf 2 Mio. DM beschränkt.[756] Da jedoch ein Verweis auf § 323 Abs. 4 HGB fehlt, sind prinzipiell weitere vertragliche Haftungsbeschränkungen möglich.[757] In der Realität werden diese sich aber in der Verhandlung mit dem Unternehmen kaum durchsetzen lassen.

Neben der vertraglichen Haftung kann der Umweltgutachter auch aus unerlaubter Handlung zur Verantwortung gezogen werden. Nicht in Frage kommen Ansprüche aus dem Umwelthaftungsgesetz,[758] da dieses nur Ansprüche gegen den Anlagen-Inhaber gewährt,[759] wohl aber Ansprüche aus dem BGB.
Gegenüber dem auftragnehmenden Unternehmen kann neben den vertraglichen Ansprüchen eine deliktische Haftung des Umweltgutachters nach § 823 Abs. 1 BGB entstehen, wenn die von ihm sorgfaltswidrig valdierte Umwelterklärung zur

[753] Der Umweltgutachter könnte auch als sachverständige Vertrauensperson zu wirtschaftlich oder ökologisch bedeutsamen Verhandlungen mit einem Dritten zugezogen worden sein, um durch seine Auskünfte oder sein Urteil die Verhandlungsposition des Mandaten zu stärken oder auch auf Wunsch des Dritten Fragen der Umweltqualität des Unternehmens zu erläutern (Zuziehungsfälle). Als Rechtsgrundlage für vertragliche Dritthaftung in den Zuziehungsfällen kann ein stillschweigender Auskunftsvertrag mit seinem Auftraggeber angenommen werden (BGHZ 7, S. 371, 372; 74, S. 103, 106). Vgl. *Höland*, ZEuP 1998, S. 30, 51.

[754] BGH v. 23.1.1985, JZ 1985, S. 951 = DB 1985, S. 1464; BGH v. 26.11.1986, NJW 1997, S. 1758 = MDR 1987, S. 477 = BB 1987, S. 371.

[755] Vgl. § 323 Abs. 2 HGB.

[756] Der § 323 Abs. 2 S. 1 HGB wurde mit dem 27.4.1998 (BGBl. I, S. 786) neu gefasst. Zuvor war die Haftungsobergrenze auf 500 000 DM festgelegt gewesen.

[757] Ein Haftungsausschluss für vorsätzliches Handeln im Gutachtervertrag ist gem. 276 Abs. 2 BGB unzulässig. Ein Haftungsausschluss für grobe Fahrlässigkeit durch AGB ist unwirksam gem. § 11 Nr. 7 AGBG. Zwar sind die Vertragspartner in der Regel Kaufleute, doch gem. § 9 AGBG dürfte wohl kaum etwas anderes gelten. Vgl. *Metzler/Alt*, Der Umweltgutachter, 1996, S. 88.

[758] Umwelthaftungsgesetz (UmweltHG) v. 10.12.1999 (BGBl. I, S. 2634).

[759] Vgl. § 1 UHG.

Ursache für Rechtsgutsverletzungen des Unternehmens geworden ist.[760] Eine fehlerhafte oder unvollständige Prüfung stellt ein Unterlassen dar, welches dann haftungsrechtlich relevant wäre, wenn der Umweltgutachter als Garant verantwortlich wäre. Die Garantenpflicht kann sich aus Gesetz, Vertrag oder vorangegangenem Tun ergeben. Bei den Umweltgutachtern ist insbesondere an eine Garantenstellung aus beruflichen Verkehrspflichten zu denken.[761] Die Haftung aus § 823 Abs. 1 BGB umfasst jedoch nur den Ersatz von Schäden aus der Verletzung absoluter Rechte.[762]

Eine über den Rechtsgüterschutz des § 823 Abs. 1 BGB hinausgehende Haftung für Vermögensschäden seines Auftraggebers kann sich der Umweltgutachter dann ausgesetzt sehen, wenn die vorwerfbar sorgfaltswidrige Validierung der Umwelterklärung gegen ein den Schutz eines Anderen bezweckendes Gesetz nach § 823 Abs. 2 BGB verstößt. Grundsätzlich sind die EG-Öko-Audit-Verordnung und das UAG wohl keine Schutzgesetze i.S.d. § 823 Abs. 2 BGB, weil es an dem unmittelbaren Bezug zu den Individualinteressen der Geschädigten fehlt.[763] Eine Ausnahme bildete jedoch die Geheimhaltepflicht aus Art. 4 Abs. 7 EG-UAVO a.F..[764]

Zum Schadensersatz wegen sittenwidriger, vorsätzlicher Schädigung gem. § 826 BGB verpflichtet wäre der Umweltgutachter, wenn er in einer gegen die guten Sitten verstoßenden Weise seinem Auftraggeber oder einem Dritten vorsätzlich Schaden zufügt. [765] Der Umweltgutachter nimmt in Hinblick auf sein Ansehen und seinen Beruf eine Vertrauensstellung ein. Nach der Rechtsprechung ist bereits die Erstellung unrichtiger Gutachten oder Testate sittenwidrig, soweit diese auf grob fahrlässigen Untersuchungen beruhen und deren Bedeutung für die Entscheidung des Unternehmers dem Ersteller bewusst waren. Hat der Umweltgutachter weiterhin damit gerechnet, dass auch Dritte von seinem unrichtigen Gutachten Kenntnis erlangen oder musste er auf Grund seiner Berufserfahrung davon ausgehen, so liegt bedingter Vorsatz hinsichtlich der Schädigung vor.[766]

---

[760] *Höland,* ZEuP 1998, S. 30, 49.
[761] *Metzler/Alt,* Der Umweltgutachter, 1996, S. 90.
[762] Relevant könnte die Frage sein, ob die Klagen durch Nachbarn und andere Geschädigte wegen Emissionsschäden gegen den Anlagenbetreiber für den Umweltgutachter Haftungsfolgen auslösen können. Dies ist jedoch nicht der Fall, da die Emissionsschäden nicht in den Schutzbereich der Verkehrspflichten des Umweltgutachters fallen.
[763] *Höland,* ZEuP 1998, S. 30, 91.
[764] Ebd., S. 30, 50.
[765] Dabei wurde nach der von der Rechtsprechung entwickelten Expertenhaftung für Auskünfte, Gutachten und Testaten die Anwendbarkeit des § 826 BGB erweitert. Sie wurde im Wesentlichen über drei Annahmen erleichtert: Sittenwidrigkeit kommt auch schon bei grob fahrlässigem Verhalten in Betracht. Für den Vorsatz der Schädigung reicht bedingter Vorsatz. Auf einen solchen Schädigungsvorsatz kann aus einem grob fahrlässigen und leichtfertigen Verhalten geschlossen werden.
[766] BGH v. 17.9.1985. Vgl. auch: *Höland,* ZEuP 1998, S. 30, 53; *Metzler/Alt;* Der Umweltgutachter, 1996, S. 92.

4. Das Spannungsfeld, in dem sich der Gutachter bewegt

Die Ausgestaltung der Stellung des Umweltgutachters in der EG-Öko-Audit-Verordnung und dem UAG webt den Umweltgutachter in ein Netz von Zwängen, Interessen, Anreizen und Abhängigkeiten, welches die Ausübung seiner beruflichen Tätigkeit nicht unbeeinflusst lassen kann.

Die Durchführung der gutachterlichen Prüfung begegnet system-immanenten Problemen, die in der Stellung des Prüfers begründet liegen und welche die Qualität der Prüfung gefährden. Die Gefahr einer suboptimalen Prüfungsdurchführung ergibt sich dann, wenn sich aus dem rationalen Kalkül des opportunistischen Prüfers eine logische Handlungsoption ergibt, die nicht im Einklang mit der Zielsetzung der Verordnung steht.
Als Ausdruck der Privatautonomie wählt das an dem System teilnehmende Unternehmen den Gutachter frei aus. Dabei konkurrieren in Deutschland relativ viele Umweltgutachter um relativ wenig an EMAS teilnehmende Unternehmen. Die Unternehmen werden bestrebt sein, die Kosten für die Validierung durch den Umweltgutachter möglichst gering zu halten, und sie werden dies auch bei der Auftragsvergabe berücksichtigen. Es wird somit der Umweltgutachter beauftragt, der seine Leistung möglichst günstig anbietet. Dies führt zu einer Preissituation, die eine zeitlich aufwändige Prüfung nicht zulässt.[767] Diese Tendenz wird durch den Wettbewerb zwischen den Umweltgutachtern verstärkt. Der Umweltgutachter wird außerdem in der Regel wirtschaftlich auf die Validierungsaufträge angewiesen sein. Er ist damit faktisch nicht unabhängig. Hierfür spricht, dass Validierungsverweigerungen kaum vorkommen. Insbesondere ist es eine Verkennung wirtschaftlicher Realitäten zu glauben, dass eine flexible Ausgestaltung des Umweltgutachtervertrages eine unabhängige und professionelle Prüfungstätigkeit des Umweltgutachters sicherstellen könne.[768] Der Vertrag, soweit er nicht durch die Vorgaben der Verordnung gebunden ist, kann dem Umweltgutachter seine Unabhängigkeit weder feststellen noch garantieren. Der Prüfungsumfang, so wie er in dem Vertrag festgeschrieben wird, der Kosten- und Zeitaufwand, sind vielmehr Ausdruck der Marktsituation.

Ein weiteres Problem ergibt sich aus der Aufweichung der Grenzen gutachterlicher Tätigkeit in dem Unternehmen. Es besteht die Gefahr, dass der Umweltgutachter sich zunehmend mehr als Berater denn als Prüfer versteht.[769] In einer Studie des Landes Hessen aus dem Jahre 1998 bejahten die meisten Umweltgutachter die Frage, im Falle festgestellter Schwachstellen den Unternehmen Fingerzeige be-

---

[767] *Glatzner*, Ökologisches Wirtschaften, 3-4/1998, S. 21, 22. Kritisch auch: *Lübbe-Wolff*, WSI Mitteilungen 1998, S. 516, 517.
[768] So aber: *Ganse/Gasser/Jasch*, Öko-Audit, Umweltzertifizierung, 1997, S. 77.
[769] *Gege/Nehm*, Uwf 1/1998, S. 6, 9; *Guhle*, WSI-Mitteilungen 1998, S. 518, 524.

züglich möglicher Lösungswege gegeben zu haben.[770] Obwohl die befragten Umweltgutachter betonen, dies habe nicht den Charakter einer konkreten Beratung angenommen, sind die Grenzen zwischen dem prüfenden und dem beratenden Gutachter fließend. Dabei wird die Funktion des Umweltgutachters anscheinend häufig mit der des internen oder externen Betriebsprüfers verwechselt. Letzterer fungiert tatsächlich - auch nicht konfliktfrei - sowohl als Berater als auch als Prüfer. Er berät das Unternehmen bei dem Aufbau des Umwelt-Managementsystems, im Rahmen der Betriebsprüfung agiert er als Prüfer.[771] Ein beratender Umweltgutachter entspricht hingegen nicht der Intention der Verordnung, denn ein solcher verliert den notwendigen kritischen Abstand zu dem Objekt seiner Prüfung.

Da die Qualität der gutachterlichen Prüfung durch die Marktsituation und die Nähe des Umweltgutachters zum Unternehmen gefährdet ist, muss die Qualitätskontrolle der gutachterlichen Prüfung durch hoheitliche Kontrollen in dem vorgegebenen System der Zulassung und Überwachung der Gutachter umso sorgfältiger gesichert werden. Der Umweltgutachter muss bei der Ausübung seiner Tätigkeit nicht nur die Zufriedenheit seiner Auftraggeber, sondern auch die Aufsicht und die Sanktionsgefahr im Auge haben.[772] Das Aufsichtssystem soll den Qualitätsanspruch des Systems gewährleisten und die opportunistischen Tendenzen des Umweltgutachters auffangen.
Durch EMAS ist der Umweltgutachter, anders als der private Zertifizierer, in ein staatliches Verfahren eingebunden. Der Gutachter wird von einer beliehenen Stelle zugelassen und überwacht. Diese wurde von den wirtschaftlichen Interessenvertretungen gebildet. Der Umweltgutachter prüft die Mitglieder eben dieser Interessenvertretungen. Die Zulassungsstelle wird mit den Gebühren der Umweltgutachter finanziert. In diesem System der circulären Kontrollen nach dem UAG ist die Zulassungsstelle wiederum Aufsichtsinstanz über den Umweltgutachter. Sie arbeitet dabei unter Beachtung von Richtlinien eines Gremiums, des UGA, welches ebenfalls tendenziell Wirtschaftsinteressen vertritt und zudem nur mangelhaft demokratisch legitimiert ist. Die für die Eintragung der Organisationen zuständige Stelle schließlich ist ebenfalls bei Interessenvertretungen der Privatwirtschaft untergebracht.

---

[770] Vgl. das Forschungsvorhaben des Hessischen Ministeriums für Umwelt, Energie, Jugend, Familie und Gesundheit zur Praxiswirksamkeit von EMAS mit dem Titel: „Fachwissenschaftliche Bewertung des EMAS-Systems in Hessen"; Zusammenfassung der Ergebnisse: *Rehbinder/Heuvels*, DVBl. 1998, S. 1245, 1253; *Ankele/Fichter/Heuvels/Rehbinder/Schebek*, Uwf 4/1998, S. 38.

[771] Ein Rollenkonflikt ist dabei für den Betriebsprüfer nur dann zu vermeiden, wenn er beide Aufgaben streng nacheinander schalten kann. *Fuchs*, in: *Beck* (Hrsg.), Betriebliches Umwelt-Audit in der Praxis, 1996, S. 157, 158.

[772] Vgl.: *Wahl*, Privatisierung im Umweltrecht, in *Gusy (Hrsg.)*, Privatisierung von Staatsaufgaben, 1998, S. 260, 289. *Wahl* betont die Notwendigkeit der staatlichen Steuerung, um zu vermeiden, dass Sachverständige sich an ihren eigenen wirtschaftlichen Interessen orientieren.

Die Wirtschaftsnähe des Systems stellt eine Gefahr für die Qualität der Tätigkeit des Umweltgutachters dar. In diesem System muss der Gutachter die alles entscheidende Aufsicht über sich selbst finanzieren, obwohl er unter enormen wirtschaftlichen Druck arbeitet. Dennoch verkörpert gerade der Umweltgutachter das externe sowie staatliche Element von EMAS und soll durch seine Kontrolle die Zielerreichung der Verordnung und die Interessen des Gemeinwesens am Umweltschutz sichern. Der Erfolg der Verordnung wird mithin durch einen Umweltgutachter gewährleistet, der kaum dazu motiviert sein kann, eine in die Tiefe gehende Prüfung durchzuführen, sowie durch eine staatliche Überwachung, die auf ein Minimum reduziert ist.

Die Probleme für die Qualität der Begutachtung ergeben sich damit aus verschiedenen Einflussfaktoren. Für den Umweltgutachter bedeutsam sind zunächst die ihm entstehenden Kosten der Begutachtung im Verhältnis zu dem Preis, den er für die Validierung erzielt.[773] Der Gutachter ist von dem Gewinn aus den Prüfungsaufträgen abhängig. Dabei liegen die Kosten der Prüfung bei der Erstprüfung erheblich höher als bei den Folgeprüfungen. Der Umweltgutachter bietet dennoch einen einheitlichen Preis an und investiert damit in die Erstprüfung. Die Investition besteht in dem Erlangen von spezifischen Wissen über den Standort oder die Organisation, welches sich noch nicht unmittelbar bezahlt macht. Da der Preis der ersten Überprüfung niedriger ist als er es sein müsste, spiegelt er nicht den Aufwand des Gutachters. Der Vorteil des Umweltgutachters besteht darin, dass er das Wiederholungsaudit deutlich kostengünstiger vornehmen kann als ein Umweltgutachter, der die Organisation zum ersten Mal prüft. Dieser Vorteil ist eine Quasirente, da der Vorteil schon bei der Annahme des ersten Auftrags antizipiert wird.[774] Wenn der Umweltgutachter jedoch dem Unternehmen größere Beanstandungen vorlegt oder aber für eine umfangreichere Prüfung ein höheres Honorar fordert, so gefährdet er hiermit seine Quasirente.[775] Er muss fürchten, dass das Unternehmen sich im Falle eines Wiederholungsaudits für einen anderen, günstigeren oder weniger kritischen Umweltgutachter entscheiden wird. Dieses Verhalten findet sich in der Praxis bestätigt. So gilt die langfristige vertragliche Bindung und das damit erwachsende Vertrauensverhältnis als wichtigstes Akquisitionsinstrument der Umweltgutachter.[776] Dieses Vertrauen darf der Umweltgutachter nicht zerstören. Sowohl für den rationalen als auch den opportunistischen Umweltgutachter ist so-

---

773 *Van Bon/Müller*, in: Doktoranden-Netzwerk Öko-Audit e.V. (Hrsg.), Umweltmanagementsysteme zwischen Anspruch und Wirklichkeit, 1998, S. 85, 98.

774 Diese Zusammenhänge gelten ebenso für die Wirtschaftsprüfung. Vgl. *Müller*, ZfU 1998, S. 213, 222 m.w.N.

775 *Müller*, ZfU 1998, S. 213, 222.

776 Umweltgutachter *Klaus Kall* in einem Vortrag am 17.4.1999 im Rahmen der Jahrestagung des Doktoranden Netzwerks Öko-Audit e.V.

mit „laxes" Prüfungsverhalten die dominante Verhaltensstrategie.[777] Damit ist die Unabhängigkeit des Umweltgutachters sowie die Zielerreichung des EG-Öko-Audit-Systems gefährdet. Es muss aus diesem Grunde der opportunistische Spielraum des Umweltgutachters eingeschränkt werden.

„Die unter dem Gesichtspunkt des Umweltschutzes entscheidende Frage lautet daher, inwieweit und mit Hilfe welcher marktrestriktiver Reglements private Initiative und das Know-how privater Sachverständiger in den Dienst staatlicher Überwachungsinteressen gestellt werden können, ohne dass daraus ein Markt für Vollzugsvermeidungsdienstleistungen entsteht."[778] Es müssen Wege gefunden werden, wie die Prüfungsqualität des Umweltgutachters institutionell abgesichert werden könnte. Dabei muss insbesondere die Unabhängigkeit des Umweltgutachters gesichert werden, und rationales Kalkül muss Opportunismus-Tendenzen als unattraktiv ausschalten.

Die Qualität der gutachterlichen Prüfung wird dann verbessert, wenn Mechanismen in das System eingebaut werden, welche die Quasirente des Umweltgutachters schützen. Obwohl der Wirtschaftsprüfer dem Umweltgutachter Pate stand, wurden genau diese entscheidenden qualitativen Sicherungen der Wirtschaftsprüfung nicht übernommen. Anders als im Falle des Umweltgutachters unterliegt die Quasirente des Wirtschaftsprüfers vielfältigen Sicherungen.[779] Der Wirtschaftsprüfer wird öffentlich bestellt; ein Wechsel des Wirtschaftsprüfers wird aus diesem Grund stets öffentlich bekannt. Der Umweltgutachter kann hingegen sogar im laufenden Verfahren ausgewechselt werden, ohne dass die Öffentlichkeit dies erfährt. Der abgelöste Umweltgutachter war nach EMAS I zudem noch an seine Schweigepflicht aus Art. 4 Abs. 7 EG-UAVO a.F. gebunden.[780] Auch wird die Beauftragung des Umweltgutachters intern vom Management des Unternehmens abgewickelt. Anders als beim Wirtschaftsprüfer bleiben Hauptversammlung oder Aufsichtsrat unbeteiligt. Darüber hinaus ist es dem Umweltgutachter nicht möglich, durch eine strenge Prüfung Reputation zu erlangen. Eine eingeschränkte Validierung gibt es nicht und eine Verweigerung der Validierung wird nicht öffentlich. Die Qualität der Prüfung des Umweltgutachters dringt nicht an die Öffentlichkeit. Auch dies unterscheidet ihn von dem Wirtschaftsprüfer.[781]

---

[777] *Van Bon/Müller*, in: Doktoranden-Netzwerk Öko-Audit e.V. (Hrsg.), Umweltmanagementsysteme zwischen Anspruch und Wirklichkeit, 1998, S. 85, 103; *Müller*, ZfU 1998, S. 213, 231.
[778] *Lübbe-Wolff*, ZUR 1995, S. 57, 61.
[779] *Müller*, ZfU 1998, S. 213, 223f.
[780] Die Schweigepflicht des Umweltgutachters war auch in anderer Hinsicht problematisch. Der Umweltgutachter konnte die Umwelterklärung nur validieren, wenn alle für den Standort wichtigen Umweltfragen Eingang in die Umwelterklärung gefunden hatten (Art. 4 Abs. 5d EG-UAVO a.F.). Konflikte konnte dann entstehen, wenn der Umweltgutachter die Gültigkeitserklärung von der Offenlegung der Aufnahme bestimmter Daten abhängig machte, die im Geheimhaltungsinteresse der Unternehmen lagen (Vgl. auch: *Kloepfer*, Umweltrecht 1998, § 5 Rn. 366). Die Schweigepflicht des Umweltgutachters ist in EMAS II nicht mehr festgeschrieben.
[781] *Müller*, ZfU 1998, S. 213, 224.

Die Qualität der Prüfung durch den Umweltgutachter könnte durch die Benennung des Umweltgutachters von einer unabhängigen Stelle, die Festlegung von festen Prüfungsintervallen pro Umweltgutachter oder die öffentliche Bekanntmachung des Umweltgutachters erreicht werden.

Solange die wirtschaftliche Bindung an den Kunden allein von dessen Zufriedenheit mit der Prüfung abhängt, lohnt die aufwändige und unter Umständen mit unangenehmen Konfrontationen einhergehende Prüfung nicht. Eine verstärkte Kontrolle der gutachterlichen Tätigkeit durch die DAU wäre mit steigenden Kosten verbunden. Da jedoch die DAU durch die Gebühren der Umweltgutachter finanziert wird und die Wirtschaft sich an den Kosten nicht beteiligt, müssten die Umweltgutachter allein die steigenden Kosten tragen. Sie würden diese auf die Unternehmen umlegen. Die Prüfung durch den Umweltgutachter würde damit für die Unternehmen erheblich teurer. Dies nicht nur weil der Umweltgutachter durch die vertiefte Prüfung mehr Manntage in Rechnung stellen müsste, sondern weil er auch seine steigenden Kosten umlegen würde.
Die Aufsicht der DAU beschränkt sich in der Praxis auf eine Anlassaufsicht. Das Risiko, dass oberflächliche Prüfungen auffallen, ist sehr gering. Es bestehen wenig originäre Anreize für den Umweltgutachter eine in die Tiefe gehende Prüfung vorzunehmen. Weil der Spielraum des Umweltgutachters groß und die Kontrolle mager ist, müssen Standards die Qualität der Leistung des Umweltgutachters sicherstellen. Eine Standardisierung der gutachterlichen Prüfung würde die Freiräume des Gutachters einschränken. Beim Jahresabschluss wird dieser Spielraum des Wirtschaftsprüfers durch die GoA konkretisiert. Vergleichbare Grundsätze wären auch für den Umweltgutachter wichtig.[782]
Einen Vorstoß in diese Richtung hat das IdU e.V. mit der Ausarbeitung einer Richtlinie zum Valdierungsverfahren gemacht.[783] Die Richtlinie enthält neben allgemeinen Anweisungen, wie bei dem Validierungsverfahren vorzugehen sei, auch konkrete Checklisten und Fragebögen. Das IdU sieht es neben der Erarbeitung von Prüfungskatalogen als seine Aufgabe an, Qualitätskriterien der Prüfung durch einen verbindlichen Standard zu sichern. Die dem Institut beitretenden Umweltgutachter müssen sich freiwillig einem Verhaltenskodex unterwerfen.[784]
Inwieweit diese Vorgaben des IdU in der Praxis zu einer einheitlichen Prüfungsqualität geführt haben, kann an dieser Stelle nicht beurteilt werden. Festzuhalten

[782] Bis heute existiert auch noch kein objektiver Maßstab für die Intensität, mit der die Umweltziele verfolgt worden sind, somit ist eine Aussage über die Güte der Maßnahmen nicht möglich. Es müssten „Grundsätze der ordnungsgemäßen Umweltschutz-Organisation" als objektive Regeln (entsprechend der GoB), die Mindestanforderungen an die organisatorische Ausgestaltung des EG-Öko-Audit-Verordnung enthalten, formuliert werden. *Von Werder/Nestler*, RIW 1995, S. 296, 302f.
[783] Institut der Umweltgutachter und –berater in Deutschland (IdU) e.V. (Hrsg.), Richtlinie zum Validierungverfahren gemäß Verordnung (EWG) Nr. 1836/93, 1998.
[784] Abgedruckt in: Institut der Umweltgutachter und –berater in Deutschland (IdU) e.V.(Hrsg.), Die Europäische Plattform für Umweltfachleute, 1998.

bleibt jedoch, dass schon die Versuche einer Vereinheitlichung wichtige Schritte in die richtige Richtung darstellen. Eine solche Standardisierung der zu übertragenden Aufgaben sichert dabei nicht nur die Qualität, sondern erleichtert auch die Aufsicht als „Kontrolle der Kontrolleure".[785]
Da die Umweltgutachter gemeinschaftsweit tätig werden können, sind nationale Anstrengungen der Vereinheitlichung jedoch nicht ausreichend. Die Leistungsfähigkeit des EG-Öko-Audit-Systems hängt vielmehr maßgeblich davon ab, ob es gelingen wird, europaweit vereinheitlichte, hohe Standards für die Prüftätigkeit der Umweltgutachter zu entwickeln.[786] In allgemeinen Leitlinien sollten Prüfzeiten, Prüftiefe und Prüfungsumfang festgelegt werden. Die EU-Kommission hat im Jahre 1996 eine Interpretationshilfe für die Auslegung der Verordnung im Hinblick auf die gutachterliche Prüfung erarbeitet, die allerdings nie gem. Art. 19 EG-UAVO a.F. verabschiedet wurde. Das informelle *„General Guidance Document for Accrediation of Environmental Verifiers under Regulation 1836/93 and under the Verification and Validation Approach"*[787] stellt als ein gemeinschaftsweit verwendbarer *„Code of Practice"* ein Schritt in die richtige Richtung dar. Konsequent wird diese Entwicklung mit EMAS II und der Institutionalisierung eines Forums aus den verschiedenen Akkredititerungsorganisationen zur Schaffung von gemeinschaftsweiten Leitlinien durch die Zulassungsorganisationen der Umweltgutachter weitergeführt.
Inwieweit auch die Erweiterung des Haftungsrisikos die Qualität der gutachterlichen Leistung steigern würde, ist fraglich. Es ist davon auszugehen, dass der Umweltgutachter sich rückversichern würde und somit die Kosten weitergegeben würde. Der Umweltgutachter braucht statt dessen systematische und/oder institutionelle Absicherungen, um korrektes Vorgehen seinem Auftraggeber gegenüber auch durchhalten zu können, wenn dieser lieber ein Auge zugedrückt haben wollte.[788]

Zusammenfassend lässt sich feststellen, dass das aktuelle System eine hinreichende Qualität der Prüfung durch den Umweltgutachter nicht gewährleisten vermag. Der prüfende Umweltgutachter ist wirtschaftlich abhängig von seinem Auftraggebern, und wer beißt schon gerne die Hand, die ihn nährt? Anders als im System der Wirtschaftsprüfung sichern gesetzliche Vorschriften oder allgemeine Standards nicht die unabhängige Aufgabenwahrnehmung des Umweltgutachters gegenüber seinem Auftraggeber. Diese wird auch nicht durch das Aufsichtssystem sichergestellt. Dieses System ist dominiert durch die Interessen der Wirtschaft, mithin der Auftraggeber des Umweltgutachters. Dabei ist es noch nicht einmal durch die

---

[785] *Lübbe-Wolff/Steeken*, ZUR 1993, S. 263, 267.
[786] *Scherer*, NuR 1998, S. 477.
[787] General Guidance Document for Accrediation of Environmental Verifiers under Regulation 1836/93 and on the Verification and Validation Approach v. 24.7.1996, Dokument DG XI.E.1, Nr. XI/821/95 Release 1.
[788] *Lübbe-Wolff*, WSI Mitteilungen 1998, S. 516, 517.

Wirtschaft, sondern durch die Gebühren der Umweltgutachter finanziert. Letztere sind an einem Abbau der Aufsicht, der Gefahren des „Auffliegens" und der Kosten interessiert. Die Interessenvertretungen der Wirtschaft können im Zwiespalt mit den Interessen der Unternehmer auch nicht objektiv die Sache des Umweltschutzes vertreten. Der Staat schließlich als Retter der gemeinwohlorientierten Interessen hat sich in einer falsch verstandenen Optimierung des Kooperationsprinzips selbst der Möglichkeit der effektiven Einflussnahme beraubt. Die Qualität der Prüfung durch den Umweltgutachter hängt somit in der Hauptsache an dem seidenen Faden seiner Berufsethik.

DRITTER TEIL: DER UMWELTGUTACHTER UND DIE DEREGULIERUNG

KAPITEL 7: DIE VALIDIERUNG DURCH DEN UMWELTGUTACHTER

I. Der Prüfung durch den Umweltgutachter

Der Prüfauftrag des Umweltgutachters wird in der EG-Öko-Audit-Verordnung nur lückenhaft, nach der alten Fassung der Verordnung zudem missverständlich und unsystematisch, beschrieben.[789] Da Prüftiefe und Prüfungsumfang des Gutachters entscheidend das Deregulierungspotenzial beeinflussen, ist es notwendig, den theoretischen Auftrag sowie die praktische Ausführung dieses Auftrags durch den Umweltgutachter auszuleuchten. Grundsätzlich korreliert das Maß der potenziellen Rücknahme an staatlicher Aufgabenerfüllung mit dem Maß an privater Übernahme dieser Aufgabenerfüllung. Um so umfassender und tiefer der Umweltgutachter demzufolge prüft, desto weiter kann eine Übertragung der staatlichen Erfüllungsverantwortung überhaupt erwogen werden. Im Bereich der Überwachung des Gesetzesvollzugs kommt es zusätzlich darauf an, inwieweit der Umweltgutachter die Einhaltung der gesetzlichen Vorschriften kontrolliert. Um festzustellen, ob und in welchem Umfang der Umweltgutachter staatliche Aufgaben im Rahmen seines Prüfauftrags und seiner rechtlichen Stellung (mit)erfüllen kann, wird im folgenden Kapitel die Reichweite des Prüfauftrags und die Prüftiefe untersucht.

1. Vorgaben für die Prüfung nach dem Wortlaut der EG-Öko-Audit-Verordnung

a. Der Untersuchungsgegenstand

Nach Anhang V Nr.5.5.1 EG-UAVO n.F.[790]wird in dem Vertrag zwischen Gutachter und Unternehmen der Untersuchungsgegenstand festgelegt und der Umfang der Arbeit des Gutachters bestimmt. Diese missverständliche Formulierung legt die Annahme nahe, dass die Ausgestaltung der Prüfung durch den Gutachter zur Disposition der Parteien stehe. Dies ist jedoch nicht der Fall. Im Gegenteil wird der Vertragsgegenstand allein durch die Verordnung bestimmt und unterliegt nicht der vertraglichen Gestaltung durch die Parteien.[791] In der Vereinbarung zwischen Gut-

[789] Für die alte Fassung der Verordnung zustimmend: *Lübbe-Wolff*, DVBl. 1994, S. 361, 365; *Dyllik*, ZfU 1995, S. 299, 302.

[790] Vgl. Anh. III B Nr. 2 EG-UAVO a.F.

[791] *Falk/Frey*, UPR 1996, S. 58; *Lübbe-Wolff*, DVBl. 1994, S. 361, 368; *Kothe*, Das neue Umweltauditrecht, 1997, Rn. 279.

achter und Unternehmen kann der Untersuchungsgegenstand nur standort- oder organisationsspezifisch konkretisiert werden.[792]

Nach der alten Fassung der Verordnung bestimmten sich Auftrag und Tätigkeit des Umweltgutachters aus der Gesamtheit der einschlägigen Vorschriften aus Art. 4 Abs. 3, 5, 6 sowie aus Anhang III B EG-UAVO. Unter Umständen konnten zudem die Regelungen des Art. 12 relevant werden; vor allem dann, wenn es Aufgabe des Umweltgutachters war, ein Zertifikat nach ISO 14001 zu erteilen.[793]
Die Aufgabe des Umweltgutachters besteht in der Prüfung der verschiedenen Elemente des EG-Öko-Audit-Systems sowie daran anschließend in der Gültigerklärung der Umwelterklärung. Aus Art. 4 Abs. 3 EG-UAVO a.F. ergab sich, dass der Umweltgutachter, um die Umwelterklärung validieren zu können, jeden einzelnen Schritt des Systems prüfen musste. Die Anforderungen an die einzelnen Prüfungsaspekte wurden in Art. 4 Abs. 5 der Verordnung sowie in Anhang III B Nr. 4a, auf den Art. 4 Abs. 3 EG-UAVO a.F. verwies, weiter konkretisiert. In Wortlaut und Sinn wichen die Validierungsvoraussetzungen aus Anhang III B Nr. 4a zum Teil von Voraussetzungen aus in Art. 4 Abs. 5 EG-UAVO a.F. ab. Dies verwirrte und warf die Frage auf, ob die Voraussetzungen kumulativ oder alternativ erfüllt werden mussten. Insoweit die Anforderungen keine Widersprüche aufwiesen, gab es aber keinen Hinweis auf ein Recht des Normadressaten, sich über die Anforderungen des Anhangs oder gar des Verordnungstextes hinwegzusetzen. Die Anforderungen mussten aus diesem Grund kumulativ erfüllt werden.[794] Allein im Falle sich widersprechender Anforderungen waren die Anforderungen des Textteils der Verordnung als vorrangiges Recht maßgeblich.

Fasst man die Anforderungen beider Vorschriften zusammen,[795] so ergibt sich, dass der Umweltgutachter prüfen musste, ob

- die Umweltpolitik festgelegt wurde und den Bestimmungen des Art. 3 sowie den einschlägigen Vorschriften des Anhangs I entspricht,[796]
- ein Umwelt-Management besteht, angewandt wird und den einschlägigen Vorschriften des Anhangs I entspricht,

---

[792] Ob diese Vereinbarung dem Umweltgutachter die Möglichkeit eröffnet, unabhängig zu handeln, wie dies der Verordnungstext in Anhang III B Nr. 2 S. 2 EG-UAVO a.F. postuliert, ist sehr zweifelhaft. Vgl. KAPITEL 7: Teil III Nr. 4.

[793] Vgl. § 9 Abs. 3 UAG.

[794] So auch: *Kloepfer/Bröcker*, FEU-Gutachten: Evaluierung von Umweltmanagementsystemen, 1998, Teil B Kapitel II Nr. 2a. A.A.: *Lübbe-Wolff*, DVBl. 1994, S. 361, 365, Fn. 72, welche allein die Anforderungen aus dem Textteil der Verordnung als zwingend betrachtet.

[795] Die Anforderung aus dem Anhang wurden kursiv hervorgehoben. Im Ergebnis modifizieren die Anforderungen des Anhangs III B Nr. 4a EG-UAVO a.F. die Voraussetzungen für die Validierung aus dem Hauptteil der Verordnung trotz der zum Teil anders lautenden Formulierungen nur in minimaler Weise.

[796] Anhang III B Nr.4a 1. Spiegelstrich EG-UAVO a.F. ging über diese Anforderungen nicht heraus, da nur die Vorschriften aus Art. 3 sowie Anhang I einschlägig sind.

- ein Umweltprogramm, *in welchem alle bedeutsamen Fragestellungen angesprochen werden*, besteht, angewandt wird und den einschlägigen Vorschriften des Anhangs I entspricht,
- die Umweltprüfung und –betriebsprüfung *(in technischer Hinsicht zufriedenstellend)* gemäß den Anhängen I und II durchgeführt wurde,[797]
- die Angaben der Umwelterklärungen zuverlässig, *hinreichend detailliert* und *genau* sind und die Erklärung alle wichtigen Umweltfragen, die für den Standort von Bedeutung sind, in angemessener Weise berücksichtigt.[798]

Im Gegensatz zu EMAS I verzichtet EMAS II auf die Formulierung von Validierungsvoraussetzungen im Verordnungstext. In Art. 3 Abs. 2d EG-UAVO n.F. wird allein darauf hingewiesen, dass die Umwelterklärung von einem Umweltgutachter validiert werden müsse, um sicherzustellen, dass die Anforderungen des Anhangs III eingehalten würden.[799] Die Aufgaben des Umweltgutachters ergeben sich aus Anhang V des Verordnungsentwurfs. Der Umweltgutachter hat nach Anhang V Nr. 5.4.1 EG-UAVO n.F. *„unbeschadet der Vollzugsbefugnisse des betreffenden Mitgliedstaats hinsichtlich der rechtlichen Anforderungen folgendes zu überprüfen:*

a) die Einhaltung aller Vorschriften dieser Verordnung, insbesondere in bezug auf die erste Umweltprüfung [...], *das Umwelt-Managementsystem, die Umweltbetriebsprüfung und ihre Ergebnisse und die Umwelterklärung;*

b) die Zuverlässigkeit, die Glaubwürdigkeit und die Richtigkeit der Daten und Informationen

- *der Umwelterklärung (Anhang III 3.2 und 3.3)*
- *der für gültig zu erklärenden Umweltinformationen (Anhang III 3.4)"*

Er soll weiterhin nach Anhang V Nr. 5.4.2 EG-UAVO prüfen, ob die Organisation über ein funktionsfähiges Umwelt-Managementsystem und ein Audit-Programm verfügt, ob sie eine Umweltbetriebsprüfung durchgeführt und eine Umwelterklärung nach den Erfordernissen des Anhangs III erstellt hat. Nach der Systematik der novellierten Fassung der Verordnung umfasst das funktionsfähige Umwelt-Managementsystem auch die Formulierung einer Umweltpolitik sowie die Erstellung von Umweltzielen und einem Umweltprogramm

---

[797] Es ist davon auszugehen, dass die Umwelt(betriebs)prüfung, soweit sie nach den Vorschriften der Anhänge I und II durchgeführt wurde, in technischer Hinsicht zufriedenstellend war.

[798] In diesem Fall war die Umwelterklärung mit dem System vereinbar (vgl. Anh. III B Nr.4a 5. Spiegelstrich EG-UAVO a.F.).

[799] Anhang III Nr. 3.2. EG-UAVO n.F. legt die Kriterien fest, nach welchen die Umwelterklärung zu erstellen ist. Der Gemeinsame Standpunkt des Rates regte zudem in Nr. 3.3 die Verwendung von Kriterien für die Berichterstattung über die Umweltleistung an *(„environmental performance indicators")*. Diese Kriterien fanden sich in dem Entwurf der Kommission noch nicht.

b. Die Umweltpolitik

Der Umweltgutachter muss, nach alter sowie nach neuer Fassung der Verordnung, überprüfen, ob die *Umweltpolitik* den Anforderungen der Verordnung entspricht. Seine Tätigkeit umfasst damit die Überprüfungen der Selbstverpflichtungen des Unternehmens zur Einhaltung der einschlägigen Vorschriften des Umweltrechts – die Reichweite dieses Prüfungspunktes wird weiter unten gesondert behandelt - sowie zur angemessenen kontinuierlichen Verbesserung des betrieblichen Umweltschutzes.
Als Bestandteil der Umweltpolitik bezieht sich die Pflicht zur kontinuierlichen Verbesserung des betrieblichen Umweltschutzes auf das ganze Unternehmen.[800] Die betriebliche Umweltpolitik bezweckt die Umsetzung dieser Verpflichtung.[801] Findet eine kontinuierliche Verbesserung des betrieblichen Umweltschutzes nicht statt, so ist die Umweltpolitik fehlerhaft oder wird nicht verordnungskonform umgesetzt. Da das Umwelt-Managementsystem der Umsetzung der Umweltpolitik dient, bzw. nach EMAS II die Umweltpolitik umfasst,[802] kann auch dieses mangelhaft und damit nicht zertifizierungsfähig sein. Der Umweltgutachter hat demnach die kontinuierliche Verbesserung des betrieblichen Umweltschutzes nur mittelbar zu prüfen; ein direkter Prüfungsauftrag ist der Verordnung nicht zu entnehmen. Dies wäre auch im Hinblick auf die Unternehmensbezogenheit der Verpflichtung kaum durchführbar.[803] Wenn jedoch die Verbesserung des betrieblichen Umweltschutzes nicht stattfindet, dann ist die Umweltpolitik und das Umwelt-Managementsystem fehlerhaft, da nicht zweckgerecht, und dieser Mangel ein Validierungshindernis. Die Zertifizierung kann damit im Ergebnis durchaus verweigert werden, wenn die Zielvorgaben vorangegangener Systemdurchläufe programmwidrig nicht erreicht wurden. Relevant wird diese Frage jedoch stets erst im Rahmen des Performance-Audits im Wiederholungsaudit.[804] Dies soll Unternehmen aber nicht davon abhalten, sich anspruchsvolle Ziele zu setzen. Die Validierung wird nicht davon abhängig gemacht, ob die konkreten Zielvorgaben erreicht werden.[805] Entscheidend ist allein eine allgemeine Verbesserung des betrieblichen

[800] Auf den Prüfungsumfang im Hinblick auf die Einhaltung des einschlägigen Umweltrechts wird an späterer Stelle noch vertieft eingegangen.
[801] Vgl. Anh. I A Nr. 2b EG-UAVO n.F./Anh. I A Nr. 3 EG-UAVO a.F.
[802] Vgl. Anh. I A Nr. 2 EG-UAVO n.F./Art. 2e EG-UAVO a.F.
[803] Auch die Validierungsrichtlinie des IdU sieht keine Prüfung der kontinuierlichen Verbesserung des betrieblichen Umweltschutzes vor. Nach der Richtlinie ist allein die Selbstverpflichtung entscheidend (Checkliste 1 Nr. 1.5).
[804] *Bohne* verkennt die Struktur des Audits, wenn er die Prüfung des Gutachters auf ein Performance-Audit reduziert, und dieses in der Prüftiefe zwischen System- und Compliance-Audit ansiedelt. *Bohne*, in: *Rengeling* (Hrsg.), Integrierter und betrieblicher Umweltschutz, 1996, S. 105, 133.
[805] Die Umweltpolitik hat aber dann versagt, wenn gar keine Verbesserung des betrieblichen Umweltschutzes am Standort stattgefunden hat. In diesem Falle darf der Umweltgutachter die Umwelterklärung nicht validieren. A.A. *Feldhaus*, in: *Kormmann* (Hrsg.), Umwelthaftung und

Umweltschutzes, welche auf eine verordnungskonforme Umsetzung der Umweltpolitik schließen lässt.

c. Das Umwelt-Managementsystem

Der Umweltgutachter prüft weiterhin die Existenz und Anwendung des *Umweltprogramms* und des *Umwelt-Managementsystems.* Die Vorgaben zur Prüfung des Umweltprogramms, welches der Konkretisierung der Umweltpolitik und der Sicherung der Verwirklichung der *Umweltziele* am Standort dient, ergaben sich für die alte Fassung der Verordnung aus Anhang I Nr. 5 EG-UAVO. Nach der novellierten Fassung gelten sie als Bestandteile des Umwelt-Managementsystems.[806] Die Überprüfung des Umwelt-Managementsystems orientiert sich an den Vorgaben des Anhang I A EG-UAVO n.F..[807] Die Ziele und das Programm müssen in jedem Fall im Wiederholungsaudit abgeglichen und fortgeschrieben werden. Auch dies prüft der Gutachter.
Der Umweltgutachter prüft die Implementierung des Umwelt-Managementsystems sowie sein praktisches Funktionieren.[808] Hierzu gehört die Überprüfung des Vorhandenseins der notwendigen Strukturen, insbesondere das Funktionieren der Informationsflüsse und die Erfassung von Verfahren und Wechselwirkungen.[809]

d. Die Umweltbetriebsprüfung

Der Umweltgutachter muss weiterhin feststellen, dass eine *Umweltbetriebsprüfung* unter Beachtung der Vorgaben der Verordnung durchgeführt wurde. Dabei ist die Prüfung des Umweltgutachters keine Wiederholung der internen Betriebsprüfung. Im Gegenteil unterliegt der Umweltgutachter – entsprechend dem Gebot der Wirtschaftlichkeit des Wirtschaftsprüfers - dem Gebot, *„unnötige Doppelarbeit"* zu vermeiden.[810] Der Umweltgutachter hat bei seiner Tätigkeit die *„erforderliche Sorgfalt"* anzuwenden.[811] Dieser Terminus begrenzt die Prüfung des Umweltgutachters in beide Richtungen. Eine uneffektive Arbeitsweise widerspricht ebenso dem Erfordernis der *„erforderlichen Sorgfalt"* wie eine zu ausschweifende Prüfung.[812] Zur Vermeidung unnötiger Doppelarbeit muss die Umweltbegutachtung

Umweltmanagement, 1994, S. 9, 19; *Lübbe-Wolff*, DVBl. 1994, S. 361, 369; *Kothe*, Das neue Umweltauditrecht, 1997, Rn. 297; *Falk*, Die EG-Umwelt-Audit-Verordnung und das deutsche Umwelthaftungsrecht, 1998, S. 95f.
[806] Vgl. Anh. I A Nr. 3.3. EG-UAVO n.F.
[807] Vgl. Anh. B I EG-UAVO a.F.
[808] *Schottelius*, BB, Beilage 2 zu Heft 8, 1997, S. 1, 20.
[809] Das Umwelt-Managementsystem umfasst auch die Regeln der umweltschutzsichernden Betriebsorganisation und ist aus diesem Grund für die Deregulierungsdebatte vor dem Hintergrund der Substituierbarkeit von ordnungsrechtlichen Vorgaben bedeutsam.
[810] Vgl. Anh. V Nr. 4.1b EG-UAVO n.F./Anh. III B Nr. 1 EG-UAVO a.F.
[811] Ebd.
[812] Vgl. auch: *Falk*, UPR 1996, S. 58, 59.

auf den durchgeführten Kontrollen und Prüfungen des Unternehmens basieren.[813] Prüfungsgegenstand des Umweltgutachters ist die Eignung der internen Betriebsprüfung. Geeignet ist die Betriebsprüfung, wenn das Umweltbetriebsprüfungsverfahren ordnungsgemäß durchgeführt wurde und wenn die Ergebnisse belegen, dass die Anforderungen der Verordnung erfüllt werden. Die Schwerpunkte der Eignungsprüfung liegen auf der Überprüfung der Kompetenz des Personals, insbesondere der internen Auditoren, der hinlänglichen Häufigkeit der internen Prüfaktivitäten, der Verordnungskonformität des internen Umweltbetriebsprüfungsprogramms, der Methodologie des Audits, insbesondere des Umfangs und der Tiefe des Audits, der Beurteilungskriterien und der durchgeführte Prüfung sowie schließlich auf der Lernfähigkeit des Unternehmens als „Follow-up“[814]des Audits.[815] Für jeden dieser Schwerpunkte muss der Umweltgutachter sicherstellen, ob die Anforderungen des Anhanges VII EG-UAVO n.F. eingehalten wurden.[816]

e. Die Umwelterklärung

Abschließend hat der Umweltgutachter einen Bericht an die Unternehmensleitung zu erstellen und die *Umwelterklärung* zu validieren. Der Bericht setzt das Unternehmen in Kenntnis über die Ergebnisse der Prüfung und weist auf eventuelle Mängel des Systems hin.[817] Die Umwelterklärung unterliegt einer Prüfung im Hinblick auf die Zuverlässigkeit und auf die ausreichende Berücksichtigung aller wichtigen für die Organisation relevanten Umwelt-Fragestellungen. Formell prüft der Umweltgutachter die Klarheit, Genauigkeit und Verständlichkeit der Umwelterklärung; inhaltlich prüft der Umweltgutachter, ob alle in Anhang III EG-UAVO n.F.[818] statuierten Voraussetzungen erfüllt sind. Der Umweltgutachter prüft nach Anhang V Nr. 5.4.1b EG-UAVO n.F. die *„Zuverlässigkeit, Glaubwürdigkeit und Richtigkeit“* der Daten und Informationen der Umwelterklärung.
Welcher Prüfungsmaßstab an die Umwelterklärung angelegt werden muss, ergibt sich aus der Formulierung durch die gleichwertige Nebeneinanderstellung von

---

[813] Dieses Gebot wird häufig fälschlicherweise auf eine Vermeidung von Doppelarbeit in Bezug auf die Vollzugskontrolle der Ordnungsbehörden bezogen (z.B. *Nissen*, Die EG-Öko-Audit-Verordnung, 1999, S. 157). Es ergibt sich jedoch eindeutig aus der Stellung und Bezugnahme in der Verordnung, dass es sich auf die interne Betriebsprüfung bezieht. So auch: *Heuvels*, in: *Löbel/Schörghuber* (Hrsg.), EU-Umweltaudits, 1997, S. 91, 98; *Metzler/Alt*, Der Umweltgutachter, 1996, S. 12.

[814] Um dies sicherzustellen geht der Umweltgutachter dem Umweltbetriebsprüfungsbericht nach und prüft, ob die Unternehmensleitung notwendige Korrekturmaßnahmen eingeleitet hat.

[815] *Van Someren/Zillmann/Martins*, in: *Fichter* (Hrsg.), Die EG-Öko-Audit-Verordnung, 1995, S. 165, 169, 170.

[816] EMAS I: Anhänge I C *(„zu behandelnde Gesichtspunkte“)* und II *(„Anforderungen in bezug auf die Umweltbetriebsprüfung“)* und die Validierungsvoraussetzungen des Artikels 4 und des Anhangs III B Nr. 4a EG-UAVO a.F.

[817] Vgl. Anh. V Nr. 5.5.3. EG-UAVO n.F./Anh. III B Nr. 3 EG-UAVO a.F.

[818] Vgl. Art. 5 und Anhang III B Nr. 4a EG-UAVO a.F.

„Zuverlässigkeit", *„Glaubwürdigkeit"* und *„Richtigkeit"* nicht. Da der strengste Maßstab der entscheidende sein muss, wird der Umweltgutachter in Zukunft nicht nur wie bisher die Zuverlässigkeit der Daten und Informationen der Umwelterklärung,[819] sondern ihre Richtigkeit zu prüfen haben. Der Prüfungsauftrag wird durch diese Regelung im Vergleich zu EMAS I deutlich erweitert, vor allen Dingen, da Anhang III EG-UAVO n.F. die Anforderungen an die Informationen, welche die Umwelterklärung zu enthalten hat, klarer und umfassender als Art. 5 EG-UAVO a.F. festhält.[820]

Neben der Kontrolle der Verfahren zur Sicherstellung der Einhaltung der Rechtsvorschriften nach Anhang V Nr. 5.4. EG-UAVO n.F. muss der Umweltgutachter im Rahmen seines Prüfungsberichts an die Geschäftsleitung *„eine Bewertung der Umweltleistung der Organisation"* vornehmen.[821] Dem Umweltgutachter obliegt somit ausdrücklich die Kontrolle der Verbesserung der betrieblichen Umweltleistung.[822]

Zwar hat sich im Hinblick auf die Prüfungskriterien der gutachterlichen Prüfung, auf den Prüfungsumfang und die Prüftiefe durch die Novellierung der Verordnung nicht viel geändert, doch sieht EMAS II einige nicht unerhebliche formale Änderungen vor. So wird mit EMAS II die Teilveröffentlichung der Umwelterklärung möglich.[823] Auch diese Auszüge der Umwelterklärung müssen von einem Umweltgutachter validiert werden. Eine entscheidende Neuerung für die Tätigkeit des Umweltgutachters bringt auch Art. 3 Abs. 2b EG-UAVO n.F. nach welchem die Umwelterklärung jährlich aktualisiert und veröffentlicht werden muss. Mindestens alle 12 Monate soll eine Validierung *„sämtlicher aktualisierter Informationen der Umwelterklärung"* stattfinden.[824] EMAS II macht damit die vereinfachte Umwelterklärung gem. Art. 5 Abs. 5 EG-UAVO a.F. obligatorisch für alle EMAS-

---

[819] Vgl. Art 4 Abs. 5d EG-UAVO a.F.

[820] Im Gegensatz zur alten Fassung der EG-Öko-Audit-Verordnung hat der Umweltgutachter nach EMAS II jedoch nicht mehr zu prüfen, ob die Umwelterklärung alle wichtigen Umweltfragen, die für den Standort von Bedeutung sind, in angemessener Weise berücksichtigt. Dies kritisiert der UGA in seiner Stellungnahme v. 22.1.1999 zum Verordnungsentwurf.

[821] Vgl. Anh. V Nr. 5.5.4 EG-UAVO n.F.

[822] Der Begriff des *„Umweltschutzes"* wurde in diesem Zusammenhang nach dem Gemeinsamen Standpunkt des Rates durch *„Umweltleistung"* ersetzt. Auf diese Weise wurde endlich auch in der deutschen Fassung das dynamische Element der Verbesserung betont (engl. *„performance"*). Im Gegensatz zu dem Kommissionsentwurf sowie dem alten Verordnungstext liefert EMAS II eine Definition der Verbesserung der Umweltleistung im Verordnungstext: *"b) „kontinuierliche Verbesserung der Umweltleistung"* [bezeichnet] *einen Prozeß jährlicher Verbesserung der meßbaren Ergebnisse des Umwelt-Managementsystems, bezogen auf die Managementmaßnahmen der Organisation hinsichtlich der für sie wesentlichen Umweltaspekte auf der Grundlage ihrer Umweltpolitik und ihrer Umweltzielsetzungen und –einzelziele, wobei diese Verbesserungen nicht in allen Tätigkeitsbereichen zugleich erfolgen müssen"*. Vgl. Art. 2b EG-UAVO n.F.

[823] Vgl. Anh. III Nr. 3.4 EG-UAVO n.F.

[824] Vgl. Art. 3 Abs. 2 i.V.m. Anh. V Nr. 5.6. EG-UAVO n.F.

Teilnehmer. Gegenstand der Änderungsvalidierung sind nur die aktualisierten Informationen und nicht der gesamte Informationsbestand. Dabei kann die Organisation die Umwelterklärung offenbar auch ändern, ohne zuvor eine weitere Umweltbetriebsprüfung durchgeführt zu haben. *Lidchi* schließt hieraus, dass auf Grund der fehlenden Umweltbetriebsprüfung der Umweltgutachter den Umfang und die Intensität seiner eigenen Prüfung wird ausdehnen müssen, um den für die Validierung erforderlichen Kenntnisstand zu erreichen.[825] Dies trifft jedoch nur für einen Gutachter zu, der erstmalig die Organisation prüft. Diese Fälle werden jedoch selten sein. Es ist vielmehr davon auszugehen, dass der Umweltgutachter, welcher die „Hauptvalidierung" vornimmt, auch mit den „Nebenvalidierungen" beauftragt werden wird. Diese wird er mit vergleichbar geringem Arbeitsaufwand vornehmen können, da er auf seine Kenntnis der Organisation zurückgreifen kann.

Das eigentliche Problem der jährlichen Validierung liegt woanders. Zwischen Organisation und Gutachter wird sich durch die häufige und intensive Zusammenarbeit noch leichter ein Näheverhältnis herausbilden, welches die unabhängige und objektive Validierung der Umwelterklärung erschwert. Angesichts des Interessenskonfliktes, in welchem sich der Gutachter befindet, ist eine gesetzlich nicht geregelte Dauerbeziehung zwischen Umweltgutachter und Organisation zumindest so lange abzulehnen, wie der Umweltgutachter über keine gesicherte Rechtsposition verfügt. Dabei ist grundsätzlich eine Validierung der aktualisierten Umwelterklärungen durch den Umweltgutachter der Hauptprüfung unter dem Gesichtspunkt der Wirtschaftlichkeit und Effektivität sinnvoll. Um den Umweltgutachter aber unabhängiger von der Gunst seines Auftragsgebers zu machen, hätte ein solches Recht des Umweltgutachters auf die Wiederholungsvalidierungen in der Verordnung festgeschrieben werden sollen. Eine solche Festschreibung unter gleichzeitiger Festlegung einer Obergrenze der Anzahl der Validierungen, die durch denselben Umweltgutachter durchgeführt werden dürfen, hätte zu einer deutlichen Stärkung der Stellung des Umweltgutachter gegenüber dem Unternehmen geführt. Nur so bliebe die Konfliktbereitschaft des Umweltgutachters erhalten.[826] Die Einführung der jährlichen Validierung ohne diese Sicherungen weckt hingegen allein ungerechtfertigte Deregulierungs- und Substitutionserwartungen, indem sie tendenziell Prüfungsqualität durch Prüfungshäufigkeit ersetzt.[827] Zudem steigert sie unnötig die Kosten der Teilnahme an dem System.

f. Wertung

Der Umweltgutachter entscheidet über die Validierung der Teilnahme-Erklärung, prüft die Organisation auf Verordnungskonformität und garantiert Standard,

---

[825] *Lidchi*, Vorschlag der EU-Kommission zur Revision der VO 1836/93/EWG: Diskussion und Kritik, 1999, Pkt. II.4.2b.

[826] Der Umweltgutachter sollte nicht vertraglich auf dieses Recht verzichten können.

[827] So zutreffend: *Lidchi*, Vorschlag der EU-Kommission zur Revision der VO 1836/93/EWG: Diskussion und Kritik, 1999, Pkt. II.4.3.

Glaubwürdigkeit und Transparenz des Systems. Diese Aufgabe überträgt ihn eine besondere Verantwortung. Vor diesem Hintergrund ist die Unsicherheit hinsichtlich der genauen Prüfungskriterien, des Prüfungsumfangs und der Prüftiefe des Umweltgutachters bedenklich für das Funktionieren des Gesamtsystems. Die Unsicherheiten ergaben vor allen Dingen aus den vagen Ausführungen der alten Fassung der EG-Öko-Audit-Verordnung sowie des Umweltauditgesetzes hinsichtlich der materiellen Kriterien der Validierung. Die unpräzisen gesetzlichen Vorgaben räumten dem Umweltgutachter einen weiten Beurteilungsspielraum ein, der sich der gerichtlichen Kontrolle weitestgehend entzieht.[828] EMAS II ist besser strukturiert und systematischer als der Vorläufer. Durch die Einführung eines Forums der zuständigen Stellen sowie eine stärkere Koordination der Arbeit eben dieser Stellen soll auch der Mangel der fehlende Standardisierung überwunden werden.[829]

2. Der Ablauf der Prüfung

Die Prüfung des Umweltgutachters besteht aus einer Prüfung der Dokumentation, einer Prüfung vor Ort sowie einer abschließenden Berichterstattung und Validierung.[830]

An den Vertragsschluss zwischen Unternehmer und Umweltgutachter schließt sich zunächst die Ausarbeitung eines Audit-Plans, der einen Zeitplan sowie die Festlegung der Prüfungseinheiten beinhaltet, an.[831] Es folgt eine vierstufige Prüfung. In einem ersten Schritt prüft der Umweltgutachter die Unterlagen auf ihre Vollständigkeit, Schlüssigkeit und Umsetzungsrelevanz. Zu den Dokumenten, die er einsieht, gehört die Grunddokumentation über die Organisation und den Standort sowie die ausgeübten Tätigkeiten, die Dokumentation der Umweltpolitik und des Umweltprogramms, eine Beschreibung des Umwelt-Managementsystems, Einzelheiten vorangegangener Prüfungen und etwaige anschließende Korrekturmaßnahmen sowie der Entwurf der Umwelterklärung.[832]

Auf einer weiteren Stufe prüft der Umweltgutachter im Rahmen einer System-Prüfung die Tauglichkeit der verschiedenen Elemente des EG-Öko-Audit-Systems. Diese Prüfung stellt den Schwerpunkt der gutachterlichen Tätigkeit dar. Der Gut-

---

[828] Etwas anderes gilt allein für die Konkretisierung unbestimmter Rechtsbegriffe, die einer gerichtlichen Nachprüfung in vollem Umfang unterliegen. Hierzu gehört z.B. die Frage, ob alle wichtigen Umweltfragen, die für den Standort von Bedeutung sind, angemessen berücksichtigt wurden. *Kothe*, Das neue Umweltauditrecht, 1997, Rn. 315; vgl. auch: *Müggenborg*, DB 1996, S. 125, 129.

[829] Vgl. Art. 4 Abs. 7 und 8 EG-UAVO n.F.

[830] Zu den Einzelheiten der Prüfung: vgl. IdU (Hrsg.), Richtlinie zum Validierungsverfahren. In der Literatur (statt vieler): *Someren/Zillmann/Martins*, in: *Fichter* (Hrsg.), Die EG-Öko-Audit-Verordnung, 1995, S. 165; *Schottelius*, BB 1996, S. 1235, 1236; *Ganse/Gasser/Jasch* (Hrsg.), Öko-Audit, Umweltzertifizierung, 1997; *Ewer*, in: *Ewer/Lechelt/Theuer* (Hrsg.), Handbuch Umweltaudit, 1998, Kapitel E.

[831] *Ganse/Gasser/Jasch* (Hrsg.), Öko-Audit, Umweltzertifizierung, 1997, S. 77.

[832] Vgl. Anh. V Nr. 5.5.2./3. EG-UAVO n.F./Anh. III B Nr. 2 EG-UAVO a.F.

achter muss kontrollieren, ob alle Verfahrensschritte, welche die EG-Öko-Audit-Verordnung vorgeschreibt, im Auditierungsverfahren eingehalten wurden. Im Vordergrund steht die Prüfung der Glaubwürdigkeit des Systems. Der Umweltgutachter darf es insofern nicht bei einem bloßen Abhaken der vorhandenen System-Elemente bewenden lassen, sondern muss sich die Überzeugung der Funktionstauglichkeit des Systems verschaffen. Anders könnte er die *„Zuverlässigkeit, Glaubwürdigkeit und Richtigkeit der Daten und Informationen der Umwelterklärung"*[833] und die ausreichende Berücksichtigung aller wichtigen Umweltfragen nicht bestätigen. Stellt der Umweltgutachter im Rahmen der System-Prüfung Mängel fest, muss er an dieser Stelle in eine Sachprüfung eintreten, da er sonst das Funktionieren der System-Elemente nicht testieren kann.[834] Aber auch ohne die Feststellung deutlicher Mängel des Systems, muss der Umweltgutachter auf einer dritten Stufe seine Ergebnisse stichprobenartig verifizieren.[835] Er darf also nicht nur vom Schreibtisch aus prüfen und sich auf den Bericht des internen Betriebsprüfers verlassen.[836] Auch wenn er diesen für systemgerecht und zuverlässig hält, muss der Umweltgutachter – als Bestandteil der System-Prüfung - mindestens durch eine Werksbegehung, durch Stichproben und durch Gespräche mit dem Fachpersonal die Überzeugung gewinnen, dass die Ziele der EG-Öko-Audit-Verordnung erreicht wurden.[837]

Im Anschluss an seine Prüfung arbeitet der Umweltgutachter in einem letzten Schritt einen Bericht für die Unternehmensleitung aus.[838] Hierin zeigt er die Verstöße gegen die Verordnung auf, bringt Einwände gegen die Umwelterklärung und schlägt Änderungen vor.

II. Der Prüfungsumfang im Hinblick auf die Einhaltung der einschlägigen Rechtsvorschriften

Mit der Teilnahme an EMAS verpflichten sich die Unternehmen, die einschlägigen Umweltvorschriften nicht nur an einem spezifischen Standort, sondern im ganzen Unternehmen einzuhalten. Aus dieser Verpflichtung ergibt sich die Frage, inwieweit der Umweltgutachter die tatsächliche Einhaltung der Rechtsvorschriften durch das Unternehmen auch kontrollieren muss.

Der Umweltgutachter ist in jedem Fall nicht in der Lage, die Einhaltung der einschlägigen Vorschriften für das gesamte Unternehmen, welches unter Umständen

[833] Vgl. Anh. V Nr. 5.4.1b EG-UAVO n.F.

[834] Zu der System-Prüfung kommt im Hinblick auf die Umweltpolitik, das Umweltprogramm und die Umweltziele ab dem ersten Wiederholungsaudit auch eine Performance-Prüfung.

[835] *Kothe*, Das neue Umweltauditrecht, 1997, S. 99; *Someren/Zillmann/Martins*, in: *Fichter* (Hrsg.), Die EG-Öko-Audit-Verordnung, 1995, S. 165, 169, 176.

[836] So aber: *Someren/Zillmann/Martins*, in: *Fichter* (Hrsg.), Die EG-Öko-Audit-Verordnung, 1995, S. 165, 171.

[837] Vgl. Anh. V Nr. 5.5.2 EG-UAVO n.F./Anh. III B Nr. 2 EG-UAVO.

[838] Vgl. Anh. V Nr. 5.5.3 EG-UAVO n.F./Anh. III B Nr. 2 S. 4 und Nr. 3 EG-UAVO a.F.

über viele nationale und internationale Standorte verteilt ist, zu prüfen; dies wird auch nach der Verordnung nicht verlangt. Er könnte jedoch sehr wohl zu einem solchen „Legal Compliance Check“ an dem teilnehmenden Standort oder der teilnehmenden Organisationseinheit verpflichtet sein. Seit dem Erlass der Verordnung im Jahre 1993 herrscht in der deutschen Rechtswissenschaft Uneinigkeit über die Frage nach der Prüfung der Rechtskonformität. Dabei steht die Auffassung, dass der Umweltgutachter auch in Bezug auf die Einhaltung der Rechtsvorschriften nur eine System-Prüfung vorzunehmen habe, der Auffassung gegenüber, die vertritt, die gutachterliche Prüfung umfasse auch eine Prüfung der Einhaltung der Rechtsvorschriften. Aus der Beantwortung dieses Streites ergibt sich in einem zweiten Schritt sowohl das Problem, ob eine Validierung der Umwelterklärung auch möglich ist, wenn der Umweltgutachter von einem Rechtsverstoß einer Organisation weiß, als auch die Frage nach der konkreten Tiefe der gutachterlichen Prüfung.
Auch am fünften Jahrestag der ersten Validierungen von Umwelterklärungen zeichnet sich keine Annäherung beider Positionen ab. Der Graben ist tief und dies nicht ohne Grund. Nur wenn ein Compliance-Audit durchgeführt wird, kann die Einhaltung des einschlägigen Rechts einer Organisation vorausgesetzt werden. Die Selbstverpflichtung zur Einhaltung ohne jede Überprüfung mag die Einhaltung des Rechts nahelegen, aber erst die gutachterliche Prüfung im Rahmen einer Compliance-Prüfung besiegelt die Rechtskonformität der Organisation. Wenn es aber bei der Substitution ordnungsrechtlicher Vorschriften in Zusammenhang mit einer EMAS-Teilnahme auf eine funktionelle Gleichwertigkeit von EMAS zu den ordnungsrechtlichen Äquivalenten ankommt,[839] dann ist die Sicherstellung der Einhaltung der Rechtsvorschriften zumindest für die Reduzierung der Vollzugskontrolle entscheidend.

Obwohl die EG-Öko-Audit-Verordnung ein Instrument der Selbstüberwachung auf der Basis von Eigeninitiative ist, verlagerte sich in Deutschland der Schwerpunkt der Diskussion um dieses Instrument nicht auf die Steuerungswirksamkeit der Eigenkontrolle, sondern auf die Reichweite der Fremdkontrolle. Damit wächst der Umweltgutachter in die Rolle eines potenziellen Garanten für die Rechtskonformität der Organisation hinein. An sein Testat wird die Einschätzung des Deregulierungspotenzials des Instrumentes gekoppelt. Hieraus folgt, dass in der Regel die Bejahung weitgehender Deregulierungsmöglichkeiten mit der Annahme einer obligatorischen Compliance-Prüfung durch den Umweltgutachter einher geht.

Interessant ist in diesem Zusammenhang auch, dass die juristische Einschätzung der Schwierigkeiten, welche die verschiedenen Audit-Formen verursachen, sich deutlich von der wirtschaftswissenschaftlichen Einschätzung unterscheidet. Während Juristen in dem Compliance-Audit die eigentliche Schwierigkeit erkennen, machen Wirtschaftswissenschaftler diese im System-Audit aus. Ohne auf die Hin-

---

[839] Siehe KAPITEL 8: II Nr. 2a.

tergründe einer solch unterschiedlichen Einschätzung einzugehen, soll Folgendes angemerkt werden: Das Compliance-Audit ist von der Methodik und Zielsetzung einfacher als das System-Audit, allein es birgt seine Probleme in der Machbarkeit der Prüfung, wenn die Anzahl und Komplexität der einschlägigen Rechtsvorschriften für den Umweltgutachter kaum mehr zu überblicken ist. Im Gegenteil dazu ist das System-Audit im Hinblick auf die Prüfmethoden und –instrumente neu und innovativ und insofern schwierig zu implementieren.[840] Es steht nicht mehr wie beim Compliance-Audit *„die punktuelle Übereinstimmung mit Normen und Gesetzen im Vordergrund, die über standardisierte Checklisten erfasst“* werden kann, sondern *„es wird die Existenz und Funktionalität eines Systems auf seine Fehler geprüft, gewünschte Ergebnisse zu generieren“.*[841] Die System-Prüfung setzt damit auf einer höheren Abstraktionsebene, nämlich dem Managementsystem, an,[842] und begegnet somit nicht nur quantitativen sondern auch qualitativen Schwierigkeiten. So führen *Paulesisch* und *Reiger* an, dass es beim Compliance-Audit vorrangig um eine reine Wissensabfrage ginge, wobei freilich angenommen wird, dass gesetzeskonformes Handeln direkt an das Wissen gekoppelt ist, während bei dem System-Audit die Erweiterung des Wahrnehmungsspektrums und damit eine tiefergehenden Perzeption von umweltrelevanten Handlungen im Vordergrund stünde.[843] Es müsste das „Bewusstsein“ eruiert werden, welches hinter den jeweiligen Handlungen steht.[844] Dabei wird der Schritt vom Compliance- zum System-Audit parallel zu dem Schritt der Prüfautorität „Aufsichtsbehörde“ zur Prüfautorität „Umweltgutachter“ gestellt und dies bedeute auch erhöhte Anforderungen an Prüfmethoden und –instrumente.[845]
Im Folgenden wird auf die Probleme der Durchführung eines System-Audits nicht weiter eingegangen. Festzuhalten bleibt aber, dass man - und die Tendenz besteht unter Juristen – das System-Audit nicht mit einen leichten und minderwertigen Audit verwechseln darf.

1. Der Compliance-Ansatz in der EG-Öko-Audit-Verordnung

Wie in KAPITEL 2: IV dargestellt wurde, ergibt sich aus der Verordnung, sowohl aus der alten als auch aus der novellierten Fassung, dass sich das teilnehmende Unternehmen oder die teilnehmende Organisation, zur Einhaltung des einschlägigen Umweltrechts verpflichtet. Diese Selbstverpflichtung gilt sofort und unmittelbar, sie wirkt nicht als Ziel sondern als Standard, den das Unternehmen ab dem Zeitpunkt der ersten Validierung dauerhaft einhalten muss.

---

840 *Paulesich/Reiger*, ZfU 1996, S. 489ff.
841 Ebd., S. 489, 495.
842 *Ganse*, Ökologisches Wirtschaften, 3-4/1998, S. 20.
843 *Paulesich/Reiger*, ZfU 1996, S. 489, 505.
844 Ebd., S. 507.
845 Ebd., S. 495.

2. Die interne Betriebsprüfung und die Compliance-Prüfung

Der Validierung der Umwelterklärung durch den Umweltgutachter geht die interne Umweltbetriebsprüfung voraus. Nach den EMAS Vorschriften kann die interne Betriebsprüfung durch Betriebsprüfer des Unternehmens oder durch für das Unternehmen tätige externe Personen oder Organisationen durchgeführt werden.[846] Maßgeblich sind die Vorschriften des Anhangs II EG-UAVO n.F.[847] zu beachten. Es gehört zu den Zielen der internen Umweltbetriebsprüfung, die Einhaltung der einschlägigen Umweltvorschriften festzustellen. Im Rahmen der Betriebsprüfungstätigkeiten wird ermittelt, ob die Organisation die anwendbaren Normen und Vorschriften einhält und die von ihr selbst festgelegten Ziele erreicht.[848]
Die Betriebsprüfungstätigkeit des internen Auditors in der Umweltbetriebsprüfung ist grundsätzlich umfangreicher als die Tätigkeit des externen Umweltgutachters. Der Betriebsprüfer muss mit Personal der Organisation Diskussionen durchführen, die Betriebs- und Arbeitsbedingungen untersuchen, die Archive, die schriftlichen Verfahren sowie die einschlägigen Dokumente im Hinblick auf die Umweltschutz-Qualität der Organisation, bzw. deren teilnemenden Einheit prüfen.[849] Dabei soll auch ermittelt werden, ob die Organisation den geltenden Normen entspricht und ob das bestehende Managementsystem zur Bewältigung der umweltorientierten Aufgaben wirksam und geeignet ist.[850]

Die Vorschriften, welche die Anforderungen an die interne Umweltbetriebsprüfung festlegen, zeigen deutlich, dass es nicht reicht, dass der Unternehmer sich schlicht durch eine Absichtserklärung zur Einhaltung der einschlägigen Umweltstandards verpflichtet. Durch die intern durchgeführte Betriebsprüfung muss die Unternehmensleitung sich der Einhaltung der Standards vergewissern. Der Betriebsprüfer muss dabei an Ort und Stelle ermitteln, ob der Standort bzw. die Organisation den geltenden Vorschriften entspricht.[851] Die interne Betriebsprüfung umfasst somit neben der System- und Performance- auch eine Compliance-Prüfung, die dem Unternehmen Rechtssicherheit hinsichtlich der Umweltrechtskonformität der Organisation bringt.
Gemäß Anhang II Nr. 2.7b EG-UAVO n.F.[852] muss der Umweltbetriebsprüfungsbericht des Betriebsprüfers Aussagen über die Übereinstimmung mit der Umweltpolitik des Unternehmens enthalten. Da die Verpflichtung zur Einhaltung der einschlägigen Vorschriften der Organisation Bestandteil der Umweltpolitik des Un-

[846] Vgl. Anh. II Nr. 2.1. EG-UAVO n.F./Art. 4 Abs. 1 S. 1 EG-UAVO a.F.
[847] Vgl. Anhang I C und des Anhang II EG-UAVO a.F.
[848] Vgl. Anh. II Nr. 2.2., Nr. 2.6. EG-UAVO n.F./Anh. II E Nr. 1 EG-UAVO a.F.
[849] Vgl. die zum Teil etwas unterschiedlichen Anforderungen in Anhang II E Nr. 1 EG-UAVO a.F. sowie Anhang II Nr. 2.6 EG-UAVO n.F.
[850] Vgl. Anh. II Nr. 2.6. EG-UAVO n.F./Anh. II E Nr. 1 EG-UAVO.
[851] Details dazu: *Fuchs*, in: *Beck*, Betriebliches Umwelt-Audit in der Praxis, S. 157ff.
[852] EMAS I: Anh. II F Nr. 2 b EG-UAVO a.F.

ternehmens ist, muss der Prüfungsbericht auch Angaben darüber enthalten, wie es mit der Umweltrechtskonformität der Organisation bestellt ist.

Die Praxis zeigt, dass die Einhaltung der einschlägigen Rechtsvorschriften ein wichtiges Thema im Rahmen der Umweltbetriebsprüfung ist. Auf Grund der durchgeführten internen Auditierung greift die Eigenkontrolle der Unternehmen im Rahmen des EG-Umwelt-Audits. Damit wird ein hohes Vollzugsniveau der rechtlichen Auflagen erreicht.[853] Durch die Zertifizierung erhöht sich auch die Rechtssicherheit der Unternehmen hinsichtlich der Genehmigungstatbestände.[854] Es sind somit tatsächlich Tendenzen erkennbar, die auf einen verstärkten Willen zu einer effizienten Selbstkontrolle hindeuten, so dass sich unter den erforderlichen Vorbehalten von einer tatsächlichen Mobilisierung des vom Normgeber intendierten Verhaltens sprechen lässt.[855]

3. Der Prüfungsauftrag des Umweltgutachters im Hinblick auf die Einhaltung der einschlägigen Rechtsvorschriften

Der Prüfungsumfang im Hinblick auf die einschlägigen Umweltvorschriften bestimmt sich aus den Vorschriften aus Art. 3 Abs. 2a, 6 Abs. 1, 2 und 4, 9 Abs. 2, Anhang I Nr. A.2., A.3.2., B Nr.1b und Anhang V Nr. 5.3., 5.4. EG-UAVO n.F. In der alten Fassung der Verordnung waren diese Vorschriften auf Art. 4 Abs. 3, 5, 6 EG-UAVO in Verbindung mit Anhang III B, den Teilnahmevoraussetzungen aus Art 3a und 3g und der Vorschriften aus Anhang I A 3 zur Umweltpolitik und Anhang I B 3g zum Umwelt-Managementsystem verteilt. Aus all diesen Vorschriften ergibt sich aber nicht eindeutig, inwieweit der Umweltgutachter die zwingend vorgesehene und intern zu prüfende Umweltrechtskonformität durch eine eigene Prüfung festzustellen hat. Während der Umweltgutachter grundsätzlich die Vollständigkeit, Geeignetheit und Glaubwürdigkeit des EG-Öko-Audit-Systems prüft, stellt sich die Frage, ob im Hinblick auf die Einhaltung aller einschlägigen Umweltvorschriften eine solche System-Prüfung hinreichend ist oder ob nicht vielmehr in diesem Fall der Umweltgutachter auch die tatsächliche Erfüllung zertifiziert.

---

[853] Umweltmanagement in der Praxis, UBA Texte 20/98, Teil I, S. 61, 62.

[854] Die erhöhte Rechtssicherheit wird jedoch in empirischen Studien als positiver Effekt der Implementierung von Umwelt-Managementsystemen insgesamt genannt. Vgl. *Dyllik/Hamschmidt*, ZfU 1999, S. 507, 534; bezogen auf das EG-Öko-Audit-System: *Heinels/Malek*, ZfU 1999, S. 541, 567.

[855] *Kloepfer/Broecker* in der Kommentierung der Ergebnisse der im Rahmen der FEU Studie vorgenommenen Evaluierung. *Kloepfer/Bröcker*, FEU-Gutachten: Evaluierung von Umweltmanagementsystemen, 1998, Teil B Kapitel II Nr. 2.

a. System- versus Compliance-Audit

Es ist unumstritten, dass eine System-Prüfung Grundlage und Ausgangspunkt der Tätigkeit des Umweltgutachters ist.[856] Der Umweltgutachter prüft die Umweltpolitik, das Umwelt-Manage-mentsystem, die Umweltprogramme und die Umweltbetriebsprüfung im Rahmen einer System- bzw. einer Performance-Prüfung. Ein Teil des Schrifttums vertritt die Auffassung, dass der Umweltgutachter darüber hinaus keinen Prüfpflichten unterliege, dass er insbesondere kein Compliance-Audit durchzuführen habe.[857] Im Gegenteil würde sich aus der Verordnung ergeben, dass der Auftrag des Umweltgutachters allein eine Funktionskontrolle des Verfahrens zur Sicherstellung der Einhaltung der einschlägigen Rechtsvorschriften umfasse. Dieser Auffassung steht die Meinung gegenüber, EMAS beinhalte auch eine externe Compliance-Prüfung und der Umweltgutachter müsse im Rahmen seiner Tätigkeit auch die Einhaltung der einschlägigen Vorschriften prüfen.[858] Zwar gestehen die Vertreter dieser Auffassung ein, dass eine originäre Prüfpflicht des Umweltgutachters sich nicht aus dem unmittelbaren Wortlaut der EG-Öko-Audit-Verordnung lesen lasse. Doch ergäbe sich aus dem Gesamtzusammenhang eine Se-

---

[856] Siehe KAPITEL 7: I 1a.

[857] *Fröschle/Hermann/Mandler*, DB 1994, S. 1093, 1099; *Wiebe*, NJW 1994, S. 289, 292; *Köck*, JZ 1995, S. 643, 648; *ders.* VerwArch. 1996, S. 644, 663ff.; *Schneider*, Die Verwaltung 1995, S. 361, 378; VCI-Positionspapier „Aufgaben des Umweltgutachters im Hinblick auf die Einhaltung der gesetzlichen Vorschriften" v. 20.9.1995; *Someren/Zillmann/Martins*, in: *Fichter* (Hrsg.), Die EG-Öko-Audit-Verordnung, 1995, S. 165; *Müggenborg*, DB 1996, S. 125, 127; *Eggert*, in: *Petrick*, Qualitätsmanagement, Umweltmanagement und Zertifizierung in der Europäischen Union, 1997, S. 81, 87; *Emmerich*, in: *Kley* (Hrsg.), Festschrift für Wolfgang Ritter, 1997, S. 839, 851; *Heuvels*, in: *Löbel/Schörghuber* (Hrsg.), EU-Umweltaudits, 1997, S. 91, 99, 100; *Jasch*, Praxishandbuch Umweltmanagement und Öko-Audit, 1997, Kapitel 2, S. 10.; *von Holleben*, in: *Kley*, (Hrsg.), Festschrift für Wolfgang Ritter, 1997, S. 859, 866; *Orthmann*, in: Doktoranden-Netzwerk-Öko-Audit e.V. (Hrsg.), Umweltmanagementsystem zwischen Anspruch und Wirklichkeit, 1998, S. 131, 138; *Ewer*, in: *Ewer/Lechelt/Theuer* (Hrsg.), Handbuch Umweltaudit, 1998, Kapitel E Rn. 16; *Pohl*, BB 1998, S. 381, 384; *Nissen*, Die EG-Öko-Audit-Verordnung, 1999, S. 154ff.; *Kloepfer/Bröcker*, FEU-Gutachten: Evaluierung von Umweltmanagementsystemen, 1998, Teil B Kapitel II Nr. 2d; *Franzius*, NuR 1999, S. 601, 604. In Anbetracht der großen Anzahl der Autoren, die diese Auffassung auch in jüngerer Zeit noch vertreten haben, kann der Einschätzung von *Rehbinder/Heuvels*, dass diese Auffassung heute als überholt gelte, nicht beigepflichtet werden. *Rehbinder/Heuvels*, DVBl. 1998, S. 2145, 1248.

[858] *Lübbe-Wolff*, DVBl. 1994, S. 361, 369f.; *Dyllick*, ZfU 1995, S. 299, 317; *Falk/Frey*, UPR 1996, S. 58, 59; *Schottelius*, DB 1996, S. 1169, 1170; *ders.*, BB 1996, S. 1235,1237; *Breuer*, NVwZ 1997, S. 833, 843; *Hansmann*, in: *Rengeling* (Hrsg.), Integrierter und betrieblicher Umweltschutz, 1996, S. 207, 210; *Kothe*, Das neue Umweltauditrecht, 1997, Rn. 284; *Schottelius*, BB, Beilage 2 zu Heft 8 1997, S. 1, 12; *Waskow*, Betriebliches Umweltmanagement, 1997, S. 27ff.; *Schmalholz*, JB UTR 1998, S. 331, 337; *Feldhaus*, in: *Rengeling* (Hrsg.), Handbuch zum europäischen und deutschen Umweltrecht, 1998, S. 1035, 1158f.; *Höland*, ZeuP 1998, S. 30, 47; *Müller*, VR 1998, S. 149, 151; *Rehbinder/Heuvels*, DVBl. 1998, S. 2145, 1248; *Falk*, Die EG-Umwelt-Audit-Verordnung und das deutsche Umwelthaftungsrecht, 1998, S 91.

kundärpflicht zur Prüfung der Rechtskonformität.[859] Nur durch eine Prüfung der materiellen Maßstäbe werde sichergestellt, dass die Unternehmen tatsächlich die Ziele des Art. 1 der EG-Öko-Audit-Verordnung erreichen wollten und nicht nur ein Lippenbekenntnis abgäben.

aa. Argumente für die Annahme eines Compliance-Audits

Als Hauptargument für eine Compliance-Prüfung durch den Umweltgutachter wurde der Wortlaut des Art. 8 Abs. 4 EG-UAVO a.F. angeführt. Diese Vorschrift formulierte die Pflicht der zuständigen Stelle, die Eintragung des Standortes abzulehnen oder sie vorübergehend aufzuheben, wenn sie von der zuständigen Vollzugsbehörde von einem Verstoß gegen einschlägige Umweltvorschriften am Standort informiert worden war. Es wurde argumentiert, dass der für das Registrierungsverfahren geltende Prüfungsmaßstab, der sich aus Art. 8 Abs. 4 der Verordnung ergab, einheitlich auch für die Validierung der Umwelterklärung durch den Umweltgutachter gelten müsste.[860] Wenn der Umweltgutachter nicht die tatsächliche Einhaltung des Umweltrechts prüfen und besiegeln würde, könnten Standorte mit völlig unterschiedlichem Umweltschutzniveau gleichermaßen in den Genuss der Befugnis zur Führung der Teilnahme-Erklärung kommen. Gerade dies hätte aber mit der Einfügung der Verpflichtung zur Normkonformität als Mindeststandard verhindert werden sollen. Ohne gutachterliche Prüfung hinge es oft von den zufälligen und mit Sicherheit unterschiedlichen Erkenntnissen und Verhaltensweisen der jeweils zuständigen Vollzugsbehörden ab, wann und ob überhaupt diese wettbewerbswidrige Gleichbehandlung durch eine Intervention nach Art. 8 Abs. 4 EG-UAVO a.F. wieder beendet würde.[861]

Auch aus dem Wortlaut des Art. 4 Abs. 5 S. 1 1. Hs. EG-UAVO a.F. wurde das Erfordernis einer Compliance-Prüfung durch den Umweltgutachter abgeleitet. Diese Vorschrift regelte, dass die Befugnisse der Vollzugsbehörden durch die Prüfung des Umweltgutachters unberührt bleiben sollten. Eine Überschneidung sollte jedoch nur dann denkbar sein, wenn der Umweltgutachter überhaupt eine Tätigkeit vornähme, die auch von der Umweltverwaltung vorgenommen wird, mithin, wenn der Umweltgutachter auch die materiellen Erfordernisse der Verordnung prüfe.[862]

---

[859] *Feldhaus*, in: *Rengeling* (Hrsg.), Handbuch zum europäischen und deutschen Umweltrecht, 1998, S. 1035, 1159.

[860] *Lübbe-Wolff*, DVBl. 1994, S. 361, 369; *dies.* NuR 1996, S. 217, 219; *Köck*, JZ 1995, S. 643, 648; *Gallas*, in: *Leittretter/Schneider* (Hrsg.), Was bringt´s dem Umweltschutz?, 1998, S. 13, 22; *Waskow*, Betriebliches Umweltmanageement, 1997, S. 16f., 30; *Van Bon/Müller*, in: Doktoranden-Netzwerk-Öko-Audit e.V. (Hrsg.), Umweltmanagementsystem zwischen Anspruch und Wirklichkeit, 1998, S. 85, 93; *Feldhaus*, in: *Rengeling* (Hrsg.), Handbuch zum europäischen und deutschen Umweltrecht, 1998, S. 1035, 1159; *ders.* Jb UTR 1997, S. 135, 148; *Kothe*, Das neue Umweltauditrecht, 1997, Rn. 284.

[861] *Lübbe-Wolff*, DVBl. 1994, S. 361, 369.

[862] *Falk*, UPR 1996, S. 58, 59; *Kothe*, Das neue Umweltauditrecht, 1997, Rn. 284.

Damit träte er als dritte gleichwertige Prüfinstanz neben die Unternehmen selbst und die Umweltbehörden.[863]
Das Erfordernis einer Compliance-Prüfung durch den Umweltgutachter wurde weiterhin aus Anhang III B Nr. 1 S. 3 EG-UAVO a.F. gelesen. Nach dieser Vorschrift prüfte der Umweltgutachter *„insbesondere die technische Eignung der Umweltprüfung oder der Umweltbetriebsprüfung oder anderer von dem Unternehmen angewandter Verfahren mit der erforderlichen fachlichen Sorgfalt, wobei er auf jede unnötige Doppelarbeit"* verzichten sollte. Aus der Beschreibung des Begriffs Eignung durch das Adjektiv „technisch" sollte sich schließen lassen, dass nicht nur eine Prüfung des Managementsystems, sondern auch eine Prüfung technischer Daten erfolgen sollte. Dies sollten gestützt werden durch Anhang III B Nr. 3b EG-UAVO a.F., wonach der Umweltgutachter der Unternehmensleitung Bericht über technische Mängel, die bei der Umweltprüfung, bei der Methode der Umweltbetriebsprüfung, dem Umwelt-Managementsystem oder allen sonstigen Verfahren auftraten, erstatten musste. Diese Mängel sollte der Umweltgutachter nur im Rahmen einer Compliance-Prüfung überhaupt erkennen können. Für die Vornahme einer „technischen" Prüfung würde auch der Hinweis sprechen, dass jede unnötige Doppelarbeit vermieden werden sollte. Eine Doppelarbeit sollte aber überhaupt nur dann in Betracht kommen, wenn die Tätigkeit des Gutachters auch Messungen und Probenahmen u.Ä. umfassen würde.[864] Ebenso sollte der Maßstab der erforderlichen *"fachlichen Sorgfalt"*verdeutlichen, dass der Prüfungsgegenstand nicht nur auf seine Systemgerechtigkeit sondern auch materiell zu untersuchen sei.[865]
Auch sollte der Umweltgutachter laut Anhang III B 1 EG-UAVO a.F. *„die Zuverlässigkeit der Daten und Informationen der Umwelterklärung"* und die ausreichende Berücksichtigung aller wichtigen Umweltfragen prüfen. Auch dies wäre mit einer reinen System-Prüfung nicht möglich. Der Umweltgutachter sollte nur dann feststellen dürfen, dass das System am Standort verlässlich und umfassend arbeite, wenn er sicher sei, dass das System des betrieblichen Umweltschutzes die gültigen Umweltvorschriften erfasse und deren Einhaltung durch das Unternehmen tatsächlich gewährleistet sei.[866]
Für die Erforderlichkeit der Überprüfung der Einhaltung des einschlägigen Umweltrechts würde schließlich auch das Wettbewerbsrecht sprechen. Laut Erwägungsgrund Sieben zur EG-Öko-Audit-Verordnung stellte die *„Unterrichtung der Öffentlichkeit durch die Unternehmen über die Umweltaspekte ihrer Tätigkeiten*

---

[863] *Budde*, Die Umwelt-Audit-Verordnung der EU, 1998, S. 53.
[864] *Kothe*, Das neue Umweltauditrecht, 1997, Rn. 284.
[865] *Van Bon/Müller*, in: Doktoranden-Netzwerk-Öko-Audit e.V. (Hrsg.), Umweltmanagementsystem zwischen Anspruch und Wirklichkeit, 1998, S. 85, 94. Hieraus ergäbe sich nach *Martens/Moufang* sogar eine deutliche Verschärfung der Überwachung des betrieblichen Umweltschutzes. *Martens/Moufang*, NVwZ 1996, S. 246, 247.
[866] *Metzler/Alt*, Der Umweltgutachter, 1996, S. 12; *Höland*, ZEuP 1998, S. 30, 47; *Falk/Frey*, UPR 1996, S. 58, 59.

[...] *einen wesentlichen Bestandteil guten Umweltmanagements und eine Antwort auf das zunehmende Interesse der Öffentlichkeit an diesbezüglichen Informationen dar.*" Wenn aber Unternehmensstandorte sich auf ihren Charakter als Teilnehmer des EG-Öko-Audit-Systems berufen dürften, ohne dass sichergestellt sei, dass zwingende Umweltstandards erfüllt wären, wäre diese Werbung Desinformation und irreführend i.S.d. §§ 1, 3 UWG.[867]/[868]

Da die meisten der von den Befürwortern eines gutachterlichen Compliance-Audits angeführten Vorschriften in EMAS II übernommen wurden, ist davon auszugehen, dass auch in Zulunft die gleichen Argumente für eine Compliance-Prüfung durch den Umweltgutachter herhalten könnten.
Es finden sich sowohl die Regelung aus Art. 8 Abs. 4 EG-UAVO a.F.[869] als auch die Verweise auf die Überprüfung der technischen Eingnung, die Anwendung der erforderlichen fachlichen Sorgfalt und den Verzicht auf unnötige Doppelarbeit[870] in EMAS II wieder. Auch in der Welt von EMAS II bleiben die Befugnisse der Vollzugsbehörden unberührt, auch wenn dies nicht mehr ausdrücklich Erwähnung findet; ausdrücklich muss der Umweltgutachter aber weiterhin die Zuverlässigkeit der Angaben der Umwelterklärung prüfen.[871] Schließlich wird in Erwägungsgrund 12 der novellierten Fassung der Verordnung auch wieder die besondere Bedeutung von Glaubwürdigkeit und Transparenz für EMAS II hervorgehoben.

bb. Argumente gegen die Annahme eines Compliance-Audits

Insgesamt vermochten und vermögen die Argumente der Befürworter einer gutachterlichen Compliance-Prüfung jedoch nicht zu überzeugen. Die Argumentationsgrundlage ist dünn, und es ist auch nicht ersichtlich, warum der Verordnungsgeber, der Redundanzen und Details an keiner Stelle gescheut hatte, auf so einen

---

[867] *Schmid*, Jura 1997, S. 11, 12; so auch: *Budde*, Die Umwelt-Audit-Verordnung der EU, 1998, S. 54; *Feldhaus*, in: *Rengeling* (Hrsg.), Handbuch zum europäischen und deutschen Umweltrecht, 1998, S. 1035, 1160; *Wiebe*, NJW 1994, S. 289, 292.

[868] *Schottelius* schließlich argumentiert, dass der Umweltgutachter schon deshalb eine Sachprüfung hinsichtlich der Einhaltung der einschlägigen Umweltschutzvorschriften durchführen müsse, um eine „*kontinuierliche Verbesserung*" des betrieblichen Umweltschutzes feststellen zu können (*Schottelius*, BB, Beilage 2 zu Heft 8, 1997, S. 1, 12). Ein deutsches Unternehmen könne insofern gar keine Umweltpolitik, keine Ziele und Programme aufstellen, die nicht von dem Mindeststandard der geltenden deutschen Umweltrechtsvorschriften ausgehen. Der Umweltgutachter müsste insofern die überobligate Erfüllung prüfen. Etwas anderes sei die kontinuierliche Verbesserung nicht. - Dabei verkennt *Schottelius,* dass es noch andere Maßstäbe als juristische gibt. Der Maßstab der kontinuierlichen Verbesserung nach einem Diskussionspapier des IÖW ist eine Reduktion der schädlichen Umweltwirkungen, er darf sich nicht auf Stoffflussgrößen beschränken (und erst Recht nicht auf die Erfüllung rechtlicher Vorschriften. Anm. der Verfasserin). *Ankele/Clausen/Fichter/Kottmann/Loew/Rubik/Steinfeldt*, Diskussionspapier des IÖW 42/98, S. 7.

[869] Vgl. Art. 6 Abs. 4 EG-UAVO n.F..

[870] Alle drei Kriterien finden sich in Anhang V Nr. 5.4.1b EG-UAVO n.F..

[871] Vgl. Anh. V Nr. 5.4.1.b EG-UAVO.

wichtigen Punkt, wie die Integration eines externen Compliance-Audits in EMAS, nicht eingegangen sein solle.[872] Der Verordnungsgeber wollte die Wirksamkeit des Systems offensichtlich bewusst auf das innovativere Instrument eines System-Audits stützen. Dieses entspricht dem Charakter der Verordnung auch viel eher als ein Compliance-Audit, welches seinem Sinn nach eher ein internes Instrument zur Sicherstellung der Einhaltung der einschlägigen Rechtsvorschriften ist. Das Compliance-Audit mag in Deutschland ein Novum darstellen, im angelsächsischen Raum ist es seit langem ein unternehmensinternes Instrument, um Risiken der Non-Compliance zu vermeiden. Der innovativen Struktur von EMAS wird diese Auditform nicht gerecht. Zwar soll EMAS auch als Instrument des Vollzugs umweltrechtlicher Vorschriften dienen. Doch dabei fußt es auf Motivation und Eigenkontrolle – eben nicht auf Fremdkontrolle.

Die Auffassung, der Umweltgutachter hätte alleine eine System-Prüfung vorzunehmen, wurde und wird von den Autoren vertreten, die den Compliance-Ansatz der Verordnung insgesamt ablehnen.[873] Doch die Frage nach dem Prüfungsauftrag des Umweltgutachters muss scharf von den Anforderungen, welche an das Unternehmen gestellt werden, getrennt werden. Nach der hier vertretenen Auffassung ergab sich schon aus EMAS I, dass das Unternehmen zum Zeitpunkt der Validierung rechtskonform sein musste. Es unterlag der Pflicht, die Umweltvorschriften einzuhalten. Die alte ebenso wie die neue Fassung der Verordnung schrieb dies eindeutig vor. Auch war es Pflicht, die Einhaltung des Rechts in der internen Betriebsprüfung zu kontrollieren. Diese Anforderungen erlauben jedoch noch keine Rückschlüsse auf die Prüfpflicht des Umweltgutachters.

Ebensowenig wie der Umweltgutachter die Verbesserung der betrieblichen Umweltleistung *per se* prüfen muss und musste, muss er die Einhaltung der einschlägigen Rechtsvorschriften *per se* prüfen und durch sein Siegel bestätigen. Der Gutachter prüft das Vorhandensein und die Effektivität der betrieblichen Umweltpolitik.[874] Da diese unter anderem die Einhaltung der Rechtsvorschriften bezweckt, äußert sich die Funktionsfähigkeit von EMAS auch in der Einhaltung der einschlägigen Rechtsvorschriften. Der Umweltgutachter überprüft, ob das Umwelt-Managementsystem die Einhaltung der einschlägigen Vorschriften sicherstellen kann und ob ein Compliance-Audit im Rahmen der internen Umweltbetriebsprüfung durchgeführt worden ist. Ein Verstoß gegen das geltende Recht zeugt von Mängeln in der Umsetzung der betrieblichen Umweltpolitik und damit von einem fehlerhaften Umwelt-Managementsystem. Ein solches kann ein Validierungshindernis darstellen. Auch die interne Betriebsprüfung hat versagt, wenn sich der Standort oder die Organisation sich in Non-Compliance zum geschriebenen Recht befindet. Es ist

---

[872] So auch: *Kloepfer/Bröcker*, FEU-Gutachten: Evaluierung von Umweltmanagementsystemen, 1998, Teil B Kapitel II Nr. 2a.

[873] Siehe KAPITEL 2: IV 3.

[874] Irrig ist die Annahme, der Umweltgutachter müsse nur dann überhaupt die Umweltpolitik prüfen, wenn die interne Betriebsprüfung versagt hat. *Someren/Zillmann/Martins*, in: *Fichter* (Hrsg.), Die EG-Öko-Audit-Verordnung, 1995, S. 165, 171.

jedoch nicht Aufgabe des Umweltgutachters, die interne Betriebsprüfung, innerhalb derer die Einhaltung der einschlägigen Rechtsvorschriften geprüft wurde, zu wiederholen.[875]
Der Verweis auf die Vorschrift des Art. 8 Abs. 4 EG-UAVO a.F. ist als Argument für eine Compliance-Prüfung durch den Umweltgutachter nicht überzeugend. Aus dieser Vorschrift ließ sich nicht ableiten, dass der Umweltgutachter einen selbstständigen Compliance-Check vornehmen musste. Wenn der Umweltgutachter die Einhaltung der einschlägigen Vorschriften schon geprüft hätte, wäre es nicht verständlich, warum der Umweltbehörde die Gelegenheit eingeräumt werden müsste, die zuständige Stelle über etwaige Rechtsverstöße in Kenntnis zu setzen.[876] Verständlich war und ist dieses Erfordernis nur vor dem Hintergrund der klaren Aufgabenteilung zwischen dem Umweltgutachter und der für die Eintragung des Standortes zuständige Stelle. Allein die Eintragungsstelle verfügt über den Auftrag und die Kompetenzen auf eine Verletzung des einschlägigen Umweltrechtes zu reagieren.[877] Der Umweltgutachter prüft nur das Verfahren zur Einhaltung der ordnungsrechtlichen Vorschriften als System-Komponente.
Auch das Argument der Umweltgutachter hätte die *„technische Eignung"* der Umweltprüfung unter Beachtung der *„erforderlichen fachlichen Sorgfalt"* prüfen müssen, spricht nicht für die Durchführung einer Compliance-Prüfung durch den Umweltgutachter. Zunächst einmal ist begrifflich „technisch" nicht auf ein technologisches Verständnis eingeengt zu verstehen. Der Umweltminister a.D. *Klaus Töpfer* hat diesbezüglich richtig darauf hingewiesen, dass noch nicht einmal der „Stand der Technik" so eng zu verstehen sei.[878] Hierunter fielen vielmehr auch Techniken des Managements und der Betriebsführung. Wenn man zudem bedenkt, dass es ohnehin nur dem deutschen Verständnis von betrieblichen Tätigkeiten immanent ist, diese nach einem technologieorientierter Ansatz zu bewerten und in anderen Ländern die Management-Komponente ohnehin im Vordergrund steht,[879] dann musste auch der Wortlaut von EMAS I europäisch und nicht deutsch dahingehend verstanden werden, dass die technische Eignung die verfahrenstechnische Eignung meinte.
Auch überzeugt der Verweis auf die *„fachliche Sorgfalt"* gem. Anhang III B Nr. 1 EG-UAVO a.F. nicht. Auch nach EMAS I stand die Anwendung der fachlichen Sorgfalt nicht im Zusammenhang mit dem Prüfungsumfang. Eine System- und Performance-Prüfung muss mit der gleichen fachlichen Sorgfalt erfolgen wie eine Compliance-Prüfung.

---

[875] So auch: *Von Holleben*, in: *Kley* (Hrsg.), Festschrift für Wolfgang Ritter, 1997, S. 859, 866.
[876] So auch: *Nissen*, Die EG-Öko-Audit-Verordnung, 1999, S. 157; *Wiebe*, NJW 1994, S. 289, 292.
[877] So auch: *Franzius*, NuR 1999, S. 601, 604.
[878] Vgl. *Töpfer*, in: Umwelt 1993, S. 466, 467.
[879] *Kaupe*, Beschleunigung von Genehmigungsprozessen bei Industrieanlagen, 1998, S. 221.

Es lässt sich feststellten, dass EMAS im Ergebnis eben nicht darauf abzielt, das Umwelt-Ordnungsrecht zu integrieren. Es steht vielmehr als innovatives und neuartiges Instrument des Umweltschutzes neben dem geltenden Recht. Bestätigt wurde diese Einschätzung in EMAS I durch die Unberührtheitsklausel in Art. 1 Abs. 3 EG-UAVO a.F. sowie durch die Beschreibung der Validierungsvoraussetzungen in Art. 4 Abs. 5 1. Hs. EG-UAVO a.F..[880]

Anders als der alte Text der Verordnung regelt EMAS II in Anhang V Nr. 5.4.3. EG-UAVO n.F. ausdrücklich die Überprüfung der Einhaltung der Rechtsvorschriften durch den Umweltgutachter. Dort heißt es: *"Der Umweltgutachter hat sicherzustellen, daß die Organisation über die nötigen Verfahren verfügt, um diejenigen Einzelaspekte ihrer Tätigkeiten kontrollieren zu können, die unter einschlägiges Gemeinschafts- oder einzelstaatliches Recht fallen, und dass diese Verfahren ausreichen, um die Einhaltung dieser Vorschriften zu gewährleisten. Die bei der Umweltbetriebsprüfung durchgeführten Untersuchungen müssen insbesondere den Nachweis erbringen, dass dank der geschaffenen Verfahren die Einhaltung von Rechtsvorschriften sichergestellt ist."*
Die Formulierung nach welcher der Umweltgutachter sicherstellen soll, ob „Verfahren“ bestehen und ob diese ausreichen, um die Einhaltung der einschlägigen Rechtsvorschriften zu gewährleisten, spricht für eine gutachterliche System-Prüfung: Es muss ein Verfahren zur Einhaltung der Vorschriften existieren und funktionieren. Der erste Satz der zitierten Vorschrift spricht somit gegen die Notwendigkeit einer Compliance-Prüfung. Der zweite Satz wird noch deutlicher, wenn er betont, dass die Einhaltung der Rechtsvorschriften in der Umweltbetriebsprüfung, nicht in der Prüfung durch den Umweltgutachter festgestellt werden soll. Gestützt wird diese Auffassung schließlich noch durch den zweiten Absatz des Anhangs V Nr. 5.4.3. EG-UAVO n.F., welcher feststellt, dass der Umweltgutachter, falls er während der Prüfung Rechtsverstöße feststellt, die Umwelterklärung nicht validieren darf. Dieser Hinweis hätte sich erübrigt, wenn der Umweltgutachter ein Compliance-Audit vorzunehmen hätte.
Die Novellierung der Verordnung verspricht durch die Regelung in Anhang V Nr. 5.4.3. Licht in das Dunkel der Compliance-Diskussion zu bringen. Es scheint, als hätte der Verordnungsgeber sich mit EMAS II endgültig für eine Beschränkung auf eine gutachterliche System-Prüfung – durchgängig für alle Bereiche der Verordnung – entschieden.

cc. Zusammenfassende Wertung

Zusammenfassend ist festzuhalten, dass EMAS von den Unternehmern die (dauerhafte) Einhaltung der Vorschriften des Umweltrechts fordert. Die Teilnehmer an dem System geben eine diesbezügliche Selbstverpflichtung im Rahmen ihrer be-

---

[880] Aus dem *„General Guidance Document for Accrediation of Environmental Verifiers under Regulation“* der Kommission ergibt sich, dass auch die Kommission von einer auf eine System-Prüfung beschränkten gutachterlichen Prüfung ausgeht. Vgl. G.3.3. des Dokumentes.

trieblichen Umweltpolitik ab. Der Umweltgutachter ist jedoch nicht verpflichtet, die Einhaltung dieser Selbstverpflichtung zu prüfen. Er wäre auch gar nicht in der Lage, die Einhaltung der umweltrechtlichen Vorschriften im ganzen Unternehmen, welches die Bezugsgröße der Umweltpolitik darstellt, zu prüfen. Die Funktionsfähigkeit der verschiedenen Elemente des EG-Öko-Audit-Systems indiziert jedoch die Einhaltung der einschlägigen Standards.[881] EMAS zielt darauf ab, bestimmte Verfahren in der betrieblichen Praxis dauerhaft zu verankern. Durch diese soll dann sekundär die Umweltleistung verbessert werden. Zwar müssen die Vorschriften des Umweltrechts als Mindeststandard der betrieblichen Umweltpolitik schon zum Zeitpunkt der Validierung eingehalten werden, darüber hinaus wird die Umweltleistung aber erst durch prozessualen Abgleich von Politik, Programm und Zielen des Unternehmens in einem Prozess der Rückkopplung, des Lernens und der Entwicklung verbessert. Der Umweltgutachter prüft mit der Funktionsfähigkeit der Systemelemente die charakteristischen und innovativen Elemente des Systems. Die Vollzugskontrolle des Umwelt-Ordnungsrechts bleibt Aufgabe der Ordnungsbehörden. Es gibt insofern keine Überschneidungen zu der Aufgabe des Umweltgutachters. Der europäische Verordnungsgeber hat weder eine *„Umwelt-Superkontrollinstanz"*[882] noch einen *„Ober-Umweltpolizisten"*[883] schaffen wollen. Der Umweltgutachter ist auch kein privatisierter Gewerbeaufsichtsbeamter. Diese Aufgabe würde den Umweltgutachter überlasten und von der eigentlichen Herausforderung seiner Aufgabe ablenken. Während der Vollzugsbeamte bei der zuständigen Behörde durch seine Bindung an Gesetz und Recht auf die Abstellung des Rechtsverstoßes um seiner selbst willen hinwirken muss, ist für den Umweltgutachter der Rechtsverstoß nur mittelbar als Indikator eines möglicherweise defizitären Umwelt-Managementsystems von Bedeutung.[884]
Aus der hier vertretenen Auffassung ergibt sich, dass die Validierung durch den Umweltgutachter nicht die Einhaltung der einschlägigen Vorschriften des Umweltrechts bestätigt. Es ergibt sich aber auch, dass der Umweltgutachter, wenn er von einem Rechtsverstoß erfährt, die Validierung nicht vornehmen darf.[885] Unter diesen Umständen ist die Organisation im Falle der Erstvalidierung nicht validierungsreif. Im Falle der Wiederholungsvalidierung liegen systematische Mängel vor, welche ein Validierungshindernis darstellen. Ein Managementsystem, welches nicht zur Vermeidung und Behebung von Rechtsverstößen befähigt ist, ist nicht zertifizierungsfähig,[886] eine Umweltbetriebsprüfung, die diesen Verstoß nicht auf-

[881] *Bohne*, in: *Rengeling* (Hrsg.), Integrierter und betrieblicher Umweltschutz, 1996, S. 105, 132f.; *Köck*, VerwArch. 1996, S. 644, 663ff.
[882] *Müggenborg*, DB 1996, S. 125, 126.
[883] *Heuvels*, in: *Löbel/Schörghuber* (Hrsg.), EU-Umweltaudits, 1997, S. 91, 99.
[884] Ebd.
[885] A.A. *Müggenborg*, DB 1996, S. 125. 127; *Heuvels*, in: *Löbel/Schörghuber* (Hrsg.), EU-Umweltaudits, 1997, S. 91, 99. *Heuvels* macht die Validierungsfähigkeit von der Schwere des Rechtsverstoßes abhängig. Vgl. auch KAPITEL 2: IV.
[886] So auch: *Feldhaus*, UPR 1997, 341, 344; *Heuvels*, in: *Löbel/Schörghuber* (Hrsg.), EU-Umweltaudits, 1997, S. 91, 98; *Franzius*, NuR 1999, S. 601, 604.

deckt, untauglich. Da der Umweltgutachter die Umwelterklärung nur dann für gültig erklären darf, wenn die Voraussetzungen für die Eintragung der Organisation vorliegen,[887] darf der Umweltgutachter nicht validieren, wenn er von einem Verstoß gegen geltendes Recht erfährt. In diesem Fall besteht ein Eintragungshindernis, welches sich der Gültigerklärung widersetzt.[888] Der Umweltgutachter darf nicht wissentlich validieren, was die zuständige Stelle streichen muss. Bei Mängeln der Systemelemente sieht EMAS keine Duldung, sondern die Behebung bzw. vorläufige Aussetzung der Validierung vor. Der Umweltgutachter darf eine nicht rechtskonforme Organisation auch dann nicht zertifizieren, wenn notwendige Korrekturmaßnahmen eingeleitet wurden.[889] Entscheidend kommt es auf den Rechtsverstoß an. Im Falle behördlicher Duldungen ist jedoch dann eine Validierung möglich, wenn diese allein im Verantwortungsbereich der Behörde liegt und der Unternehmer sich hinreichend um die Herbeiführung der Rechtskonformität bemüht hat.[890]

Gestützt wird die Meinung, dass der Umweltgutachter keine Compliance-Prüfung vorzunehmen habe, auch durch die Validierungsrealität. Fakt ist, dass bis heute auch in der Praxis keine Compliance-Prüfungen durch die deutschen Umweltgutachter durchgeführt wurden. Diese lehnen nämlich nach ihrem Selbstverständnis eine Compliance-Prüfung grundsätzlich ab.[891] Die Richtlinie des IdU für das Validierungsverfahren betont, dass der Umweltgutachter allein System- und Funktionsprüfungen des Umwelt-Managementsystems sowie Nachprüfungen bei einzelnen umweltrelevanten Vorgängen durchzuführen habe. Auf Aufdeckung und Aufklärung begangener Rechtsverstöße sei das Validierungsverfahren seinem Wesen nach nicht ausgerichtet. Eine Nichtaufdeckung habe der Umweltgutachter nur dann zu vertreten, wenn er die Tatbestände bei ordnungsgemäßer Durchführung des Validierungsverfahrens mit berufsüblichen Methoden hätte feststellen müssen.[892] Bestärkt können sich die deutschen Umweltgutachter durch die Einschätzung ihrer europäischen Kollegen fühlen. In den Unterlagen des ersten Umweltgutachter-Workshops auf europäischer Ebene, der am 22. Mai 1996 in Brüssel stattfand, findet sich folgende Aussage: *„The duty of the verifiers is to check that procedures to*

---

887 Anh. V Nr. 5.4.1b G-UAVO n.F./4 Abs. 6 i.V.m. Art. 8 Abs. 1 EG-UAVO a.F.

888 *Lübbe-Wolff*, DVBl. 1994, S. 361, 369; *Waskow*, Betriebliches Umweltmanagement, 1997, S. 16ff.; *Ewer*, in: *Ewer/Lechelt/Theuer* (Hrsg.), Handbuch Umweltaudit, 1998, Kapitel E Rn. 16; *Franzius*, NuR 1999, S. 601, 604.

889 So auch: *Lübbe-Wolff*, DVBl. 1994, S. 361, 370; a.A.: *Köck*, VerwArch. 1996, S. 644, 666; *Schneider*, Die Verwaltung 1995, S. 361, 378. Laut *Schneider* reicht es sogar, wenn die Umweltziele entsprechend modifiziert werden und das EG-Öko-Audit-System geeignete Mechanismen bereithält, um die Folgemaßnahmen umzusetzen.

890 Vgl. KAPITEL 2: IV 3.

891 So z.B. *Hans-Peter Wruk* bei dem Lüneburger Umweltsymposium am 31.5./1.6.1996. Vgl. den Bericht zu der Veranstaltung in NVwZ 1997, S. 771, 772.

892 Institut der Umweltgutachter und –berater in Deutschland (IdU) e.V., Richtlinie zum Validierungsverfahren, Stand 03/98, S. 7, Nr. 3.2.4.

ensure the compliance are put in place and are functioning at the level of the site. A check of the effectiveness of the internal system in this regard might include additional checks on a sample basis but it is not the job of the verifier to guarantee this compliance when he validates the statement.“[893] Hieraus ergibt sich, dass auch die europäischen Umweltgutachter keine Compliance-Prüfung vorzunehmen bereit sind.

Wahrscheinlich wären sie hierzu auch gar nicht in der Lage. In Deutschland hätte wohl noch keine einzige Umwelterklärung für gültig erklärt werden können, wenn der Umweltgutachter tatsächlich die Einhaltung aller einschlägigen Umweltvorschriften kontrolliere würde.[894] EMAS verpflichtet den Umweltgutachter zwar zu prüfen, ob die Einhaltung aller Umweltvorschriften im Unternehmen vorgesehen ist. Diese Aufgabe ist nicht geringzuschätzen, da sie die Kenntnis der einschlägigen Vorschriften voraussetzt.[895] Eine tatsächliche Vollprüfung der umweltrechtlichen Vorschriften wäre jedoch wohl nur von – oder in Zusammenarbeit mit - einem Juristen machbar.[896]

Übersehen wurde häufig auch, dass der Umweltgutachter die Einhaltung der gesetzlichen Vorschriften ohnehin nur in einem sehr begrenzten Rahmen überprüfen könnte. Da er weder beliehen noch in die staatliche Verwaltung eingegliedert ist, könnte er nie die hoheitliche Vollzugsverwaltung ersetzen. Der Umweltgutachter kann staatliches Ermessen nicht ausüben und Beurteilungsspielräume der Verwaltung nicht nutzen. Er kann diesbezüglich hoheitliches Handeln nicht vorweg nehmen und wäre in dem Bereich des verwaltungsrechtlichen Ermessens nicht zur Kontrolle der Rechtskonformität in der Lage.

dd. Das Umweltauditgesetz

Auch aus dem Umweltauditgesetz ergibt sich nicht, dass der Umweltgutachter die Einhaltung der einschlägigen Rechtsvorschriften zu prüfen habe. Insbesondere kann § 16 Abs. 2 Nr. 1 UAG nicht als Argument für das Erfordernis einer gutachterlichen Compliance-Prüfung herhalten.[897] Aus dieser Vorschrift ergibt sich, dass

---

[893] EG-Kommission, First Verifiers Workshop, 1996, S. 4. Zitiert nach: *Nissen*, Die EG-Öko-Audit-Verordnung, 1999. S. 155.

[894] *Dilly*, Handbuch Umweltaudit, 1996, S. 52, zitiert die Äußerung eines Vertreters des TÜV Rheinland.

[895] Vgl. die Anforderung aus Anh. I B Nr. 3 S. 4 EG-UAVO a.F..

[896] Die Forderung nach der ausschließlichen Durchführung von Compliance-Audits durch Juristen wird auch in dem Mutterland der Compliance-Audits, den USA, erhoben: vgl. *Moorman/Kirsch*, Wake Forest Law Rev., 1991, S. 97, 111ff. Wird das Compliance-Audit nicht von Juristen durchgeführt, ergibt sich das Problem der Nähe zur Rechtsberatung, die allein in den Händen von Juristen liegt. Bekannt ist dieses Problem auch im Falle der Abschlussprüfung durch den Wirtschaftsprüfer. Zu den Grenzen der rechtlich zulässigen Rechtsberatung durch Wirtschaftsprüfer: WP-Handbuch, 1996, A Rn. 24.

[897] Der Artikel besagt, dass die Zulassungsstelle die Fortführung der gutachterlichen Tätigkeit ganz oder teilweise untersagen kann, wenn der Umweltgutachter unter Verstoß gegen die Pflichten nach Art. 4 Abs. 5d i.V.m. Art. 5 Abs. 3 EG-UAVO a.F. eine *„Umwelterklärung mit*

der Umweltgutachter die Umwelterklärung dann nicht validieren darf, wenn er von einem Verstoß gegen geltendes Recht weiß. Sie sagt aber nicht, dass der Umweltgutachter die Einhaltung des Rechts auch zu prüfen habe. Diese Einschätzung wird durch die Begründung des Gesetzesentwurfs vom 25. April 1995 bestätigt, der diese Vorschrift schon wortgleich vorsah. Mit der Formulierung sei" *keine innerstaatliche Ausgestaltung der Umweltbetriebsprüfung, insbesondere keine Anordnung eines „compliance audit" verbunden. Denn der Inhalt der Umweltbetriebsprüfung richte*[t] *sich nach der Verordnung (EWG) Nr. 1836/93".*[898]
Das Erfordernis einer Compliance-Prüfung ergibt sich auch nicht aus § 15 Abs. 2 Nr. 5 UAG. Nach dieser Vorschrift ist der Umweltgutachter dazu verpflichtet, *„die einschlägigen Rechtsvorschriften und die hierzu ergangenen amtlich veröffentlichten Verwaltungsvorschriften des Bundes und der Länder zu berücksichtigen."* Diese Regelung wurde durch den Bundesrat in das Gesetz eingebracht. Die Länder hatten bei der Anrufung des Vermittlungsausschusses sogar gefordert, dass Umweltgutachter bei der Überprüfung von Standorten neben den einschlägigen Rechtsvorschriften auch die hierzu ergangenen veröffentlichten Verwaltungsvorschriften des Bundes und der Länder zu *„beachten"* hätten; denn nur dann könne eine Deregulierung ins Auge gefasst werden.[899] Der Bundesrat führte dazu aus: *„Durch die Vorschrift soll sichergestellt werden, dass die Überprüfung der Einhaltung der Rechtsvorschriften durch zugelassene Umweltgutachter/Umweltgutachterorganisationen nach Maßstäben erfolgt, die auch von staatlichen Umweltbehörden angelegt werden."*[900]
Auf Vorschlag des Vermittlungsausschusses wurde *„beachten"* durch *„berücksichtigen"* ersetzt, weil eine Bindung an Verwaltungsvorschriften ohnehin rechtlich nicht in Betracht käme.[901] Eine Verwaltungsvorschrift kann wegen ihrer ausschließlichen Binnenwirkung nicht Maßstab für die Prüfungstätigkeit des Umweltgutachters sein.[902]/ [903] Gebunden an die behördlichen Auslegungsregeln sind nur

---

unzutreffenden Angaben und Beurteilungen, insbesondere hinsichtlich der Einhaltung der einschlägigen Umweltvorschriften am Standort, für gültig erklärt" hat.

898 BT-Drs. 13/1192. Dasselbe betont der Bundesrat noch einmal in: BT-Drs.13/1687. Auch der deutsche Gesetzgeber sah somit kein Compliance-Audit in der EG-Öko-Audit-Verordnung und wollte ein solches auch nicht eigenmächtig in das UAG aufnehmen. A.A. *Gallas*, in: *Leittretter/ Schneider* (Hrsg.), Was bringt's dem Umweltschutz?, 1998, S. 13, 22.

899 BT-Drs. 13/2004, S. 2.

900 BT-Drs. 13/1687 v. 13.6.1995, Stellungnahme 22; BT-Drs. 13/2004 v. 18.7.1995, Gliederungspunkt Nr. 3.

901 BT-Drs. 13/2383.

902 *Köck*, GewArch. 1996, S. 644, 653.

903 Eine begrenzte Außenwirkung von Verwaltungsvorschriften besteht nur im Falle „normkonkretisierender Verwaltungsvorschriften," wie der TA Lärm oder der TA Luft. BVerwG, Beschluss v. 10.1.185, BVerwGE 72, S. 300. 320; BVerwG, Beschluss v. 10.1.1995, NVwZ 1995, S. 994; OVG Münster, Urteil v. 9.7.1987, DVBl. 1988, S. 152, 153; OVG Lüneburg, Beschluss v. 28.2.1985, DVBl. 1985, S. 1322, 1323. Vgl. auch die vielfältige Literatur zu dem Thema, z.B.: *Wallerath*, NWVBl. 1989, S. 153; *Gerhardt*, NJW 1989, S. 2233; *Erbguth*, DVBl. 1989, S. 473; *Sendler*, UPR 1993, S. 321.

die Behörden und ausnahmsweise durch die normkonkretisierenden Wirkung auch die Gerichte, nicht jedoch der Gutachter als nicht beliehene Privatperson.[904]
Der Gesetzgeber wollte durch diese Regelung erreichen, dass die Umweltgutachter nicht nur die Maßstäbe des einschlägigen Gesetzesrechts anwenden, sondern darüber hinaus sich auch in Bezug auf die Ausübung von Ermessen von den gleichen Erwägungen leiten lassen wie die Gewerbeaufsichtsbeamten. Im Hinblick auf die große Bedeutung von Verwaltungsvorschriften im Umweltrecht sollten die Umweltgutachter durch diese Regelung wohl indirekt doch an die Verwaltungsvorschriften des Bundes und der Länder gebunden werden.[905] So sollte das oben angesprochene Problem, dass der Umweltgutachter nur die Einhaltung des Rechts im gebundenen Gesetzesvollzug überprüfen würde, gelöst werden.
Das politische Ziel des Bundesrates ist leicht ersichtlich.[906] Es sind die Länder, welche die Umweltgesetzgebung in der Hauptsache vollziehen, welche unter dem Vollzug stöhnen, und es ist der Bundesrat als Ländervertretung, der Vollzugserleichterungen durchsetzen will. EMAS bietet und bot hierzu Anlass und Gelegenheit. Die Kompromissformel aus § 15 Abs. 2 Nr. 5 UAG postuliert eine materielle Verpflichtung des Umweltgutachters, welche eine Erleichterung im Bereich der staatlichen Überwachung möglich machen soll.[907] Es kann jedoch weder eine Verpflichtung zur Compliance-Prüfung durch einen willigen Bundesrat in die Verordnung hineingelesen werden noch kann sich der nationale Gesetzgeber über supranationales Recht hinwegsetzen oder eine Privatperson an behördliche Verwaltungsvorschriften binden. Statt dessen wird auch hier der § 15 Abs. 2 UAG verordnungskonform so ausgelegt werden müssen, dass der Umweltgutachter die Einhaltung der einschlägigen Rechtsvorschriften nicht nachzuprüfen hat.[908]

b. Die Prüftiefe

Im Anschluss an die Frage nach dem Umfang stellt sich die Frage nach der Tiefe der gutachterlichen Prüfung. Für die Vertreter der Auffassung, eine gutachterliche Vollprüfung der Einhaltung der einschlägigen Rechtsvorschriften sei erforderlich, stellt sich die Frage nach der Machbarkeit einer gutachterlichen Compliance-Prü-

---

[904] Vgl. dazu: *Hansmann*, in: *Rengeling* (Hrsg.), Integrierter und betrieblicher Umweltschutz, 1996, S. 207, 213.
[905] Vgl. auch § 15 Abs. 2 Nr. 5 UAG. Die Vorschrift wurde aus dem gleichen Beweggrund in das Gesetz eingefügt.
[906] Die Stellungnahme des Bundesrates im Hinblick auf den gutachterlichen Prüfungsumfang ist jedoch nicht einheitlich. Während er in Punkt 14 der Stellungnahme sich dahingehend äußert, dass die Compliance-Prüfung Bestandteil der gutachterlichen Prüfung sei, schreibt er in Punkt 23, dass eine *„generelle Überprüfung* [...] *der Einhaltung der einschlägigen Umweltschutzvorschriften* [...] *über die Anforderungen des Anhangs III der Verordnung"* hinausgehe (BT-Drs. 13/1687 v. 13.6.1995).
[907] BT-Drs. 13/2383 v. 21.9.1995, Beschlussempfehlung Nr. 1c i.V.m. BT-Drs. 13/2004 v. 18.7.1995, Gliederungspunkt Nr. 3.
[908] So auch: *Nissen*, Die EG-Öko-Audit-Verordnung, 1999, S. 159ff.

fung und nach der Verpflichtung des Gutachters, umfassende Detailprüfungen vorzunehmen. Nach der hier vertretenen Ansicht, stellt sich die Frage nach einer umfassenden Kontrolle der Rechtkonformität nicht. Dennoch ist auch im Rahmen einer System-Prüfung die Frage zu klären, inwieweit der Umweltgutachter dazu verpflichtet ist, Stichproben durchzuführen und unter welchen Umständen er in eine konkrete Sachprüfung einsteigen muss.

Ein Mindestmaß der Prüftiefe ergibt sich aus Anhang V Nr. 5.5.2 EG-UAVO n.F..[909] Hiernach muss der Umweltgutachter das Gelände des Unternehmens besuchen und Gespräche mit dem Personal führen. Die Notwendigkeit einer Prüfung an dem Standort ist somit vorgegeben, der Umweltgutachter kann seine Prüfung nicht ausschließlich vom Schreibtisch aus vornehmen. Zum Teil wird hieraus geschlossen, dass der Umweltgutachter auch verpflichtet sei, Stichproben zu nehmen.[910] Andere Autoren halten den Umweltgutachter zwar befugt, Stichproben zu nehmen, jedoch nicht verpflichtet.[911] Interessanterweise ist der Umweltgutachter auch nach der Meinung der Autoren, die eine Compliance-Prüfung grundsätzlich befürworten, nicht verpflichtet, mehr als stichprobenartig zu prüfen. Notwendig aber auch hinreichend sei eine *„eingeschränkte Sachprüfung"*.[912] Gestützt wird die Begrenzung der Prüftiefe auch im Rahmen einer Compliance-Prüfung durch Hinweise auf

---

[909] Vgl. Anh. III B Nr. 2 EG-UAVO a.F.

[910] *Fröschle/Hermann/Mandler*, DB 1994, S. 1093, 1099; *Lübbe-Wolff*, DVBl. 1994, S. 361, 368ff.; *dies.*, WSI Mitteilungen, 1998, S. 516, 517; *Schottelius*, BB 1996, S. 1235, 1237f.; *ders.* BB 1995, S. 1549, 1552f.; *Rhein*, Das Gemeinschaftssystem für das Umweltmanagement und die Umweltbetriebsprüfung, 1996, S. 81; *Falk/Frey*, UPR 1996, S. 58, 59; *Kothe*, Das neue Umweltauditrecht, 1997, Rn. 316; *Van Bon/Müller*, in: Doktoranden-Netzwerk-Öko-Audit e.V. (Hrsg.), Umweltmanagementsystem zwischen Anspruch und Wirklichkeit, 1998, S. 85, 96; *Budde*, Die Umwelt-Audit-Verordnung der EU, 1998, S. 54; *Feldhaus*, in: *Rengeling* (Hrsg.), Handbuch zum europäischen und deutschen Umweltrecht, 1998, S. 1035, 1158; *ders.*, in: *Kornmann*, (Hrsg.), Umwelthaftung und Umweltmanagement, 1994, S. 9, 17; *Franzius*, NuR 1999, S. 601, 605.

[911] *Ewer*, in: *Ewer/Lechelt/Theuer* (Hrsg.), Handbuch Umweltaudit, 1998, Kapitel E Rn. 16; so wohl auch: *Müggenburg*, DB 1996, S. 125, 128; *Metzler/Alt*, Der Umweltgutachter, 1996, S. 12.

[912] In diesem Sinne: *Lübbe-Wolff*, DVBl. 1994, S. 361, 368ff.; *dies.*, WSI Mitteilungen, 1998, S. 516, 517; *Feldhaus*, in: *Kornmann* (Hrsg.) Umwelthaftung und Umweltmanagement, 1994, S. 9, 17; *Schottelius*, BB 1995, S. 1549, 1552f.; *ders.*, BB 1996, S. 1235, 1237f.; *Hansmann*, in: *Rengeling* (Hrsg.), Integrierter und betrieblicher Umweltschutz, 1996, S. 207, 211; *Kothe*, Das neue Umweltauditrecht, 1997, Rn. 316; *Budde*, Die Umwelt-Audit-Verordnung der EU, 1998, S. 54; *Feldhaus*, in: *Rengeling* (Hrsg.), Handbuch zum europäischen und deutschen Umweltrecht, 1998, S. 1035, 1158; a.A. *Rhein*, Das Gemeinschaftssystem für das Umweltmanagement und die Umweltbetriebsprüfung, 1996, S. 89. Nach der Ansicht von *Rhein* ergibt sich aus dem Erfordernis der Überprüfung der Vollständigkeit der Umwelterklärung, dass auch Untersuchungen in Bereichen durchgeführt werden mussten, die vom Unternehmen selbst noch keiner Kontrolle unterzogen worden sind. Der Umweltgutachter könne nämlich nur dann die Umwelterklärung hinsichtlich ihrer Vollständigkeit und Richtigkeit einschätzen, wenn er sich selbst ein Bild von dem Standort gemacht habe. Insbesondere bei komplexen Anlagen müsse der Umweltgutachter eigenständig die Umweltrechtskonformität untersuchen.

die Machbarkeit, auf die Tatsache, dass auch die Behörden nicht umfassend prüfen würden sowie auf eine Analogie zur Prüfung des Wirtschaftsprüfers. Der Wirtschaftsprüfer habe grundsätzlich die Beachtung der gesetzlichen Vorschriften, soweit für den Jahresabschluss relevant, gem. § 317 Abs. 1 S. 2 HGB zu prüfen. Begrenzt werde die Tiefe seiner Prüfung durch die Grundsätze einer ordnungsgemäßer Abschlussprüfung, insbesondere durch das Gebot der Wirtschaftlichkeit. Auch die Prüfung des Umweltgutachters unterläge analog der Wirtschaftsprüfung diesem Wirtschaftlichkeitsgebot. Ein Hinweis hierauf ergäbe sich schon aus Anhang V Nr. 4.1b EG-UAVO n.F., wonach der Umweltgutachter auf unnötige Doppelarbeit verzichten solle. Eine umfassende Compliance-Prüfung sei vor diesem Hintergrund nicht zu rechtfertigen.[913]

Die Vertreter einer Compliance-Prüfung müssen, nachdem sie den Umweltgutachter zunächst zu einer Vollprüfung verpflichtet haben, diesen im Anschluss wieder argumentativ aufwändig aus dieser Pflicht befreien. Im Ergebnis soll der Umweltgutachter dann doch nur zu Stichproben im Rahmen einer „eingeschränkten Sachprüfung" verpflichtet sein. Dieses Ergebnis ist insofern gefährlich, als durch den theoretischen Ansatz etwas hergeleitet wird, was die Praxis nicht zu halten vermag. Das Compliance-Audit besiegelt, die Organisation sei rechtskonform, – ohne dass der Gutachter tatsächlich eine auch nur annähernd umfassende Sachprüfung vorgenommen hat. Insofern wird die Rechtskonformität bescheinigt, ohne dass eine Compliance-Prüfung, die diesen Namen verdient hätte, stattgefunden hat.

Dieser Ansatz verdunkelt den Ausblick auf das, was die gutachterliche Prüfung in der Tat leistet und zu leisten vermag. Der Umweltgutachter prüft die Funktionsfähigkeit des EG-Öko-Audit-Systems durch eine Funktionsprüfung der Systemelemente. Dieser liegt die Annahme zu Grunde, von einem funktionsfähigen System könne auf die Sicherstellung der materiellen Anforderungen des Systems geschlossen werden. Um die Funktionsfähigkeit des Systems zu bestätigen, muss der Umweltgutachter Stichproben vornehmen. Er hat sich auf diese Weise die Überzeugung zu verschaffen, dass die Elemente des Systems u.a. auch die Einhaltung der Rechtsvorschriften gewährleisten können. Der Umweltgutachter muss feststellen, ob die Organisation über die nötigen Verfahren verfügt, um die Einhaltung des Rechts zu gewährleisten.[914] Eine reine Plausibilitätsprüfung reicht nicht aus, um diese Überzeugung zu gewinnen.[915] Der Umweltgutachter darf sich eben nicht auf eine Prüfung der Angaben des Unternehmens verlassen. Der Umweltgutachter muss stichprobenartig die Funktionsgerechtigkeit der EMAS Systemelemente prü-

---

913 *Van Bon/Müller*, in: Doktoranden-Netzwerk-Öko-Audit e.V. (Hrsg.), Umweltmanagementsystem zwischen Anspruch und Wirklichkeit, 1998, S. 85, 93.
914 Anh. V Nr. 5.4.3 EG-UAVO n.F.
915 So jedoch: *Ekardt*, KGV-Rundbrief 2/97, S. 3, 6; *Müggenborg*, DB 1996, S. 125, 129.

fen. Falls er dabei auf Mängel stößt, kann er auch zu einer tiefergehenden Prüfung einzelner Sachverhalte gezwungen sein.[916]
Dieses Verständnis der gutachterlichen Prüfung findet sich auch in der Validierungsrichtlinie des IdU. Nach den Vorgaben der Richtlinie schließen sich an die System- und Funktionsprüfungen Nachweisprüfungen an.[917]

In der Praxis dürfte sich dieses Ergebnis nicht von den Anforderungen an die gutachterliche Prüfung im Rahmen einer „eingeschränkten Sachprüfung" unterscheiden. Die theoretisch unterschiedliche Herleitung der Ergebnisse ist aber insofern wichtig, als dass nur dann, wenn eine Compliance-Prüfung angenommen wird, die Einhaltung der einschlägigen Umweltvorschriften tatsächlich extern bestätigt wurde. Nur in diesem Fall kann aber eine Gleichwertigkeit der Prüfung durch den Umweltgutachter mit der hoheitlichen Überwachung überhaupt erwogen werden.

---

[916] So im Ergebnis auch: ***Feldhaus***, in: ***Rengeling*** (Hrsg.), Handbuch zum europäischen und deutschen Umweltrecht, 1998, S. 1035, 1158; ***Hansmann***, in: ***Rengeling*** (Hrsg.), Integrierter und betrieblicher Umweltschutz, S. 207, 211.

[917] Im Rahmen dieser Nachweisprüfungen werden Plausibilitätsbeurteilungen vorgenommen, im Rahmen derer untersucht wird, ob in dem untersuchten Bereich die dargestellten Ergebnisse schlüssig sind. Zudem werden Stichprobenprüfungen durchgeführt, die eine Kontrolle vor Ort umfassen. Vgl. Institut der Umweltgutachter und –berater in Deutschland (IdU) e.V., Richtlinie zum Validierungsverfahren, Stand 03/98 S. 7, Nr. 3.3. So auch die Praxis nach den Ergebnissen der „Fachwissenschaftliche Bewertung des EMAS-Systems in Hessen", Zusammenfassung der Ergebnisse: ***Rehbinder/Heuvels***, DVBl. 1998, S. 1245, 1252.

KAPITEL 8: RECHTLICHE GRENZEN DER DEREGULIERUNG

I. Die Grenzen

Der deutsche Gesetz- und Verordnungsgeber ist an die Schranken des supranationalen Rechts ebenso wie an das nationale Verfassungsrecht gebunden. Der Umweltschutz ist sowohl als Staatsziel als auch als Schutzauftrag im Grundgesetz verankert. Umweltrecht ist insofern konkretisiertes Verfassungsrecht.[918] Ein vollständiger oder auch nur ein teilweiser Rückzug des Staates aus der Gewährleistung des Umweltschutzes wirft aus diesem Grund verfassungsrechtliche Schwierigkeiten auf. Jede deregulierende Maßnahme muss insofern vor dem Hintergrund der rechtlichen Schranken untersucht werden und ist nur dann zulässig, wenn sie vor dieser Prüfung Bestand hat. Schwerpunkt dieser Untersuchung sind insbesondere die deregulierenden Maßnahmen und ihre rechtlichen Grenzen mit Bezug zu dem zugelassenen Umweltgutachter.

1. Schranken supranationalen Rechts

Eine Verschlechterung der Umweltsituation durch den Abbau von Standards ist mit den Grundsätzen des Gemeinschaftsrechts nicht vereinbar. Nach Art. 174 Abs. 1 1. Spiegelstrich EGV[919] ist es Ziel der Umweltpolitik der Gemeinschaft, die Qualität der Umwelt zu verbessern.[920] Eine Gesetzesänderung im nationalen Umweltrecht, die das Risiko einer Verschlechterung der Umweltsituation mit sich brächte, ist aus diesem Grund unzulässig. Dies betrifft nicht nur den Abbau materieller Standards, sondern auch den Abbau von Verfahren und den Verzicht auf ordnungsrechtliche Kontrollen, die zu Effizienz-Einbußen führen würden.

Eine Verschlechterung der Umweltsituation durch den Abbau materieller Verpflichtungen würde auch dem EG-Öko-Audit-System zuwiderlaufen, welches gem. Art. 1 Abs. 1 EG-UAVO n.F. ausdrücklich auf eine Verbesserung der Umweltsituation abzielt. EMAS darf somit nicht genutzt werden, um direkt oder indirekt einen Abbau von Umweltleistungen zu rechtfertigen.[921] Andererseits steht die Verordnung nicht grundsätzlich Modifikationen des nationalen Rechts im Wege. Es ergibt sich vielmehr aus dem Prüfauftrag in Art. 10 Abs. 2 EG-UAVO n.F., - dem

---

[918] *Huber*, DVBl. 1999, S. 489, 494, aufbauend auf: *Werner*, DVBl. 1959, S. 527.
[919] Art. 130r EGV a.F.
[920] Die europäische Umweltpolitik zielt auf ein hohes Schutzniveau ab. Dabei beruht sie auf den Grundsätzen der Vorsorge und Vorbeugung, auf dem Grundsatz, Umweltbeeinträchtigungen mit Vorrang an ihrem Ursprung zu bekämpfen, sowie auf dem Verursacherprinzip. Vgl. Art. 174 Abs. 2 1.und 2. Satz EGV.
[921] Nichtsdestotrotz zieht *Schottelius* langfristig auch den Abbau *„überzogener materieller Umwelt-Vorschriften"* im Zusammenhang mit dem EG-Öko-Audit-System in Betracht. *Schottelius*, DB 1996, S. 1196, 1171.

Appell an die Mitgliedstaaten zu prüfen, inwieweit EMAS bei der Dursetzung nationalen Umweltrechts Berücksichtigung finden kann -, dass der Verordnungsgeber Gesetzesänderungen mit dem Ziel der Harmonisierung des Rechts grundsätzlich befürwortet.

Konkrete Grenzen für Deregulierungsmaßnahmen ergeben sich auch aus den Regelungen der IVU-Richtlinie.[922] Ziel dieser Richtlinie ist die integrierte Vermeidung und Verminderung von Umweltverschmutzung mittels eines medienübergreifenden, integrativen Ansatzes. Die Richtlinie sieht eine integrierte Anlagengenehmigung vor und formuliert materielle Grundpflichten und Anforderungen an das Genehmigungsverfahren. Inhaltlich liegt ihr Schwerpunkt auf Betrieb und Zulassung bestimmter Industrieanlagen. Die Anlagengenehmigung nach der IVU-Richtlinie muss anlagenbezogene Emissionsgrenzwerte bzw. äquivalente Parameter oder technische Maßnahmen enthalten, die grundsätzlich auf die besten verfügbaren Techniken gestützt werden müssen.[923] Nach Art. 15 IVU-RL müssen die Mitgliedstaaten darüber hinaus durch geeignete Maßnahmen sicherstellen, dass Anträge auf Genehmigung neuer Anlagen oder wesentlicher Änderungen i.S.d. Art. 2 Nr. 9 oder 10b IVU-RL der Öffentlichkeit während eines angemessenen Zeitraums zugänglich gemacht werden, damit diese vor der Entscheidung der Behörde zu dem Antrag Stellung nehmen kann. Da die Richtlinie eine Anlagengenehmigung zwingend vorsieht,[924] ist es unmöglich, durch Deregulierungsvorschriften das Genehmigungserfordernis im nationalen Recht aufzuweichen. Im Hinblick auf die Ausgestaltung der Anlagengenehmigung sowie der Überwachung ist der nationale Gesetzgeber an die Vorgaben der IVU-Richtlinie im Sinne von Mindesterfordernissen gebunden. Eine Unterschreitung des durch Art. 6 IVU-RL vorgegebenen Prüfungsumfangs des Genehmigungsverfahrens bei erfolgreicher Teilnahme der betreffenden Organisation an EMAS ist weder bei der Errichtung von Industrieanlagen noch bei wesentlichen Änderungen zulässig. In Art. 13 IVU-RL ist vorgeschrieben, dass behördliche Überprüfungen und gegebenenfalls Aktualisierungen der Genehmigungsauflagen in regelmäßigen Abständen sowie in besonderen Fällen erfolgen müssen. Die staatliche Überwachungspflicht wird in Art. 14 IVU-RL dahingehend präzisiert, dass die Mitgliedstaaten die Einhaltung der Genehmigungsauflagen durch den Betreiber sicherzustellen haben.[925]/[926] In Art. 14 3. Spie-

---

[922] Richtlinie 96/61 des Rates über die integrierte Vermeidung und Verminderung der Umweltverschmutzung (IVU-RL), v. 24.9.1996 ABl EG, Nr. L 257, S. 26ff.

[923] Art. 9 Abs. 3 und 4 IVU-RL.

[924] Art. 3 und 12 Abs. 2 IVU-RL.

[925] Den Betreiber trifft eine Mitteilungspflicht über die Ergebnisse seiner (Eigen-)Überwachung der Emissionen und über alle Störfälle und Unfälle mit erheblichen Umweltauswirkungen sowie eine Mitwirkungspflicht bei behördlichen Überwachungsmaßnahmen.

[926] Art. 14 2. Spiegelstrich der IVU-RL steht einem potenziellen Abbau von Informationspflichten nur im Hinblick auf den Abbau von Meldepflichten nach § 11 der 12. BImSchV und sonstige Unterrichtungspflichten über Störfälle und Unfälle mit erheblichen Umweltauswirkungen entgegen. Vgl. *Ewer*, NuR 1998, S. 478.

gelstrich sieht die IVU-Richtlinie die Eigenüberwachung als Instrument der Überwachung ausdrücklich vor. Die Richtlinie eröffnet also den Rückgriff auf die Eigenüberwachung, solange die Behörde ihrer Pflicht, die Genehmigungsauflagen sicherzustellen, nachkommt und, falls notwendig, die Überwachung übernehmen kann.[927]

2. Verfassungsrechtliche Schranken von Deregulierung

a. Schutzpflichten aus den Grundrechten

Das Bundesverfassungsgericht leitet aus einem objektiv-rechtlichen Gehalt der Grundrechte ab, dass der Staat sich schützend und fördernd vor die Grundrechte seiner Bürger stellen muss.[928] Diese staatlichen Schutzpflichten, so wie sie sich aus dem Grundgesetz ergeben, begrenzen jede deregulierende Maßnahme.
Die objektiv-rechtliche Bedeutung der Grundrechte steht neben der Funktion der Grundrechte als Abwehrrechte gegen den Staat. Im Bereich des Umweltschutzes ergeben sich die Schutzgarantien insbesondere aus Art. 2 Abs. 2 S. 1 GG, dem Recht auf Leben und körperliche Unversehrtheit. Dabei beinhaltet die Schutzpflicht nicht nur Gefahrenabwehr, sondern auch präventiven Schutz gegen die Gefährdung dieser Güter. Trotz der objektiv-rechtlichen Herleitung der staatlichen Schutzpflicht nimmt das Bundesverfassungsgericht ebenfalls ein Recht des Einzelnen auf die Durchsetzung des Schutzanspruches an.[929] Aus den Grundrechten ergibt sich damit ein umfassendes verfassungsrechtliches Schutzkonzept, welches einfachgesetzlich umzusetzen ist.

Das objektiv-rechtliche Schutzprinzip des Bundesverfassungsgerichts zwingt den Gesetzgeber, abstrakt alle betroffenen Grundrechtspositionen gegeneinander ab-

---

[927] Nach Art. 15 Abs. 2 IVU-RL ist auch die Öffentlichkeit in das Überwachungskonzept einzubeziehen.

[928] BVerfGE 39, S. 1, 42 (Schwangerschaftsabbruch); 46, S. 160, 164 (Schleier); 49, S. 89, 140ff. (Kalkar); 53, S. 30, 57 (Mühlheim-Kärlich); 56, S. 54, 78 (Fluglärm); 77, S. 170, 229 (C-Waffen-Lagerung); 77, S. 381, 402 (Gorleben); 88, S. 203 (Schwangerschaftsabbruch). In der Literatur wird die Herleitung der verfassungsrechtlichen Schutzpflichten durch das BVerfG als dogmatisch unbefriedigend und unzureichend kritisiert. Zur dogmatischen Herleitung der Schutzpflichten vgl. *Murswiek*, Die staatliche Verantwortung für die Risiken der Technik, 1985, S. 101ff., sowie *Gröschner*, Das Überwachungsrechtsverhältnis, 1992, S. 112ff., jeweils m. w. N. *Murswiek* sieht in der staatlichen Schutzpflicht das Gegenstück zu einer Friedens- und Duldungspflicht der Bürger. Für *Gröschner* ergeben sich die staatlichen Schutzpflichten aus dem Freiheitsprinzip der Verfassung. Aus diesem Grundprinzip leite sich die staatliche Pflicht ab, bei der Zuteilung neuer Freiheiten die bereits bestehenden grundrechtlichen Freiheiten angemessen zu berücksichtigen.

[929] Der Einzelne kann sich im Falle einer Verletzung des Grundrechts aus Art. 2 Abs. 2 Satz 1 GG gegen den Staat zur Wehr setzen, soweit die staatliche Schutzpflicht verletzt wird. Vgl. BVerfGE 77, 170, 214.

zuwägen. Aus der Abwägung ergibt sich die Reichweite der Schutzpflichten der verschiedenen grundrechtlich geschützten Belange und deren Verhältnismäßigkeit. Aufgabe des Bundesverfassungsgerichts ist es, über den so „objektivierten" Gehalt der als subjektive Freiheitsansprüche gegen den Staat konzipierten Grundrechte zu wachen. Da das Bundesverfassungsgericht zugleich jedoch auch das Deutungsmonopol über das objektive Verständnis der Freiheitsgrundrechte für sich beansprucht, ist es für den Gesetzgeber nicht immer einfach, die Reichweite der objektivierten Schutzpflichten zu bestimmen[930] und den Spielraum, der ihm zwischen Umweltschutz und anderen Verfassungsrechtsgütern bleibt, gesetzgeberisch auszufüllen.
Deregulierung stellt sich verfassungsrechtlich somit als Abwägungsproblem dar.[931] Es müssen die Rechte des Antragstellers aus Art. 12 Abs. 1, 14 Abs. 1, Art. 2 Abs. 1 GG gegen die Rechte der betroffenen Dritten und das Risiko für die Allgemeinheit abgewogen werden.

Art. 2 Abs. 2 S. 1 GG schützt die körperliche Existenz und Integrität des Menschen als *"vitale Basis menschlicher Würde"*[932] und physische Voraussetzung der von den übrigen Grundrechten garantierten Entfaltung menschlichen Wesens. Die staatliche Schutzpflicht umfasst dabei nicht nur den Gefahrenbereich, sondern auch den der Vorsorge.[933] Geboten ist ein dynamischer Schutz der menschlichen Unversehrtheit unter Einschluss des Vorsorgeprinzips.[934] Art. 2 Abs. 2 S. 1 GG schützt aber nicht nur das Leben und die körperliche Unversehrtheit, sondern auch ein „ökologisches Existenzminimum" i.S. eines Grundrechtsvoraussetzungsschutzes.[935]

Der genaue Umfang der staatlichen Schutzpflicht muss durch Umweltbewertungen und Umweltbeobachtungen bestimmt werden.[936] Erste Aufgabe des Staates ist es aus diesem Grund, den Umfang seiner Schutzpflicht festzulegen.

---

[930] Hieraus folgt nach *Führ* eine Tendenz zum Bedeutungsverlust des demokratischen Gesetzgebers, der oftmals hilflos zwischen Übermaß- und Untermaßverbot taumelt, zu Lasten der Judikative. Siehe auch: *Führ*, in: *Roßnagel/Neusel* (Hrsg.), Reformperspektiven im Umweltrecht, 1996, S. 217.

[931] Vgl. hierzu mit Blick auf die Beschleunigungsgesetzgebung: *Steinbeiß-Winkelmann*, DVBl. 1998, S. 809, 812; *Erbguth*, UPR 1999, S. 41, 42.

[932] BVerfGE 39. S. 1, 49.

[933] Vgl. BVerfGE 56, S. 54, 77f.

[934] Vgl. BverGE 49, S. 89, 137ff.

[935] *Kloepfer*, Umweltrecht, 1998, § 3 Rn. 11. Vgl. auch BVerfGE 49, S. 89, 140ff. (Kalkar); 53, S. 30, 57ff. (Mülheim-Kärlich); 56, S. 54, 73ff. (Flughafen Düsseldorf-Lohausen); BVerfG Vorprüfungsausschuss, NJW 1983, S. 2931ff. (Waldschäden).

[936] *Moormann*, ZUR 1997, S. 188, 189. Dies kann nur von Institutionen mit einem entsprechend breiten Aufgabenansatz durchgeführt werden, deren Handeln nicht von kurzfristigen wirtschaftlichen Erfolgen abhängt. Koordinationsstellen für die Bewertung und Berteilung der Umweltsituation sind insbesondere das Umweltbundesamt, das Bundesumweltministerium sowie die Landesumweltministerien.

Einmal definiert, kann der Staat seinen Schutzpflichten im Bereich des Gesundheits- und Umweltschutzes mittels staatlicher Genehmigungsvorbehalte und der Regelung von materiellen und verfahrensrechtlichen Genehmigungsvoraussetzungen nachkommen,[937] ist dazu aber nicht verpflichtet.[938] Die Gerichte sehen eine Verletzung der Schutzpflichten grundsätzlich erst dann für gegeben, wenn der Gesetzgeber und dessen staatliche Organe *„gänzlich untätig geblieben"* oder wenn offensichtlich ist, *"daß die getroffenen Maßnahmen völlig ungeeignet oder unzulänglich sind."*[939] Im Umwelt- und Technikrecht ist Vorsorge durch eine effektive Risikobewertung wichtig, um der Schutzpflicht nachzukommen. Die klassische Gefahrenabwehr tritt gerade in diesem Bereich immer weiter in den Hintergrund. Dabei geht die staatliche Schutzpflicht jedoch nicht soweit, dass der Staat jedes Restrisiko im Hinblick auf die Gefährdung grundrechtlich geschützter Güter ausschalten muss.[940] Insofern muss im Bereich der grundrechtlichen Schutzpflichten zwischen Gefahrenabwehr und Vorsorge unterschieden werden.[941] Der Umfang der staatlichen Gewährleistungsverantwortung ist im Bereich der Gefahrenabwehr größer als im Vorsorgebereich. Dennoch ist eine effektive Vorsorge gerade in dem Bereich, in dem ein Schaden gar nicht erst abgewartet werden darf, gefordert. Es darf aus der abgeschwächten Gewährleistungsverantwortung eben nicht der Schluss gezogen werden, dass die Vorsorge der Selbstkontrolle überlassen bleiben dürfte und erst die Gefahrenabwehr Pflicht des Staates sei.

Neben der Pflicht, unmittelbar Gefahren von grundrechtlich geschützten Gütern abzuwehren, obliegt dem Staat auch eine nachgeschaltete Garantenpflicht gegenüber den Schutzgütern: Der Staat hat dafür zu sorgen, dass die zum Schutz der Rechtsgüter erlassene Rechtsordnung auch tatsächlich von den Normadressaten beachtet wird.[942] Dieser - auch als sekundäre Schutzpflicht bezeichnete[943] - weitere Ausdruck der staatlichen Schutzpflichten umfasst die „Regelbefolgungsüberwa-

---

[937] BVerfGE 55, S. 30 (Mühlheim-Kärlich).

[938] Im Gegenteil hat der Antragssteller ein Recht auf ein effektives Verwaltungsverfahren ohne allzu große Belastungen.

[939] BVerfGE 77, S. 381, 405 (Gorleben).

[940] In seiner Kalkar-Entscheidung führt das das Bundesverfassungsgerich dazu aus: *„Vom Gesetzgeber im Hinblick auf seine Schutzpflicht eine Regelung zu fordern, die mit absoluter Gewissheit Grundrechtsgefährdungen ausschließt,* [...] *hieße, die Grenzen menschlichen Erkenntnisvermögens zu verkennen und würde weithin jede staatliche Zulassung der Nutzung von Technik verbannen.* [...] *Ungewißheiten jenseits dieser Schwelle praktischer Vernunft sind unentrinnbar und insofern als sozialadäquate Lasten von allen Bürgern zu tragen. Dabei variiert der Toleranzgrad hinzunehmender Ungewissheit nach Maßgabe der Wertigkeit des Schutzgutes sowie der zu erwartenden Folgewirkungen einer Regelung im Einzelfall."* BVerfGE 49, S. 89ff.

[941] So auch: *Kloepfer*, Umweltschutz, 1998, § 3 Rn. 17.

[942] Vgl. *Koch/Laskowski*, ZUR 1997, S. 182, 185; *Murswiek*, Die staatliche Verantwortung für die Risiken der Technik, 1985, S. 101ff., 199ff.; *Reinhardt*, AöR 1981, S. 617, 647.

[943] *Murswiek*, Die staatliche Verantwortung für die Risiken der Technik, 1985, S. 101ff., 199ff.; *Koch/Laskowski*, ZUR 1997, S. 182, 185.

chung", die sich sowohl auf die Aufdeckung von Verstößen gegen das geltende Recht als auch auf Vollzugskontrolle konzentriert.[944]

Die Umweltgüter sind als öffentliche Güter auf eine Bewertung durch den Staat angewiesen und dieser darf angesichts der ihm obliegenden Schutzpflichten die Risikobewertung nicht aus den Händen geben. Er darf weder die Wissensgenerierung noch die Interventionsmöglichkeiten gänzlich auf Private verlagern. Da er andererseits mit der Risikoeinschätzung überfordert ist, ist er auf die Kooperation mit den Betroffenen und Sachverständigen angewiesen. Die *„Verbesserung des „interaktiven" Dialogs mit der Wissenschaft und die methodische Strukturierung um die Innovationsfähigkeit der Wissen generierenden Netzwerke"* ist sogar für die materiell richtige Entscheidung oft notwendig.[945] Aus den verfassungsrechtlichen Schutzpflichten zur Risikobewältigung lässt sich mit dem Urteil des Bundesverwaltungsgericht zum Kernkraftwerk Whyl unter bestimmten Umständen sogar eine Pflicht zur sachkundigen wissenschaftlichen Beratung des staatlichen Entscheidungsorgans ableiten.[946]

Im Hinblick auf EMAS bedeutet dies, dass der Gesetzgeber dann seiner Schutzpflicht aus Art. 2 Abs. 2 S. 1 GG nachgekommen wäre, wenn er auf Grund sorgfältiger Tatsachenermittlung und vertretbarer Einschätzungen davon ausgehen könnte, dass der Nachweis der erfolgreichen Teilnahme am Öko-Audit für sich genommen ausreichende Gewähr für einen angemessenen und wirksamen Schutz von Leben und Gesundheit der Betroffenen bietet.[947] Unter diesen Voraussetzungen könnte auf Kontrolle und Überwachung bei eingetragenen Organisationen verzichtet werden. Da es jedoch an hinreichender empirischer Erfahrung fehlt und das System oder die Prüfung des Umweltgutachters keine hinreichende Sicherheit und Verlässlichkeit bieten, ergibt sich schon aus der Garantieverpflichtung aus Art. 2 Abs. 1 GG, dass der Staat sich weder aus der präventiven Kontrolle noch aus der Überwachung gänzlich zurückziehen darf. Das heißt jedoch nicht, dass eine funktionale Privatisierung von Teilen des Verfahrens oder der Überwachung ausgeschlossen wäre. Die Verfassungsvorgabe für die Überwachung aus der Schutzpflichten-Dogmatik ist die Verpflichtung des Gesetz- und Verordnungsgebers, mit den verfügbaren Mitteln deren Effizienz zu gewährleisten.[948] Effizienz im Umwelt- und Technikrecht beinhaltet das Zusammenspiel von staatlichen und nicht-staatlichen Mitteln. Der Rückgriff auf Private, wie z.B. den Umweltgutachter, ist verfassungsrechtlich zulässig; doch je stärker sich der Staat zu Gunsten selbstregulativer

---

[944] *Moormann*, ZUR 1997, S. 188, 189.
[945] *Ladeur*, Umweltrecht in der Risikogesellschaft, 1995, S, 195.
[946] *Koenig*, NVwZ 1994, S. 937, 938, aus: BVerwGE 72, S. 300. 316 = NVWZ 1986, S. 208.
[947] *Ewer*, NuR 1998, S. 478.
[948] *Steiner*, DVBl. 1987, S. 1133, 1135, zur Effizienz im Verwaltungsrecht: *Schmidt-Aßmann*, Effizienz als Herausforderung an das Verwaltungsrecht, in: *Schmidt-Aßmann*, *Hoffmann-Riem* (Hrsg.) Strukturen des Europäischen Verwaltungsrechts, 1999, S. 245ff.

Kräfte aus der Überwachung zurückzieht, um so größer ist das Maß an Gewährleistungsverantwortung, da mit dem verstärkten Rückzug größere Risiken für das Gemeinwohl und Drittbetroffene verbunden sein können.[949] Denn mit der Einbeziehung von Privaten entfällt die Gemeinwohlorientierung der Aufgabenwahrnehmung, was zu einer defizitären Aufgabenerfüllung führen kann.[950] Die Grenzen der Selbstregulierung und Privatisierung, insbesondere aus den grundrechtlichen Schutzpflichten und dem Demokratieprinzip, müssen dafür sorgen, dass diesen Tendenzen entgegengesteuert wird. In die Wahl der Mittel miteinfließen muss aber auch eine Bewertung des gegenwärtigen behördlichen Konfliktpotenzials und der Chance für eine Erhöhung des Umweltschutzniveaus durch private Risikobewältigung.[951]

Ein Abbau von Kontrollen ist nur dann möglich, wenn gewährleistet ist, dass Grundrechtseingriffe und Schutzpflichtverletzungen ausgeschlossen sind oder privates, schädigendes Verhalten im Einzelfall durch hoheitliche Kontrolle und Zwang ordnungsrechtlich wieder „aufgefangen" werden kann.[952] Unter den gleichen Voraussetzungen ist nur dort ein Spielraum für ökonomische Anreiz- und Internalisierungsinstrumente. Da der Staat also im Fall von Zweifeln an der Ordnungsmäßigkeit der eigenverantwortlichen Pflichtenwahrnehmung die Aufgabe an sich ziehen können muss, ist die staatliche Aufsicht über private Hilfskräfte sicherzustellen.[953]

b. Schutzpflichten aus Art. 20a GG

Neben den Grundrechten gefährdeter und betroffener Dritter ergibt sich eine weitere Grenze für deregulierende Maßnahmen im Umweltrecht aus der Staatszielbestimmung in Art. 20a GG.[954] Durch diesen Artikel werden die natürlichen Lebensgrundlagen in den Kanon der grundrechtlichen Schutzgüter aufgenommen. Diese Erweiterung der Schutzgüter geht jedoch nicht mit einer Abschwächung anderer grundrechtlich geschützter Schutzpflichten des Staates einher. Insbesondere bleibt die Pflicht des Staates, Leben, körperliche Unversehrtheit sowie andere Rechtsgüter vor schädlichen Umwelteinwirkungen zu schützen, unvermindert bestehen.[955]

---

[949] *Koch/Laskowski*, ZUR 1997, S. 182, 187f.; vgl. auch: *Koenig*, NVwZ 1994, S. 937, 939; *Schmalholz*, Jb UTR, 1998, S. 331, 338.

[950] *Koch/Laskowski*, ZUR 1997, S. 182, 186.

[951] *Schmid*, Jura 1997, S. 11, 17.

[952] Ebd.; *Koenig*, NVwZ 1994, S. 937, 940.

[953] Anforderungsprofile privater Sachverständiger dürfen dann nicht – wie zu letzt im Rahmen der sogenannten Beschleunigungsgesetze (Vgl. BGBl. 1996 I S. 1498) - gestrichen werden.

[954] Ausführlich zu der Reichweite des Staatszieles aus Art. 20a GG: *Tzung-Jen*, Die verfassungsrechtliche Umweltschutzpflicht des Staates, 1995; *Murswiek*, NVwZ 1996, S. 222; *Waechter*, NuR 1996, 321; *Bernsdorff*, NuR 1997, S. 328; vgl. auch: *Kloepfer*, Umweltschutz, 1998, § 3 Rn. 20ff.; *Maunz/Düring* (Hrsg.), GG Kommentar; *Sachs* (Hrsg.), GG Kommentar; *Dolzer/Vogel* (Hrsg.), Kommentar zum Bonner Grundgesetz.

[955] *Murswiek*, NVwZ 1996, S. 222, 224; *Bernsdorff*, NuR 1997, S. 328, 331.

Das Staatsziel umfasst sowohl die Gefahrenabwehr, als auch Prävention und Risikovorsorge. Der Staat ist jedoch nicht verpflichtet, den Schutz der Umwelt maximal sicherzustellen.[956] Außen vor bleibt stets ein Restrisiko. In Anbetracht der Vielzahl der Umweltgesetze resultiert für den deutschen Gesetzgeber aus Art. 20a GG keine konkrete Gesetzgebungspflicht.[957]
Staatszielbestimmungen räumen der Legislative auf Grund ihres objektiv-rechtlichen Charakters eine größere Gestaltungsprärogative ein als konkreter gefasste Gesetzgebungsaufträge oder Grundrechte.[958] Es obliegt dem Staat lediglich eine Gewährleistungs- und keine Eigenerfüllungsverantwortung, so dass der Umweltschutz durch die Staatszielbestimmung nicht per se zu einer privatisierungsuntauglichen genuinen Staatsaufgabe wird.[959] Welche Steuerungsinstrumente der Gesetzgeber zur Verwirklichung seines Schutzauftrags einsetzt, unterliegt in vollem Umfang seinem politischen Ermessen. Art. 20a GG verpflichtet den Staat jedoch dazu, Eingriffe in die Umwelt zu unterlassen und durch positives Handeln Maßnahmen zur Erhaltung und Wiederherstellung der Umwelt zu ergreifen und Eingriffen von Privatpersonen entgegenzutreten.[960] Er dient darüber hinaus als Interpretationshilfe und Ermessensrichtlinie für die Verwaltung.[961]

In summa muss Art. 20a GG zu einer Verbesserung des Umweltschutzes führen und beinhaltet insoweit ein Verschlechterungsverbot als „ökologisches Rückschrittsverbot."[962] *Kloepfer* will dies allerdings mit Blick auf das ausgedehnte und ausdifferenzierte deutsche Umweltrecht nicht allgemein gelten lassen.[963] Vielmehr schütze Art. 20a GG nicht jede gesetzliche Regelung in ihrem aktuellen materiellen Bestand, sondern der verfassungsrechtliche Schutz umfasse allein einen umweltrechtlichen Kerngehalt als ökolgischen Mindeststandard, von dem nicht zu seinen Lasten abgewichen werden darf.[964]

---

956 *Murswiek* in: *Sachs* (Hrsg.), GG Kommentar, Art. 20a Rn. 41-49; *ders.*, NVwZ 1996, S. 222, 224.

957 Wenn der Gesetzgeber jedoch gar keine oder nicht genügende Umweltschutzmaßnahmen zur Erfüllung dieser ihm abverlangten Umweltschutzverpflichtungen erlassen hätte, dann läge die Nichterfüllung der legislativen Umweltschutzaufgaben als verfassungswidriges Unterlassen vor. *Tzung-Jen,* Die verfassungsrechtliche Umweltschutzpflicht des Staates, 1995, S. 131.

958 *Kloepfer,* Umweltschutz, 1998, § 3 Rn. 35.

959 *Ewer,* NuR 1998, S. 478; *Koch/Laskowski*, ZUR 1997, S. 182, 185.

960 *Koch/Laskowski,* ZUR 4/1997, S. 182, 185; *Murswiek* in: *Sachs* (Hrsg.), GG Kommentar, Art. 20a Rn. 33ff.

961 *Kloepfer,* Umweltschutz, 1998, § 3 Rn. 40, 46.

962 *Kloepfer*, Umweltschutz, 1998, § 3 Rn. 38.

963 Ebd.

964 Zu diesen Kernbestandteilen zählen nach *Kloepfer* das Vorsorge-, Kooperations- und Verursacherprinzip. In Betracht kämen auch die Kontrollerfordernisse und Eingriffsbefugnisse bei umweltbelastenden Aktivitäten, eine Umweltberücksichtigung raumbedeutsamer Planungsentscheidungen, die Strafbarkeit schwerwiegender Umwelt-Sünden sowie ein Mindestbestand partizipatorischer Elemente in Zulassungsverfahren.

Zwar ist dieser Auffassung insoweit zuzustimmen, als dass ein Deregulierungsverbot nicht die einzelne Vorschrift des Umweltrechts in ihrem Bestand schützt. Dies wäre auch für einen bestmöglichen Umweltschutzes nicht sinnvoll, da die gesetzliche Steuerung flexibel und situationsgebunden sein muss.[965] Art. 20a GG geht jedoch über die Sicherstellung eines ökologischen Mindeststandards, der verfassungsrechtlich schon über die grundrechtlichen Schutzpflichten sichergestellt wird, hinaus. Um nicht leerzulaufen, muss das Staatsziel Umweltschutz eine Bedeutung im Sinne eines „Mehr" an hoheitlicher Verpflichtung für den Umweltschutz entfalten. Art. 20a GG statuiert in diesem Sinne ein materielles Verschlechterungsverbot. Maßstab ist die Gesamtsituation der Umwelt. Das Verschlechterungsverbot beinhaltet die Verpflichtung, dass eine verfassungsrechtlich nicht gerechtfertigte Gesetzesänderung den Zustand der Umwelt nicht zusätzlich belasten darf. Eingriffe in die natürlichen Lebensgrundlagen sind vor dem Hintergrund des Art. 20a GG stets rechtfertigungsbedürftig. Die Rechtfertigung eines umweltbelastenden Gesetzes ergibt sich als Ergebnis der Abwägung von Zielkonflikten, welche im Wege der praktischen Konkordanz zu einem möglichst schonenden Ausgleich gebracht werden sollen. Das Staatsziel Umweltschutz fließt ein in die Abwägung von Schutzpflichten und abwehrrechtlichen Grundrechten betroffener Dritter, welche sich als Schranken der gesetzgeberischen Umweltschutzpflicht darstellen.[966]

c. Weitere verfassungsrechtliche Schranken

Weitere Deregulierungsschranken ergeben sich aus dem Rechtsstaats- sowie dem Demokratieprinzip. Das Rechtsstaatsprinzip verlangt die Transparenz staatlicher Verantwortung und staatlichen Handelns sowie die Wahrung der Rechte Dritter im Verwaltungsverfahren und stellt Mindestanforderungen an das Verfahren als Ausdruck der Verfahrensfairness.[967] Das Verwaltungsverfahren ist entscheidend für die Verwirklichung der individuellen Freiheitsrechte. Das Rechtsstaatsprinzip zieht mithin Grenzen beim Abbau von Verfahrensrechten, wo es zu einer Verantwortungsdiffusion und Beeinträchtigung der Rechtspositionen Betroffener kommen kann.[968]

Aus dem Demokratieprinzip aus Art. 20 Abs. 1 GG ergibt sich die Notwendigkeit einer hinreichenden Legitimation der Entscheidungsträger. Die inhaltliche Richtigkeit komplexer Verfahrensentscheidungen hängt eng mit der Organisationsrichtigkeit zusammen.[969] Damit eine Entscheidung demokratisch legitimiert ist, ist es er-

---

[965] So auch: *Bernsdorff*, NuR 1997, S. 328, 333.

[966] *Tzung-Jen*, Die verfassungsrechtliche Umweltschutzpflicht des Staates, 1995, S. 135; *Murswiek*, NVwZ 1996, S. 222, 227.

[967] Vgl. *Erbguth*, UPR 1999, S. 41.

[968] *Trute*, DVBl. 1996, S. 950, 956; vgl. auch *Ossenbühl*, VVDStRL (29) 1971, S. 137, 165, vgl. auch: *Moormann*, ZUR 1997, S. 188, 189; *Schmid*, Jura 1997, S. 11, 17.

[969] *Köck*, ZUR 1995, S. 1, 2.

forderlich, dass die Letztentscheidungskompetenz beim Staat verbleibt.[970] Er darf nicht die in einem privaten Verfahren entwickelten Entscheidungsvorschläge ungeprüft oder gar gebunden übernehmen, sondern muss auch faktisch eine eigene Entscheidung treffen.[971]

Weniger relevant als Deregulierungsgrenzen sind das Sozialstaatsprinzip und der Gleichheitsgrundsatz. Aus dem Sozialstaatsprinzips lässt sich an dieser Stelle keine relevante Grenze ableiten, da die soziale Sicherheit durch die Deregulierungsmaßnahmen nicht bedroht wird. Zwar ist auch die Umwelt ein Gut von sozialer Bedeutung[972] und eine gerechte Verteilung von Umweltgütern und sauberen Ressourcen kann durchaus sozialstaatliche Relevanz erlangen. Insofern gibt es auch im Umweltschutz soziale Ungerechtigkeiten, die es auszugleichen gilt.[973] Solche sind jedoch durch die Deregulierung im Zusammenhang mit EMAS nicht zu befürchten.

Auch Art. 3 Abs. 1 GG wird als verfassungsrechtliche Grenze der Deregulierung im Zusammenhang mit der EG-UAVO vorgebracht.[974] Der Gleichheitsgrundsatz beruht auf dem Prinzip, dass wesentlich Gleiches nicht ungleich und wesentlich Ungleiches nicht gleich behandelt werden darf.[975] Die Ungleichbehandlung von Gleichem muss immer auf einem sachlichen Grund beruhen. Es stellt sich also die Frage, ob die Teilnahme an dem Öko-Audit als sachlicher Grund für eine Ungleichbehandlung zwischen den verschiedenen Organisationen ausreicht. Diese Frage ist zu bejahen: Die EMAS-Teilnahme ist vor den Hintergrund des Art. 3 Abs. 1 GG ein taugliches Differenzierungskriterium. Die Anstrengungen für den Umweltschutz sind durch die Einführung des Umwelt-Managementsystems sowie die internen und externen Kontrollen so erheblich, dass ein hinreichender sachlicher Anknüpfungspunkt für die Differenzierung zwischen teilnehmenden und nicht-teilnehmenden Organisationen geschaffen wird.[976] Verfassungsrechtliche Bedenken hinsichtlich einer Privilegierung von EMAS- Organisationen können somit nicht auf Art. 3 Abs. 1 GG gestützt werden.

---

970 *Schneider*, Öko-Audit und Deregulierung im Immissionsschutzrecht, 1999, S. 261.

971 *Pietzcker*, in: *Hoffmann-Riem* (Hrsg.), Verfahrensprivatisierung im Umweltrecht, 1996, S. 285, 304f.; *Schmidt-Preuß*, in: FS Kriele 1997, S. 1157, 1160f.; *Huber*, DVBl. 1999, S. 489, 492.

972 A.A. *Schneider*, Öko-Audit und Deregulierung im Immissionsschutzrecht, 1999, S. 260, m.w.N.

973 Vgl. die Debatte um „Environmental Justice" in den USA. *Bullard*, in: *Percical/Alevizatos* (Hrsg.) Law and the Environment, 1997, 2. 103; in dem gleichen Buch: *Will*, S. 109; *Collin*, S. 111; *Been*, S. 118; *Lazarus*, S. 127; jeweils m.w.N.

974 *Ekart*, KGV-Rundbrief 2/97, S. 2, 7.

975 Ständige Rechtsprechung des BVerfG, z.B. BVerfGE 49, S. 148, 165.

976 Das Erfordernis der funktionalen Äquivalenz unmittelbar aus Art. 3 Abs. 1 GG herzuleiten, - wie dies *Müller* unternimmt, hieße die Anforderungen des Gleichheitsgrundsatzes zu überdehnen. *Müller*, KGV-Rundbrief, 2/1997, S. 8, 9.

3. Einfachgesetzliche Grenzen der Deregulierung

Soweit Deregulierung durch Ländergesetze erfolgt, darf höherrangige Bundesgesetzgebung nicht entgegenstehen. Untergesetzliches Recht muss wiederum mit den Gesetzen im Einklang stehen, Verwaltungsvorschriften höherrangige Normen umsetzen, konkretisieren und ausfüllen.
Die Regelungen des Bundes in Ausfüllung seiner Gesetzgebungskompetenz lösen Sperrwirkungen gegenüber Landesregelungen aus. Dies gilt für Gesetze ebenso wie für Verordnungen. Ungeklärt ist im Hinblick auf Rechtsverordnungen noch, ob erst die Verordnung oder auch schon die Verordnungsermächtigung landesrechtliche Regelungen ausschließen.[977] Strittig ist in diesem Zusammenhang auch, inwieweit Verwaltungsvorschriften des Bundes für die Landesgesetzgeber Sperrwirkungen entfalten.[978]

II. Voraussetzungen einer Deregulierung im Zusammenhang mit der EG-Öko-Audit-Verordnung

1. Deregulierung der materiellen Umweltstandards

Wie oben dargestellt, darf eine rechtlich einwandfreie Verschränkung von Umwelt-Ordnungsrecht und freiwilligem betrieblichen Umweltschutz gemäß der EG-Öko-Audit-Verordnung nicht zu einem Abbau materiell rechtlicher Standards führen. Dies würde mit den Zielen der Verordnung nicht zu vereinbaren sein, welche nach Art. 1 Abs. 1 EG-UAVO n.F. mit Art. 174 Abs. 2 EGV auf eine kontinuierliche Verbesserung des betrieblichen Umweltschutzes ausgerichtet ist. Da EMAS eine tatsächliche Verbesserung der Umweltqualität bringen soll, impliziert der Erhalt der materiellen Standards auch deren Vollzug. Die Einhaltung des einschlägigen Umweltrechts ergibt sich aus dem Compliance-Ansatz von EMAS als Mindeststandard. Wenn tatsächlich kontinuierlich und ernsthaft der betriebliche Umweltschutz verbessert wird, dann werden deutliche positive Abweichungen von dieser Mindestgrenze festzustellen sein. Eine Deregulierung durch die Streichung von Standards und anderen Pflichten würde dann bedeuten, dass dieser Mindeststandard entfallen würde. Die Implementierung materiellen Umweltrechts soll durch EMAS aber verbessert werden, eine parallele Deregulierung darf diese Intention nicht konterkarieren.[979] Da die EG-Öko-Audit-Verordnung selbst keine materiellen Standards vorsieht, kann der Abbau materieller Standards somit nicht mit Hinweis auf EMAS gerechtfertigt werden.[980]

---

[977] *Dolde/Vetter*, NVwZ 1995, S. 943, 944f.; *Jarass*, NVwZ 1996, S. 1046; *Sachs*, GG, Art. 72, Rn. 19.
[978] Vgl. hierzu: *Schneider*, Öko-Audit und Deregulierung im Immissionsschutzrecht, 1999, S. 265f., m.w.N.
[979] So auch: *Moormann*, ZUR 1997, S. 188, 190.
[980] Vgl.: *Budde*, Die Umwelt-Audit-Verordnung der EU, 1998, S. 97.

2. Die Gleichwertigkeit der Instrumente

EMAS verfügt mit der Selbstverpflichtung und der externen Kontrolle über Mechanismen, welche sich mit dem staatlichen Umweltschutzauftrag und seiner Umsetzung überschneiden und die Diskussion um die Substitution und Deregulierung von Ordnungsrecht überhaupt erst aufkommen lassen. Da aber die Umweltstandards trotz deregulierender Maßnahmen gewährleistet bleiben müssen, reduziert sich das Spektrum der Felder, in welchem eine Entlastung von EMAS-Teilnehmern möglich ist. So kann eine Deregulierung neben einer Vereinfachung und Harmonisierung des Rechts, nur eine Erleichterung in Verfahrensregelungen, eine Reduktion von Unternehmerpflichten, wie Informations-, Berichts- und ähnliche Pflichten, einen Abbau der behördlichen Überwachung, eine Reduzierung von Verwaltungsgebühren oder eine Abbau von Pflichten im Bereich der umweltschutzsichernden Betriebsorganisation vorsehen.

Verzichtet der Staat auf hoheitliche Kontrollen und ersetzt diese durch Eigenüberwachung, oder reduziert er die Anforderungen an Verfahren und die Aufsichtsbefugnisse, so müssen ergänzende, die Motivationslage der Normadressaten beeinflussende, Regelungen hinzutreten, um den ausreichenden Schutz der grundgesetzlich geschützten Rechtsgüter zu gewährleisten.[981] Den grundrechtlichen Schutzpflichten lässt sich insoweit ein Kompensationsgebot entnehmen, das eine Gleichwertigkeit privater und hoheitlicher Aufgabenerfüllung verlangt. Diese Gleichwertigkeit spiegelt wiederum den aus dem Rechtsstaatsprinzip abgeleiteten Grundsatz der Verhältnismäßigkeit.[982] Um dem Erfordernis der Geeignetheit aus dem Verhältnismäßigkeitsgrundsatz zu entsprechen, muss die Verwaltungstätigkeit der Privaten gleichmäßige Effektivität gewährleisten. Diese Notwendigkeit der Gleichwertigkeit findet sich in der Forderung nach *„funktionaler Äquivalenz"* von staatlichem und privaten Handeln ausgedrückt.

a. Die funktionale Äquivalenz

Ein Abbau oder eine Befreiung von Regelungen gekoppelt an die EMAS-Teilnahme ist also nur möglich, wenn eine Vergleichbarkeit staatlicher und nichtstaatlicher Aufgabenerfüllung gewährleistet ist. Sowohl bei Informations-, Verfahrens- und Überwachungsvorschriften kann eine Deregulierung nur dann in Betracht kommen, wenn das Instrument der EG-Öko-Audit-Verordnung und des Ordnungsrechts „funktional äquivalent" sind.[983]

Der Begriff der „funktionalen Äquivalenz" wurde in der Landesverwaltung Bayern mit der EG-Öko-Audit-Verordnung verknüpft und später von dem „Sachverständi-

---

[981] *Kloepfer/Bröcker*, FEU-Gutachten: Evaluierung von Umweltmanagementsystemen, 1998, Teil C Kapitel I Nr. 1.

[982] Vgl. auch: *Böhm-Amtmann*, GewArch.1997, S. 353, 355.

[983] *Dies.*, ZUR 1997, S. 178, 181.

genrat Schlanker Staat" aufgegriffen.[984] Die funktionale Äquivalenz statuiert das Bindeglied zwischen der abgebauten oder geöffneten ordnungsrechtlichen Norm sowie der aus ihr ursprünglich resultierenden Pflicht und dessen, was an ihre Stelle tritt. Das Erfordernis der funktionalen Äquivalenz soll gekoppelt mit der Selbstverpflichtung zur Einhaltung der Standards eine Absenkung des Niveaus der Überwachung des materiellen Umweltrechts vermeiden.[985] Der „Schlüssel" für die Substitution ordnungsrechtlicher Vorgaben durch EMAS liegt aus diesem Grund einerseits in dem Compliance-Ansatz der Verordnung,[986] andererseits aber auch in den system-immanenten Kontroll-Elementen.
Nach der ursprünglichen Definition beinhaltet die funktionale Äquivalenz, dass beide Instrumententypen – Umwelt-Ordnungsrecht und EMAS - dann als gleichwertig anzusehen sind, wenn sie in Zielsetzung und Steuerungswirkung funktional und materiell äquivalent sind.[987] Dieses Verständnis wurde inzwischen auch auf die Gleichwertigkeit in der Steuerungstiefe oder der „faktischen Durchsetzungsmacht" ausgeweitet.[988] Die private Aufgabenerfüllung muss nämlich nicht nur in ihrer Funktion sondern auch inhaltlich der rechtlich vorgeschriebenen Aufgabe entsprechen. Die ersetzende Maßnahme soll auch in den Randbedingungen, welche die Genauigkeit und Zuverlässigkeit bestimmen, wenn nicht gleich, so doch gleichwertig sein.[989] Die Äquivalenz muss sich somit auf die Zielebene ebenso wie auf die Wirkmächtigkeit des Systems und schließlich auch die faktische Durchsetzungsmacht erstrecken. Dabei werden die Voraussetzungen der Äquivalenz nicht wie im Rahmen einer Blankettvorschrift allgemein sondern in jedem Einzelfall festgestellt.

b. Die Gleichwertigkeit auf der Zielebene

Hinsichtlich der Gleichwertigkeit auf der Zielebene des Systems kommt es wesentlich darauf an, wie detailliert und konkret das normative Ziel formuliert wird. Je abstrakter die Anforderung, desto leichter kann eine Gleichwertigkeit angenommen werden.[990]

---

984 Vgl.: *Dies.*, GewArch.1997, S. 353, 354; BAnz. Nr. 29a v. 12.2.1997, S. 7. Abschlussbericht des Sachverständigenrates Teil 2 Nr. 4.
985 Vgl. auch: Einheitlicher Endbericht an die Umweltministerkonferenz zu Deregulierungs- und Substitutionspotentialen im Hinblick auf das EG-Öko-Audit-System des Ad-hoc-Länder-Arbeitskreises „Öko-Audit". Stand 24.9.1997, Punkt AV Nr. 2.
986 *Böhm-Amtmann*, ZUR 1997, S. 178, 180.
987 *Dies.*, GewArch.1997, S. 353, 355.
988 *Moormann*, ZUR 1997, S. 188, 191; *Feldhaus*, UPR 1997, 341, 342; *Lübbe-Wolff*, ZUR 1996, S. 173, 178; *Köck*, VerwArch. 1996, S. 644, 680; *Rehbinder/Heuvels*, DVBl. 1998, S. 1245, 1248, m.w.N.
989 *Feldhaus*, UPR 1997, 341, 342.
990 *Moormann*, ZUR 1997, S. 188, 191.

EMAS bündelt sehr verschiedene Pflichten für die Teilnehmer, denen unterschiedliche Prioritäten in dem System zukommen. Auch die ordnungsrechtlichen Pflichten, von denen der Einzelne befreit werden könnte, sind nicht in ihrer Gesamtheit zu betrachten. Es ist aus diesem Grunde eine unzulässige Verkürzung, eine allgemeine funktionale Äquivalenz zwischen beiden Systemen zu postulieren und aus diesen Grund einen Abbau staatlicher Aufsicht zu fordern.[991] Es muss das Steuerungsziel der konkreten ordnungsrechtlichen Vorschrift festgestellt werden und dieses in einem weiteren Schritt mit dem Steuerungsziel der entsprechenden Pflicht in EMAS verglichen werden.

Das Ziel von behördlichen Kontrollen und dem Umwelt-Audit ist in beiden Fällen der rechtskonforme Betrieb gewerblicher Anlagen.[992] Dies ergibt sich im Falle der EG-Öko-Audit-Verordnung aus der Verpflichtung zur Einhaltung der einschlägigen Vorschriften des Umweltrechts. Im Rahmen der internen Betriebsprüfung wird die Rechtskonformität der Organisation auch überprüft. Anders als bei der behördlichen Kontrolle des Gesetzesvollzugs ist der rechtskonforme Betrieb der Anlagen im EG-Öko-Audit-System jedoch dem übergeordneten Ziel der kontinuierlichen Verbesserung des Umweltschutzes untergeordnet. Zwar kann auch die behördliche Überwachung neben der Vollzugskontrolle noch anderen Zielen, wie zum Beispiel der Stärkung der Eigenüberwachung oder der Informationsbeschaffung dienen,[993] übergeordnetes Ziel ist hier aber stets die Sicherstellung der Rechtskonformität.

Im Rahmen der Anforderungen des Managementsystems unterliegt der Unternehmer vielfältigen Dokumentationspflichten.[994] Diese Pflichten entsprechen auf der Zielebene zumindest insoweit den ordnungsrechtlichen Dokumentationspflichten, insoweit letztere der Selbstüberwachung dienen. Selbiges gilt für die Pflichten der umweltgerechten Betriebsorganisation, die, insoweit sie ordnungsrechtlich allein der Selbstüberwachung dienen, äquivalente Ziele aufweisen.

c. Die Gleichwertigkeit in der Steuerungswirksamkeit

Das gemeinschaftliche EG-Öko-Audit-System und das Ordnungsrecht basieren auf grundsätzlich unterschiedlichen Steuerungsmechanismen. Während das Ordnungsrecht auf dem traditionellen „Command-and-Control"-Ansatz fußt, versucht EMAS, die Eigenkräfte der Wirtschaft zu stimulieren und für die staatliche Auf-

---

991 So aber: *Budde,* Die Umwelt-Audit-Verordnung der EU, 1998, S. 120 und *Orthmann,* für den schon durch die Ausgestaltung der Öko-Audit-Verordnung die Zielkongruenz mit dem Legal-compliance-Gebot gegeben ist. *Orthmann*, in: Doktoranden-Netzwerk Öko-Audit (Hrsg.): Umweltmanagementsysteme zwischen Anspruch und Wirklichkeit, 1998, S. 131, 138.

992 *Budde,* Die Umwelt-Audit-Verordnung der EU, 1998, S. 111.

993 Vgl. hierzu: *Schneider*, Öko-Audit und Deregulierung im Immissionsschutzrecht, 1999, S. 199.

994 Anh. I C EG-UAVO, Anh. I A i.V.m. EN ISO 14001 Nr.4.4.4.

gabe Umweltschutz nutzbar zu machen. Der unterschiedliche Mechanismus erschwert den Vergleich der Wirksamkeit beider Instrumente, spricht aber nicht *per se* gegen eine vergleichbare Steuerungswirksamkeit.
Die Beurteilung der Gleichwertigkeit der Steuerungswirksamkeit wurde nach der ursprünglichen Fassung der Verordnung zusätzlich durch die Anerkennungsentscheidung der EN ISO 1400 gem. Art. 12 EG-UAVO aF. verkompliziert. Eine Gleichwertigkeit zwischen EMAS und dem Ordnungsrecht, selbst wenn sie für einzelne Regelungen bejaht werden sollte, liegt nämlich dann nicht mehr vor, wenn die Anforderungen aus der ISO Norm hinter den entsprechenden Voraussetzungen aus EMAS zurückbleiben, und die Steuerungswirksamkeit der EG-Öko-Audit-Verordnung wird dann in Frage gestellt, wenn die strengeren Vorgaben der Verordnung nicht mehr verbindlich erfüllt werden müssen. Die Standards des Systems geraten so in Gefahr unterwandert zu werden. Da jedoch durch Art. 12 Abs. 2 EG-UAVO a.F. klargestellt wurde, daß die Verwendung alternativer Umwelt-Managementsysteme nicht von der Pflicht zur Erfüllung der Vorgaben aus Art. 3, 5 und 8 der Verordnung entband, betrafen die potenziellen Veränderungen im Wesentlichen nicht das qualitative Umweltschutzniveau des Audit-Verfahrens.[995] Die novellierte Fassung der Verordnung regelt dies in Art. 9 Abs. 2 EG-UAVO n.F. noch umfassender: Werden europäische oder internationale Standards nach dem Verfahren gem. Art. 9 Abs. 1, 14 Abs. 2 gemeinschaftsweit anerkannt, muss eine Organisation, die neben der Einführung dieser Standards eine EMAS-Zertifizierung anstrebt, die Verordnungskonformität in allen Bereichen, die durch diese Standards nicht abgedeckt werden, dem Umweltgutachter nachweisen.[996]

Im Hinblick auf die Vollzugskontrolle muss die Steuerungswirksamkeit der Prüfung durch den Umweltgutachter mit der hoheitlichen Aufsichtsverwaltung verglichen werden. Das Augenmerk des Umweltgutachters zielt darauf, EMAS als Sy-

---

[995] *Budde*, Die Umwelt-Audit-Verordnung der EU, 1998, S. 114.

[996] In diesem Zusammenhang wäre die Formulierung von Standards, Regeln oder Leitsätzen, welche es dem Unternehmer erleichtern, die verschiedenen Pflichten so zu erfüllen, dass die Ergebnisse gleichzeitig für das Audit und für die Vollzugsbehörde genutzt werden können, ein wichtiger Schritt in Richtung der gleichwertigen Steuerungswirksamkeit. In einem Forschungsvorhaben des Umweltbundesamtes sollte die Frage, ob eine Verbindung zwischen den ordnungsrechtlichen Pflichten, deren praktischen Umsetzung und dem EG-Öko-Audit geschaffen werden kann, um damit den Betrieben die Erfüllung der ordnungsrechtlichen Vorgaben zu erleichtern, geklärt werden (*Goetzke/Kleesiek/Maßner/Schmallenbach*, UBA Texte 9/99 – UBA-FB 99-023). Es ging in dieser Studie nicht darum, Voraussetzungen für einen Abbau ordnungsrechtlicher Pflichten zu schaffen. Unter Beibehaltung der parallelen Steuerungsansätze sollen vielmehr die gegenseitigen Synergien nutzbar gemacht werden, um eine unnötige Doppelarbeit zu vermeiden. Im Rahmen der Studie wurden Module für Pflichten im Bereich von Dokumentations- und Mitteilungspflichten erarbeitet, die Belange des EG-Öko-Audits sowie des Ordnungsrechts berühren und miteinander kombinierbar sind. Bei einer standardisierten Anwendung solcher Verfahren ergänzen sich EMAS und die entsprechenden ordnungsrechtlichen Pflichten; es wird die gegenseitige Steuerungswirksamkeit ausgenutzt, eine Annäherung an die Äquivalenz zumindest gefördert.

stem zu prüfen, die Aufsichtsverwaltung hingegen stellt den Vollzug geltenden Rechts sicher. Da der Umweltgutachter die Einhaltung der einschlägigen Rechtsvorschriften gar nicht direkt prüft, ist eine gleiche Steuerungswirksamkeit beider Systeme wohl kaum anzunehmen.

d. Die faktische Durchsetzungsmacht und Gleichwertigkeit auf der Vollzugsebene

Die funktionale Äquivalenz muss nicht nur auf der Ebene der Intention und Ausgestaltung der Pflicht sondern auch in ihrer Realität festgestellt werden. Die Durchsetzungsmacht von EMAS zu beurteilen ist nicht ganz einfach, da EMAS ein sehr junges Instrument ist, und es bis heute wenige Zertifizierungen und vor allen Dingen wenige Wiederholungsaudits gibt. Inzwischen liegen allerdings eine Reihe von Studien hinsichtlich der Wirksamkeit von EMAS vor.[997] Aus all diesen Studien ergibt sich, dass die Teilnahme an EMAS den umweltrechtlichen Vollzug fördert. Im Rahmen der Umweltprüfung bewirkt die Überprüfung der Einhaltung des Umweltrechts in den Unternehmen eine intensive Auseinandersetzung mit den umweltrelevanten Gesetzen und Vorschriften.
Es besteht somit ein nachweisbarer Erfolg der Umsetzung der EG-Öko-Audit-Verordnung in der erhöhten Kenntnis und Einhaltung von Umweltgesetzen durch die Unternehmen. Betrachtet man auf der anderen Seite das behördliche Vollzugsdefizit im Umweltrecht, so kann eine Äquivalenz auf der Vollzugsebene wohl inzwischen kaum mehr geleugnet werden. Der faktische Vollzug wird durch die Teilnahme an dem EG-Öko-Audit-System erheblich effektiviert. EMAS stellt somit keinen gleichwertigen sondern einen optimierten Vollzug sicher.

Etwas anders stellt sich das Bild im Hinblick auf einzelne Regelungen dar. Ob die Berichts- und Dokumentationspflichten, so wie sie EMAS vorschreibt, tatsächlich den ordnungsrechtlichen Pflichten gleichwertig sind, muss wiederum im Einzelfall beurteilt werden. Inwieweit die system-immanenten Elemente geltende Vorschriften ersetzen können, hängt davon ab, ob in der Anwendungswirklichkeit, die Funktion der Vorschrift gleichwertig durch Elemente des EG-Öko-Audit-System erreicht wird. Erst wenn nicht nur die Gleichwertigkeit auf der Zielebene und die theoretische Steuerungswirksamkeit, sondern auch die faktische Steuerungswirksamkeit festgestellt wurde, kommt der Abbau oder die Öffnung einer geltenden Vorschrift in Frage.

---

[997] Vgl. die „Fachwissenschaftliche Bewertung des EMAS-Systems in Hessen"; Zusammenfassung der Ergebnisse in: *Rehbinder/Heuvels*, DVBl. 1998, S. 1245; Umweltmanagement in der Praxis, UBA Texte 20/98; „Evaluierung von Umweltmanagementsystemen zur Vorbereitung der 1998 vorgesehenen Überprüfung des gemeinschaftlichen Öko-Audit-Systems" (1997/8) von der "Forschungsgruppe Evaluation Umweltmanagementsysteme", vgl. BR-Drs. 656/98 sowie die Befragungen des Umweltgutachterausschusses; *Ankele/Clausen/Fichter/Kottmann/Loew/Rubik/ Steinfeldt*, Diskussionspapier des IÖW 42/98, S. 4, 8; *Heinelt/Malek* ZfU 1999, S. 541, 567.

e. Die personale Äquivalenz

Im Hinblick auf die Stärkung des Eigenvollzugs durch die Öffnung gesetzlicher Vorschriften sowie den Abbau von staatlicher Vollzugskontrolle muss ein weiterer Aspekt der Gleichwertigkeit berücksichtigt werden. Damit eine funktionale Äquivalenz auf der Vollzugsebene vorliegen kann, müssen auch bestimmte persönliche und fachliche Anforderungen an die Person des Umweltgutachters gestellt werden. Zwar ist eine tatsächliche personale Äquivalenz zwischen dem Umweltgutachter mit den Beamten der Ordnungsbehörde nicht möglich, da schon allein der Status des Beamten seine Stellung als Staatsdiener einzigartig macht. Im Rahmen der Forderung nach Gleichwertigkeit muss aber sichergestellt werde, dass nur diejenigen Personen als Umweltgutachter zugelassen werden, die eine hohe auf Fachkunde, Unabhängigkeit und Zuverlässigkeit bieten.

f. Zusammenfassende Bewertung

Eine grundsätzliche Gleichwertigkeit eines auf Freiwilligkeit und Eigenverantwortung beruhenden Konzepts des Umweltschutzes mit dem traditionell imperativen System kann wohl nie erreicht werden. Die Motivation privater Akteure kann sich nicht mit der Gemeinwohlorientierung des Staates decken.[998] Gleichwertigkeit kann somit nur in Teilbereichen, in denen staatliche und private Interessen parallel laufen, vorliegen. EMAS versucht diese Bereiche der Interessenparallelität auszunutzen und zu stärken. Im Bezug auf bestimmte Vorschriften kann somit eine Äquivalenz durchaus vorliegen. Insgesamt ist durch EMAS eine Problemsensibilisierung sowie die Stärkung der institutionellen Position des Umweltschutzes und als Konsequenz ein verbesserter Vollzug zu beobachten, der deregulative Maßnahmen zu rechtfertigen in der Lage wäre. Der Staat muss jedoch insgesamt die Gewährleistung verfassungsrechtlicher Vorgaben, insbesondere einen effektiven Grundrechtsschutz gewährleisten.[999] Die Tendenz zur Privatisierung und der durch das Gesetz angestoßenen *„freiwilligen Selbstregulierung"*[1000] läuft insofern einer *„schutzstaatliche Verrechtlichung"*[1001] im Umweltrecht parallel. Mit diesem Bedeutungszuwachs grundrechtlicher Schutzpflichten reagiert der Staat auf die steigenden Umwelt- und Technikrisiken. Genau diese machen wiederum den Aufbau wissensbasierter Infrastrukturen und kooperativer Entscheidungsarrangements notwendig. Damit gerät der Staat in das schon erwähnte Spannungsfeld zwischen Untermaß und Übermaß, welches die Legislative immer mehr bindet.

Im Hinblick auf EMAS ergibt sich daraus, dass die funktionale Äquivalenz mit Vorsicht und Bedacht zu prüfen ist. Die verstärkte Kooperation sowie der Ausbau

---

[998] Sehr wohl aber deren Effektivität.

[999] *Führ*, in: *Roßnagel/Neusel (Hrsg.)*, Reformperspektiven im Umweltrecht, 1996, S. 217, 247.

[1000] *Ganse/Gasser/Jasch*, Öko-Audit: Umweltzertifizierung, 1997, S. 15.

[1001] *Köck*, DVBl. 1994, S. 27, m.w.N.

partizipativer Elemente im Umweltschutz kann vor dem Hintergrund staatlicher Gewährleistungspflichten nur nach eingehender Prüfung den Abbau von Regelungen rechtfertigen.
Grundsätzlich muss die funktionale Äquivalenz in Bezug auf jede Änderung auf legislativer Ebene und in Bezug auf jede Substitution zusätzlich auf der Vollzugsebene geprüft werden. Der einzige Bereich für den wohl allgemein eine Verbesserung der geltenden Situation angenommen werden kann, ist der Vollzug umweltrechtlicher Vorschriften. Da jedoch auch für die Einhaltung der Rechtsvorschriften geprüft werden muss, ob die Verbesserung des Vollzuges durch eine funktionale Äquivalenz der Systeme erreicht wird, ob die personale Äquivalenz des Umweltgutachters gegeben ist oder notwendig gefordert werden muss und ob die Prüfung des Umweltgutachters in EMAS überhaupt abstrakt die gleiche Steuerungswirksamkeit wie die ordnungsbehördliche Aufsicht entfaltet, wird im Detail zu prüfen sein, ob und wie die erhöhte Rechtskonformität der Organisationen deregulierend berücksichtigt werden kann.

KAPITEL 9: EMAS UND DAS DEUTSCHE UMWELTRECHT

I. Umweltrecht und Eigenverantwortung

1. Umweltrecht und Risikosteuerung

Das deutsche sowie das europäische Umweltrecht orientieren sich an dem Vorsorgegrundsatz.[1002] Mit Vorsorge sollen Gefahren abgewehrt werden, deren Ausmaß oder Eintrittswahrscheinlichkeit auf Grund von im Umweltsektor komplexitätsbedingten Prognose- und Beweisproblemen nicht in der für die Zwecke des Polizeirechts erforderlichen Weise prognostizierbar sind oder deren Eintrittswahrscheinlichkeit nicht die für den polizeirechtlichen Gefahrenbegriff erforderliche Dimension aufweist.[1003] Auf das Prinzip der Vorsorge gestützt können Maßnahmen auch dann ergriffen werden, wenn der Kausalverlauf unsicher und die Eintrittswahrscheinlichkeit eines Schadens gering ist.

Das Vorsorgeprinzip alleine reicht heute jedoch nicht mehr zu Bewältigung der Risiken, die Technik, Forschung und Produktion bergen, aus. Das Risiko manifestiert sich nicht in einem vorhersehbaren Geschehenslauf, sondern beinhaltet ein nicht-lineares, ein chaotisches Element. Mit der Zunahme von Situationen, die nicht mehr durch die Anwendung von Erfahrenssätzen zu bewältigen sind, wird es immer notwendiger, einen Weg zu beschreiten, der auch juristisch einen Umgang mit dem Unabschätzbaren erlaubt. Damit gewinnt im Umwelt- und Technikrecht heute das juristische Risikomanagement an Bedeutung.[1004]

Aus diesen Entwicklungen ergibt sich eine notwendige Neubewertung klassischer ordnungsrechtlicher Steuerungsmittel des Umweltrechts. Selbst staatliche Kontrollerlaubnisse können dann nicht mehr als Unbedenklichkeitsbescheinigungen gelten, wenn eine vorherige Risikobewertung mit erheblichen Unsicherheiten verbunden bleibt.[1005] Aus der begrenzten Tauglichkeit traditioneller Steuerungsmittel

---

[1002] Endgültig wurde dieser mit dem Bundes-Immissionsschutzgesetz 1974 Bestandteil des deutschen Rechts. Vgl. den Umweltbericht der Bundesregierung 1976, BT-Drs. 7/5684 und zu dem Vorsorgegedanken allgemein: *Kloepfer*, Umweltrecht, 1998, § 4 Rn. 5ff.; *Bender/Engel/Sparwasser*, Umweltrecht, 1995, Kapitel 1 III Rn. 69; *Wahl/Appel*, Prävention und Vorsorge, 1995.

[1003] *Lübbe-Wolff*, Modernisierung des Umweltrechts, 1996, S. 27. Darüber hinaus beinhaltet der Vorsorgegrundsatz in Deutschland auch noch eine Komponente der planerischen Ressourcen-Schonung, auf die hier jedoch nicht eingegangen werden kann. Vgl. hierzu: *Kloepfer*, Umweltrecht, 1998, § 4 Rn. 19f.; *Wahl/Appel*, Prävention und Vorsorge, 1995, S. 75.

[1004] Hierunter versteht man die Rationalisierung der Ungewissheit und des Chaos, indem die mit der Ungewissheit ohne zureichende Prognosegrundlage verbundenen Kosten des Entscheidens begrenzt werden. *Wahl/Appel*, Prävention und Vorsorge, 1995, S. 75; und auch: *Hoffmann-Riehm*, AöR 1990, S. 400, 441; *Scherzberg*, VerwArch. 1993, S. 484, 499; *Kloeper/Elsner*, DVBl. 1996, S. 964ff.. Aus der Praxis: *Gasser*, Uwf 1/1997, S. 64.

[1005] *Hoffmann-Riehm*, AöR 1990, S. 400, 446. Die langfristige Legalisierungswirkung von Kontrollerlaubnissen wird dann fragwürdig, wenn nur *"eine laufende Anpassung der für eine Risikobeurteilung maßgeblichen Umstände an den jeweils neuesten Erkenntnisstand* [...] *dem Grund-*

ergibt sich ein Bedürfnis nach neuen flexiblen Instrumenten zur Bewältigung nicht-linearer Ereignisketten. Dabei bleibt jedoch der staatliche Steuerungsanspruch erhalten. Aus dieser Erkenntnis ergibt sich eine Stärkung partizipatorischer und rekursiver Elemente im Umweltrecht. Eigenverantwortlichkeit und betriebliches Risikomanagement sind Bestandteile der innovativen Instrumente des Umwelt- und Technikrechts. Dabei gesellt sich das betriebliche Risikomanagement grundsätzlich neben ein unvermindert notwendiges und legitimiertes Ordnungsrecht. Im Vordergrund steht somit nicht der Abbau des Bestehenden, sondern dessen notwendige Ergänzung zur Beibehaltung der Steuerungswirksamkeit im Interesse der Verwirklichung des Staatsziels Umweltschutz.[1006]

Im Sinne der effektiven Risikosteuerung und –minimierung dient auch die EMAS als Internalisierungsmodell zur privaten Umweltvorsorge.[1007] Das Umwelt-Ordnungsrecht komplementierend und unterstützend ist EMAS ein umweltrechtliches Instrument zur Erweiterung der Eigenüberwachung der privaten Wirtschaft, welches das geltende Recht ergänzen, aber nicht ersetzen soll.[1008] Es setzt das Umwelt-Ordnungsrecht voraus und fördert, aufbauend auf die vorgegebenen Standards, weitergehende privatautonome Umweltschutz-Anstrengungen gewerblicher Unternehmen.

2. Risikosteuerung und Eigenverantwortung

EMAS als Instrument *„gesteuerter Selbstregulierung“*[1009] fußt und zieht seine Kraft aus dem Prinzip der Freiwilligkeit. Es baut auf die Motivation der Unternehmer zum freiwilligen betrieblichen Umweltschutz. Diese Motivation sucht das System durch positive Anreize zu steuern. Dabei ist die Zertifizierung und das Recht auf die Verwendung der Teilnahme-Erklärung der nach außen tretende Mindestvorteil. Staatliches Steuerungsziel ist die Verbesserung des betrieblichen Umweltschutzes sowie der Abbau des Vollzugsdefizites durch eine erhöhte Einhaltung

---

satz zur bestmöglichen Gefahrenabwehr und Risikovorsorge zu genügen“ vermag (BVerfGE 49, S. 89, 139).

[1006] Nach *Lübbe-Wolff* haben reflexiven Instrumente des Umweltrechts noch nicht einmal eine eigengewichtig konkurrierende, sondern nur eine abhängige, sekundäre Bedeutung und eine unterstützende Wirkung. *Lübbe-Wolff*, Modernisierung des Umweltordnungsrechts, 1996, S. 153. Dem ist insofern zuzustimmen, als dass allein durch die Existenz des Ordnungsrechts die rekursiven Instrumente des Umweltrechts zu wirken vermögen.

[1007] *Koenig*, NVwZ 1994, S. 937, 940.

[1008] Hiergegen hat sich der Verordnungsgeber explizit entschieden als er die ursprünglich vorgesehene Deregulierungsklausel eben nicht in den endgültigen Verordnungstext übernahm (Vgl. Art. 12 Abs. 1c des EMAS-Entwurfs der Kommission v. 6.3.1992, ABl. C/76 v. 27.3.1992). Diese Einschätzung dürfte sich auch durch die Einfügung einer solchen Klausel in Art. 10 Abs. 2 EG-UAVO n.F. nicht ändern. Der Wortlaut dieses Prüfungsauftrags stellt auf die Vermeidung unnötiger Doppelarbeit ab, nicht auf die grundsätzliche Ersetzung von Ordnungsrecht.

[1009] *Schmidt-Preuß*, in: FS Kriele, 1997, S. 1157, 1159.

des geltenden Umweltrechts. Steuerungsmittel ist die verpflichtende Implementation eines Umwelt-Managementsystems und die Durchführung einer internen Betriebsprüfung. Kontrolliert wird die Effektivität des Systems durch das dreifache Kontrollsystem: das interne und das externe Audit sowie die Veröffentlichung der Umwelterklärung.
Aus diesen Elementen formt sich EMAS als ein *„auf die selbstregulative Hervorbringung von Gemeinwohlbeiträgen gerichtetes System"*,[1010] welches die Eigenkräfte der Wirtschaft zur Verbesserung der Umweltleistung instrumentalisiert. Die Forderung nach kontinuierlichen Verbesserungen in einem komplexen Umfeld impliziert ein hohes Maß an Handlungsflexibilität und Reaktionskapazität der Betriebsorganisation, um auch mit Unsicherheit behaftete, nicht vorhersagbare Situationen, die typisch für die Belange des Umweltschutzes sind, zu bewältigen.[1011] Durch die interne Ausbildung unternehmerischer Strukturen, die zu einer besseren Umweltverträglichkeit führen, wird dem Unternehmer Freiraum für "situative" Lösungen eröffnet.[1012]

EMAS appelliert einerseits an die Eigenverantwortung und schafft Raum für kreativen und innovativen betrieblichen Umweltschutz.[1013] Andererseits dient das System auch dem umweltrechtlichen Vollzug und wirkt durch den Compliance-Ansatz als Instrument der Selbstüberwachung. Dieser doppelte Steuerungsansatz von EMAS ist der Hauptunterschied zu privaten Umwelt-Managementsystemen. Dabei ist es wichtig, die Eigenverantwortung von der bloßen Selbstüberwachung abzugrenzen. Eigenverantwortung meint die Rechtfertigung des Handelns vor einem gegebenen Maßstab, wobei dieser nicht von außen vorgegeben ist, sondern Ergebnis eigener Erkenntnis.[1014] Mit der Eigenverantwortung geht stets eine Zurechnung von Folgen des eigenen Handelns einher. Die Selbstüberwachung hingegen meint die Überwachung vorgegebener Pflichten. Mit der Stärkung der Selbstüberwachung zeigt sich das Vertrauen des Gesetzgebers in die Bereitschaft von Unternehmern, zur wirksamen Überwachung der Einhaltung von Anforderungen selbst beizutragen.[1015]
Gerade diese Kombination von Selbstüberwachung und Eigenverantwortung macht EMAS zu einem der interessantesten Instrumente des Umweltschutzes überhaupt. Dabei darf jedoch der kontrollierende nicht den eigenverantwortlichen Ansatz in der rechtspolitischen Debatte verdrängen. Genau diese Gefahr besteht jedoch in der

[1010] *Franzius*, NuR 1999, S. 601, 602.
[1011] *Steger/Ebinger*, in: *Klemmer/Meuser* (Hrsg.), EG-Umweltaudit, 1995, S. 215, 219.
[1012] So die Bezeichnung aus der transaktionskostenorientierten betriebswirtschaftlichen Organisationstheorie. *Paulesich/Reiger*, ZfU 1996, S. 489, 490ff.
[1013] Im Zusammenhang mit der Stärkung der Eigenverantwortung von Unternehmen wird die EG-Öko-Audit-Verordnung begrüßt. *Wagner*, NVwZ 1995, S. 1046, 1049.
[1014] Vgl. *Moormann*, in: Neue Entwicklungen im Umweltrecht, Tagungsband der Umweltrechtstage v. 26. Und 27.8.1996 in Düsseldorf, S. 83, 85.
[1015] Ebd. S. 83, 87.

deutschen Deregulierungsdiskussion. Das deutsche „Hineinlesen" des Compliance-Audits in die Verordnung speist sich aus dem Wunsch nach einer Schwerpunktverlagerung der bisherigen Aufgabenverteilung vom staatlichen auf den eigenverantwortlichen Vollzug. EMAS schöpft in der Tat ungenutztes Implementierungspotenzial aus und dient als Vollzugsinstrument. Die auf Unternehmensinitiative und Eigenverantwortlichkeit abgestellte freiwillige Lösung EMAS zieht somit ihren scheinbar größten Vorteil aus ihrem Gegenstück, nämlich dem staatlichen Ordnungsrecht herkömmlichen Zuschnitts. Die enge Anbindung offenbart aber auch das Problem, dass EMAS leicht zum bloßen Erfüllungsgehilfen staatlichen Ordnungsrechts degenerieren kann.[1016] Die statischen Elemente des Systems werden dadurch zusätzlich betont, die dynamischen zurückgedrängt.[1017]

Diese einseitige Perzeption von EMAS in Deutschland hängt eng damit zusammen, dass die Instrumentalisierung der Eigenverantwortung ein Fremdkörper in dem deutschen Rechtssystem ist. Deutsches Umweltrecht ist traditionell Ordnungsrecht: hoheitlich, hierarchisch, regelnd und strafend.[1018] Als Kategorie der Handlungsform tritt vor allem der – notfalls zwangsweise vollstreckbare – ge- und verbietende Verwaltungsakt in Erscheinung.[1019] Während das Ordnungsrecht materielle Standards setzt und deren Einhaltung hoheitlich durchzusetzen sucht, beschränkt sich EMAS materiell auf die Vorgabe umweltpolitischer Ziele und setzt den Schwerpunkt auf die Implementation von Verfahren. Für das Öko-Audit-System ist die Freiwilligkeit der Teilnahme tragendes Prinzip. Der teilnehmende Unternehmer muss sich jedoch, wenn er sich für einen Teilnahme entscheidet, den detaillierten Vorgaben der Verordnung unterordnen. Im Gegensatz dazu normiert das Umwelt-Ordnungsrecht bindende materielle Standards, überlässt die innerbetriebliche Umsetzung dann aber weitestgehend dem Betreiber.[1020]

[1016] Die Fokussierung auf EMAS als Vollzugsinstrument findet sich auch bei vielen Teilnehmern. Aus verschiedenen in den letzten Jahren durchgeführten Befragungen ergibt sich immer wieder, dass die an EMAS teilnehmenden deutschen Unternehmen das größte Augenmerk auf die Einhaltung der gesetzlichen Vorschriften legen. *Seidel/Weber*, Uwf 1/1998, S. 22, 25; *Ankele/Clausen/Fichter/Kottmann/Loew/Rubik/Steinfeldt*, Diskussionspapier des IÖW 42/98, S. 14; *Gege/Nehm*, Uwf 1/1998, S. 6ff.; *Rehbinder/Heuvels*, DVBl. 1998, S. 1245, 1246; *Steger*, Auswertung der Ergebnisse von Modellprojekten zur Umsetzung der EG-Umwelt-Audit-Verordnung, in: Umweltmanagement in der Praxis, UBA Bericht 20/98; *Kloepfer/Bröcker*, FEU-Gutachten: Evaluierung von Umweltmanagementsystemen, 1998, Teil B Kapitel II Nr. 3; *Ankele/Fichter/Heuvels/ Rehbinder/Schebek*, Uwf 4/1998, S. 38; *Dyllik/Hamschmidt*, ZfU 1999, S. 507, 536;

[1017] *Seidel/Weber*, Uwf 1/1998, S. 22, 25.

[1018] Insofern sind Vergleiche zwischen BImSchG und EG-UAVO, wie sie von der Praxis gezogen wurden, missverständlich und irreführend. Vgl. *Nagy*, in: FGU Berlin (Hrsg.), Neuerungen für genehmigungsbedürftige Anlagen insbesondere durch Vorschriften der Europäischen Union, 1995, S. 97, 102ff.

[1019] *Schmidt-Preuß*: in FS Kriele, 1997, 1157, 1158, zu Steuerungstypolgie der Handlungsformen; *ders.* VVDStRL (56), 1997, S. 160, 221ff.

[1020] *Feldhaus*, in: *Kornmann*, (Hrsg.), Umwelthaftung und Umweltmanagement, 1994, S. 9, 31.

Weniger staatliche Verantwortung im Umweltrecht bei gleichzeitiger Aufrechterhaltung der materiellen Standards bedeutet jedoch für den Bürger keineswegs automatisch ein Zuwachs an Freiheit.[1021] Schon durch die Komplementarität von EMAS zu dem bestehenden Recht kann von einem Freiheitsgewinn nicht die Rede sein. Vor allen Dingen aber geht der Verzicht auf materiell bindende Vorgaben nicht mit einer größeren unternehmerischen Freiheit umher. Im Gegenteil beschneidet die freiwillige Unterwerfung unter komplizierte Verfahrensregelungen die unternehmerische Gestaltungsfreiheit.[1022] Der entscheidende Unterschied zwischen Fremdsteuerung und regulierter Selbststeuerung ist somit nicht der systemimmanente Freiheitsgewinn, sondern der unterschiedliche steuerungswirksame Anknüpfungspunkt. Auf die Dispositionsfreiheit des Unternehmers wird nur insofern abgestellt, als dass der Teilnehmer an EMAS sich dem System freiwillig unterwirft.[1023]
So sehr eine verstärkte Kooperation zwischen Staat und Bürger zur Mobilisierung ungenutzter Reserven wünschenswert ist, birgt der „Schmusekurs" zwischen Staat und Bürger auch Gefahren. Das Kooperationsprinzip als Maxime staatlicher Umweltpolitik bedarf stets der ergänzenden Absicherung durch einen handlungsfähigen und –bereiten Staat,[1024] damit es nicht als *„Rechtfertigungsschablone für die Abwälzung von Lasten auf Unternehmen oder als Begleitmusik für den Rückzug des Staates aus seiner Erfüllungsverantwortung"* missverstanden wird. Unter Verschleierung der wahren Absichten droht dem Bürger dann anstatt eines Freiheitszuwachses allein ein Mehr an Verantwortung, welches sich de facto als Freiheitsverlust äußert. Die Verantwortungsteilung ist somit auch vor dem Hintergrund des Grundsatzes der Verhältnismäßigkeit nicht immer das mildere Mittel. Nämlich dann nicht, wenn der Staat zu freundlichen Gesprächen lädt, stets aber das Gewaltmonopol wie einen Giftpfeil bei sich trägt.[1025]

Die verfahrensrechtliche Komponente von EMAS entstammt angelsächsischer Rechtstradition. Rechtliche Anforderungen an die Betriebsorganisation wurden in

---

[1021] Mit Beispielen: *Huber*, DVBl. 1999, S. 489, 494; sehr kritisch auch: *Leisner*, in: *Kloepfer* (Hrsg.), Selbst-Beherrschung im technischen und ökologischen Bereich, 1998, S. 151. Zum Verhältnis von Freiheit und Umweltrecht aufschlussreich: *Murswiek*, JZ 1988, S. 985.

[1022] Gerade die freie Gestaltung des Unternehmensmangagements soll aber nach *Schottelius/Küpper-Djindjic* Ausdruck individueller Freiheit des Unternehmers sein. Durch die Normierung von Organisationspflichten blieben den Unternehmen keine Ermessensspielräume mehr. *Schottelius/Küpper-Djindjic*, BB 1994, S. 2214, 2216. Vgl auch: *Gilhuis*, in: UBA (Hrsg.), Bericht über die internationale Konferenz der deutschen Gesellschaft für Umweltrecht und der Europäischen Gemeinschaft für Umweltrecht v. 30.10.1997 in Berlin, S. 36, 37.

[1023] Ein solcher Freiheitsverlust kann jedoch dann entstehen, wenn ein faktischer Zwang zur Teilnahme entsteht.

[1024] *Kloepfer*, Umweltrecht 1998, § 4 Rn. 50.

[1025] *Di Fabio*, NVwZ 1999, S. 1153, 1157, a.A.O., S. 1154: *„Wenn der Inhaber des Gewaltmonopols von Kooperation spricht, klingt das nicht selten so, als wenn der Meister den Lehrling wissen lässt: 'Wir müssen mal die Werkstatt fegen'"*

Deutschland lange Zeit allein haftungsrechtlich [1026] und strafrechtlich[1027] formuliert.[1028] In den letzten Jahren hielten aber auch in das deutsche Umweltrecht Regelungen zum eigenverantwortlichen betrieblichen Umweltschutz und zur betrieblichen Eigenüberwachung Einzug.[1029] Durch Mess-, Dokumentations- und Berichtspflichten unterstützt der Anlagenbetreiber die behördliche Überwachung. Besonders anerkannte oder bestellte Sachverständige unterstützen die Eigenüberwachung soweit ein besonderes Wissen, besondere Ausstattung und Glaubwürdigkeit der Ergebnisse verlangt wird. Der Gesetzgeber verlangt an verschiedenen Stellen auch eine bestimmte umweltschutzsichernde Betriebsorganisation. Schon die Rechtskonformität mit den immissionsschutzrechtlichen Betreiberpflichten aus § 5 BImSchG oder den Grundpflichten der Kreislaufwirtschaft gem. § 5 KrW-/AbfG setzt eine solche Betriebsorganisation voraus. Sehr viel deutlicher wird dies noch in § 52a BImSchG, welcher einen gesetzlichen Zwang zur betrieblichen Organisation setzt, oder den (schon älteren) Vorschriften über die betrieblichen Beauftragten für Umweltschutz.

Ordnungsrechtliche Vorschriften zur umweltschutzsichernden Betriebsorganisation können aber nur ein Minimalprogramm darstellen.[1030] Der Gesetzgeber kann eine umweltorientierte Unternehmensführung nicht gesetzlich vorschreiben. Ein durch ökonomische Anreize veranlasstes betriebliches Risikomanagement soll über die bereits in §§ 52aff. BImSchG angelegten ordnungsrechtlichen Pflichten zur umweltsichernden Betriebsorganisation und Risikovorsorge hinausgehen.[1031] Ein Vertrauen allein in die Problemlösungsbereitschaft und –fähigkeit des das Risiko Verursachenden selbst muss jedoch ebenso ausscheiden,[1032] wie eine ungerechtfertigter staatlicher Rückzug aus dem umweltrechtlichen Risikomanagement.

II. EMAS und Deregulierung

Die Person des unabhängigen Umweltgutachters ist Bestandteil des Kontrollelementes des EG-Öko-Audit-Systems. Anders als der interne Betriebsprüfer oder die Betriebsbeauftragten für Umweltschutz berät der Gutachter das Unternehmen nicht, sondern er kontrolliert die Verordnungskonformität der Organisation. Dabei zeugt seine Person nicht unbedingt *„von einem Misstrauen des Gesetzgebers gegenüber den Fähigkeiten des Marktes, für korrekte und die Interessen der Allge-*

[1026] Im Rahmen der Produzentenhaftung, deren die Grundsätze auch für Unternehmenshaftung bei Umweltschäden gelten.

[1027] Vgl. z.B. BGHSt 37, S. 223, 224, (Lederspray-Entscheidung). Vgl. auch: *Feldhaus*, in: *Kornmann*, (Hrsg.), Umwelthaftung und Umweltmanagement, 1994, S. 9, m.w.N.

[1028] Die „blackbox" der Behördenorganisation entsprach insofern bislang die „blackbox" der Betriebsorganisation. *Köck*, ZUR 1995, S. 1, 2.

[1029] Vgl. *Laskowski*, in: *Schuppert*, (Hrsg.), Jenseits von Privatisierung und „schlankem" Staat, 1999, S. 93, 95.

[1030] *Töpfer*, in: Umwelt 1993, S. 466, 467.

[1031] *Koenig*, NVwZ 1994, S. 937.

[1032] *Hoffmann-Riem*, AöR 1994, S. 590, 609.

meinheit berücksichtigende Auditergebnisse zu sorgen,"[1033] sondern vor allen Dingen von EMAS als halbstaatlichem Instrument des Umweltschutzes. Gerade die Einführung des unabhängigen Umweltgutachters und damit des externen Kontrollelementes gibt somit Anlass für eine breite Diskussion über Deregulierung und Privatisierung von Elementen des Umwelt-Ordnungsrechts. Die Forderung nach Entlastung für an EMAS teilnehmenden Unternehmen von ordnungsrechtlichen Pflichten fügt sich nahtlos in die allgemeinere Deregulierungsdebatte ein.

1. EMAS in der Deregulierungsdebatte

Die Einführung eines umweltrechtlichen Instrumentes, das auf Freiwilligkeit und Eigenverantwortung aufbaut, legt die Frage nahe, inwieweit man in Zusammenhang mit diesem Instrument Teile der sperrigen Staatsaufgabe Umweltschutz auf Private übertragen könnte. Der Gedanke an eine solche Übertragung hat etwas sehr Verführerisches, könnte man sich doch mehrerer Probleme gleichzeitig entledigen: Die Umweltverwaltung würde personell und finanziell entlastet, die Unternehmer nicht mehr unter der oktroyierten Regelungsflut stöhnen, das Recht könnte vereinfacht und der Staat insgesamt „verschlankt" werden.

Schon in der Entwurfsphase der EG-Öko-Audit-Verordnung wurde immer wieder die Forderung nach dem Abbau ordnungsrechtlicher Vorgaben im Zusammenhang mit dem Umwelt-Audit laut.[1034] Basierend auf der Annahme, dass die Selbstregulierung den gesetzlichen Regelungen überlegen sei, sollte der Abbau ordnungsrechtlicher Pflichten für zertifizierte Organisationen in Aussicht gestellt werden und so zusätzlich als Anreiz für die Teilnahme wirken. Nachdem die Verankerung einer diesbezüglichen Klausel in der Verordnung gescheitert war, verlagerte sich die Debatte zunächst auf die nationale Ebene, um im Rahmen der EMAS-Novellierung auch im europäischen Rahmen wieder aufzulodern.

Obwohl seit dem Erlass der EG-Öko-Audit-Verordnung über deren Beitrag zu einem möglichen Abbau des Umwelt-Ordnungsrechts diskutiert wird, hat der Erlass der Verordnung selbst alles andere als einen Beitrag zur Vereinfachung des deutschen Rechts geleistet. EMAS setzt ein neues neben ein altes Regelungssystem und unterwirft so die teilnehmenden Unternehmen doppelten Anforderungen.[1035]

[1033] In diesem Sinne aber: *Paulesich/Reiger*; ZfU 1996, S. 489, 492. Eine Selbststeuerung des Marktes mit einer gegenseitigen Kontrolle der Qualitätsleistung sei mittelfristig nicht zu erwarten.

[1034] Vgl. auch: Art. 12 Abs. 1c des EMAS-Entwurfs der Kommission v. 6.3.1992, ABl. C/76 v. 27.3.1992.

[1035] Vgl. *Feldhaus,* UPR 1997, S. 341; *Martens/Moufang* befürchten auch die deutliche Verschärfung der Überwachung des betrieblichen Umweltschutzes. NVwZ 1996, S. 246, 247. Unternehmensintern führt die EMAS-Teilnahme zu einem erhöhten Verwaltungsaufwand und wurde aus diesem Grund schon als Ausdruck einer *„Renaissance bürokratischer Konzepte"* gesehen. *Seidel/Weber,* Uwf 1/1998, S. 22, 23.

Auch auf europarechtlicher Ebene wurde auf eine Harmonisierung der verschiedenen Rechtsakte und Regelungsstrategien verzichtet. Das EG-Öko-Audit-System steht selbstständig neben der Umweltverträglichkeitsprüfung von Projekten und der Genehmigung und Überwachung von Anlagen und des Umgangs mit Stoffen.

Deregulierung und Substitution im Zusammenhang mit EMAS fanden keine Erwähnung in der ursprünglichen Fassung der EG-Öko-Audit-Verordnung. Auf Grund der allgemeinen Kritik an dem „überregulierten" deutschen Umweltrechts wurde jedoch das so erfrischend andere System der Umweltbetriebsprüfung von staatsmüden Kritikern unmittelbar nach Erlass in Verbindung mit dem nationalen Umweltrecht gebracht. Die Verzahnung beider Systeme – vom Verordnungsgeber zunächst explizit vermieden - wurde in der deutschen Diskussion von Beginn an nicht gescheut.
Vordergründiges Ziel der Deregulierung im Zusammenhang mit EMAS ist es, die Teilnahmebereitschaft der Wirtschaft an einem freiwilligen Instrument des Umweltschutzes zu steigern.[1036] Die Deregulierungsmaßnahmen sollen dabei jedoch doppelt Entlastung schaffen. EMAS-Teilnehmer sollen von bestimmten ordnungsrechtlichen Pflichten freigestellt werden.[1037] Gleichzeitig sollen die überforderten personellen und finanziellen Ressourcen der Verwaltung geschont werden. Das gemeinsame Bedürfnis nach Entlastung führt dazu, dass die Forderung nach Deregulierung in der Hauptsache von der Vollzugs-„front" erhoben wird, von den Behörden ebenso, wie von den privaten Projektträgern und ihren anwaltlichen Beratern.[1038]

Offensiv verlangen die Spitzenverbände der deutschen Wirtschaft, dass der Staat die Unternehmen für die freiwillige Teilnahme an einem solch aufwändigen System wie EMAS belohnen solle.[1039] Nach Ansicht der Wirtschaftsverbände sollen die Kosten, die durch die Einführung eines Umwelt-Managementsystems und die Auditierung entstehen, durch eine Senkung der Kosten aufgefangen werden, die regelmäßig für die Einhaltung der ordnungsrechtlichen Vorgaben aufzuwenden

---

[1036] Auch heute wird Deregulierung noch unter diesem Aspekt diskutiert. Vgl. *Schmalholz*, Jb UTR 1998, S. 331, 357.

[1037] In Frage kämen z.B. die Erleichterung der Aufnahme einer wirtschaftlichen Tätigkeit durch den Abbau von Eröffnungskontrollen, die Verminderung des Aufwandes bei der Betriebsführung, Erleichterungen der Dokumentation und Nachweisführung für Anlagenbetreiber im Rahmen der Überwachung und allgemein eine Kostensenkung. *Ernst*, in: GUT Umweltforum und Beratungsservice GmbH (Hrsg.), Deregulierung des Umweltrechts, 1997, S. 1, 3f.

[1038] *Koch*, NVwZ 1996, S. 215.

[1039] VCI-Positionspapier „Aufgaben des Umweltgutachters im Hinblick auf die Einhaltung der gesetzlichen Vorschriften" v. 20.9.1995 (Interessanterweise lehnt der VCI aber ein Compliance-Audit durch den Umweltgutachter ab.); Deregulierung durch Öko-Audit, Studie der IHK Frankfurt (Oder), 1996; Vorschlagsliste des BDI zur Deregulierung auf der Grundlage des EG-Öko-Audits, Stand: 11.3.1998; *Kreklau*, VDI-Nachrichten 6.3.1998; *Henkel*, Pressemitteilung 5/99 v. 19.9.1999; kritisch: *Guhle*, WSI Mitteilungen 1998, S. 518.

sind. Ausgangspunkt ist die Überlegung, dass das Öko-Audit als System gesteuerter Selbstregulierung in bestimmtem Umfang den Anforderungen des Umwelt-Ordnungsrechts gleichwertig ist, weil und soweit im Rahmen des Systems die Einhaltung umweltrechtlicher Vorschriften systembedingt gewährleistet ist und durch die interne Betriebsprüfung und die Begutachtung durch den Umweltgutachter überprüft wird.[1040] Die Überprüfung des Systems mache die Vollzugskontrolle durch staatliche Organe zumindest insoweit obsolet, als dass sich beide Bereiche überschneiden. Hat man den doppelten Steuerungsansatz von EMAS im Auge, so geht es der deutschen Wirtschaft nicht um einen Zuwachs an Eigenverantwortung durch Deregulierung,[1041] sondern um die Befreiung von ordnungsrechtlichen Pflichten. Die freiwillige Teilnahme stelle eine „*Vorleistung*" dar, für welche „*eine aus wirtschaftlicher Sicht angemessene Gegenleistung*" erwartet wird.[1042]

Dabei wird leicht übersehen, dass EMAS ein partizipatorisches Instrument darstellt, welches losgelöst neben dem staatlichen System steht und durch ein eigenes Anreizsystem zur Teilnahme verlocken soll. Die Freiwilligkeit der Teilnahme birgt gerade die Idee, dass EMAS über die notwendigen eigenen Teilnahme-Anreize verfüge, die eine weitere staatlich-fördernde Einflussnahme obsolet machen sollte. Aus diesem Grund ist es ein offensichtlicher – und schwerer - Mangel eines partizipatorischen Instrumentes wie EMAS, wenn es nicht über hinreichend immanente Anreize verfügt, um die verschiedenen Kooperationspartner zur Teilnahme zu motivieren. Die Forderungen der Wirtschaft wären, würde EMAS als partizipatorisches und freiwilliges Instrument funktionieren, haltlos; sie dürften gar nicht erst erhoben werden.[1043] Es spricht also viel dafür, dass EMAS nicht über hinreichend motivationsfördernde Faktoren verfügt. Anders lassen sich die ge-

---

[1040] *Rehbinder/Heuvels*, DVBl. 1998, S. 1245, 1247.

[1041] Der Ansatz, der durch die Deregulierung weitere Spielräume der Eigenverantwortung für Unternehmer, organisierte Arbeiter und Konsumente schaffen möchte, entspricht wohl in der Tat mehr der angelsächsischen Tradition. *König*, DÖV 1998, S. 963, 966. Die in Deutschland und Österreich vorherrschenden Ansichten über die Beweggründe der Einführung des EMAS-Systems, über dessen Zweck und Erfolg, insbesondere über dessen Verhältnis zum Ordnungsrecht und dessen Deregulierungsmöglichkeiten, werden von den anderen Mitgliedstaaten der EU nicht oder nur sehr bedingt geteilt. Vgl. *Schäfer*, UBA IB-563, 1997, S. 5. In Großbritanien erfreut sich das ISO System weitgrößerer Akzeptanz. *Haigh*, in: *Schäfer*, UBA IB-563, 1997, S. 23. In Frankreich hingegen verlässt man sich ganz auf den Staat und lehnt private Dritte als Kontrolleure ab. *Kromarek*, in: *Schäfer*, UBA IB-563, 1997, S. 26ff.

[1042] *Stefan Hartke*, beim Lüneburger Umweltsymposium am 31.5./1.6.1996, vgl. Bericht NVwZ 1997, S. 771, 773.

[1043] Ob sie unter diesen Umständen nie erhoben worden wären, ist unklar. Es könnte durchaus sein, dass die Wirtschaft auch bei einen funktionierenden Anreiz-System versuchen würden, durch taktisches Verhalten einen Abbau an ordnungsrechtlichen Anforderungen durchzusetzen. Vgl. dazu: *Guhle*, WSI-Mitteilungen 1998, S. 518.

meinschaftsweiten Einführungsprobleme von EMAS nicht erklären.[1044] Diese Einschätzung wird durch die Praxis bestätigt. Die Deregulierungserwartung stellt von den Motiven zur Teilnahme ein untergeordneten Parameter dar.[1045] Die Probleme des Systems liegen somit nicht primär in der enttäuschen Deregulierungserwartung, sondern in dem mangelnden Interesse der Öffentlichkeit und fehlendem Bekanntheitsgrad des EG-Öko-Audit-Systems.[1046] Würde das System sich im Bezug auf Imageverbesserung und Öffentlichkeitswirksamkeit auszahlen, so würde die Forderung nach Deregulierung schnell zu einem untergeordneten Thema werden.
Anstatt jedoch die immanenten Anreize zu erhöhen, sucht man in der politischen Diskussion Hilfe von außen: Die fehlenden Anreize soll die Priveligierung teilnehmender Unternehmen schaffen. Diese systemfremden Anreize sind zwar verführerisch, können jedoch langfristig dem System schweren Schaden zufügen. Schon die Forderung nach der Verbindung materieller Deregulierung mit dem EG-Öko-Audit untergräbt die Glaubwürdigkeit dieses Instrumentes.[1047]

Die Forderung nach dem Abbau ordnungsrechtlicher Anforderungen ist aber auch für sich betrachtet nicht recht verständlich. Nachvollziehbar ist es, wenn die Unternehmen nicht sinnlosen Doppelbelastungen ausgesetzt sein wollen. Nicht nachvollziehbar ist es, wenn Unternehmen, die sich selbst verpflichtet haben, die Umwelt kontinuierlich zu verbessern, einen Abbau von Aufsicht fordern. Es vermag nicht recht zu überzeugen, warum gerade solch vorbildhafte Unternehmen die Kontrolle scheuen. Sie sollten doch im Gegenteil den Behörden stolz ihr Unternehmen präsentieren wollen. Auch ist es nicht verständlich, warum die Unternehmen die Befreiung von Dokumentations- und Berichtspflichten fordern, denen sie angeblich im Rahmen von EMAS ohnehin nachkommen. Plastisch verdeutlicht *Lübbe-Wolff* die Absurdität der Deregulierungsforderungen im Zusammenhang mit EMAS, wenn sie EMAS mit einem System vergleicht, in welchem Übergewichtige

[1044] Das Problem ist, dass der externe Nutzen für die teilnehmenden Unternehmen in der Regel gering ist. Gerade dieser externe Nutzen unterscheidet EMAS jedoch von den ISO 14001 Normen. Vgl. *Ankele,* Ökologisches Wirtschaften 3-4/1998, S. 10.

[1045] In einer Befragung gaben nur 1,5% der befragten 331 Unternehmen an, dass die Deregulierung das Hauptmotiv zur Teilnahme darstellte. An erster Stelle stand die Verbesserung des Umweltschutzes (22,6%), der Imagevorteil (13,6%) und die organisatorischen Verbesserungen (12,3%). *Heinelt/Malek,* ZfU 1999, S. 541, 557. Nach der Untersuchug von *Heinelt/Malek* müsste *„zur Attraktivitätssteigerung* [...] *die ökologische Reputation und die Publizität von EMAS in der Öffentlichkeit gesteigert und nicht die Verordnung „abgemagert" werden."* Vgl. auch: IÖW/VÖW-Informationsdienst 2/1995, S. 21, 22; sowie die Ergebnisse der „Hessen-Studie": *Ankele/Fichter/Heuvels/Rehbinder/Schebek,* Uwf 4/1998, S. 38, 42. Nach einer Studie von *Wagner/Budde* aus dem Jahre 1996 geben allerdings noch 14,6% erwartete Erleichterungen bei der Umweltaufsicht als ein Teilnahme-Motiv an. *Wagner/ Budde,* ZUR 1997, S. 254, 256, 257.

[1046] Vgl. auch: *Rehbinder/Heuvels,* DVBl. 1998, S. 1245, 1246.

[1047] *Kottmann,* Ökologisches Wirtschaften, 6/1997, S. 4.

zur Einhaltung von Diätvorschriften bewegt werden sollen, indem sie mit einer Sahnetorte belohnt werden.[1048]
Schuld an einer Stimmungslage, die den Abbau von Kontrollen und Vorschriften unkritisch über jede Vernunft setzt, tragen aber auch die Verwaltungen. Betrachtet man die politischen Aussagen und Deregulierungskataloge der Ministerien, erhält man den Eindruck, dass die Verwaltung selbst die Anlagenüberwachung als *„eine Art Pest, gegen die man die Betriebe, wenn es eben geht, in Schutz nehmen muss,“*[1049] sieht.

Auch der Hinweis auf die Gefährdung des Standortes Deutschland erweist sich bei näherer Betrachtung als wenig überzeugend. Die Diskussion um Deregulierung und Substitution ordnungsrechtlicher Umweltvorschriften rankt sich in der Hauptsache um den Themenkomplex umweltrechtlicher Genehmigungsverfahren. Besonders angeklagt wird immer wieder deren Dauer. Die vermeintlich zu ausgedehnten Verfahren stellten sich als entscheidender Standortnachteil dar und stünden Investitionen im Wege. Aus diesem Grunde müssten die Verfahren beschleunigt und Vorschriften abgebaut werden.
Tatsächlich äußert sich die Länge von Genehmigungsverfahren als Parameter, welche die Standortwahl beeinflussen können, jedoch nicht zwingend müssen. Eine vom Bundeswirtschaftsministerium im Jahre 1990 durchgeführte Umfrage hat gezeigt, daß Arbeitsproduktivität und Arbeitskosten von der Wirtschaft als die wichtigsten Standortfaktoren angesehen werden, die Dauer von Genehmigungsverfahren hingegen – u.a. nach dem sozialen Klima und der gesunden Umwelt – als relativ unbedeutend eingeschätzt wird.[1050] Doch selbst die Einsicht, dass Daten darüber, welche Verfahren in welchem Umfange Überlänge aufweisen und worauf dies zurückzuführen ist, bislang nur sehr spärlich vorliegen,[1051] hindern nicht ein Vorgehen der deutschen Politik nach der Devise *„Beschleunigung kann jedenfalls nicht schaden“*.[1052]

Die Deregulierungsforderungen vermögen somit weder politisch als Anreizfaktoren für das EG-Öko-Audit-System noch aus der Perspektive des Teilnehmers oder

---

[1048] *Lübbe-Wolff,* ZUR 1996, S. 173, 174. Weitere Metaphorik von *Lübbe-Wolff* zu dem Thema: Die katholische Kirche belohnt den am eifrigst Betenden, mit der Erlaubnis die Kirche früher zu verlassen. *Lübbe-Wolff,* in: *Leittretter/Schneider* (Hrsg.), Was bringt's dem Umweltschutz?, 1998, S. 45.

[1049] *Lübbe-Wolff,* WSI Mitteilungen 1998, S. 516, 517. Vergleiche auch die Tonart der verschiedenen Umweltpakte und Umweltallianzen, die im Hinblick auf die Überwachung stets entschuldigend wirkt.

[1050] *Steinberg/Allert/Grams/Scharioth,* Zur Beschleunigung des Genehmigungsverfahrens, 1991, S. 32f.; *Stelkens,* NVwZ 1995, S. 325, 332, m.w.N.

[1051] Dies stellen sogar die Experten der Schlichter-Kommission selbst fest. *Schlichter u.a.,* Investitionsförderung durch flexible Genehmigungsverfahren, 1994, S. 53.

[1052] *Koch,* NVwZ 1996, S. 215, 219.

aus Standortdebatte heraus zu überzeugen.[1053] Bei aller Kritik an der unsachlich geführten Diskussion darf aber nicht aus den Augen verloren werden, dass die Realität des Vollzugs umweltpolitischer Vorschriften tatsächlich sehr zu wünschen übrig lässt. In der Tat findet ein Vollzug des Umweltrechts häufig gar nicht statt. Unter den geltenden Voraussetzungen der mangelnden personellen und finanziellen Ressourcen wird auch eine zweckdienliche Überwachungsdichte kaum realisiert.[1054] Insofern muss jede Möglichkeit im Sinne der Steigerung der Umweltleistung begrüßt werden, welche die Anwendung der Vorschriften zu fördern vermag. Eine Förderung der EMAS-Teilnahme ist wichtig und notwendig. In diesem Sinne sollen Unternehmen nicht für die Teilnahme durch sinnlose Doppelbelastungen bestraft werden.[1055] Auch Deregulierung durch eine Entlastung von Unternehmen und Verwaltung gekoppelt an die EMAS-Teilnahme soll nicht von vornherein ausgeschlossen werden. Diese darf jedoch nicht pauschal, sondern erst nach eingehender Prüfung der einzelnen Vorschriften erfolgen. Da der Abbau von Umweltleistung vermieden werden muss, ist Deregulierung nur dann möglich, wenn entweder festgestellt werden kann, dass bestehende Vorschriften keinerlei positiven Beitrag zur Umweltqualität leisten oder die EG-Öko-Audit-Verordnung es tatsächlich vermag, einen auf Freiwilligkeit basierenden gleichwertigen Umweltstandard zu garantieren.

Dem unabhängigen Umweltgutachter als Kontrollinstanz und in das System integrierten Sachverständigen kommt eine besondere Rolle zu, wenn die Behörden sich aus der Aufsicht des Vollzugs des Umweltrechts zurückziehen wollen. Wird dabei ein Compliance-Audit und damit die Rechtskonformität der Organisation vorausgesetzt, soll der Umweltgutachter ganz oder teilweise die staatliche Aufsichtsverwaltung ersetzen. Wenn von einer gutachterlichen System-Prüfung ausgegangen wird, muss die Gleichwertigkeit oder funktionale Äquivalenz seiner Tätigkeit zu hoheitlichen Maßnahmen im konkreten Fall festgestellt werden.
Die Verwaltung kann sich des gutachterlichen Sachverstandes aber auch unabhängig von der konkreten Prüfungstätigkeit bedienen. Die Integration des Umweltgutachters als privaten Sachverständigen in behördliche Verfahren bietet Chancen. Im Gegensatz zu der überlasteten Umweltverwaltung sind von dem Gutachter weit weniger Ausweichreaktionen aus Furcht vor weiter steigender Arbeitsbelastung zu befürchten.[1056] Zwar scheut der Umweltgutachter die Konfrontation mit dem Un-

---

[1053] Kritisch auch: *Lübbe-Wolff*, ZUR 1995, S. 57; *dies.*, ZUR 1996, S. 173, 174; *Knitsch*, ZUR 1996, S. 247; *Steinberg*, NuR 1996, S. 6; *Schneider*, WSI Mitteilungen, 1998, S. 562; *Guhle*, WSI Mitteilungen 1998, S. 518.

[1054] Einheitlicher Endbericht an die Umweltministerkonferenz zu Deregulierungs- und Substitutionspotentialen im Hinblick auf das EG-Öko-Audit-System des Ad-hoc-Länder-Arbeitskreises „Öko-Audit". Stand 24.9.1997, Punkt B.

[1055] So auch: *Kleesiek*, in: GUT Umweltforum und Beratungsservice GmbH (Hrsg.), Deregulierung des Umweltrechts, 1997, ohne Seitenangabe.

[1056] *Lübbe-Wolff*, Modernisierung des Umweltordnungsrechts, 1996, S. 40, 41.

ternehmen bei der Aufdeckung eines Verstoßes gegen das Umweltrecht, nicht jedoch die (entlohnte) Mehrarbeit.
Der Staat darf sich dabei aber nicht aus seiner umweltrechtlichen Verantwortung zurückziehen. Auch dürfen sich die staatlichen Überwachungsorgane nicht gänzlich auf eine „Kontrolle der Kontrolleure" beschränken, wobei die Kontrolleure von den zu Kontrollierenden mandatiert werden und dem Marktdruck unterliegen.

2. Die Deregulierungklausel in der EG-UAVO

In dem Vorschlag der Kommission vom 6. März 1992 *„für eine Verordnung des Rates, die die freiwillige Beteiligung gewerblicher Unternehmen an einem gemeinschaftlichen Öko-Audit-System ermöglicht,"*[1057] wurde der Abbau ordnungsbehördlicher Kontrollen und Inspektionen im Zusammenhang mit der EG-Öko-Audit-Verordnung mit Art 12 Abs. 1b in Betracht gezogen.[1058] Das Europäische Parlament billigte diesen Vorschlag und schlug noch weitere Teilnahme-Anreize vor.[1059] Kritik erfuhr die Deregulierungsklausel von Seiten des Wirtschafts- und Sozialausschusses. Die Freistellung einzelner Betriebe von der staatlichen Überwachung umweltrechtlicher Vorschriften würde *„eine Verzahnung zwischen dem Audit-System und dem staatlichen Umweltrecht und der Umweltverwaltung voraussetzen, die im Entwurf nicht vorgesehen ist und auch dem Sinn des Entwurf"* widerspräche.[1060] Die Klausel wurde – auch auf Druck der Umweltverbände -[1061] nicht in die Verordnung aufgenommen. Statt dessen wurde in Art. 1 Abs. 3 EG-UAVO a.F. formuliert, dass *„bestehende gemeinschaftliche oder einzelstaatliche Rechtsvorschriften oder technische Normen für Umweltkontrollen sowie die Verpflichtung der Unternehmen aus diesen Rechtsvorschriften und Normen* [...] *von diesem System unberührt"* bleiben.
Nach den Veränderungen und Verschärfungen, insbesondere durch die Einfügung des Compliance-Ansatzes, standen nach EMAS I die Anforderungen des Ordnungsrechts gleichberechtigt neben den Forderungen der Verordnung. Aus der Verordnung ergab sich somit kein direkter Impuls in Richtung Deregulierung,[1062]

[1057] KOM (91) 451, endg., ABl. C 76/2 v. 27.3.1992.

[1058] Art. 12: "*Die Mitgliedstaaten können zur Förderung des Öko-Audit-Systems insbesondere folgende Maßnahmen ergreifen, wenn diese dem Gemeinschaftsrecht entsprechen:* [...] *b) Erleichterung und/oder Abschwächung der praktischen Modalitäten für die Kontrolle und Inspektion unter bestimmten Umständen, insbesondere für kleine und mittlere Unternehmen."* ABl. 92/C 76/02, KOM (91) 459 endg. 10, FN. 3 v. 27.3.1992.

[1059] ABl. C 42/44 v. 15.2.1993, Änderung Nr. 56, 62. Es wurde vorgeschlagen, steuerliche Anreize zu bieten, eine Bevorzugung von teilnehmenden Unternehmen bei der Vergabe von öffentlichen Aufträgen vorzusehen und ein Privileg für Unternehmen zu schaffen, die im Rahmen des Umwelt-Managementsystems festgestellte Verstöße selbst den zuständigen Behörden anzeigen.

[1060] ABl. C 332 v. 16.12.1992, S. 47 Nr. 3.8.2.

[1061] *Sellner/Schnutenhaus*, NVwZ 1993, S. 928, 932.

[1062] *Moormann*, ZUR 1997, S. 188, 189.

und eine Verzahnung von Umwelt-Ordnungsrecht und EMAS war ausdrücklich nicht vorgesehen.[1063]

In der Novellierung der EG-Öko-Audit-Verordnung findet sich in Art. 10 Abs. 2 EG-UAVO die Formulierung, die Mitgliedstaaten sollten prüfen, *"wie der EMAS-Eintragung bei der Durchführung und Durchsetzung von Umweltvorschriften Rechnung getragen werden kann, damit doppelter Arbeitsaufwand sowohl für die Organisationen als auch für die vollziehenden Behörden vermieden wird."* Während der Kommissionsentwurf parallel zu der Einführung dieser Vorschrift noch an der Unberührtheitsklausel aus Art. 1 Abs. 3 EG-UAVO und damit grundsätzlich auch an dem Trennprinzip festhielt, fehlt in der verabschiedeten Fassung der Verordnung der entsprechende Artikel. Die novellierte Öko-Audit-Verordnung formuliert mit der Deregulierungsklausel einen Prüfauftrag und weicht damit die Trennung zwischen Ordnungsrecht und EMAS auf. Es wird durch die Einfügung der Klausel an die Mitgliedstaaten appelliert, zusätzliche Anreize zur Teilnahme an dem System zu schaffen.[1064]

Nach EMAS II knüpft die Möglichkeit der Deregulierung allein an der Tatsache der Registrierung einer Organisation an. Nach den in KAPITEL 8 dargestellten Grenzen der Deregulierung ist jedoch nicht die Eintragung, sondern die Gleichwertigkeit von EMAS zu der ordnungsrechtlichen Maßnahme entscheidend.[1065] Der Bundesrat hatte in diesem Sinne die Aufnahme einer Substitutionsklauseln gefordert und als neuen Art. 1 Abs. 4 für EMAS vorgeschlagen: *"Durch die Beteiligung an EMAS können bestimmte gemeinschaftliche oder einzelstaatliche Rechtsvorschriften erfüllt werden, wenn die jeweiligen Instrumente dieser Verordnung und der genannten Rechtsvorschriften gleichwertig sind. Die Kommission berücksichtigt bei allen künftigen Vorschlägen für gemeinschaftliche Vorschriften die Möglichkeit der Substitution durch die Beteiligung an EMAS und weist in den Vorschlägen ausdrücklich darauf hin. Die Mitgliedstaaten werden*

[1063] Insofern ging *Schottelius* von falschen Voraussetzungen aus. Vgl. *Schottelius*, WSI Mitteilungen 1998, S. 506. Ebenso *Feldhaus*, wenn er schreibt, das EG-Öko-Audit-System sei *„ein völlig neuartiges, von allen Vorgängern sich deutlich unterscheidendes Instrument, dessen eigene Wirkung aus der Verzahnung eines eigenverantwortlichen betrieblichen Führungsinstruments mit dem ordnungsrechtlich geprägten Umweltrecht resultiert." Feldhaus*, in: *Rengeling* (Hrsg.), Handbuch zum europäischen und deutschen Umweltrecht, 1998, S. 1035, 1184, oder *Franzius*, der in Art. 8 Abs. 4 EG-UAVO *„den verordnungstypischen Verzahnungseffekt der am Umweltaudit beteiligten Akteure"* erkennt. *Franzius*, NuR 1999, S. 601, 604.

[1064] Sowohl der BDI als auch der UGA begrüßen die Vorschrift grundsätzlich, halten sie jedoch für nicht weitgehend genug. Vgl. Stellungnahme des UGA v. 22.1.1999 zum EMAS-II-EK; Stellungnahme des BDI zu dem Entwurf v. 16.7.1998. Der BDI möchte zusätzlich klare Öffnungsklauseln mit Bezug auf gemeinschaftliche Gesetzgebung, namentlich der IVU-, der Seveso-II- und der UVP-Richtlinie.

[1065] So auch: *Lidchi*, Vorschlag der EU-Kommission zur Revision der VO 1836/93/EWG: Diskussion und Kritik, 1999, Pkt. V 3.2b. Auch der UGA weist auf diesen Punkt hin.

ermutigt, in ihrem Zuständigkeitsbereich ebenso zu verfahren".[1066] Durch diese Formulierung wäre die Möglichkeit der Deregulierung klar auf eine Substitution unter dem Gesichtspunkt der Äquivalenz eingegrenzt worden. Ein allgemeiner Abbau von Regelungen hätte nicht auf diese Formulierung gestützt werden können. Die Regelung in dem einen wie dem anderen Fall ändert aber nichts daran, dass es sich allein um eine Aufforderung an die Mitgliedstaaten handelt – eine Pflicht, Maßnahmen zu ergreifen ergibt sich nicht.

3. Deregulierung auf Gemeinschaftsebene

Die nach dem Vorsitzenden benannte „*Molitor*-Arbeitsgruppe"[1067] wurde von der EG-Kommission im September 1994 ins Leben gerufen und war damit beauftragt, die Folgen der gemeinschaftlichen und einzelstaatlichen Rechtsetzungstätigkeit für Beschäftigung und Wettbewerb zu prüfen. Ende Juni 1995 legte die Arbeitsgruppe einen Bericht vor,[1068] der konkrete Maßnahmen der Lockerung und Vereinfachung im Gemeinschaftsrecht vorschlägt. Der Bericht sieht eine Stärkung der politischen Verantwortung vor. Es müssten aber auch verlässliche Wege gefunden werden, über die sichergestellt werden könne, dass die Unternehmen ihrer umweltpolitischen Verantwortung auch gerecht werden. Umwelt-Audits durch zugelassene Umweltgutachter werden hier als ein gangbarer Weg betrachtet.[1069]
Umgesetzt wurden die Vorschläge der Molitor-Gruppe bis heute nicht. Gegenwärtig diskutiert die Kommission jedoch die Etablierung eines formalen Beratungsgremiums für Deregulierungsfragen.[1070]

4. Initiativen auf nationaler Ebene

An Vorschlägen zum Abbau ordnungsrechtlicher Vorschriften sowie zur Vereinfachung und Beschleunigung von Verwaltungsverfahren mangelt es auf nationaler Ebene nicht.[1071] Die meisten dieser Vorschläge basieren jedoch weder auf einer tragfähigen Ursachenanalyse hinsichtlich der tatsächlich zu behebenden Probleme,

---

[1066] BR-Drs. 928/98, Beschluss. Eine entsprechende Formulierung unterstützt auch der UGA.

[1067] Dr. *Bernhard Molitor* ist ehemaliger Abteilungsleiter „Wirtschaftspolitik" im Bundeswirtschaftsministerium.

[1068] Der Bericht geht auf vier ausgewählte Sektoren der Gemeinschaftspolitik ein (Maschinennormen, Lebensmittelhygiene, Umweltschutz sowie Beschäftigung und Sozialrecht). KOM (95) 288 endg./2, SEK (95) 2121 endg. v. 29.11.1995.

[1069] Eine direkte Bezugnahme auf das EG-Öko-Audit-System fehlt jedoch.

[1070] Kommissionsinitiative zur Deregulierung („Simpler Legislation for the Internal Market" SLIM), s. DNR (Hrsg.), Sonderteil zum DNR-Rundschreiben, Umsetzung der EU-Umweltintegrationsstrategie 3/2000, S. 6.

[1071] Vgl.: *Bullinger*, Beschleunigte Genehmigungsverfahren für eilbedürftige Vorhaben, 1991; *ders.*, JZ 1994, S. 1129; *Schmidt-Kötters*, in: *Rengeling* (Hrsg.), Integrierter und betrieblicher Umweltschutz, 1996, S. 1, 3, Fn. 5 und 6; kritisch: *Lübbe-Wolff*, ZUR 1995, S. 57; *Knitsch*, ZUR 1996, S. 247; *Steinberg*, NuR 1996, S. 6.

wie etwa dem Vollzugsdefizit, noch wird werden die Folgen eine Änderung des geltenden Rechts klar analysiert.

Die Deregulierungsdebatte entbrannte im Zusammenhang mit EMAS in ihrer ganzen Heftigkeit zunächst mit der Ausgestaltung der Verordnung durch das Umweltauditgesetz.[1072] Während die EG-Öko-Audit-Verordnung Ausdruck eines fremden Rechtsdenkens ist, sollte mit dem UAG diese widerspenstige Kreatur gebändigt und in das Raster deutscher Rechtstradition eingefügt werden.
In der Koalitionsvereinbarung vom 11. November 1994 wurde vereinbart, zu prüfen, welche Möglichkeiten zur Verminderung der behördlichen Überwachung im Zusammenhang mit dem Öko-Audit bestünden. Eine Entschließung der Bundesrates vom 19. Mai 1995 stellt im Hinblick auf die Deregulierungstauglichkeit der Verordnung fest, dass ein Mechanismus, der die Kontrolle interner Unternehmensziele und die Einhaltung der geltenden Rechtsvorschriften vorsehe, geeignet erscheine, staatliche Kontrollmechanismen abzubauen, wobei akkreditierten Sachverständigen die Ermittlung zulassungs- und überwachungsrelevanter Sachverhalte übertragen werden könne.[1073] Der Bundestag stellt seinerseits in einer Entschließung vom 22. Juni 1995 zum Umweltauditgesetz fest, dass die Wirksamkeit des EG-Öko-Audit-System entscheidend von der freiwilligen Teilnahme der Unternehmen abhänge und dass daher das Umwelt-Audit zur Einführung von Vereinfachungen und Erleichterungen im bestehenden Umweltverwaltungsrecht genutzt werden müsse.[1074]
Trotz diesen politischen Willensbekundungen gelang es aber nicht, innerhalb des UAG eine unmissverständliche Regelung hinsichtlich der Möglichkeit des Abbaus ordnungsrechtlicher Regelung für teilnehmende Unternehmen oder wenigstens hinsichtlich des Prüfungsumfangs des Umweltgutachters zu schaffen. Eine Grenze zog dabei der Text der Verordnung; es fehlte aber wohl auch politisch ein klarer Konsens.

a. Die Schlichter-Kommission

Auf Grund eines Beschlusses der Bundesregierung vom 20. Februar 1994 wurde die *„Unabhängige Expertenkommission zur Vereinfachung und Beschleunigung von Planungs- und Genehmigungsverfahren,“* nach ihrem Vorsitzenden, des früheren Präsidenten des Bundesverwaltungsgerichts, *Otto Schlichter,* kurz „*Schlichter*-Kommission“ genannt, eingesetzt, um den Deregulierungsbemühungen Ausdruck zu verleihen und um der Bundesregierung Vorschläge in Bezug auf

---

[1072] Ausführliche Darstellung in: *Nissen,* Die EG-Öko-Audit-Verordnung, 1999, S. 576ff. *Nissen* stellt auch die Verlautbarungen im Zuge parlamentarischer Anfragen dar.
[1073] BT-Drs.13/1445 S. 9.
[1074] BR-Drs. 368/95. Vgl. auch die Rede der damaligen Bundesumweltministerin Dr. *Angela Merkel* anlässlich der DIHT-Umweltagung „Ein Jahr Umweltmanagement und -betriebsprüfungssystem – Zwischenbilanz und Ausblick“ am 3.6.1996 in Bonn.

die Beschleunigung von Planungs- und Genehmigungsverfahren zu unterbreiten. Die Kommission legte am 9. Dezember 1994 ihren Bericht vor.[1075]
In diesem erklärt sie das Genehmigungsverfahren als Dienstleistung des Staates, welche *„nachfragegerecht“* beschleunigt werden soll.[1076] Die Leistung, mithin die Entlastung von Normkonformitätsrisiken, Präklusionen und Bestandsschutz, müsse nach Kundenwünschen flexibel erbracht werden. Um den Unternehmen entgegenzukommen, schlägt die Kommission sonderbeschleunigte Verfahrensvarianten vor. Der Investor muss im Gegenzug Eigenleistungen bei der Sachverhaltsermittlung, dem Interessenausgleich mit Betroffenen oder der Risikoabsicherung nach bestimmten Versicherungsmodellen erbringen.[1077] Die Beschleunigung und Erleichterung der Verfahren wird mit einem Teilverzicht der Bestandskraft erkauft. Bei Betreibern, die eine laufende Eigenkontrolle durchführen, könne ein „gestrecktes Genehmigungsverfahren“ angewandt werden.
Als private Kompensation für den Abbau der Verfahren wird auch die Teilnahme an dem EG-Öko-Audit-System angesehen.[1078] Für Anlagen von Organisationen mit validierter Umwelterklärung soll die Möglichkeit einer Rahmengenehmigung geschaffen werden. Verpflichte sich der Investor, ein Umwelt-Audit durchzuführen, so sollten Teile der üblichen Genehmigungserfordernisse nicht mehr im Genehmigungsverfahren, sondern erst im nachfolgenden Umwelt-Audit-Verfahren geprüft werden.[1079] Mit einer Rahmengenehmigung würden der Anlagengegenstand, die Verfahren und die materiellen Schutzpflichten festgeschrieben. Die den maßgeblichen Vorschriften und dem Stand der Technik entsprechenden Detail-Ausführungen des Vorhabens würden hingegen dem Unternehmen überlassen bleiben. Die damit einhergehende Privatisierung von Verantwortung wird durch den Vertrauensbonus gerechtfertigt, den die validierte Umwelterklärung bietet.[1080]

Die *Schlichter*-Kommission war trotz fehlender praktischer Erfahrungen mit dem EG-Öko-Audit-System sorglos, den Wegfall ordnungsbehördlicher Kontrollen an die EMAS-Teilnahme zu koppeln. Das Vertrauen der Kommission in die Wirksamkeit des Öko-Audit-Systems und in die Tiefe darin vorgenommenen Prüfungen überrascht.
Der Umweltgutachter des EG-Öko-Audit-Systems hätte nach den Vorstellungen der *Schlichter*-Kommission einen großen Teil der Aufgaben der Genehmigungsbe-

---

1075 BMWi (Hrsg.), Investitionsförderung durch flexible Genehmigungsverfahren, 1994, oder: *Bullinger* (Hrsg.), Investitionsförderung durch flexible Genehmigungsverfahren. Bericht der unabhängigen Expertenkommission zur Vereinfachung und Beschleunigung von Planungs- und Genehmigungsverfahren.1994.
1076 Dazu: *Bullinger*, JZ 1994, S. 1129; *Schmidt-Kötters*, in: *Rengeling* (Hrsg.), Integrierter und betrieblicher Umweltschutz, 1996, S. 1, 16; kritisch: *Lübbe-Wolff*, ZUR 1995, S. 57, 58.
1077 Ebd., Leitlinien 6, Rn. 286ff.
1078 Ebd., Leitlinien 26.
1079 Ebd., Rn. 273ff.
1080 *Schmidt-Kötters*, in: *Rengeling* (Hrsg.), Integrierter und betrieblicher Umweltschutz, 1996, S. 1, 43.

hörden übernehmen müssen. Da der Umweltgutachter jedoch erst dann prüft, wenn die Investition bereits realisiert ist, würden die Unternehmen grundlegenden Mängelanzeigen des Umweltgutachters sehr ablehnend gegenüber stehen. Anders als bei den präventiven Kontrollen hätten sie kein originär drängendes Interesse mehr an der Behebung der Misstände. Der von dem Unternehmen beauftragte Umweltgutachter dürfte seinerseits wenig Interesse daran haben, durch kostspielige Nachforderungen seine Auftraggeber zu verärgern. Die Qualität der gutachterlichen Prüfung wäre somit weiter gesunken, da immer weniger positive Anreize zur Qualitätsgewährleistung der Prüferleistung bestanden hätten. Rechtlich problematisch wäre ein solch weitgehender Rückzug des Staates aus der präventiven Kontrolle auch hinsichtlich den ihm obliegenden grundrechtlichen Schutzpflichten. Um diesen Effekten entgegenzutreten, wäre eine Beleihung des Gutachters notwendig geworden. Diese hätte jedoch der Intention der Kommission klar widersprochen.

Durch den Erlass der IVU-Richtlinie sind die Vorschläge der *Schlichter*-Kommission zu einem großen Teil obsolet geworden.[1081] Ein kleiner Teil der Vorschläge floss jedoch in das *„Gesetz zur Beschleunigung und Vereinfachung immissionsschutzrechtlicher Genehmigungsverfahren“*[1082] ein. Durch dieses Gesetz wurde in § 4 Abs. 1 der 9. BImSchV sowie in verschiedenen untergesetzlichen Verordnungen zum KrW-/AbfG eine zögerliche Verknüpfung von EMAS und Umwelt-Ordnungsrecht vorgenommen.[1083]

b. Die Sachverständigen-Kommission „Schlanker Staat“

Im folgenden Jahr, am 18. Juli 1995, setzte die Bundesregierung eine weitere Experten-Kommission, den Sachverständigenrat „Schlanker Staat,“ ein, der am 21. September 1995 unter dem Vorsitz von Prof. Dr. *Rupert Scholz* seine Arbeit aufnahm. Aufgabe des Gremiums sollte es sein, eine für notwendig erachtete Gesamtschau des Deregulierungsthemas zu gewährleisten. Im Rahmen seiner Tätigkeit

---

[1081] Es wird aber auch aktuell noch einen deutliche Beschneidung der Eröffnungskontrollen in Zusammenhang mit der Durchführung einer Umweltbetriebsprüfung gefordert. Insofern stellen sich die Vorschläge der Schlichter-Kommission als erstaunlich hartnäckig heraus. Vgl. *Fluck*, VerwArch. 1995, S. 466, 479; *Hezel*, in: *Rengeling*, (Hrsg.), Auf dem Wege zum Umweltgesetzbuch I, 1999, S. 179.

[1082] Gesetz v. 9.10.1996 (BGBl. I, S. 1498). Vgl. hierzu ausführlich: *Hansmann*, NVwZ 1997, S. 105. Der Gesetzesentwurf zu enthielt zunächst Erleichterungen im Zusammenhang mit der Mitteilungspflicht nach § 16 Abs. 1 BImSchG sowie der Mitteilung zur Betriebsorganisation nach § 52a Abs. 2 BImSchG. Die Anhörung durch das BMU am 15.12.199 hat hierzu jedoch nur ablehnende Voten erbracht. Die vorgesehenen Erleichterungen würden – so insbesondere die Vertreter der mittelständischen Industrie - einen mittelbaren Zwang zur Durchführung des Öko-Audits auslösen, dies sei für viele Firmen zu kostenintensiv. Die Erfüllung des Ordnungsrechts sei insofern weit weniger aufwändig. Die beabsichtigen Änderungen wurden daraufhin aus dem Gesetz gestrichen. *Schäfer*, NVwZ 1997, S. 526, 529.

[1083] Siehe KAPITEL 9: IV 1a aa.

fasste der Sachverständigenrat am 29. November 1996 einen Beschluss zur *„Stärkung privater Eigenverantwortung: Öko-Audit und Möglichkeiten der Übertragbarkeit außerhalb des Umweltbereichs“.*[1084] In Ziffer 2 des Beschlusses führt der Rat aus, dass auf der Grundlage des methodischen Ansatzes der „funktionalen Äquivalenz“ von freiwillig erbrachter betrieblicher Leistung und hoheitlichem Handeln eine rechtlich einwandfreie Entlastung bei Betrieben und Behörden in den Bereichen Überwachung, Information und Berichtspflichten eröffnet sei. Ordnungsrechtliche Kontrollen und überwachungsunterstützende Informationspflichten zeigten im Umwelt-Ordnungsrecht und in EMAS gleiche Zielsetzung und Steuerungswirksamkeit. Dies habe zur Folge, *“dass bei Unternehmen, die sich erfolgreich auditieren und in das Standortregister eingetragen sind, auf solche nachträglichen Kontrollen der am Standort befindlichen Industrieanlagen und auf die Erfüllung solcher Informationspflichten verzichtet werden kann.”*[1085]

Der Sachverständigenrat nimmt zwar bedenkenlos die funktionale Äquivalenz von Umweltaufsicht und Kontrollen im Rahmen von EMAS sowie von Berichtspflichten zu den entsprechenden Elementen von EMAS an,[1086] dennoch ist er im Vergleich zur Schlichter-Kommission ungleich vorsichtiger. In den Vorschlägen des Rates wird die pauschale Ersetzung ganzer Verfahren durch die Anwendung des Konzeptes der funktionalen Äquivalenz abgelöst.

c. Ad-hoc-Bund-Länder-Arbeitskreis Öko-Audit

Auf Initiative der Länder wurde am 22. Mai 1997 durch die Amtschef-Konferenz der Umweltministerien der Länder das Umweltministerium Thüringen beauftragt, in Zusammenarbeit mit dem „Ad-hoc-Bund-Länder-Arbeitskreis Öko-Audit“ und den LAWA, LAI und LAGA[1087] einen Bericht zu Deregulierungs- und Substitutionspotenzialen im Hinblick auf das EG-Öko-Audit-System zu entwickeln. Dieser wurde am 15.Oktober 1997 vorgelegt.[1088] Im Hinblick auf die EMAS-Teilnahme wird postuliert, dass grundsätzlich von der Rechtskonformität der teilnehmenden Organisationen ausgegangen werden kann. Deregulierung und Substitution mit Bezug auf EMAS wären grundsätzlich unbedenklich, solange das *„Niveau der Überwachung des materiellen Umweltrechts nicht verringert“* würde.[1089] Der Bericht erarbeitet zahlreiche Substitutions- und Deregulierungsvorschläge.

[1084] Bundesanzeiger Nr. 29a v. 12.2.1997, S. 7. Abschlußbericht des Sachverständigenrates Teil 2 Nr. 4.
[1085] Ebd.
[1086] Kritisch: *Feldhaus*, UPR 1997, 341, 342.
[1087] Länderarbeitsgemeinschaft Wasser und Abwasser; Länderausschuss Immissionsschutz, Länderarbeitsmeinschaft Abfall.
[1088] Thüringer Ministerium für Landwirtschaft, Naturschutz und Umwelt, Einheitlicher Endbericht an die Umweltministerkonferenz zu Deregulierungs- und Substitutionspotentialen, 1997.
[1089] Ebd., S. 7.

Auf Grund von Unstimmigkeiten wurde der Bericht jedoch nicht angenommen. Am 7./8. Mai 1998 einigte man sich auf der Umweltministerkonferenz in Heidelberg auf einen überarbeiteten Bericht.[1090] Dieser gibt den aktuellen Stand der Diskussion um EMAS wider, enthält sich jedoch in der Formulierung von Handlungsaufträgen an Bund und Länder.[1091]

Zusammenfassend lässt sich feststellen, dass die Deregulierung im Zusammenhang mit EMAS sich bis heute weitestgehend auf Ankündigungen und politische Absichtserklärungen beschränkt. Die Lähmung in der Gesetzgebung spricht dafür, dass die politischen und rechtlichen Probleme größer sind als dies die Ankündigungsrethorik erscheinen ließ.

III. Mechanismen der Entlastung auditierter Organisationen

Die Berücksichtigung der Teilnahme einer Organisation oder eines Standortes an dem gemeinschaftlichen EG-Öko-Audit-System kann juristisch auf unterschiedliche Art und Weise erfolgen. Ein Abbau der Doppelbelastung ist zunächst einmal durch die Harmonisierung der unterschiedlichen methodischen Ansätze von Ordnungsrecht und EMAS möglich.[1092] In Frage käme zum Beispiel eine Angleichung von Fristen. Nach § 27 Abs. 1 BImSchG muss eine Emissionserklärung in einem Rhythmus von vier Jahren abgegeben werden, der Auditierungszyklus im EG-Öko-Audit-System beträgt jedoch nur drei Jahre. Eine Vereinheitlichung wäre sinnvoll. Durch eine behutsame Angleichung würde der EMAS-Teilnehmer nicht privilegiert, sondern es würden unsinnige Mehrbelastungen aus dem Wege geräumt.
Als sperrig stellt sich in diesem Zusammenhang sowohl die Organisations- als auch die Standortbezogenheit von EMAS heraus. Sie lässt sich nicht einfach in ein ordnungsrechtliches System integrieren, welches auf dem Begriff der Betriebseinheit oder der Anlage aufbaut. Eine Angleichung ist in diesem Punkt, der sowohl auf der einen Seiten den Kernbereich von EMAS als auch auf der anderen Seite eine Grundsäule des deutschen Umwelt-Verwaltungsrechts betrifft, jedoch nur schwer vorstellbar.

Da aber nicht nur der Abbau von Belastungen, sondern die Privilegierung teilnehmender Unternehmen gefordert wird, geht es insbesondere auch um die Berücksichtigung der EMAS-Teilnahme der Unternehmen im Sinne einer Entlastung. Soweit eine solche Berücksichtigung auf gesetzlicher Ebene erfolgt, geht

---

[1090] Vgl. Vorlage zur 21. Amtschefkonferenz am 21./22.4.1998 in Friedrichshafen: „Vorschläge zur Deregulierungs- und Substitutionspotentialen" des Einheitlichen Endberichts.

[1091] Einheitlicher Endbericht an die Umweltministerkonferenz zu Deregulierungs- und Substitutionspotentialen im Hinblick auf das EG-Öko-Audit-System, 7/8.5.1998. Abgedruckt in: *Feldhaus*, Bundesimmissionsschutzrecht, Band 7, Umweltaudit, M 3.0.0.

[1092] *Kleesiek*, in: GUT Umweltforum und Beratungsservice GmbH (Hrsg.), Deregulierung des Umweltrechts, 1997, ohne Seitenangabe.

sie in aller Regel mit einer Hinzufügung von Regelungen einher. Diese weitere Regulierung wirkt entlastend für den betroffenen Unternehmer, sie erhöht jedoch die Komplexität unseres Umweltrechts. Die Entlastung führt damit nicht zu einer Harmonisierung unseres Rechts oder zu einer Verschlankung des Staates, im Gegenteil wird durch weitere Differenzierungen das Gesamtsystem noch undurchschaubarer.

Bestehen Ermessens- und Beurteilungsspielräume oder interpretationsfähige unbestimmte Rechtsbegriffe auf der Grundlage des geltenden Rechts, können bei Äquivalenz der Instrumente bestimmte ordnungsrechtliche Vorschriften auf Grund der erfolgreichen Teilnahme an dem EG-Öko-Audit-System als erfüllt angesehen werden. In diesem Falle ist eine Rechtsänderung nicht notwendig. Untergesetzliches hoheitliches Handeln kann durch die Anerkennung eines privaten Tätigwerden im exekutiven Bereich ersetzt werden. Substitution erfolgt in diesem Fall durch die Ausschöpfung von Ermessensspielräumen oder im Rahmen faktischer Spielräume bei der Interpretation unbestimmter Rechtsbegriffe.[1093]
Soweit eine unmittelbare Erfüllung ordnungsrechtlicher Anforderungen durch Elemente von EMAS aber nicht mehr angenommen werden kann, sind Änderungen auf Gesetzesebene notwendig. Die Substitution erfolgt in diesem Fall durch die Einfügung von Öffnungsklauseln. Unter der „Öffnung" versteht man den Verzicht auf eine hoheitliche Maßnahme, weil der Private eine rechtliche Anforderung durch einen gesetzlich angeordneten Kompensationstatbestand erfüllt. Dabei lassen sich unbedingte von konditionalen und optionalen Öffnungsklauseln unterscheiden.[1094] Die unbedingten Öffnungsklauseln setzen eine Gleichwertigkeit pauschal voraus, sie sind somit nichts anderes als Befreiungen für auditierte Organisationen. Konditionale Öffnungsklauseln kommen dann in Betracht, wenn die funktionale Äquivalenz des Öko-Audits auf Grund schwächerer Steuerungswirkung nicht vollständig gegeben ist und dies durch eine bedingte Klausel ausgeglichen werden kann. Optionale Öffnungsklauseln schließlich stellen die Erleichterungen in das Ermessen der Behörden. Durch Öffnungsklauseln wird Raum für substituierende Maßnahmen geschaffen. Außer im Falle der unbedingten Öffnungsklauseln erfordert die Regelung eine Prüfung der Äquivalenz im Einzelfall. Nur im Falle eines pauschalen Befreiungstatbestandes wird die Prüfung der Äquivalenz vorverlagert.

Eine weitere Möglichkeit der Entlastung teilnehmender Unternehmen ist der verstärkte Einbau von Kompensationsmodellen mit Bezug auf die EG-Öko-Audit-Verordnung in das geltende Recht. Dabei wird auf die vorgegebenen ordnungsrechtlichen Standards generell nicht verzichtet, gleichwohl wird aber z.B. dem Betreiber von Anlagen in einem bestimmten Rahmen die Möglichkeit

---

[1093] *Schneider*, Öko-Audit und Deregulierung im Immissionsschutzrecht, 1999, S. 98.
[1094] Einheitlicher Endbericht an die Umweltministerkonferenz zu Deregulierungs- und Substitutionspotentialen im Hinblick auf das EG-Öko-Audit-System des Ad-hoc-Länder-Arbeitskreises „Öko-Audit". Stand 24.9.1997, Punkt A V Nr. 3.

eingeräumt, diese Standards bei einer Anlage zu überschreiten, wenn die Überschreitung an anderer Stelle durch überobligationsmäßige Emissionsreduzierung kompensiert wird. Kompensationslösungen dienen dazu, dem Unternehmen innerhalb eines ordnungsrechtlichen Rahmens nach marktwirtschaftlichen Kriterien Entscheidungsspielräume für Umweltschutzmaßnahmen zu eröffnen.[1095] Kompensationsmodelle finden sich schon heute im geltenden Recht,[1096] könnten aber im Hinblick auf eine EMAS-Teilnahme weiter ausgebaut werden.
Weiterhin könnten Beweiserleichterungen im Haftungsrecht zu Gunsten von eingetragenen Unternehmen eingeführt werden. Vorausgesetzt wird dann, dass diese Unternehmen einen hohen Standard eines prozeduralen internen Umwelt-Managements einhalten und dadurch das Vertrauen begründen, dass die nach dem Stand des verfügbaren Wissens vernünftigerweise erreichbaren Risikoinformationen gesammelt und verarbeitet werden.[1097] Die Förderung und Kontrolle unternehmensinterner Umwelt-Managementsysteme könnte dann innovationsfördernd wirken, da die Beweiserleichterungen nicht auf den Compliance-Ansatz von EMAS abzielen, sondern auf die Evaluation des Risikomanagements.

IV. Berücksichtigung von EMAS im geltenden Recht

Die Deregulierungsvorschläge versandeten nicht vollständig im Vorschlagsstadium. Es finden sich vielmehr schon heute sowohl in Bundes- als auch in Landesgesetzen vereinzelt Verweise auf EMAS. Bevor im nächsten Kapitel auf das Deregulierungspotenzial von EMAS unter Berücksichtigung der Rechtsstellung des Umweltgutachter eingegangen wird, soll im Folgenden dargestellt werden, an welchen Stellen die Deregulierung bis heute schon ansetzt.

1. Normative Deregulierung

a. Normative Deregulierung auf Bundesebene

aa. Abfallrecht

Am deutlichsten sind die Bezüge zum EG-Öko-Audit-System in den Verordnungen zum Kreislaufwirtschafts- und Abfallgesetz. Nach § 43 KrW-/AbfG sind Erzeuger, Besitzer und Beseitiger von besonders überwachungsbedürftigen Abfällen nach § 41 Abs. 1 KrW-/AbfG dazu verpflichtet, über die Beseitigung dieser Abfälle ein Nachweisbuch zu führen und Belege vorzulegen. Auf Grund des § 48 Nr. 1 KrW-/AbfG wurde am 10. September 1996 die *„Verordnung über Verwertungs- und Beseitigungsnachweise (Nachweisverordnung – NachwV)“*[1098] erlassen. Nach § 5 Abs. 2 S. 3 dieser Verordnung hat die zuständige Behörde bei der Bestätigung der Zulässigkeit der Entsorgung *„die Angaben aus einer der Behörde vorliegenden*

[1095] *Kloepfer*, Umweltrecht, 1998, § 5 Rn. 306.
[1096] Vgl. §§ 7 Abs. 3, 17 Abs. 3a BImSchG.
[1097] *Ladeur*, Umweltrecht in der Risikogesellschaft, 1995, S. 265.

Umwelterklärung gem. Art 5 der Verordnung (EWG) Nr. 1836/93 des Rates vom 29. Juni 1993 [...] zu berücksichtigen".

Das Entsorgungsnachweisverfahren drückt die Bedeutung von Transparenz im Bereich der Entsorgung von Abfällen aus. In dem Verfahren werden konkrete Entsorgungsvorgänge oder die Entsorgung konkreter Abfallfraktionen eines Betriebs überprüft. Ziel des Nachweises ist die vollständige Erfassung und Beschreibung des zu entsorgenden Abfalls und die Dokumentation der Zulässigkeit des geplanten Entsorgungsweges gegenüber den zur Überwachung der Abfallentsorgung zuständigen Behörden.

§ 5 Abs. 2 Nr. 3 NachwV gebietet nun der mit dem Nachweisverfahren betrauten Behörde, die Angaben in der Umwelterklärung zu *„berücksichtigen"*. Ein der Regelung in § 5 Abs. 2 S. 3 NachwV entsprechendes Berücksichtigungsgebot ist gem. § 13 Abs. 1 S. 3 NachwV auch bei der Entscheidung über die Freistellung des Abfallentsorgers von der Pflicht, besonders überwachungsbedürftige Abfälle nur nach vorhergehender Bestätigung des Entsorgungsnachweises anzunehmen, vorgesehen.

Was dabei genau unter „Berücksichtigung" zu verstehen ist, bleibt unklar. Gemeint sein kann nur, dass die Behörde Angaben, die im Nachweisverfahren von Bedeutung sind, der Umwelterklärung entnehmen soll. Diese soll jedoch knapp und verständlich sein[1099] und wird aus diesem Grund solche Angaben nicht enthalten. Durch die Berücksichtigungsklausel wird das Verfahren tendenziell verlängert und kompliziert, weil der Behörde auferlegt wird, die Umwelterklärung auf eventuell taugliche Angaben zu prüfen. Da das Unternehmen die notwendige Information auf jeden Fall bereithalten und an die Behörde weitergeben soll, ist eine Entlastung auch für den Unternehmer nicht zu erwarten. Ganz abgesehen davon, dass die Berücksichtigungsgebote aus §§ 5 Abs. 2 S. 3 und 13 Abs. 1 S. 3 NachwV das Verfahren verkomplizieren, formulieren sie auch nichts, was nicht ohne die Regelungen auch möglich gewesen wäre. Würde die Umwelterklärung relevante Angaben erhalten, so wäre es schon unter der Vorgabe einer effizienten Arbeitsweise selbstverständlich, diese zu berücksichtigen.[1100]

Doch der Berücksichtigung nicht genug. Auf der Grundlage des § 52 Abs. 2 KrW-/AbfG erging ebenfalls am 10. September 1996 die *„Verordnung über Entsorgungsfachbetriebe (Entsorgungsfachbetriebeverordnung – EfbV)"*.[1101] Nach § 13 Abs. 4 Nr. 1 EfbV muss die technische Überwachungsorganisation, die mit der

---

[1098] BGBl. I, S. 1382.

[1099] Art. 5 Abs. 2 EG-UAVO n.F.; *„klar und kohärent"* nach Anh. III Nr. 3.1. EG-UAVO n.F..

[1100] *Kleesiek* interpretiert §§ 5 Abs. 2 und 13 Abs. 1 NachwV sowie § 8 Abs. 6 AbfKoBiV in dem Sinne, dass die Behörde die ihr vorgelegten Umwelt-Management-Dokumente nach Anhang I B EG-UAVO a.F. zu berücksichtigen habe. *Kleesiek*, in: GUT Umweltforum und Beratungsservice GmbH (Hrsg.), Deregulierung des Umweltrechts, Ansätze, 1997, ohne Seitenangabe.

[1101] Verordnung über Entsorgungsfachbetriebe (Entsorgungsfachbetriebeverordnung – EfbV) vom 10.9.1996 (BGBl. I, S. 1421).

Überwachung des Betriebs beauftragt ist, „*die Ergebnisse von Prüfungen berücksichtigen, die durch einen unabhängigen Umweltgutachter oder eine Umweltgutachterorganisation gemäß Artikel 4 Abs. 3 der Verordnung (EWG) Nr. 1836/93 des Rates vom 29. Juni 1993* [...] *vorgenommen wurden.*“ Diese Regelung knüpft sinnvollerweise nicht an die Angaben in der Umwelterklärung an, denn in dieser würde die Überwachungsorganisation wenig Relevantes finden. Fraglich ist jedoch, wie sich die Organisation auf andere Weise von den Prüfergebnissen des Umweltgutachters in Kenntnis setzen soll. Zwar ist strittig, ob die Überwachungsorganisation hoheitlich oder privat tätig wird,[1102] doch unterliegt der Umweltgutachter auch gegenüber einer hoheitlichen Überwachungsorganisation keiner Vorlagepflicht. Nach EMAS I oblag ihm vielmehr die Pflicht zur Verschwiegenheit aus Art. 4 Abs. 7 EG-UAVO a.F.. Der Umweltgutachter unterliegt nur der Verpflichtung, seine Prüfunterlagen der aufsichtsführenden Stelle auf Verlangen vorzulegen.[1103] Die Unterlagen aus der Betriebsprüfung können von der Überwachungsorganisation also nur verwendet werden, wenn der zu überwachende Betrieb diese zugänglich macht. Eine solche Kooperation im Rahmen der Überwachung ist aber auch ohne gesetzliche Regelung möglich und wünschenswert. Dieses Ergebnis wird dadurch bestätigt, dass das gleiche Berücksichtigungsgebot auch für die Ergebnisse von einer nach ISO 45012 akkreditierten Stelle im Rahmen der Zertifizierung eines Qualitätsmanagementsystems nach ISO 9001, 9002, 9003 oder 9004 gilt. Hoheitliche Pflichten und Rechte scheiden hier von vornherein aus. Die Norm stellt somit einzig die Selbstverständlichkeit klar, dass die technische Überwachungsorganisation sich aller zugänglichen Informationen bedienen soll.

Im Zusammenhang dieser Arbeit interessanter ist die Regelung des § 15 Abs. 2 EfbV, nach welcher die Anforderungen des § 15 Abs. 1 EfbV an die Zuverlässigkeit, die Unabhängigkeit und Fachkunde des Personals einer technischen Überwachungsorganisation als erfüllt gelten, wenn der Sachverständige eine Zulassung als Umweltgutachter nach § 9 des UAG oder die technische Überwachungsorganisation eine Zulassung als Umweltgutachterorganisation nach § 10 UAG für den Unternehmensbereich Recycling, Behandlung, Vernichtung oder Endlagerung von festen oder flüssigen Abfällen besitzt. Diese Regelung eröffnet dem Umweltgutachter ein zusätzliches Aufgabenfeld als Sachverständiger. Diese Regelung ist sinnvoll, da sie es dem zugelassenen Umweltgutachter erleichtert, auch in verwandten Gebieten tätig zu werden. Eine erneute Prüfung der Voraussetzungen von Fachkunde, Zuverlässigkeit und Unabhängigkeit wäre in der Tat unnötiger Verwaltungsaufwand.

[1102] Für eine privatrechtliche Qualifikation: *Versteyl*, in: *Kunig/Paetow/Versteyl* (Hrsg.), KrW-/AbfG Kommentar, 1998, § 52 KrW-/AbfG, Rn. 15 mit Hinweis auf die fehlenden Überwachungspflichten der Verwaltung hinsichtlich der Entsorgungsfachbetriebe. Weitere Nachweise: *Pippke;* Öffentliche und private Abfallentsorgung: die Privatisierung der Abfallwirtschaft nach dem Kreislaufwirtschafts- und Abfallgesetz, 1999.

[1103] Vgl. § 15 Abs. 2 UAG.

Aus den Vorschriften der §§ 20, 19 KrW-/AbfG ergibt sich für Erzeuger von Abfall ab einer bestimmten Abfallmenge die Pflicht, Abfallwirtschaftskonzepte zu erstellen. Gem. § 8 Abs. 6 der *„Verordnung über Abfallwirtschaftskonzepte und Abfallbilanzen“ (Abfallwirtschaftskonzept- und Bilanzverordnung – AbfKoBiV)* vom 13. September 1996[1104] wird *„eine Umwelterklärung, die gemäß der Verordnung (EWG) Nr. 1836/93 des Rates vom 29. Juni 1993* [...] *abgegeben und für gültig erklärt ist,* [...] *als Abfallwirtschaftskonzept oder dessen Fortschreibung und als Abfallbilanz anerkannt, wenn die der Umwelterklärung zugrunde liegende Umweltbetriebsprüfung die Anforderungen des §§ 19 und 20 des Kreislaufwirtschafts- und Abfallgesetz und dieser Verordnung erfüllt.“*
Die im Rahmen der Abfallbilanz zu erhebenden Daten fielen nach EMAS I in Anhang I B Nr. 3c zur Position *„feste und andere Abfälle, insbesondere gefährliche Abfälle“* und Nr. 4c zu Position *„Planung und Kontrolle umweltrelevanter Funktionen, Tätigkeiten und Verfahren in bezug auf Überwachung und Kontrolle verfahrenstechnischer Aspekte (z.B. Verbleib von Abwässern und Beseitigung von Abfällen).“*[1105] Nach EMAS II findet das Abfall-Management unter den direkten und indirekten Umweltaspekten Erwähnung.[1106] Doch finden sie in der Regel nicht im erforderlichen Maß Eingang in die Umwelterklärung. Nach Anhang III Nr. 3.2.e EG-UAVO n.F. sollte die Umwelterklärung zwar durchaus Angaben zur Abfallgenerierung der Organisation enthalten. Doch diese Anforderung ist einerseits nicht verpflichtend, andererseits verlangt sie in keinem Fall Angaben, die ihn ihrer Ausführlichkeit mit einer Abfallbillanz zu vergleichen wären.
Die Regelung des § 8 Abs. 6 AbfKoBiV spiegelt die Unsicherheit der Bundesregierung im Hinblick auf die Berücksichtigung der EMAS-Teilnahme. Wenn der Verordnungsgeber davon ausgegangen wäre, dass bei konsequenter Durchführung der EG-Öko-Audit-Verordnung die Erstellung eines Äquivalents zur Abfallbilanz sichergestellt wäre, hätte er eine Befreiungsklausel formulieren können. Dies ist jedoch nicht möglich, da nicht grundsätzlich von einer Gleichwertigkeit ausgegangen werden kann. So normiert die Vorschrift einmal mehr Selbstverständliches: Wenn die Umwelterklärung die Anforderungen erfüllt, die an ein Abfallwirtschaftskonzept gestellt werden, dann kann sie als solches verwendet werden. Wenn nicht, dann nicht. Damit wird nur ausgedrückt, dass natürlich auch jedes andere Dokument als Abfallwirtschaftsbilanz verwendet werden kann, wenn die Dokumente den Anforderungen nach Abfallwirtschaftsbilanzen entsprechen. Insofern ist es kaum überzeugend, wenn in der Begründung der Regelung seitens des Bundes-

---

1104 BGBl. I, S. 1913.
1105 Erwähnt wird der Themenbereich Abfall noch in Art. 5 Abs. 3c sowie in Anhang III H b EG-UAVO a.F.
1106 Vgl. Anh. VI Nr. 6.3c, 6.3a, 6.4b EG-UAVO n.F.

rates darauf verwiesen wird, die Anforderungen bei der Öko-Audit-Beteiligung lägen höher als die der AbfKoBiV.[1107]

Auch in der Altautoverordnung[1108] findet sich ein Verweis auf EMAS. Dort heißt es in § 4 Abs. 2, dass bei den Überprüfungen der Anforderungen von Sachverständigen Ergebnisse von Prüfungen zu berücksichtigen seien, *„die durch einen unabhängigen Gutachter oder eine Gutachterorganisation gem. Art. 4 Abs. 3 der Verordnung (EWG) Nr. 1836/93* [...] *oder durch eine nach ISO 45012 akkreditierte Stelle im Rahmen der Zertifizierung eines Qualitätsmanagementsystems nach ISO 9001, 9002, 9003 oder 9004"* vorgenommen wurden.
Auch diese Vorschrift regelt nichts Neues.
Missverständlich ist dafür die Regelung der zuständigen Sachverständigen nach § 5 AltautoV. Nach dieser Regelung darf Bescheinigungen nur erteilen, wer nach § 36 GewO öffentlich bestellt ist oder wessen Befähigung durch ein Mitglied des Deutschen Akkreditierungsrates (DAR) in einem allgemeinen anerkannten Verfahren festgestellt ist. Die Befähigung von Umweltgutachtern wird nicht durch eine Mitglied des DAR festgestellt, da die DAU nicht Mitglied des DAR ist. Zertifizierer nach ISO 14001ff. besitzen die Anerkennung der Trägergemeinschaft für Akkreditierung (TGA), die TGA ist Mitglied der DAR. Dieser Ausschluss der Umweltgutachter ist willkürlich und nicht sachgerecht. Die Nichterwähnung kann nur als redaktionelles Versehen des Gesetzgebers gedeutet werden: Systematisch ergibt sich, dass auch der Umweltgutachter die Bescheinigungen nach § 4 Abs. 2 AltautoV ausstellen darf. Da gem. § 4 Abs. 3 AltautoV die Betreiber die Bescheinigung gem. § 14 EfbV der zuständigen Behörde unverzüglich vorzulegen haben und die Qualifikationsvoraussetzungen an das Personal von Überwachungsorganisationen gem. § 15 Abs. 2 EfbV von Umweltgutachtern erfüllt werden, sind letztere auch als Sachverständige im Sinne des § 5 AltautoV anzusehen.[1109]

bb. Immissionsschutzrecht

Auch im Immissionsschutzrecht findet sich ein Verweis auf die EG-Öko-Audit-Verordnung. In der 9. BImSchV[1110] werden die Einzelheiten des immissionsschutzrechtlichen Genehmigungsverfahrens geregelt. Gem. § 4 Abs. 1 S. 1 dieser Verordnung sind dem Genehmigungsantrag die Unterlagen beizufügen, die zur Prüfung der Genehmigungsvoraussetzungen erforderlich sind. Dabei ist zu berücksichtigen, *„ob die Anlage Teil eines Standortes ist, für den Angaben in einer*

[1107] BR-Drs. 352/96, Beschluss, S. 4. Die Vorschrift ist auch erst spät auf Wunsch des Bundesrates in die Verordnung aufgenommen worden.
[1108] Verordnung über die Überlassung und umweltverträgliche Entsorgung von Altautos (Altauto-Verordnung – AltautoV) v. 4.7.1997 (BGBl. I, S. 1666).
[1109] *Nissen*, Die EG-Öko-Audit-Verordnung, 1999, S. 596.
[1110] Neunte Verordnung zur Durchführung des Bundes-Immissionsschutzgesetzes (Verordnung über das Genehmigungsverfahren – 9. BImSchV) v. 29.5.1992 (BGBl. I, S. 1001).

der Genehmigungsbehörde vorliegenden Umwelterklärung gem. Art. 5 der Verordnung (EWG) Nr. 1836/93 [...] enthalten sind.“
Diese Vorschrift ist schon hinsichtlich ihres Adressaten unklar. Systematisch müsste dies der Unternehmer sein, sinnvollerweise kann aber nur die Behörde gemeint sein. In der Praxis dürfte auch diese Vorschrift eher zu einer weiteren „Hochregulierung“ statt einer Deregulierung führen.[1111] Der rechtliche Ansatzpunkt für eine Begünstigung registrierter Antragsteller kann nur das Ermittlungsermessen sein.[1112] Nach der Entwurfsbegründung ist es Sinn der Regelung, dass die Behörde prüfen soll, ob die Prüftiefe hinsichtlich bestimmter Anforderungen in verantwortbarer Weise zurückgenommen werden kann. Dann können auch die Anforderungen an die Detaillierung von Antragsunterlagen entsprechend zurückgenommen werden.[1113]
Die Umwelterklärung des Antragstellers, auf welche die Begründung des Gesetzesentwurfs verweist,[1114] wird jedoch nicht so beschaffen sein, dass sie als Ersatz für vorzulegenden Antragsunterlagen in Betracht kommt.[1115] Geplante Anlagen können gar nicht Bestandteil der Umwelterklärung sein. Die Regelung belässt die Verwaltung jedoch im Unklaren, welche Genehmigungsunterlagen statt dessen entbehrlich werden sollen. Damit wird die Verwaltung durch den unklaren Prüfauftrag weiter belastet und das Verfahren verzögert.

b. Normative Deregulierung auf Landesebene

Auf der Ebene der Länder hat der baden-württembergische Landesgesetzgeber in einer abfallrechtlichen Regelung einen Verweis auf die Teilnahme an EMAS eingefügt. Auf der Basis des § 20a Abs. 3 LAbfG BW[1116] kann die oberste Abfallrechts- und Immissionsschutzbehörde durch Verwaltungsvorschrift bestimmen, unter welchen Voraussetzungen die Überwachung durch die zuständigen Behörden nach § 20 Abs. 1 des LAbfG BW, § 40 KrW-/AbfG und § 52 i.V.m. § 5 Abs. 1 Nr. 3 BImSchG eingeschränkt wird, wenn der Betreiber einer Abfallverwertungs- oder Abfallbeseitigungsanlage oder einer sonstigen Anlage nach § 3 Abs. 5 BImSchG eine validierte Umwelterklärung gemäß der EG-Öko-Audit-Verordnung abgibt.
Der Landesgesetzgeber kann seinen Deregulierungswillen in der Hauptsache auf der Ebene des Gesetzesvollzugs Ausdruck verleihen.[1117] Etwas anderes soll auch

---

[1111] *Ekardt,* KGV-Rundbrief 2/97, S. 3, 6.
[1112] *Feldhaus,* UPR 1997, 341, 347,
[1113] BR-Drs. 31/96, S. 26f. Vgl. auch: *Schäfer,* NVwZ 1997, S. 526, 529; *Feldhaus,* UPR 1997, S. 341, 347.
[1114] BT-Drs. 13/3996, Art. 3 Nr. 3.
[1115] *Lübbe-Wolff,* ZUR 1996, S. 173, 178f.; *Knopp/Wolf,* BB 1997, S. 1593, 1598; vgl. auch: *Ekart,* KGV-Rundbrief 2/97, S. 2, 6.
[1116] Gesetz über die Vermeidung und Entsorgung von Abfällen und die Behandlung von Altlasten in Baden-Württemberg (Landesabfallgesetz Baden-Württemberg – LAbfG).
[1117] Landesrechtliche Vorschriften können den gesetzlichen Umfang der überwiegend durch Bundesrecht vorgegebenen Überwachungspflichten nicht verringern bzw. vereinfachen. Da der

auf der Grundlage des § 20a LAbfG BW nicht geschehen. Auf der Grundlage dieser Vorschrift sollen Verwaltungsvorschriften ergehen, die eine reduzierte Überwachung auditierter Betriebe vorsehen können. Diese Regelung ist rechtlich jedoch überflüssig, da Verwaltungsvorschriften auch ohne gesetzliche Ermächtigung erlassen werden können. Zweckmäßig kann die Vorschrift auch nur dort deregulierende Wirkung entfalten, wo regelnde Verwaltungsvorschriften existieren. Für viele Bereiche fehlt es an diesen, so dass es schon an der Normalebene, in Bezug auf die überhaupt sinnvoll eine Einschränkung der Überwachung vorgenommen werden kann, fehlt[1118]

c. Wertung und Auswirkungen auf die Tätigkeit des Umweltgutachters

Die Verweise des geltenden Rechts auf EMAS können in zwei Gruppen geteilt werden. Die Vorschriften, durch welche das Tätigkeitsfeld des Umweltgutachters ausgeweitet wird,[1119] stehen den Vorschriften gegenüber, die Erleichterungen im allgemeinen Verwaltungsvollzug schaffen sollen. Die zweite Gruppe lässt sich wiederum nach ihren Adressaten differenzieren. Einmal richten sich die Vorschriften an die zuständige Behörde,[1120] einmal an überwachungsbefugte Private.[1121]

Die Vorschriften, die den Aufgabenbereich des Umweltgutachters erweitern, sind zu begrüßen – jedoch ohne privilegierende Wirkung für den EMAS-Teilnehmer. Sie vermeiden unnötige Prüfungen und Verwaltungsverfahren, nutzen den Sachverstand des Umweltgutachters und stärken dessen Stellung. Durch die Erweiterung seines Aufgabenfeldes wird er auch unabhängiger im Verhältnis zu seinen Auftraggebern im EG-Öko-Audit-System. Sinnvoll ist es auch, wenn Ergebnisse der gutachterlichen Tätigkeit von privaten Sachverständigen, welche die Anlage prüfen, berücksichtigt werden. Dies kann entweder dadurch erfolgen, dass der Unternehmer den Sachverständigen die Unterlagen der Betriebsprüfung zur Verfügung stellt, oder es liegen den Sachverständigen die Unterlagen schon vor, weil sie selbst als Umweltgutachter für die Organisation tätig geworden sind. Diese Vorschriften schaffen auch sinnvolle Erleichterungen für betroffene Unternehmen, die so doppelte Kostenbelastungen vermeiden können. Hier lassen sich zusätzliche

---

Bundesgesetzgeber die konkurrierende Gesetzgebungskompetenz aus Art. 74 Nr. 24 GG durch das KrW-/AbfG weitestgehend für sich in Anspruch genommen hat, sind landesrechtliche Deregulierungsmaßnahmen durch die Bundesgesetzgebung beschränkt.

1118 Kritisch auch: *Lübbe-Wolff,* ZUR 1996, S. 173, 179.

1119 § 15 Abs. 2 EfbV, § 5 AltautoV. Hierzu zählen auch noch § 6 Abs. 2 S. 1 EgRL (s.u. KAPITEL 9: Teil IV Nr. 2a) sowie ausweislich der Gesetzesbegründung § 13 Abs. 2 der 9. BImSchV, nach der auch Umweltgutachter als Sachverständige i.S.d. Regelung anerkannt werden sollen.

1120 Vgl. §§ 20a Abs. 3, 4 LAbfG BW, § 8 Abs. 6 AbfKoBiV, §§ 5 Abs. 2 S. 3, 13 Abs. 1 S. 3 NachwV, § 4 Abs. 1 der 9. BImSchV.

1121 Vgl. § 13 Abs. 4 EfbV, § 4 Abs. 1 i.V.m. Abs. 2 AltautoV.

Anreizeffekte erzielen, ohne die Wirksamkeit der EG-Öko-Audit-Verordnung zu gefährden.

Die Vorschriften, die sich an die Behörden wenden, sind hingegen wenig überzeugend. Sie sind kryptisch,[1122] widersinnig[1123] oder überflüssig,[1124] dort wo Entlastung geschaffen werden soll.[1125] Die Unsicherheit und Unentschlossenheit des Gesetzgebers schimmert durch die Vorschriften und wird durch verwirrende Regelungen auf die Verwaltung abgewälzt. Unbestimmte Rechtsbegriffe und schwammige Normen führen grundsätzlich nicht zur Vereinfachung sondern zur Verlangsamung und Verkomplizierung des Verwaltungsvollzugs. Die Berücksichtigungsklauseln machen die Materie für die Behörden komplizierter und verlängern so die, ohnehin schon als zu lang empfundenen, Verfahren. Auch für die Unternehmer sieht keine dieser Regelungen nennenswerte Erleichterungen vor. Die Berücksichtigungsklauseln sind als konditionale Öffnungsklauseln ausgestaltet und halten an den materiellen Anforderungen der Vorschriften fest. Diese Anforderungen werden in der Regel nicht durch die Systemelemente des EG-Öko-Audit-Systems abgedeckt, so dass der Teilnehmer keine tatsächliche Erleichterung erfährt.

Die Maßnahmen der Deregulierung, die bis heute ergriffen wurden, sind, soweit es sich um Entlastungsklauseln für eingetragene Organisationen handelt, ohne Bedeutung für die Tätigkeit des Umweltgutachters. Insbesondere werden keine Rechtsfolgen an die Validierung der Umwelterklärung geknüpft oder Befreiungstatbestände formuliert, die ein Compliance-Audit voraussetzen würden. Die Regelungen sind von einer solchen Vorsicht geprägt, dass die Tätigkeit oder die Stellung des Umweltgutachters durch diese weichen, folgen- und sinnlosen Klauseln nicht berührt werden.

2. Erleichterung auf untergesetzlicher Ebene

a. Verwaltungsvorschriften des Bundes

Bezug zu EMAS stellt die Entsorgegemeinschaftenrichtlinie (EgRL) des Bundesumweltministeriums vom 9. September 1996 her, welche die Anforderungen an die Tätigkeit von Entsorgergemeinschaften sowie deren Anerkennung durch die zuständige Behörde regelt. § 6 Abs. 1 EgRL bestimmt, dass Entsorgegemeinschaften sowie ihre Mitgliedsbetriebe nach wesentlichen Änderungen des Betriebs und im übrigen jährlich zu überprüfen sind. Nach Abs. 2 sind hierzu Sachverständige einzusetzen, die für die Durchführung der Überwachung die erforderliche Zuverlässigkeit, Unabhängigkeit und Fachkunde besitzen. Nach der Begründung

---

[1122] Vgl. § 4 Abs. 1 S. 2 BImSchV.
[1123] Vgl. § 8 Abs. 5 AbfKoBiV.
[1124] Vgl. § 20a Abs. 3 LAbfG BW.
[1125] Vgl. *Köck*, VerwArch.1996, S. 644, 680; *Lübbe-Wolff*, ZUR 1996, S. 173, 176ff.

zum Richtlinienentwurf zu § 6 Abs. 1 EgRL erfüllt ein Umweltgutachter, der für die einschlägigen Unternehmensbereiche zugelassen ist, *„auf jeden Fall"* die Anforderungen an Zuverlässigkeit, Unabhängigkeit und Fachkunde.[1126] In § 6 Abs. 7 Nr. 1 EgRL heißt es in Bezug auf EMAS weiter: *„Die Entsorgergemeinschaft soll bei der Überprüfung der von ihr festgelegten Anforderungen Ergebnisse von Prüfungen heranziehen, die durch einen unabhängigen Umweltgutachter* [...] *gem. Art. 4 Abs. 3 der Verordnung (EWG)* [...] *vorgenommen wurden."*
Diese Vorschrift gehört zu den Regelungen, die das Tätigkeitsfeld des Umweltgutachters erweitern. Der Umweltgutachter soll auch als Sachverständiger im Rahmen der Überwachung von Mitgliedern der Entsorgungsgemeinschaften tätig werden können. Dadurch verdeutlicht die Richtlinie, dass sich die Überwachungen i.S.d. EgRL mit einer Teilnahme an dem EG-Öko-Audit-System koppeln lassen.[1127] Diese Verbindung ist sinnvoll, da sie Teilnahme-Anreize schafft, unnötige Kosten und Arbeit vermeidet und die Stellung des Gutachters stärkt.

b. Verwaltungsvorschriften der Länder

Der zaudernden Haltung des Bundesgesetzgebers im Hinblick auf entlastende gesetzliche Maßnahmen mit Bezug auf eine EMAS-Teilnahme steht ein entschiedener Handlungswille auf Seiten der Länder gegenüber.[1128] Es gibt inzwischen fast kein Bundesland, welches nicht im Rahmen von Umweltpakten und Umweltallianzen in Zusammenarbeit mit Vertretern der Industrie Maßnahmenkataloge erarbeitet hätte, die Deregulierungen auf der Ebene des Verwaltungsvollzugs der erfolgreichen Teilnahme an dem EG-Öko-Audit-System gegenüberstellen.

aa. Bayern

Als erstes Bundesland wagte Bayern im Jahre 1995 einen Vorstoß, EMAS und die Vollzugskontrolle des Ordnungsrechts zu verknüpfen. Schon am 19. Juli 1995 hatte der Bayerische Ministerpräsident, Dr. *Edmund Stoiber*, die Umweltinitiative Bayern vorgestellt[1129] und in diesem Rahmen verkündet: *"Je mehr die Betriebe Eigenverantwortung übernehmen, um so mehr wollen wir sie von staatlicher Kontrolle befreien."* Am 23. Oktober 1995 unterzeichneten die Bayerische Landesregierung und verschiedene Bayerische Wirtschaftsverbände den *„Umweltpakt*

[1126] *Nissen,* Die EG-Öko-Audit-Verordnung, 1999, S. 594, Fn. 1931.

[1127] Ebd., S. 615.

[1128] Da die Länder gem. Art. 83 GG mit dem Vollzug der Bundesgesetze als eigene Angelegenheiten betraut sind, haben sie ein besonderes Interesse an der Substitution von behördlichen Vollzugsaktivitäten.

[1129] Umweltinitiative Bayern – Kooperativer Umweltschutz – Nachhaltige Entwicklung – Ökologischer Wohlstand, Regierungserklärung des Bayerischen Ministerpräsidenten Dr. *Edmund Stoiber* am 19.7.1995 im Bayerischen Landtag.

Bayern"[1130]. Im Rahmen dieses Umweltpaktes verpflichtete sich die Wirtschaft, die Teilnahme an EMAS zu fördern und bis zum Jahre 2000 die Eintragung in das Register des EG-Öko-Audit-Systems an mindestens 500 Standorten zu erreichen. Im Gegenzug wollte *„die Staatsregierung unter Ausschöpfung ihrer Handlungsspielräume darauf hinwirken, dass Unternehmen, die als geprüfter Standort im Rahmen des EG-Öko-Audit-Systems registriert sind, bei Berichts- und Dokumentationspflichten, Kontrollen und Überwachungen durch die Aufsichtsbehörden sowie im Genehmigungsverfahren gleichwertig zur übernommenen Eigenverantwortung entlastet werden."*

Verfassungsrechtlich wird der bayerische Lösungsansatz auf das Übermaßverbot gestützt, welches staatliche Zuständigkeiten und Eingriffsinstrumentarien unter den Vorbehalt der Erforderlichkeit und Verhältnismäßigkeit stellt.[1131] Der "Umweltpakt Bayern" basiert auf den Begriffen der "Substitution" und der "funktionalen Äquivalenz".[1132] Substitution wird in Bayern dabei auf die Ersetzung von Pflichten auf untergesetzlicher Ebene durch ein Äquivalent begrenzt verstanden. Voraussetzung für die Annahme der funktionalen Äquivalenz zwischen zwei Regelungen ist die Selbstverpflichtung der teilnehmenden Unternehmen zur Einhaltung der geltenden Rechtsvorschriften, mithin der Compliance-Ansatz der EG-Öko-Audit-Verordnung. Es wird jedoch nicht ganz klar, ob in Bayern auch von einem Compliance-Audit ausgegangen wird. Einerseits schreibt *Böhm-Amtmann*, das Neue an EMAS sei, dass zum Gegenstand der Validierung die Einhaltung der einschlägigen Rechtsvorschriften gemacht wurde.[1133] Sie bezieht sich in ihrer Argumentation aber stets nur auf die Einhaltung, nicht auf die Überprüfung der Einhaltung der Vorschriften durch den Umweltgutachter. Da der "Umweltpakt Bayern" jedoch davon ausgeht, dass für den gesamten Monitoring-Bereich, d.h. die nachträglichen behördlichen Kontrollen (ex post) der am Standort befindlichen Industrieanlagen und die überwachungsunterstützenden Informationspflichten der Unternehmen (Berichts- und Dokumentationswesen) wechselseitige funktionale Äquivalenz zwischen Ordnungsrecht und dem Pflichtenkatalog der EG-Öko-Audit-Verordnung besteht,[1134] wird ein Compliance-Audit implizit vorausgesetzt. Nur diese pauschale Annahme der Gleichwertigkeit in der Vollzugskontrolle rechtfertigt eine Rückführung staatlicher Kontrolltätigkeit. Als nicht funktional äquivalent werden in

---

[1130] Umweltpakt Bayern - Miteinander die Umwelt schützen – Freiwillige Vereinbarungen zwischen der Bayerischen Wirtschaft und der Bayerischen Staatsregierung mit dem Ziel eines verstärkten Umweltschutzes.

[1131] *Böhm-Amtmann,* GewArch.1997, S. 353, 355; *dies.* ZUR 1997, S. 178, 180.

[1132] *Dies.,* ZUR 1997, S. 178; *dies.,* GewArch.1997, S. 353; *Weigand,* in: GUT Umweltforum und Beratungsservice GmbH (Hrsg.), Deregulierung des Umweltrechts, 1997, ohne Seitenangabe.

[1133] *Böhm-Amtmann,* ZUR 1997, S. 178, 180.

[1134] *Dies.,* GewArch.1997, S. 353, 355; *dies.* ZUR 1997, S. 178, 181.

Bayern allein die ex-ante Kontrollen im Rahmen von Genehmigungsverfahren qualifiziert.

Von Mai bis August 1995 haben der VCI Bayern und das Staatsministerium für Landesentwicklung und Umweltfragen als Mitglieder eines gemeinsamen Lenkungsausschusses einen 84 Seiten starken Substitutionskatalog erarbeitet.[1135] Dieser legte die theoretische Grundlage für ein Pilotprojekt mit international organisierten Firmen, die Mitglieder des "Umweltpaktes Bayern" sind, welches am 15. September 1997 offiziell startete. Gegenstand ist die kombinierte Validierung nach EMAS, ISO 14001 und ISO 9000ff.. Ziel ist es, die sich auf diese Weise ergebende Bandbreite einer Substitution von Ordnungsrecht zu untersuchen und zu evaluieren, z.B. die Ersetzung von Gewerbeaufsichtsrecht, dem Recht der Arbeitssicherheit einschließlich des Rechts der Berufsgenossenschaft im Rahmen der Unfallverhütung, Gefahrstoffrecht, dem Recht der Versicherungswirtschaft usw.[1136] Dieser Substitutionskatalog ist im Rahmen exekutivischer Kompetenz des Freistaats Bayerns gem. Art. 83 GG und nach Maßgabe eines geordneten Kabinettsbeschlusses im Freistaat Bayern Rechtslage.[1137]
Die überwiegende Anzahl der aufgeführten Substitutionsmöglichkeiten werden an die Erstellung eines sog. Umweltberichts geknüpft. Dieser wird als Management-Instrument für den internen Gebrauch definiert, in dem alle zur behördlichen Überwachung erforderlichen Daten in komprimierter und übersichtlicher Form enthalten sind.[1138] Die Datensammlung des Umweltberichts, basierend auf einem "Muster-Umweltbericht" steht den Behörden zur Verfügung und geht in ihrem Detailliertheitsgrad weit über die Umwelterklärung hinaus. Erst mit diesem Bericht wird ein funktionales Äquivalent für entsprechende Berichtspflichten geschaffen.

Inzwischen sind verschiedene bayerische Verwaltungsvorschriften um Öko-Audit-Öffnungsklauseln erweitert worden.[1139] Die aktuellen Verwaltungsvorschrift zum Vollzug des Bundes-Immissionsschutzgesetzes[1140] enthält nun in teilweiser Umsetzung des Substitutionskataloges zahlreiche Erleichterungen für auditierte Unternehmen. Ähnliches gilt auch für die anderen Bereiche des Umweltschutzes. Die

[1135] *Dies.*, ZUR 1997, S. 178, 181.
[1136] *Dies.*, GewArch.1997, S. 353.
[1137] Ebd., S. 356.
[1138] Systematisch betrachtet handelt es sich dabei um eine modifizierte und erweiterte Form des im Rahmen von Umweltbetriebsprüfungen gem. Anh. II Nr. 2.7. Eg_UAVO n.F. (Art. 4 Abs. 1 S. 2 i.V.m. Anh. II f EG-UAVO a.F.) zu erstellenden Betriebsprüfungsberichts. *Budde*, Die Umwelt-Audit-Verordnung der EU, S. 127.
[1139] AllMBl. 1996, S. 9ff. Nr. 31, 103, 173, 176, 178, 190; AllMBl. 1997 S. 149ff. Nr. 3.3., 11.5.2., 22.1.1.3., 23.8.2.
[1140] Vollzug des Bundes-Immissionsschutzgesetzes, Bekanntmachung des Bayerischen Staatsministeriums für Landesentwicklung und Umweltfragen v. 5.2.1998, AllMBl. 1998, S. 117.

Verwaltungsvorschrift zum Vollzug der Anlagenverordnung[1141] macht die Substitution bestimmter ordnungsrechtlicher Pflichten durch EMAS möglich. Diese Verwaltungsvorschriften sehen unter anderem

- die Substitution von Berichts- und Dokumentationspflichten bei Vorlage eines funktional äquivalenten Umweltberichts,
- den Verzicht auf Anordnungen von Messungen nach § 28 BImSchG, wenn der Betreiber gleichwertige Messungen vornimmt,
- den Verzicht auf die Übermittlung von Messergebnissen außer bei Messungen nach § 28 BImSchG,
- den Verzicht der Bestellung eines Immissionsschutzbeauftragten,
- den Nachweis der Prüfung nach § 19i Abs. 2 S. 3 WHG durch einen Auszug der Umwelterklärung sowie durch die Bestätigung eines zugelassenen Umweltgutachters, aus dem sich ergibt, dass die Anlage den wasserrechtlichen Anforderungen entspricht,
- die allgemeine Rückführung der Regelüberwachung auf Stichproben und Einsicht in interne Unterlagen vor.

Bayern hat mit der Formulierung des Umweltpaktes eine Pionierrolle unter den Ländern eingenommen. Die bayerische Entschlossenheit trägt Früchte und die bayerische Kooperation mit der Wirtschaft ist positiv herauszustellen. Das Engagement der Verwaltung im Bereich des Öko-Audits spiegelt sich in der Teilnahme am kommunalen Öko-Audit. In Bayern haben sich inzwischen mit München, Nürnberg, Regensburg, Fürth, Bamberg und Erlangen sechs Mittel- und Großstädte EMAS zertifizierten lassen. Kein anderes Bundesland zeigt eine vergleichbare Beteiligung.[1142]

bb. Saarland

Im Saarland wurde zur Ermittlung von Erleichterungen für auditierte Betriebe im Februar 1997 ein Arbeitskreis gebildet, dem Vertreter von Unternehmen, der IHK, der Handwerkskammer sowie des Umweltministeriums angehörten. In diesem Forum wurde der *„Katalog verwaltungsrechtlicher Erleichterungen zugunsten öko-auditierter Unternehmen im Saarland"* vom 15. Mai 1997 entwickelt.[1143] Im Immissionsschutz kann nach diesem Katalog auf eine Regelüberwachung verzichtet werden, soweit der Umweltgutachter bestätigt, dass das Unternehmen in der Lage ist, die Einhaltung der einschlägigen Umweltbestimmungen zu gewährleisten und

---

[1141] Verwaltungsvorschrift zum Vollzug der Anlagenverordnung – WawS – Bekanntmachung des Bayerischen Staatsministeriums für Landesentwicklung und Umweltfragen v. 22.1.1997, Nr. 11/48 – 4505 – 1996/2, AllMBl. Nr. 5 1997, S. 149, auch abgedruckt in: *Ewer/Lechelt/Theuer*, Handbuch Umweltaudit, 1998.

[1142] *Sternke*, uvp-report 1/1998, S. 44, 45.

[1143] Ministerium für Umwelt, Energie und Verkehr, Katalog verwaltungsrechtlicher Erleichterungen zugunsten öko-auditierter Unernehmen im Saarland v. 15.5.1997.

dies von dem Umweltgutachter an Hand von Stichproben auch bestätigt worden ist. Konkret sieht der Katalog außerdem vor,

- dass auf die Bestellung des Immissionsschutzbeauftragten verzichtet werden kann;
- dass die Mitteilungs- und Anzeigepflichten im Immissionsschutz durch interne Dokumentationen ersetzt werden können;[1144]
- dass eine weitgehende Reduzierung von Anordnungen nach § 26 und § 29a Abs. 2 Nr. 3 BImSchG erfolgen kann;
- dass die Erfüllung der Pflicht zur Information der Öffentlichkeit in Erfüllung des § 18 der 17. BImSchV durch entsprechende Angaben in der jährlichen Umwelterklärung möglich ist.

cc. Schleswig-Holstein

Das Land Schleswig-Holstein hat am 11. März 1997 die *„Verwaltungsvorschriften für die Immissionsschutzbehörden – Öko-Audit und Erleichterung im Vollzug des BImSchG"* [1145] erlassen. Auf Antrag des Betreibers ist hiernach unter Einschaltung des Umweltgutachters zu erörtern, welche Möglichkeiten der Vollzugserleichterungen für auditierte Unternehmen vorhanden sind. Ebenso wie im Saarland kann die Regelüberwachung eingeschränkt werden, wenn der Umweltgutachter dies befürwortet hat und er bestätigt, dass das Unternehmen ein Managementsystem etabliert hat, welches geeignet ist, die Einhaltung der einschlägigen Umweltbestimmungen zu gewährleisten, deren Einhaltung er an Hand von Stichproben überprüft hat.

Zudem sind folgende Erleichterungen vorgesehen:

- Auf die Bestätigung des Umweltgutachters wird die Möglichkeit der Ersetzung bestimmter Messberichts-, Mitteilungs- und ähnlicher Pflichten im Rahmen der Eigenüberwachung der Unternehmen gestützt. Eine ausdrückliche Einschaltung des Umweltgutachters findet in Bezug auf die Mitteilungspflicht gem. § 52a Abs. 2 BImSchG statt. Diese Pflicht entfällt nur dann, wenn *„der Umweltgutachter zugleich bestätigt, dass im internen Umweltbericht auch die verantwortlichen Personen genannt werden."*
- Bei den wiederkehrenden Messungen nach § 26 BImSchG kann auf die Einschaltung einer externen bekanntgegebenen Stelle verzichtet werden, sofern der Immissionsschutzbeauftragte des Betriebs *„die hierfür erforderliche Fachkunde, Zuverlässigkeit und gerätetechnische Ausstattung besitzt."*

[1144] Insbesondere kann die zuständige Behörde von dem Vollzug der Anforderungen aus den Vorschriften der §§ 5ff. der 12. BImSchV absehen, wenn den Anforderungen durch EMAS gleichwertig nachgekommen wird.

[1145] Verwaltungsvorschrift des Ministeriums für Umwelt, Natur und Forsten des Landes Schleswig-Holstein für die Immissionsschutzbehörden v. 11.3.1997. Auch abgedruckt in: *Ewer/Lechelt/Theuer*, Handbuch Umweltaudit, 1998.

- Der Pflicht zur Information der Öffentlichkeit in Erfüllung des § 18 der 17. BImSchV kann durch entsprechende Angaben in der jährlichen Umwelterklärung nachgekommen werden.

Keine Möglichkeiten zur Substitution werden in Schleswig-Holstein bei der Abgabe von Emissionserklärungen sowie bei Auskünften über ermittelte Emissionen gesehen, sofern verpflichtend vorgeschrieben ist, dass die Messberichte unverzüglich vorzulegen sind.[1146]

dd. Berlin

Im Land Berlin wurde am 20. Juni 1997 die „Umweltallianz Berlin" als freiwillige Vereinbarung zwischen dem VCI Berlin und dem Land Berlin getroffen. Diese beinhaltet unter anderem, dass die auditierten Unternehmen der chemischen Industrie *„die von ihnen verursachten Umweltbelastungen und ihre Maßnahmen zur Gewährleistung des hohen Umweltstandards nachvollziehbar dokumentieren und die Behörden darüber informieren."* Als Gegenleistung kommen sie in den Genuss verschiedener Vollzugserleichterungen. Die allgemeine Überwachung soll pauschal um die Hälfte reduziert werden. Vorgesehen sind zudem Erleichterungen im Genehmigungsverfahren, wie z.B. der Verzicht auf externe Gutachten zur Überprüfung vorgelegter Unterlagen und die Berücksichtigung bestimmter im Rahmen von EMAS ermittelter Angaben bei der Änderungsgenehmigung, im Bereich der Betriebsorganisation (Erfüllung der Mitteilungspflichten durch interne Dokumentation) und der Messpflichten (Durchführung der wiederkehrenden Messungen durch den Betreiber selbst, Ersetzbarkeit der Emissionserklärung).

ee. Rheinland-Pfalz

In Rheinland-Pfalz wurde Ende 1996 eine Deregulierungskommission beim Ministerium für Umwelt und Forsten eingesetzt. Dieser Kommission gehörten Vertreter der Industrie, der Berufsgenossenschaften, der Gewerkschaften und des Umweltministeriums an. Im Juli 1997 legte die Kommission einen Abschlussbericht vor, in welchem sie Vereinfachungen im Verwaltungsvollzug sowie Gesetzes- und Verordnungsänderungen mit und ohne Bezug zu EMAS vorschlägt. Ein „Öko-Audit-Privileg" soll einen Vertrauensvorschuss schaffen, der auch ohne weitere Nachweise gewisse Vollzugserleichterungen für auditierte Organisationen schafft. Am 3. Dezember 1997 wurde die Verwaltungsvorschrift *„Erleichterungen vom Vollzug immissionsschutzrechtlicher Vorschriften für Unternehmensstandorte, die sich am Öko-Audit-System der EG beteiligen"* erlassen.[1147] Hiernach soll in Rheinland-Pfalz die Regelüberwachung für auditierte Standorte oder in Zukunft Organisationen insgesamt entfallen. Nach dieser Verwaltungsvorschrift

---

[1146] Vgl. §§ 24 Abs. 1, 27 Abs. 1 der 13. BImSchV sowie nach §§ 12 Abs. 2, 14 Abs. 1 und 17 Abs. 4 S. 6 der 17 BImSchV.

[1147] Ministerium für Umwelt und Forsten (Hrsg.), Deregulierung und Öko-Audit, Abschlußbericht der Deregulierungskommission beim Ministerium für Umwelt und Forsten Rheinland-Pfalz, 1997.

- müssen zudem EMAS-Unterlagen im Genehmigungsverfahren berücksichtigt werden;
- können Mitteilungs- und Anzeigepflichten im Immissionsschutz wiederum durch interne Dokumentationen ersetzt werden;
- entfällt die Pflicht zur Bestellung des Betriebsbeauftragten;
- werden Messpflichten und Prüfungen nach §§ 26ff. BImSchG reduziert und auf Anordnungen verzichtet:
- kann die Erfüllung der Pflicht zur Information der Öffentlichkeit nach § 18 der 17. BImSchV durch entsprechende Angaben in der jährlichen Umwelterklärung erfolgen.

ff. Niedersachsen

In Niedersachsen berief die Umweltministerin im Juli 1997 einen gemeinsamen Arbeitskreis „Öko-Audit" ein, in dem Vertreter von Land und Wirtschaft Erleichterungen für auditierte Unternehmen erörterten und am 27. Januar 1998 einen abschließenden Bericht verabschiedeten. Auf der Grundlage dieses Berichts hat das Land Niedersachsen am 2. April 1998 eine Verwaltungsvorschrift über *„Vollzugserleichterungen für Betriebe, die sich am EG-Öko-Audit-System nach der EG-Öko-Audit-VO vom 29.6.1993 beteiligen und der immissionsschutzrechtlichen und abfallrechtlichen Überwachung unterliegen"* erlassen. Wie in Rheinland-Pfalz weicht auch nach dieser Verwaltungsvorschrift die routinemäßige Regelüberwachung nach § 52 BImSchG einer reinen Anlassüberwachung. Es wird unter Nr. 3 der Vorschrift festgehalten, dass *„die nach dem Verfahren des Öko-Audits vorgesehene Behördenabfrage der registerführenden Stelle* [...] *nach Aktenlage zu bescheiden* [ist]. *Gesonderte Betriebsbegehungen finden hierfür nicht statt."* Die Behörden sollen nach dieser Vorschrift zu einer routinemäßigen Überwachung nicht mehr berechtigt sein, soweit nicht eine Überwachung durch die Gewerbeaufsichtsämter aus anderen Gründen, z.B. im Arbeitsschutz oder in der Anlagensicherheit, notwendig ist.

Durch die Verwaltungsvorschrift wird weiterhin

- die Berichtspflicht gem. § 52a Abs. 2 BImSchG durch die Mitteilung der Registrierung ersetzt;
- die Messungen gem. §§ 28 Nr. 2, 26 BImSchG durch den Betreiber selbst möglich;
- die EMAS-Teilnahme bei der Anordnung der Emissionsfernüberwachung durch die Behörden berücksichtigt.

gg. Mecklenburg-Vorpommern

Mit einem Erlass des Ministeriums für Bau, Landesentwicklung und Umwelt vom 13. November 1997 werden *„Verfahrenserleichterungen für Betriebsstandorte, die nach der Öko-Audit-Verordnung registriert sind"* gewährt. Voraussetzung hierfür ist, dass neben der Umwelterklärung auch interne betriebliche Dokumentationen der Behörde zur Verfügung gestellt werden. Nach dieser Vorschrift werden bei der allgemeinen Regelüberwachung die Auditierung berücksichtigt und die Überwachungsintervalle vergrößert. Die weiteren Erleichterungen betreffen

- die Betriebsorganisation mit der Ersetzung der Mitteilungs-, Anzeige- und Berichtspflichten durch entsprechende Angaben in der Umwelterklärung oder dem Umweltbericht,
- die Mess- und Prüfpflichten nach §§ 26ff. BImSchG mit der Berücksichtigung der EMAS-Teilnahme bei der Anordnung, den wiederkehrenden Messungen durch den Betreiber selbst und dem Verzicht auf Berichtspflichten bei entsprechenden Angaben in der Umwelterklärung,
- die Pflicht zur Information der Öffentlichkeit gem. § 18 der 17. BImSchV durch entsprechende Angaben in der jährlichen Umwelterklärung.

hh. Nordrhein-Westfalen

Auch in Nordrhein-Westfalen wurden per Runderlass vom 4. Mai 1998 Vollzugserleichterungen für auditierte Organisationen bekanntgegeben. Diese betreffen neben einer Beschränkung der Regelüberwachung

- die Betriebsorganisation, wenn auf die Bestellung des Betriebsbeauftragten verzichtet wird und wenn die Mitteilungspflicht aus § 52a Abs. 2 BImSchG durch einen Auszug der Unterlagen der Umweltbetriebsprüfung ersetzt werden kann;
- Messungen gem. §§ 26ff. BImSchG, wenn die EMAS-Teilnahme bei den Anordnungen nach §§ 26ff. berücksichtigt und unter bestimmten Voraussetzungen auf die Anordnungen nach § 29a BImSchG verzichtet wird;
- die Pflicht zur Information der Öffentlichkeit, wenn die Erfüllung des § 18 der 17. BImSchV durch entsprechende Angaben in der jährlichen Umwelterklärung erfolgen kann.

ii. Brandenburg

Die Industrie- und Handelskammer Frankfurt (Oder) hat schon im Jahre 1996 die Ergebnisse einer Studie über die Deregulierungsmöglichkeiten im Zusammenhang mit EMAS vorgestellt.[1148] Diese Studie legte die Grundlage für die „Umweltpartnerschaft Brandenburg", die jedoch erst 1999 von Vertretern der Wirtschaft und der Landesregierung Brandenburg unterzeichnet wurde.[1149] Das Land verpflichtet sich in Rahmen dieser Vereinbarung, *„dass zur Stärkung der Eigenverantwortung den brandenburgischen Unternehmen, die erfolgreich am EG-Öko-Audit-System teilnehmen und in das Standortregister der zuständigen Kammer eingetragen sind oder die nach ISO 14001 zertifiziert sind und dies in geeigneter Weise dokumentieren, Verwaltungserleichterungen gemäß des Erlasses des MUNR vom 18.8.1998 und des MASGF vom 30.9.1998 gewährt werden. Für die Unternehmen, die ausschließlich nach ISO 14001 zertifiziert sind, dient die offene Anlage IV als Do-*

[1148] Deregulierung durch Öko-Audit, IHK Frankfurt Oder, 1996.
[1149] Umweltpartnerschaft Brandenburg – Freiwillige Vereinbarung zwischen der Wirtschaft und der Landesregierung für eine nachhaltige wirtschaftliche Entwicklung und einen wirkungsvollen zukunftsfähigen Umweltschutz im Land Brandenburg, April 1999.

kumentation. Voraussetzung ist auch hier, dass keine Verstöße gegen einschlägige Umweltvorschriften vorliegen." „*Die Landesregierung Brandenburg ist bemüht,*" heißt es weiter, „*bei Beibehaltung und Weiterentwicklung des vorhandenen Umweltschutzniveaus die Reduzierung der Überwachungshäufigkeit anzustreben. Dazu gehört auch die Möglichkeit der Vorlage von Dokumenten unter Berücksichtigung des Prinzips der funktionalen Äquivalenz*". Im Gegenzug wirken die IHKs und die Handwerkskammern auf eine Förderung des EG-Öko-Audit-Systems hin. Die Verwaltungsvorschrift des Landesumweltministeriums vom 28. August 1998[1150] legt fest, dass die Intervalle der Regelüberwachung bei auditierten Betrieben im Rahmen einer fehlerfreien Ermessensausübung erweitert werden können. Darüber hinaus

- kann auf die Bestellung der Betriebsbeauftragten für Umweltschutz im Imissionsschutz-, Wasser- und Abfallrecht verzichtet und die Jahresberichte der Umweltbeauftragten können auch durch gleichwertige Dokumente des Öko-Audits ersetzt werden;
- ist die EMAS-Teilnahme bei Anordnung von Messungen gem. § 26 BImSchG zu berücksichtigen;
- können die Berichte von Messungen und Kalibrierungen nach den Durchführungsverordnungen zum Bundes-Immissionsschutzgesetz sowie die Mitteilung nach § 52a Abs. 2 BImSchG durch entsprechende Unterlagen, die im Rahmen von EMAS erstellt wurden, ersetzt werden;
- können die unverzüglichen Berichte und Beurteilungen von Einzelmessungen durch unverzügliches Vorlegen entsprechender EMAS-Dokumente ersetzt werden;
- kann die Pflicht zur Information der Öffentlichkeit gem. § 18 der 17. BImSchV durch entsprechende Angaben in der jährlichen Umwelterklärung erfolgen;
- kann von Anordnungen gem. § 19i Abs. 2 S. 3 WHG oder § 21 Abs. 2 KrW-/AbfG abgesehen werden;
- ist bei der Festsetzung von Verwaltungsgebühren im Einzelfall zu berücksichtigen, ob sich der Verwaltungsaufwand durch die Auditierung verringert hat.

jj. Sachsen

In Sachsen wurde am 16. Juni 1998 die "*Umweltallianz Sachsen*" zwischen Vertretern der Wirtschaft und der Staatsregierung Sachsen unterzeichnet. Die Kammern wirken hiernach darauf hin, dass bis Ende 2002 ca. 200 Unternehmen in Sachsen auditiert sein werden. Die Staatsregierung wird ihrerseits die auditierten Unternehmen im Rahmen ihrer Kontroll- und Berichtspflichten entlasten. Die Intervalle der Regelüberwachung werden bei erfolgreich auditierten Betrieben verlängert. Nach einem Substitutionskatalog

---

[1150] ABl. Bbg Nr. 42 v. 13.10. 1998. Vgl. auch den Erlass des MASGF v. 30.9.1998 bezüglich des Vollzugs der 20. und 21. BImSchV.

- können weiterhin im Bereich der Betriebsorganisation die Mitteilungspflichten aus § 52a Abs. 2 BImSchG, § 53 KrW-/AbfG, die Anzeige der Bestellung der Betriebsbeauftragten sowie die Jahresberichte der Betriebsbeauftragten durch gleichwertige Unterlagen des EG-Öko-Audit-Systems ersetzt werden;
- können unter bestimmten Umständen betreibereigene Messungen im Rahmen des § 28 Abs. 1 Nr. 2 BImSchG an die Stelle der Messungen durch die bekanntegegebene Stelle nach § 26 BImSchG treten, wenn der Immissionsschutzbeauftragte den Anforderungen genügt, die an externe Messstellen hinsichtlich Fachkunde, Zuverlässigkeit und gerätetechnische Ausstattung gestellt werden;
- kann die Unterrichtung der Öffentlichkeit gem. § 18 der 17. BImSchV durch gleichwertige Unterlagen des EG-Öko-Audit-Systems ersetzt werden;
- können im Wasserrecht weitere Erleichterungen im Hinblick auf Betriebsanweisungen, Anlagendokumentation und Merkblätter eingeräumt werden.

kk. Thüringen

Auf der Grundlage von Vorschlägen einer Arbeitsgruppe unter Federführung des Thüringer Ministeriums für Landwirtschaft, Natur und Umwelt ist der *„1. Erlass zur Verwaltungserleichterung durch das EG-Öko-Audit-System“* formuliert worden.[1151] Die allgemeine Regelüberwachung erfolgt hiernach in Zukunft unter Berücksichtigung der Informationen, die den Behörden aus dem Öko-Audit zugänglich sind. Darüber hinaus legt der Erlass fest, dass

- für Anzeigen über die Bestellung von Betriebsbeauftragten sowie über die Betriebsorganisation die Unterlagen übermittelt werden können, die im Rahmen von EMAS erarbeitet wurden, wenn sie die entsprechenden Angaben enthalten;
- die Jahresberichte der Umweltbeauftragten durch gleichwertige Dokumente des Öko-Audits ersetzt werden können;
- auf Messungen nach § 28 Abs. 1 BImSchG kann, auf Messungen nach § 28 Abs. 2 BImSchG verzichtet werden soll;
- in geeigneten Fällen die Messung nach § 26 BImSchG durch den Betreiber zugelassen werden kann.
- abgesehen von den Fällen, die den § 29a Abs. 2 Nr. 5 BImSchG betreffen, von Anordnungen nach § 29a Abs. 1 S. 1 BImSchG und § 21 Abs. 2 KrW-/AbfG abgesehen werden soll;
- Berichte und Beurteilungen über Messungen und Kalibrierungen durch entsprechende Unterlagen aus dem Öko-Audit erfüllt werden können.

Weitere Erleichterungen betreffen die Abgabe von Emissionserklärungen, die Information der Öffentlichkeit (§ 18 der 17. BImSchV), die Vorhaltung von Merkblättern und die Erstellung des Anlagen- und des Abwasserkatasters.

[1151] ThürStANz Nr. 31/1998, S. 2531.

II. Hessen

Auch in Hessen erging eine Verwaltungsvorschrift, die Erleichterungen für auditierte Organisationen vorsieht. [1152] Diese Vorschrift setzt, ähnlich wie in Bayern, die funktionale Äquivalenz ordnungsrechtlicher Kontrollen und der EMAS-Teilnahme kritiklos voraus. Die Regelaufsicht kann aus diesem Grunde auf eine Anlassaufsicht reduziert werden. Darüber hinaus werden folgende Entlastungen vorgenommen:

- Im Bereich der Betriebsorganisation können die Mitteilungen gem. § 52a Abs. 2 BImSchG, § 53 KrW-/AbfG sowie die Benennung der Betriebsbeauftragten durch Übersendung entsprechender Unterlagen aus dem Öko-Audit erfüllt werden. Gleiches gilt für die Jahresberichte der Betriebsbeauftragten. Auf die Anordnung zur Bestellung von Betriebsbeauftragten kann verzichtet werden, wenn durch das Umwelt-Managementsystem sichergestellt ist, dass die Ziele gleichwertig erreicht werden.
- Messungen aus besonderem Anlass gem. § 26 BImSchG sollen nur noch angeordnet werden, wenn die im Rahmen der Kontrollmaßnahmen des Umwelt-Managementsystems getroffenen Feststellungen nicht mehr ausreichen oder wenn die Belange Dritter die Messungen erfordern. Wiederkehrende Messungen nach §§ 28, 29 BImSchG soll die Behörde nur noch nach einer Frist von mehr als drei Jahren anordnen, gegebenenfalls kann sie auf die Anordnung auch ganz verzichten.
- Berichtspflichten können Anlagenbetreiber durch Vorlage inhaltlich entsprechender Unterlagen und Dokumente aus dem EG-Öko-Audit-System erfüllen.
- Im Bereich des Wasserrechts kann ein Unternehmen von der Pflichten des § 19i WHG befreit werden, wenn die Einhaltung der Pflichten durch die Unterlagen des Öko-Audits bestätigt wird. Weitere Erleichterungen werden im Hinblick auf Merkblätter und Betriebsanweisungen sowie auf das Anlagen- und Abwasserkataster vorgenommen.

Ausdrücklich kein Substitutionspotenzial wird in Hessen jedoch bei erstmaligen und wiederkehrenden Messungen nach § 12 Abs. 2 und 3 der 2. BImSchV, § 22 Abs. 1 der 13. BImSchV, § 13 Abs. 1 und 2 der 17. BImSchV, Nr. 3.2.2.1. der TA Luft, für Kalibrierungen und Funktionsprüfungen nach § 12 Abs. 7 der 2. BImSchV, § 18 der 13. BImSchV und § 10 Abs. 2 und 3 S. 1 der 17. BImSchV sowie für die Festlegung der Art der Übermittlung der Messergebnisse nach § 31 Abs. 2 BImSchG, für die Anordnungen zum Einsatz Sachverständiger nach § 29a Abs. 1 BImSchG und für Antragsunterlagen im Genehmigungsverfahren nach § 4 Abs. 1 S. 2, 4c, 4d und § 13 Abs. 1 der 9. BImSchV gesehen.

[1152] StAnz Nr. 33/1998, S. 2531.

c. Wertung und Auswirkung auf die Tätigkeit des Umweltgutachters

Die untergesetzliche Berücksichtigung der EMAS-Teilnahme findet im Bereich der Regelüberwachung, der Berichts- und Dokumentationspflichten, der Messungen und Kalibrierungen und der innerbetrieblichen Pflichten zur Organisation statt. In allen Ländern geht es dabei im Wesentlichen um den gleichen Satz an Vorschriften. Es unterscheiden sich jedoch die zur Entlastung von Behörde und Unternehmen ins Auge gefassten Maßnahmen erheblich in ihrer Reichweite.

In Bezug auf die Regelüberwachung wird in Bayern und in Hessen die funktionale Äquivalenz von EMAS ausdrücklich und allgemein angenommen. In beiden Ländern führt diese Annahme jedoch, anders als in Niedersachsen und Rheinland-Pfalz, nicht zu einem vollständigen Abbau der Regelüberwachung. In Hessen steht es im Ermessen der Verwaltungsbehörden, die Aufsicht zurückzunehmen, in Bayern müssen zumindest noch die Unterlagen gesichtet und Stichproben unternommen werden.

Ein Verzicht auf die Regelüberwachung wäre rechtlich nur auf gesetzlicher Grundlage denkbar. Darüber hinaus müsste die funktionale Äquivalenz zwischen EMAS und den Kontrollbehörden gegeben sein. Eine solche könnte ihre Grundlage in dem Compliance-Ansatz der Verordnung finden. Die Pflicht zur Einhaltung der Gesetze ergibt sich jedoch nicht erst aus der EMAS-Teilnahme. Die behördliche Vollzugskontrolle sichert die Einhaltung des Rechts und die Durchsetzung des Compliance-Ansatzes. Eine funktionale Äquivalenz kann nur zu den system-immanenten Kontrollsystemen bestehen, mithin dem internen Audit oder dem Audit durch den Umweltgutachter.
Die Prüfungstätigkeit des Umweltgutachters kann die Regelaufsicht jedoch aus folgenden Gründen nicht ersetzen:

- Der Gutachter führt kein Compliance-Audit durch.
- Seine Tätigkeit im Rahmen der System-Prüfung ist nicht funktional äquivalent zu der behördlichen Aufsicht.
- Der Gutachter prüft zudem nur in einem Rhythmus von drei Jahren.
- Die Unabhängigkeit des Gutachters ist nicht hinreichend gewährleistet.
- Das System der Aufsicht garantiert keine wirkungsvolle Kontrolle, die einen staatlichen Rückzug rechtfertigen würde.

Als äquivalentes Gegenstück zur behördlichen Kontrolle kommt so nur noch die interne Compliance-Kontrolle im Rahmen der Umweltbetriebsprüfung in Betracht. Ein Gleichwertigkeit in diesem Bereich scheidet jedoch ebenfalls aus. Die Steuerungswirksamkeit des internen Audits hängt entscheidend von der behördlichen Überwachung ab. Wird die behördliche Überwachung einer Organisation ausgeschlossen, steigen die Chancen, dass Verstöße gegen geltendes Umweltrecht nicht erkannt werden. Damit sinkt auch die innerbetriebliche Motivation zu strikter Selbstkontrolle und die Möglichkeit des Umweltgutachters sich im Wettbewerb um

Gutachteraufträge mit für den Auftraggeber lästigen, strengen Prüfungsmaßstäben zu behaupten.[1153] Auch die interne Compliance-Prüfung ist somit nicht gleichwertig zur behördlichen Regelüberwachung.

Ein Abbau der Überwachung kann somit nicht auf der Basis der funktionalen Äquivalenz gerechtfertigt werden. Die auditierten Organisationen halten jedoch das einschlägige Umweltrecht nach aller praktischen Erfahrung zuverlässiger ein als nicht auditierte Organisationen. Aus dieser Tatsache kann ein Vertrauensvorschuss abgeleitet werden, der im Rahmen der Überwachung berücksichtigt werden sollte. Häufigkeit und Tiefe der Überwachung auditierter Organisationen könnten zurückgefahren werden; die Behörde darf dabei allerdings keinerlei Befugnisverzicht üben, um das Funktionieren des Systems und die Erreichung der Ziele aus Art. 1 EG-UAVO nicht zu gefährden. Sinnvoll ist es, den Ermessensspielraum der Behörden hinsichtlich der Überwachungsintervalle zu erhöhen. Eine Rückführung der Überwachung im Rahmen des Verwaltungsermessens, so wie in Bayern, Brandenburg, Mecklenburg-Vorpommern und Nordrhein-Westfalen ist somit zu begrüßen. Die Eigenüberwachung wird dadurch gestärkt, die Überwachung aber nicht privatisiert. Eine Privatisierung wäre nur unter Einbeziehung des Umweltgutachters möglich. Eine Übertragung hoheitlicher Aufgaben auf den Umweltgutachter findet jedoch nicht statt,[1154] würde auch stets an der fehlenden Äquivalenz scheitern. Die Eigenkontrolle sowie die Kontrolle durch den Gutachter, der Compliance-Ansatz der Verordnung sowie die praktischen Erfahrungen rechtfertigen aber einen Vertrauensvorschuss, der sich in der Ermessensausübung niederschlagen kann und soll.
Auch die Berücksichtigung der Audit-Unterlagen in der Überwachung, so wie dies in Thüringen geplant ist, ist sinnvoll und reduziert unnötige Doppelarbeit. Eine grundsätzliche Reduzierung der Überwachung um die Hälfte, wie in Berlin, oder aber eine allgemeine Verlängerung der Mindestrevisionsfristen ist jedoch unzulässig.[1155] Der Staat würde auch in diesem Falle durch pauschale Verkürzungen seiner Gewährleistungspflicht im Bereich des Umweltschutzes nicht mehr ordnungsgemäß gerecht werden, da er den ordnungsgemäßen Normvollzug nicht mehr sicherstellen könnte.

Da Vollzugsbeamte immer lieber klare Voraussetzungen mit eindeutiger und abschließender Rechtsfolge prüfen, als dass sie Ermessen anwenden,[1156] sollte sich die Erweiterung des Ermessensspielraumes jedoch nicht in der Rücknahme ermessensleitender Verwaltungsvorschriften ausdrücken. Zu weite Ermessensregelungen

---

[1153] *Lübbe-Wolff*, in: *Leittretter/Schneider* (Hrsg.), Was bringt's dem Umweltschutz?, 1998, S. 45.
[1154] A.A. *Kottmann*, Ökologisches Wirtschaften 6/1997, S. 4.
[1155] So auch: *Klockow*, in: *Leittretter/Schneider* (Hrsg.), Was bringt's dem Umweltschutz?, 1998, S. 89, 92.
[1156] *Moormann*, in: ebd., 1998, S. 81, 82.

sowie unbestimmte Generalklauseln blockieren einen schnellen Normvollzug. Eine weitere Ausdehnung solcher Regelungen würde kontraproduktiv wirken und das Vollzugsdefizit entweder steigern oder aber zu erhöhten Unsicherheiten und damit zu Verzögerungen innerhalb der Verwaltung führen.[1157] Statt dessen sollten eindeutige Verwaltungsvorschriften den Beamten vorgeben, unter welchen Umständen ein Vertrauen in die Rechtskonformität der Organisation gerechtfertigt ist (z.B. beanstandungsfreie Wiederholungsaudits, hohe Qualität der Umwelterklärung etc.).

Sowohl im Saarland als auch in Schleswig-Holstein ist die Reduzierung der Regelüberwachung an eine Erklärung des Umweltgutachters gebunden. Der Umweltgutachter soll bestätigen, dass das Umwelt-Managementsystem der Organisation in der Lage ist, die Einhaltung der immissonsschutzrechtlichen Vorschriften zu gewährleisten. Zudem soll er Stichproben durchführen.
Die Formulierungen der Vorschriften setzen kein Compliance-Audit durch den Gutachter voraus. Da der Umweltgutachter die Funktionsfähigkeit des Umwelt-Managementsystems und damit auch die Mechanismen, welche die Einhaltung des einschlägigen Umweltrechts gewährleisten, prüft und auch Stichproben durchführt, wird das Prüfungsprogramm des Gutachters durch die Regelungen im Saarland und in Schleswig-Holstein nicht erweitert. Durch diese Verwaltungsvorschriften werden aber unzulässig Verantwortung und Prüfpflichten auf den Umweltgutachter abgewälzt.[1158] Es findet eine unzulässige Privatisierung der Überwachung durch eine grundsätzliche Einbeziehung des Umweltgutachters in das staatliche Überwachungsprogramm statt.[1159] Diese Regelung ist wesentlich und unterfällt dem rechtsstaatlichen Gesetzesvorbehalt. Zudem knüpft die Verwaltung ihr Handeln an eine Bescheinigung des Umweltgutachters. Wäre die Verwaltung an das Ergebnis der gutachterlichen Prüfung gebunden, läge eine unzulässige faktische Beleihung vor. Aber auch, wenn die Verwaltung durch die Bescheinigung nicht gebunden ist, verletzt der Staat seine Schutzpflichten, wenn er die Überwachung auf einen Privaten überträgt, dessen Unabhängigkeit nicht hinreichend sichergestellt ist. Zudem ist eine hinreichende Aufsicht über den Umweltgutachter durch die Regelungen des UAG zweifelhaft.
In der Praxis wird jeder Umweltgutachter die Bestätigung vornehmen. Sonst würde er sowohl seine Arbeit als auch seinen Auftraggeber diskreditieren. Der Aussagewert der Bescheinigung ist somit gering.

[1157] Die Industriegesellschaft gestalten, Bonn 1994, S. 641, 647, zugleich BT-Drs.12/8260. Auch: *Lübbe-Wolff*, in: *Roßnagel/Neuser* (Hrsg.), Reformperspektiven im Umweltrecht, 1995, S. 97, 111, 112.

[1158] Vgl. auch: *Sauer*, in: *Leittretter/Schneider* (Hrsg.), Was bringt's dem Umweltschutz?, 1998, S. 57, 73. *Sauer* setzt eine Privatisierung der Überwachung und eine Übertragung von Prüfpflichten auf den Umweltgutachter voraus.

[1159] Siehe KAPITEL 10: I Nr. 1b.

Rechtlich fragwürdig ist auch die Tendenz der Länder, eine zusätzliche Bestätigung des Umweltgutachters Einzelfragen betreffend zu verlangen.[1160] Eine solche Bestätigung muss der Umweltgutachter in Bayern im Hinblick auf die Prüfung nach § 19i Abs. 2 S. 3 WHG abgeben, aus der sich ergibt, dass die Anlage den wasserrechtlichen Anforderungen entspricht. Schleswig-Holstein sieht vor, dass der Umweltgutachter mit Bezug auf § 52a Abs. 2 BImSchG bestätigen muss, dass die in der Vorschrift vorgesehene Mitteilung Bestandteil der Betriebsprüfungsunterlagen ist.

Die schleswig-holsteinische Pflicht beinhaltet keine Aussage hinsichtlich der Einhaltung einer Rechtsvorschrift. Der Umweltgutachter muss somit keine Prüfung vornehmen, die nicht zu seinem Programm gehört, sondern die Behörde einzig hinsichtlich einer Tatsache informieren, die ihm auf Grund seiner Prüfungstätigkeit ohnehin bekannt ist.

Im Gegensatz dazu erwartet die bayerische Regelung von dem Umweltgutachter eine Aussage hinsichtlich der Einhaltung einer Rechtsvorschrift. Zwar ergibt sich auch aus den bayerischen Forderung, dass die Landesverwaltung nicht von der Überprüfung der Einhaltung der gesetzlichen Vorschrift allein durch die Validierung der Umwelterklärung ausgeht.[1161] Anders ist die Notwendigkeit der Bestätigung nicht zu erklären. Eine Überprüfung der wasserrechtlichen Vorschriften findet durch den Umweltgutachter regelmäßig nicht statt. Muss er eine solche Prüfung vornehmen, wird der Prüfungsauftrag des Umweltgutachters erweitert. Anders als im Falle der Vorschriften, in denen der Umweltgutachter nur die Funktionstüchtigkeit des Systems bestätigen muss, wird hier die tatsächliche Bestätigung der Einhaltung der wasserrechtlichen Normen gefordert. Damit findet eine unzulässige Übertragung von Überwachungsaufgaben auf den Umweltgutachter statt. Eine solche Übertragung steht unter dem Gesetzesvorbehalt. Sie legt dem Umweltgutachter ein erhöhtes Haftungsrisiko auf. Sollte die Bestätigung des Umweltgutachters die Entscheidung der Behörde vorwegnehmen, ist es zudem zu einer faktische Beleihung durch Verwaltungsvorschrift gekommen. Die Verwaltung würde so ihre Entscheidungsgewalt auf einen nur unzureichend überwachten und nicht unabhängigen privaten Gutachter übertragen, auf diese Weise kann die Verwaltung ihren grundrechtlichen Schutzpflichten nicht ordnungsgemäß nach-

[1160] *Feldhaus* hält eine Deregulierung insgesamt nur in Kombination mit einer von dem Umweltgutachter ausdrücklich abgegebenen Erklärung, mit welcher dieser bestätigt, dass die notwendige Sachprüfung ordnungsgemäß vorgenommen und Rechtsverstöße dabei nicht festgestellt wurden, für denkbar. *Feldhaus*, UPR 1997, S. 341, 344. Eine solche Regelung unterfiele dem Gesetzesvorbehalt. Je nachdem in welchem Bereich die Bestätigung eingesetzt werden soll (Gefahrenabwehr, Vorsorge) wäre auch eine Beleihung notwendig.

[1161] Die bayerische Position ist im Hinblick auf die Compliance-Prüfung z.T. widersprüchlich. Im Gegensatz zu der hier in Rede stehenden Vorschrift wird in Bezug auf die Regelüberwachung in Bayern die funktionale Äquivalenz von EMAS ausdrücklich und allgemein angenommen. Dies spricht dafür, dass in Bayern ein Compliance-Audit vorausgesetzt wird.

kommen.[1162] Dies würde auch der Intention und Wirkungsweise von EMAS widersprechen. Durch die Übertragung von Überwachungsaufgaben würde der Umweltgutachter zu einem verlängerten Arm der Behörde, was nach EMAS eben nicht vorgesehen ist. Schließlich wirkt sich diese Vorschrift auch nicht beschleunigend, sondern wohl eher vollzugshindernd aus. Differenzierte innerbetriebliche Sachverhaltsermittlungen, wie z.B. im Recht des Umgangs mit wassergefährdenden Stoffen, machen den Vollzug schwierig.[1163] Dies gilt nicht nur für die Behörden sondern auch und insbesondere für den Umweltgutachter, weil dieser sich nicht auf das hoheitliche Instrumentarium der Aufsichtsverwaltung stützen kann. Eine solche Kooperation mit dem Umweltgutachter, einem nicht unbedingt kooperationsbereiten und überforderten Privaten, hemmt jedoch den Vollzug zusätzlich. Synergien der Systeme würden auf diese Weise leicht zu Blockaden.

Neben einer Rückführung der Überwachung sehen die Regelungen der verschiedenen Länder eine Modifikation der Dokumentations- und Informationspflichten durch konditionale oder unbedingte Öffnungsklauseln vor. In den meisten Fällen ist eine Substitution durch den Nachweis einer äquivalenten Leistung in EMAS notwendig, um die über die Eigenüberwachung hinausgehende Informationsfunktion der Pflichten weiterhin zu erfüllen.

Problematisch sind auch die Regelungen, welche auch Betriebe, die ISO 14001 zertifiziert sind, in die Entlastungen mit einbeziehen. Es ist fraglich, ob auch die ISO 14001 Zertifizierung einen Vertrauensvorschuss rechtfertigt. Dies ist nur dann denkbar, wenn auch diese Betriebe in der Praxis eine erhöhte Rechtskonformität zeigen.[1164]
Im Hinblick auf die Befreiung von oder Öffnung einzelner Vorschriften muss auch im Falle der ISO 14001 Zertifizierung der Beweis der Äquivalenz der ersetzenden Leistung erbracht werden.

Da es an einer Äquivalenz von EMAS zu ex-ante Kontrollen fehlt, ist auch eine Berücksichtigung der EMAS Auditierung im Genehmigungsverfahren rechtlich kritisch. Ebenso fehlt es in Bezug auf die Sicherheitsanalyse gem. § 7 der 12. BImSchV an gleichwertigen EMAS-Systemelementen. Gleiches gilt für die Fortschreibung der Sicherheitsanalyse gem. § 8 der 12. BImSchV, der Pflichten zur Störfallbegrenzung und der ergänzenden Anforderungen.[1165]

[1162] Es würde ja auch niemand auf den Gedanken kommen, dass die Behörden die Steuererklärungen nicht mehr überprüfen, wenn sie von einem unabhängigen Steuerberater unterzeichnet sind. *Lübbe-Wolff,* WSI Mitteilungen 1998, S. 516, 517.
[1163] *Lübbe-Wolff,* in: *Roßnagel/Neuser* (Hrsg.), Reformperspektiven im Umweltrecht, 1995, S. 97, 112; *Lahl,* in: *Schlacke* (Hrsg.), Neue Konzepte des Umweltrechts oder symbolische Standortpolitik, 1996, S. 107ff.
[1164] Dafür spricht eine Studie von *Dyllik/Hamschmidt,* ZfU 1999, S. 507, 534;
[1165] §§ 5, 6 der 12. BImSchV.

Nicht rechtlich, doch politisch problematisch ist schließlich der Verzicht auf die Bestellung der Betriebsbeauftragten. Diese sind gerade bei der Durchführung und für die Durchführung des Audits entscheidend. Ihre Stellung sollte aus diesem Grunde gestärkt und nicht geschwächt werden. Denn EMAS sollte sich als Instrument der Förderung von Eigenverantwortung und der umweltschutzsichernden Betriebsorganisation nicht seiner eigenen Anwälte entledigen.

KAPITEL 10: DEREGULIERUNG UND DIE STELLUNG DES UMWELT-GUTACHTERS

In dem folgenden Kapitel soll weiteres Entlastungspotenzial der EG-Öko-Audit-Verordnung ausgelotet werden. Dabei wird das Augenmerk auf die Stellung und Aufgabe des Umweltgutachters gelegt und vor diesem Hintergrund die rechtlichen Grenzen der Deregulierungsmaßnahmen bewertet.

I. Auswirkungen der Entlastungsmaßnahmen auf die Stellung des Umweltgutachters

1. Wahrnehmung ordnungsbehördlicher Aufgaben durch den Umweltgutachter

Der Umweltgutachter kann faktisch oder ausdrücklich mit der Wahrnehmung von Aufgaben betraut werden, die zuvor in den Zuständigkeitsbereich der Ordnungsverwaltung fielen.

Da der Staat seiner Letztverantwortung im Bereich der Überwachungsverwaltung gerecht werden muss, kommt eine materielle Aufgabenprivatisierung von vornherein nicht in Betracht. Auch eine Beleihung des Umweltgutachters könnte an diesem Ergebnis nichts ändern. Der Umweltgutachter wäre dann zwar befugt, nach außen hoheitlich aufzutreten und unter Umständen auch Verwaltungsakte zu erlassen. Dennoch würde eine allgemeine Übertragung von Überwachungsaufgaben an dem Funktionsvorbehalt des Art. 33 Abs. 4 GG scheitern.

Der Umweltgutachter kann jedoch im Rahmen einer funktionalen Privatisierung durchaus an Verfahrensabläufen beteiligt werden. Aus Wesentlichkeitsgründen wäre eine dauerhafte und systematische Einbindung des Gutachters doch nur durch oder auf Grund eines Gesetzes zulässig. Jede auf Dauer angelegte und sachlich wesentliche Integration von Privatrechtssubjekten in die Verwaltungsorganisation mindert die Distanz zwischen Staat und Bürger und schafft *„rechtfertigungsbedürftige Mischverhältnisse,“*[1166] die eine parlamentarische Grundentscheidung voraussetzen. Das Rechtsstaatsprinzip verlangt eine klare Zuständigkeits- und Kompetenzordnung, die den Bürger in den Stande versetzt, vorauszusehen, wer ihm mit dem staatlichen Gesetzvollziehungsanspruch gegenübertritt.[1167] Es muss auch für den Unternehmer und EMAS-Teilnehmer transparent sein, für wen der Umweltgutachter prüft. Solange der Gutachter auf der Grundlage eines privatrechtlichen Vertrages für den am EG-Öko-Audit-System teilnehmenden Unternehmer tätig wird, solange wird der Tätigkeitsrahmen und die Kompetenzen

---

[1166] *Di Fabio,* DB 1996, Beilage 16, S. 9.
[1167] Ebd.

durch den Vertrag und die EG-Öko-Audit-Verordnung festgeschrieben. Durch die Vertragsgestaltung werden die Befugnisse des Umweltgutachters im Einverständnis zwischen beiden Vertragspartnern geregelt. Eine Einbettung in das Verwaltungsverfahren, welche einen besonderen Schutz des Unternehmers notwendig machen würde, besteht zur Zeit nicht.[1168]
Desto weiter der Gesetzgeber den Umweltgutachter aber in Verfahrensabläufe einbindet, umso detaillierter müssten die Regelungen sein. Der Verzicht auf staatliche Einflussmöglichkeiten muss durch Sicherungen und Auffangmechanismen kompensiert werden. Besonders wichtig ist die Sicherstellung der Aufsicht über Zulassung und Tätigkeit des Gutachters.[1169]

a. Sachverhaltsermittlung

Durch die Einbeziehung des gutachterlichen Fachwissens in die behördliche Sachverhaltsermittlung kann das Öko-Audit den Untersuchungsgrundsatz ergänzen.[1170] Die Umweltverwaltung kann sich in diesem Sinne den Sachverstand des Umweltgutachters auf drei verschiedene Arten nutzbar machen:

- Sie kann die Eigenüberwachung des Anlagenbetreibers stärken. Dieser kann, soll oder muss sich dann seinerseits des gutachterlichen Sachverstandes bedienen.
- Sie kann die Dokumente der gutachterlichen Prüfungstätigkeit aus EMAS als Sachverständigengutachten bewerten und für ihre Entscheidungsbildung heranziehen.
- Sie kann direkt den Umweltgutachter mit Überwachungsaufgaben beauftragen.

Um Mischverhältnisse zu vermeiden, kann die Nutzung des gutachterlichen Sachverstandes nur neben der eigentlichen EMAS-Prüfungstätigkeit erfolgen. Eine direkte Beauftragung des Umweltgutachters durch die Behörde entfällt, solange er als prüfender Gutachter auf der Grundlage des privaten Vertragsverhältnisses tätig wird und „auf der Seite“ des Unternehmers steht. Gesetzlich kann jedoch ein Teil der Ermittlungspflichten in den Verantwortungsbereich des Antragsstellers verlagert werden.[1171] Es könnte der Private auch gesetzlich dazu aufgefordert werden, das umweltgutachterliche Wissen im Rahmen der Eigenüberwachung für die Erfüllung von Überwachungsaufgaben zu nutzen. Damit würde das Prüfprogramm

---

[1168] Eine Einbettung in das Verwaltungsverfahren könnte eine Bindung des privaten Umweltgutachters an Verwaltungsverfahrensrecht sachgerecht erscheinen lassen. Zur Geltung von Verwaltungsverfahrensrecht für Privatpersonen: *Ehlers*, Verwaltung in Privatrechtsform, 1984, S. 226.

[1169] In dem geltenden System bestehen begründete Zweifel daran, dass die DAU ihren Aufsichtspflichten regelmäßig nachkommt. Siehe KAPITEL 4: II 1a.

[1170] Siehe KAPITEL 5: II 1b bb. A.A. *v. Danwitz*, in: Rückzug des Ordnungsrechts, 14. Trierer Kolloquium zum Umwelt- und Technikrecht v. 6. bis 8.9.1998, 1999, S. 53, 64. *V. Danwitz* spricht von einer konzeptuellen Unverträglichkeit von Öko-Audit und Untersuchungsgrundsatz.

[1171] Wie z.B. in § 13 Abs. 2 der 9. BImSchV (bekanntgegebener Sachverständiger) oder in § 19i Abs. 1 WHG (Fachbetriebe).

des Umweltgutachters zwar erweitert, er würde aber nach wie vor allein im Auftrag des Unternehmers tätig. Der Anlagenbetreiber könnte im Rahmen des Gutachterauftrages den Umweltgutachter als Sachverständigen mit weiteren Prüfaufgaben betrauen. Durch entsprechende gesetzliche oder untergesetzliche Regelungen könnte die Verwaltung dann ein Teil ihrer Ermittlungen durch Übernahme der Prüfergebnisse des zugelassenen Umweltgutachters ersetzen.[1172]
Die Privatisierung der Ermittlungspflichten würde einem partiellen Rollentausch zwischen Behörde und Vorhabenträger in dem Bereich der Sachverhaltsermittlung gleichkommen. Dieser Seitentausch darf aber nur bis zu einer bestimmten Grenze vollzogen werden. Die Behörde darf nicht die gesamte Ermittlung dem Antragsteller oder einem Dritten überlassen. Insbesondere muss sie Wertungen selber treffen und darf sich insoweit nicht auf Urteile privater Dritter verlassen. Aus diesem Grunde muss die Verwaltung Anhörungen selbst durchführen und Beweismittel selbst würdigen.[1173] Sie darf sich nicht auf eine *„nachvollziehende Amtsermittlung"* durch das Abzeichnen vorbereiteter Entscheidungen zurückziehen.[1174]
Weiterhin muss die Verwaltung den Verlust über die Herrschaft in der Sachverhaltserklärung durch die Sicherstellung der Qualifikation des ermittelnden Privaten kompensieren. Für den Umweltgutachter wird diese durch die §§ 5ff. UAG sichergestellt. Die Anforderungen stehen denen, die an anerkannte Sachverständige angelegt werden, nicht nach.[1175]

Ähnlich wie in § 13 Abs. 1 S. 1 der 9. BImSchV könnte die Behörde durch sachverständige Gutachten fehlende Erkenntnis- und Ermittlungsmöglichkeiten durch den Einsatz von Privaten kompensieren.[1176] Umwelterklärung oder Umweltprüfberichte könnten in diesem Sinne als Sachverständigengutachten anerkannt werden. Die gutachterliche Prüfung erfolgt unter Zuhilfenahme von Sachkunde. Die Umwelterklärung wird durch den Umweltgutachter geprüft und kann deshalb als Gutachten angesehen werden. Das Gutachten bliebe jedoch unselbstständig und rechtlich unverbindlich. Die Entscheidung auf der Grundlage des Gutachtens würde weiterhin in der Letztverantwortung der Behörde verbleiben und mit ihr auch die Letztverantwortung für Risikoermittlung und Risikobewertung.[1177] Gegen

---

[1172] *Feldhaus*, UPR 1997, 341, 347.
[1173] Z.B. nach §§ 24, 26 sowie § 28 VwVfG.
[1174] *Huber*, DVBl. 1999, S. 489, 492.
[1175] Vgl. § 4 KfzSachvG, § 36 Abs. 4 GewO mit entsprechenden Satzungen. Zum Großteil sind die Anforderungen an die Sachverständigen sehr viel weniger detailliert geregelt als in den §§ 5ff. UAG.
[1176] Das BMU hat einen Deregulierungsvorschlag zu § 13 Abs. 1 der 9. BImSchG formuliert, nach dem *„Antragsunterlagen, die von einem registrierten Standort vorgelegt wurden, im Hinblick auf die behördliche Prüftiefe die Wirkung eines Sachverständigengutachterns haben."* Vgl. Vorlage zur 21. Amtschefkonferenz am 21./22.4.1998 in Friedrichshafen: „Vorschläge zur Deregulierungs- und Substitutionspotentialen" des Einheitlichen Endberichts.
[1177] Vg. BVerwGE 72, S. 300, 316.

die Anerkennung der Umwelterklärung als Sachverständigengutachten bestehen somit keine grundsätzlichen Bedenken.
Anders als die Umwelterklärung wird der Prüfungsbericht des Umweltgutachters nicht veröffentlicht. Wird der Prüfbericht als Sachverständigengutachten behandelt, stellt sich das Problem der Unabhängigkeit des Gutachters, der durch die zusätzliche Verwendung seines Berichts in weitere Zielkonflikte gerät. Es ist unter anderem Sinn des Berichts an die Geschäftsleitung, offen auf Missstände hinzuweisen. Nur so kann EMAS als ein lernendes und sich ständig selbst evaluierendes System funktionieren. Durch eine weitere Verwendungsmöglichkeit als Sachverständigengutachten wird der Unternehmer jedoch an einem Gutachten interessiert sein, das keine Missstände erwähnt. Er wird eine solche Erwartungshaltung auch gegenüber dem Gutachter zum Ausdruck bringen, wodurch die Prüfungsqualität des Gutachters noch weiter unter Druck gerät. Vor diesem Hintergrund ist eine Verwendung des Prüfungsberichts des Gutachters als behördliches Gutachten abzulehnen.

Schließlich kann sich die Behörde des gutachterlichen Sachverstandes auf Grund eines eigenen Auftrags bedienen. Unabhängig von der konkreten Prüfungstätigkeit des Gutachters könnte sie seine Kenntnis der Anlage nutzen. Er könnte z.B. zur Vollständigkeitsprüfung der Antragsunterlagen nach § 7 der 9. BImSchV herangezogen werden.[1178] Dabei kommt jedoch die Einbeziehung des Gutachters allein bei einer Änderungsgenehmigung in Betracht, denn über eine geplante Anlage weiß der Gutachter wohl auch kaum mehr als die Behörde. Solange es jedoch zu keiner Überlagerung von Prüfungstätigkeiten für das Unternehmen und für die Behörde und somit zu Interessens- und Loyalitätskonflikten kommt, ist eine Beauftragung des Gutachters durch die Behörde möglich. Im Hinblick auf die einer behördlichen Beauftragung entgegenstehenden Zielkonflikte sind aber die §§ 20, 21 VwVfG zu beachten. Der Gutachter darf dann nicht in einem Verwaltungsverfahren tätig werden, wenn er durch die Tätigkeit einen Vorteil oder einen Nachteil erleiden kann.[1179]

b. Vollzugskontrolle

Ein Verzicht auf staatliche Überwachung im Bereich des Umweltschutzes ist vor dem Hintergrund der verfassungsrechtlichen Verantwortung des Staates für das Leben und die Gesundheit seiner Bürger sowie für die natürlichen Lebensgrundlagen nicht denkbar. Der Gesetzgeber hat auch bei der Regelung der umweltrechtlichen Überwachung lückenlosen Grundrechtsschutz zu gewährleisten. Aus diesem Grund darf die Überwachung von Vorhaben mit potenziell beträchtlichen umweltschädigenden Auswirkungen verfassungsrechtlich nicht aus hoheitlicher Hand

---

[1178] *Feldhaus*, UPR 1997, 341, 347; *Hansmann*, in: *Rengeling*, (Hrsg.), Integrierter und betrieblicher Umweltschutz, 1996, S. 207, 216, Fn. 19.
[1179] Vgl. § 20 Abs. 1 S. 2 VwVfG.

gegeben werden.[1180] Nicht möglich und notwendig ist jedoch eine vollständige Sicherstellung des Vollzugs und eine tatsächlich flächendeckende Kontrolle der Einhaltung aller Rechtsvorschriften.[1181] Da die praktische Durchführung der Überwachungsverwaltung in weiten Bereichen gesetzlich nicht geregelt ist, steht es grundsätzlich im Ermessen der Behörden, auf welche Weise und in welcher Intensität sie ihre Überwachungstätigkeiten ausüben.[1182] Die Behörde hat die Entscheidung über Art und Umfang der Überwachungsmaßnahme gemäß § 24 VwVfG nach pflichtgemäßen Ermessen zu treffen. Entscheidendes Kriterium der Reichweite der Überwachungspflichten ist die Überzeugung der Behörde, dass die Einhaltung der einschlägigen Rechtsvorschriften gewährleistet sei. Dabei muss nach der Rechtsprechung des Bundesverwaltungsgerichts der Grad der gebotenen Ermittlungen von den Anhaltspunkten, die für einen Gesetzesverstoß sprechen, abhängig gemacht werden.[1183] Darüber hinaus muss die Behörde auch ohne konkretes Verdachtsmoment stichprobenartig Kontrollen durchführen, um die Überzeugung zu gewinnen, dass der Unternehmer seinen gesetzlichen Pflichten nachkommt. Da die erforderliche Organisation und Koordination der hoheitlichen Tätigkeit nicht gesetzlich geregelt ist, erfolgt diese auf der Grundlage von schriftlichen Verwaltungserlassen oder informellen Absprachen und Dienstbesprechungen.[1184]

Da es keine Pflicht des Staates zur Wahrnehmung eigener Aufgaben mit eigenen Mitteln gibt, ist eine Einbeziehung Privater in die Aufgabenerfüllung im Sinne einer funktionalen Privatisierung möglich. Dies ergibt sich schon aus § 52 Abs. 2, 3 BImSchG, wenn der Anlagenbetreiber *„Beauftragten"* der zuständigen Behörde Zutritt zu den Grundstücken zu gewähren hat. Die Überwachungstätigkeit muss also nicht durch die Hoheitsträger selbst, sondern kann auch durch Beauftragte erfolgen. Diese werden als behördenexterne Personen durch Vertrag beauftragt, bestimmte Überwachungstätigkeiten durchzuführen.[1185] Der Beauftragte gem. § 52 BImSchG wird als unselbstständiger Verwaltungshelfer tätig. Die Aufgabenverantwortung bleibt in ihrer gesamten Breite beim Staat. Man spricht insoweit von der „mittelbaren behördlichen Überwachung".[1186] Dabei verlangt das *„Kompensationsgebot der grundrechtlichen Schutzpflicht* [...] *Gleichwertigkeit von privater*

[1180] *Moormann*, ZUR 1997, S. 188, 189.
[1181] *Ewer*, in: *Ewer/Lechelt/Theuer*, Handbuch Umweltaudit, 1998, Kapitel E Rn. 16.
[1182] *Moormann*, ZUR 1997, S. 188, 190.
[1183] BVerwG v. 22.1.1988 – 1 B 116/87 – InfAuslR 1988, S. 168f. *Ewer*, in: *Ewer/Lechelt/Theuer*, Handbuch Umweltaudit, 1998, Kapitel E Rn. 16.
[1184] Es ist darauf hinzuweisen, dass die Überwachung von den betroffenen Unternehmern schon heute als kaum belastend empfunden wird. *Ankele/Fichter/Heuvels/Rehbinder/Schebek*, Uwf 4/1998, S. 38, 42. Dieses Ergebnis erstaunt wenig, da die Überwachung ja auch kaum stattfindet. Insofern sollte vielmehr die Forderung nach Deregulierung in der Anlangenüberwachung Überraschung auslösen.
[1185] *Landmann/Rohmer/Hansmann*, Umweltrecht I, § 52 BImSchG, Rn. 18.
[1186] *Nissen*, Die EG-Öko-Audit-Verordnung, 1999, S. 614.

und staatlicher Kontrolle".[1187] Der Staat muss seiner Gewährleistungsverantwortung insoweit gerecht werden, dass Grundrechtsgefährdungen soweit wie möglich ausgeschlossen werden.[1188] Wie dies geschieht, ist der hoheitlichen Gestaltungsfreiheit überlassen.

Eine funktionale Teilprivatisierung von Überwachung wäre nur dann möglich, wenn EMAS die Einhaltung der einschlägigen Vorschriften effektiv und dauerhaft garantieren würde. Das Privatisierungspotenzial von EMAS ergibt sich aus der Tatsache, dass EMAS die Einhaltung der einschlägigen Vorschriften des Umweltrechts vorsieht und durch eine interne Umweltbetriebsprüfung kontrolliert.[1189] Für die Befürworter eines Compliance-Audits durch den Umweltgutachter wird die Rechtskonformität durch die gutachterliche Kontrolle besiegelt.[1190] Nach der hier vertretenden Ansicht führt der Gutachter jedoch kein Compliance-Audit durch. Der Umweltgutachter muss sich nach dem Grundsatz der freien Beweiswürdigung unter Würdigung des Gesamtergebnisses der Ermittlungen die Überzeugung der Systemkonformität bilden – nicht jedoch die Überzeugung hinsichtlich der Einhaltung des Umweltrechts. Allerdings darf er im Rahmen eines System-Audits die Überzeugung hinsichtlich der Einhaltung des Rechts auch nicht verlieren. Er geht anders als in einem Compliance-Audit zunächst von der Einhaltung des Rechts aus. Der Gutachter muss sich der Gutachter nicht aktiv um die Erlangung der Überzeugung bemühen, er darf jedoch die Überzeugung nicht verlieren. Entscheidender Unterschied zwischen beiden Compliance- und System-Audit ist somit die Grundeinstellung, mit welcher der Umweltgutachter das Audit beginnt.

Die Behörde muss im Rahmen des Normvollzugs die Überzeugung von der Rechtskonformität einer Organisation bilden. Eine Ersetzung dieser behördlichen Überzeugung durch die des Umweltgutachters ist schon deshalb nicht möglich, da der Umweltgutachter sich gar keine Überzeugung im Hinblick auf die Einhaltung der einschlägigen Vorschriften bilden muss.

Eine funktionale (Teil-)Privatisierung der Vollzugskontrolle verbietet sich aber auch noch aus anderen Gründen. Selbst wenn man annimmt, dass die externe Überprüfung des Unternehmens durch den Umweltgutachter ihrer Art nach der behördlichen Überwachungstätigkeit entspräche, so findet diese Prüfung nur alle drei

---

[1187] *Schmidt-Preuß*, in: FS Kriele, 1997, S. 1157, 1179.

[1188] Die Behörde darf mit der Beauftragung von Sachverständigen weder rechtlich noch faktisch die ihr gesetzlich zugewiesenen Entscheidungsbefugnis auf Dritte übertragen. Sie darf auch *„Gutachten nicht blindlings"* übernehmen, sondern muss sich ein eigenes Urteil bilden. *Di Fabio*, DB 1996, Beilage 16, S. 9.

[1189] Für einen Abbau staatlicher Kontrollen bei EMAS-Teilnahme: z.B. *Dolde/Vetter*, NVwZ 1995, S. 943; *Martens/Moufang*, NVwZ 1996, S. 246f.

[1190] z.B. *Hansmann*, in: *Rengeling*, Integrierter und betrieblicher Umweltschutz, 1996, S. 207, 211.

Jahren statt.[1191] Zwar beschränken sich auch die Gewerbeaufsichtsbeamten in der Regel auf Plausibilitätsprüfungen und Stichproben.[1192] Doch stehen den Aufsichtsbeamten die ordnungsrechtlichen Eingriffsbefugnisse ununterbrochen zur Verfügung. Der Umweltgutachter hingegen ist nur auf vertraglicher Basis, wobei der Vertrag die in der Regel gesetzlich vorgeschriebenen Intervalle aufnimmt, zur Kontrolle befugt. Die funktionale Äquivalenz läge insofern selbst dann nicht vor, wenn der Umweltgutachter ein regelmäßiges Compliance-Audit durchführen würde. Die Prüfung durch den Umweltgutachter könnte nie die Vermutung eine dauerhaften Einhaltung des geltenden Umweltrechts rechtfertigen.
Zu der Betrachtung der Äquivalenz gehört weiterhin auch die Betrachtung der Konsequenzen eines Rechtsverstoßes. Gleichwertig kann die gutachterliche Prüfung schon deshalb nicht sein, da die Sanktion bei Nichteinhaltung nicht die Stilllegung der Anlage, sondern lediglich die Streichung aus dem Register bei der Zertifizierungsstelle sein kann.[1193]
Auch wäre eine Einbindung der Umweltgutachter in den Verwaltungsvollzug nicht sinnvoll, sondern könnte im Gegenteil die Qualität der gutachterlichen Prüfung negativ beeinflussen. Für den Umweltgutachter ist die Akzeptanz seiner Arbeit seitens der Unternehmen und Auftraggeber wichtig. Diese Akzeptanz verlöre er, wenn er gegenüber dem Unternehmer als Gewerbeaufsicht auftreten würde. Das System könnte so seine Fähigkeit zur Fehlerkontrolle und zum Lernen nicht mehr effektiv ausüben, da die Vertrauensbasis zwischen Umweltgutachter und Unternehmer gefährdet wäre.
In der Praxis variieren zudem Prüftiefe und Prüfungsschwerpunkte zwischen den einzelnen Umweltgutachtern, so dass jedes Audit anders ausfällt[1194] und eine einheitliche Qualität der Prüfung nicht gewährleistet ist. Auch auf die unzureichende Gewährleistung der Unabhängigkeit des Umweltgutachters wurde schon hingewiesen.
Es liegt somit weder eine funktionale noch eine personale Äquivalenz zwischen Umweltgutachter und Überwachungsverwaltung vor.

EMAS könnte jedoch über ein anderes funktionales Äquivalent zu den behördlichen Überwachungsmaßnahmen verfügen. Auf der Zielebene dient auch EMAS der Sicherstellung der Rechtskonformität. Überprüft wird die Erreichung dieses Ziels im Rahmen der internen Betriebsprüfung.
Fraglich ist, ob die Instrumente auch die gleiche Steuerungswirksamkeit entfalten. Die allgemeine Überwachung stützt sich auf Eingriffsbefugnisse, denen Dul-

---

[1191] *Schmalholz*, Jb UTR, 1998, S. 331, 352. *Schmalholz* stellt an dieser Stelle auch fest, dass die Überprüfung durch den Umweltgutachter in der Regel im Vergleich zu der Prüfung durch die Behörden weniger in die Tiefe gehe. Vgl auch: *Dolde/Vetter*, NVwZ 1995, S. 943, 648.
[1192] *Klockow*, in: *Leittretter/Schneider* (Hrsg.), Was bringt's dem Umweltschutz?, 1998, S. 89, 92.
[1193] *Sauer*, in: ebd., S. 57, 66.
[1194] *Schmalholz*, Jb UTR 1998, S. 331, 353.

dungspflichten gegenüberstehen.[1195] EMAS basiert hingegen auf einem komplexen System der Eigenüberwachung. Der Teilnehmer verpflichtet sich zur Einhaltung der Rechtsvorschriften und stellt diese durch die Implementation des Umwelt-Managementsystems sicher. Die Rechtskonformität wird durch die interne Betriebsprüfung geprüft, welche wiederum der Kontrolle durch den Umweltgutachter unterliegt. Durch die Pflicht zur Veröffentlichung der Umwelterklärung wird die Öffentlichkeit als Kontrollinstanz miteinbezogen. Als lernfähiger Regelkreislauf soll das System durch Kontrolle, Bewertung und Korrektur Fehler beseitigen.
Ordnungsrecht und EMAS basieren auf unterschiedlichen Steuerungsmechanismen. Die Anforderungen des Ordnungsrechts sind differenzierter und konkreter als die korrespondierenden Pflichten, die sich aus EMAS ergeben.[1196] Das EG-Öko-Audit-System ist hingegen flexibler und reagiert schneller und effektiver auf Fehler. Nach der Auffassung von *Schneider* wiegen diese Vorteile die Nachteile des Ordnungsrechtes zumindest auf.[1197] Dabei übersieht er aber, dass gerade das Vorhandensein von behördlichen Kontrollen die Steuerungswirksamkeit von EMAS entscheidend beeinflusst. Nicht nur die Kontrolle durch die Öffentlichkeit, sondern vor allen Dingen auch die Möglichkeit der Aufdeckung eines Rechtsverstoßes im Rahmen der behördlichen Kontrolle, bestimmen die Rechtskonformität und die Qualität der internen und externen Überprüfungen der Organisation.

Dieses Ergebnis schließt jedoch eine Berücksichtigung der EMAS-Teilnahme im Bereich der hoheitlichen Überwachung nicht aus. Die Überwachungsintensität steht grundsätzlich im Ermessen der Behörde. Die Überwachungsbehörde bestimmt den zeitlichen Rahmen und den sachlichen Umfang der Überwachungsmaßnahmen. Allein aus Kapazitätsgründen müssen die Überwachungsbehörden bei der Überwachung Prioritäten setzen, die sich etwa an der Gefährlichkeit der Anlage, der Gefährlichkeit der eingesetzten Stoffe, dem Risiko von Störfällen und der Häufigkeit von Anlässen zur Überwachung einzelner Betriebe orientieren. Dabei muss die Behörde nicht umfassend, permanent und allgemein prüfen. Dies wäre gar nicht möglich. Sie muss sich jedoch die Überzeugung von der Rechtskonformität der Anlage verschaffen.
Der Rückzug des Staates aus der Vollzugskontrolle kann dann gerechtfertigt werden, wenn die Behörde die Überzeugung der Einhaltung des einschlägigen Rechts entweder aus den Dokumenten der EMAS-Teilnahme bilden oder aber ihre durch die Überzeugung des Umweltgutachters ersetzten könnte. Auf Grund der mangelnden Gleichwertigkeit entfällt die zweite Alternative. Aber auch die Publizitätsvorschriften der Verordnung reichen nicht aus, um die Behörde davon zu überzeugen, dass die immissionsschutzrechtlichen Anforderungen auf Grund der Selbstkon-

---

[1195] Vgl. § 52 Abs. 2, 3, 4 BImSchG, § 40 Abs. 2, 3 KrW-/AbfG, § 21 Abs. 1, 2 WHG.
[1196] *Schneider,* Öko-Audit und Deregulierung im Immissionsschutzrecht, 1999, S. 204; *Feldhaus,* UPR 1997, S. 345f.
[1197] *Schneider,* Öko-Audit und Deregulierung im Immissionsschutzrecht, 1999, S. 205.

trolle ausreichend sicher eingehalten werden.[1198] Da die Verwaltung bei der allgemeinen Überwachung aber einen recht großen Spielraum in Bezug auf Prüfhäufigkeit und Prüftiefe hat, kann sie bei auditierten Betrieben zusätzliche Informationen, die sich aus der Tatsache des Audits ergeben, berücksichtigen.[1199] Die Umwelterklärung kann hier auf Grund ihres begrenzten Umfangs jedoch nicht helfen.[1200] Die Behörde kann ihre Überzeugung aber auf die Unterlagen des Umweltgutachters stützen. Hierzu müsste das Unternehmen bereit sein, den Behörden innerbetriebliche Kontrolldaten zur Verfügung zu stellen.[1201]

Die Behörde sollte bei der Überzeugungsbildung auch beachten, dass ein Unternehmen durch die EMAS-Teilnahme einen höheren Grad an Rechtskonformität aufweist.[1202] Diese Erfahrung kann als Vertrauensvorschuss ermessenslenkend bei der Ausübung der Regelüberwachung wirken.[1203] Insoweit kommt es auf die funktionale Äquivalenz gar nicht mehr an. Dabei kann jedoch kein allgemeines Systemvertrauen vorausgesetzt werden. Vertrauen entwickelt sich über die Zeit, vor allen Dingen auch in die "weichen" Komponenten wie die Wirksamkeit der öffentlichen Kontrolle sowie die Eigenverantwortung des Unternehmers.[1204] Entscheidend ist die Glaubwürdigkeit des Systems allgemein. Am System teilnehmende Unternehmen müssen die zuständigen Behörden davon überzeugen, dass die für die Organisation geltenden Anforderungen auf Grund von Maßnahmen der Selbstkontrolle eingehalten werden.[1205] Eine Rückführung der Überwachungsintensität ist somit möglich, entweder im Einzelfall oder durch Verwaltungsvorschrift. Im Gegensatz jedoch zu allgemeinen, pauschalen und verbindlichen Regelungen ist die Behörde befugt, jederzeit wieder eine volle Regelüberwachung durchzuführen, wenn die Vertrauensbasis zerstört ist.[1206] Dabei kann die Verwaltung ihre Überlegenheit in Beweglichkeit, Reaktionsmöglichkeit und ihre

---

[1198] *Feldhaus,* UPR 1997, S. 341, 343.

[1199] Ebd., S. 341, 346.

[1200] Die Umwelterklärung folgt auch nicht dem Ziel der optimalen Darstellung des betrieblichen Umweltschutzes sondern den Erwartungen der Wünsche des angesprochenen Publikums.

[1201] Ebd., S. 341, 344.

[1202] „Fachwissenschaftliche Bewertung des EMAS-Systems in Hessen", Zusammenfassung der Ergebnisse: *Rehbinder/Heuvels,* DVBl. 1998, S. 1245, 1254; *Ankele/Fichter/Heuvels/Rehbinder/Schebek,* Uwf 4/1998, S. 38.

[1203] So auch: *Dolde/Vetter,* NVwZ 1995, S. 943, 648; *Waskow,* Betriebliches Umweltmanagement, 1997, S. 32; *Feldhaus,* UPR 1997, 341, 346; *Ernst,* in: GUT Umweltforum und Beratungsservice GmbH (Hrsg.), Deregulierung des Umweltrechts, 1997, S. 8; Schmalholz, Jb UTR 1998, S. 331, 355.

[1204] Vgl. auch: *Schmalholz,* Jb UTR 1998, S. 331, 353.

[1205] *Feldhaus,* UPR 1997, S. 341, 342f. *Feldhaus* betont weiterhin, dass die Sicherheit, die durch das Umweltrecht gesetzten Ziele, auf Grund von Maßnahmen der Selbstorganisation und Selbstkontrolle erreicht werden, nicht geringer sein darf als bei staatlicher Kontrolle.

[1206] Wie zum Beispiel in dem Falle der FA *Hüls,* die trotz Zertifizierung gegen eine Vielzahl umweltrechtlicher Vorschriften verstieß und in einem Unfall schwere Umweltschäden auslöste. Dargestellt in: *Nissen,* Die EG-Öko-Audit-Verordnung, 1999, S. 619ff.

Sachnähe gegenüber der Legislative ausnutzen. Da Beamte Ermessen nicht gerne ausüben, würde eine Regelung durch Verwaltungsvorschrift im Sinne eines effektiven Verfahrens vorzugswürdig sein.[1207]

Ein Abstellen auf den Vertrauensvorschuss ist auch im Hinblick auf eine effektive Ausübung des Normvollzugs sinnvoll. Die durch die Reduzierung der Überwachungstätigkeit bei den auditierten Organisationen entlastete Verwaltung kann sich auf „Problemfälle" konzentrieren, wodurch per saldo die Effizienz der Gesamtüberwachung gesteigert wird.[1208] Obwohl durch Verzicht auf Überwachung die Anreizstrukturen für den Umweltgutachter negativ verändert werden,[1209] ist – in Anbetracht der Tatsache, dass schon heute oft kaum überwacht wird – mit einer positiven Beeinflussung des Normvollzugs zu rechnen.

Es muss also festgestellt werden, dass die Umweltverwaltung keinen allgemeinen Abbau der Regelüberwachung mit Hinweis auf die gutachterliche Tätigkeit rechtfertigen kann. Der Gutachter überprüft die gesetzlichen Vorschriften nicht und vermag die Verwaltung in diesem Bereich nicht zu entlasten. Etwas anderes könnte aber für die betriebsorganisatorischen Unternehmerpflichten gelten. Der Umweltgutachter prüft die Existenz und Anwendung eines Umweltprogramms und Umwelt-Managementsystems, welches den Anforderungen der EG-Öko-Audit-Verordnung entspricht. Hierzu gehören auch die Voraussetzungen, welche die Betriebsorganisation betreffen, welche in ihren Einzelheiten für die Deregulierungsdebatte vor dem Hintergrund der Gleichwertigkeit bedeutsam sind. Der Umweltgutachter prüft zwar auch hier nicht die Einhaltung der gesetzlichen Vorschriften. Doch prüft er die betriebliche Organisation des Umwelt-Managementsystems sehr viel detaillierter als dies die Umweltverwaltung je könnte. Das auditierte Unternehmen wird in jedem Fall eine überdurchschnittliche Betriebsorganisation im Hinblick auf den Umweltschutz vorweisen können. Dies wird durch die Validierung der Umwelterklärung durch den zugelassenen Gutachter bestätigt. Insofern liegt in diesem Bereich in der Tat eine überobligate Erfüllung seitens der auditierten Organisationen vor, welche einen Abbau der Kontrolle rechtfertigen würde.

[1207] Da der Umfang der nach Art. 2 Abs. 2 S. 1 GG gebotenen Schutzmaßnahmen auch von der Intensität einer möglichen Gefährdung abhängt, kann allerdings Anlass bestehen, im Rahmen generalisierender Ausübung des Überwachungsermessens bestimmte Anlagen mit hohem Gefährdungspotenzial von entsprechenden Befreiungen auszunehmen. *Ewer*, in: Schäfer, UBA IB-563, 1997, S. 38, 40.

[1208] So auch: *Böhm-Amtmann*, ZUR 1997, S. 178, 180; *Ewer*, NuR 1998, S. 478, 479.

[1209] *Rehbinder/Heuvels*, DVBl. 1998, S. 2145, 1250.

2. Die veränderte Rechtsstellung des Umweltgutachters

Die Entlastungsmaßnahmen zu Gunsten der an EMAS teilnehmenden Unternehmer können sich auch auf die Stellung des zugelassenen Umweltgutachters auswirken. Mit jeder Maßnahme, die – rechtmäßig oder nicht - staatliche Prüfungen abschafft und diese auf die Schultern des Umweltgutachters legt, steigen die Anforderungen an die Prüfung durch den Umweltgutachter. Dies betrifft sowohl den Bereich der Einbeziehung des Gutachters in die behördliche Sachverhaltsermittlung als auch den Abbau von ordnungsbehördlichen Kontrollen.

Überträgt der Gesetzgeber oder die Verwaltung dem Gutachter die Erfüllung von Verwaltungsaufgaben, so ändert sich auch die rechtliche Position des Gutachters. Am eindeutigsten würde die Stellung des Gutachters durch eine Beleihung betroffen. Damit würde der Gutachter Teil der mittelbaren Staatsverwaltung und Behörde i.S.d. § 1 Abs. 4 VwVfG. Er würde damit ermächtigt, hoheitlich tätig zu werden. Die Validierung der Umwelterklärung wäre dann u.U. Verwaltungstätigkeit. Obwohl EMAS staatsfern bleiben sollte, hätte eine Beleihung im Hinblick auf die Unabhängigkeit des Umweltgutachters durchaus Vorteile. Solange jedoch der Umweltgutachter auch als Beliehener nur eine System-Prüfung vornehmen würde, könnte jedoch auch nach einer Beleihung der Abbau von Überwachung nicht mit einem Verweis auf die gutachterliche Tätigkeit gerechtfertigt werden. Eine Einbeziehung des Gutachters in die behördliche Sachverhaltsermittlung wäre jedoch sehr viel weitergehend möglich.
Auch durch eine funktionale Privatisierung wird in die Berufsausübung des Gutachters eingegriffen. Es ist unstatthaft, per Gesetz Pflichten zu erzeugen, die mit dem verfassungsrechtlich gewährten Status des Bürgers nicht in Einklang stehen.[1210] Die Privatisierung der Aufgaben und die Übertragung auf den Gutachter unterliegt damit den verfassungsrechtlichen Schranken der jeweils einschlägigen Grundrechte. In Betracht kommen vor allen Dingen die Rechte des Gutachters aus Art. 12 Abs. 1 GG. In die Freiheit der Berufsausübung darf nur auf Grund eines Gesetzes und zur Erreichung eines legitimen Zwecks eingegriffen werden.[1211] Eine verfassungsrechtliche Rechtfertigung liegt mit der optimalen Verwirklichung des Staatsziels Umweltschutz vor. Der Umweltschutz soll durch EMAS gefördert werden. Wenn das System seinerseits durch den Eingriff gefördert wird, kann sich die Rechtfertigung durchaus aus dem Verweis auf den Umweltschutz ergeben. Insofern wäre der Eingriff auch geeignet, notwendig und erforderlich.[1212] Eine Übertra-

---

[1210] *Reinhardt,* AöR 1981, S. 617, 648.

[1211] *Pieroth/Schlink*, Staatsrecht II, 2000, Rn. 936ff.

[1212] Verfassungsrechtlich bedenklich wäre jedoch eine Rechtfertigung durch einen Verweis auf die notwendige Entlastung der deutschen Wirtschaft und die Bedrohung des Wirtschaftsstandortes Deutschland. Es fehlte insoweit an einer sachlich hinreichend überzeugenden Begründung, die auf Grund mangelnder Beweise wohl auch nicht zu erbringen wäre. Der Eingriff würde in diesem Fall an der Verhältnismäßigkeitsprüfung des Art. 12 GG scheitern.

gung von Aufgaben auf den Umweltgutachter im Rahmen einer funktionalen Privatisierung durch oder auf Grund Gesetzes wäre somit grundsätzlich zulässig. Rechtliche Grenzen liegen jedoch in der Ausgestaltung der Privatisierung.

Fraglich ist, ob schon eine veränderte Ermessensausübung Auswirkungen auf die Stellung des Umweltgutachters hat oder ob es zu einer gesetzlichen Überwälzung von Kontrollpflichten kommen muss. Wenn die Behörden angesichts der vom Betrieb eigenverantwortlich durchzuführenden Kontrollmaßnahmen der Organisation einen Vertrauensvorschuss gewähren und in der Ausübung ihres Ermessens bei eingetragenen Organisationen die Intervalle der Routineüberwachung verlängern oder den Prüfungsumfang bei Routinekontrollen beschränken, so wird mittelbar durch diese veränderte Ermessensausübung auch die Position des Umweltgutachters betroffen. Der Gutachter ist zu einem Großteil für die Glaubwürdigkeit des EG-Öko-Audit-Systems verantwortlich. Die Behörden werden ein Vertrauen in das System nur dann entwickeln, wenn insbesondere auch der Umweltgutachter dies durch die Qualität seiner Aufgabenausübung rechtfertigt. Da sich jedoch mit der geänderten Ermessensausübung weder eine Erleichterung der Pflichten des Unternehmers noch eine Aufgabenübertragung an den Umweltgutachter knüpft, würde sich an der rechtlichen Verantwortung des Umweltgutachter nichts ändern.

Knüpfen an die Auditierung gesetzliche Entlastungsmaßnahmen an, so ist stets auch das Haftungsrisiko des Gutachters berührt. Dieses wird dann erhöht, wenn die gesetzliche Maßnahme direkt auf die Validierung oder auf eine Bescheinigung des Gutachters abzielt. Der Umweltgutachter haftet seinem Auftraggeber aus Vertrag hinsichtlich der ordnungsgemäßen Durchführung der Prüfung. Er haftet nicht im Hinblick auf die Einhaltung der Rechtsvorschriften. Werden von dem Gutachter weitere Bescheinigungen im Hinblick auf Rechtskonformität oder aber auch hinsichtlich der Ergebnisse seiner Prüfung abverlangt, so steigt das Risiko, dass der Unternehmer Mangelfolgeschäden im Wege des Regresses auf den Gutachter abwälzt. Hieraus resultiert ein erheblicher Eingriff in die Rechtsposition des Gutachters, der zumindest nicht auf der Grundlage einer Verwaltungsvorschrift – wie im Saarland, Schleswig-Holstein und Bayern - erfolgen kann.

3. Die veränderte Rolle des Umweltgutachters

Durch den Abbau von Ordnungsrecht ändert sich auch das Verhältnis von dem Umweltgutachter zu seinem Auftraggeber. Dem Gutachter wird in Stücken die Rechtfertigung für eine gewissenhafte Prüfung entzogen. Dies gilt zum Beispiel, wenn die Behörden die Regelüberwachung auditierter Betriebe einstellen. Es würde sodann der *„heilsame Druck“* [1213] zur Rechtskonformität, welcher sich aus

[1213] *Nissen*, Die EG-Öko-Audit-Verordnung, 1999, S. 613. – Der *„heilsame Druck“* entfällt und *„die Katze beißt sich in den Schwanz“*.

der Gefahr der Aufhebung oder Streichung der Eintragung ergibt, entfallen, da die Ordnungsbehörde Rechtsverstöße gar nicht mehr aufdecken und somit auch nicht die zuständige Stelle unterrichten könnte. Der Umweltgutachter kann die Notwendigkeit für eine korrekte Prüfung auch nicht mehr mit dem Hinweis auf die ordnungsbehördliche Sanktionsgefahr erklären. Zugleich wird die Prüfung des Gutachters aufwändiger, da er nicht mehr für seine Prüfung auf den Schriftverkehr des Unternehmens mit der Behörde zurückgreifen kann.
Durch den Abbau des Ordnungsrechts würde somit für Unternehmer und Gutachter das Interesse an einer tiefgehenden Prüfung leicht entfallen. Diese Entwicklung könnte nur durch den Ausbau entgegengesetzt wirkender Mechanismen ausgeglichen werden. In Betracht käme insofern eine Verschärfung des Haftungsrisikos für Unternehmen und Gutachter. Sinn des Umwelt-Ordnungsrecht ist es, durch detailgetreue Vorschriften die Unternehmen dazu anzuhalten, sich rechtstreu zu verhalten. Mit dem Abbau von Vorschriften würde sich das Haftungsrisiko bzw. der Eintritt einer strafrechtlichen Verantwortlichkeit erhöhen. Das wiederum würde höhere Anforderungen an die Prüfung das Umweltgutachters stellen.[1214] Was das Ordnungsrecht nicht mehr zu leisten vermag, würde dann auf die Schultern des Gutachters abgewälzt.

Diese Verlagerung wird dann relevant, wenn Haftungsrecht Ordnungsrecht ersetzen soll, so wie dies im angelsächsischen Rechtsraum vielfach der Fall ist. *Bohne* schwebt ein Modell einer Kombination von Ordnungs- und Haftungsrecht auch für Deutschland vor.[1215]/[1216] Das wirtschaftliche Eigeninteresse der Betreibers soll nutzbar gemacht und mittelbar das Versicherungswesen als Steuerungsinstanz eingesetzt werden. Erforderlich sei eine klare Risikoverteilung dergestalt, dass die ökologischen Risiken denjenigen auferlegt werden, die den wirtschaftlichen Nutzen aus ihnen ziehen. Umweltschutz würde damit das Ergebnis einer internen Kostenkalkulation. *Bohnes* Versicherungsmodell sieht vor, die Genehmigungspflicht für alle Anlagen nach dem BImSchG stark zu reduzieren, unter Beibehaltung der Betreiberpflichten. Planung und Überwachung würden einem privaten Sachverständigen überlassen, der auch für die Gesetzeskonformität der Anlage verantwortlich wäre.[1217] Durch eine Kombination von Ordnungs- und Haftungsrecht ließe sich erreichen, dass der Vorhabenträger, eingeschaltete private Sachverständige und Versicherungsgesellschaften ein wirtschaftliches Eigeninter-

---

[1214] *Schottelius*, WSI Mitteilungen 1998, S. 506, 508.
[1215] Zum Zusammenhang von Umweltvollzug und Umwelthaftungsrecht: *Rehbinder*, Das Vollzugsdefizit im Umweltrecht und Umwelthaftungsrecht, 1995.
[1216] *Bohne*, DVBl. 1994, 195ff.
[1217] Ohne direkten Bezug auf das EG-Öko-Audit-System, wohl aber mit weitgehenden Privatisierungs- und Deregulierungsansätzen legte das Land Nordrhein-Westfalen im Jahre 1995 ein Konzeptpapier „Umweltverwaltung 2000 des Landes NRW" vor. In diesem Papier finden sich vergleichbare Sachverständigenmodelle.

esse daran haben, dass ein Vorhaben unter Einhaltung der notwendigen Umweltanforderungen zügig verwirklicht wird.[1218]
Bohne zieht auch eine Verknüpfung mit dem EG-Öko-Audit-System in Betracht. Dabei sollen die Genehmigungen für die Anlagen entfallen, die eine Teilnahme-Erklärung vorlegen können. Er erwägt auch, dass in seinem Versicherungsmodell nur zugelassene Umweltgutachter als Sachverständige tätig werden dürfen. Dabei müssten aber für die Validierung einer Organisation und die Zusammenstellung der Genehmigungsunterlagen für eine Anlage unterschiedliche Umweltgutachter tätig werden, um Interessenkonflikte auszuschalten.
Auch, wenn das Modell von *Bohne* spätestens seit Erlass der IVU-Richtlinie nicht mehr zur Diskussion steht, so ist doch der Gedanke, die Prüfungsqualität des Umweltgutachters durch verschärfte Haftungsrisiken abzusichern, durchaus ernstzunehmen. Er unterstreicht den Bedeutungswandel, den der private Sachverständige, mithin der Umweltgutachter, durch den Abbau von Ordnungsrecht erfahren würde. Seine Prüfung würde in den Mittelpunkt der Sicherstellung der Anlagensicherheit rücken. Durch ein verstärktes Haftungsrisiko würde seine Prüfung strenger ausfallen, da er im eigenen Interesse Risiken minimieren würde.

II. Das konkrete Deregulierungspotenzial im Hinblick auf die Stellung des Umweltgutachters

Zu den administrativen Instrumenten, die im Rahmen der Deregulierungsdiskussion von Interesse sind, gehören die Eröffnungskontrollen und die allgemeinen Überwachungsbefugnisse einerseits und die korrespondierenden Unternehmerpflichten andererseits.[1219] Im Folgenden soll die allgemeine Funktion dieser Rechtsinstrumente dargestellt und daraus die Möglichkeit des Abbaus einzelner Regelungen abgeleitet werden.

1. Deregulierung im Bereich der Unternehmerpflichten

Im Überwachungsrechtsverhältnis wird der betroffene Private aktiv in den Verwaltungsvollzug integriert.[1220] Die ihm auferlegten staatlichen Pflichten werden unter den sogenannten Unternehmerpflichten zusammengefasst und sind Ausdruck des verwaltungsrechtlichen Kooperationsaspektes. Diese Pflichten ergeben sich in erster Linie daraus, dass der Unternehmer Adressat betrieblicher Umweltanforderungen ist, als Anlagenbetreiber, als Verantwortlicher für eine Gefahrenquelle oder als Nutzer von Ressourcen. Die Umsetzung der umweltrechtlichen Vorschriften liegt somit in seinem Verantwortungsbereich.
Die sich aus der Verantwortlichkeit für die Umsetzung gesetzlicher Standards ergebenden Unternehmerpflichten können in absolute und relative unterteilt wer-

---

[1218] *Bohne*, DVBl. 1994, S. 195, 196.
[1219] Vgl. im Einzelnen: *Kloepfer*, Umweltrecht, 1998, § 5 Rn. 36ff.
[1220] Vgl. *Jankowski*, Bestandsschutz für Industrieanlagen, 1999, S. 40.

den.[1221] Der Unternehmer hat nach gesetzlichen Maßgaben für die Vermeidung von Gefahren, die von seiner Tätigkeit ausgehen könnten, zu sorgen. Die diese Vermeidung konkretisierenden Pflichten wirken gegenüber jedermann und ständig und werden unter dem Oberbegriff der absoluten Unternehmerpflichten zusammengefasst. Andere Pflichten sind formalisiert und wirken nur gegenüber den Ordnungsbehörden und werden deshalb auch relative Unternehmerpflichten genannt.

Unter die absoluten Unternehmerpflichten fallen nicht nur Betriebs- und Organisationspflichten, sondern auch Schonungs- oder Förderungspflichten.[1222] Diese Pflichten lassen sich wiederum in betriebs-, anlagen-[1223] und produktbezogene[1224] unterteilen. Die absoluten Pflichten erlöschen nicht mit ihrer Erfüllung; sie konstituieren vielmehr eine dauerhafte Pflicht gegenüber der Allgemeinheit im allgemeinen Verwaltungsrechtsverhältnis. So gelten z.B. die Grundpflichten der §§ 5 und 22 BImSchG unmittelbar und permanent.[1225] Dasselbe gilt für die aus den Grundpflichten abgeleiteten, durch Rechtsverordnung oder Verwaltungsakt begründeten, Pflichten.[1226] Die Behörde kann die Erfüllung der Betreiberpflichten durch hoheitliche Maßnahmen geltend machen. Diese Geltendmachung der behördlichen Befugnis gegenüber dem Betreiber, wenn dieser eine Pflicht verletzt, bewirkt sodann die Relativierung der absoluten Unternehmerpflicht und setzt eine relative Unternehmerpflicht fest.

Zu den relativen Unternehmerpflichten gehören vor allem die Duldungs- und Mitwirkungspflichten während konkreter Überwachungsmaßnahmen. Daneben gehören die Informationspflichten zu den wichtigsten relativen Pflichten, die dem Unternehmer gegenüber den Behörden obliegen. Hierzu zählen die Anzeige-,

---

[1221] *Gröschner*, Das Überwachungsrechtsverhältnis, 1992, S. 244.

[1222] Vgl. § 1a, §§ 28ff. WHG sowie § 11 NatSchG, §§ 9, 11 BwaldG.

[1223] Zu den betriebsbezogenen Pflichten gehören Pflichten der Eigenüberwachung und – für die Frage der Substitution durch EMAS besonders relevant – die umweltschutzsichernden Pflichten zur Betriebsorganisation.

[1224] Bei der Einführung von Produkten unterliegt der Produzent Verkehrspflichten. Hierzu zählt z.B. § 17 GefStoffV (Verordnung zum Schutz von gefährlichen Stoffen (Gefahrstoffverordnung – GefstoffV) v. 26.10.1993) sowie alle Kennzeichnungspflichten (insbesondere im Lebensmittelrecht).

[1225] Dynamische Betreiberpflichten stellen eine Sonderform der absoluten Unternehmerpflichten dar. Dabei sind diese dynamischen Pflichten, wie z.B. die Pflicht zur Vorsorge nach dem aktuellen Stand der Technik gem. § 5 Abs. 1 Nr. 2 BImSchG, Ausdruck des Vorsorgeprinzips. Um die Erfüllung der dynamischen Pflichten sicherstellen zu können, steht die immissionsschutzrechtliche Genehmigung von vornherein unter dem Vorbehalt nachträglicher Anordnungen. Die Betreiberpflichten erfüllen insofern eine Doppelfunktion: einerseits handelt es sich um unmittelbar geltende, prinzipiell dynamische, aktuelle Verhaltensanforderungen, andererseits sind die Grundpflichten aber auch Genehmigungsvoraussetzungen und bilden damit maßgeblich das materielle Entscheidungsprogramm der Zulassungsnorm. Vgl. *Schmidt-Preuß*, DVBl. 1998, S. 857.

[1226] Vgl. *Feldhaus*, UPR 1997, 341, 342.

Melde- Mitteilungs- und Anmeldungspflichten. Diese überwachungsunterstützenden Pflichten zeichnen sich durch eine Bringschuld des Unternehmens aus. Bei Anfangsanzeigepflichten steht das Anmeldeverfahren an Stelle eines Zulassungsverfahrens. Durch die Abgabe der Anzeige wird das formelle Überwachungsrechtsverhältnis begründet. Daneben stehen das Anzeige-Erfordernis im Falle einer wesentlichen Änderung oder der Stilllegung einer Anlage sowie die Unfall- und Schadensanzeigen.[1227]
Im Gegensatz zu den Anzeigepflichten handelt es sich bei den Aufzeichnungspflichten nicht um eine einmalige Bringschuld des Unternehmers, sondern um eine längerfristige Unternehmerpflicht und eine Holschuld der Behörden. Unter die Aufzeichnungspflichten fallen alle Buchhaltungspflichten. Zu diesen gehören z.B. der § 14 Abs. 2 der DruckbehV (Prüfbuch, Prüfakte) sowie § 5 der 3. BImSchV (Tanklegebuch). Beiden Büchern kommt eine spezialpräventive Funktion zur Gefahrenvorsorge zu.[1228] § 11 der 2. BImSchV postuliert weitere Aufzeichnungspflichten, die nicht in Buchform zu erfüllen sind. Die Aufzeichnungspflichten setzen sich aus Informationserhebungs- und Dokumentationspflichten zusammen. Im Falle der Emissionserklärung gem. § 27 Abs. 1 BImSchG sind sie auch noch mit einer Mitteilungs- oder Dokumentationspflicht gepaart.[1229]

Grundsätzlich kommt ein Abbau materiellen Umweltrechts im Zusammenhang mit EMAS nicht in Frage. Eine Ausnahme besteht im Hinblick auf die überwachungsunterstützenden Informationspflichten,[1230] die nur mittelbar umweltrelevante Wirkungen entfalten, und denen ein gleichwertiges Gegenstück in EMAS entsprechen kann. Eine Deregulierung im Bereich der Informationspflichten kann durch die Einfügung einer Öffnungsklausel erfolgen. Dies ist jedoch nur dann möglich, wenn die Pflicht, die der Unternehmer im Rahmen des EG-Öko-Audit-Systems erfüllt, äquivalent zu den ordnungsrechtlichen Pflicht ist. Dabei hängt die funktionale Äquivalenz von dem Ziel sowie der abstrakten und konkreten Steuerungswirksamkeit der normierten Pflicht ab. Der Zweck der Informationspflichten ist die Unter-

---

[1227] Z.B. § 15 Abs. 1, 3 BImSchG, § 29 AcetylenV, § 34 DruckbehV, § 28 DampfkV, § 36 Abs. 1 KrW-/AbfG.

[1228] Der potenzielle Schadensverursacher soll sein eigenes Verhalten permanent protokollieren und durch das Wissen abgeschreckt werden, dass man ihn aufgrund der Bücher eines Gesetzesverstoßes überführen kann. *Gröschner*, Das Überwachungsrechtsverhältnis, 1992, S. 254.

[1229] *Kloepfer* bezeichnet diese als *„qualifizierte Erklärungspflichten"*. *Kloepfer*, Umweltrecht, 1998, § 5 Rn. 147.

[1230] Die Informationspflichten zählen zu den relativen Unternehmerpflichten. Im Gegensatz zu den relativen Unternehmerpflichten statuieren die absoluten Unternehmerpflichten Pflichten gegenüber jedermann. Dabei handelt es sich um Regelungen mit materieller Aussage. Da jedoch materielle Standards nicht im Zusammenhang mit dem EG-Öko-Audit-System abgebaut werden können, kommt eine Deregulierung im Bereich der absoluten Unternehmerpflichten nicht in Frage. Eine Substitution durch gleichwertige Pflichten aus dem System ist ausgeschlossen, da die materiellen Anforderungen von EMAS als allgemeine Ziele formuliert kein Pendant zu den ordnungsrechtlichen Pflichten darstellen.

stützung von Überwachungsaufgaben. Sie dienen meist entweder der Behörde zur Information, um dieser bestimmte Kenntnisse zur Erfüllung planerischer und überwachungsrechtlicher Pflichten zu verschaffen (Informationsfunktion) und/oder der Adressat der Verpflichtung soll dazu veranlasst werden, sich selbst über die Zustände in seinem Betrieb zu informieren (Selbststeuerungsfunktion).[1231]

Dient die Pflicht allein der Eigeninformation des Betreibers der Anlage, ist eine Befreiung möglich, wenn die erfolgreiche Teilnahme am EG-Öko-Audit-System die gleiche Selbststeuerungsfunktion,[1232] oder – anders ausgedrückt – die gleiche abstrakte sowie konkrete Steuerungswirksamkeit, wie die ordnungsrechtliche Pflicht erzielt. Erfüllt die Informationspflicht neben der Eigeninformation des Betreibers noch eine weitere Funktion, so ist nur eine konditionale Öffnung unter der Bedingung denkbar, dass die zusätzliche Funktion durch ein Äquivalent erfüllt wird. Im Hinblick auf die Behörden-Information heißt dies, dass der Behörde die gleichwertigen Informationen zur Verfügung gestellt werden müssen.[1233] Dies kann entweder durch die Übersendung der Umwelterklärung, durch die Unterlagen der Betriebsprüfung oder durch eine zusätzliche Prüfung durch den Umweltgutachter geschehen. Eine vollständige Befreiung von der Informationspflicht ist somit schon immer dann ausgeschlossen, wenn die Pflicht außer der Eigeninformation des Betreibers zusätzlich einen anderen Zweck verfolgt.
Die Umwelterklärung, *per definitionem* knapp und verständlich, vermag die gesetzlichen Informationen in der Regel nicht zu ersetzen.[1234] Die Unterlagen der Betriebsprüfung sind detaillierter. Trotzdem wird der Umweltgutachter in aller Regel zusätzliche Prüfungen durchführen oder Dokumentationen erstellen müssen, um die Anforderungen der gesetzlichen Vorschriften zu erfüllen. Hierbei könnte der Gutachter für die Behörde oder für den Auftraggeber tätig werden. Die Behörde darf den Gutachter allerdings nur außerhalb von EMAS auf Grund eines eigenständigen Auftragsverhältnisses mit der Durchführung von Prüfungen betrauen. Der Umweltgutachter wäre dann Verwaltungssubstitut. In diesem Fall würde sein

---

[1231] *Lübbe-Wolff*, ZUR 1996, S. 173, 175.
[1232] Ebd., S. 173, 176.
[1233] Ein Absenkung der Informationspflichten macht dabei immer auch die Aufdeckung von Umweltrechtsverstößen schwieriger.
[1234] Es ist nicht nachvollziehbar, wie *Ernsthaler* zu der Einschätzung kommt, dass durch *„die umfassenden Erklärungspflichten, die durch die Verordnung begründet werden,* [...] *die Behörde nunmehr kontinuierlich über die aktuellen Informationen, die zur Wahrnehmung ihrer Überwachungspflicht nötig sind,"* verfügt, und daraus den Schluss zieht, dass *„zahlreiche emissionsschutzrechtliche Kontrollen* [...] *durch die validierten Umwelterklärungen, die das am Audit-System beteiligte Unternehmen regelmäßig abgeben muss, hinfällig [*werden*], da die Behörde nunmehr automatisch in den Kenntnisstand versetzt wird."* *Ernsthaler*, Zeritfizierung, Akkreditierung und Normung für den Europäischen Binnenmarkt, 1995, S. 93.

Aufgabenbereich erweitert, wie dies z.B. durch § 15 Abs. 2 EfbV oder § 5 AltautoV[1235] erfolgt ist. Dies ist sinnvoll jedoch prinzipiell unabhängig von EMAS. Auch der an dem EG-Öko-Audit-System teilnehmende Unternehmer kann sich den Sachverstand des Gutachters zu nutze machen. Es ergibt sich weder aus der EG-Öko-Audit-Verordnung noch aus den rechtlichen Rahmenbedingungen, dass der Umweltgutachter ausschließlich die für die Validierung der Umwelterklärung notwendigen Prüfungen vornehmen darf.
Soll der Umweltgutachter der Behörde die Einhaltung gewisser Vorschriften bestätigen, so wird dies allerdings nur auf gesetzlicher Grundlage möglich sein. Eine solche Verantwortungsdelegation auf den Umweltgutachter durch Verwaltungsvorschrift ist nicht möglich.
Aus diesen grundsätzlichen Erwägungen lässt sich konkret folgendes Deregulierungspotenzial ableiten:

a. Die Anzeigepflichten

Die genehmigungsersetzenden Anzeigepflichten verschließen sich grundsätzlich einer Deregulierung in Verbindung mit der Durchführung von EMAS. Hierzu gehören im Gefahrstoffrecht die Pflichten aus §§ 4ff. ChemG, Pflichten in Verbindung mit alten Rechten und Befugnissen, wie z.B. nach §§ 16 Abs. 2, 19e Abs. 2 WHG, § 67 Abs. 2 BImSchG sowie Pflichten bei privilegierten, ausnahmsweise erlaubnisfreien Umweltbelastungen, wie z.B. § 17a WHG, § 51 Abs. 1 KrW-/AbfG, §§ 4 Abs. 1, 12 17 StrlSchV. In all diesen Fällen ist die Information der Behörden primäres Ziel der Vorschriften, ein Element der Eigenüberwachung findet sich – wenn überhaupt- nur sehr untergeordnet in der Zielsetzung der Vorschrift. EMAS kann hierzu, vor allen Dingen bei der Erstzulassung eines Produkts- oder einer Anlage kein Äquivalent bieten, da das EG-Öko-Audit-System nur die Überprüfung bereits bestehender Anlagen umfasst. Auch eine Erklärung oder ein zusätzliches Gutachten des Umweltgutachters würde nur dann weiterhelfen, wenn es die Anzeige konkret ersetzen würde. Diese gutachterliche Tätigkeit wäre aber nicht in die EMAS Prüfung zu integrieren. Im Hinblick auf die Anzeige alter Anlagen und alter Rechte ist eine Entlastung des Unternehmers auch insofern nicht denkbar, weil diese Vorschriften bestandsschützende Wirkung entfalten.

Genehmigungsergänzende Änderungs- oder Stillegungsanzeigen[1236] dienen ebenfalls in der Hauptsache der Information der Behörden, auch hier fehlt es an der funktionalen Äquivalenz zu Bestandteilen des EG-Öko-Audit-Systems. Diese Pflichten sind in der Regel mit überwachungsdienlichen Pflichten, wie Auskunfts-, Mitteilungs- oder Erklärungspflichten verknüpft. So fordert zum Beispiel § 15

[1235] Hierzu zählen auch noch § 6 Abs. 2 S. 1 EgRL sowie ausweislich der Gesetzesbegründung § 13 Abs. 2 der 9. BImSchV.

[1236] Zu diesen gehören z.B. § 15 Abs. 1 und Abs. 3 BImSchG, § 36 Abs. 1 KrW-/AbfG, § 43 KrW-/AbfG i.V.m. NachwV sowie §§ 66, 78, 79 StrlSchV.

Abs. 1 S. 2 BImSchG, dass der Anzeige eventuell prüfungsrelevante Unterlagen beizufügen sind. Soweit der Unternehmer über gem. §§ 15 Abs. 1 S. 2, 10 Abs. 1 S. 2 BImSchG relevante Unterlagen aus der Umweltbetriebsprüfung verfügt, so kann er diese selbstverständlich der Behörde vorlegen. In aller Regel wird dies aber nicht der Fall sein, da die Umweltbetriebsprüfung nicht die Änderungen der Anlage zum Gegenstand hat. Die Einfügung von Öffnungsklauseln in diesem Bereich ist somit wenig sinnvoll, da eine grundsätzliche Äquivalenz nicht herzustellen ist. Die erforderlichen Unterlagen müssten, auch von dem Gutachter, neben seinem EMAS-Gutachterauftrag zusammengestellt werden.
Ein Abbau von Stilllegeanzeigen[1237] kommt nicht in Frage, weil die Behörde durch das Öko-Audit nicht die notwendigen Informationen erhält, um im Falle der Stilllegung die zur Abwehr von schädlichen Umwelteinwirkungen oder sonstigen Gefahren erforderlichen Maßnahmen anordnen zu können. Zwar kann auch eine Stilllegung einer Anlage als *"geplante Tätigkeit"* im Sinne des Anhangs VI Abs. 4 EG-UAVO n.F. erfasst sein. Doch wird weder der Zeitpunkt der Stilllegungsabsicht mit der Umweltbetriebsprüfung koinzidieren, noch wird die Behörde über die geplante Tätigkeit in hinreichender Form durch die Umwelterklärung in Kenntnis gesetzt. Eine Substitution in diesem Bereich scheidet damit aus.[1238]
Weil sie allein der Behörden-Information dienen, sind auch Schadens- und Unfallanzeigen, wie z.B. aus § 34 DruckbehV oder § 28 DampfkV, nicht substituierbar.

b. Die Aufzeichungspflichten

Deregulierungsmöglichkeiten könnten sich im Rahmen der Aufzeichnungs- und Dokumentationspflichten ergeben.[1239] Diese Pflichten dienen der Eigenüberwachung. Zugleich unterstützen sie jedoch auch die behördliche Überwachung, da Mess-, Dokumentations- und Berichtspflichten der Betreiber auf eine unmittelbare Entlastung der Behörden von entsprechenden Überwachungsmaßnahmen zielen.[1240] Weil die Behörde aber die notwendigen Informationen für die ord-

[1237] Vgl. § 15 Abs. 3 BImSchG, § 36 Abs. 1 WHG.
[1238] So auch: IHK Frankfurt (Oder), Deregulierung durch Öko-Audit, 1996, S. 86.
[1239] Hierzu zählen die Einbehaltung und das Aufbewahren von Belegen, das Führen von Nachweisbüchern (§ 14 Abs. 2 der DruckbehV [Prüfbuch, Prüfakte], § 5 der 3. BImSchV [Tanklegegebuch], §§ 42, 43 KrW-/AbfG i.V.m. NachwV [Nachweisbuch], § 12 Nr. 5 AtG), Aufbewahrung von Messaufzeichnungen nach § 31 BImSchG, Anfertigung, Fortschreibung und Bereithaltung der sog. Sicherheitsanalyse nach §§ 7ff. StörfallV, die Erstellung der Lagergutverzeichnisse für Gefahrstofflager gem. § 6 Abs. 3 der 12. BImSchV sowie die Dokumentationen nach § 6 Abs. 2 der 12. BImSchV.
[1240] Angesichts dessen, dass behördliche Überwachung umweltgefährdender Anlagen in den meisten Bereichen ohnehin nur Anlass-Überwachung ist, tritt allerdings *de facto* wohl kaum eine Entlastung, sondern eine (begrüßenswerte) Ergänzung der staatlichen Überwachungstätigkeit ein. *Koch*, in: *Schlacke* (Hrsg), Neue Konzepte im Umweltrecht, 1996, S. 27, 36. A.A. *Schottelius*, der den Zusammenhang zwischen Information und Überwachung nicht erkennt. *Schottelius*, WSI Mitteilungen 1998, S. 506, 508.

nungsgemäße Überwachung benötigen, kommt allein eine konditionale Öffnung, nicht jedoch eine Befreiung von Dokumentationsvorschriften, in Frage. Die Verwaltung muss zumindest auf Verlangen in Besitz der notwendigen Informationen gelangen können.

Nach Anhang I A Nr. 4.4. erstellen die an EMAS teilnehmenden Unternehmen Dokumentation im Rahmen des betrieblichen Umwelt-Managementsystems. Diese sind jedoch sehr allgemein und beziehen sich auf die Beschreibung der Systemelemente und deren Wechselwirkungen. Sie dienen der Fehlererkennung und Lernfähigkeit des Systems. Neben den ausdrücklich vorgesehenen Aufzeichnungspflichten ergibt sich die Notwendigkeit der Dokumentation auch aus der Eigenüberwachung als Komponente des Managementsystems. Diese Aufzeichnungen sind Bestandteil der Ablaufkontrolle und sollen Defizite im betrieblichen Umweltschutz zu Tage fördern.

Die Dokumentationspflichten aus dem EG-Öko-Audit-System dienen der Eigenüberwachung und nicht der Information externer Stellen. Unterschiede zwischen EMAS und den ordnungsrechtlichen Pflichten der Eigenüberwachung und Aufzeichnung ergeben sich auch daraus, dass die Pflichten aus dem Öko-Audit nicht medial beschränkt, sondern als integrierte Kontrollmaßnahmen ausgestaltet sind.[1241] Sie dienen der umfassenden Bewertung der Umweltverträglichkeit einer Produktionsstätte, nicht der sektorspezifischen Information. Basierend auf einem umfassenden ressourcen-ökonomischen Ansatz legt das EG-Öko-Audit-System die Aufzeichnungspflichten nur sehr allgemein fest. Hinsichtlich der Konkretheit sind die ordnungsrechtlichen Pflichten den Dokumentationspflichten aus EMAS weit überlegen. Das EG-Öko-Audit-System kann die ordnungsrechtlichen Anforderungen auch nicht durch andere Pflichten auffangen, ersetzen oder kompensieren. Die ordnungsrechtlichen Aufzeichnungspflichten unterscheiden sich grundsätzlich in ihrer Steuerungswirksamkeit. Eine Öffnung wäre nur dann möglich, wenn der Unternehmer im Rahmen von EMAS die ordnungsrechtlichen Dokumentationspflichten weiterhin erfüllen und die Informationen – als Umwelterklärung, Umweltbericht oder gesonderte Erklärung – der Behörde übermitteln würde. Eine Flexibilisierung durch eine konditionale Öffnung in diesem Sinne wäre grundsätzlich möglich, würde aber – da auch ordnungsrechtlich die Aufzeichnungspflichten keinen Formvorschriften unterliegen - kaum eine Entlastung schaffen. Für den Umweltgutachter würde eine solche zusätzliche Dokumentation erhöhten Prüfbedarf bedeuten, sein Auftrag würde damit ausgeweitet, seine Stellung bliebe grundsätzlich aber unberührt. Insbesondere würde keine Aufgaben- oder Verantwortungsdelegation auf den Gutachter stattfinden.

[1241] So auch: *Scherer,* NVwZ 1993, S. 11, 15.

c. Die Emissionserklärung

Diskutiert wird insbesondere auch der Verzicht auf die Abgabe einer Emissionserklärung für auditierte Organisationen.[1242] § 27 Abs. 1 BImSchG verpflichtet den Betreiber einer Anlage, eine Emissionserklärung abzugeben. Diese muss Angaben über die Art, Menge, räumliche und zeitliche Verteilung sowie über die Austrittsbedingungen von Luftverunreinigungen enthalten und ist alle vier Jahre entsprechend dem neuesten Stand zu ergänzen.[1243] Die Emissionserklärung dient der Selbstüberprüfung des Anlagenbetreibers sowie der Information der Behörden, die auf der Grundlage der Erklärung die Luftreinhalteplanung durchführen.[1244]/[1245] Aus den Emissionserklärungen werden Emissionskataster gespeist und Luftreinhaltepläne abgeleitet, zugleich dient die Emissionserklärung der individuellen Überwachung.
Nur wenn die zur Erstellung der Emissionserklärung notwendigen Daten durch das Öko-Audit ebenfalls aufgezeichnet werden, kann eine Deregulierung in diesem Bereich in Betracht kommen. Die anzugebenden Daten für die Emissionserklärung sind teilweise – aber nicht umfassend- von den Anforderungen an ein Managementsystem nach Anhang I A EG-UAVO n.F. erfasst.[1246] Bei Verzicht auf die Abgabe von Emissionserklärungen, müsste die zuständige Behörde die notwendige Informationen aus der Umwelterklärung oder den zur Verfügung gestellten Betriebsprüfungsunterlagen entnehmen können. Die Umwelterklärung ist jedoch knapp zu halten und enthält die Informationen einer Emissionserklärung nicht.[1247] Die Unterlagen der Betriebsprüfung könnten nur dann als Substitut der Behörde vorgelegt werden, wenn die Informationen, die regelmäßig die Emissionserklärung enthält, entsprechend aufbereitet würden. Es wäre unzumutbar, die Behörde darauf zu verweisen, dass sie sich die Emissionsdaten selbst heraussuchen und zusammenstellen müsse. Eine Substitution wäre somit auch hier kaum sinnvoll, da die Notwendigkeit der Informationsübermittlung an die Behörden bestehen bleibt und

---

[1242] Die Umweltallianz Berlin sowie der thüringische EMAS-Erlass sehen schon heute eine Substitution der Emissionserklärung vor. Schleswig-Holstein schließt diese Möglichkeit hingegen explizit aus und verneint die Äquivalenz.

[1243] Der weitere Inhalt der Emissionserklärung ergibt sich aus der 11. BImSchV.

[1244] *Ekart*, KGV-Rundbrief 2/97, S. 2, 4.

[1245] *Kleesiek* stellt fest, dass eine Notwendigkeit für die Reinhaltepläne auf Grund der Unterschreitung der festgelegten Immissionswerte derzeit nicht mehr gegeben sei. Aus diesem Grund hinterfragt er den Nutzen, bzw. das Aufwand-Nutzen-Verhältnis von Luftreinhalteplänen. *Kleesiek*, in: GUT Umweltforum und Beratungsservice GmbH (Hrsg.), Deregulierung des Umweltrechts, 1997, ohne Seitenangabe. Dabei verkennt er jedoch, dass nicht die Reinhaltepläne obsolet geworden sind, sondern die Grenzwerte hoffnungslos veraltet sind.

[1246] Vgl. auch die Anforderungen aus I B Nr. 3, 4 EG-UAVO a.F.

[1247] *Lübbe-Wolff*, NuR 1996, S. 217, 220; a.A. *Steger/Ebinger*, in: *Klemmer/Meuser* (Hrsg.), EG-Umweltaudit, 1995, S. 215, 229. Nach der Einschätzung *Steger/Ebinger* geht die Umwelterklärung in ihrem Informationsgehalt noch über die ordnungsrechtlichen Informationspflichten hinaus.

diese in einer der Emissionserklärung entsprechenden Form stattfinden muss. Die Stellung des Umweltgutachters würde jedoch durch eine solch erweiterte Umwelterklärung nicht berührt (auch wenn der Arbeitsaufwand u.U. zunehmenden würde).
Im Interesse einer Entlastung der Unternehmen von einer doppelten Erhebung könnte sich aber eine Anpassung der zeitlichen Zyklen von Wiederholungsaudit und Abgabe der Emissionserklärung anbieten. Eine solche Harmonisierung würde sinnlose Doppelbelastungen aus dem Wege räumen.

Zu erwähnen bleibt, dass das BMU im Rahmen einer Novellierung der 11. BImSchV ohnehin eine Rücknahme der Pflicht zur Erstellung von Emissionserklärungen dahingehend plant, dass die betroffenen Anlagenbetreiber nur noch die Angaben machen müssen, die nach dem Umweltstatistikgesetz erforderlich sind. In Zukunft soll nur noch dann, wenn eine Anlage in einem Untersuchungsgebiet liegt, für das ein Luftreinhalteplan aufgestellt wird, der Betreiber umfangreichere Angaben abgeben müssen.[1248]

d. Die Abfallwirtschaftskonzepte und Abfallbilanzen

Ähnlich verhält es sich mit der Pflicht zur Erarbeitung von Abfallwirtschaftskonzepten und Abfallbilanzen,[1249] die der zuständigen Behörde als interne Planungsinstrumente dienen.[1250] Die Umwelterklärungen entsprechen in ihrer Informationsdichte diesen Dokumenten nicht.[1251] Eine Substitution ist, so wie in § 8 Abs. 6 der AbfKoBiV heute schon vorgesehen, nur bei der Vorlage äquivalenter Unterlagen möglich.
Im Hinblick auf die gutachterliche Tätigkeit ist auch § 21 Abs. 2 KrW/AbfG von Interesse. Nach dieser Vorschrift kann die zuständige Behörde anordnen, dass ein Sachverständiger mit der Prüfung von Abfallwirtschaftskonzepten und Abfallbilanzen beauftragt wird. Sinnvoll wäre auch an dieser Stelle eine Erweiterung des Tätigkeitsfelds des Gutachters. Umweltgutachter oder Umweltgutachterorganisationen, die eine Zulassung für den Unternehmensbereich Recycling, Behandlung, Vernichtung oder Endlagerung von festen oder flüssigen Abfällen haben, sollten zugleich als Sachverständige im Sinne des § 21 Abs. 2 KrW-/AbfG anerkannt werden. Diese Erweiterung des gutachterlichen Tätigkeitsfeldes würde eine Rationalisierung des Arbeitsaufwandes für Gutachter und Unternehmen bedeuten.

[1248] Siehe zu § 27 Abs. 1 BImSchG, Fn. 37. Vgl. Vorlage zur 21. Amtschefkonferenz am 21./22.4.1998 in Friedrichshafen: „Vorschläge zur Deregulierungs- und Substitutionspotentiale" des Einheitlichen Endberichts.
[1249] Vgl. §§ 19, 20 KrW-/AbfG.
[1250] Vgl. § 19 Abs. 1 S. 2 KrW-/AbfG.
[1251] *Lübbe-Wolff*, NuR 1996, S. 217, 226.

e. Die Berichtspflichten über Messungen und Kalibrierungen

Schon heute sind Berichtspflichten über Messungen und Kalibrierungen[1252] in vielen Bundesländern[1253] Gegenstand von entlastenden Verwaltungsvorschriften oder Umweltvereinbarungen. Auch nach einem Deregulierungsvorschlag des BMU sollen auditierte Betriebe Berichte und Beurteilungen von Messungen nur noch auf Verlangen der Behörde vorlegen müssen.[1254]

Da auch diese Berichtspflichten der Behörden-Information dienen, gilt auch hier, dass, nur wenn die Berichtspflichten durch die Vorlage inhaltlich entsprechender Unterlagen aus dem Öko-Audit erfüllt werden, eine Substitution möglich ist. Die Behörde hätte andernfalls bei der Regelanfrage der IHK gem. § 33 Abs. 2 UAG keine Unterlagen mehr vorliegen, aus denen potenzielle Umweltrechtsverstöße erkennbar wären. Auch die Umwelterklärung könnte diese Angaben nicht ersetzen. Von den Berichtspflichten sind Aufzeichnungspflichten, die Messungen betreffen, zu unterscheiden. Grundsätzlich nicht ersetzbar ist die Erstellung von Aufzeichnungen kontinuierlicher Messungen.[1255]

Gem. § 18 Abs. 1 der 17. BImSchV ist der Betreiber einer genehmigungsbedürftigen Anlage verpflichtet, die Öffentlichkeit *„einmal jährlich in der von der zuständigen Behörde festgelegten Form über die Beurteilung der Messungen von Emissionen und Verbrennungsbedingungen zu unterrichten."* Diese Informationspflicht kann mit der Veröffentlichung der Umwelterklärung verbunden werden. Der Rhythmus der jährlichen Bekanntgabe der Messungen darf jedoch nicht unterschritten werden.

f. Die betriebsorganisatorischen Mitteilungs- und Berichtspflichten

Etwas Anderes könnte für die Mitteilungspflichten gelten, welche die unternehmensinterne Betriebsstruktur zum Thema haben. Die rechtlichen Instrumente der Betriebsorganisation lassen sich in direkte und indirekte einteilen. Während EMAS selbst zu den indirekten Instrumenten zählt, finden sich im Ordnungsrecht als direkte Instrumente Mitteilungspflichten, welche die Betriebsorganisation betreffen.

1252 Hierzu zählen die Berichtspflichten aus § 12 Abs. 6 S. 4 und Abs. 7 der 2. BImSchV, §§ 24 Abs. 1 und Abs. 2, 27 Abs. 1, 28 Abs. 3 der 13. BImSchV, §§ 10 Abs. 3 S. 2, 12 Abs. 2, 14 Abs. 1 und 17 Abs. 4 der 17. BImSchV, § 7 Abs. 4 der 20. BImSchV sowie § 6 Abs. 4 der 21. BImSchV.

1253 Vgl. die Umweltpakte und Verwaltungsvorschriften in: Thüringen, Brandenburg, Schleswig-Holstein, Mecklenburg-Vorpommern, Bayern – ausdrücklich als *nicht* substituierbar wurden in Hessen § 31 Abs. 2 BImSchG, § 12 Abs. 7 der 2. BImSchV und in Schleswig-Holstein § 17 Abs. 4 der 17. BImSchV erklärt.

1254 Vgl. Vorlage zur 21. Amtschefkonferenz am 21./22.4.1998 in Friedrichshafen: „Vorschläge zur Deregulierungs- und Substitutionspotentialen" des Einheitlichen Endberichts.

1255 Vgl. z.B. §§ 26, 27 der 13. BImSchV.

aa. § 52a Abs. 2 BImSchG

Obwohl eine Betriebsorganisation von zahlreichen Vorschriften vorausgesetzt wird,[1256] betreffen aber nur wenige Vorschriften betriebliche Interna so unmittelbar wie § 52a BImSchG.[1257] Nach dem Absatz 2 der Vorschrift hat der Betreiber einer genehmigungsbedürftigen Anlage *„der Behörde mitzuteilen, auf welche Weise sichergestellt ist, dass die dem Schutz vor schädlichen Umwelteinwirkungen und vor sonstigen Gefahren, erheblichen Nachteilen und erheblichen Belästigungen dienenden Vorschriften und Anordnungen beim Betrieb beachtet werden."* Der entsprechende § 53 Abs. 2 KrW-/AbfG statuiert die Pflicht mitzuteilen, *„auf welche Weise sichergestellt ist, dass die Vermeidung, Verwertung und umweltverträgliche Beseitigung von Abfällen dienenden Vorschriften und Anordnungen beim Betrieb beachtet werden."*

Diese Vorschriften betreffen ebenso wie die EG-Öko-Audit-Verordnung unmittelbar die interne Betriebsorganisation. Eine Befreiung teilnehmender Organisationen von der Pflicht aus § 52a BImSchG/§ 53 Abs. 2 KrW-/AbfG liegt somit nahe. Die ordnungsrechtlichen Mitteilungspflichten stärken die Eigenüberwachung durch die Notwendigkeit, die Betriebsorganisation des eigenen Unternehmens zu überprüfen, zu verstehen und begreiflich darzustellen. Durch diese Vorschriften wird der Betreiber einer genehmigungsbedürftigen Anlage veranlasst, eine umweltschutzsichernde Betriebsorganisation zu implementieren, da die Vorschrift diese voraussetzt. Die Regelungen sollen nicht einen Ausbau der von außen kommenden staatlichen Überwachung darstellen, sondern dienen vor allem der Transparenz der unternehmerischen Umweltverantwortlichkeit und der Forcierung ihrer Eigenkontrolle.[1258] Insoweit ist Zielkongruenz mit EMAS anzunehmen.

Neben der Selbststeuerungsfunktion kommen § 52a Abs. 2 BImSchG und § 53 Abs. 2 KrW/AbfG aber noch Informationsfunktionen zu.[1259] Den Behörden soll durch die Mitteilung die Überzeugung vermittelt werden, dass die Einhaltung immissionsschutzrechtlicher bzw. abfallrechtlicher Vorschriften durch die Betriebsorganisation sichergestellt ist. Die Behörden sollen so in die Lage versetzt werden, zu kontrollieren, ob dem Umweltschutz hinreichend Rechnung getragen wird. Die staatliche Überwachungstätigkeit kann so mehr und mehr auf eine Kontrolle der innerbetrieblichen Kontrolle beschränkt werden.[1260] Dabei wandelt sich das System

---

[1256] *Feldhaus*, in: *Kornmann*, (Hrsg.), Umwelthaftung und Umweltmanagement, 1994, S. 9, 24: *„ Die Pflicht zu Betriebsorganisation ist eine aus den Grundpflichten abzuleitende, eigenständige, den Grundpflichten akzessorische Instrumenten-Pflicht und – wie diese – Dauerpflicht."*

[1257] Obwohl die Institution der Betriebsbeauftragten für Umweltschutz schon in den 70er Jahren Einzug in das deutsche Verwaltungsrecht fanden, wurde erst mit der Einführung des § 52a BImSchG die Betriebsorganisation selbst ein verwaltungsrechtliches Thema (3. Gesetz zur Änderung des Bundes-Immissionsschutzgesetzes v. 11.5.1990, BGl. I, S. 870). Vgl. *Feldhaus*, NVwZ 1991, S. 927, 928.

[1258] *Kloepfer*, NuR 1993, S. 353, 355; *Feldhaus*, NVwZ 1991, S, 927, 933f.

[1259] *Feldhaus*, NVwZ 1991, S. 927, 933.

[1260] BT-Drs. 11/4909, S. 37.

der staatlichen Kontrolle von einer Detailkontrolle in eine System- oder Funktionskontrolle.[1261]

Die Behörden könnten die entsprechenden Informationen auch aus der Umwelterklärung erhalten. Die Umwelterklärung dient jedoch der Information der Öffentlichkeit und erfüllt insofern einen anderen Zweck. Sie enthält auch nur in Ausnahmefällen die notwendigen Angaben. Fraglich ist jedoch, ob es überhaupt notwendig ist, die Umwelterklärung für diesen Zweck zu bemühen. Es ist Sinn und Zweck von EMAS eine umweltschutzsichernde Betriebsorganisation herzustellen. Wenn die Behörde bei auditierten Organisationen noch Zweifel daran hat, dass es eine solche Betriebsorganisation einschließlich eines funktionierenden Umwelt-Managementsystem gibt, dann muss das System insgesamt als gescheitert angesehen werden. Die Behörde muss schon allein aus der Registrierung die Überzeugung ableiten, die Betriebsorganisation im Sinne des § 52a Abs. 2 BImSchG/§ 53 Abs. 2 KrW-/AbfG vorliegt.[1262] Die Äquivalenz im Ziel liegt damit auch hinsichtlich der Behörden-Information vor.

Auch im Hinblick auf die abstrakte Steuerungswirksamkeit ergeben sich in Bezug auf die Vorschriften des § 52a Abs. 2 BImSchG und des § 53 Abs. 2 KrW-/AbfG keine Bedenken hinsichtlich einer Befreiung. Der Teilnehmer an dem EG-Öko-Audit-System unterwirft sich sehr viel differenzierteren, komplexeren und weitergehenden Pflichten als es § 52a Abs. 2 BImSchG /§ 53 Abs. 2 KrW-/AbfG voraussetzen. Da die Verpflichtung zur Einhaltung der einschlägigen Vorschriften Bestandteil der betrieblichen Umweltpolitik sein muss, umfasst das Umwelt-Managementsystem insbesondere auch die Selbstkontrolle der immissionsschutzrechtlichen Betreiberpflichten.
Auch im Bezug auf die konkrete Steuerungswirksamkeit besteht kein Anlass zu der Annahme, dass auditierte Organisationen den Minimalforderungen der § 52a Abs. 2 BImSchG/§ 53 Abs. 2 KrW-/AbfG nicht nachkämen.[1263] Eine Befreiung der auditierten Organisationen von den Pflichten aus § 52a Abs. 2 BImSchG/§ 53 Abs. 2 KrW-/AbfG begegnet somit keinen Bedenken.[1264]

Die Befreiung würde den Umweltgutachter – zumindest mittelbar – betreffen, da sie seine Verantwortlichkeit erhöht. Der zugelassene Gutachter ist Garant für das

---

[1261] *Hill*, Jb UTR 1994, S. 91, 112.
[1262] Vgl. auch: *Feldhaus*, UPR 1997, 341, 345.
[1263] A.A. *Schottelius*, der behauptet, die verpflichtenden Management-Vorschriften deutscher Gesetze seien den abstrakt gehaltenen formalistisch-bürokratischen Angaben in den Anhängen I und II der Audit-Verordnung in ihrer Klarheit überlegen. *Schottelius*, WSI Mitteilungen, 8/1998, S. 506, 510.
[1264] So auch der Deregulierungsvorschlag des BMU in: Vorlage zur 21. Amtschefkonferenz am 21./22.4.1998 in Friedrichshafen: „Vorschläge zur Deregulierungs- und Substitutionspotentialen" des Einheitlichen Endberichts.

Funktionieren des Systems und damit verantwortlich für die Glaubwürdigkeit und damit auch den Erfolg von EMAS. Durch den Abbau paralleler ordnungsrechtlicher Pflichten mit deckungsgleichen Zielen, muss EMAS ohne diese Rückendeckung die postulierten Ziele erreichen. Entscheidend hierfür ist die Kontrolle durch den Gutachter. Diese Form der Verantwortungsdelegation auf den Umweltgutachter begegnet jedoch keinen rechtlichen Bedenken.

bb. § 52a Abs. 1 BImSchG

Nun stellt sich die Frage, ob dieses Ergebnis auch auf die Mitteilungspflicht aus § 52a Abs. 1 BImSchG übertragen werden kann. In Absatz 1 des § 52a BImSchG[1265] wird die Pflicht aller Kapitalgesellschaften, deren vertretungsberechtigtes Organ aus mehreren Mitgliedern besteht, sowie aller Personengesellschaften mit mehreren vertretungsberechtigten Gesellschaftern festgeschrieben, „*der zuständigen Behörde anzuzeigen, wer nach den Bestimmungen über die Geschäftsführungsbefugnis für die Gesellschaft die Pflichten des Betreibers der genehmigungsbedürftigen Anlage wahrnimmt* [...].“ Die entsprechende Vorschrift für die Kreislaufwirtschaft findet sich in § 53 Abs. 1 KrW-/AbfG.

Diese Vorschriften soll die Gesellschaft dazu veranlassen, eine entsprechende Geschäfts- und Verantwortungsteilung vorzunehmen. Diese Verantwortungsteilung ist auch Bestandteil des Umwelt-Managementsystems nach EMAS. Laut Anhang I A Nr. 4.1. EG-UAVO n.F. müssen „*Aufgaben, Verantwortlichkeiten und Befugnisse* [...] *festgelegt, dokumentiert und bekanngemacht werden*“. Weiterhin muss ein Beauftragter der obersten Leitung bestellt werden, der sicherstellen soll, dass die Forderungen des Umwelt-Managementsystems erfüllt werden und dass der obersten Leitung über die Leistung des Managementsystems Bericht erstatten wird. Ein funktionsfähiges Umwelt-Managementsystem sollte eine Verantwortungsteilung wie in § 52a Abs. 1 BImSchG/ § 53 Abs. 1 KrW-/AbfG ebenfalls vorsehen. Damit wäre es möglich, einer auditierten Organisation von den Anforderungen dieser Vorschrift freizustellen, - es sei denn, die Vorschrift hat über die Veranlassung zu einer rein betrieblichen Verantwortungsteilung hinaus noch einen weiteren nicht substituierbaren Zweck.

Über die interne Verantwortlichkeitsteilung hinaus dienen § 52a Abs. 1 S. 1 BImSchG/ § 53 Abs. 1 KrW-/AbfG der Personalisierung von Betreiberpflichten bei Gesellschaften mit mehreren vertretungsbefugten Mitgliedern oder Gesellschaftern. Die Behörde soll auf diese Weise im Bedarfsfalle jemanden haben, an den sie sich wenden kann, um zu prüfen, ob die Betreiberpflichten erfüllt werden, bzw. an den sie sich halten kann, wenn diese verletzt worden sind.[1266] Die Aufgabe

[1265] Eingefügt durch das 3. Gesetz zur Änderung des Bundes-Immissionsschutzgesetzes v. 11.5.1990 (BGBl. I, 870).

[1266] Vgl. hinsichtlich der Einzelheiten: *Müller,* VR 1998, S. 149. Interessanterweise untersucht *Müller,* inwieweit die Überwachungs- und Mitteilungspflichten des § 52a BImSchG die entspreder Vorschrift ist es somit nicht nur, die Behörden von der umweltschutzsichernden Betriebsorganisation zu überzeugen, sondern sie konkret mit einem Ansprechpartner zu versorgen. Diese Funktion kann nicht über ein korrenspondierendes Element aus EMAS kompensiert werden. Da auch bei der erfolgreichen Teilnahme am EG-Öko-Audit-System eine verantwortliche Person innerhalb eines Unternehmens ernannt worden sein sollte, müsste diese, um die Äquivalenz zu der Vorschrift zu gewährleisten ebenfalls der Behörde gemeldet werden. Diese Information ist in der Regel nicht Bestandteil der Umwelterklärung. Die Integration der Information in die Umwelterklärung oder aber die separate Meldung stellt jedoch nur einen minimalen Aufwand für das Unternehmen dar. Insofern dürfte eine Freistellung von der Regelung für auditierte Organisationen sowieso kaum eine spürbare Erleichterung mit sich bringen.

cc. Anzeige der Bestellung der Betriebsbeauftragten für Umweltschutz

Der Betreiber einer genehmigungsbedürftigen Anlage oder der Benutzer eines Gewässers hat, soweit er zur Bestellung eines Betriebsbeauftragten für Umweltschutz verpflichtet ist, die Bestellung des Betriebsbeauftragten und die Bezeichnung seiner Aufgaben sowie Veränderungen in seinem Aufgabenbereich der zuständigen Behörde unverzüglich anzuzeigen.[1267] Die Bestellung von Betriebsbeauftragten für den Umweltschutz ist Ausdruck der betrieblichen Selbst-, respektive Eigenüberwachung an Stelle staatlicher Fremdüberwachung.[1268] Die Anzeigepflicht dient der Information der Behörden. Ebenso wie die Vorschrift des § 52a Abs. 1 BImSchG personalisiert die Anzeige den betrieblichen Umweltschutz für die Behörde. Da die Anzeige der Betriebsbeauftragten *„unverzüglich"* erfolgen muss, ist die Substitution durch die Angaben in den EMAS-Unterlagen nicht möglich. Der Entlastungseffekt wäre ohnehin sehr gering. Die Länderregelungen, die schon heute eine Substitution vorsehen, sind somit abzulehnen.

Es könnte weiterhin auf die Einzelfallbestellung von Betriebsbeauftragten nach §§ 4 Abs. 2 Nr. 2, 5 Abs. 1 Nr. 1a, 19i Abs. 3 WHG, § 53 Abs. 2 BImSchG, § 54 Abs. 2 KrW-/AbfG verzichtet werden. Die Bestellung des Betriebsbeauftragten auf Anordnung steht im Ermessen der Behörde. Eine Substitutionsvorschrift, die ermessenslenkend dahin wirkt, dass von der Einzelfallbestellung des Betriebsbeauftragten abgesehen wird, ist möglich, aber nicht unbedingt sinnvoll.[1269] Es ist in Be-

---

chenden Regelungen der EG-Öko-Audit-Verordnung überflüssig machen. *Müller,* VR 1998, S. 149, 151ff.

[1267] Vgl. §§ 55 Abs. 1 S. 2, § 58c Abs. 1 S. 1 BImSchG, § 55 Abs. 3 KrW-/AbfG, § 21c Abs. S. 2 WHG.

[1268] *Kaster,* GewArch. 1998, S. 129.

[1269] So auch: Vorlage zur 21. Amtschefkonferenz am 21./22.4.1998 in Friedrichshafen: „Vorschläge zur Deregulierungs- und Substitutionspotentialen" des Einheitlichen Endberichts. Rheinland-Pfalz hat vorgeschlagen, auf die Bestellung der Betriebsbeauftragten an auditierten Standorten vollkommen zu verzichten. Dieser Vorschlag wurde von dem Arbeitskreis mit Recht mit dem Hinweis abgelehnt, dass der Betriebsbeauftragte als „Umweltgewissen" des Betriebs

zug auf den Betriebsbeauftragten im Auge zu behalten, dass dieser in den meisten Fällen der wichtigste Anwalt für das EG-Öko-Audit-System in dem Unternehmen ist.

dd. Die Berichte der Betriebsbeauftragten für Umweltschutz

Zu den Berichtspflichten gehören auch die Jahresberichte der Betriebsbeauftragten für Umweltschutz gem. §§ 54 Abs. 2, 58b Abs. 2 BImSchG, § 21b WHG, § 55b Abs. 2 KrW-/AbfG.[1270] In diesen Berichten müssen die Betriebsbeauftragten die zuständigen Behörden über die Erfüllung ihrer gesetzlich vorgeschriebenen Aufgaben und beabsichtigten Maßnahmen des betrieblichen Umweltschutzes in Kenntnis setzen.

Im Hinblick auf die Förderung betrieblichen Umweltschutzes verfolgt EMAS ein zu den Aufgaben der Betriebsbeauftragten äquivalentes Ziel. Das EG-Öko-Audit-System sieht jedoch keine externe Berichtspflicht vor. Diese könnte dann entfallen, wenn entweder die Jahresberichte allein der Eigenkontrolle der Unternehmen dienten, wenn die zuständigen Behörden hinreichende Informationen aus den Umwelterklärungen erhalten würden oder wenn die Behörden die Überzeugung im Hinblick auf die Erreichung des Normzwecks auch aus der EMAS-Teilnahme erlangen könnten.

Die Jahresberichte dienen sowohl der Eigenkontrolle als auch der Behörden-Information. Die Berichtspflichten sind Instrument der Vollzugskontrolle und gerade dann wichtig, wenn verschärft auf Kontrolle durch Transparenz abgestellt werden soll. Vor allen Dingen jedoch stärken sie innerbetrieblich die Position des Betriebsbeauftragten, da sie seine Tätigkeit nach außen tragen.

Die Umwelterklärung enthält die entsprechenden Informationen nicht. Die Aussagetiefe der Jahresberichte ist gezielter und spezieller als die Dokumentation des Audits nach Anhang I A Nr. 4.4 EG-UAVO n.F.[1271] Zwar kann die Behörde die Überzeugung hinsichtlich der Einhaltung einer hinreichenden Betriebsorganisation auch aus der Teilnahme an dem Audit erlangen. Die innerbetriebliche Funktion der Stärkung der Position des Betriebsbeauftragten könnte ebenfalls durch die Teilnahme an EMAS erfolgen. Da die Betriebsbeauftragten in den Ablauf des Audits in der Regel eingebunden sind, wird ihre Stellung im Betrieb auch durch die EMAS-Teilnahme gefestigt. Die Institution des Betriebsbeauftragten und das Instrument des Öko-Audits ergänzen sich so unter dem Gesichtspunkt des eigenverantwortlichen Umweltschutzes.[1272]

Trotz dieser Festigung kann die Notwendigkeit einer Dokumentation des betrieblichen Umweltschutzes durch den Betriebsbeauftragten nicht durch EMAS kompen-

---

eine besondere arbeitsrechtliche Absicherung, die es nach der EG-Öko-Audit-Verordnung nicht in vergleichbarer Weise gibt, habe. Eine Äquivalenz liegt somit nicht vor.

[1270] Diese Berichte können schon heute in Brandenburg, Sachsen, Thüringen und Hessen durch gleichwertige Dokumente aus dem Öko-Audit ersetzt werden.

[1271] *Moormann*, ZUR 1997, S. 188, 192.

[1272] Vgl. *Feldhaus*, BB 1995, S. 1545, 1546.

siert werden. Gerade in der Anfangsphase der Implementierung eines Umwelt-Managementsystems ist die Unterstützung durch ordnungsrechtliche Verpflichtungen sinnvoll. Anders als im Falle des § 52a Abs. 1 oder 2 BImSchG geht es hier auch um mehr als eine reine Mitteilungspflicht.
Da EMAS eine den Berichtspflichten vergleichbare Dokumentation nicht vorsieht, fehlt es an der äquivalenten abstrakten Steuerungswirksamkeit.[1273] Umgekehrt kann der Betriebsbeauftragte die Dokumentationspflichten aus EMAS übernehmen, da Aufzeichnung und Dokumentation ohnehin zu seinen Aufgaben gehören. Die flankierende Wirkung der verschiedenen Berichts- und Mitteilungspflichten vereinfacht die Aufgabe des Umweltgutachters insofern, da er ohne diese Hilfen selbstständig entscheiden müsste, in welchem Umfang er derartige Maßnahmen als Ausdruck eines funktionierenden Umwelt-Managementsystems ansieht.[1274] Eine Substitution ist nur unter der Bedingung möglich, dass die Behörde in vergleichbarer Tiefe durch die Dokumentationen aus der EMAS-Teilnahme informiert wird. Insofern sind die Regelungen der Länder zulässig, zugleich aber auch rechtliche Grenze der Substitution.
Sinnvoll wäre jedoch eine gesetzliche Änderung dahingehend, dass eine dem § 21b Abs. 4 WHG entsprechende Regelung auch andere Rechtsbereiche übernommen wird.[1275] Nach dieser Regelung kann die zuständige Behörde im Einzelfall die Aufgaben des Gewässerschutzbeauftragten einschränken, wenn dadurch die ordnungsgemäße Selbstüberwachung nicht beeinträchtigt wird. Die Einfügung einer solchen Regelung eröffnet der Verwaltung die Möglichkeit, im Rahmen ihres Ermessens die Pflichten des Betriebsbeauftragten einzuschränken und somit auch die EMAS-Teilnahme zu berücksichtigen.

Der Umweltgutachter würde durch die Ersetzung des Jahresberichts durch die Unterlagen des EG-Öko-Audit-Systems zusätzlich belastet, da sich seinen Prüfungsumfang erhöhen würde. Seine rechtliche Stellung würde nicht angetastet.

g. Die Sicherheitsanalyse nach § 7 der 12. BImSchV

Auch die Sicherheitsanalyse gem. § 7 der StörfallV (12. BImSchV) ist Ausdruck der umweltschutzsichernden Betriebsorganisation als Bestandteil des ordnungsrechtlichen Gefüges.[1276] Schon nach der amtlichen Begründung der Verordnung handelt es sich in der Hauptsache um ein Kontrollinstrument des Betrei-

---

[1273] Im Ergebnis ebenso: *Spindler*, Jb NÖkPol 1996, S. 205, 222; *Müller*, KGV-Mitteilungen 2/97, S. 8, 9; *Köck*, VerwArch. 1996, S. 644, 679, 681.
[1274] *Rehbinder/Heuvels*, DVBl. 1998, S. 1245, 1249.
[1275] So auch: Einheitlicher Endbericht an die Umweltministerkonferenz zu Deregulierungs- und Substitutionspotentialen im Hinblick auf das EG-Öko-Audit-System des Ad-hoc-Länder-Arbeitskreises „Öko-Audit". Stand 24.9.1997, Punkt C I Nr. 2.
[1276] *Feldhaus*, in: *Rengeling* (Hrsg.), Handbuch zum europäischen und deutschen Umweltrecht, 1998, S. 1035, 1187.

bers.[1277] Die Sicherheitsanalyse ist Ausdruck des Vorsorgegedankens, in dem sie den Anlagenbetreiber dazu zwingt, Schwachstellen an Anlage und Verfahren aufzudecken. Dieses Ziel ist auch einem funktionierenden Umwelt-Managementsystem immanent. Nach Anhang I A Nr. 4.7. EG-UAVO n.F. muss die Organisation Verfahren zur Notfallvorsorge einführen; nach Anhang VI die direkten und indirekten Umweltaspekte ihrer Tätigkeit vorausschauend berücksichtigen. Der Detailliertheitsgrad der Anforderungen durch EMAS bleibt jedoch weit hinter der Sicherheitsanalyse zurück. Eine Befreiung von § 7 StörfallV ist aus diesem Grunde nicht zu verantworten. Nur soweit äquivalente Untersuchungen im Rahmen der EMAS-Teilnahme durchgeführt wurden, können diesbezügliche Unterlagen die Sicherheitsanalyse ersetzen.[1278] Wird die Analyse in vollem Umfang Bestandteil des Umwelt-Managementsystems, so erweitert sich der Prüfungsumfang des Umweltgutachters, nicht jedoch seine rechtliche Verantwortung.

2. Deregulierung im Verfahren

Die Deregulierungsmöglichkeiten im Bereich der materiellen Vorschriften sind - wie dargestellt- sehr begrenzt. Zu prüfen ist, ob Verfahrensregelungen mehr Raum für deregulierende Maßnahmen bieten.

a. Eröffnungskontrollen

Die grundrechtlichen Schutzpflichten des Staates, die Staatszielbestimmung Umweltschutz, das Haftungsrisiko und das System der Rechtsschutzmöglichkeiten von Verfahrensbeteiligten und Dritten machen es notwendig, vor die Aufnahme die Umwelt beeinträchtigender Maßnahmen sogenannte Eröffnungskontrollen zu schalten. Ein System komplizierter Vorprüfungen von Genehmigungs-, Erlaubnis-, Bewilligungs- oder sonstigen Gestattungsverfahren[1279] dienen der Erfüllung des umweltrechtlichen Vorsorgeprinzips. Dabei stellt sich die Intensität der Vorprüfung als Abwägung zwischen dem Eingriff in die betroffene Rechtsposition und dem Risiko für die betroffenen Güter dar. Je nach Gefährdungspotenzial der Tätigkeit reichen die Eröffnungskontrollen von reinen Anzeigen bis hin zu repressiven Verboten ohne Befreiungsvorbehalt.

Anzeigepflichten sind grundsätzlich dort zu finden, wo die umweltrelevante Tätigkeit als nicht besonders gefährdend eingestuft wird. Eine präventive Kontrolle ist nicht notwendig, es reicht vielmehr, die Behörde von der Aufnahme der Tätigkeit in Kenntnis zu setzen.[1280] Im Falle eines sogenannten Anmeldevorbehaltes müssen

---

[1277] BT-Drs.10/880, S. 333f.

[1278] Soweit auch die Vorschläge der IHK Frankfurt (Oder), Deregulierung durch Öko-Audit, 1996, S. 72f.

[1279] Vgl. hierzu: *Bender/Sparwasser/Engel*, Umweltrecht, Kapitel 1 Rn. 99ff.

[1280] Z.B. § 17 Abs. 1 Nr. 2a ChemG, § 9 PflSchG, § 17a WHG, § 51 Abs. 1 KrW-/AbfG.

zusätzlich zu der reinen Anzeige, Unterlagen hinsichtlich der geplanten Tätigkeit vorgelegt werden. Eine präventive Kontrolle findet jedoch auch hier nicht statt. Die Behörde kann aber an Hand der Unterlagen eine Prüfung der Tätigkeit vornehmen.[1281]
Eine zentrale Stellung unter den Eröffnungskontrollen nimmt das präventive Verbot mit Erlaubnisvorbehalt ein. Die Behörde nimmt bei dieser sogenannten Kontrollerlaubnis eine Vorprüfung des Vorhabens vor.[1282] Das generelle Verbot ist hier nur formeller Natur. Der Antragsteller hat einen materiellen Zulassungsanspruch, wenn hinter dem Anspruch des Antragstellers ein verfassungsrechtlicher Anspruch steht[1283] und das Vorhaben mit den einschlägigen Vorschriften im Einklang steht. Hinter der Kontrollerlaubnis steht die staatliche Schutzpflicht. Präventive Verbote sind im gewerberechtlich geprägten Umweltrecht nach wie vor in der Überzahl, obwohl künftig bei zunehmender Knappheit natürlicher Ressourcen die repressiven Verbote zunehmen dürften.[1284]
Durch repressive Verbote werden grundsätzlich nicht wünschenswerte Verhaltensweisen verboten. Auch das repressive Verbot ist Ausdruck der staatlichen Schutzverantwortung. Diese Verbote können, müssen aber nicht, unter einem Befreiungsvorbehalt stehen.[1285] Die Befreiung vom Verbot kann auch ins Ermessen der Behörde gelegt sein. Ein Rechtsanspruch auf Zulassung besteht nicht.

Eröffnungskontrollen sind Instrumente der direkten Verhaltenssteuerung, die ohne Umwege ihr Lenkungsziel zu erreichen suchen. Die Erfüllung der Verhaltensvorgaben kann (im Unterschied zu indirekten Verhaltenserwartungen) grundsätzlich mit Zwangsmitteln durchgesetzt und die Nichterfüllung mit Sanktionen geahndet werden.[1286] Mit der Genehmigung wird ein materielles Überwachungrechtsverhältnis begründet, und sie ist damit Ausdruck des Einstiegs in ein System der Überwachung, welches der Gesetzgeber für den Kreis der genehmigungsbedürftigen und gefahrgeneigten Anlagen vorgesehen hat. Sinn der Eröffnungskontrolle ist es unter anderem, in einem Verwaltungsverfahren im Vorfeld des Anlagenbaus die verschiedenen Interessen gegeneinander abzuwägen. Ergebnis diesen Vorgangs ist eine unbefristete Genehmigung mit einem hohen Maß an Rechtssicherheit für den Betreiber. Die Bestandskraft der Zulassung gewährt dem Adressaten des Verwaltungsaktes Vertrauensschutz, der sich im Bereich von Vorhabensgenehmigungen als Bestandsschutz äußert. Der Bestandsschutz ist die wichtigste Wirkung der Zu-

---

[1281] Z.B. §§ 4ff., 7ff. ChemG, § 12 GenTG. Nach *Kloepfer* handelt es sich um „qualifizierte" Anmeldepflichten, die an Eingriffsintensität einem Erlaubnisvorbehalt kaum nachstehen. *Kloepfer,* Umweltschutz, 1998, § 5 Rn. 38.
[1282] §§ 4, 6 BImSchG i.V.m. der 4. BImSchV, § 31 Abs. 1 KrW-/AbfG i.V.m. den §§ 4, 6 BImSchG
[1283] Dieser ergibt sich aus Art. 12 Abs. 1 oder Art. 14 Abs. 1 GG
[1284] *Kloepfer*, Umweltrecht, 1998, § 5 Rn. 48.
[1285] §§ 2, 6 WHG, § 31 Abs. 3 KrW-/AbfG , § 31 BNatSchG, § 9 BWaldG.
[1286] *Kloepfer,* Umweltrecht, 1998, § 5 Rn. 34.

lassung und bewirkt, dass die Anlage auf Grund nachträglicher Änderungen der Sach- oder Rechtslage nicht rechtswidrig wird.[1287]/[1288] Begrifflich unterscheidet man bei genehmigten Anlagen ganz allgemein einen „passiven" gegen spätere Rechtsänderungen wirksamen Schutz der Anlage und ihrer Nutzung im Umfang ihres genehmigten Bestandes von einem „aktiven" Bestandsschutz, wonach Anlagen- und Nutzungsänderungen u.U. trotz entgegenstehender Rechtslage zur Erhaltung der Funktion der Anlage zu genehmigen sind.[1289] Der eigentumsrechtlichen Bestandsschutz der Zulassung verleiht jedoch nach herrschender Lehre keine Eigentumsposition i.S.d. Art. 14 Abs. 1 S. 1 GG. [1290] Ein „Äquivalent eigener Leistung" und damit eigentumsrechtlich geschützt ist nicht die Zulassung als solche, sondern erst die auf Grund der Zulassung erworbene Substanz des eingerichteten und ausgeübten Gewerbebetriebs.[1291] Die Zulassung ist vielmehr ein begünstigender Verwaltungsakt, der für den Adressaten ein subjektives öffentliches Recht auf Ausübung mit sich bringt.[1292]

Die Genehmigungsverfahren in Deutschland gelten allgemein als zu lang und aufwändig.[1293] Sie werden in ihrer Trägheit als Ausdruck einer *"Rhythmusstörung zwischen bürokratischer Verwaltung und spätindustrieller Informationsgesellschaft"* gesehen.[1294] Seit Jahren bemühen sich die Politiker mit der sogenannten „Beschleunigungsgesetzgebung" diese angeblichen Rhythmusstörungen zu beheben; es wurden Genehmigungsverfahren im Speziellen sowie Verwaltungsverfahren und Gerichtsverfahren[1295] im Allgemeinen in den letzten Jahren immer wieder gesetzlich „beschleunigt".[1296] Dabei wurden die Zielwerte der Industriegesell-

---

[1287] Dabei verlagern jedoch die dynamischen Betreiberpflichten (z.B. § 5 Abs. 1 BImSchG) unter Einschränkung des Vertrauensschutzes das Schadensrisiko soweit die Grundpflichten wirken auf den Betreiber. Vgl. *Bender/Sparwasser/Engel*, Umweltrecht, Kapitel 6 Rn. 231.

[1288] Eine sachliche Rechtfertigung für den Bestandsschutz ergibt sich aus der Eigentumsinhaltsbestimmung im Sinne des Art. 14 Abs. 1 S. 2 GG und dem Spannungsfeld zwischen Drittinteressen und Allgemeinwohl einerseits und Eigentümerinteressen andererseits. *Koch*, NVwZ 1996, S. 215, 220.

[1289] *Bender/Sparwasser/Engel*, Umweltrecht, 1995, Kapitel 6 Rn. 232.

[1290] *Jankowski*, Bestandsschutz für Industrieanlagen, 1999, S. 42.

[1291] *Gröschner*, Das Überwachungsrechtsverhältnis, 1992, S. 200.

[1292] Ebd.

[1293] *Wagner*, NVwZ 1995, S. 1046, 1048f.; *Schmidt-Kötters*, in: *Rengeling* (Hrsg.), Integrierter und betrieblicher Umweltschutz, 1996, S. 1, 13.

[1294] *Bullinger*, JZ 1991, S, 53, 59.

[1295] Ziel der Beschleunigungsbefürworter ist die Beschleunigung bei gleichbleibendem Bestandsschutz und Rechtssicherheit. Aus diesem Grund ist insbesondere auch die Beschränkung von Klagemöglichkeiten Ausdruck der Beschleunigungsgesetzgebung. *Bullinger*, JZ 1991, S, 53, 59.

[1296] Verordnung zur Änderung der Verordnung über die genehmigungsbedürftigen Anlagen v. 24.3.1993 (BGBl. I, S. 383), Investitionserleichterungs- und Wohnbaulandgesetz v. 22.4.1993 (BGBl. I, S. 466), Gesetz zur Vereinfachung der Planungsverfahren v. 17.12.1993 (BGBl. I, S. 2123), Gesetz zur Änderung des Gentechnikgesetzes v. 16.12.1993 (BGBl. I, S. 2059), Gesetz zur Beschleunigung von Genehmigungsverfahren v. 9.12.1996 (BGBl. I, S. 1354), 6. Gesetz zur

schaft partiell den durch die Risikogesellschaft nahegelegten Zielen möglichst umfassender Folgenermittlung und Abwägung übergeordnet.[1297]

Ganz abgesehen davon, dass die Beschleunigungsgesetzgebung häufig ihr Ziel verfehlte und gegenteilige Wirkungen entfaltete,[1298] wird in der Diskussion oft übersehen, dass ein langes oder längeres Genehmigungsverfahren nicht ohne Nutzen für den Antragsteller ist. Das Genehmigungsverfahren dient der komplexen Entscheidungsfindung und der Konkretisierung der Genehmigungsvoraussetzungen.[1299] Das grundsätzliche Ziel des Verwaltungsverfahrens, materiell rechtmäßige Entscheidungen als Verwirklichung des Prinzips des an Recht und Gesetz gebundenen Rechtsstaates zu erreichen,[1300] rechtfertigt auch ein längeres Verfahren, zumindest soweit die Dauer tatsächlich zur Entscheidungsfindung beiträgt. Komplexe Verwaltungsverfahren entfalten zudem in der Regel Konzentrationswirkung, d.h. alle Fachbelange werden von Amts wegen geprüft und die zuständigen Behörden werden ins Verfahren einbezogen.[1301] Die Verfahrensgestaltung führt einen Ausgleich grundrechtlich geschützter Interessen der Verfahrensbeiligten herbei[1302] und präkludiert u.U. Klagen oder bindet sie an eine Frist.[1303] Damit wird dem Antragsteller ein Teil seines Investitionsrisikos abgenommen. Da der Behörde gerade bei den umweltrechtlichen Genehmigungen weitgehende Befugnisse eingeräumt sind, den Bestandsschutz durch nachträgliche Anordnungen zu beschränken, korrespondiert die faktisch bestehende Investitionssicherheit mit dem Umfang und der

---

Änderung der Verwaltungsgerichtsordnung v. 1.11.1996 (BGBl. I, S. 1626). Dazu: *Bullinger*, JZ 1991, S. 53; *ders.*; JZ 1994, S. 1129; *Erbguth*, JZ 1994, S. 477; *Hoffmann-Riem*, AöR 1994, S. 590, 604; *Lübbe-Wolff*, ZUR 1995, S. 57; *Moormann*, UPR 1996, S. 408, 410; *Pein*, BB 1996, S. 1399; *Schmidt-Kötters*, in: *Rengeling* (Hrsg.), Integrierter und betrieblicher Umweltschutz, 1996, S. 1; *Knitsch*, ZUR 1996, S. 247; *Knopp/Wolf*, BB 1997, S. 1593; *Schmidt-Jorzig*, in: *Rengeling* (Hrsg.), Beschleunigung von Planungs- und Genehmigungsverfahren, 1997, S. 1ff.; *Hansmann*, NVwZ 1997, S. 105; *Moormann*, in: *Rengeling* (Hrsg.), Beschleunigung von Planungs- und Genehmigungsverfahren, 1997, S. 159; *Führ*, UPR 1997, S. 421; *Fluck*, VerwArch., 1997, S. 265; *Wulfhorst*, VerwArch.1997, S. 163; *Büge/Tünnesen-Harmes*, GewArch. 1997, S. 48; *Kaupe*, Beschleunigung von Genehmigungsprozessen bei Industrieanlagen, 1998; *Gawel*, ZUR 1999, S. 302. In Bezug auf die Beschleunigung der Gerichtsverfahren: *Stelkens*, NVwZ 1995, S. 325; *Erbguth*, UPR 2000, S. 81.

[1297] *Hoffmann-Riem*, AöR 1994, S. 590, 605f.

[1298] *Stelkens*, NVwZ 1995, S. 325. Die damalige Bundesjustizministerin Dr. *Sabine Leutheusser-Schnarrenberger* hatte schon im Jahre 1993 zu einer Phase der Beruhigung und Konsolidierung aufgerufen. *Leutheusser-Schnarrenberger*, NJW 1993, S. 2465, 2470. So auch *Wulfhorst*: Für jede weitere Beschleunigung des Genehmigungsverfahrens gelte, dass diese nur möglich ist, soweit der Gesetzgeber sich weiterer Aktivitäten enthalte. Die Kontinuität der Rechtslage sei entscheidend für die Geschwindigkeit der Verfahrensabläufe. *Wulfhorst*, VerwArch. 1997, S. 163, 173.

[1299] *Rombach*, Der Faktor Zeit im umweltrechtlichen Genehmigungsverfahren, 1994, S. 154.

[1300] Ebd., S. 153.

[1301] Vgl. z.B. § 13 BImSchG; §§ 72 Abs. 1, 75 VwVfG.

[1302] *Rombach*, Der Faktor Zeit im umweltrechtlichen Genehmigungsverfahren, 1994, S. 156.

[1303] Vgl. z.B. §§ 10 Abs. 3 S. 3, 14 BImSchG, § 7 Abs. 4 AtG i.V.m. § 7 Abs. 1 S. 2 AtVfV.

Intensität der Überprüfung der von der Anlage ausgehenden Risiken im Genehmigungsverfahren.[1304] Ein umfassendes Verfahren kann auch im Sinne eines langfristigen Rechtsfriedens notwendig sein, es schafft Rechtssicherheit und einen Vertrauenstatbestand. Das Verfahren wirkt vermittelnd und befriedend, so dass die Entscheidung möglichst von allen Betroffenen Akzeptanz findet. Der Genehmigung als Ergebnis des Verwaltungsverfahrens kommt insofern eine nicht unerhebliche Stabilisierungswirkung zu.[1305] Diese jedoch äußert sich wiederum deutlich als Standortvorteil im internationalen Wettbewerb.
Dies alles vermittelt dem Antragsteller eine Position, die von ihm als positiv empfunden wird und seine Investition schützt. Die Genehmigung dient ihm als Schutzschild. Umso stärker die Rechtswirkung desto besser, da mit der Rechtswirkung auch die Investitionssicherheit des Unternehmers steigt.[1306] Insofern kann ein aufwändiges und durchdachtes Genehmigungsverfahren durchaus auch investitionsfreundlich sein. Und die Verzögerungen im Genehmigungsverfahren beruhen häufig nicht (nur) auf einer uneffektiven Verwaltung, sondern auch auf der Tatsache, dass die Gesetzgebung und das öffentliche Bewusstsein zunehmend höhere Anforderungen an das Verfahren stellen.[1307]

b. Verzicht auf Eröffnungskontrollen

Einem Verzicht auf Eröffnungskontrollen für umweltgefährdende Anlagen stehen die Erfordernisse der IVU-Richtlinie ebenso entgegen wie die grundrechtlichen Schutzpflichten. Die zunehmende Einbeziehung Privater in einzelne das Genehmigungsverfahren betreffende Schritte darf nicht darüber hinweg täuschen, dass die Genehmigung die Überprüfung der rechtlichen Voraussetzungen durch die Behörde voraussetzt: Nur so kann die Grundlage für die Rechtsposition des Betreibers, die eine umfassende Rechtssicherheit einschließlich einer Präklusionswirkung bietet, geschaffen werden.[1308] Mit dem Genehmigungsverfahren würde auch die Konzentrationswirkung entfallen, so dass das Erfordernis andere Verfahren durchzuführen aufleben würde.[1309] Schließlich fehlte auch die Konkretisierung der Betreiberpflichten durch die Genehmigung, was Unstimmigkeiten zwischen Betreiber und Behörde nach sich ziehen könnte.

[1304] *Rombach*, Der Faktor Zeit im umweltrechtlichen Genehmigungsverfahren, 1994, S. 155.
[1305] *Gawel*, ZUR 1999, S. 302, 303.
[1306] *Wahl/Hermes/Sach*, in: *Wahl/Appel* (Hrsg.), Prävention und Vorsorge, 1995, S. 217, 218, m.w.N.
[1307] *Bullinger*, Beschleunigte Genehmigungsverfahren für eilbedürftige Vorhaben, 1991, S. 19.
[1308] Vgl. z.B. §§ 13, 14 BImSchG.
[1309] Dabei dauern Baugenehmigungsverfahren mitunter länger als vereinfachte immissionsschutzrechtliche Verfahren. IHK Frankfurt (Oder), Deregulierung durch Öko-Audit, 1996, S. 100.

Ein Wegfall des Genehmigungserfordernisses für auditierte Organisationen wäre auch systematisch nicht zu rechtfertigen. Das Öko-Audit-System ist nicht geeignet, ein Genehmigungsverfahren zu ersetzen. Es wurde geschaffen, um die Eigenverantwortung der Unternehmer zu steigern und um so den betrieblichen Umweltschutz zu verbessern, nicht jedoch um die ordnungsrechtlichen Genehmigungsverfahren obsolet zu machen.[1310] Vor dem Hintergrund des Verhältnismäßigkeitsgrundsatzes und der funktionalen Äquivalenz, müsste EMAS Gleichwertiges leisten, damit ein Wegfall von Kontrollen zu rechtfertigen wäre. Genehmigungsverfahren gehen stets von einer ex-ante Kontrolle aus. Eine solche kann nicht mit einer ex-post Betrachtung durch eine Validierung im Rahmen des Öko-Audits gleichwertig ersetzt werden. Zwar muss das Unternehmen nach Anhang I A Nr. 4.6. i.V. m. Anhang VI sowie nach Anhang I A Nr. 4.7., 5.2. EG-UAVO n. F. auch die Auswirkungen geplanter Tätigkeiten auf die Umwelt berücksichtigen. Doch dieses Erfordernis entspricht nicht annähernd den Anforderungen der Genehmigungsverfahren.[1311] Die Berücksichtigung der geplanten Umweltauswirkungen bezieht sich zudem auf die Organisation allgemein und wird dem genehmigungsrechtlichen Anlagenbegriff nicht gerecht.

Auch die Prüfung des Umweltgutachters rechtfertigte nicht den Verzicht auf eine Eröffnungskontrolle. Zwar prüft der Gutachter (stichprobenartig) die Anlagen eines Standortes bzw. einer Organisation und gibt eine Prognose-Entscheidung hinsichtlich der System-Konformität des Standortes/der Organisation ab. Weder in seiner noch in der internen Betriebsprüfung findet jedoch eine Prüfung geplanter Vorhaben statt, und aus seiner Einschätzung lässt sich keine Prognose-Entscheidung hinsichtlich von Anlagen, die noch gar nicht in Betrieb sind, ableiten. Die Teilnahme an EMAS, die Prüfung des Umweltgutachters sowie die Eintragung der Organisation können aus diesem Grunde schon von ihrem Ansatz her keine Eröffnungskontrolle ersetzen. Zudem führt die Genehmigung zu einer Konkretisierung der umweltrechtlichen Vorgaben, die von dem Umweltgutachter nicht geleistet werden könnte.[1312]

Die Verlagerung der Kontrolle der Genehmigungsvoraussetzungen in das Öko-Audit hinein würde eine unzulässige Verantwortungs- und Prüfdelegation auf den Umweltgutachter bedeuten. Wenn die Kontrolle durch den Umweltgutachter nicht zusätzlich sondern als Ersatz für die behördliche Kontrolle stattfände, würde dies einen massiven Zuwachs an Verantwortung für den Umweltgutachter bedeuten. Er müsste ex-post die Genehmigungsbehörde ersetzen. Damit wäre die Einschätzung des Gefahrenpotenzials der Anlage auf die Schultern des Gutachters verlagert. Dem privaten Gutachter würden jedoch die notwendige Ausstattung, die not-

---

[1310] So auch: *Spindler*, ZUR 1998, S. 285, 290.

[1311] Vgl. z.B. §§ 4, 10 BImSchG i.V.m. 9. BImSchV.

[1312] Vgl. Begründung zum UGB-KomE, 1998, S. 775, sowie *Spindler*, ZUR 1998, S. 285, 290. Zustimmend in diesem Punkt auch die Befürworter eines Compliance-Audits.

wendigen Kapazitäten und schließlich auch die Eingriffsbefugnisse fehlen, um eine solche Einschätzung vornehmen zu können. Auch würde dies die Prüfaufgaben des Umweltgutachters in einem Maße erweitern, welches die ordnungsgemäße Wahrnehmung der eigentlichen gutachterlichen Aufgabe gefährden würde. Eine solche Verlagerung der staatlichen Aufgabenerfüllung durch den Abbau der präventiven Kontrollen und die Aufbürdung der Verantwortung einem privaten Sachverständigen verstößt zudem gegen die verfassungsrechtliche Schutzpflicht des Staates, der auf diese Weise seiner Gewährleistungsverantwortung im Umweltschutz nicht mehr gerecht werden kann. Im Hinblick auf die Bedeutung der gutachterlichen Entscheidung wäre eine Beleihung wohl unausweichlich. Die Validierung der Umwelterklärung durch den Gutachter müsste hoheitlich erfolgen. Anders wäre die Verantwortungsdelegation staatlicher Aufgaben nicht aufzufangen.[1313]

Ein weiterer Vorschlag zur Deregulierung betrifft die Verknüpfung von behördlicher Kontrolle und EMAS–Teilnahme durch ein Emissionsminderungsprogramm des Antragstellers.[1314] Das Unternehmen soll auf der Grundlage der betrieblichen Umweltpolitik und als Teil des Umweltprogramms nach der EG-Öko-Audit-Verordnung ein Emissionsminderungsprogramm für betriebene und geplante Anlagen am Betriebsstandort entwickeln. Die Einhaltung des Programms einschließlich der anlagenbezogenen Anforderungen würde zum Gegenstand des Umweltbetriebsprüfungsverfahrens und der Validierungsprüfungen durch den Umweltgutachter. Die Verknüpfung mit dem Genehmigungsverfahren sollte so erfolgen, dass die Genehmigung einzelner Anlagen mit emissionsbegrenzenden Auflagen und Bedingungen versehen würde, die sich nach den Anforderungen des betrieblichen Emissionsminderungsprogramms richten. Eine anlagenbezogene Prüfung des Standes der Technik zur Emissionsbegrenzung durch die Genehmigungsbehörde würde sich dadurch erübrigen; eine entsprechende Freistellung müsste gesetzlich geregelt werden. Das von dem Umweltgutachter validierte Emissionsminderungsprogramm bedürfte lediglich einer Registrierung durch die Genehmigungsbehörde.
Dieses von *Bohne* als „Genehmigungsaudit“ vorgestellte Modell widerspricht europarechtlichen Vorgaben.[1315] Art. 9 Abs. 4 der IVU-RL schreibt die Festlegung

---

1313 In diesem Fall wären jedoch die Grenzen des Art. 33 Abs. 4 GG zu beachten.

1314 *Bohne*, in: *Rengeling*, (Hrsg.), Integrierter und betrieblicher Umweltschutz, 1996, S. 105; *Feldmann*, in: UTEC-Berlin Umwelttechnologieforum, 12.2.1997 in Berlin, S. 10.

1315 Ein ähnliches „Genehmigungsaudit“ hatte *Bohne* schon früher vorgeschlagen: *Bohne*, DVBl. 1994, 195ff. Er lehnt zwar die funktionale Äquivalenz von Anlagengenehmigungsverfahren und EG-Öko-Audit-System ab, stellt aber fest, dass bestimmte Prüfungen im Falle auditierter Unternehmen nicht mehr notwendig seien. Die Entlastung des Betreibers könnte auch erfolgen, indem anlagenbezogenen Vorsorgepflichten wie zum Beispiel die Einhaltung des Standes der Technik auf Antrag des Betreibers in standortbezogener Vorsorgepflichten umgewandelt und deren Prüfung dem Umweltgutachter aufgegeben werde

anlagenbezogener Grenzwerte vor.[1316] Doch auch von dieser rechtlichen Begrenzungen abgesehen, vermag der Vorschlag nicht zu überzeugen. Der Widerspruch, eine ex-ante durch eine ex-post Kontrolle ersetzen zu wollen, besteht fort. Unklar ist, wie das Unternehmen ein Emissionsminderungsprogramm für geplante Anlagen entwickeln und dies durch den Umweltgutachter fiktiv überprüfen lassen soll. Rechtlich fehlt es zudem an der Gleichwertigkeit der verschiedenen Instrumente. Auch kann der Umweltgutachter die behördliche Kontrolle nicht ersetzen. Dies sprengt die rechtliche Ausgestaltung seiner Position, ganz abgesehen davon, dass es die Erfüllung der ihm zugewiesene Aufgabe in dem System gefährdet. Wenn der Umweltgutachter eine Behörde ersetzen wollte, müsste er als solche auftreten. Der Umweltgutachter ist jedoch nicht beliehen, erfüllt keine Verwaltungsaufgaben und verfügt über keine hoheitlichen Kompetenzen. Ein Rückzug der Behörde aus der präventiven Kontrolle ist nicht damit zu rechtfertigen, der Umweltgutachter „prüfe doch ohnehin". Mit einem solchen Verweis werden grundlegend der Wirkungsmechanismus, Sinn und Zweck von EMAS ebenso wie der Wirkungsmechanismus, Sinn und Zweck ordnungsbehördlicher Kontrollen, die Grenzen der Einbindung Privater in Verwaltungsverfahren und die verfassungsrechtlichen Pflichten des Staates verkannt.

c. Ausdehnung der Anwendung von vereinfachten Verfahren

Das Zulassungsverfahren für auditierte Organisationen könnte gestrafft werden, indem auf ein förmliches Genehmigungsverfahren im Sinne der §§ 4, 10 BImSchG verzichtet würde. Statt dessen könnte auf Antrag auf das vereinfachte Verfahren gem. § 19 BImSchG zurückgegriffen werden.[1317] Bei dieser Verfahrensart wird auf eine Beteiligung der Öffentlichkeit durch die Auslegung der Unterlagen und einen Erörterungstermin verzichtet. Der Anlagenbetreiber hat im Gegenzug eine deutlich reduzierte Rechtsposition, da er sich weder auf die Präklusionswirkung des § 10

[1316] Die Eröffnungskontrolle kann auch nicht durch eine Rahmengenehmigung rechtmäßig ersetzt werden. Eine solche schlug die *Schlichter*-Kommission vor. Das Gesetz zur Beschleunigung und Vereinfachung immissionsschutzrechtlicher Genehmigungsverfahren v. 9.10.1996 (BT-Drs.13/3996, S. 8) führt mit § 6 Abs. 2 BImSchG eine in der amtlichen Begründung als Rahmengenehmigung bezeichnete Genehmigungsvariante auf. Gemäß dem ebenfalls neu eingefügten § 12 Abs. 2b BImSchG soll der Antragsteller durch eine Auflage verpflichtet werden, der zuständigen Behörde unverzüglich die erstmalige Herstellung oder Verwendung eines anderen Stoffes innerhalb der genehmigten Betriebsweise mitzuteilen. Mit dieser Regelung wurde ein Vorschlag der Schlichter-Kommission aufgegriffen. Inhaltlich bringt diese Form der Rahmengenehmigung jedoch nichts Neues. Die Regelung griff lediglich die bestehende Verwaltungspraxis auf (Vgl. Nr. 5.1.5. der nordrhein-westfälischen Verwaltungsvorschriften zum BImSchG v. 16.7.1993, NWSMBl. S. 7129).

[1317] So ein Vorschlag der IHK Frankfurt (Oder), der zusätzlich vorsieht, dass über einen öffentlich-rechtlichen Vertrag zwischen Antragsteller und Genehmigungsbehörde gesichert wird, dass innerhalb von Jahresfrist nach Inbetriebnahme ein neues Validierungsverfahren durchgeführt wird. IHK Frankfurt (Oder), Deregulierung durch Öko-Audit, 1996, S. 101.

Abs. 3 S. 3 BImSchG noch auf die Wirkungen der §§ 11 und 14 BImSchG berufen kann. Die Ausdehnung des Anwendungsbereichs des vereinfachten Verfahrens kann allerdings nicht die UVP-pflichtigen Anlagen erfassen, da bei diesem gem. § 9 UVPG die Einbeziehung der Öffentlichkeit zwingend vorgeschrieben ist. Dies gilt nach § 15 Abs. 1 IVU-RL auch für Anlagen, auf welche die IVU-Richtlinie Anwendung findet.[1318]

Im Falle des vereinfachten Genehmigungsverfahrens wird das Verfahren reduziert und die Rechte Dritter werden verkürzt. Diese Erleichterungen stehen in keinem Zusammenhang mit Elementen des EG-Öko-Audit-Systems. Eine Kompensation durch Äquivalentes ist nicht möglich. Insbesondere reicht es nicht, wenn in einem funktionierenden Managementsystem die umweltrelevanten Auswirkungen zukünftiger Tätigkeiten berücksichtigt werden.[1319] Das Genehmigungsverfahren, welches der Abwägung verschiedener Positionen mit dem Ziel der Erreichung einer materiell rechtmäßigen Entscheidung dient, kann weder durch die interne noch durch die externe Prüfung des Systems ersetzt werden. Gerade der Beteiligung der Öffentlichkeit wohnt eine friedensstiftende Wirkung inne, die nicht nachgeholt werden kann. Bei einer Vereinfachung und Beschleunigung des Genehmigungsverfahrens kann es leicht zu einer Untergrabung Rechte Dritter kommen. Auch wenn mit der Reduzierung der Genehmigungserfordernisse und der Beschleunigung des Verfahrens die Bestandskraft reduziert wird, so würde die Kraft des Faktischen die Durchsetzung von Rechten Dritter erschweren.
Der Verzicht auf das ausführliche Genehmigungsverfahren kann auch nicht mit Hinweis auf die Tätigkeit des Umweltgutachters im Rahmen des EG-Öko-Audit-System gerechtfertigt werden. Denn es gilt auch hier, dass die ex-post Prüfung des Gutachters nicht das Verfahren im Vorfeld der Genehmigungserteilung zu ersetzen vermag. Die Privilegierung auditierter Organisationen durch die Durchführung eines vereinfachten Genehmigungsverfahren auf Antrag steht somit in keinem gleichwertigen Verhältnis zu der Teilnahme an dem EG-Öko-Audit-System.

Es wäre jedoch eine Ausweitung der nach § 8 und § 8a BImSchG/§ 33 KrW-/AbfG bestehenden Möglichkeiten zur Zulassung des vorzeitigen Beginns bzw. zur Erteilung von Teilgenehmigungen bei validierten Organisationen denkbar.[1320] Die Bedingung in § 8a Abs. 1 Nr. 2 BImSchG /§ 33 KrW-/AbfG könnte derart ergänzt werden, dass für eine Anlage einer eingetragen Organisation, unabhängig vom öffentlichen Interesse oder einem berechtigten Interesse des Antragstellers, die

---

[1318] Nach dieser Regelung müssen die Mitgliedstaaten der EU durch geeignete Maßnahmen sicherstellen, dass Anträge auf Genehmigung neuer Anlangen oder wesentlicher Änderungen der Öffentlichkeit während eines angemessenen Zeitraums zugänglich gemacht werden, damit sie vor der Entscheidung der Behörde zu dem Antrag Stellung nehmen kann.

[1319] Vgl. Anhang I A Nr. 4.6. i.V. m. Anhang VI sowie Anhang I A Nr. 4.7., 5.2. EG-UAVO n. F.

[1320] *Budde*, Die Umwelt-Audit-Verordnung der EU, 1998, S. 152.

Möglichkeit zur Beantragung der Zulassung des vorzeitigen Beginns grundsätzlich besteht.[1321] Doch fehlt es auch hier an dem Zusammenhang zwischen EMAS und der deregulierenden Maßnahme, welcher eine solche Erleichterung rechtfertigen würde.

Dasselbe gilt schließlich auch für den Vorschlag, bei einer Anlage einer nach EMAS zertifizierten Organisation auf Antrag des Betreibers ein Anzeigeverfahren nach §§ 15 Abs. 1, 16 Abs. 1 BImSchG durchzuführen, wenn im Rahmen des Umwelt-Managementsystems bereits die Umweltauswirkungen der zu beantragenden Anlage beurteilt wurden und dies von dem Betreiber nachgewiesen werden kann.[1322] Auch dieser Vorschlag verkennt jedoch, dass nicht der Betreiber die Auswirkungen beurteilen muss, sondern in Ausübung der staatlichen Schutzpflichten, die Behörde. Ihr kommt die Letztentscheidungsbefugnis und – pflicht zu. Das EG-Öko-Audit-System kann diese nicht obsolet machen.

Die zitierten Vorschläge mögen politisch gewünscht sein; sie liegen im Trend, da es um den Abbau und die Beschleunigung von Verfahren geht. Diese Bestrebungen dürfen allerdings nicht hinter einer angeblichen Äquivalenz zum EG-Öko-Audit-System versteckt werden. Ein Deregulierungspotenzial besteht hier nicht. In der Praxis scheinen auch weder Unternehmen noch Behörden das förmliche Verfahren aufgeben zu wollen.[1323] Auf die durch die förmliche Genehmigung entstehende Rechtssicherheit will nicht verzichtet werden, und Erleichterungen sollen nach Auffassung der Betroffenen primär nur das Antragsverfahren betreffen.

d. Deregulierung im Antragsverfahren

Der Antragsteller kann seine Angaben auf die Unterlagen der Umweltbetriebsprüfung – soweit relevant - stützen. Darüber hinaus steht es ihm frei, sich des Umweltgutachters als Sachverständigen zu bedienen. Es liegt nahe, dass der Antragsteller insofern Synergie-Effekte nutzen kann; hierfür bedarf es keiner Deregulierung. Das Gegenteil ist selbstverständlich: der Unternehmer darf ebenso wie die Verwaltung auf alle ihm zu Verfügung stehenden Unterlagen und Informationsquellen im Rahmen des Antragsverfahrens zurückgreifen. Fraglich ist, ob darüber hinaus eine Deregulierung im Antragsverfahren in Frage kommt.

[1321] So ein Vorschlag der IHK Frankfurt (Oder). IHK Frankfurt (Oder), Deregulierung durch Öko-Audit, 1996, S. 101.

[1322] Siehe auch den Vorschlag der IHK Frankfurt (Oder), der zusätzlich vorsieht, dass über einen öffentlich-rechtlichen Vertrag zwischen Antragssteller und Genehmigungsbehörde gesichert wird, dass innerhalb von Jahresfrist nach Inbetriebnahme ein neues Valdierungsverfahren durchgeführt wird. IHK Frankfurt (Oder), Deregulierung durch Öko-Audit, 1996, S. 101, 102. So auch: *Günter Sager* für einen „niedersächsischen Automobilproduzenten" bei dem Lüneburger Umweltsymposium am 31.5./1.6.1996. Vgl. Bericht NVwZ 1997, S. 771, 772.

[1323] So die Ergebnisse der „Hessen-Studie": *Ankele/Fichter/Heuvels/Rehbinder/Schebek*, Uwf 4/1998, S. 38

Eine gesetzliche Berücksichtigung der Teilnahme des Standortes, bzw. der Organisation, an EMAS durch die Behörden erfolgt schon heute nach § 4 Abs. 1 S. 1 der 9. BImSchV,[1324] ohne spürbare Entlastung für den Unternehmer.
Nach dem Substitutionskatalog, der im Rahmen des Umweltpakts Bayern erarbeitet wurde, sollte auch der Hinweis des Betreibers auf ein bereits vorhandenes und validiertes betriebliches Abfall- bzw. Energiemanagement als substituierende Angabe in Bezug auf die im Genehmigungsantrag darzulegenden Maßnahmen zur Abfallvermeidung und zur Wärmenutzung beim Betrieb geplanter Anlagen dienen. Über die Berücksichtigungsklausel in § 4 Abs. 1 S. 1 der 9. BImSchV hinaus würden damit auch die Vorschriften des §§ 4c, 4d der 9. BImSchV „geöffnet". Da die Antragsunterlagen einerseits der Information der Behörden, andererseits auch der Information der Öffentlichkeit dienen,[1325] ist eine Substitution aber auch hier nur möglich, wenn die von dem Antragsteller alternativ zur Verfügung gestellten Unterlagen den gleichen Grad an Verständlichkeit, Information und Übersichtlichkeit bieten können. Insofern kann durch eine zulässige konditionale Öffnung keine nennenswerte Entlastung geschaffen werden.
Sinnvoller wäre es, das Ermittlungsermessen der Behörde durch weitere Berücksichtigungsgebote zu lenken.[1326] Dies kann durch normative Berücksichtigungsklauseln in §§ 4 Abs. 1 S. 2, 4c, 4d der 9. BImSchV oder aber durch Verwaltungsvorschriften geschehen.[1327] Die Ergebnisse der Eigenüberwachung können auf diese Weise in das Ermittlungsermessen einfließen.[1328] Die Beurteilung des Einzelfalls bliebe aber in der Hand der ermittelnden Behörde. Für den Umweltgutachter würde diese veränderte Ermessensausübung keine Änderung für seine Tätigkeit und rechtliche Position bedeuten.

Die Teilnahme einer Organisation an EMAS sowie die Berücksichtigung der konkreten Umweltleistung der Organisation kann und soll weiterhin Bestandteil informeller Absprachen sein.[1329] Es werden Vorberatungen nach § 2 Abs. 2 der 9. BImSchV zwischen Behörde und Träger des Vorhabens durchgeführt, freiwillig kann eine Antragskonferenz gem. § 71e VwVfG[1330] auf Verlangen des Antrag-

---

[1324] Siehe KAPITEL 9: IV 1a bb.
[1325] Vgl. §§ 8ff. 9. BImSchV.
[1326] So: *Budde*, Die Umwelt-Audit-Verordnung der EU, 1998, S. 152. Vorschlagsliste des BDI zur Deregulierung auf der Grundlage des EG-Öko-Audits, Stand: 11.3.1998, S. 20.
[1327] Da es auf eine Steuerung des Einzelfalls ankommt, wäre eine Steuerung über Verwaltungsvorschriften sachgerechter. *Feldhaus*, UPR 1997, S. 341, 347.
[1328] *Müller* weist zutreffend darauf hin, dass es fraglich ist, ob die Behörde, da sie von ihrer Überwachungspflicht nicht befreit werden kann, bereit ist, ihr Ermittlungsermessen tatsächlich einschränkend auszuüben. *Müller*, 1998, S. 149, 152.
[1329] Regelungen, die Absprachen beinhalten: § 2 Abs. 2 der 9. BImSchV, §§ 25, 71e VwVfG, §§ 5 UVPG, 2a der 9. BImSchV („Scoping").
[1330] Die Antragskonferenz als seit Jahren übliche Praxis fand 1996 ihren Weg in das Verwaltungsverfahrensgesetz (Genehmigungsverfahrensbeschleunigungsgesetz v. 12.9.1996, BGBl. I,

stellers einberufen werden. Sinn dieser informellen Absprachen im Vorfeld der Antragstellung ist es, dass Antragsteller und Behörden durch frühzeitige Kooperation Reibungsverluste minimieren und so das Genehmigungsverfahren beschleunigen. Dabei ist es nur sinnvoll, wenn der Antragsteller auch auf die überobligaten Umweltleistungen der Organisation hinweist, so dass die Behörde dies in ihrem Ermittlungs- und Entscheidungsermessen berücksichtigt. Die Behörde darf sich durch informelle Absprachen jedoch nicht einer faktischen Bindung unterwerfen, die Verfahrensrechte Dritter untergraben könnte. Das Verfahren darf nicht in ein informelles Dunkel verlagert werden, welches die eigentlichen Verfahrensschritte, wie z.B. Anhörungsverfahren, zu einer reinen Farce werden lässt. In diesem Fall könnten die Erkenntnisse, die im Rahmen des förmlichen Verfahrens erlangt werden, nicht mehr in die Genehmigung einfließen, so dass im schlimmsten Fall eine materiell rechtswidrige Genehmigung ergeht.[1331]
Auf Grund seines umfangreichen Detailwissens ebenso wie auf Grund seiner besonderen Glaubwürdigkeit sollte der Umweltgutachter zu informellen Absprachen und Antragskonferenzen als Sachverständiger herangezogen werden.

e. Deregulierung im Bereich der behördlichen Überwachung und des Vollzugs

Staatliche Überwachung erfüllt im Umweltschutz eine doppelte Aufgabe.[1332] Zum Einen dient sie der Kontrolle umwelterheblicher Handlungen hinsichtlich der Einhaltung umweltrechtlicher Ge- und Verbote, auch Befolgungskontrolle genannt. Zum Anderen hat sie die umfassende Funktion der Umweltbeobachtung zur Vorbereitung konkreter Maßnahmen, die u.U. später wieder konkrete Befolgungskontrolle auslösen können. Beide Formen erfolgen hoheitlich und sind durch die Gerichte überprüfbar.

Die Überwachung umweltrelevanter Aufgaben ist durch gesetzliche Regelung staatlichen Behörden als Organen der Exekutive übertragen. Dadurch folgt der Gesetzgeber einem Regelungsauftrag aus Art. 20a GG und den Grundrechten.[1333] Die staatlichen Behörden werden im Rahmen der Gefahrenabwehr tätig und steuern die wirtschaftlichen Aktivitäten durch behördliche Zulassungen, Anordnungen im Einzelfall sowie konkrete Überwachungsmaßnahmen. Eingriffsbefugnisse lassen sich

S. 1354). So führte BASF von 1960 bis 1995 300 solcher Behördenbesprechungen durch. *Fluck*, VerwArch.1995, S. 466, 472.

1331 *Rombach*, Der Faktor Zeit im umweltrechtlichen Genehmigungsverfahren, 1994, S. 184. Hierzu auch: *Bohne*, Der informale Rechtsstaat, 1981, S. 148; *Tomerius*, Informelle Projektabsprachen im Umweltrecht, 1995, S. 77f.

1332 Vgl. *Kloepfer*, Umweltrecht, 1998, § 5 Rn. 126; *Laskowski*, in: *Schuppert* (Hrsg.), Jenseits von Privatisierung und „schlankem" Staat, 1999, S. 93, 94ff.

1333 *Moormann*, ZUR 1997, S. 188, 189.

auf die allgemeinen Überwachungsbefugnisse stützen[1334] oder sind spezialgesetzlich geregelt. Gesetzestechnisch handelt es sich bei diesen Regelungen um Eingriffsbefugnisse[1335] sowie um die korrespondierenden Mitwirkungspflichten des Normadressaten.[1336] Die allgemeinen Regelungen werden durch sogenannte „überwachungsdienliche" Unternehmerpflichten[1337] ergänzt. Hierzu gehören neben den schon behandelten Informationspflichten insbesondere auch die Mess- und Prüfpflichten.

Ein Rückzug der Behörden aus der Anlassaufsicht ist nicht denkbar, da Anlassaufsicht Gefahrenabwehr ist.[1338] Die Gefahrenabwehr ist eine staatliche Aufgabe, die der Staat nicht in die Hände Privater geben darf. Selbststeuerungsinstrumente können eine unmittelbare staatliche Steuerung, die auch den Einsatz behördlicher Überwachung erfordert, nicht ersetzen.[1339] Erleichterungen können somit grundsätzlich nur im Bereich der Vorsorge, mithin der Regelüberwachung, in Betracht kommen. Es wurde aber schon darauf hingewiesen, dass ein Abbau der allgemeinen Überwachung auch im Bereich der allgemeinen Regelüberwachung nur auf der Ebene der Ausübung des Verwaltungsermessens in Betracht kommt. Zu prüfen bleibt an dieser Stelle somit nur noch eine Befreiung von ordnungsrechtlichen Vorschriften der angeordneten Eigenüberwachung in der Form von Mess- und Prüfpflichten, denen der Anlagenbetreiber kontinuierlich, einmalig oder auf Anordnung unterworfen ist.

aa. §§ 26, 28, 29 BImSchG

Die Vorschriften aus §§ 26-29 BImSchG konkretisieren die Überwachungspflicht des Betreibers hinsichtlich anlagenbezogener Emissions- und Immissionsmessungen und dienen der zuständigen Behörde zugleich als Instrumentarium, den Betreiber zur Eigenkontrolle anzuhalten.[1340]/ [1341] Gem. § 26 BImSchG kann der Anlagenbetreiber zur Messung von Emissionen und Immissionen durch eine besonders

[1334] Vgl. § 40 KrW-/AbfG, § 52 BImSchG, § 21 WHG.

[1335] Die staatliche Überwachung im Umweltrecht wird in den einzelnen Gesetzen jeweils sektoral geregelt : z.B. § 21 WHG, §§ 26ff., 44ff., 52, 52a BImSchG, § 19 AtG, §§ 40ff. KrW-/AbfG.

[1336] Vgl. hierzu: *Kloepfer*, Umweltrecht, 1998, § 5 Rn. 127.

[1337] *Kloepfer*, Umweltrecht, 1998, § 5 Rn. 127.

[1338] Aufsichtsmaßnahmen auf Grund besonderer Verdachtsmomente, die sogenannte Anlassaufsicht, stützen sich auf die allgemeinen Überwachungstatbestände.

[1339] *Lübbe-Wolff*, NuR 1996, S. 217, 2267.

[1340] BVerwG, NVwZ 1984, S. 724.

[1341] *Jarass*, BImSchG Kommentar, § 26 Rn. 2.

bekanntgegebene Stelle verpflichtet werden.[1342] Dieses Erfordernis dient der Qualität und Vergleichbarkeit.[1343]

Im Zusammenhang mit der EG-Öko-Audit-Verordnung wird die Forderung erhoben, dass diese Messung durch die unternehmenseigene Umweltabteilung als hinreichend anzuerkennen sei. Der BDI fordert auch in seiner Vorschlagsliste, den Betreibern validierter Organisationen die Option einzuräumen, sämtliche von den Behörden angeordnete oder in anderweitigen gesetzlichen Bestimmungen vorgesehenen Messungen nach § 26 Abs. 1 und § 28 BImSchG selbst bzw. in eigener Regie durchführen zu lassen.[1344] Daneben wird gefordert, dass die erfolgreiche Teilnahme an EMAS im Vollzug Berücksichtigung finden und eine Reduzierung der Anordnungen erfolgen solle.[1345]/[1346]

Durch die Bereitstellung von Informationen durch den Betreiber aus Messungen gem. § 26 BImSchG wird die staatliche Aufsicht entlastet. Ein genereller Verzicht auf die Möglichkeit der Anordnung von Messungen kommt nicht in Frage. Die Anordnung aus besonderem Anlass erfolgt auf Grund konkreter Anhaltspunkte als Maßnahme der Anlassaufsicht und damit der unverzichtbaren Gefahrenabwehr. Zu solchen Anhaltspunkten dürfte ein erfolgreich auditiertes Unternehmen allerdings keinen Anlass geben, so dass ein Verzicht auf die Anordnung aus besonderem Anlass ohnehin unerheblich wäre. Ebenfalls zu verwerfen ist eine Regelung, die das Ermessen der Verwaltung pauschal im Hinblick auf eine EMAS-Teilnahme der Organisation reduzieren würde.[1347] Sinnvoll wären allein ermessenslenkende Verwaltungsvorschriften, nach der die EMAS-Teilnahme zu berücksichtigen ist. Die Überwachungsintensität sollte sich aber immer noch nach den Umständen des Einzelfalls richten.

[1342] Im Rahmen der Aufsicht sind als erstmalige oder wiederkehrende Messungen durch bekanntgegebene Stellen nach § 26 Messungen gem. § 12 Abs. 2 und 3 der 2. BImSchV, § 22 Abs. 1 der 13. BImSchV, § 13 Abs. 1 und 2 der 17. BImSchG sowie nach Nr. 3.2.2.1 der TA Luft gem. § 26 BImSchG vorzunehmen.

[1343] Vgl. § 26 Abs. 1 S. 1, § 28 Abs. 1 S. 1 i.V.m. § 26 Abs. 1 S. 1, § 29a Abs. 1 S. 1 BImSchG, § 19i Abs. 1 WHG.

[1344] Vorschlagsliste des BDI, Stand: 11.3.1998, S. 6f.

[1345] So in Schleswig-Holstein, Saarland, Rheinland-Pfalz sowie nach dem Einheitlichen Endbericht an die Umweltministerkonferenz zu Deregulierungs- und Substitutionspotentialen im Hinblick auf das EG-Öko-Audit-System des Ad-hoc-Länder-Arbeitskreises „Öko-Audit". Stand 24.9.1997, Punkt C II Nr. 4.

[1346] Nach der Vorschlagsliste des bayerischen Umweltpaktes kann sich die Behörde darauf beschränken, Stichproben und Plausibilitätsprüfungen von Aufzeichnungen von Betriebsbeauftragten oder Sachverständigengutachten durchzuführen, soweit sich aus diesen Dokumenten die Einhaltung der Betriebspflichten ergibt. Umweltpakt Bayern, Substitutionskatalog, S. 50.

[1347] So aber: Vorlage zur 21. Amtschefkonferenz am 21./22.4.1998 in Friedrichshafen: „Vorschläge zur Deregulierungs- und Substitutionspotentialen" des Einheitlichen Endberichts.

Eine Eigenvornahme der Messungen durch den Unternehmer steht einem Ausbau von Unternehmerpflichten gleich. Die Erfüllung dieser Pflichten wird jedoch im Vergleich zu der Duldung der Fremdüberwachung durch die Behörden regelmäßig als der geringere Eingriff empfunden. Im Falle der Ersetzung der Fremdvornahme durch Eigenvornahme würde die Entlastung der Unternehmer durch die Herunterstufung der Eingriffsintensität erfolgen.
Eine Messung aus besonderem Anlass sollte jedoch nie durch den Betreiber selbst durchgeführt werden. Messungen durch unabhängige Stellen werden bei Streitigkeiten grundsätzlich mehr Akzeptanz entgegengebracht als Überprüfungen nach Grundsätzen der Selbstüberwachung.[1348] Die Anordnung der Messung aus besonderem Anlass erfolgt zudem bei Vorliegen eines Gefahrenverdachtes; der Betreiber hat in der Regel kein Interesse, diesen zu erhärten. Da er die Ergebnisse der Messungen gem. § 31 S. 2 BImSchG an die zuständige Behörde weiterleiten muss, müsste der Betreiber sich selbst eventueller Rechtsverstöße überführen. Es bestehen somit Zweifel an der Objektivität, mit der die Messung durchgeführt wird. Somit ist es nicht vertretbar, für eingetragene Organisationen auf die Ermächtigung zu verzichten, Messungen durch bekanntgegebene Stellen behördlich anzuordnen. Die Eigenüberwachung ist in diesem Fall nicht äquivalent zur Fremdüberwachung.[1349]
Die Messung könnte jedoch - unabhängig von EMAS - durch den Umweltgutachter vorgenommen werden. Der Umweltgutachter erfüllt die notwendigen Kriterien der Unabhängigkeit und Zuverlässigkeit und könnte den bekanntgegebenen Stellen nach § 26 BImSchG gleichgestellt werden. Dies würde unnötige Doppelbelastungen des Betreibers vermeiden. Trotz der Ambivalenzen, welche die Ausgestaltung der Stellung des Umweltgutachters birgt, besitzt er eine hinreichende Objektivität. Es ist nicht davon auszugehen, dass er die Rechtsverstöße seines Auftraggebers absichtlich vertuschen will. Auf Grund der relativ hohen Aufdeckungsgefahr wäre in diesem Falle auch das Risiko für den Gutachter zu hoch. Sollte die Behörde Zweifel an der Messung des Umweltgutachters haben, so könnte sie immer noch Messungen durch eine unabhängige Stelle nach § 52 Abs. 2 BImSchG anordnen.[1350] Die Gleichstellung von Umweltgutachtern und Umweltgutachterorganisationen mit bekanntgegebenen Stellen nach § 26 BImSchG wäre eine sinnvolle entlastende Maßnahme.

§ 28 BImSchG legt fest, dass Messungen nach § 26 BImSchG entweder nach Inbetriebnahme, nach wesentlichen Änderungen einer Anlage nach § 15 BImSchG oder nach Ablauf eines Zeitraumes von drei Jahren auch ohne besonderen Anlass angeordnet werden können. Auch hier gehen die Vorschläge zu Entlastung der auditierten Organisationen wieder in zwei Richtungen. Einmal soll der Betreiber die wiederkehrenden Messungen nach § 28 Nr. 2 BImSchG selbst vornehmen kön-

[1348] *Moormann*, ZUR 1997, S. 188, 191.
[1349] So auch: *Müller*, KGV-Rundbrief 2/1997, S. 8, 10.
[1350] So auch: *Schneider*, Öko-Audit und Deregulierung im Immissionsschutzrecht, 1999, S. 209f.

nen.[1351] Der BDI schlägt dies auch für die erstmaligen Messungen nach § 28 Abs. 1 BImSchG vor.[1352] Daneben soll auf die Anordnung von Messungen für auditierte Organisationen in der Regel verzichtet werden.[1353]/[1354] Weiterhin wird vorgeschlagen, die Fristen für behördliche oder behördlich angeordnete Prüfungen zu verlängern. Der Mindestabstand zwischen möglichen Ermittlungsanordnungen, wie z.B. in § 28 Nr. 2 BImSchG festgelegt, könnte gegenüber registrierten Unternehmen von drei auf fünf oder sechs Jahre verlängert werden.[1355] Deren regelmäßige Auswertung könnte wiederum den Umweltgutachtern überlassen werden.

Im Immissionsschutzrecht - abgesehen von den Betrieben, die der 17. BImSchV unterfallen – gibt es, anders als z.B. im Baurecht, keine allgemeine Abnahmeprüfung. Der Erstmessung kommt somit die besondere Funktion einer Abnahme nach Neuerrichtung oder wesentlicher Änderung einer Anlage zu. Nur an Hand dieser Erstmessung kann überprüft werden, ob die Anlage entsprechend der Genehmigung betrieben wird.[1356] Erstmalige Messungen können aus diesem Grund nicht substituiert werden. Sie müssen vorgenommen werden, und sie müssen unmittelbar nach Inbetriebnahme einer Anlage vorgenommen werden. Sie dienen der Prüfung der Funktionstüchtigkeit von Anlagenteilen, die zum Zwecke des Umweltschutzes eingebaut sind. Aus diesem Grund kann auf die Messungen nicht verzichtet werden. Eine Eigenvornahme ist auf Grund der Bedeutung erstmaliger Messungen nicht zulässig. Solange die Messungen unmittelbar nach Inbetriebnahme durchgeführt werden, kann dies auch der Umweltgutachter – nach der empfohlenen Gleichstellung mit den bekanntgegebenen Stellen - besorgen. Was für die Messungen aus besonderem Anlass gilt, gilt hier erst recht.
Auch die kontinuierlichen Messungen können durch den Umweltgutachter durchgeführt werden. Hier ist allerdings auch eine Öffnung insoweit zuzulassen, dass der Betreiber die Messungen regelmäßig auch durch eigene Stellen durchführen lassen

---

[1351] Vgl. die Länderregelungen in Umweltpakten und Verwaltungsvorschriften in: Berlin, Rheinland-Pfalz, Schleswig-Holstein, Bayern, Niedersachsen, Mecklenburg-Vorpommern.
[1352] So auch: Bayern, Thüringen und die Vorlage zur 21. Amtschefkonferenz am 21./22.4.1998 in Friedrichshafen: „Vorschläge zur Deregulierungs- und Substitutionspotentialen" des Einheitlichen Endberichts.
[1353] Mehrheitliche Zustimmung der Länder, abweichendes Votum: Hessen. Vgl. Vorlage zur 21. Amtschefkonferenz am 21./22.4.1998 in Friedrichshafen: „Vorschläge zur Deregulierungs- und Substitutionspotentialen" des Einheitlichen Endberichts.
[1354] In Bayern und Rheinland-Pfalz soll auf die Anordnung wiederholter Messungen ganz verzichtet werden, wenn der Betreiber entsprechende Messungen durchführt und die erforderliche Fachkunde, Zuverlässigkeit und gerätetechnische Ausstattung des Immissionsschutzbeauftragten von der Behörde anerkannt werden. Diese Regelung erfordert allerdings eine gesetzliche Änderung und ist nicht durch die Verwaltungspraxis einzuführen.
[1355] *Hansmann*, in: *Rengeling*, Integrierter und betrieblicher Umweltschutz, 1996, S. 207, 214.
[1356] So die Ansicht der Länder. A.A. das BMU, welches auch die Erstmessungen der Überwachung zuordnet und den Charakter von Abnahme-Messungen verweigert. Vorlage zur 21. Amtschefkonferenz am 21./22.4.1998 in Friedrichshafen: „Vorschläge zur Deregulierungs- und Substitutionspotentialen" des Einheitlichen Endberichts.

kann. Sinnvoll könnte er dies im Rahmen seines Umwelt-Managementsystems vorsehen und überprüfen. Der Umweltgutachter überprüft und bestätigt die Durchführung der Messungen im Rahmen seiner System-Kontrolle soweit diese nach Festlegung im Handbuch oder durch die Umsetzung der Überwachung und Kontrolle der relevanten verfahrenstechnischen Aspekte nach Anhang I A Nr. 5.1. der EG-Öko-Audit-Verordnung Bestandteil von EMAS geworden sind.
Eine Verlängerung der Fristen ist auf Grund der Bedeutung der Messungen für die betriebsinterne Umweltvorsorge nicht möglich, und auch nicht sinnvoll, weil allein der geltende Drei-Jahres-Rhythmus eine Synchronisation zu EMAS darstellt. Der Betreiber muss die Durchführung der Messung durch die Vorlage der EMAS-Dokumentation belegen.

Diese Ergebnisse lassen sich auch auf die Messungen gem. § 26 nach § 12 Abs. 2 und 3 der 2. BImSchV, § 22 Abs. 1 der 13. BImSchV, § 13 Abs. 1 und 2 der 17. BImSchG sowie nach Nr. 3.2.2.1 der TA Luft übertragen. Erstmalige Messungen und Messungen auf Anordnung müssen durch die Behörde oder durch besonders bekanntgegebene Stellen durchgeführt werden. Es wäre zu begrüßen, wenn der Anwendungsbereich auf den Umweltgutachter ausgedehnt werden würde.
Wiederkehrende Messungen können regelmäßig durch den Betreiber im Rahmen des betrieblichen Umwelt-Managements durchgeführt werden. Der Umweltgutachter prüft die Durchführung im Rahmen seiner Prüfung. Dabei muss der Umweltgutachter nicht die Messung überprüfen. Es reicht, wenn er im Rahmen der Prüfung des Umwelt-Managementsystems die tatsächliche Durchführung der Prüfung bestätigt. Durch diese Bestätigung wird der Umweltgutachter kaum belastet. Rechtliche Folgen knüpfen sich an diese Prüfung nicht, da es keiner gesonderten Aussage des Gutachters gegenüber der Behörde bedarf. Die Prüfung erfolgt im Rahmen seines Gutachterauftrags als normaler Bestandteil der gutachterlichen System-Prüfung.

Eine Entlastung von der Pflicht zur kontinuierlichen Messung nach § 29 BImSchG durch den Anlagenbetreiber findet sich nicht unter den Deregulierungsvorschlägen. Eine Entlastung wäre auch nur durch eine Befreiung denkbar. Diese wiederum ist ausgeschlossen, da die kontinuierlichen Messungen nur bei Bedarf angeordnet werden.

bb. Anordnungen von Prüfungen durch externe Fachkundige

§ 29a BImSchG sieht die Anordnung der Vornahme sicherheitstechnischer Prüfungen durch externe Sachverständige vor. Auch im Hinblick auf diese Vorschrift regen die Substitutions- und Deregulierungskataloge die Prüfung durch den Betreiber selbst anstatt durch einen Sachverständigen an.[1357] Darüber hinaus sollen

[1357] Vorschlagsliste des BDI, Stand: 11.3.1998, S. 11f.

die Prüfungsanordnungen für audititierte Organisationen teilweise oder vollständig zurückgenommen werden.[1358]

Die Möglichkeit einer Reduzierung der Anordnungen richtet sich auch hier wiederum nach dem Anlass der Anordnung nach § 29 Abs. 2 BImSchG.[1359] Anordnungen gem. § 29 Abs. 2 Nr. 5 BImSchG bei Verdacht, dass bestimmte sicherheitstechnische Anforderungen nicht erfüllt werden, können als Maßnahmen der Anlassaufsicht nicht ersetzt werden. Gleiches gilt auch für die erste und die letzte Prüfung.[1360]

Auch im Bereich der Regelüberwachung ist eine Substitution der ordnungsrechtlichen Pflicht nur unter bestimmten Bedingungen möglich. EMAS schreibt keine sicherheitstechnischen Prüfungen von Anlagen zwingend vor. Die Verpflichtung zur Vornahme solcher Prüfungen lässt sich höchstens aus Anhang I A Nr. 4.7. (Notfallvorsorge- und maßnahmen), Anhang I A Nr. 5.2. (Abweichungen, Korrektur- und Vorsorgemaßnahmen) und aus der Berücksichtigung der Umweltaspekte aus Anhang VI EG-UAVO n.F. herleiten. Wegen der Unbestimmtheit der Verordnung kann jedoch nicht davon ausgegangen werden, dass auditierte Unternehmen sicherheitstechnische Anlagenprüfungen vorgenommen haben. Ein Äquivalent für die Prüfungen nach § 29a BImSchG lässt sich somit in der Verordnung nicht finden. Führt das Unternehmen jedoch gleichwertige Prüfungen durch und kann es dies durch die Vorlage entsprechender Unterlagen bestätigen, so ist dies bei der Anwendung des § 29a BImSchG zu berücksichtigen. Die Eigenvornahme ist insofern gestattet, soweit der Umweltgutachter die Vornahme im Rahmen seiner gutachterlichen Prüfung bestätigt. Die Unterlagen der Umweltbetriebsprüfung können unter diesen Umständen die Prüfung nach § 29a Abs. 2 Nr. 3 BImSchG ersetzen. Weiterhin ist es auch im Falle des § 29a BImSchG sinnvoll, dass Umweltgutachter und Umweltgutachterorganisationen mit den aufgezählten Sachverständigen gleichgestellt werden, so dass auch sie die Prüfungen vornehmen können, soweit sie dazu auf Grund der technischen Ausstattung in der Lage sind.

Eine entsprechende Regelung findet sich mit § 19i Abs. 2 S. 3 WHG auch im Wasserrecht. Die Deregulierungsforderungen entsprechen weitgehend denen zu § 29a BImSchG. Auf Grund der Ähnlichkeit der beiden Regelungen kann auf die Ausführungen zu § 29a BImSchG verwiesen werden. Auch hier kann nur die regelmäßige Prüfung nach § 19i Abs. 2 S. 3 Nr. 2 WHG im Rahmen der Eigenüber-

---

1358 Vgl. die Länderregelungen in Umweltpakten und Verwaltungsvorschriften in: Rheinland-Pfalz, Bayern, Nordrhein-Westfalen sowie den Einheitlichen Endbericht an die Umweltministerkonferenz zu Deregulierungs- und Substitutionspotentialen im Hinblick auf das EG-Öko-Audit-System des Ad-hoc-Länder-Arbeitskreises „Öko-Audit". Stand 24.9.1997, Punkt C III.

1359 *Schneider,* Öko-Audit und Deregulierung im Immissionsschutzrecht, 1999, S. 214.

1360 Vgl. § 29 Abs. 2 Nr. 1 und 4 BImSchG.

wachung durch eine entsprechende Prüfung ersetzt werden. Der Betreiber muss die Vornahme durch Vorlage der entsprechenden Unterlagen dokumentieren können.

Zu erwähnen bleibt in diesem Zusammenhang noch die Regelung aus § 21 Abs. 2 KrW/AbfG. In der Ermessensausübung soll auch hier die zuständige Behörde die EMAS-Teilnahme berücksichtigen. Eine Öffnung der Vorschrift kommt jedoch nicht in Betracht, da die Behörde im Falle von Zweifeln an der Rechtmäßigkeit an einem Abfallwirtschaftskonzept oder einer Abfallbilanz eine sachverständige Prüfung anordnen können muss.[1361] Die Prüfung durch den Verpflichteten selbst kann diese Prüfung nicht ersetzen. Auch die Einfügung einer konditionalen Öffnungsklausel diesbezüglich ist abzulehnen.[1362] Auch hier kommt eine Anerkennung des Umweltgutachters – soweit er für den Bereich der Abfallentsorgung akkreditiert ist – als Sachverständiger in Betracht.

cc. Eigenvornahme von Kalibrierungen

Entlastend könnte auch ein Verzicht auf Kalibrierungen von Messeinrichtungen durch unabhängige, fachkundige Stelle wirken.[1363] Es wird vorgeschlagen, die Vorschriften so zu öffnen, dass der Betreiber einer Anlage einer eingetragenen Organisation die Kalibrierungen selbst vornehmen kann.[1364] Der BDI begründet diese Forderung mit allgemeinen Hinweisen auf die Anforderungen der EMAS-Teilnahme. Die Deregulierung solle optional ausgestaltet werden. Fehle es im Einzelfall an der erforderlichen personellen Fachkompetenz, Zuverlässigkeit und gerätetechnischen Ausstattung gewährleiste das Umwelt-Managementsystem, dass die Überwachungsmaßnahme durch Externe durchgeführt werden, welche die erforderlichen Voraussetzungen erfüllten.[1365]

Der BDI liest hier etwas in das EG-Öko-Audit-System hinein, was dieses nicht zu halten vermag. Insgesamt ist bei Sicherheits- und Funktionsprüfungen von einer Deregulierung abzuraten, da die staatliche Verantwortung für den Umweltschutz in diesem Bereich besonders tangiert wird.[1366] Zum Einen ist es keineswegs sichergestellt, dass das Unternehmen die Kalibrierungen tatsächlich selbst oder durch Andere zuverlässig durchführt. Zum Anderen wird durch die Eigenvor-

---

[1361] A.A. *Budde*, Die Umwelt-Audit-Verordnung der EU, 1998, S. 122.

[1362] So aber (ablehnendes Votum von NRW): Vorlage zur 21. Amtschefkonferenz am 21./22.4.1998 in Friedrichshafen: „Vorschläge zur Deregulierungs- und Substitutionspotentialen" des Einheitlichen Endberichts.

[1363] Vgl. § 12 Abs. 7 S. 2 2. BImSchV, § 28 der 13. BImSchV, § 10 Abs. 2 und 3 der 17. BImSchV.

[1364] Vorschlagsliste des BDI, Stand: 11.3.1998, S. 9. So auch der Deregulierungsvorschlag des BMU in: Vorlage zur 21. Amtschefkonferenz am 21./22.4.1998 in Friedrichshafen: „Vorschläge zur Deregulierungs- und Substitutionspotentialen" des Einheitlichen Endberichts.

[1365] Vorschlagsliste des BDI, Stand: 11.3.1998, S. 6f., mit Verweis auf Anh. I B Nr. 2 und 4a EG-UAVO a.F.

[1366] *Rehbinder/Heuvels*, DVBl. 1998, S. 1245, 1254.

nahme der Zweck von externen Kalibrierungen nicht erreicht. Wie Eichungen dienen Kalibrierungen der allgemeinen Akzeptanz von Messergebnissen. Die externe Vornahme dieser Handlungen soll Konflikte vermeiden und dient somit auch dem allgemeinen Rechtsfrieden.
Die Vornahme kann eventuell jedoch durch den Umweltgutachter (unabhängig von EMAS) erfolgen, soweit dieser über die hinreichende Fachkunde und technische Ausstattung und über eine Akkreditierung für den einschlägigen Gewerbezweig verfügt.

3. Deregulierung im Gebührenrecht

Eine weitere, weit weniger diskutierte, Deregulierungsmöglichkeit für auditierte Organisationen bietet das Gebührenrecht. Staatliche Gebühren stellen eine Entschädigung für einen staatlichen Aufwand dar. Gebühren sind damit eine Gegenleistung für eine von Trägern öffentlicher Aufgaben erbrachte Tätigkeit oder Dienstleistung.[1367] Hierbei kann es sich entweder um eine Leistung der Verwaltung (Verwaltungsgebühren) oder die Bereitstellung eines bestimmten Gutes oder einer Einrichtung (Benutzungsgebühren) handeln. Der Nutzer oder Empfänger bezahlt stets mit der Gebühr den Gegenwert den erhaltenen Leistung.

Während die Kosten für den Einsatz behördlich beauftragter privater Sachverständiger nach herrschender Meinung als Auslagen auf der Grundlage einer entsprechenden kostenrechtlichen Generalklausel abgewälzt werden können, dürfen Gebühren für verwaltungseigene Tätigkeiten nach dem Grundsatz der Tatbestandsmäßigkeit der Gebührenerhebung nur auf Grund gebührenrechtlicher Detailvorschriften erhoben werden, die die gebührenpflichtigen Tatbestände (Amtshandlungen) und die jeweilige Bemessungsgrundlage spezifizieren.[1368] Die Verwaltungsgebühren werden aus gesetzlich festgesetzten Tabellen entnommen.
Eine Reduzierung dieser festen Sätze im Hinblick auf die EG-Öko-Audit-Verordnung könnte dann erfolgen, wenn die Dauer der Amtshandlung sinkt oder aber es könnte eine mindernde Berücksichtigung bei Rahmengebührensätzen erfolgen.[1369]
Eine Reduzierung der nach dem Kostendeckungsprinzip bzw. nach dem Wirklichkeits- oder Wahrscheinlichkeitsmaßstab zu erhebenden Gebühren muss sich an einer evt. eingetretenen Verringerung des Bearbeitungsaufwandes oder einer Verringerung der Inanspruchnahme der betreffenden Einrichtung orientieren.[1370] Die Durchführung von Verwaltungsmaßnahmen müsste für die Verwaltung im Falle eingetragener Organisationen auf Grund der umfangreichen Vorarbeiten, auf die sie zurückgreifen kann, kostengünstiger zu leisten sein. Ebenso wie der an EMAS

[1367] Auch allgemein zum Kostenrecht der Ordnungsverwaltung: *Götz*, DVBl. 1984, S. 14, 19.
[1368] *Lübbe-Wolff/Steenken*, ZUR 1993, S. 263, 264; *Götz*, DVBl. 1984, S. 14, 23.
[1369] *Ernst*, in: GUT Umweltforum und Beratungsservice GmbH (Hrsg.), Deregulierung des Umweltrechts, 1997, S. 8, 10.
[1370] *Budde*, Die Umwelt-Audit-Verordnung der EU, 1998, S. 156, 157.

teilnehmende Unternehmer Energie spart, ebenso sollte er Verwaltungsgebühren sparen. Der Unternehmer, der eine Umweltbetriebsprüfung durchführt, würde dann durch diese Erleichterung zumindest teilweise dafür entschädigt, dass er durch seine freiwillige Leistung mit erheblichen Kosten belastet ist.

Würde die Eigenüberwachung gestärkt, so hätte der Adressat der staatlichen Leistung jedoch ebenfalls für die substitutierende private Tätigkeit aufzukommen. Der Betreiber der Anlage muss die durch die privatisierte Überwachung entstehenden Kosten zusätzlich tragen.[1371] Würde der Umweltgutachter verstärkt als Sachverständiger eingebunden, wo würden die Kosten für seine Leistung steigen. Dabei würde entweder die Prüfung und Validierung im Rahmen des EG-Öko-Audit-Systems teurer oder der Umweltgutachter wurde darüber hinaus in einem unabhängigen Auftragsverhältnis als Sachverständiger tätig. Auf diese Weise kann der durch reduzierte staatliche Gebühren erreichte Entlastungseffekt ganz oder teilweise wieder kompensiert werden. Die Reduzierung der Gebühr würde hier jedoch eine unnötige Doppelbelastung vermeiden.

4. Deregulierung und Haftungsrecht

Schließlich könnten auch haftungsrechtliche Erleichterungen für auditierte Organisationen eingeführt werden. Dazu ist grundsätzlich zu bemerkten, dass eine Stärkung von Eigenverantwortung und Eigenüberwachung allgemein zu einem Anstieg der Bedeutung des Haftungsrechts führt. Eine Ausweitung haftungsrechtlicher Verantwortung kann auch den Wegfall ordnungsrechtlicher Sanktionen kompensieren. Der Verursacher schädigender Umwelteinwirkungen wird durch das Haftungsrisiko veranlasst, das Risiko von Beeinträchtigungen Dritter, potenzieller Kläger, weiter zu senken. Das Haftungsrecht kann auf diese Weise qualititätssichernde Anreize zur Durchführung eines strengen Audits setzen.[1372] Mit der für die Öffentlichkeit verfassten Umwelterklärung wird die Geltendmachung von Haftungsansprüchen erleichtert, weil der Geschädigte leichter in den Besitz potenziell entscheidender Informationen gelangen kann.[1373] Die vorsorgliche umweltorientierte Unternehmensführung dient aber auch der Minimierung von Haftungsrisiken. Insbesondere die Dokumentation aller umweltrelevanten Vorgänge im Betrieb dient der Entlastung in haftungsrechtlichen Streitigkeiten.[1374] Steuerungstheoretisch wäre aus diesem Grund die gezielte Verknüpfung von Erleichterungen aufgrund der Teilnahme am EG-Öko-Audit-System mit erweiterten – nicht reduzier-

---

[1371] Zum Beispiel, wenn die Überwachung dem TÜV übertragen wurde.

[1372] *Franzius,* NuR 1999, S. 601, 607; vgl. grundsätzlich: *Kloepfer,* Umweltrecht, 1998, § 6 Rn. 64f.

[1373] *Falk,* Die EG-Öko-Audit-Verordnung und das deutsche Umwelthaftungsrecht, 1998, S. 226.

[1374] *Ganse/Gasser/Jasch,* Öko-Audit: Umweltzertifizierung, 1997, S. 19.

ten - Haftungspflichten denkbar.[1375] Das Mehr an Eigenverantwortung und Selbstkontrolle könnte mit der Verschärfung der Schadensersatzpflichten kombiniert und dadurch eine vollzugsunterstützende Wirkung entfalten. Aus diesem Kausalzusammenhang ergibt sich, dass im Bezug auf das Haftungsrecht keine zusätzlich deregulierenden Maßnahmen sinnvoll vorgenommen werden können.

Den Unternehmen könnte aber im Schadensfall eine erleichterte Beweisführung, entsprechend der Regelung des § 6 Abs. 4 Nr. 1 UmwHG, zugebilligt werden.[1376] Nach dieser Vorschrift kann der Anlagenbetreiber die Einhaltung der besonderen Betriebspflichten nach § 6 Abs. 2 UmwHG dadurch belegen, dass er den bestimmungsgemäßen Betrieb nachweist. Der bestimmungsgemäße Betrieb umfasst nach Absatz 3 der Vorschrift den Betrieb nach den gesetzlichen Vorschriften und so wie diese in Verwaltungsakten konkretisiert wurden. Dieser Nachweis wiederum führt zur Entkräftung der Vermutung, dass der entstandene Schaden durch die betreffende Anlage verursacht wurde. Die Eigenüberwachung im Rahmen des EG-Öko-Audit-Systems könnte als Kontrolle im Sinne des § 6 Abs. 4 Nr. 1 UmwHG anerkannt werden. Durch die Auditierung könnte die Durchführung einer notwendigen Kontrolle vermutet werden. Da die Auditierung die Kontrolle der einschlägigen Vorschriften des Umweltrechts in der internen Betriebsprüfung umfasst und weiterhin die Funktionsfähigkeit des Systems durch den Umweltgutachter bestätigt wird, ist eine solche Beweiserleichterung gerechtfertigt.[1377] Die Stellung des Umweltgutachters würde durch diese Änderung nicht berührt.

III. Würdigung

Die Diskussion des Deregulierungspotenzials der EG-Öko-Audit-Verordnung unter der Berücksichtigung der Stellung des Umweltgutachters ergab,

- dass die Prüfung des Umweltgutachters nicht gleichwertig zu der Überwachung durch die Behörden ist,
- dass der Umweltgutachter als Privatperson nicht die behördliche Überwachung substitutieren kann,
- dass der Umweltgutachter nach geltendem Recht nicht die Einhaltung von Rechtsvorschriften testiert,
- dass der Umweltgutachter als Sachverständiger für Behörden und private Auftraggeber tätig werden kann,
- dass dabei die rechtliche Grundlage auf welcher er tätig wird, stets klar definiert werden muss,

[1375] *Brandl*, Mit Eigenverantwortung und Selbstkontrolle zu einer nachhaltig zukunftsverträglichen Entwicklung?, 1998, S. 36. Siehe auch KAPITEL 10: I 3.
[1376] *Budde*, Die Umwelt-Audit-Verordnung der EU, 1998, S. 154f.
[1377] Ebd. S. 155.

- dass der Umweltgutachter als Privatperson keine verbindlichen Vorentscheidungen für die Verwaltung zu treffen befugt ist,
- dass eine Anerkennung des Umweltgutachters als Sachverständiger im Falle der einschlägigen Akkreditierung sinnvoll ist,
- dass der Umweltgutachter Messungen und Prüfungen für den Auftraggeber durchführen kann,
- dass die konditionale Öffnung von Rechtsvorschriften in der Regel die Stellung des Umweltgutachters nicht berührt, wohl aber den Umfang seiner Prüfungstätigkeit steigern kann,
- dass eine zusätzliche Bestätigung des Gutachters hinsichtlich der Rechtskonformität einer Organisation, ohne ausdrückliche gesetzliche Grundlage, u.U. auch ohne Beleihung, nicht möglich ist.

Im Ergebnis ist das Deregulierungspotenzial des EG-Öko-Audit-System unter dem Richtstern der „funktionalen Äquivalenz“ als gering zu bewerten. EMAS ergänzt die materiellen Anforderungen und kann zu einem verbesserten und eigenverantwortlichen Umweltschutz führen. Die EG-Öko-Audit-Verordnung ist grundsätzlich jedoch nicht dazu angetan, materielle Standards zu ersetzen bzw. die Kontrolle dieser Standards einzuschränken. Ist das ernsthafte Ziel eine Verbesserung des Umweltschutzes, so kann die materielle Basis nicht gegen inhaltslose Verfahrensregeln eingetauscht werden. Dies wäre Verpackung ohne Inhalt, wobei nicht davon auszugehen ist, dass Akteure, die unter dem Primat der Wirtschaftlichkeit arbeiten, selbstständig für Inhalt sorgen werden. Aber auch geltende verfahrensrechtliche Regelungen lassen sich auf Grund der Bedeutung des Verfahrens insbesondere auch für die Sicherstellung der grundrechtlichen Schutzpflichten nur in sehr begrenztem Umfange abbauen. Da der Umweltgutachter die Einhaltung der Rechtsvorschriften nicht überprüft, zudem auch nicht mit den hoheitlichen Eingriffsbefugnissen, die ein effektiver Normvollzug erfordert, ausgestattet ist, kann er die Ordnungsverwaltung nicht – auch nicht in Teilen - ersetzen.

Konzeptionell ergänzen sich Ordnungsrecht und das EG-Öko-Audit-System und fördern die gegenseitige Steuerungswirksamkeit. EMAS erhöht die Vollzugsintensität durch die Selbstverpflichtung zur Einhaltung der einschlägigen Rechtsvorschriften. Das EG-Öko-Audit-System kann hinsichtlich der Einhaltung des geltenden Umwelt-Ordnungsrechts aber nur dann steuerungswirksam werden, wenn auditierte Betriebe genau wie alle anderen mit Überwachungsmaßnahmen der Behörden rechnen müssen.[1378]

[1378] *Lübbe-Wolff*, ZUR 1996, S. 173, 180.

KAPITEL 11: DAS EG-ÖKO-AUDIT IN DEN UGB-ENTWÜRFEN

I. Entwicklungsstand[1379]

Die Geschichte der Kodifikation eines Umweltgesetzbuches (UGB) reicht bis in die 70er Jahre zurück. Nachdem in zwei wissenschaftlichen Vorarbeiten die Notwendigkeit der Systematisierung und Harmonisierung festgestellt worden war,[1380] wurde in den Jahren 1988 bis 1993 im Auftrage des Bundesumweltministeriums von einer Professoren-Arbeitsgruppe der Entwurf eines Allgemeinen Teils und eines Besonderen Teils eines Umweltgesetzbuchs vorbereitet.[1381] Durch diese wissenschaftlichen Entwürfe bekam die umweltrechtliche Kodifikationsidee eine erste erkennbare Gestalt. In einer nächsten Stufe, von 1992 bis 1997, wurde eine *„Unabhängige Sachverständigenkommission"* beim Bundesministerium für Umwelt, Naturschutz und Reaktorsicherheit bestehend aus Praktikern und Theoretikern der Rechts- und Verwaltungswissenschaften eingesetzt, um einen weiteren UGB-Entwurf zu erarbeiten.[1382] Im September 1997 wurde die Phase der wissenschaftlichen Vorbereitung eines Umweltgesetzbuches mit der Vorlage der Ergebnisse der unabhängigen Sachverständigen-Kommission abgeschlossen worden.[1383]

Die drei Vorentwürfte, der Entwurf der Sachverständigen-Kommission gemeinsam mit den beiden Professoren-Entwürfen, stellen die Grundlage für das Gesetzgebungsverfahren dar.

Vorgelegt wurde im März 1998 ein Arbeitsentwurf des Umweltministeriums für einen allgemeinen Teil eines Umweltgesetzbuches, „UGB – Erstes Buch".[1384] Vor-

---

[1379] *Rehbinder*, UPR 1995, S. 361ff; *Kloepfer*, DÖV 1995, S. 745, 749f.; *Sendler*, NVwZ 1996, S. 1145, 1148; *ders.*, NVwZ 1999, S. 132; *Schmidt-Preuß*, DVBl. 1997, S. 1081; *Schmidt*, ZUR 1998, S. 277; *Schweikl*, BB 1997, S. 2123; *Schrader*, NuR 1998, S. 285; *Lübbe-Wolff*, ZAU 1998, S. 43; *Storm*, WiVerw 1999, S. 159. Kritisch: *Breuer*, UPR 1995, S. 365, m.w.N. Im Hinblick auf eine zunehmende Zersplitterung des Verwaltungsverfahrenrechts: *Schmitz*, NJW 1998, S. 2866.

[1380] *Kloepfer*, Systematisierung des Umweltrechts, Berlin 1978, UBA Bericht 8/78; *Kloepfer/Meßerschmidt*, Innere Harmonisierung des Umweltrechts, Berlin 1986, UBA Bericht 6/86.

[1381] *Kloepfer/Rehinder/Schmidt-Aßmann/Kunig*, Umweltgesetzbuch – Allgemeiner Teil -, 1991, UBA Bericht 7/90. *Jarass/Kloepfer/Rehbinder/Kunig/Papier/Peine/Rehbinder/Salzwedel/Schmidt-Aßmann*, Umweltgesetzbuch – Besonderer Teil, 1994, UBA Bericht 4/1994, zusammenfassend: *Kloepfer*, DVBl. 1994, S. 305.

[1382] Mitglieder der Kommission waren: Präsident des Verwaltungsgerichts a. D. Prof. Dr. *Sendler* (Vorsitzender), Prof. Dr. *Kloepfer* (stellv. Vorsitzender), Regierungspräsident a. D. Prof. Dr. *Bulling*, Vorsitzender Richter am Bundesverwaltungsgericht Dr. *Gaentzsch*, Stadtrat a. D. Prof. Dr.-Ing. *Johann*; Rechtsanwalt Dr. *Schweikl*, Rechtsanwalt Dr. *Sellner* und Prof. Dr. *Winter*.

[1383] BMU (Hrsg.), Umweltgesetzbuch – Entwurf der Unabhänigen Sachverständigenkommission zum Umweltgesetzbuch beim Bundesministerium für Umwelt, Naturschutz und Reaktorsicherheit (UGB-KomE), Berlin 1998.

[1384] Die Autorin bezieht sich auf den „Arbeitsentwurf für ein Umweltgesetzbuch – Erstes Buch" der Projektgruppe UGB – Geschäftsführung Z II 4 - 41022 v. 5.3.1998.

rangiges Regelungsziel dieses ersten Buches sollte die drängende Umsetzung der UVP-Änderungs- und IVU-Richtlinie sein. Dem Arbeitsentwurf folgte am 31. August 1998 ein erster Referenten-Entwurf. Am 23. April 1999 legte das BMU einen überarbeiteten Referenten-Entwurf vor, der, trotz des zwischenzeitlich stattgefundenen Regierungswechsels, nur marginale Änderungen zu seinem Vorläufer aufwies. In der Folgezeit trugen das Justiz- und das Innenressort verfassungsrechtliche Bedenken bezüglich der Konzeption einer integrierten Vorhabengenehmigung vor und verwiesen auf Kompetenzprobleme.[1385] Da das BMU diese Bedenken nicht beseitigen konnte, stoppte es die Weiterarbeit an dem UGB I und kündigte einerseits ein Artikelgesetz zur Umsetzung der europäischen Richtlinien an, andererseits stellte es in Aussicht, nach einer nunmehr anzustrebenden Verfassungsänderung, die Arbeit an dem Umweltgesetzbuch wieder aufzunehmen. Das Bundeskabinett hat am 1. September 1999 dieses Verfahren gebilligt.[1386] Damit ist das Projekt „Umweltgesetzbuch" vorläufig zum Erliegen gekommen. Das Projekt scheiterte formal an Kompetenzproblemen, jedoch mangelte es wohl auch an dem politischen Willen zur Verwirklichung des Vorhabens.

Die Geschichte eines einheitlichen Umweltgesetzbuches in Deutschland ist keine Erfolgsstory.[1387] Die Debatte in der Literatur hält an[1388] und aus heutiger Sicht lässt sich nicht absehen, ob und wann es zu der Kodifikation kommen wird. Es lässt sich aber festhalten, dass mit einer Harmonisierung des Umweltrechts viele Probleme aus der Welt geschafft werden könnten und dass die *„De-Regulierung durch Re-regulierung"*[1389] sicherlich einer der erfolgreichsten Deregulierungsansätze überhaupt ist. Durch die Systematisierung und Harmonisierung kann die Akzeptanz und damit die Vollziehbarkeit der Rechtsmaterie erheblich gesteigert werden. Mittelbar käme es mit der Vereinfachung und Systematisierung auch zu einer Beschleunigung der umweltrelevanten Zulassungsverfahren. Anders als bei den Beschleunigungsgesetzen würde das Umweltgesetzbuch das Umweltrecht jedoch auch ökologisch im Sinne einer gesamthaften, integrativen Konzeption des Um-

---

[1385] Die Gesetzgebungskompetenz des Bundes grundsätzlich bejahend: *Rengeling*, Gesetzgebungskompetenzen für den integrierten Umweltschutz, 1999, S. 48; *ders.*, Bundeskompetenz für das „UGB I", in: *Rengeling*, (Hrsg.), Auf dem Wege zum Umweltgesetzbuch I, 1999, S. 281. Für den Professoren-Entwurf: UBA-Bericht 7/90, S. 9ff.; für die Sachverständigenkommission: BMU (Hrsg.), UGB-KomE, 1998, Einleitung, S. 15ff.

[1386] BMU-Pressemitteilung 139/99 v. 2.9.1999.

[1387] *Wasielewski*, NVwZ 2000, S. 15, 20: *„Umweltpolitisch stehen wir vor einem Scherbenhaufen."*

[1388] Zu der Debatte in der Literatur: Dokumentation zum 59. DJT am 16./17.9.1992 in Hannover, Abteilung Umweltrecht. Statt vieler: *Rehbinder*, UPR 1995, S. 361ff; *Kloepfer*, DÖV 1995, S. 745, 749f.; *Sendler*, NVwZ 1996, S. 1145, 1148; *ders.*, NVwZ 1999, S. 132, kritisch: *Breuer*, UPR 1995, S. 365, m.w.N. Im Hinblick auf eine zunehmende Zersplitterung des Verwaltungsverfahrenrechts: *Schmitz*, NJW 1998, S. 2866.

[1389] *Storm*, WiVerw 1999, S. 159, 171.

weltrechts fortentwickeln.[1390] Es bleibt festzustellen, dass, wenn die Hälfte der Energie, welche für Beschleunigungs- und Deregulierungsgesetze verwand wurde, auf die Verwirklichung des Umweltgesetzbuches verwendet worden wäre, wir längst ein UGB hätten.

II. Die Regelung der UGB-Entwürfe hinsichtlich des Öko-Audits

1. Der Professoren-Entwurf

In den Professoren-Entwürfen zum Allgemeinen und Besonderen Teil des Umweltgesetzbuchs wird das betriebliche Umwelt-Management noch stiefmütterlich behandelt.[1391] Das EG-Öko-Audit-System hat in den historisch früher liegenden Entwürfe noch keine Berücksichtigung finden können. Betont wird jedoch die Bedeutung des Kooperationsprinzipes. Der reflexive bzw. prozedurale Umweltschutz findet vor allen Dingen in der Ausgestaltung der Betriebsbeauftragten und des Umweltschutzdirektors seinen Ausdruck.[1392] Durch die Einführung eines Umweltschutzdirektors, eines Mitgliedes der Geschäftsführung, welches für den betrieblichen Umweltschutz verantwortlich ist, soll betrieblicher Umweltschutz Chefsache werden. Dieser Gedanke findet sich später auch in EMAS wieder.

2. Der Entwurf der Sachverständigen-Kommission

a. Die Umsetzung der EG-Öko-Audit-Verordnung in dem Entwurf der Sachverständigen-Kommission

In dem Entwurf der Unabhängigen Sachverständigen-Kommission zum Umweltgesetzbuch (UGB-KomE) wird das Kooperationsprinzip explizit formuliert und gehört gemeinsam mit dem Vorsorge- und dem Verursacherprinzip zu den *„Grundlagen des Umweltschutzes"*.[1393] Auch die Eigenverantwortung der Bürger für den Umweltschutz wird in dem Entwurf klar ausgesprochen.[1394] Wichtig ist jedoch, dass die in Reserve befindliche hoheitliche Regelungsmacht als Funktions-

---

[1390] Vgl. BMU (Hrsg.), UGB-KomE, 1998, Einleitung, S. 72 und S. 76.

[1391] Die Regelung des betrieblichen Umwelt-Managements in den Professoren-Entwürfen beschränkt sich auf die Einführung eines „Sicherheitsdatenblattes" in § 454, welches eine Zusammenfassung der für den Schutz von Mensch und Umwelt erforderlichen Angaben enthalten sollte. In §§ 458ff. werden umfassende Mitteilungspflichten normiert.

[1392] Vgl. § 95 UGB-PE.

[1393] Vgl. §§ 5 – 7 UGB-KomE. Damit wird das Kooperationsprinzip als „normatives Leitprinzip des verantwortungsteilenden Verwaltungsstaates" gesetzlich anerkannt. *Schuppert*, Die Verwaltung 1998, S. 415, 440.

[1394] Vgl. § 3 Abs. 1 S. 1 und § 7 Abs. 1 S. 1 UGB-KomE. Vgl.dazu: *Sendler*, in: Kloepfer (Hrsg.), Selbst-Beherrschung im technischen und ökologischen Bereich, 1998, S. 135.

bedingung kooperativen Umweltschutzes betont wird, nicht etwa noch wie in dem Professoren-Entwurf die Subsidarität des staatlichen Tätigwerdens.[1395]
Das Sechste Kapitel des Entwurfs behandelt den *„Betriebliche[n] Umweltschutz, Umwelthaftung und sonstige ökonomische Instrumente"*. Nach § 151 ist es der Zweck dieses Abschnittes, die eigenverantwortliche Einhaltung der umweltrechtlichen Anforderungen, also der einschlägigen Vorschriften des Umweltrechts sowie eine stetige Verbesserung des betrieblichen Umweltschutzes zu erreichen. Die Zielsetzung entspricht damit der Zielsetzung der betrieblichen Umweltpolitik in EMAS nach Art. 1 Abs. 2 EG-UAVO n.F.. Der Entwurf sieht neben einer Stärkung der Eigenverantwortung,[1396] vermehrte Kompensationsmöglichkeiten und Benutzervorteile und der Einführung von Umweltabgaben auch Erleichterungen bei Teilnahme an dem Öko-Audit-System vor.

In dem UGB-KomE findet sich auch eine Umsetzung der ausfüllungsbedürftigen Freiräume der EG-Öko-Audit-Verordnung. Damit würde das UGB das UAG ersetzen. In den §§ 164ff. UGB-KomE finden sich die Kernvorschriften, die das Öko-Audit betreffen. Diese entfalten jedoch nicht den Grad an Detailliertheit des UAG. Nach dem Entwurf der Sachverständigen-Kommission sollen die Berufszugangsregelungen der Umweltgutachter durch Rechtsverordnung geregelt werden. Dabei fehlt jeder Hinweis auf eine Haftungsbeschränkung der Umweltgutachter i.S.d. § 30 UAG i.V.m. § 323 HGB. Ansonsten wurden durch die §§ 164-169 UGB-KomE die entsprechenden Vorschriften des geltenden UAG in erheblich gestraffter Form übernommen. Es wird an der Führung des Registers durch die IHK/HK festgehalten.[1397] Auch die Vorschriften, welche die Eintragung, die Streichung und die vorübergehende Aufhebung der Eintragung in das Register regeln, wurden weitgehend übernommen.[1398]
Die Gründe, aus welchen eine Ablehnung der Eintragung erfolgen darf, erfahren jedoch Erweiterungen. Nach § 166 Abs. 1 Nr. 3 UGB-KomE gelingt die Glaubhaftmachung hinsichtlich der Verordnungskonformität insbesondere auch dann nicht, wenn der Umweltgutachter in einem Abhängigkeitsverhältnis zu dem geprüften Unternehmen oder zu dem Betriebsprüfer der Organisation steht. Mit einem Verweis auf § 319 Abs. 2 und 3 HGB werden an den Umweltgutachter dieselben strengen Anforderungen an die Unabhängigkeit gestellt wie an den Wirtschaftsprüfer. Diese Regelung trifft damit begrüßenswerte Klarstellungen hin-

---

[1395] Hiernach leitet sich aus dem Verhältnismäßigkeitsprinzips ein Vorrag des kooperativen Vorgehens her.

[1396] § 153 UGB-KomE verallgemeinert den § 52a BImSchG und den § 53 Abs. 2 KrW-/AbfG, § 154 UGB-KomE führt den Umweltschutzdirektor ein, § 155 UGB-KomE regelt die Bestellung von Betriebsbeauftragten für Umweltschutz. Dabei ist gem. § 155 Abs. 1 Nr. 4 UGB-KomE der Umweltschutzbeauftragte verpflichtet, bei der internen Umweltbetriebsprüfung aus EMAS und der Abgabe der Umwelterklärung mitzuwirken.

[1397] Vgl. § 165 Abs. 1 S. 1 UGB-KomE.

[1398] Vgl. §§ 166f. UGB-KomE.

sichtlich der Unabhängigkeit der Umweltgutachter. Die Eintragung kann auch dann verweigert werden, wenn Tatsachen die Annahme rechtfertigen, dass der Umweltgutachter bei der Begutachtung gegen seine in Art. 4 Abs. 3 und 5 EG-UAVO a.F. (in Zukunft: Anhang V Nr. 5.4. EG-UAVO n.F.) festgeschriebenen Pflichten verstoßen hat.[1399]

Nach dem UGB-Entwurf werden aber nicht nur die Anforderungen an die Glaubhaftmachung deutlicher geregelt; mit den Regelungen des § 167 UGB-KomE werden zusätzlich die Voraussetzungen für die Aufhebung der Eintragung gelockert. Die umstrittene europarechtswidrige Regelung des § 34 UAG, nach der die Streichung, wenn sie zu erheblichen wirtschaftlichen oder sonstigen Nachteilen des Unternehmers führen würde, erst durch rechtskräftigen Verwaltungsakt festgestellt worden sein muss, findet sich in dem Entwurf der Sachverständigen-Kommission nicht mehr wieder.

Auch sucht man den Umweltgutachterausschuss vergeblich. § 169 Abs. 2 UGB-KomE sieht vor, dass die Bundesregierung zur Vorbereitung von Richtlinien, die eine einheitliche Interpretation der EG-Öko-Audit-Verordnung sicherstellen sollen, durch Rechtsverordnung eine beratende Umweltgutachter-Kommission einsetzen kann.[1400] Im Rahmen dieser Richtlinien sollen Zweifel, welche die Verordnung aufwirft, beseitigt werden, so auch die Entscheidung, ob die Verordnung ein Compliance-Audit fordert.[1401] Dabei wird die verbindliche Interpretation der Verordnung nicht mehr einem demokratisch nicht hinreichend legitimierten Beratungsgremium überlassen, sondern liegt rechtlich einwandfrei bei der Bundesregierung. In Anbetracht der Tatsache, dass der UGA ein verfassungsrechtlich sehr bedenkliches Konstrukt darstellt,[1402] ist seine Abschaffung zu begrüßen.

b. Die Verknüpfung von Umwelt-Ordnungsrecht und EG-Öko-Audit-System in dem Entwurf der Sachverständigen-Kommission

Im Hinblick auf das Deregulierungspotenzial der EG-Öko-Audit-Verordnung *„ist es das Bestreben der Sachverständigenkommission, das Instrument des Umweltaudits mit den Regelungen zum betrieblichen Umweltschutz zu verzahnen, konzeptionelle Ansätze des Umweltaudits auch für andere Bereiche fruchtbar zu machen und Erleichterungen bei Mitteilungspflichten und Überwachungsmaßnahmen zu schaffen, soweit das Umweltaudit ein gleichwertiges Umweltschutzniveau gewährleistet.“*[1403] Dem unverzahnten Nebeneinander von Ordnungsrecht und EG-Öko-Audit, welches nach EMAS I noch im Vordergrund stand, wird damit eine klare Absage erteilt und der Wille geäußert, soweit möglich, Deregulierungen im Zusammenhang mit EMAS vorzunehmen.

[1399] Vgl. § 166 Abs. 1 Nr. 4 UGB-KomE.

[1400] Vgl. § 169 Abs. 3 S. 2 UGB-KomE.

[1401] BMU (Hrsg.), UGB-KomE, 1998, Begründung zu §§ 169, S. 758.

[1402] Siehe KAPITEL 4: II 2b.

[1403] BMU (Hrsg.), UGB-KomE, 1998, Begründung zu §§ 164ff., S. 755.

In allen geeigneten Fällen soll die Übersendung der Umwelterklärung Emissionserklärungen, Abfallwirtschaftskonzepte, Mitteilungen über Abweichungen von dem Genehmigungsbescheid und Mitteilungen zur Betriebsorganisation ersetzen, soweit sie die erforderlichen Angaben enthält. Darüber hinaus soll in einem auditierten Betrieb der Schwerpunkt der Überwachung auf die Eigenüberwachung verlagert werden.[1404] Der Entwurf benennt konkret einzelne Bereiche, für welche die Teilnahme an dem Öko-Audit erleichternde Wirkungen haben kann. Er verzichtet jedoch auf die Einführung einer allgemeinen und grundsätzlichen Ermessensleitlinie für die Behörden. Lediglich nach § 51 Abs. 1 S. 2 UGB-KomE soll bei der Auftragsvergabe durch die öffentliche Hand die Teilnahme eines Bewerbers am Öko-Audit-System *„berücksichtigt"* werden.

§ 133 Abs. 2 UGB-KomE regelt, dass die nach § 133 Abs. 1 S. 2 UGB-KomE grundsätzlich staatliche Aufgabe der Überwachung in Teilbereichen durch umweltrechtliche Vorschriften auf die betroffenen Unternehmen bzw. private Dritte mit dem Ziel der Eigenüberwachung übertragen werden kann. In § 143 Abs. 4 S. 2 UGB-KomE enthält der Entwurf eine Sollvorschrift, welche eine Freistellung von (der ordnungsrechtlichen Pflicht zur) Eigenüberwachung für EMAS-Teilnehmer vorsieht. Von der Eigenüberwachung gem. § 143 Abs. 1 UGB-KomE soll die Überwachungsbehörde gem. § 143 Abs. 4 S. 2 UGB-KomE auf Antrag diejenigen genehmigungsbedürftigen Anlagen freistellen, mit denen der Betreiber an dem EG-Öko-Audit-System teilnimmt und bei denen die Umwelterklärung ausreichende Angaben i.S.d. § 143 Abs. 1 S. 2 UGB-KomE enthält. Ebenso entbindet auch § 153 S. 2 UGB-KomE den Betreiber von seiner Mitteilungspflicht über die Betriebsorganisation, sofern die Umwelterklärung Angaben zur organisatorischen und personellen Sicherstellung der Beachtung der umweltrechtlichen Vorschriften enthält.

Die zuständige Behörde kann bei Verstößen gegen umweltrechtliche Vorschriften gem. § 132 Abs. 2 UGB-KomE neben der Erstellung eines Sanierungsplanes auch anordnen, dass der Verantwortliche ein Umwelt-Management einführt und Audits nach der Maßgabe des EG-Öko-Audit-Systems durchführt. Laut Begründung des KomE zu § 132 soll so das freiwillige EG-Öko-Audit in abgewandelter Form auch als Vollzugsinstrument herangezogen werden, um künftigen Rechtsverstößen vorzubeugen.[1405] Da dies jedoch das Einverständnis des Verpflichteten voraussetzt, bleibt der freiwillige Charakter des Audits zumindest grundsätzlich erhalten.

Gem. § 170 Abs. 1 UGB-KomE müssen publizitätspflichtige Großunternehmen jährlich über die wesentlichen Auswirkungen der Tätigkeit des Unternehmens auf die Umwelt sowie die Tätigkeit des Umweltbeauftragten öffentlich berichten. Satz 2 der Regelung synchronisiert die Anforderungen an den Lagebericht betrieblicher Umweltinformationen mit der Umwelterklärung. Zudem sollen Unternehmen in dem Lagebericht auf die Teilnahme an dem Öko-Audit-System verweisen.

[1404] Vgl.: *Johann*, in: *Rengeling*, (Hrgb.), Auf dem Wege zum Umweltgesetzbuch I, 1999, S. 281, 295.

[1405] Begründung UGB-KomE, S. 294 unter Hinweis auf positive Erfahrungen in den USA.

Während sich die bisher genannten Vorschriften mit Bezug auf die EG-Öko-Audit-Verordnung in der Hauptsache um den Abbau vermeintlicher Doppelkontrollen drehen, sieht § 172 Abs. 2 Nr. 3 UGB-KomE eine Haftungserleichterung für Unternehmen vor.[1406] Diese Regelung soll einen zusätzlichen Teilnahme-Anreiz schaffen. Im Falle eines Schadensersatzanspruchs wegen Schäden durch Immissionen[1407] soll die Beachtung der nach den umweltrechtlichen Anforderungen erforderlichen Sorgfalt im Sinne von § 172 Abs. 1 UGB-KomE vermutet werden, wenn das Unternehmen am EG-Öko-Audit-System teilgenommen hat.[1408] Es obliegt dann dem Geschädigten, die Verletzung umweltrechtlicher Anforderungen zu beweisen.[1409] Durch den Verweis in § 176 Abs. 2 S. 3 UGB-KomE gilt dasselbe auch für den Bereich der Gefährdungshaftung.

Im Besonderen Teil des UGB-KomE schließlich finden sich keine neuen Regelungen, die auf das EG-Öko-Audit-System verweisen. Allein § 731 Abs. 3 bzw. § 732 S. 2 UGB-KomE weisen darauf hin, dass im Rahmen einer Umwelt-Audit-Teilnahme für eine Organisation erstellte Dokumentationen des Umwelt-Managementsystems die Erstellung von betrieblichen Abfallwirtschaftskonzepten und Abfallbilanzen ersetzen kann, wenn die Dokumentation den Anforderungen an ein betriebliches Abfallwirtschaftskonzept bzw. einer Abfallbilanz nach dem UGB-KomE entspricht. Insofern wird jedoch nur geltendes Recht wiederholt.[1410]

3. Die Entwürfe des Bundesumweltministeriums

Die notwendige Umsetzung der IVU-Richtlinie sollte dem Bundesumweltministerium als Einstieg in die umfassende Kodifikation des Umweltrechtes dienen. Der mit diesem Ziel erarbeitete Arbeitsentwurf des BMU enthält in der Hauptsache Regelungen zur Zulassung und Überwachung von Industrieanlagen, die sich in vielen Punkten an dem UGB-KomE orientieren.[1411] Vorgesehen sind auch Überwachungserleichterungen für auditierte Organisationen. In § A 5 UGB-AE findet sich eine allgemeine Berücksichtigungsklausel, nach welcher *„eigenverantwortliche Maßnahmen"* von Unternehmen, insbesondere auch die Teilnahme an dem Öko-Audit-System zu *„berücksichtigen"* sind. Anders als der UGB-KomE gewährt der Arbeitsentwurf des Ministeriums auch Erleichterungen im Genehmigungsverfahren, indem er nach § V 10 UGB-AE festlegt, dass die Antragsunterla-

---

1406 Gegenüber der geltenden Rechtslage, enthält der UGB-KomE eine deutliche Ausweitung der Einstandspflicht für umweltgefährdendes Verhalten. Vgl. *Michaelis*, ZUR 1998, S. 300.

1407 Die Vermutung erstreckt sich nicht auf Schäden aus Störfällen oder aus Unfällen beim Umgang mit gefährlichen Stoffen.

1408 Vgl. § 172 Abs. 2 Nr. 2 UGB-KomE.

1409 Die Haftung aus unerlaubter Handlung gem. §§ 823ff. BGB wird hierdurch nicht verdrängt; vgl. § 188 Abs. 2 UGB-KomE.

1410 Vgl. § 8 Abs. 6 AbfKoBiV.

1411 Hierzu ausführlich: *Schmidt-Preuß*, DVBl. 1998, S. 857ff.

gen, die von einem an dem Öko-Audit teilnehmenden Unternehmen eingereicht werden, hinsichtlich der behördlichen Prüftiefe wie von der Behörde in Auftrag gegebene Sachverständigengutachten behandelt werden sollen. Im Hinblick auf die Freistellung von Mitteilungspflichten geht der UGB-AE ebenfalls über den Entwurf der Sachverständigen-Kommission hinaus. Es findet sich in dem Entwurf des Umweltministeriums auch die Möglichkeit, mit dem Einverständnis des Verpflichteten eine Umweltbetriebsprüfung anzuordnen.[1412] Der Entwurf ermächtigt in § 7 UGB-AE zum Erlass einer UGB-Umweltaudit-Privilegierungs-VO.[1413]
Die Referenten-Entwürfe aus dem August 1998 und März 1999 entsprechen strukturell dem Arbeitsentwurf des Ministeriums.[1414] Auch inhaltlich finden sich die Vorschriften, die das Öko-Audit betreffen, weitgehend unverändert wieder. In § E 10 UGB-RE findet sich die Verordnungsermächtigung für die UGB-Privilegierungs-VO. In dieser Verordnung werden konkrete Überwachungserleichterungen für auditierte Organisationen formuliert. Ohne jede behördliche Entscheidung können nach den Vorschriften der Verordnung die Durchführung von Ermittlungen nach § 28 BImSchG, verschiedene Emissionsmessungen[1415] sowie Funktionsprüfungen[1416] durch eigenes Personal des Betreibers, möglich sein. Voraussetzung hierfür ist allein, dass das mit diesen Aufgaben betraute Personal über die erforderliche Fachkunde, Zuverlässigkeit und gerätetechnische Ausstattung verfügt. Unter dem Vorbehalt der behördlichen Gestattung steht nach § 2 Abs. 1 des Verordnungsentwurfs die Substitution der Ermittlungen nach § 26 BImSchG und Prüfung nach § 29a Abs. 2 Nr. 1, 4 und 5 BImSchG durch ebenso qualifiziertes Personal. Berichte und Messberichte[1417] müssen nur noch auf Verlangen der Behörde vorgelegt werden. Darüber hinaus sollen die Behörden die Aufgaben der Immissionsschutz-, Störfall- und Abfallbeauftragten einschränken können, wenn die Selbstüberwachung insgesamt nicht beeinträchtigt wird. Ebenfalls ist eine eigen-

---

[1412] Vgl. § E 5 Abs. 2 UGB-AE.

[1413] Vgl. hierzu: *Spindler*, ZUR 1998, S. 285, 287ff. Die PrivilegierungsVO zum Arbeitsentwurf liegt nicht vor. Vergleicht man aber die Ausführungen von *Spindler* mit dem Entwurf zur PrivilligierungsVO v. 23.4.1999, so gehen die Befreiungen des späteren Entwurfs über die früheren Entwürfe hinaus.

[1414] BMU, G I 4 – 41022, Stand: 23.4.1999: UGB- Erstes Buch – und „Umweltrechtliche Verordnung zu Überwachungserleichterungen für auditierte Betriebsstandorte (UGB-Umweltaudit-PrivilegierungsVO)“ in Art. 3 des „Entwurf für ein Einführungsgesetz zum Umweltgesetzbuch“. Der Referenten-Entwurf v. 31.8.1998 liegt nicht vor, entspricht aber bis auf die kursiv hervorgehobenen Änderungen dem späteren Entwurf.

[1415] Etwa nach § 12 Abs. 2, Abs. 3 der 2. BImSchV oder § 22 Abs. 1 S. 1 der 13. BImSchV, 13 Abs. 1 und 2 der 17. BImSchV, § 7 Abs. 3 der 20. BImSchV.

[1416] Etwa nach § 12 Abs. 7 S. 2 der 2. BImSchV, § 19 Abs. 3 der 17. BImSchV oder § 28 Abs. 1 der 13. BImSchV.

[1417] Nach § 12 Abs. 6 der 2. BImSchV, § 14 Abs. 1 S. 1 und nach § 27 Abs. 1 der 13. BImSchV, § 28 Abs. 3 der 13. BImSchV, § 10 Abs. 3 S. 2 sowie nach §§ 12 Abs. 2 S. 2, 17 Abs. 4 der 17. BImSchV.

verantwortliche Kalibrierung von Messgeräten durch eigenes Personal möglich.[1418] Bei der Derogation von Berichts- und Mitteilungspflichten wird nicht mehr an das Erfordernis der funktionalen Äquivalenz angeknüpft; so wird das auditierte Unternehmen z.B. von § 52a Abs. 2 BImSchG und von § 53 Abs. 1 S. 2,3 KrW-/AbfG sowie § 55 Abs. 1 S. 2, 3 BImSchG freigestellt.[1419] Ebenfalls wird auf die verpflichtende Vorlage von Berichten, wie z.B. nach § 12 Abs. 6 der 2. BImSchV, zu Gunsten der Vorlage auf Verlangen der Behörde verzichtet. Schließlich wird gem. § 6 des Verordnungsentwurfs auch auf eine telemerische Emissionsüberwachung, die nach geltendem Rechts zulässig ist, verzichtet.[1420]

III. Kritische Würdigung

1. Der Entwurf der Sachverständigen-Kommisssion

Im Vergleich zu den Entwürfen des Bundesumweltministeriums ist der Entwurf der Sachverständigen-Kommission in der Entlastung auditierter Organisationen von den Anforderungen des Umwelt-Ordnungsrechts sehr vorsichtig. Dennoch ist auch hier die Integration des EG-Öko-Audit-Systems in das System des Ordnungsrechts an mancher Stelle kritisch zu beurteilen.

Die Berücksichtigung der Teilnahme eines Bewerbers an EMAS bei der Auftragsvergabe durch die öffentliche Hand, ist wettbewerbsrechtlich nicht unproblematisch.[1421]

Im Hinblick auf die Freistellung von der Eigenüberwachung nach § 143 Abs. 1 UGB-KomE ist grundsätzlich einzuwenden, dass der ordnungsrechtliche Maßstab als Mindestmaß an Eigenüberwachung beibehalten werden soll. Das EG-Öko-Audit-System, welches gerade die Eigenüberwachung stärken soll, darf nicht durch einen Abbau desselben unterlaufen werden. Da die Teilnahme an EMAS in der Regel nicht die entsprechenden Messungen und Prüfungen beinhaltet, muss der Betreiber der Anlage diese zusätzlich durchführen, damit sie Bestandteil des Systems werden. Nur dann kann er die erforderlichen Angaben wiederum in die Umwelterklärung einfließen lassen. Unklar bleibt an dieser Regelung zudem, was der

---

[1418] Etwa nach § 12 Abs. 7 S. 2 der 2. BImSchV, § 28 Abs. 1 der 13. BImSchV und § 10 Abs. 3 S. 1 der 17. BImSchV. Vgl. § 2 Abs. 2 des Verordnungsentwurfs.

[1419] Vgl. § 5 des Verordnungsentwurfs.

[1420] Der BDI fordert schon heute einen gesetzlich vorgeschriebenen Verzicht auf die Emissionsfernüberwachung für auditierte Standorte. Vgl. Vorschlagsliste des BDI zur Deregulierung auf der Grundlage des EG-Öko-Audits, Stand: 11.3.1998, S. 12. Ein solch pauschaler Verzicht ist abzulehnen. Falls die Emissionsfernüberwachung bei auditierten Standorten tatsächlich überflüssig ist, soll die zuständige Behörde dies im Rahmen ihrer Ermessensausübung berücksichtigen. Eine gesetzliche Regelung ist nicht notwendig und auch nicht sinnvoll, da gerade die Fernüberwachung eine deutliche Vollzugserleichterung für die Behörden darstellt. Zudem werden durch die Fernüberwachung Gefahrensituationen schneller zuverlässiger erkannt, und ein behördliches Einschreiten wird schneller möglich.

[1421] Siehe KAPITEL 3: III 2c cc.

UGB-KomE unter *„ausreichenden Angaben im Sinne des Absatzes 1 und 2“*[1422] versteht. In Anbetracht der Funktion der Umwelterklärung, die Öffentlichkeit in knapper und verständlicher Form zu informieren, sollte die Umwelterklärung im Umfang und in ihrem Detailiertheitsgrad begrenzt bleiben. Die Informationen aus der Eigenüberwachung müssen jedoch hinreichend detailliert der Behörde zukommen. Die Umwelterklärung kann die vorgesehene doppelte Funktion nicht sinnvoll erfüllen. Eine vergleichbare Regelung könnte sich allein auf die Unterlagen aus der Umweltbetriebsprüfung stützen. Verkannt wird auch, dass die Eigenüberwachung auf die einzelne Anlage bezogen ist, die Umwelterklärung hingegen die Angaben für den ganzen Standort/die Organisation zusammenfasst. Aus diesem Grund dürfte von vornherein nur in seltenen Fällen eine Kongruenz zwischen den Anforderungen bestehen.[1423]
Da die Anforderungen an die Eigenüberwachung durch die Einführung eines Umwelt-Managementsystems nicht heruntergeschraubt werden sollen, müssen die Messungen und Überprüfungen, die nach § 143 Abs. 1 und 2 UGB-KomE vorgesehen sind, beibehalten werden. Die Dokumentation gegenüber den Behörden kann nach den Regeln der Substitution sodann – ohne weitere gesetzliche Regelung – durch die Unterlagen aus der Umweltbetriebsprüfung erfolgen.

Für den Umweltgutachter bedeutet die Integration der Mess- und Prüfungsberichte sowie die dazu gehörigen Prüfungen in EMAS einen erheblichen Mehraufwand, der sich für den Betroffenen durch Mehrkosten bemerkbar macht. Eine Delegation behördlicher Verantwortung auf den Gutachter findet jedoch nicht statt.

Auch die Regelung des § 170 Abs. 1 UGB-KomE, nach welcher der Umweltbericht von Großunternehmen mindestens den Anforderungen an eine Umwelterklärung entsprechen muss, ist nicht ganz unproblematisch. Die Umwelterklärung bezieht sich zumindest nach der alten Fassung der Verordnung auf den Standort. Nach § 170 UGB-KomE bezieht sich die Rechnungslegung auf das gesamte Unternehmen (Abs. 1) oder sogar auf den gesamten Konzern (Abs. 2).

Der Entwurf der Sachverständigen-Kommission sieht weiterhin bei auditierten Organisationen eine Vermutung für sorgfaltsgerechtes Verfahren bei Immissionsschäden vor. Diese Beweislastumkehr wird als unangemessen kritisiert.[1424] Sie widerspreche zudem auch der ständigen Rechtsprechung im Deliktsrecht zur Wirkung von behördlichen Prüfungen und Zertifikaten.[1425] Zertifizierungen stellen

---

[1422] Vgl. § 142 Abs. 4 S. 2 UGB-KomE.
[1423] *Spindler*, ZUR 6/1998, S. 285, 290; *Feldhaus*, UPR 1997, S. 341, 343; *Lübbe-Wolff*, NuR 1996, S. 217, 226.
[1424] *Spindler*, ZUR 1998, S. 285, 291.
[1425] RGZ 163, S. 21; BGH VersR 1952, S. 357; BGH VersR 1981, S. 262; BGH NJW 1987, S. 372, 372; BHGZ 99, S. 167, 176f.; BGHZ 103, S. 298; BGHZ 105, S. 346, 354; BGH NJW-RR 1990, S. 406; BGH VersR 1976, S. 1158 für TÜV-Abnahme eines Kfz.

stets nur Momentaufnahmen und keine Gewährleistung für Kontinuität dar. Dem ist jedoch entgegenzuhalten, dass die Kontinuität zwar nicht durch die Zertifizierung, wohl aber durch das Umwelt-Managementsystem gewährleistet ist. Die Funktionsfähigkeit des Umwelt-Managementsystems wird durch die Auditierung geprüft. Gegen die Beweislastumkehr vorgebracht wird weiterhin, dass die Öko-Audit-Verordnung anders als die Produktsicherheitsrichtlinie keine widerlegliche Vermutung dahingehend enthalte, dass das Unternehmen dauerhaft alle Umweltvorschriften einhält. Aus diesem Grund verbiete es sich auch, die Validierung einer Umwelterklärung nach der Öko-Audit-Verordnung per se zum Nachweis der nach § 6 Abs. 2, 4 UmweltHG geforderten Kontrollen anzusehen, um die Ursachenvermutung des § 6 Abs. 1 UmweltHG auszuschließen.[1426] Auch dieses Argument überzeugt nicht, da eine unwiderlegliche Vermutung hinsichtlich der dauerhaften Einhaltung der Vorschriften sich zwar nicht unmittelbar aus der Verordnung ergibt, die Teilnahme an EMAS jedoch in der Regel mit der Einhaltung der Vorschriften einher geht. Eine Gleichstellung der Kontrollen nach § 172 Abs. 2 Nr. 1 UGB-KomE und der Teilnahme an EMAS nach § 172 Abs. 2 Nr. 2 UGB-KomE ist somit nachzuvollziehen.[1427]

Die Regelungen des § 153 S. 2 UGB-KomE sowie des § 731 Abs. 3 bzw. § 732 S. 2 UGB-KomE sind unproblematisch. Als reine Substitutionsregelungen sind diese Regelungen so unproblematisch, dass eine gesetzliche Regelung gar nicht notwendig gewesen wäre.
Sinnvoll ist schließlich auch die Regelung des § 132 Abs. 2 UGB-KomE, welcher die Anordnung der Durchführung einer Umweltbetriebsprüfung ermöglicht, da so das EG-Öko-Audit-System zusätzlich gestärkt und verbreitet werden kann.

Zusammenfassend lässt sich feststellen, dass trotz der Überzeugung der Sachverständigen-Kommission der Schwerpunkt der Überwachung in auditierten Betrieben weitgehend auf die Eigenüberwachung der Unternehmen verlagert werden könnte,[1428] auch mit dem UGB-KomE keine durchgreifende Deregulierung stattfinden wird. Es tritt eine auffällige Diskrepanz zwischen der positiven Beurteilung der Vollzugstauglichkeit auf der einen und einer nur marginalen Gewährung von Vollzugserleichterungen für auditierte Betriebe auf der andern Seite zutage.

[1426] *Spindler*, ZUR 1998, S. 285, 292; a.A. *Feldhaus*, in: *Kornmann* (Hrsg.), Umwelthaftung und Umweltmanagement, 1994, S. 9, 36; *Waskow*, Betriebliches Umweltmanagement, 1997, S. 32f.

[1427] Davon grundsätzlich unberührt bleibt die Frage, ob eine Beweislastumkehr in diesem Bereich überhaupt sinnvoll ist. Vgl. hierzu: *Spindler*, ZUR 1998, S. 285, 292 mit Verweis auf BGH NJW 1987, S. 373, 373; BGHZ 99, S. 167, 176 und BGHZ 103, S. 298, S. 305, zur Überwachungspflicht eines Reiseveranstalters gegenüber eingeschalteten Subunternehmern; OLG Köln VersR 1995, S. 806, 807. *Spindler* bezieht sich auf die Beweislastumkehr durch EMAS-Teilnahme. Selbiges gilt aber auch für die Durchführung der Kontrollen nach § 172 Abs. 2 Nr. 1 UGB-KomE oder § 6 Abs. 4 Nr. 1 UmweltHG.

[1428] Begründung UGB-KomE, S. 342.

2. Die Entwürfe des Bundesumweltministeriums

Der Arbeitsentwurf des Ministeriums geht sehr viel weiter als die Vorschläge der Sachverständigen-Kommission. Anders als der UGB-KomE löst sich der Arbeitsentwurf von dem Erfordernis der funktionalen Äquivalenz.
Eine Wertung der Antragsunterlagen auditierter Organisationen wie Sachverständigengutachten nach § V 10 UGB-AE schränkt die behördliche Prüftiefe pauschal ein. Eine Gleichstellung der Antragsunterlagen allgemein mit einem Sachverständigengutachten lässt sich nicht sinnvoll begründen. Gerechtfertigt ist dies nur im Hinblick auf die Prüfungsunterlagen des Umweltgutachters, da allein der externe Gutachter durch seine Zulassung mit einem Sachverständigen gleichzustellen ist. Die Behörde kann, soweit das Unternehmen diese zur Verfügung stellt, die gutachterlichen Prüfdokumente konsultieren. Solange die Behörde die Prüfungsunterlagen des Umweltgutachters nicht als für die eigene Entscheidung bindend auffasst, ist es unbedenklich, wenn sie diese als Sachverständigengutachten wertet. Die übrigen Antragsunterlagen müssen im Einklang mit dem Amtsermittlungsgrundsatz einer unabhängigen Wertung durch die Genehmigungsbehörde unterliegen. Die EMAS-Teilnahme kann jedoch im behördlichen Ermessen berücksichtigt werden.

Auch ein Abbau der behördlichen Überwachung ist insbesondere auch im Hinblick auf die tiefgreifenden Änderungen, welche mit dem UGB verbunden sind, gefährlich. Die materielle Integration des Zulassungsrechts führt zu einer nachhaltigen und breitflächigen Neugestaltung von Tatbeständen und Begriffen.[1429] Bevor Abbau und Erleichterungen diskutiert werden, muss eine Konsolidierung der neuen Vorschriften stattfinden.
Die Regelungen der Privilegierungs-VO führen gesetzlich eine Vielzahl von entlastenden Maßnahmen ein. Dabei gehen sie weiter als die Länderregelungen, da sie sich von dem Erfordernis der funktionalen Äquivalenz lösen. Formal bindet die Gleichwertigkeit den Bundesgesetzgeber natürlich nicht in der Weise wie die Landesregierungen, die eine Substitution durch Verwaltungsvorschriften vorsehen. Letztere sind schon durch das einfache Gesetz an die Äquivalenz gebunden. Doch auch der Bundesgesetzgeber unterliegt den supranationalen und verfassungsrechtlichen Schranken der Deregulierung. Eine Absenkung des materiellen Schutzstandards im Umweltrecht ist aus diesem Grunde auch durch Bundesgesetz mit Hinweis auf die EMAS-Teilnahme nicht möglich. Aus diesem Grund muss bei allen Deregulierungsmaßnahmen - zumindest im Ergebnis - die Gleichwertigkeit der privaten Gegenleistung mit der ordnungsrechtlichen Pflicht beachtet werden.

[1429] *Schmidt-Preuß*, DVBl. 1998, S. 857, 868. *Schmidt-Preuß* stellt die Änderungen ausführlich dar und äußert ebenfalls Bedenken im Hinblick auf den Abbau der Kontrolldichte der Verwaltung.

Durch den Verzicht auf das Erfordernis der funktionalen Äquivalenz findet eine Verantwortungsverlagerung von der Verwaltung auf den Umweltgutachter statt, da letzterer für die Glaubwürdigkeit des Systems in einem hohen Maße einsteht. Prüft nicht mehr die Behörde, wird der Gutachter für die Aufrechterhaltung der materiellen Schutzstandards des Unternehmens verantwortlich. Diese Aufgabenverlagerung auf den Gutachter ist rechtswidrig. Sie unterliegt zunächst dem Gesetzesvorbehalt. Zudem erweitert sie unzulässig das Prüfprogramm des Umweltgutachters und nimmt ihn in eine staatliche Verantwortung, welche seine Stellung nicht zu tragen vermag. Er prüft die Systemtauglichkeit, nicht die Standards. Durch den gesetzlichen Verzicht auf das Erfordernis der Gleichwertigkeit – welches rechtlich durch die Behörde zu prüfen ist -, findet somit eine unzulässige Privatisierung ordnungsrechtlicher Aufgaben statt.

Zusammenfassend lässt sich feststellen, dass die Entwürfe zum UGB die Deregulierungsforderungen der deutschen Wirtschaft aufnehmen und weitgehender berücksichtigen als dies im geltenden Recht der Fall ist. Besonders die Regelungen der Privilegierungs-VO sehen einen unrechtmäßigen Rückbau ordnungsrechtlicher Pflichten vor. Durch den Verzicht auf die funktionale Äquivalenz wird der Umweltgutachter als Privater faktisch beliehen und zu einer unzulässigen Nebenverwaltung. Er kann seiner Rechtsstellung nach nur als privater Sachverständiger auftreten, nicht als Gewerbeaufsichtsbeamter. Die Regelungen der Privilegierungs-VO sind aber auch im Hinblick auf die sinnvolle Förderung von EMAS unzweckmäßig. Durch die Deregulierung wird die Qualität der Umweltbetriebsprüfung sowie der umweltgutachterlichen Prüfung gefährdet. Damit wird der positive vollzugsfördernde Effekt von EMAS kompensiert und der Mehrwert, den EMAS für den Umweltschutz schafft, geht verloren. Insofern verkennen die Bearbeiter des Entwurfs, wenn sie in der Begründung zu § E 10 UGB-KomE feststellten, dass auditierte Organisationen ein Beispiel für die Erfüllung von Umweltschutzzielen durch eigenverantwortliche Maßnahmen darstellen[1430] und hierauf die PrivilegierungsVO stützen, wie sich ordnungsrechtliche Regelungen und Eigenüberwachung gegenseitig bedingen.

[1430] Begründung zu § E 10. Dokument BMU, G I 4 – 41022, S. 55 der Begründung zum UGB – erster Teil-.

KAPITEL 12: ZUSAMMENFASSUNG UND KRITISCHE WÜRDIGUNG

1. Zusammenfassung

Die vorliegende Arbeit hatte es sich zur Aufgabe gemacht, den mit der EG-Öko-Audit-Verordnung neugeschaffenen Beruf des Umweltgutachters möglichst umfassend auszuleuchten, um daraus abzuleiten, wie belastbar dieser Beruf im Hinblick auf eine mögliche Privilegierung auditierter Organisationen ist. Denn bis heute wurde zwar viel über Deregulierung im Zusammenhang mit EMAS geschrieben, und dabei wurde es auch nicht unterlassen, auf die verfassungsrechtlichen Grenzen des Abbaus ordnungsrechtlicher Regelungen hinzuweisen. Kaum Beachtung in dieser Debatte fand bislang jedoch die Figur des Umweltgutachters. Es wurde die Bedeutung der Grenzen verkannt, die allein die Belastbarkeit der rechtlichen Stellung des Umweltgutachters deregulativen Maßnahmen setzt. Es war Ziel dieser Arbeit, diese Grenzen aufzuzeigen, und so das Deregulierungspotenzial von EMAS unter einem neuen Blickwinkel zu betrachten.

Es handelt sich bei der EG-Öko-Audit-Verordnung um ein neues und innovatives Instrument europäischer Rechtsetzung. Aus der Erkenntnis heraus, dass eine weitere Verbesserung des Umweltschutzes nicht allein staatliche Aufgabe sein kann, versucht EMAS, aufbauend auf Teilnahme-Anreize und Freiwilligkeit, den betrieblichen Umweltschutz nachhaltig zu verbessern. Anders als private Zertifizierungssysteme schuf der europäische Verordnungsgeber mit EMAS ein halbstaatliches Instrument, welches die Teilnehmer durch ein staatliches Siegel für die Teilnahme belohnen will. Da die Einhaltung der geltenden Vorschriften des Umweltrechts mit zu dem Programm, dem sich der teilnehmende Unternehmer zu unterwerfen hat, gehört, sollte zugleich dem gemeinschaftlichen und nationalen Vollzugsdefizit wirksam begegnet werden.
Die Idee für Umwelt-Audits stammt aus den USA, wo seit den 70er Jahren Unternehmen versuchen, mit Legal Compliance-Audits Haftungsrisiken zu minimieren. Während in Europa, insbesondere in Deutschland, die Diskussion um die Umwelt-Audits ab der ersten Stunde mit der Forderung nach Abbau von ordnungsrechtlichen Belastungen für zertifizierte Organisationen gekoppelt war, wehren sich amerikanische Unternehmen bis heute erfolgreich dagegen, dass die Umwelt-Audits auch staatlichen Zwecken dienen. In den USA fürchtet man durch zu enge Kooperation mit den Vollzugsbehörden, einen „paper track" in die eigene Strafbarkeit zu legen. Insofern unterscheidet sich EMAS von dem amerikanischen Vorbild erheblich, basiert es doch gerade auf dem Kooperationsprinzip zwischen Behörde und Unternehmen. Hierzulande fordern die Wirtschaftsverbände lautstark eine Belohnung für die Teilnahme an EMAS ein. Dabei liegt das Augenmerk dieser Forderungen weniger auf der Vereinfachung und der Harmonisierung des geltenden Rechts als auf der speziellen Entlastung auditierter Organisationen.

Mit der Teilnahme an EMAS führt der Unternehmer nicht nur ein Umwelt-Managementsystem ein, sondern unterwirft sich einem komplexen Regime aus Umweltzielen und –programmen, welche auf verschiedenen Ebenen immer wieder kontrolliert und abgeglichen werden, um so eine optimale Umweltleistung sicherzustellen. Entscheidende Rolle kommt dabei der betrieblichen Umweltpolitik zu, die sowohl nach EMAS I als auch nach EMAS II die Strategien vorgibt, nach welcher sowohl eine kontinuierliche Verbesserung des Umweltschutzes als auch die Einhaltung des geltenden Umweltrechts gewährleistet werden soll. Die Leistungskontrolle erfolgt im EG-Öko-Audit-System in drei Stufen: Intern führt das Unternehmen eine Umweltbetriebsprüfung durch. Extern auditiert ein staatlich zugelassener Umweltgutachter das System. Nach der Eintragung der Organisation und der Veröffentlichung einer Umwelterklärung kontrolliert die Öffentlichkeit die Kontinuität der Leistungserbringung.
Der staatlich zugelassene Umweltgutachter lässt sich in der Ausgestaltung seines Berufsbildes, welches auf nationaler Ebene durch das Umweltauditgesetz erfolgt, zwischen den Betriebsbeauftragten für Umweltschutz und Wirtschaftsprüfern ansiedeln. Die staatliche Zulassung und Aufsicht positioniert den Gutachter an der Schnittstelle zwischen staatlicher und privater Sphäre. Als externe und unabhängige Kontrollinstanz ist der Gutachter besonders für die Glaubwürdigkeit des EG-Öko-Audit-Systems verantwortlich. Zugelassen und beaufsichtigt wird der Gutachter in Deutschland durch die DAU, eine beliehene Stelle, die für die Erfüllung der Aufgaben aus dem UAG bei den IHKs bzw. den Handwerkskammern angesiedelt wurde. Gesellschafter der DAU sind die Spitzenverbände der Wirtschaft und der freien Berufe. Gebunden wird die DAU durch Richtlinien des Umweltgutachterausschusses. Der UGA ist ein rechtlich nur unzulänglich demokratisch legitimiertes Gremium aus Vertretern von Wirtschaft, Verwaltung und Umweltverbänden. Insgesamt vermag das wirtschaftsnahe Zulassungs- und Aufsichtssystem, so wie es der deutsche Gesetzgeber geschaffen hat, die Qualität der umweltgutachterlichen Prüfung nur mangelhaft sicherzustellen. Die Stellung des Umweltgutachters ist so wenig abgesichert, dass er leicht in ein „Qualitätsdumping“ mit seinen Kollegen gerät. Entscheiden für die Labilität der umweltgutachterlichen Stellung ist die hohe Konkurrenz zwischen den Umweltgutachtern, die verhältnismäßig geringe Nachfrage, die Abhängigkeit der Gutachter von ihren Auftraggebern, die durch die DAU nur sehr vereinzelt durchgeführte Aufsicht, die hohe Gebührenbelastung der Umweltgutachter, die mangelhaften rechtlichen Absicherungen der umweltgutachterlichen Tätigkeit, die europaweite Konkurrenz der Systeme und die -noch- fehlende Standardisierung der umweltgutachterlichen Prüfung.

Sollte eine Entlastung auditierter Organisationen ins Auge gefasst werden, so geht dies unter Umständen mit einer Privatisierung ordnungsrechtlicher Aufgaben einher. Dies ist dann der Fall, wenn der Staat sich der Aufgabenerfüllung entledigt und diese ganz oder teilweise auf Private überträgt. In einem eigenen Kapitel wurden die verschiedenen Formen und Grenzen der Privatisierung durchleuchtet. Im

Ergebnis obliegen dem Staat sowohl der Umweltschutz als auch die öffentliche Sicherheit und die Gefahrenabwehr als Aufgaben des hoheitlichen Kernbereiches. Es ist ihm verfassungsrechtlich untersagt, sich dieser Aufgaben zu entledigen. Er kann jedoch im Rahmen einer funktionalen Privatisierung Private an der Aufgabenerfüllung beteiligen. Entscheidend kommt es unter diesen Umständen darauf an, dass der Staat wirkungsvoll Kontrolle und Aufsicht über seine privaten Helfer (i.d.R. Beliehene oder Verwaltungshelfer) ausübt. Ob dem Staat im Falle einer Aufgabenübertragung auf den Umweltgutachter hinreichende Kontrollbefugnisse verblieben, ist zweifelhaft. Auch steht die Unabhängigkeit des Gutachters nicht hinreichend fest. Der Umweltgutachter ist aber auch unabhängig von diesen Problemen nur bedingt für eine staatliche Zwecke einsetzbar. Da er nicht beliehen ist, kann er weder nach außen noch nach innen den Staat binden. Der Umweltgutachter kann nur als Verwaltungshelfer oder als Verwaltungssubstitut, mithin als Sachverständiger, dem Staat im Rahmen seiner Aufgabenerfüllung dienlich sein.

Der Umweltgutachter validiert die Umwelterklärung an EMAS teilnehmender Unternehmen. Schon mit dem Erlass der EG-Öko-Audit-Verordnung entbrannte in Deutschland ein bis heute nicht entschiedener Streit über Prüfungsumfang und Prüftiefe der gutachterlichen Prüfung. Dabei ging es fast ausschließlich um die Frage, ob EMAS ein Audit der Legal Compliance umfasse oder ob EMAS allein als System- und Performance-Audit konzipiert sei. Dieser Streit hat allein deshalb soviel Brisanz, weil, nur wenn angenommen wird, dass der Umweltgutachter auch die Einhaltung der Rechtsvorschriften prüfe, von der Rechtskonformität der Organisation ausgegangen werden kann. Nur im Falle einer Compliance-Prüfung kann EMAS durch eine gleichwertigen Kontrollinstanz die ordnungsbehördlichen Überwachungsmaßnahmen teilweise obsolet machen. Für viele Autoren ist hier der Wunsch Vater des Gedankens: Da Deregulierung gewollt ist, wird das Compliance-Audit in die Verordnung hineingelesen. In der Tat spricht allerdings kein Argument überzeugend für eine Compliance-Prüfung durch den Gutachter. Aus dem Zusammenhang lässt sich vielmehr schließen, dass der Umweltgutachter allein die Systemtauglichkeit von EMAS prüft. Eine Prüfung der Einhaltung der Rechtsvorschriften nimmt der Gutachter dabei nicht vor. Stellt er jedoch im Rahmen der Funktionskontrolle des Systems Rechtsverstöße fest, so sprechen diese für ein fehlerhaftes Umwelt-Managementsystem und stehen einer Validierung der Umwelterklärung entgegen. Aus der Teilnahme an EMAS allein können aber allgemein keine verlässlichen Rückschlüsse auf die Rechtskonformität des Unternehmens geschlossen werden. Diesem Ergebnis steht nicht entgegen, dass nach allen zugänglichen Studien die Teilnahme an EMAS den umweltrechtlichen Vollzug verbessert.

Der Abbau ordnungsrechtlicher Pflichten oder die Lockerung der Überwachungsintensität für nach EMAS zertifizierte Unternehmen, ist rechtlich in jedem Fall nur in engen Grenzen möglich. Gebunden werden die nationalen Bemühungen um

Verfahrensabbau einerseits durch die IVU-Richtlinie andererseits durch die EG-Öko-Audit-Verordnung selbst. Da das Ziel der letzteren eine Verbesserung des Umweltschutzes ist, darf sie nicht als Vorwand dienen, Umweltleistung abzubauen. Verfassungsrechtliche Grenzen ziehen hier auch der objektive Schutzauftrag der Grundrechte sowie die Staatszielbestimmung aus Art. 20a GG. Aus den europa- und verfassungsrechtlichen Aufträgen ergibt sich, dass der materielle Schutzstandard des deutschen Umweltrechts erhalten bleiben muss. Hierzu gehören nicht nur die materiellen Vorgaben des Rechts, sondern auch deren Durchsetzung mittels eines effektiven Vollzugs. Darüber hinaus ergibt sich aus den Grundrechten auch ein Recht auf die Berücksichtigung der grundrechtlich geschützten Güter in rechtstaatlichen Verfahren, die eine hinreichende Einstellung der verschiedenen Interessen gewährleisten. EMAS darf auf Grund dieser Bindungen nur insoweit den Abbau von Pflichten und Kontrollen rechtfertigen, soweit das System einen gleichwertigen Ersatz schafft. Voraussetzung der Deregulierung ist die „funktionale Äquivalenz" der Systeme. Die funktionale Äquivalenz umfasst die Gleichwertigkeit auf der Zielebene, sowie die Gleichwertigkeit in der Steuerungswirksamkeit und der Durchsetzungsmacht. Im Bereich der Überwachung gesellt sich noch die personale Äquivalenz von Umweltgutachter und Ordnungsverwaltung hinzu.
Die einzelne zur Deregulierung anstehende Vorschrift muss sich stets die Überprüfung an Hand dieser Kriterien gefallen lassen. Nur wenn die Prüfung positiv im Sinne einer Äquivalenz ausfällt, kommt eine Öffnung oder ein Abbau der Vorschrift in Frage.

Die Diskussion der letzten Jahre um die Deregulierung als Teilnahme-Anreiz zur Steigerung der Attraktivität von EMAS blieb auch in der Praxis nicht folgenlos. Zwar sind die Bezugnahmen im geltenden Recht auf die EMAS-Teilnahme weder zahlreich noch wirkungsvoll. Um so interessanter sind aber die verschiedenen Aktivitäten auf Länderebene. In fast allen Bundesländern sind inzwischen Verwaltungsvorschriften ergangen, welche die Berücksichtigung der Auditierung im Gesetzesvollzug sicherstellen wollen. Dabei geht es um die untergesetzliche Substitution von rechtlichen Pflichten durch entsprechende Gewährleistungen im EG-Öko-Audit-System. Während einige Länder noch recht vorsichtig mit der Einführung von Öffnungsklauseln in diese Verwaltungsvorschriften sind, gehen andere an dieser Stelle sehr viel weiter und verzichten zudem auch ganz oder teilweise auf die Regelüberwachung auditierter Organisationen. Wenn und soweit hierbei auf die Rechtskonformität und deren Überprüfung durch den Umweltgutachter abgestellt wird, so ist dies mit geltendem Recht nicht zu vereinbaren. Der Umweltgutachter führt zum Einen gar keine Compliance-Prüfung durch. Zum Anderen ist er als nicht-beliehener Privater rechtlich nicht befugt, die Verwaltung an seine Entscheidungen zu binden. Ein Verzicht auf behördliche Entscheidungsbildung mit Verweis auf die gutachterliche Prüfungstätigkeit ist unzulässig. Die Verwaltung verletzt damit die ihr obliegenden grundrechtlichen Schutzgewährleistungen. Ver-

letzt werden auch die Rechte des Umweltgutachters, dem eine Verantwortung und ein Haftungsrisiko aufgebürdet werden, welche zumindest einer rechtliche Grundlage bedürfen.
Die vorliegende Arbeit diskutiert die konkreten rechtlichen Bestimmungen, in denen eine Deregulierung rechtmäßig möglich wäre und auch die Stellung des Umweltgutachters nicht unrechtmäßig belastet würde. Nur wenige Vorschriften können unbedingt geöffnet werden. Die Einfügung von bedingten Öffnungsklauseln ist möglich, aber in den allermeisten Fällen nicht entlastend. Als sinnvoll werden Rechtsvorschriften eingeschätzt, welche die Umweltgutachter mit behördlich besonders privilegierten Sachverständigen gleichstellen. Hierdurch kommt es zwar zu einer Stärkung der Stellung des Umweltgutachters, nicht aber zu einer Entlastung der Unternehmen. Im Ergebnis wird das tatsächliche Deregulierungspotenzial von EMAS als sehr gering eingeschätzt.

2. Kritische Würdigung

Die Ergebnisse der vorliegenden Arbeit verdeutlichen, dass das freiwillige EG-Öko-Audit-System die Vorgaben des Ordnungsrechts nur an wenigen und insgesamt realtiv unbedeutenden Stellen ersetzen kann. Fraglich ist jedoch, ob ordnungsrechtliche Entlastungsmaßnahmen überhaupt sinnvoll mit EMAS gekoppelt werden sollten und ob diese Entlastungsmaßnahmen nicht als Teilnahme-Anreiz überbewertet werden. In Anbetracht der Tatsache, dass einerseits ein Abbau materieller Standards nicht in Frage kommen soll und darf, andererseits die verfahrensrechtlichen Pflichten der Information der Behörde und dem Schutz Dritter dienen oder gar im Eigeninteresse des Unternehmers unverzichtbar sind, kann die Entlastung von einzelnen Pflichten keinen sinnvollen Anreiz darstellen. Nach dem Steuerungsmechanismus von EMAS würde die Aussicht auf Deregulierung ohnehin einen perversen Anreiz darstellen, da dieser immer in der Gefahr stünde, die positiven Umweltleistungen durch sinkende Kontrollen und sinkenden Konformitätsdruck zu unterlaufen. Zudem bleibt das Lockmittel ordnungsrechtlicher Entlastung ein künstlicher, systemfremder Anreiz, der das System auf Dauer nicht vitalisieren könn-te.[1431] Da EMAS sich gerade durch seine externe Wirkungen von dem ISO 14001 Standard unterscheidet, sind es diese externe Wirkungen, an denen die Stärkung der Teilnahme-Anreize ansetzen sollte. Vollzugserleichterungen für Unternehmen, die an dem EG-Öko-Audit-System teilgenommen haben, sind als Mehrwert gegenüber ISO 14001 untauglich.
Es dominieren in EMAS sowie bei der ISO Zertifizierung die unternehmensinternen Vorteile, wie organisatorischen Verbesserungen, Mitarbeiter-Sensibilisierung und -Motivation sowie die Erhöhung der Rechtssicherheit.[1432] Wenn die Außenwirkung tatsächlich keinen Effekt hat, oder dieser zumindest seitens der

---

[1431] So auch *Feldhaus*, UPR 1998, S. 41.
[1432] *Ankele/Clausen/Fichter/Kottmann/Loew/Rubik/Steinfeldt*, Diskussionspapier des IÖW 42/98, S. 13.

Unternehmen nicht erkannt wird, so wird der Vorteil des EG-Öko-Audit-Systems zu ISO 14001 verwischt. Um EMAS zu fördern, müsste man insofern insbesondere den Nutzen der Außenwirkung fördern. Da dies jedoch nur in geringem Maße geschieht, sind die Hauptprobleme der mangelnden Attraktivität von EMAS neben der Konkurrenz zu ISO und der Tatsache, dass das Thema Umweltschutz zur Zeit ohnehin eine Flaute erlebt, vor allen Dingen der geringe Bekanntheitsgrad und die Enttäuschung hinsichtlich des Feedbacks aus der Öffentlichkeit.[1433] In diesem Sinne sollten die system-immanente Mechanismen gestärkt werden und politische Gestaltungsmaßnahmen zur Verbesserung der Wirksamkeit der Verordnung primär auf eine erhöhte Öffentlichkeitswirksamkeit abzielen.[1434] Auch sollten die Chancen einer EMAS-Teilnahme offen und aus mehreren Blickwinkeln betrachtet werden. Heute wird das tatsächliche Potenzial einer offensiven, innovativen und ökologischen Unternehmenspolitik verdeckt von der Frage nach Deregulierung und Legal Compliance.[1435] Entscheidend kommt es darauf an, dass das Unternehmen eine „Kultur" des betrieblichen Umweltschutzes aufbaut, nicht dass der Unternehmer auf ein weiteres staatliches Tätigwerden spekuliert.

Trotz dieser Unzulänglichkeiten wurde schon Einiges erreicht. EMAS-Teilnehmer befinden sich mit ihren Anlagen in überdurchschnittlich hoher Zahl in Konformität zum geltenden Recht. Dies verschafft den Unternehmen Rechtssicherheit und ein geringes Haftungsrisiko, so wie es auch das Verhältnis zu den Vollzugsbehörden verbessern sollte.

Im Hinblick auf die Forderung nach Deregulierung, bleiben dem Staat sinnvollere Möglichkeiten, der Wirtschaft den Umgang mit den Kompliziertheiten unseres Umweltrechts zu erleichtern. Diese Möglichkeiten liegen einerseits in der Systematisierung und Harmonisierung unseres Rechts und der Schaffung überschaubarer, aufeinander abgestimmter, umsetzungsfreundlicher Gesetze, andererseits in der Bereitstellung einer reibungslos funktionierenden, gut organisierten, personell gut ausgestatteten und motivierten Umweltverwaltung. Bildhaft lässt sich dies mit *David Ronald* zusammenfassen: *„Enacting a privilege to deal with these problems* (gemeint sind Vollzugsprobleme) *would be like pouring perfume on a pig; instead it is time to clean up the pig"*[1436]

Der Beruf des Umweltgutachters steht heute an einem kritischen Punkt seiner kurzen Karriere. Es ist mehr als fraglich, ob dem deutsche System der Einzelgutachter unter EMAS II noch eine lange Zukunft beschieden ist. Die Tendenz geht international eindeutig in Richtung von großen Akkreditierungsgesellschaften, die langfristig wettbewerbsfähig bleiben werden. Der deutsche Umweltgutachter täte aus diesem Grund schon heute gut daran, sich in Kooperation zu üben. Diese ist ja auch dem deutschen System nicht fremd. Zudem muss er versuchen, wirtschaftlich

---

1433 Vgl. hierzu: *Rehbinder/Heuvels*, DVBl. 1998, S. 1245, 1246.

1434 Vgl. die Vorschläge bei: *Nissen,* Die EG-Öko-Audit-Verordnung, 1999, S. 640f.

1435 In diesem Sinne: *Dyllik/Hummel,* UmweltWirtschaftsForum 1995/3, S. 24, 27.

1436 Mr. *Ronald* Responds Nat'l Envtl. Enforcement J., Dec. 1994 – Jan. 1995 at 12,12.

seine Abhängigkeit von EMAS aufzubrechen. Aus diesem Grund wäre die Berücksichtigung des Umweltgutachters als Sachverständiger auch in verwandten Rechtsgebieten sinnvoll. Das Spannungsfeld, in welchem der Umweltgutachter heute arbeitet, gefährdet die Qualität seiner Prüfung erheblich. Das deutsche System der Zulassung und Aufsicht über die Umweltgutachter ist so ausgestaltet, dass kein einziger der beteiligten Akteure und Kontrolleure allein Gemeinwohlinteressen im Auge hat. Statt dessen ist es dominiert von wirtschaftsnahen Stellen. Die Advokaten des Umweltschutzes sucht man (fast) vergeblich. Da die Qualität der umweltgutachterlichen Prüfung nicht hinreichend sichergestellt ist, kann eine Gleichwertigkeit zur behördlicher Kontrolle zumindest im Rahmen einer theoretischen Analyse nicht festgestellt werden. Zwar mag sich die Realität anders darstellen, da behördliche Kontrollen auch heute schon kaum mehr stattfinden und insofern die gutachterliche Prüfung immer noch besser als gar nichts ist; diese Situation darf aber nicht die grundsätzlichen Unterschiede zwischen dem Gesetzesvollzug von einem Gewerbeaufsichtsbeamten und dem Umweltgutachter verwischen. Vor allen Dingen darf die Verwaltung ihr Versagen nicht mit Verweis auf den Umweltgutachter vertuschen. Deregulierung und Privatisierung mögen sinnvoll und notwendig sein. Allein der Verweis auf die EMAS-Teilnahme sowie die funktionale Äquivalenz von ordnungsrechtlichen und freiwilligen Maßnahmen führt im Bereich der Vollzugskontrolle nicht weiter. Soll jedoch weiterhin an einem Abbau der Aufsicht bei teilnehmenden Unternehmen festgehalten werde, so ist über eine Beleihung der Umweltgutachters zumindest nachzudenken. Eine solche ließe eine Verknüpfung von Ordnungsrecht, Aufsicht und EMAS zu, würde allerdings den Reiz des Freiwilligen und des Selbstregulierten weitgehend zerstören. Gerade die Staatsferne des Systems bestimmt diesen Reiz. Der Staat sollte aus diesem Grunde behutsam mit dem EG-Öko-Audit-System umgehen. Ansonsten beraubt er das zarte Pflänzchen leicht jedweder Attraktivität.

Ebensowenig wie die Stärken von EMAS in der Verknüpfung mit dem Ordnungsrecht und der Deregulierung liegen, ebensowenig liegen die Stärken des Umweltgutachters in seiner Tätigkeit als schlechterer Gewerbeaufsichtsbeamter. Der Umweltgutachter vertritt ein neues, offenenes und flexibles Berufsbild, welches dem Beamten an vielen Stellen weit überlegen ist. Der Umweltgutachter ist ein privater Sachverständiger und Prüfer, deren Bedeutung in einer immer komplexer werdenden und sich schneller ändernden Umwelt immer wichtiger wird. Ebenso wie EMAS ein offenes System zur Optimierung von betrieblicher Umweltleistung sein sollte, liegt die Herausforderung des Berufs des Umweltgutachters in der katalytischen Wirkung, die er auf diesen Prozess ausüben sollte. Anders als träge und bürokratische Verwaltungen kann der Umweltgutachter, ebenso wie private Prüfsysteme allgemein mit den Entwicklungen in Wissenschaft und Technik Schritt halten und im Hinblick auf die an EMAS-teilnehmenden Unternehmen steht es sogar in seiner Macht, den Takt anzugeben.

Literaturverzeichnis

Autor; Publikation: Titel, Zeitschrift, Verlag, Jahr

Albin, Silke; Müller-Kraenner, Sascha; Deutsche Umweltpolitik in Europa – Abschied von einer Vorreiterrolle, ZUR 1999, S. 73.

Ankele, Kathrin; Ökologischen Nutzen erhöhen, Ökologisches Wirtschaften, 3-4/1998, S. 11.

Ankele, Kathrin; Clausen, Jens; Fichter, Klaus; Kottmann, Heinz; Loew, Thomas; Rubik, Frieder; Steinfeldt, Michael; EMAS als ökologisches Gütesiegel? IÖW-Positionspapier zur EG-Öko-Audit-Verordnung, Diskussionspapier des IÖW 42/98, Berlin 1998.

Ankele, Kathrin; Heuvels, Klaus; Rehbinder, Eckhard; Schebeck, Lieselotte; Fachwissenschaftliche Untersuchung der Wirksamkeit der EG-Öko-Audit-Verordnung, Uwf 4/1998, S. 38.

Bachof, Otto; Diskussionsbeitrag, VVDStRL (29) 1971, S. 249.

Badura, Peter; Zulassung zu öffentlichen Einrichtungen der Gemeinde und Verwaltungsprivatrecht, Jus 1966, S. 17.

Bartram, Berit; Ablauf, Kriterien und Tiefe der internen Umweltbetriebsprüfung, in: *Ewer, Wolfgang; Lechelt, Rainer; Theuer, Andreas (Hrsg.),* Handbuch Umweltaudit, München 1998, Kapitel C.

Bartsch, Torsten; Erfahrungen mit Umwelt-/Öko-Audits in den USA, ZUR 1995, S. 14.

Bauer, Hartmut; Privatisierung von Verwaltungsaufgaben, VVDStRL (54) 1995, S. 243.

Bauer, Hartmut; Privatisierungsimpulse und Privatisierungspraxis in der Abwasserentsorgung, VerwArch. 1999, S. 561.

Baum, Heinz-Georg; Günther, Edeltraut; Kurki, Hannu; Pawlik, Volker; Wittmann, Robert; Würdinger, Eduard; Einstieg in das EG-Öko-Audit-System, Uwf 3/1995, S. 18.

Baumast, Annett; Die Entstehungsgeschichte des Umwelt-Audit, in: Doktoranden-Netzwerk Öko-Audit e.V. (Hrsg.), Umweltmanagementsysteme zwischen Anspruch und Wirklichkeit, Berlin 1998, S. 33.

Bedford, Christopher; Dirty Secrets: The Corporations' Campaign for an Environmental Audit Privilege, Publication of Environmental Action Foundation, the Good Neighbourhood Project for Sustainable Industries and Communities Concerned About Corporations, Februar 1996 (www.enviroweb.org/gnp/dirty1.html)

Been, Vicki; Locally Undesirable Land Uses in Minority Neighborhoods: Disproportionate Siting or Market Dynamics? (1994), in: *Persival, Robert V., Alevizatos, Dorothy C. (Hrsg.),* Law and the Environment, Philadelphia 1997, 118.

Bender, Bernd; Sparwasser, Reinhard; Engel, Rüdiger; Umweltrecht, Grundzüge des öffentlichen Umweltrechts, Heidelbert 1995.

Benz, Angelika; Privatisierung und Deregulierung – Abbau von Staatsaufgaben?, Die Verwaltung 1995, S. 338.

Bernsdorff, Norbert; Positivierung des Umweltschutzes im Grundgesetz (Art. 20a GG), NuR 1997, S. 328.

Bleutge, Peter; In: *Landmann, Robert von; Rohmer, Gustav (Hrsg.),* Gewerbeordnung und ergänzende Vorschriften, Loseblatt Stand 1999.

Böhm-Amtmann, Edeltraud; Perspektiven des EU-Umweltrechts, WiVerw. 1999, S. 135.

Böhm-Amtmann, Edeltraud; EMAS – ISO –Substitution von Ordnungsrecht, GewArch. 1997, S. 353.

Böhm-Amtmann, Edeltraud; "Umweltpakt Bayern: Miteinander die Umwelt schützen.", ZUR 1997, S. 178.

Bohne, Eberhard; Der informale Rechtsstaat, Berlin 1981.

Bohne, Eberhard; Versicherungsmodelle zur Investitionsbeschleunigung und zum Abbau von Vollzugsdefiziten Im Anlagenzulassungsrecht, DVBl. 1994, S. 195.

Bohne, Eberhard; Die integrierte Genehmigung als Grundlage der Vereinheitlichung und Vereinfachung des Zulassungsrechts und seiner Verknüpfung mit dem Umweltaudit, in: *Rengeling, Hans-Werner (Hrsg.),* Integrierter und betrieblicher Umweltschutz, Köln 1996, S. 105.

Bon, Sandra M. van; Müller, Martin; Stellung und Prüfungsqualität des Umweltgutachters im Öko-Audit-System, in: Doktoranden-Netzwerk Öko-Audit e.V. (Hrsg.), Umweltmanagementsysteme zwischen Anspruch und Wirklichkeit, 1998, S. 85.

Bracher, Christian; Gefahrenabwehr durch Private, Berlin 1987.

Brandl, Sebastian; Mit Eigenverantwortung und Selbstkontrolle zu einer nachhaltig zukunftsverträglichen Entwicklung?, Hans-Böckler-Stiftung Manuskripte 250, 1998.

Bree, Axel; Privatisierung der Abfallentsorgung nach dem Kreislaufwirtschafts- und Abfallgesetz, Göttingen 1998.

Breier, Siegfried; Art. 130 s Abs. 3 EGV als Rechtsgrundlage für die Verabschiedung von Umweltprogrammen, ZUR 1995, S. 302.

Breuer, Rüdiger; Zunehmende Vielgestaltigkeit des Instrumente im deutschen und europäischen Umweltrecht – Probleme der Stimmigkeit und des Zusammenwirkens, NVwZ 1997, S. 833.

Breuer, Rüdiger; Das Umweltgesetz – über das Problem der Kodifikation in der Gegenwart, UPR 1995, S. 365.

Buck, Susan J.; Understanding Environmental Administration and Law, Washington 1996.

Budde, Andreas; Die Umwelt-Audit-Verordnung der EU – eine Deregulierungschance für betriebliche Unternehmen und staatliche Verwaltung?, Aachen 1998.

Büge, Dirk.; Tünnesen-Harmes, Christian; Das Gesetz zur Beschleunigung und Vereinfachung immissionsschutzrechtlicher Genehmigungsverfahren und seine praktische Bedeutung für die Betreiber genehmigungspflichtiger Anlagen, GewArch. 1997, S. 48.

Bullard, D. Robert; The Threat of Environmental Racism (1993), in: *Persival, Robert V., Alevizatos, Dorothy C. (Hrsg.),* Law and the Environment, Philadelphia 1997, S. 103.

Bullinger, Martin; Beschleunigte Genehmigungsverfahren für eilbedürftige Anlagen, Baden-Baden 1991.

Bullinger, Martin; Verwaltung im Rhythmus von Wirtschaft und Gesellschaft, JZ 1991, S. 53.

Bullinger, Martin; Investitionsförderung durch nachfragegerechte und kooperative Beschleunigung von Genehmigungsverfahren, JZ 1994, S. 1129.

Bültmann, Alexandra; Wätzhold, Frank; Die EG-Öko-Audit-Verordnung im verflixten siebten Jahr, Aus Politik und Zeitgeschichte B 48/1999, S. 30, 31.

Burgi, Martin, Funktionale Privatisierung und Verwaltungshilfe, Tübingen, 1999.

Busse, Volker; Verfahrenswege zu einem „schlankeren Staat", DÖV 1996, S. 389.

Caspar, Johannes; Ausverkauf oder Flexibilisierung des Umweltrechts?, Ein Beitrag zur gegenwärtigen Diskussion über die Verfahrensbeschleunigung im Umwelt- und Genehmigungsrecht, ZRP 1995, S. 410.

Classen, Claus Dieter; Strukturunterschiede zwischen deutschem und europäischen Verwaltungsrecht, NJW 1995, S. 2457.

Cleve, George Van; The Changing Intersection of Environmental Auditing, Environmental Law and Enforcements Policy, Cardozo Law Review 1991, Vol. 12, S. 1215.

Collin, Robert W.; Environmental Equity: A Law and Planning Approach to Environmental Racism (1992), in: *Persival, Robert V., Alevizatos, Dorothy C.* (Hrsg.), Law and the Environment, Philadelphia 1997, S. 111.

Dagtoglou, Prodromos; Die Beteiligung Privater an Verwaltungsaufgaben, DÖV 1970, S. 532.

Danwitz, Thomas von; Europarechtliche Determination der umweltrechtlichen Instrumente im nationalen Recht, in: Rückzug des Ordnungsrechts im Umweltschutz / 14. Trierer Kolloquium zum Umwelt- und Technikrecht vom 6. bis 8. September 1998, Berlin 1999, S. 53.

Degenhardt, Christoph; Materielle Ziele, Privatisierung der Verwaltungs und die Stellung des Bürgers – Bermerkungen am Beispiel des neuen Bauordnungsrechts in den Ländern, SächsVBl. 1996, S. 1.

Degenhardt, Christoph; Das Sächsische Aufbaubeschleunigungsgesetz - Chancen und Risiken, Sächs VBl. 1995, S. 1.

Demmke, Christoph; Bremser oder Vorreiter – Deutsche Umweltverwaltung und europäische Umweltpolitik, Die Verwaltung 1999, S. 43.

Denninger, Erhard; Verfassungsrechtliche Anforderungen an die Normsetzung im Umwelt- und Technikrecht, Baden-Baden 1990.

Deutscher Gewerkschaftsbund, DGB (Hrsg.); Positionspapier des DGB zum Öko-Audit (Umsetzung der EG-Verordnung (EWG) Nr. 1836/93), Oktober 1994.

Di Fabio, Udo; Integratives Umweltrecht, NVwZ 1998, S. 329.

Di Fabio, Udo; Das Kooperationsprinzip - ein allgemeiner Rechtsgrundsatz des Umweltrechts, NVwZ 1999, S. 1153.

Di Fabio, Udo; Wege zur Materialisierung des europäischen Umweltrechts, in: *Rengeling, Hans-Werner (Hrsg.)*, Integrierter und betrieblicher Umweltschutz, Köln 1996, S. 183.

Di Fabio, Udo; Die Verlagerung immissionsschutzrechtlicher Überwachungsverantwortung auf Private, DB 1996, Beil. Nr. 16, S. 9.

Di Fabio, Udo; Verwaltung und Verwaltungsrecht zwischen gesellschaftlicher Steuerung, VVDStRL (56) 1997, S. 235.

Dietl, Clara-Erika; Wörterbuch für Recht, Wirtschaft und Politik, 4. Aufl., München 1992.

Dilly, Peter.; Handbuch Umweltaudit, Stuttgart 1996.

Doktoranden-Netzwerk Öko-Audit e.V. (Hrsg.); Umweltmanagementsysteme zwischen Anspruch und Wirklichkeit , Berlin 1998.

Dolde, Klaus-Peter; Vetter, Andrea; Überwachung immissionsschutzrechtlich genehmigungsbedürftiger Anlagen – Möglichkeiten der Länder bei Gesetzgebung und Vollzug im Hinblick auf die Umwelt-Audit-Verordnung, NVwZ 1995, S. 943.

Dolzer, Rudolf; Vogel, Klaus; Kommentar zum Bonner Grundgesetz, Loseblatt, Stand: 92. EL., 12/1999.

Dombert, Matthias; Umweltaudit und zivilrechtliche Haftung, in: *Ewer, Wolfgang; Lechelt, Rainer; Theuer, Andreas (Hrsg.)*, Handbuch Umweltaudit, München 1998, Kapitel L.

Dyllik, Thomas; EU-Verordnung zum Umweltmanagement und zur Umweltbetriebsprüfung (EMAS-Verordnung) im Vergleich mit der geplanten ISO-Norm 14 001. Eine Beurteilung aus der Sicht der Managementlehre, ZfU 1995, S. 299.

Dyllik, Thomas; Hamschmidt, Jost; Wirkungen von Umweltmanagementsystemen – Eine Bestandsaufnahme empirischer Studien, ZfU 1999, S. 507.

Dyllik, Thomas; Hummel, Johannes; EMAS und/oder ISO 14.001?, Uwf 3/1995, S. 24.

Eggert, Renate; Die Umweltbegutachtung nach der Verordnung (EWG) 1836/93, in: *Petrick, Klaus*, Qualitätsmanagement, Umweltmanagement und Zertifizierung in der Europäischen Union, Berlin, 1997.

Ehlers, Dirk; Verwaltung in Privatrechtsform, Berlin 1984.

Eipper, Christoph; Environmental Auditing – Ein neues Wirkungsfeld für Geographen?, GR 1994, S. 591.

Ekardt, Felix; Deregulierung als Belohnung für die Teilnahme am Öko-Audit-System?, KGV-Mitteilungen 2/1997 S. 2.

Emmerich, Gerhard; Öko-Audit, Wirtschaftsprüfer und Erwartungslücken, in: *Kley, Max-Dietrich (Hrsg.),* Festschrift für Wolfgang Ritter, Köln 1997, S. 839.

Engel, Christoph; Europäisches Umweltrecht aus der Vogelperspektive – Das Handbuch zum europäischen und deutschen Umweltrecht -, DVBl. 1999, S. 1069.

Epiney, Astrid; Umweltrecht in der europäischen Union, Köln 1997.

Erbguth, Wilfried; Zum Gehalt und zur verfassungs- wie europarechtlichen Vereinbarkeit der verwaltungsprozessual ausgerichteten Beschleunigungsgesetzgebung, UPR 2000, S. 81.

Erbguth, Wilfried; Normkonkretisierende Verwaltungsvorschriften, DVBl. 1989, S. 473.

Erbguth, Wilfried; Umweltrecht im Gegenwind: die Beschleunigungsgesetze, JZ 1994, S. 477.

Erbguth, Wilfried; Verfassungs- und europarechtliche Aspekte der Deregulierungen im Planfeststellungsverfahren, UPR 1999, S. 41.

Erbguth, Wilfried; Die Zulässigkeit der funktionalen Privatisierung im Genehmigungsrecht, UPR 1995, S. 369.

Ercmann, Sevine; Enforcement of Environmental Law in United States and European Law: Realities and Expectations, Environmental Law, 1996, Vol. 26, S. 1213.

Ernst, Ludolf C.; Chancen und Probleme der Deregulierung aus rechtlicher Sicht, in: GUT Umweltforum und Beratungsservice GmbH (Hrsg.), Deregulierung des Umweltrechts, Ansätze, aktuelle Initiativen und Verpflichtungen, Berlin 1997, S. 8.

Ernsthaler, Jürgen; Zertifizierung, Akreditierung und Normung für den Europäischen Binnenmarkt, Berlin 1995.

Ewer, Wolfgang; Aufgaben und Pflichten des Umweltgutachters sowie das Verfahren seiner Zulassung, in: *Ewer, Wolfgang; Lechelt, Rainer; Theuer, Andreas (Hrsg.),* Handbuch Umweltaudit, 1998.

Ewer, Wolfgang; Rechtliche Rahmenbedingungen der Substituierbarkeit behördlicher Zulassungs- und Überwachungsmaßnahmen; in: *Schäfer, Erich,* Bericht über die internationale Konferenz der deutschen Gesellschaft für Umweltrecht und der Europäischen Gemeinschaft für Umweltrecht vom 30. Oktober 1997 in Berlin zum Thema: Öko-Audit in Europa, Erfahrungen und Perspektiven, UBA, Interne Berichte IB-563; auch in: NuR 1998, S. 478.

Ewer, Wolfgang; Lechelt, Rainer; Theuer, Andreas (Hrsg.); Handbuch Umweltaudit, München 1998.

Di Fabio, Udo, Privatisierung und Staatsvorbehalt, JZ 1999, S. 585.

Falk, Heiko; Die EG-Umwelt-Audit-Verordnung und das deutsche Umwelthaftungsrecht, Heidelberg 1998.

Falk, Heiko; Frey, Stefan; Die Prüftätigkeit des Umweltgutachters im Rahmen des EG-Öko-Audit-Systems, UPR 1996, S. 58.

Falke, Josef; "Umwelt-Audit" - Verordnung, Grundsätze und Kritikpunkte, ZUR 1995, S. 4.

Falke, Josef; Europäisches Umweltrecht: Deutschland im Bremserhäuschen, ZUR 1999, S. 315.

Feldhaus, Gerhard; Die Rolle des Betriebsbeauftragten im Umwelt-Audit-System, BB 1995, S. 1545.

Feldhaus, Gerhard; Öko-Audit, in: *Rengeling, Hans-Werner (Hrsg.),* Handbuch zum europäischen und deutschen Umweltrecht, Bd. 1 Allgemeines Umweltrecht, Köln 1998, S. 1035.

Feldhaus, Gerhard; Umwelt-Audits und Entlastungschancen im Vollzug des Immissionsschutzrechts, UPR 1997, S. 341.

Feldhaus, Gerhard; Umweltschutzsichernde Betriebsorganisation, NVwZ 1991, S. 927.

Feldhaus, Gerhard; Umweltaudit und Betriebsorganisation im Umweltrecht, in: *Kornmann, Joachim (Hrsg.),* Umwelthaftung und Umweltmanagement, UPR Spezial, Band 5, München 1994, S. 9.

Feldhaus, Gerhard; Wettbewerb zwischen EMAS und ISO 14001, UPR 1998, S. 41.

Feldhaus, Gerhard; Verhältnis von EMAS und ISO 14001, in: Umweltbundesamt (Hrsg.), Bericht über die internationale Konferenz der deutschen Gesellschaft für Umweltrecht und der Europäischen Gemeinschaft für Umweltrecht vom 30. Oktober 1997 in Berlin zum Thema: Öko-Audit in Europa, Erfahrungen und Perspektiven, UBA Interne Berichte IB-563, S. 45; auch in: NuR 1998, S. 475.

Feldhaus, Gerhard; Bundesimmissionsschutzrecht, 2. Aufl., Loseblatt, Band 7, Umweltaudit.

Feldmann, Franz-Josef; Beschleunigung und Vereinfachung von Planungs- und Genemigungsverfahren – Neue umweltrechtliche Instrumente für die Prüfung von Investitionsvorhaben, UTEC-Berlin Umwelttechnologieformum, 12. Februar 1997 in Berlin.

Fichter, Klaus; Gellrich, Carsten; EG-Öko-Audit-System: lohneswert, aber ziellos!, IÖW/VÖW-Informationsdienst, 5-6/1995, S. 27.

Fluck, Jürgen; Aspekte des Verwaltungsverfahrens in der Unternehmenspraxis, VerwArch. 1995, S. 466.

Fluck, Jürgen; Änderungen genehmigungsbedürftiger Anlgen nach §§ 15, 16 BImSchG i.d.F. der Beschleunigungsnovelle, VerwArch. 1997, S. 265.

Franzius, Claudio; Die Prüfpflicht und –tiefe des Umweltgutachters nach der EG-Öko-Audit-Verordnung, NuR 1999, S. 601.

Fröschle, Gerhart; Hermann, Silke; Mandler, Udo; Umwelt-Audits, *DB 1994, S. 1093.*

Fuchs, Josef; Die Rolle des externen Betriebsprüfers beim Öko-Audit, in: *Michael Beck (Hrsg.),* Betriebliches Umwelt-Audit in der Praxis, Würzburg 1996, S. 157.

Führ, Martin; Umweltmanagement und Umweltbetriebsprüfung – neue EG-Verordnung zum "Öko-Audit" verabschiedet, NVwZ 1993, S. 858.

Führ, Martin; Umweltbewußtes Management durch "Öko-Audit"?, EuZW 1992. S. 468.

Führ, Martin; Eigen-Verantwortung oder Öko-Staat? Sicherung der Selbstverantwortung in Unternehmen, in: Roßnagel, Alexander, Neusel, Uwe (Hrsg.), *Reformperspektiven im Umweltrecht, Baden Baden 1995, S. 217.*

Führ, Martin; Anlagenänderung durch Anzeige, UPR 1997, S. 421.

Gallas, Andreas; Mehr Umweltschutz durch Öko-Audit und Deregulierung? in: *Leittretter, Siegfried; Schneider, Werner (Hrsg.),* Was bringt's dem Umweltschutz? Eine kritischen Auseinandersetzung zur Revision der EG-Öko-Audit-Verordnung (EMAS), Hans-Böckler-Stiftung Manuskripte 248, 1998, S. 13.

Gallwas, Hans-Ulrich; Die Erfüllung von Verwaltungsaufgaben durch Private, VVDStRL (29) 1971, S. 211.

Ganse, Joachim; Positive Bilanz, Erfahrungen aus der Gutachtertätigkeit, Ökologisches Wirtschaften 3-4/1998, S. 20.

Ganse, Joachim; Die Rolle des unabhängigen Umweltgutachters, in: Fortbildungszentrums Gesundheits- und Umweltschutz Berlin e.V. (FGU Berlin) (Hrsg.), Das Umweltaudit, Kongreß 40 im Rahmen der UTECH, Berlin 1996.

Ganse, Joachim; Problematische Rolle, Die Stellung des Umweltgutachters im Licht der bisherigen Erfahrungen, Ökologisches Wirtschaften 3-4/1998, S. 21.

Ganse, Joachim; Gasser, Volker; Jasch, Andreas; Öko-Audit, Umweltzertifizierung, Basis einer neuen Unternehmenskultur, München 1997.

Gasser, Volker; Umweltriskmanagement aus rechtlicher und versicherungstechnischer Sicht, Uwf 1/1997, S. 64.

Gawel, Erik; Steigerung der Kosteneffizienz im Umweltordnungsrecht, Die Verwaltung 1999, S. 179.

Gawel, Erik; Preisgabe materieller Normen durch Verfahrensbeschleunigung im Immissionsschutzrecht?, ZUR 1999, S. 302.

Gege, Maximilian; Nehm, Ralf; Die EG-Öko-Audit-Verordnung, Uwf 1/1998, S. 6.

Gehlen, Ulrich von; Die Öko-Audit-Verordnung der EG – ein Papiertiger ohne Krallen und Zähne, aber mit viel Gebrüll?, UVP-Report, 1995, S. 254.

Gerhardt, Michael; Normkonkretisierende Verwaltungsvorschriften, NJW 1989, S. 2233.
Gern, Alfons; Neue Aspekte der Abgrenzung des öffentlich-rechtlichen vom privatrechtlichen Vertrag, VerwArch. 70 (1979), S. 219.

Giemulla, Elmar; Wenzler, Thomas; Zur Verfassungsmäßigkeit der Organisationsform des Flugplankoordinators der Bundesrepublik Deutschland, DVBl. 1989, S. 283.

Gilhuis, Piet; Umweltaudit, eine neue Perspektive kooperativer Regelung und Rechtsdurchsetzung?, in: *Schäfer, Erich,* Bericht über die internationale Konferenz der deutschen Gesellschaft für Umweltrecht und der Europäischen Gemeinschaft für Umweltrecht vom 30. Oktober 1997 in Berlin zum Thema: Öko-Audit in Europa, Erfahrungen und Perspektiven, UBA, Interne Berichte IB-563.

Glatzner, Ludwig; Die Stellung des Umweltgutachters im Licht der bisherigen Erfahrungen, Ökologisches Wirtschaften 3-4/1998, S. 21.

Goerlich, Helmut; Materielle Ziele, Privatisierung der Verwaltung und die Stellung des Bürgers, SächsVBl. 1996, S. 1

Goetzke, Ina; Kleesiek, Wolfgang; Meßner, Christina; Schmallenbach, Jürgen; Erfüllung ordnungsrechtlicher Umweltschutzregeln im Rahmen der Umsetzung des EG-Öko-Audit-Systems, UBA Texte 9/99 – UBA-FB 99-023.

Götz, Volkmar; Kostenrecht der Polizei und Ordnungsverwaltung, DVBl. 1984, S. 14.

Gramm, Christof; Schranken der Privatisierung bei der inneren Sicherheit, VerwArch. 1999, S. 329.

Grimm, Dieter; Verfahrensfehler als Grundrechtsverstöße, NVwZ 1985, S. 865.

Gröschner, Rolf; Das Überwachungsrechtsverhältnis, Tübingen 1992.

Guhle, Wolfgang; Das taktische Verhältnis der Wirtschaftsverbände zum EG-Öko-Audit führt zu dessen gegenwärtiger Wirkungs- und Perspektivlosigkeit, WSI Mitteilungen 8/1998, S. 518.

Gusy, Christoph; Rechtsgüterschutz als Staatsaufgabe, DÖV 1996, S. 574.

Gusy, Christoph, Privatisierung als Herausforderung an Rechtspolitik und Rechtsdogmatik, in: *Gusy, Christoph* (Hrsg.), Privatisierung von Staatsaufgaben: Kriterien-Grenzen-Folgen, Baden-Baden 1998, S. 330.

Haigh, Nigel; Länderbericht (Großbritannien), in: *Schäfer, Erich,* Bericht über die internationale Konferenz der deutschen Gesellschaft für Umweltrecht und der Europäischen Gemeinschaft für Umweltrecht vom 30. Oktober 1997 in Berlin zum Thema: Öko-Audit in Europa, Erfahrungen und Perspektiven, UBA, Interne Berichte IB-563.

Hansmann, Klaus; Schwierigkeiten bei der Umsetzung und Durchführung des europäischen Umweltrechts, NVwZ 1995, S. 320.

Hansmann, Klaus; Beschleunigung und Vereinfachung immissionsschutzrechtlicher Genehmigungsverfahren?, NVwZ 1997, S. 105.

Hansmann, Klaus; Umwelt-Audit: Verhältnis der Eigenüberwachung zur behördlichen Kontrolle in: *Rengeling, Hans-Werner (Hrsg.),* Integrierter und betrieblicher Umweltschutz, Köln 1996, S. 207.

Heimburg, Sibylle von; Verwaltungsaufgaben und Private – Funktionen und Typen der Beleihung Privater an öffentlichen Aufgaben unter besonderer Berücksichtigung des Baurechts, Berlin 1982.

Heimlich, Jörn; Der Begriff „Stand der Technik“ im deutschen und europäischen Umweltrecht, NuR 1998, S. 582.

Heinelt, Hubert; Malek, Tanja; Öko-Audit in deutschen Betrieben – Zum Ausmaß und zu den Hintergründen einer Erfolgsstory – auf der Basis einer schriftlichen Befragung, ZfU 1999, S. 541.

Hengstschläger, Johannes; Privatisierung von Verwaltungsaufgaben, VVDStRL (54) 1995, S. 165.

Henkel, Olaf; Öko-Audit braucht einen Schub nach vorne, Pressemitteilung des Bundesverband Deutscher Industrie 5/99 vom 19.1.1999.

Hennecke, Frank; Europäisches Umweltrecht in seinen Auswirkungen auf Rheinland-Pfalz, WiVerw. 1995, S. 80.

Herschel, Wilhelm; Die Haftung der Technischen Überwachungs-Vereine, NJW 1969, S. 817.

Heuvels, Klaus; Länderbericht Deutschland, in: Umweltbundesamt (Hrsg.), Bericht über die internationale Konferenz der deutschen Gesellschaft für Umweltrecht und der europäischen Gemeinschaft für Umweltrecht vom 30. Oktober 1997 in Berlin, Wien 1997, S. 20.

Heuvels, Klaus; Funktionen und Status des zugelassenen Umweltgutachters, in: *Löbel, Jürgen; Wolfgang Schörghuber (Hrsg.),* EU-Umweltaudits, Berlin 1997, S. 91.

Hezel, Carl; Konkretisierung materiellrechtlicher Anforderungen der IVU-Richtlinie durch untergesetzliche Regelwerke (Art. 16, 18 IVU-RL) sowie damit zusammenhängende Aktivitäten (IMPEL, Umweltaudit), in: *Rengeling, Hans-Werner (Hrsg.),* Auf dem Wege zum Umweltgesetzbuch I, Köln 1999 S. 179.

Hill, Hermann; Umweltrecht als Motor und Modell einer Weiterentwicklung des Staats- und Verwaltungsrechts, in: Jb UTR 1994, S. 91.

Hill, Hermann; Verfahrensprivatisierung im Umweltrecht – Resumée, in: *Hoffmann-Riem, Wolfgang; Schneider, Jens-Peter (Hrsg.),* Verfahrensprivatisierung im Umweltrecht, Baden-Baden 1996, S.309.

Hoffmann-Riem, Wolfgang; Verfahrenprivatisierung als Modernisierung, in: *Hoffmann-Riem, Wolfgang;*
Schneider, Jens-Peter (Hrsg.), Verfahrensprivatisierung im Umweltrecht, Baden Baden 1996, S. 9

Hoffmann-Riem, Wolfgang; Tendenzen in der Verwaltungsrechtsentwicklung, DÖV 1997, S. 433.

Hoffmann-Riem, Wolfgang; Ökologisch orientiertes Verwaltungsverfahrensrecht – Vorklärungen, AöR 1994, S. 590.

Hoffmann-Riem, Wolfgang; Reform des allgemeinen Verwaltungsrechts als Aufgabe - Ansätze am Beispiel des Umweltschutzes -, AöR 115 (1990), S. 400.

Hoffmann-Riem, Wolfgang; Schmidt-Aßmann, Eberhard; Schuppert, Gunnar Folke (Hrsg.); Zur Reform des Allgemeinen Verwaltungsrechts – Reformbedarf und Reformansätze – Grundfragen, Baden-Baden 1993,

Hoffmann-Riem, Wolfgang; Schneider, Jens-Peter (Hrsg.); Verfahrensprivatisierung im Umweltrecht, Baden Baden 1996.

Hofmann, Hans; Deregulierung zur Rückführung der Staatsaufgaben, Zeitschrift für Gesetzgebung 1999, S. 44.

Höland, Armin; Das Umweltauditverfahren unter haftungsrechtlichen Gesichtspunkten, ZEuP 1998, S. 30.

Holleben, Horst von; Normung und Umweltrecht, in: *Kley, Max-Dietrich (Hrsg.),* Festschrift für Wolfgang Ritter, Köln 1997, S. 859.

Hoppe, Werner; Bleicher, Herbert; Rechtsprobleme bei der Verfahrensprivatisierung von Standortauswahlverfahren im Abfallrecht, NVwZ 1996, S. 421.

Huber, Ernst Rudolf; Beliehene Verbände, DVBl. 1952, S. 456.

Huber, Peter; Weniger Staat im Umweltschutz – Verfassungs- und unionsrechtliche Determinanten -, DVBl 1999, S. 489.

Hufen, Friedhelm; Fehler im Verwaltungsverfahren, Baden-Baden 1991.

Hunt, Terrell E.; Wilkins, Timothy A.; Environmental Audits and Enforcement Policy, Harvard Environmental Law Review 1992, Vol. 16, S. 365.

Hüwels, Hermann; Die Registrierung geprüfter Betriebsstandorte im Umweltauditsystem, in: *Ewer, Wolfgang; Lechelt, Rainer; Theuer, Andreas (Hrsg.),* Handbuch Umweltaudit, 1998, H.

Hüwels, Hermann; Länderbericht (Deutschland), in: Umweltbundesamt (Hrsg.), Bericht über die internationale Konferenz der deutschen Gesellschaft für Umweltrecht und der Europäischen Gemeinschaft für Umweltrecht vom 30. Oktober 1997 in Berlin zum Thema: Öko-Audit in Europa, Erfahrungen und Perspektiven, Interne Berichte IB-563, S. 20.

International Chamber of Commerce (ICC); Umweltschutz-Audits, Publikation Nr. 435, 1989.

Industrie und Handelskammer, IHK, Frankfurt (Oder); Deregulierungsmöglichkeiten im Zusammenhang mit der Durchführung von Öko-Audits, Studie im Auftrag der IHK Frankfurt (Oder), 1996.

Institut der Umweltgutachter und -berater in Deutschland (IdU) e.V. (Hrsg.); Die Europäische Plattform für Umweltfachleute, Bonn, 1998.

Institut der Umweltgutachter und -berater in Deutschland (IdU) e.V. (Hrsg.); Richtlinie zum Validierungsverfahren gemäß Verordnung (EWG) Nr. 1836/93, Bonn 1998.

Institut der Wirtschaftsprüfer (Hrsg.); Das Wirtschaftsprüfer-Handbuch, 11. Aufl., Düsseldorf, 1996,

Ipsen, Hans-Peter; Gesetzliche Indienstnahme Privater für Verwaltungsaufgaben, in: Festgabe für Erich Kaufmann, Hamburg 1950, S. 141.

Isensee, Josef; Die Friedenspflicht der Bürger und das Gewaltmonopol des Staates, in: Staatsorganisation und Staatsfunktionen im Wandel, FS Eichenberger, 1982, S. 23.

Jaag, Tobias; Privatisierung von Verwaltungsaufgaben, VVDStRL (54) 1995, S. 287.

Jankowski, Klaus; Bestandsschutz für Industrieanlagen: Fortentwicklung des Immissionsschutzrecht zwischen EG-rechtlichen Vorgaben und deutschem Verfassungsrecht, Baden-Baden 1999.

Jarass, Hans Dieter; Regelungsspielräume des Landesgesetzgebers im Bereich der konkurrierenden Gesetzgebung und in anderen Bereichen, NVwZ 1996, S. 1046.

Jarass, Hans Dieter; Besonderheiten des amerikanischen Verwaltungsrechts im Vergleich, DÖV 1985, S. 377.

Jarass, Hans Dieter; Bundes-Immissionsschutzgesetz (BImSchG), Kommentar, München, 1999.

Jarass, Hans Dieter; Kloepfer, Michael; Kunig, Philip; Papier, Hans-Jürgen; Peine, Franz-Josef, Rehbinder, Eckard; Salzwedel, Jürgen; Schmidt-Aßmann, Eberhard; Umweltgesetzbuch – Besonderer Teil -, Berlin 1994, UBA-Berichte 4/1994.

Jarass, Hans Dieter; Pieroth, Bodo; Grundgesetz Kommentar, 5. Aufl., München 2000.

Jasch, Andreas; Die ISO 14001-Norm und ihre Bedeutung für die EG-Öko-Audit-Verordnung, in: *Fichter, Klaus (Hrsg.),* Die EG-Öko-Audit-Verordnung: mit Öko-Controlling zum zertifizierten Umweltmanagementsystem, München 1995, S. 41.

Jasch, Christine; Praxishandbuch, Umweltmanagement und Öko-Audit, Loseblatt Stand: 1997.

Johann, Hubert Peter; Konsequenzen des Kommissionsentwurf für das betriebliche Umweltmanagement, in:
Rengeling, Hans-Werner (Hrgb.), Auf dem Wege zum Umweltgesetzbuch I, Köln 1999 S. 281.

Kaster, Georg; Die Rechtsstellung des Betriebsbeauftragten für Umweltschutz, GewArch. 1998, S. 129.

Kaupe, Guido; Beschleunigung von Genehmigungsprozessen bei Industrieanlagen, Aachen 1998. Auch: UBA, UR 300110

Kempen, Bernhard; Die Formenwahlfreiheit der Verwaltung, München 1989.

Kienle, Thomas; Öko-Audit- und ISO-Zertifikate – Fälle unlauterer umweltbezogener Werbung, DB 1998, S. 2101.

Kleesiek, Wolfgang; Beispiele zur Deregulierung durch Öko-Audit aus der Studie der IHK Frankfurt (Oder), in: GUT Umweltforum und Beratungsservice GmbH (Hrsg.), Deregulierung des Umweltrechts, Ansätze, aktuelle Initiativen und Verpflichtungen, Berlin 1997, ohne Seitenangabe.

Kleesiek, Wolfgang; Deregulierung des Umweltrechts – warum ist eine Deregulierung notwendig? in: GUT Umweltforum und Beratungsservice GmbH (Hrsg.), Deregulierung des Umweltrechts, Ansätze, aktuelle Initiativen und Verpflichtungen, Berlin 1997, ohne Seitenangabe.

Klockow, Bernhard; Deregulierung und Öko-Audit – Verliert der Umweltschutz aus der Sicht der Gewerbeaufsicht?, in: *Leittretter, Siegfried; Schneider, Werner (Hrsg.),* Was bringt's dem Umweltschutz? Eine kritischen Auseinandersetzung zur Revision der EG-Öko-Audit-Verordnung (EMAS), Hans-Böckler-Stiftung Manuskripte 248, 1998, S. 89.

Kloepfer, Michael; Zur Kodifikation des Umweltrechts in einem Umweltgesetzbuch, DÖV 1995, S. 745.

Kloepfer, Michael; Umweltrecht, 2. Aufl., München 1998.

Kloepfer, Michael; Umweltinformationen durch Unternehmen, NuR 1993, S. 353.

Kloepfer, Michael; Zur Kodifikation des Besonderen Teils eines Umweltgesetzbuches (UGB-BT), DVBl. 1994, S. 305.

Kloepfer, Michael; Betrieblicher Umweltschutz als Rechtsproblem, DB 1993, S. 1125.

Kloepfer, Michael; Systematisierung des Umweltrechts, Berlin 1978, UBA Bericht 8/78.

Kloepfer, Michael; Durner, Wolfgang; Das Umweltgesetzbuch – Entwurf der Sachverständigenkommission, DVBl. 1997, S. 1081.

Kloepfer, Michael; Elsner, Thomas; Selbstregulierung im Umwelt- und Technikrecht: Perspektiven einer kooperativen Normsetzung, DVBl. 1996, S. 964 ff.

Kloepfer, Michael; Rehbinder, Eckard; Schmidt-Aßmann, Eberhard; Kunig, Philip; Umweltgesetzbuch – Allgemeiner Teil- , 2. Auflage, Berlin 1991, UBA-Berichte 7/1990.

Kloepfer, Michael; Bröcker, Tim; Forschungsgruppe Evaluation Umweltmanagementsysteme, Evaluierung von Umweltmanagementsystemen zur Vorbereitung der 1998 vorgesehenen Überprüfung des gemeinschaftlichen Öko-Audit-Systems – Rechtliche Bewertungen -, Berlin, 1998, UFO-Plan-Vorhaben 101 03 198.

Klüppel, Vera; Regulierung mit Hilfe des Öko-Audits in Europa und in den USA, in: Jb UTR 1999, S. 371.

Kluth, Winfried, Funktionale Selbstverwaltung: verfassungsrechtlicher Status – verfassungsrechtlicher Schutz, Tübingen 1997.

Kniep, Klaus; Initiativen und Ansätze der Deregulierung im Umweltrecht, GewArch. 1997, S. 142.

Knitsch, Peter; Beschleunigung durch Beschleunigungsgesetz?, ZUR 1996, S. 247.

Knopp, Lothar; Wolf, Almut; Änderungen des immissionsschutzrechtlichen Industrieanlagen-Zulassungsverfahrens, BB 1997, S. 1593.

Koch, Hans-Joachim; Beschleunigung, Deregulierung, Privatisierung, in: *Schlacke, Sabine (Hrsg.),* Neue Konzepte im Umweltrecht – Beschleunigung durch Modernisierung, Effektivierung, Vereinfachung?, Bremen 1996, S. 27.

Koch, Hans-Joachim; Vereinfachung des materiellen Umweltrechts, NVwZ 1996, S. 215.

Koch, Hans-Joachim; Laskowski, Silke Ruth; Verfassungsrechtliche Grenzen einer Privatisierung der Anlagenüberwachung, ZUR 1997, S. 182.

Köck, Wolfgang; Die Entdeckung der Organisation durch das Umweltrecht, ZUR 1995, S. 1.

Köck, Wolfgang; Das Pflichten- und Kontrollsystem des Öko-Audit-Konzepts nach der Öko-Audit-Verordnung und dem Umweltauditgesetz, VerwArch. 1996, S. 644.

Köck, Wolfgang; Indirekte Steuerung im Umweltrecht: Abgabenerhebung, Umweltschutzbeauftragte und „Öko-Auditing", DVBl. 1994, S. 27.

Köck, Wolfgang; Umweltschutzsichernde Betriebsorganisation als Gegenstand des Umweltrechts: Die EG-"Öko-Audit"- Verordnung, JZ 1995, S. 643.

Koenig, Christian; Internalisierung des Risikomanagements durch neues Umwelt- und Technikrecht, NVwZ 1994, S. 937.

König, Klaus; Rückzug des Staates – Privatisierung der öffentlichen Verwaltung, DÖV 1998, S. 963.

Kothe, Peter; Das neue Umweltauditrecht, München 1997

Kottmann, Heinz; Öko-Audit in der Zwickmühle?, Ökologisches Wirtschaften, 6/1997, S. 4.

Krämer, Ludwig; Der Richtlinienvorschlag über die integrierte Vermeidung und Verminderung der Umweltverschmutzung, in: *Rengeling, Hans-Werner (Hrsg.).*, Integrierter und betrieblicher Umweltschutz, Köln 1996, S. 51.

Kreklau, Carsten; Öko-Audit – Chance für Politik und Industrie, VDI-Nachrichten, 6.3.1998.

Krölls, Albert; Privatisierung der öffentlichen Sicherheit in Fußgängerzonen?, NVwZ 1999, S. 233.

Krölls, Albert; Rechtliche Grenzen der Privatisierungspolitik, GewArch. 1995, S. 129.

Kromarek, Pascale; Länderbericht (Frankreich), in: *Schäfer, Erich,* Bericht über die internationale Konferenz der deutschen Gesellschaft für Umweltrecht und der Europäischen Gemeinschaft für Umweltrecht vom 30. Oktober 1997 in Berlin zum Thema: Öko-Audit in Europa, Erfahrungen und Perspektiven, UBA, Interne Berichte IB-563; auch in: NuR 1998, S. 475.

Ladeur, Karl-Heinz; Umweltrecht der Wissensgesellschaft, Berlin 1995.

Lahl, Uwe; Vollzugsdefizite im behördlichen Umweltschutz am Beispiel des Wasserrechts, in: Neue Konzepte im Umweltrecht – Beschleunigung durch Modernisierung, in: *Schlacke, Sabine*

(Hrsg.), Neue Konzepte im Umweltrecht – Beschleunigung durch Modernisierung, Effektivierung, Vereinfachung?, Bremen, 1996, S. 107.

Landmann, Robert von; Rohmer, Gustav; Gewerbeordnung, Loseblatt, München, Stand: Juli 1999.

Landmann, Robert von; Rohmer, Gustav; Hansmann, Klaus; Umweltrecht, Loseblatt, München, Stand: Oktober 1999.

Laskowski, Silke Ruth; Duale Verantwortungsstrukturen in Umweltrecht und Umweltpolitik: Privatisierungstendenzen im Recht der Anlagenüberwachung, in: *Schuppert, Gunnar Folke (Hrsg.)*, Jenseits von Privatisierung und „schlankem" Staat, Baden-Baden 1999, S. 93.

Lautner, Gerd; Bauaufsichtsrecht und Deregulierung, VR 1999, S. 37.

Lazarus, Richard; The Meaning and Promotion of Environmental Justice (1994), in: *Persival, Robert V., Alevizatos, Dorothy C. (Hrsg.)*, Law and the Environment, Philadelphia 1997, S. 127.

Lechelt, Rainer; System des Umweltaudits, Entstehungsgeschichte, in: *Ewer, Wolfgang; Lechelt, Rainer; Theuer, Andreas (Hrsg.)*, Handbuch Umweltaudit, München 1998, Kapitel A.

Leisner, Walter; Verfassungsgrenzen privater Selbstregulierung, in: Selbst-Beherrschung im technischen und ökologischen Bereich, Berlin 1998, S. 151.

Lerche, Peter; in: *Maunz, Theodor; Herzog, Roman; Scholz, Rupert (Hrsg.)*, Grundgesetz, Kommentar, Loseblatt, München, Stand: Februar 1999.

Leutheusser-Schnarrenberger, Sabine; Zur Struktur der Rechtsangleichung im vereinten Deutschland, NJW 1993, S. 2465.

Lidchi, Johannes; Vorschlag der EU-Kommission zur Revision der VO 1836/93/EWG: Diskussion und Kritik, Schriftenreihe Doktoranden-Netzwerk Bd. 5, 1999.

Lübbe-Wolff, Gertrude; Öko-Audit und Deregulierung – eine kritische Betrachtung, ZUR 1996, S. 173

Lübbe-Wolff, Gertrude; Modernisierung des umweltbezogenen Ordnungsrechts, in: *Roßnagel, Alexander,*
Neusel, Uwe (Hrsg.), Reformperspektiven im Umweltrecht, Baden-Baden 1995, S. 97.

Lübbe-Wolff, Gertrude; Der Vollzug des europäischen Umweltrechts, Berlin 1996.

Lübbe-Wolff, Gertrude; Modernisierung des Umweltordnungsrechts: Vollziehbarkeit-Deregulierung-Effizienz, Bonn 1996.

Lübbe-Wolff, Gertrude; Das Umweltauditgesetz, NuR 1996, S. 217.

Lübbe-Wolff, Gertrude; Die EG-Verordnung zum Umwelt-Audit, DVBl. 1994, S. 361.

Lübbe-Wolff, Gertrude; Beschleunigung von Genehmigungsverfahren auf Kosten des Umweltschutzes, ZUR 1995, S. 57.

Lübbe-Wolff, Gertrude; Betriebstor zu den Behörden – Wie man sich mit Hilfe des Öko-Audits die behördliche Umweltaufsicht vom Halse schaffen kann, WSI Mitteilungen 1998, S. 516.

Lübbe-Wolff, Gertrude; Bleibt der Umweltschutz auf der Strecke? Öko-Audit – der neue Fluchtweg aus der behördlichen Kontrolle, in: *Leittretter, Siegfried; Schneider, Werner (Hrsg.),* Was bringt's dem Umweltschutz? Eine kritischen Auseinandersetzung zur Revision der EG-Öko-Audit-Verordnung (EMAS), Hans-Böckler-Stiftung Manuskripte 248, 1998, S. 45.

Lübbe-Wolff, Gertrude; Vollzugsprobleme in der Umweltverwaltung, NuR 1993, S. 263.

Lübbe-Wolff, Gertrude.; Steenken, Annette; Privatisierung umweltbehördlicher Aufgaben, ZUR 1993, S. 263 ff..

Ludwig, Frank; Privatisierung staatlicher Aufgaben im Umweltschutz, Schriften zum Umweltrecht Bd. 82, Berlin 1998.

Lütkes, Stefan; Die materiellen Voraussetzungen der Zulassung des Umweltgutachters, in: *Ewer Wolfgang; Lechelt, Rainer; Theuer, Andreas (Hrsg.),* Handbuch Umweltaudit, München 1998, Kapitel F.

Lütkes, Stefan; Das Umweltauditgesetz-UAG, NVwZ 1996, S. 230

Lütkes, Stefan; Ewer, Wolfgang; Schwerpunkte der bevorstehende Revision der Umweltauditverordnung (EWG) Nr. 1836/93, NVwZ 1999, S. 19.

Martens, Claus-Peter; Moufang, Oliver; Kritische Aspekte bei der praktischen Durchführung der Öko-Audit-Verordnung, NVwZ 1996, S. 246.

Martini, Klaudia; Umweltaudit aus der Sicht einer Landesverwaltung, in: *Schäfer, Erich,* Bericht über die internationale Konferenz der deutschen Gesellschaft für Umweltrecht und der Europäischen Gemeinschaft für Umweltrecht vom 30. Oktober 1997 in Berlin zum Thema: Öko-Audit in Europa, Erfahrungen und Perspektiven, UBA, Interne Berichte IB-563; auch in: NuR 1998, S. 479.

Maunz, Theodor; Düring, Günter; Herdegen, Matthias; Herzog, Roman, Klein, Hans; Lerche, Peter; Papier, Hans-Jürgen; Randelhofer, Albrecht; Schmidt-Aßmann, Eberhard; Scholz, Rupert (Hrsg.); Grundgesetz Kommentar, Loseblatt, München, Stand: 35. EL, 2/1999.

Maurer, Hartmut; Allgemeines Verwaltungsrecht, 10. Aufl. 1995, München 1995.

Mayen, Thomas; Der Umweltgutachterausschuß, in: *Ewer, Wolfgang; Lechelt, Rainer; Theuer, Andreas* Handbuch Umweltaudit, München 1998, Kapitel G.

Mayen, Thomas; Der Umweltgutachterausschuß – ein strukturelles Novum ohne hinreichende demokratische Legitimation?, NVwZ 1997, S. 215.

Mayer, Otto; Deutsches Verwaltungsrecht, Zweiter Band, 2. Aufl., 1917

Mazza, Mia Anna; The New Evidentiary Privilege for Environmental Audit Reports: Making the Worts of an Bad Situation, Ecology Law Qualterly, 1996, Vol. 23, S. 79.

Merkel, Angela; Rede anläßlich der DIHT-Umwelttagung „Ein Jahr Umweltmanagement- und –betriebsprüfungssysteme“ in Bonn, 3.6.1996.

Metzler, Arno; Alt, Volker; Der Umweltgutachter - Anforderungsprofil und Zulassungskriterien für ein neues Berufsbild, Neuwied, 1996.

Meyer , Timm R.; in: *Landmann, Robert v.; Rohmer, Gustav,* Gewerbeordnung, Bd. II GSG, München, Stand: Juli 1999.

Michaelis, Peter; Ökonomische Instrumente im neuen Umweltgesetzbuch, ZUR 1998, S. 300.

Mittelstaedt, Hans Jürgen; Normung und Zertifizierug, in: *Ewer, Wolfgang; Lechelt, Rainer; Theuer, Andreas (Hrsg.),* Handbuch Umweltaudit, 1998.

Molitor, Bernhard; Der Umweltschutz im Bericht der Gruppe unabhängiger Experten für die Vereinfachung des Rechts- und Verwaltungsvorschriften im Auftrag der Europäischen Union, in: *Rengeling, Hans-Werner (Hrsg.),* Beschleunigung von Planungs- und Genehmigungsverfahren, Köln 1997, S. 13.

Moormann James W.; Kirsch Laurence S.; Environmental Compliance Assesments: Why Do Them, How to Do Them, and How Not to Do Them, Wake Forest Law Review, 1991, Vol. 26, S. 97.

Moormann, Franz-Josef; Deregulierung auf Kosten des Umweltschutzes und der Gesundheit?, in: *Leittretter, Siegfried; Schneider, Werner (Hrsg.),* Was bringt's dem Umweltschutz? Eine kritischen Auseinandersetzung zur Revision der EG-Öko-Audit-Verordnung (EMAS), Hans-Böckler-Stiftung Manuskripte 248, 1998, S. 81.

Moormann, Franz-Josef; Novellierung des Bundes-Immissionsschutzgesetzes, in: *Rengeling, Hans-Werner* (Hrsg.), Beschleunigung von Planungs- und Genehmigungsverfahren, Köln 1997, S. 159.

Moormann, Franz-Josef; Staatliche Überwachung und Öko-Audit, ZUR 1997, S. 188.

Moormann, Franz-Josef; Staatliche Überwachung nd Eigenverantwortung der Unternehmen im Lichte der EG-Umweltaudit-Verordnung und des deutschen Umweltauditgesetzes, in: Neue Entwicklungen im Umweltrecht, Tagungsband der Umweltrechtstage vom 26. und 27. August 1996 in Düsseldorf, S. 83.

Moormann, Franz-Josef; Die Änderung des Bundes-Immissionsschutzgesetzes durch das Gesetz zur Beschleunigung und Vereinfachung immissionsschutzrechtlicher Genehmigungen, UPR 1996, S. 408.

Moormann, Franz-Josef; Staatliche Überwachung und Öko-Audit, ZUR 1997, S. 188

Müggenborg, Hans-Jürgen; Der Prüfungsumfang des Umweltgutachters nach der Umwelt-Audit-Verordnung, DB 1996, S. 125.

Müggenborg, Hans-Jürgen; Formen des Kooperationsprinzips im Umweltrecht der Bundesrepublik Deutschland, NVwZ 1990, S. 909

Müller, Martin; Der Umweltgutachter im Öko-Audit-System – eine entscheidungstheoretische Analyse von Determinanten der Prüfungsqualität, ZfU 1998, S. 213.

Müller, Svea; Stellungnahme zu den Deregulierungsvorschlägen des BDI zugunsten eingetragener Standorte nach der Ökoaudit-Verrodnung, KGV-Rundbrief 2/1997, S. 8.

Müller, Wolf; Mitteilungspflichten nach § 52 Abs. 1 BImSchG im Lichte der Öko-Audit-Verordnung, Verwaltungsrundschau 1998, S. 149.

Murswiek, Dietrich; in: *Sachs, Michael (Hrsg.),* Grundgesetz Kommentar, München 1996.

Murswiek, Dietrich; Staatsziel Umweltschutz (Art. 20a GG), NVwZ 1996, S. 222.

Murswiek, Dietrich; Die staatliche Verantwortung für die Risiken der Technik, Berlin 1985.

Murswiek, Dietrich; Freiheit und Freiwilligkeit im Umweltrecht, JZ 1988, S. 985.

Mutius, Albert v.; Grundrechtschutz contra Verwaltungseffizienz im Verwaltungsverfahren?, NJW 1982, S. 2150.

Nagel, Carsten; Schwan, Achim; Betriebliche Umweltkennzahlen – Effektives Werkzeug zur Unterstützung des KVP-Prozesses im Kontext von Umweltmanagementsystemen, in: Doktoranden-Netzwerk Öko-Audit e.V. (Hrsg.), Umweltmanagementsysteme zwischen Anspruch und Wirklichkeit, Berlin 1998, S. 179.

Nagy, W.; Neuerungen durch die Öko-Audit-Verordnung der EU, in: FGU Berlin (Hrsg.), Neuerungen für genehmigungsbedürftige Anlagen insbesondere durch Vorschriften der Europäischen Union, 41. Seminar, 16. 2. 1995, in Berlin, S. 97.

Nicklas, Cornelia; Implementationsprobleme des EG-Umweltrechts, Baden-Baden 1998.

Nissen, Ulrich; Die EG-Öko-Audit-Verordnung – Determinanten ihrer Wirksamkeit, Berlin 1999.

Orthmann, Frank; Der Stand der Diskussion über Deregulierungs- und Substitutionsmaßnahmen im Zusammenhang mit der Öko-Audit-Verordnung, in: Doktoranden-Netzwerk Öko-Audit e.V. (Hrsg.), Umweltmanagementsysteme zwischen Anspruch und Wirklichkeit, Berlin 1998, S. 131.

Ossenbühl, Fritz; Verwaltungsverfahren zwischen Verwaltungseffizienz und Rechtsschutzauftrag, NVwZ 1982, S. 465.

Ossenbühl, Fritz; Die Erfüllung von Verwaltungsaufgaben durch Private, VVDStRL (29) 1971, S. 137.

Ossenbühl, Fritz; Ritgen, Klaus; Systemwandel und Übergangsrecht – Zur Stellung der TÜV in der Reform des Rechts der überwachungsbedürftigen Anlagen, DVBl. 1999, S. 1301.

Ossenkamp, Heinz; Verschlankung des Staates heißt vor allem: Reduzierung der Staatsaufgaben, ZG 1996, S. 160.

Osterloh, Lerke; Privatisierung von Verwaltungsaufgaben, VVDStRL (54) 1995, S. 204.

Oswald, Lynda J.; Strict Liability of Individuals under CERCLA: A Normativ Analysis, Boston College Environmental Affairs Law Review, 1993, Vol. 20, S. 579.

Paulesich, Reinhard; Reiger, Horst; Verwissenschaftlichung des Prüfsystems von Managementleistungen zur Verbesserung der Umweltbeziehung von Unternehmen?, ZfU 1996, S. 489.

Peglau, Reinhard; Die Normung von Umweltmanagementsystemen und Umweltauditing im Kontext der EG-Öko-Audit-Verordnung, ZUR 1995, S. 19.

Pein, Karl; Beschleunigung von Planungs- und Genehmigungsverfahren, BB 1996, 1399.

Peine, Franz-Joseph; Gesetz über technische Arbeitsmittel (Gerätesicherheitsgesetz) Kommentar, 2. Aufl., Köln 1995.

Peine, Franz-Joseph; Grenzen der Privatisierung – verwaltungsrechtliche Aspekte, DÖV 1997, S. 353.

Pernice, Ingolf; Gestaltung und Vollzug des Umweltrechts im europäischen Binnenmarkt – Europäische Impulse und Zwänge für das deutsche Umweltrecht, NVwZ 1990, S. 414.

Pestalozza, Christian; Kollisionsrechtliche Aspekte der Unterscheidung von öffentlichem Recht und Privatrecht, DÖV 1974, S. 188.

Pieroth, Bodo; Schlink, Bernhard; Grundrechte, Staatsrecht II, 15. Auflage, Heidelberg 1999.

Pietzcker, Jost; Verfahrensprivatisierung und staatliche Verfahrensverantwortung, in: *Hoffmann-Riem, Wolfgang; Schneider, Jens-Peter (Hrsg.),* Verfahrensprivatisierung im Umweltrecht, 1996, S. 285.

Pippke, Nicole; Öffentliche und private Abfallentsorgung: die Privatisierung der Abfallwirtschaft nach dem Kreislaufwirtschafts- und Abfallgesetz, Berlin 1999.

Pippke, Nicole; Die Übertragung von Entsorgungspflichten auf Dritte nach § 16 Abs. 2 KrW-/AbfG, ZUR 1999, S. 309.

Pitschas, Rainer; Die Kooperation zwischen Zulassungsbehörde und einer beliehenen privaten Einrichtung im Vergleich zu behördlichen, körperschaftsrechlichen und anstaltsrechtlichen Organisationsformen im Rahmen des Zulassungs- und Aufsichtssystem über Umweltgutachter nach der EG/Öko-Audit-Verordnung vom 29. Juni 1993, Rechtsgutachten erstattet im Auftrag des Umweltbundesamtes, 1994.

Pohl, Andreas; Umweltaudits in der betrieblichen Praxis, BB 1998, S. 381.

Rechtschaffen, Clifford; Deterence vs. Cooperation and The Evolving Theory of Environmental Enforcement, South. Calif. L. Rev., 1998, Vol. 71, S. 1106.

Rehbinder, Eckard; Argumente für die Kodifikation des deutschen Umweltrechts, UPR 1995, S. 361.

Rehbinder, Eckard; Das Vollzugsdefizit im Umweltrecht und Umwelthaftungsrecht, Leipzig 1995.

Rehbinder, Eckard, Heuvels, Klaus; Die EG-Öko-Audit-Verordnung auf dem Prüfstand, DVBl 1998, S. 1245.

Reinhardt, Michael; Die Überwachung durch Private im Umwelt- und Technikrecht, AöR 1993, S. 617.

Rengeling, Hans-Werner; Erfüllung staatlicher Aufgaben durch Private, 1986

Rengeling, Hans-Werner; Die Bundeskompetenz für das „UGB I“, in: *Rengeling, Hans-Werner (Hrsg.),* Auf dem Wege zum Umweltgesetzbuch I, Köln 1999, S. 237.

Rengeling, Hans-Werner; Gesetzgebungskompetenz für den integrierten Umweltschutz, Die Umsetzung inter- und supranationalen Umweltrechts und die Gesetzgebungskompetenzen nach dem Grundgesetz, Köln, 1999.

Rhein, Cornelius; Das Gemeinschaftssystem für das Umweltmanagement und die Umweltbetriebsprüfung, Baden-Baden 1996.

Rhodes, Ralph L.; The US Experience as Seen by Industry, Environmental Auditor 1989 Vol. 1 No. 3 S. 133.

Riedel, Norbert K.; Schmidt, Axel; Die Nichtausfertigung des Gesetzes zur Privatisierung der Luftsicherung durch den Bundespräsidenten, DÖV 1991, S. 371.

Ritter, Ernst-Hasso; Bauordnungsrecht in der Deregulierung, DVBl. 1996, S. 542.

Rombach, Paul; Der Faktor Zeit im umweltrechtlichen Genehmigungsverfahren, Baden-Baden 1994.

Ronald, David; Mr. *Ronald* Responds Nat'l Envtl. Enforcement J., Dec. 1994 – Jan. 1995 at 12,12.

Ronellenfitsch, Michael; Novellierung des Verwaltungsverfahrensgesetzes, in: *Rengeling, Hans-Werner (Hrsg.),* Beschleunigung von Planungs- und Genehmigungsverfahren, Köln 1997, S. 51.

Roßnagel, Alexander; Neusel, Uwe (Hrsg.); Reformperspektiven im Umweltrecht, Baden Baden 1995.

Ruffert, Matthias; Regulierung um System des Verwaltungsrechts, AöR 1999, S. 237.

Sachs, Michael (Hrsg.); Grundgesetz Kommentar, 2. Auflage, München 1999.

Sauer, Gustav W.; Deregulierungsvorschläge des schleswig-holsteinischen Umweltministeriums – Rückzug des Staates aus der Umweltverantwortung? in: *Leittretter, Siegfried; Schneider, Werner (Hrsg.),* Was bringt's dem Umweltschutz? Eine kritischen Auseinandersetzung zur Revision der EG-Öko-Audit-Verordnung (EMAS), Hans-Böckler-Stiftung Manuskripte 248, 1998, S. 57.

Schachtschneider, Karl Albrecht; Grundgesetzliche Aspekte der freiberuflichen Selbstverwaltung, Die Verwaltung 1998, S. 139.

Schäfer, Erich; Bericht über die internationale Konferenz der deutschen Gesellschaft für Umweltrecht und der Europäischen Gemeinschaft für Umweltrecht vom 30. Oktober 1997 in Berlin zum Thema: Öko-Audit in Europa, Erfahrungen und Perspektiven, UBA, Interne Berichte IB-563.

Schäfer, Kurt; Die Beschleunigungsnovellen zum Immissionsschutzrecht, NVwZ 1997, S. 526.

Scheel, Kurt-Christian; „Benannte Stellen": Beliehene als Instrument für die Verwirklichung des Binnenmarktes, DVBl 1999, S. 442.

Schink, Alexander; Vollzugsdefizit im Umweltschutz, ZAU 1993, S. 16.

Scherer, Joachim; Umwelt-Audits: Instrument zur Durchsetzung des Umweltrechts im europäischen Binnenmarkt?, NVwZ 1993, S. 11.

Scherer, Joachim; Bewertung der Leistungsfähigkeit des EMAS-Systems, in: Umweltbundesamt (Hrsg.), Bericht über die internationale Konferenz der deutschen Gesellschaft für Umweltrecht und der Europäischen Gemeinschaft für Umweltrecht vom 30. Oktober 1997 in Berlin zum Thema: Öko-Audit in Europa, Erfahrungen und Perspektiven, UBA Interne Berichte IB-563; auch in: NuR 1998, S. 477.

Scherzberg, Arno; Risiko als Rechtsproblem, VerwArch. 1993, S. 484.

Scherzberg, Arno, Die Öffentlichkeit der Verwaltung, Baden-Baden 2000.

Scheuner, Ulrich; Diskussionsbeitrag, VVDStRL (29) 1971, 249.

Schilling, Herbert; Henneböhl, Alfred; Umweltaudit und Versicherung, in: *Ewer, Wolfgang; Lechelt, Rainer; Theuer, Andreas (Hrsg.),* Handbuch Umweltaudit, München 1998, Kapitel N.

Schlacke, Sabine (Hrsg.); Neue Konzepte im Umweltrecht – Beschleunigung durch Modernisierung, Effektivierung, Vereinfachung?, Bremen 1996, S. 27.

Schlichter, Otto; Investititionsförderung durch flexible Genehmigungsverfahren, Bonn 1994, S. 53.

Schmalholz, Michael; Deregulierung durch Öko-Audit und die Vorschläge des Kommissionsentwurfes zum Umweltgesetzbuch, in: Jb UTR 1998, S. 331.

Schmid, Viola; „Umweltaudit" – Ein Schritt zu mehr Umweltschutz?, Jura 1997, S. 11.

Schmidt, Alexander; Die Vorbereitung des Umweltgesetzbuchs – Zum Stand der Dinge bei der Kodifikation des Umweltrechts, ZUR 1998, S. 277ff.

Schmidt, Antje; Rückzug des Ordnungsrechts im Umweltschutz, - Bericht über das 14. Trierer Kolloquium zum Umwelt- und Technikrecht vom 6. bis 8. September 1998, DVBl. 1998 S. 1271.

Schmidt, Reiner; Der geforderte Staat, NJW 1980, S. 160.

Schmidt-Aßmann, Eberhard; Verwaltungsverantwortung und Verwaltungsgerichtsbarkeit, VVDStRL (34) 1976, 221.

Schmidt-Aßmann, Eberhard; Deutsches und Europäisches Verwaltungsrecht, DVBl. 1993, S. 924.

Schmidt-Aßmann, Eberhard; Zur Reform des allgemeinen Verwaltungsrechts – Reformbedarf und Reformansätze - in: *Hoffmann-Riem, Wolfgang; Schmidt-Aßmann, Eberhard; Schuppert, Gunnar Folke (Hrsg.),* Zur Reform des Allgemeinen Verwaltungsrechts – Reformbedarf und Reformansätze – Grundfragen, 1993, Baden-Baden, S. 11.

Schmidt-Aßmann, Eberhard; Effizienz als Herausforderung an das Verwaltungsrecht, in: *Schmidt-Aßmann, Eberhard, Hoffmann-Riem, Woflgang (Hrsg.)* Strukturen des Europäischen Verwaltungsrechts, 1999, Baden-Baden, S. 245.

Schmidt-Jortzig, Eberhard; Mehr als ein Schlagwort – Die Beschleunigung von Planungs- und Genehmigungsverfahren als Baustein zum Schlanken Staat, in: *Rengeling, Hans-Werner (Hrsg.),* Beschleunigung von Planungs- und Genehmigungsverfahren, Köln 1997, S1.

Schmidt-Kötters, Thomas; Investitionsförderung durch flexible Genehmigungsverfahren – Zu den Vorstellungen der von der Bundesregierung eingesetzten Beschleunigungskommission, in: *Rengeling, Hans-Werner (Hrsg.),* Integrierter und betrieblicher Umweltschutz, Köln 1996, S. 1.

Schmidt-Preuß, Matthias; Verwaltung zwischen gesellschaftlicher Selbstregulierung und staatlicher Steuerung, VVDStRL (56) 1997, S. 160.

Schmidt-Preuß, Matthias; Umweltschutz ohne Zwang – das Beispiel des Öko-Audit, in: *Ziemske, Burkhardt; Langheid, Theo; Wilms, Heinrich; Haverkate, Görg (Hrsg.),* Staatsphilosophie und Rechtspolitik, Festschrift Martin Kriele, 1997, S. 1157.

Schmidt-Preuß, Matthias; Veränderungen grundlegender Strukturen des deutschen (Umwelt-)rechts durch das „Umweltgesetzbuch I", DVBl 1998 S. 857.

Schmieszek, Hans-Peter; Sechstes Gesetz zur Änderung der Verwaltungsgerichtsordnung und anderer Gesetze (6. VwGOÄndG), NVwZ 1996, S. 1151.

Schmitz, Heribert; 20 Jahre Verwaltungsverfahrensgesetz – Neue Tendenzen im Verfahrensrecht auf dem Weg zum schlanken Staat, NJW 1998, S. 2866.

Schneider, Jens-Peter; Nachvollziehende Amtsermittlung bei der Umweltverträglichkeitsprüfung, Freiburg 1991.

Schneider, Jens-Peter; Öko-Audit als Scharnier einer ganzheitlichen Regulierungsstrategie, Die Verwaltung 1995, S. 361.

Schneider, Volker; Öko-Audit und Deregulierung im Immissionsschutzrecht – Möglichkeiten und Grenzen unter Beachtung des Prinzips der funktionalen Äquivalenz, Köln, 1999.

Schneider, Werner; EMAS II – Öko-Audit light?, WSI Mitteilungen 1998, S. 562.

Schnutenhaus, Jörn; Die Umsetzung der Öko-Audit-Verordnung in Deutschland, ZUR 1995, S. 9.

Schoch, Friedrich; Privatisierung von Verwaltungsaufgaben, DVBl. 1994, S. 962.

Scholz, Rupert; Verkehrsüberwachug durch Private, NJW 1997, S. 14

Schottelius, Dieter; Umweltmanagement-Systeme, NVwZ 1998, S. 805.

Schottelius, Dieter; Der zugelassene Umweltgutachter – ein neuer Beruf, BB 1996, S. 1235.

Schottelius, Dieter; Anforderungen an die Prüftiefe des zugelassenen Umweltgutachters, DB 1996, S. 1169.

Schottelius, Dieter; Ein kritischer Blick in die Tiefen des EG-Öko-Audit-Systems, BB, Beilage 2 zu Heft 8 1997, S. 1.

Schottelius, Dieter; Das EG-Umwelt-Audit als Gesamtsystem, BB 1995, S. 1549.

Schottelius, Dieter; Deregulierung des deutschen Umweltrechts durch Öko-Audit und Umweltmanagement-Systeme?, WSI Mitteilungen 1998, S. 505.

Schottelius, Dieter; Küpper-Djindjic, Corinna; Umweltmanagement und Organisationssysteme, BB 1994, S. 2214.

Schrader, Christian; Die Vorhabengenehmigung im Kommissionsentwurf für ein Umweltgesetzbuch, NuR 1998, S. 285.

Schulte, Martin; Gefahrenabwehr durch private Sicherheitskräfte im Lichte des staatlichen Gewaltmonopols, DVBl. 1995, S. 130.

Schuppert, Gunnar Folke; Die Erfüllung öffentlicher Aufgaben durch Staat, kommunale Gebietskörperschaften und Private, in: *Ipsen, Jörn (Hrsg.),* Privatisierung öffentlicher Aufgaben: Private Finanzierung kommunaler Investitionen, Köln 1994, S. 17.

Schuppert, Gunnar Folke; Die öffentliche Verwaltung im Kooperationspektrum staatlicher und privater Aufgabenerfüllung zum Denken in Verantwortungsstufen, Die Verwaltung 1998, S. 415.

Schwarze, Jürgen (Hrsg.), Das Verwaltungsrecht unter europäischem Einfluss, Baden-Baden 1996.

Schwedt, Birgit; Evaluierung von Umweltmanagementsystemen, Uwf 1/1998, S. 12.

Schweikl, Rüdiger; Umweltrecht aus einem Guß, BB 1997, S. 2123.

Seidel, Eberhard; Weber, Frank; Die EMAS-Praxis in Deutschland, Uwf 1998, S. 22.

Selent, Ulrike; Die Öko-Audit-Verordnung als Beitrag zur nachhaltigen Entwicklung, Schriftenreihe des IÖW 116/97, Berlin 1997.

Sellner, Dieter; Die integrierte Genehmigung als neues Instrument für die Zulassung raumbedeutsamer Anlagen, in: *Rengeling, Hans-Werner (Hrsg.),* Integrierter und betrieblicher Umweltschutz, Köln 1996, S. 79.

Sellner, Dieter; Schnutenhaus, Jörn; Umweltmanagement und Umweltbetriebsprüfung („Umwelt-Audit") – ein wirksames nicht ordnungsrechtliches System des betrieblichen Umweltschutzes?, NVwZ 1993, S. 928.

Sendler, Horst; Verwaltungsverfahrensgesetz und Umweltgesetzbuch, NVwZ 1999, S. 132.

Sendler, Horst; Stand der Überlegungen zum Umweltgesetzbuch, NVwZ 1996, S. 1145.

Sendler, Horst; Selbstregulierung im Konzept des Umweltgesetzbuches, in: *Kloepfer, Michael (Hrsg.),* Selbst-Beherrschung im technischen und ökologischen Bereich, Berlin 1998, S. 135.

Sendler, Horst; Verhältnis der gerichtlichen zur behördlichen Kontrolle, in: *Rengeling, Hans-Werner (Hrsg.),* Integrierter und betrieblicher Umweltschutz, Köln 1996, S. 231.

Someren, van, Taco C. R.; Zillmann, Thomas; Martins, Fabien; Die externe Begutachtung und Validierung, in: *Fichter, Klaus (Hrsg.),* Die EG-Öko-Audit-Verordnung: mit Öko-Controlling zum zertifizierten Umweltmanagementsystem, München 1995.

Spindler, Edmund A.; Öko-Audit braucht Praxis, UVP-Report, 4/1995, S. 203.

Spindler, Gerald; Das Öko-Audit im Kommissions- sowie Arbeitsentwurf zum Umweltgesetzbuch, ZUR 1998, S. 285.

Spindler, Gerald; Umweltschutz durch private Prüfungen von Unternehmensorganisationen: Die EG-Öko-Audit-VO, in: Jb NPolÖk, Bd. 15, 1996, S. 205.

Steger , Ulrich; Ebinger, Frank; Das Öko-Auditing als Instrument der Organisationsentwicklung und der Deregulierung, in: *Klemmer, Paul; Meuser, Thomas (Hrsg.),* EG-Umweltaudit, Wiesbaden 1995, S. 215.

Steger, Ulrich; Auswertung der Ergebnisse von Modellprojekten zur Umsetzung der EG-Umwelt-Audit-Verordnung, in: Umweltmanagement in der Praxis, UBA Texte 20/98.

Steinbeiß-Winkelmann, Christine; Verfassungsrechtliche Vorgaben und Grenzen zur Verfahrensbeschleunigung, DVBl 1998, S. 809.

Steinberg, Rudolf; Zeit, Umwelt und Beschleunigung bei der Planung von Verkehrswegeprojekten, NuR 1996, S. 6.

Steinberg, Rudolf; Allert, Hans-Jürgen; Grams, Carsten; Scharioth, Joachim; Zur Beschleunigung des Genehmigungsverfahrens für Industrieanlagen, Baden-Baden, 1991.

Steiner, Fragen der Beleihung, in Festschrift *Koja,* München, 1998, S. 603ff.

Steiner, Udo; Verfassungsfragen einer Einbeziehung von Sachverständigen nach § 36 GewO in den Prüfungen überwachungsbedürftiger Anlagen, BB 1987, S. 1824.

Steiner, Udo; Der beliehene Unternehmer, JuS 1969, S. 69.

Steiner, Udo; Öffentliche Verwaltung durch Private, Allgemeine Lehren, Hamburg, 1975.

Steiner, Udo; Technische Kontrolle im privaten Bereich- insbesondere Eigenüberwachung und Betriebsbeauftragte, DVBl. 1987, S. 1133.

Steiner, Udo; Öffentliche Verwaltung durch Private, DÖV 1970, S. 526.

Stelkens, Paul; Verwaltungsgerichtsbarkeit um Umbruch – eine Reform ohne Ende?, NVwZ 1995, S. 325.

Stelkens, Paul; Bonk, Heinz Joachim; Sachs, Michael (Hrsg.); Verwaltungsverfahrensgesetz, 5. Auflage, München 1998.

Sternke, Volker; Von der Praxis des kommunalen Öko-Audits, UVP-report 1/98, S. 44.

Sterzel, Dieter; In: *Blanke, Thomas; Trümmer, Ralf (Hrsg.),* Handbuch Privatisierung: Ein Rechtshandbuch für die Verwaltungspraxis, Personal- wie Betriebsräte und deren Beratern, Baden-Baden 1998, S. 133.

Stober, Rolf; Zur Abtretbarkeit öffentlichrechtlicher Forderungen an Private, JuS 1982, S. 740.

Stober, Rolf; Die privatrechtlich organisierte öffentliche Verwaltung, NJW 1984, S. 449.

Stober, Rolf; Rückzug des Staates im Wirtschaftsverwaltungsrecht, Köln 1997.

Stober, Rolf; Deregulierung im Wirtschaftsverwaltungsrecht, DÖV 1995, S. 125.

Stober, Rolf; Zum Beruf des Sachverständigen nach der Novellierung des § 36 GewO, in:Festschrift *Friauf,* Köln, 1997, S. 545.

Storm, Peter-Christop; Das deutsche Projekt des Umweltgesetzbuchs (UGB), WiVerw. 1999, S. 159.

Storm, Peter-Christoph; Novellierungsbedarf der EG-Umweltaudit-Verordnung, NVwZ 1998, S. 341.

Storm, Peter-Christoph; Novellierungsbedarf der EG-Umweltaudit-Verordnung?, in: *Schäfer, Erich,* Bericht über die internationale Konferenz der deutschen Gesellschaft für Umweltrecht und der Europäischen Gemeinschaft für Umweltrecht vom 30. Oktober 1997 in Berlin zum Thema: Öko-Audit in Europa, Erfahrungen und Perspektiven, UBA, Interne Berichte IB-563; auch in: NuR 1998, S. 479.

Storr, Stefan; Das Kooperationsprinzip im Umweltrecht, 2. Jenaer Umweltrechtstag am 11. Juni 1999 des

Hellmuth-Loening-Zentrums Jena unter der Schirmherrschaft des Thüringer Ministers für Landwirtschaft, Naturschutz und Umwelt, DVBl. 2000, S. 175.

Strate, Gerhard; Wohlers, Wolfgang; Umweltaudit und strafrechtliche Verantwortlichkeit, in: *Ewer, Wolfgang; Lechelt, Rainer; Theuer, Andreas (Hrsg.),* Handbuch Umweltaudit, München 1998, Kapitel M.

Tettinger, Peter, J.; Rechtsänderungen zur „Sicherung des Wirtschaftsstandorts Deutschlands" – Umweltschutz im Gegenwind?, in: *Breuer, Rüdiger (Hrsg.),* Neue Entwicklungen im Umweltrecht, Tagungsband der Umweltrechtstage vom 26. und 27. August in Düsseldorf, S. 233.

Theuer, Andreas; Das Umweltmanagementsystem und dessen Bestandteile (Umweltpolitik, Umweltprogramm, Umweltziele), in: *Ewer, Wolfgang; Lechelt, Rainer; Theuer, Andreas (Hrsg.),* Handbuch Umweltaudit, München 1998, Kapitel B.

Tomerius, Stephan; Informelle Projektabsprachen im Umweltrecht: Möglichkeiten und Grenzen im kooperativen Normenvollzug aus verfassungsrechtlicher Sicht, Baden-Baden, 1995.

Töpfer, Klaus; Die EG-Verordnung zum Umweltmanagement und zur Umweltbetriebsprüfung: ein Instrument der Umweltpolitik, Umwelt 1993, S. 466.

Töpfer, Klaus; Verbesserung des betrieblichen Umweltschutzes durch Umweltbetriebsprüfungen, Umwelt 1995, S. 101, 104

Trute, Hans-Heinrich; Die Verwaltung und des Verwaltungsrecht zwischen Selbstregulierung und staatlicher Steuerung, DVBl. 1996, S. 950.

Tzung-Jen, Tsai; Die verfassungsrechtliche Umweltschutzpflicht des Staates, Schriften zum Umweltrecht, Berlin 1995.

Vetter, Andrea; Das Umweltauditgesetz, DVBl 1996, S. 1223.

Volkmann, Uwe; Umweltrechtliches Intergrationsprinzip und Vorhabengenehmigung, VerwArch. 1998, S. 363.

Waechter, Kay; Umweltschutz als Staatsziel, NuR 1996, S. 321.

Wagner, Hellmut; Effizienz des Ordnungsrechts für den Umweltschutz?, NVwZ 1995, S. 1046.

Wagner, Hellmut; Budde, Andreas; Erfahrungen mit dem Umwelt-Audit-System in Deutschland, ZfU 1997, S. 254.

Wahl, Rainer; Die Einschaltung privatrechtlich organisierter Verwaltungseinrichtungen in den Straßenbau, DVBl. 1993, S. 517.

Wahl, Rainer; Privatisierung im Umweltrecht, in: *Gusy, Christoph* (Hrsg.), Privatisierung von Staatsaufgaben: Kriterien-Grenzen-Folgen, Baden-Baden 1998, S. 260.

Wahl, Rainer; Appel, Ivo; Prävention und Vorsorge, Stadt, 1995.

Wahl, Rainer; Hermes, Georg; Sach, Karsten; Prävention und Vorsorge: Von der Staatsaufgabe zur rechtlichen Ausgestaltung, in: *Wahl, Rainer; Appel, Ivo (Hrsg.),* Prävention und Vorsorge, Bonn 1995.

Wallerath, Maximilian; Normkonkretisierende Verwaltungsvorschriften, NWVBl 1989, S. 153.

Wasielewski, Andreas; Stand der Umsetzung der UVP-Änderungs- und der IVU-Richtlinie, NVwZ 2000, S. 15.

Waskow, Siegfried; Normung und Umweltaudit, in: *Rengeling, Hans-Werner (Hrsg.),* Umweltnormung: Deutsche, europäische und internationale Rechtsfragen, Köln 1998, S. 55.

Waskow, Siegfried; *Betriebliches Umweltmanagement, Anforderungen nach der Audit-Verordnung der EG, Heidelberg 1997.*

Waskow, Siegfried; In: *Feldhaus, Gerhard,* Bundesimmissionsschutzrecht, Kommentar, 2. Aufl., Loseblatt, Band 7, Umweltaudit.

Weber, Horst Peter; Seitz, Friedrich; Der Sachverständige bei der Prüfung überwachungsbedürftiger Anlagen – ein Beliehener?, GewArch.1980, S. 151.

Weidinger, Wilhelm; Schlanke Verwaltung = leistungsfähige Verwaltung?, BayVBl 1997, S. 513.

Weigand, Matthias; Der Umweltpakt Bayern, in: GUT Umweltforum und Beratungsservice GmbH (Hrsg.), Deregulierung des Umweltrechts, Ansätze, aktuelle Initiativen und Verpflichtungen, Berlin 1997.

Werder, Axel von; Nestler, Anke; Grundsätze ordnungsgemäßer Umweltschutzorganisation als Maßstab des europäischen Umweltaudit, RIW 1995, S. 296.

Werner, Fritz; Verwaltungsrecht als konkretisiertes Verfassungsrecht, DVBl. 1959, S. 527.

Wiebe, Andreas; Umweltschutz durch Wettbewerb: Das betriebliche Umweltschutzsystem der EG, NJW 1994, S. 289.

Will, George F.; The Poison Poor Children Breathe (1982), in: *Persival, Robert V., Alevizatos, Dorothy C. (Hrsg.),* Law and the Environment, Philadelphia 1997, S. 109.

Wolff, Hans Julius; Bachof, Otto; Stober, Rolf; Verwaltungsrecht II, München 1987.

Wulfhorst, Reinhard; Erfahrungen mit den Beschleunigungsgesetzen – aus der Sicht der Exekutive, VerwArch. 1997, S. 163.

Zuleeg, M.; Rengeling, Hans-Werner; Deutsches und europäisches Verwaltungsrecht – Wechselseitige Einwirkungen, Berlin 1994.

Kolibri 360 GmbH
Ferdinand-Jühlke-Straße 7
99095 Erfurt, Deutschland
produktsicherheit@kolibri360.de

Druck:
CPI Druckdienstleistungen GmbH
im Auftrag der
Kolibri 360 GmbH
Ferdinand-Jühlke-Str. 7
99095 Erfurt